ELEMENTS DE LA GEOMETRIE DE L'INFINI.

SUITE DES MEMOIRES de l'Academie Royale des Sciences.

A PARIS, DE L'IMPRIMERIE ROYALE.

M. DCCXXVII.

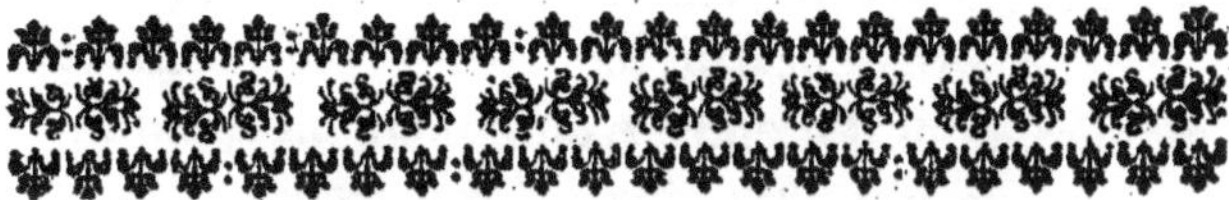

PREFACE.

Les premiers Geometres n'avoient encore fait que très peu de chemin, lorsqu'ils s'apperçurent que le Côté d'un Quarré, & sa Diagonale étoient incommensurables, c'est-à-dire, que quelque grandeur que l'on pût prendre pour être la mesure exacte de l'une de ces deux Lignes, elle ne pouvoit jamais être la mesure exacte de l'autre. De-là naissoient les Nombres incommensurables, ou irrationels, qui se trouvoient en une quantité sans comparaison plus grande que les Nombres rationels, & ordinaires, & parce qu'on voyoit bien qu'ils étoient d'une nature particuliére, mais absolument inconnuë, les Anciens les évitoient avec beaucoup d'art dans la solution des Problêmes, & ne les y admettoient point. Cependant on les reçoit aujourd'hui sans difficulté, & les solutions qu'ils fournissent sont parfaitement legitimes. Ce n'est pas qu'on les connoisse mieux, mais on s'est familiarisé avec eux à force d'en rencontrer, ils ont vaincu par leur foule, & par leur opiniâtreté à se presenter presque par tout.

Je crois avoir prouvé dans ce Livre, que les

Nombres irrationels ne le ſont que parce que l'Infini entre neceſſairement dans leur nature, mais comme la maniére dont il y entre n'eſt nullement apparente, & qu'elle n'avoit point été apperçûë, c'étoit l'Infini que l'on rencontroit dès la naiſſance de la Geometrie, ſi déguiſé, & ſi enveloppé qu'on n'en avoit aucun ſoupçon.

Les Anciens ont vû que dans l'angle de contingence formé par la circonference d'un Cercle, & par ſa Tangente, il ne pouvoit paſſer aucune ligne droite qui le diviſât. C'eſt là un angle infiniment petit, & l'Infini commence à s'y découvrir un peu, au lieu qu'il ne ſe découvroit nullement dans les Incommenſurables. Auſſi l'angle de contingence étoit une merveille incomprehenſible, & l'on n'euſt pas pû expliquer comment aucune ligne droite n'y pouvant paſſer, il y paſſoit tant de circonferences circulaires qu'on vouloit, toûjours plus grandes que la premiére. Archimede n'a trouvé le rapport approché du Diametre du Cercle à la Circonference, qu'en prenant l'idée du Cercle confondu avec un Poligone d'une infinité de côtés, & ce rare genie perçoit déja dans l'abiſme de l'Infini.

En dernier lieu les Anciens ſont venus à connoître l'Hiperbole, & ſes Aſimptotes, & quelques autres Courbes Aſimptotiques, c'eſt-à-dire, des Lignes qui prolongées à l'Infini, & s'approchant toûjours l'une de l'autre, ne peuvent jamais ſe rencontrer, &

de plus des Eſpaces actuellement Infinis. Voilà l'Infini plus déclaré, à meſure que la Geometrie avançoit davantage, & le voilà accompagné de nouvelles merveilles.

On en demeura là, ou pluſtôt on vint à oublier, & à ignorer tout pendant la longue barbarie qui regna en Europe. Au renouvellement des Sciences, ceux qui eurent le courage de vouloir être Geometres, étudiérent les Geometres Grecs qui reſtoient, les traductions qu'on en fit, les Commentaires. C'étoit être aſſés habile que de les entendre & de les ſuivre, embarraſſés & épineux, comme ils ſont, & l'on ne crut pas d'abord qu'il fût poſſible d'aller par d'autres routes, & moins encore d'aller plus loin. Un peu de préjugé ne pouvoit manquer de ſe mêler au reſpect legitime qu'on leur devoit. Ce qu'ils avoient admis de l'Infini, on n'eut pas de peine à l'admettre, preſenté par les Maîtres, mais on l'admettoit en quelque maniére par force, parce qu'on y étoit conduit par des guides reverés, auſſi-bien que par la ſuite neceſſaire des démonſtrations, & quand on y étoit arrivé, on s'arreſtoit avec une eſpece d'effroy, & de ſainte horreur. On n'eût pas eû l'audace de faire un pas de plus. On regardoit l'Infini comme un Miſtere qu'il falloit reſpecter, & qu'il n'étoit pas permis d'approfondir. Il eſt vrai que cette timidité étoit fort excuſable par l'extrême diſproportion que l'Eſprit humain ſent si hardie. *C'étoit,* dit-il, *en observant de près la marche d'Archimede, qu'il étoit arrivé à cette sublime, & merveilleuse Science; il la cachoit par une vanité de jeune homme, qui vouloit se reserver un Secret de resoudre avec facilité les Questions les plus difficiles, & s'attirer par là de l'admiration, ce qui lui avoit réüssi; mais il lui étoit arrivé le malheur, que tandis qu'il s'amusoit à se parer de quelques grains d'or tirés d'une Mine inconnuë, un autre étoit venu, qui avoit découvert la Mine à tout le monde.* Il ne vouloit pourtant pas *tomber dans le ridicule de revendiquer les Indivisibles, il reconnoissoit nettement que l'acte public de la prise de possession décidoit absolument pour Cavalerius,* tant la fortune a de pouvoir sur tout ce qui s'appelle Gloire, & tant il est necessaire de se soumettre à ce pouvoir, tout illegitime qu'il pourroit paroître. Le Traité des Indivisibles qu'avoit fait M. de Roberval a été imprimé après sa mort avec differents Ouvrages d'autres Academiciens en 1693.

Je ne prends que les principaux points de cette petite Histoire de l'Infini. Le plus grand effet, & en même temps la plus forte preuve du merite de la *Geometrie des Indivisibles,* fut de tourner de ce côté là les vûës de M. Wallis, grand Geometre Anglois, & de lui donner lieu de faire son *Arithmetique des Infinis,* qui parut en 1655. L'Anglois plus hardi que l'Italien, soit par le genie de sa Nation, soit parce qu'il venoit après l'Italien, dont la Methode commençoit à s'établir, produit dans tout ſon Ouvrage, ſans marquer aucune crainte, ſans uſer de précautions, des Series ou Suites infinies de Nombres, & détermine les rapports de leurs ſommes, d'où dépendent non-ſeulement des rapports de Plans, & de Solides que Cavalerius avoit donnés, mais encore des Quadratures & des Rectifications de Courbes, qui n'entroient pas dans la Theorie de Cavalerius. Wallis dit *qu'il commence où Cavalerius avoit fini*, & il eſt certain qu'il va beaucoup plus loin, & qu'il pouvoit même, ainſi qu'il en avertit, aller encore au-delà. A meſure que l'audace de manier l'Infini croiſſoit, la Geometrie reculoit de plus en plus ſes anciennes limites.

Dans l'eſpace de quelque quarante années, à compter, ſi l'on veut, depuis Cavalerius, toutes les ſpeculations de Geometrie devenant toûjours plus élevées, aboutiſſoient à quelque choſe de commun, dont peut-être on ne s'appercevoit pas encore. Deſcartes par ſa fameuſe Regle des Tangentes, Fermat par celle des *Maxima & Minima*, Paſcal par la conſideration des Elements des Courbes, Barrou par ſon petit Triangle differentiel, dont l'uſage ne finira jamais, Mercator par ſon Art de former des Suites infinies d'une autre eſpece que celles de Wallis, tous ces grands hommes, chacun en ſuivant ſa route particuliére, ſe trouvoient conduits ou à l'Infini, ou ſur le bord de l'Infini. Il perçoit de toutes parts, il poursuivoit par tout les Geometres, & ne leur laissoit pas la liberté d'échapper.

Il y a un ordre qui regle nos progrés. Chaque connoissance ne se développe, qu'après qu'un certain nombre de connoissances précédentes se sont développées, & quand son tour pour éclorre est venu. Cet Infini, qu'on ne pouvoit plus se dispenser de recevoir, sur-tout l'Infiniment petit, plus necessaire encore que son opposé, on ne sçavoit point l'employer dans un Calcul Algebrique, sans quoi il avoit très peu d'usage, & quelle apparence qu'on l'y pût jamais employer ! auroit-on traité l'Infini comme les grandeurs finies ! sa nature n'y apportoit-elle pas un obstacle invincible ? cependant le terme étoit arrivé, où la Geometrie devoit enfanter le Calcul de l'Infini. M. Neuton trouva le premier ce merveilleux Calcul, M. Leibnits le publia le premier. Que M. Leibnits soit inventeur aussi-bien que M. Neuton, c'est une question dont nous avons rapporté l'Histoire en 1716*, & nous ne la repeterons pas ici. Dès que le Calcul diffentiel eut paru, Mrs Bernoulli, M. le Marquis de l'Hôpital, M. Varignon, tous les grands Geometres entrerent avec ardeur dans les routes qui venoient d'être ouvertes, & y marcherent à pas de Géant, l'Infini éleva tout à une sublimité, & en même temps amena tout à une facilité, dont on n'eût pas osé auparavant concevoir l'esperance, & c'est là l'Epoque d'une révolution presque

* P. 109. & suiv.

presque totale arrivée dans la Geometrie.

Cette révolution, quelque heureuse qu'elle fût, a pourtant été accompagnée de quelques troubles. Il y a eû un Geometre, qui voulant bien recevoir les Infiniment petits du premier ordre, rejettoit absolument ceux du second, & de tous les ordres inferieurs, toûjours infiniment plus petits les uns que les autres.

Dans l'Academie même des Sciences il s'est élevé quelques contestations sur ce Sistême, & nous n'en avons pas caché l'Histoire au Public *.

* V. l'Hist. de l'Ac. des Sc. an. 1701 p. 87 & suiv. 2de Edit.

Il y a plus. M. Leibnits, comme nous l'avons avoüé dans son Eloge, paroît avoir un peu chancelé. Il semble qu'il se fût relasché jusqu'au point de réduire les Infinis de differents ordres à n'être que des *Incomparables,* dans le sens qu'un grain de Sable seroit incomparable au Globe de la Terre, ou ce Globe à un Globe dont la distance du Soleil à Sirius seroit le rayon, ce qui ruïneroit l'exactitude geometrique des Calculs, & de quel poids ne doit pas être l'autorité de l'Inventeur contre l'invention !

Malgré tout cela l'Infini a triomphé, & s'est emparé de toutes les hautes speculations des Geometres. Les Infinis ou Infiniment petits de tous les ordres sont aujourd'hui également établis, il n'y a plus deux partis dans l'Academie, & si M. Leibnits a chancelé, on se fie plus aux lumiéres qu'on tient de lui, qu'à son autorité même.

Il faut convenir cependant que toute cette matiére est environnée de tenebres assés épaisses, & de-là vient que quelques-uns de ceux qui embrassent les idées de l'Infini, ne les prennent pourtant que pour des idées de pure supposition sans realité, dont on ne se sert que pour arriver à des solutions difficiles, qu'on abandonne dès qu'on y est arrivé, & qui ressemblent à des Echaffaudages qu'on abat, aussitôt que l'Edifice est construit. C'est là une façon de penser mitigée, qui rassûre un peu contre la frayeur que l'Infini cause toûjours.

Pour dissiper cette frayeur, du moins en partie, je puis faire souvenir les Geometres d'un Infini, qu'ils reçoivent tous sans exception, d'où s'ensuivent necessairement toutes les idées du Systême moderne, & cela sans aucune des restrictions, sans aucun des adoucissements qu'on peut imaginer.

Tous les Geometres, anciens & modernes, conviennent que l'espace Asimptotique de l'Hiperbole est infini, & ils employent tous ce même terme. Que veulent-ils qu'il signifie? certainement ils n'entendent pas que cet espace est étendu à l'infini, car ils démontrent que d'autres espaces Asimptotiques pareillement étendus à l'infini, ne sont que finis; & il est à remarquer que lorsqu'ils démontrent que ces derniers espaces ne sont que finis, ils n'en peuvent le plus souvent déterminer la grandeur finie, & que pour cela ils ne les traitent pas même d'indéfinis. Il faut donc que l'espace Hiperbolique soit infini, parce qu'il est plus grand que tout espace fini; quel qu'il soit, plus grand, par exemple, que l'aire d'un Cercle dont le Soleil feroit le centre, & le demi-diametre la distance du Soleil à Saturne ou à l'Etoile de Sirius, &c. Assûrément cette verité démontrée en cent façons, & reconnuë de tout le monde, est bien contraire à ce qu'on jugeroit par les sens en voyant une Hiperbole tracée sur le papier, où il semble qu'au bout d'un très petit espace elle se confond déja avec son Asimptote.

L'espace Hiperbolique est aussi réellement infini, ou plus grand que tout espace fini, qu'un espace Parabolique déterminé est les deux tiers de son parallelogramme circonscrit, où seroit la différence de ces deux maniéres d'être? il seroit trop puerile de dire que l'un de ces espaces peut être actuellement tracé, & que l'autre ne le peut. La Geometrie est toute intellectuelle, indépendante de la description actuelle & de l'existence des Figures dont elle découvre les propriétés. Tout ce qu'elle conçoit necessaire est réel de la realité qu'elle suppose dans son objet. L'Infini qu'elle démontre est donc aussi réel que le Fini, & l'idée qu'elle en a n'est point plus que toutes les autres, une idée de supposition, qui ne soit que commode, & qui doive disparoître dès qu'on en a fait usage.

Si l'on conçoit l'espace Hiperbolique divisé en

parties finies égales, chacune pourra estre prise pour l'Unité, il y en aura un nombre infini, & leur somme sera égale à cet Infini, qui est l'espace. Or une somme quelconque de nombres quelconques, ne peut être qu'un nombre. L'Infini est donc un nombre, & doit être traité comme tel, ce qui prouve encore sa realité, puisqu'il a toute celle des nombres.

Le parallelogramme circonscrit à l'espace Asimptotique Hiperbolique, c'est-à-dire, le parallelogramme dont un des côtés sera la premiére & plus grande Ordonnée de l'Hiperbole, & l'autre l'Asimptote, ou Axe infini, sera visiblement plus grand & beaucoup plus grand que l'espace Asimptotique. Voilà donc un Infini plus grand qu'un autre, & cet Infini je le puis doubler, tripler, &c. en concevant la premiére Ordonnée de l'Hiperbole deux fois, trois fois, &c. plus grande; les Infinis peuvent donc avoir entre eux tous les rapports des nombres.

Si enfin je conçois que la premiére Ordonnée de l'Hiperbole soit devenuë égale à l'Asimptote, le parallelogramme circonscrit est un quarré infiniment plus grand que l'espace Asimptotique infini, ce qui fait voir & la necessité & la réalité des différents ordres d'Infini, car dès qu'on en tient deux, on voit assés qu'il n'y a plus de bornes.

Ces différents Ordres, dont l'ordre du Fini est le premier & le plus bas, sont veritablement *incomparables*, c'est-à-dire, qu'une grandeur de l'un n'est rien par rapport à une grandeur de l'ordre ſuperieur; non dans le ſens qu'un grain de ſable ne ſeroit rien par rapport à un Globe dont la diſtance du Soleil à Sirius ſeroit le rayon, mais dans un ſens infiniment plus rigoureux; car ce grain de ſable & ce Globe ſont du même ordre, puiſque ce Globe n'eſt certainement pas infini, ou plus grand que toute grandeur finie.

Je ne vois pas qu'on puiſſe rompre en aucun endroit cette chaîne de conſéquences qui naiſſent ſi ſimplement & ſi naturellement de la propriété inconteſtable de l'eſpace Hiperbolique, elles naîtroient de même de pluſieurs autres verités démontrées en Geometrie, & par conſéquent ne pas recevoir l'Infini, tel qu'on vient de le repreſenter, & avec toutes ſes ſuites neceſſaires, c'eſt rejetter des démonſtrations geometriques, & qui en rejette une les doit rejetter toutes.

Mais ſi la certitude eſt entiére, il ſemble que l'évidence ne le ſoit pas; par exemple, un Infini moindre qu'un autre a beau être démontré, il paroît toûjours enfermer une contradiction. Cet Infini moindre eſt neceſſairement limité par rapport au plus grand, & dès qu'il eſt limité, il n'eſt plus infini, mais il faut prendre garde que cette contradiction apparente vient de l'idée d'un autre Infini que celui qu'on a poſé.

Nous avons naturellement une certaine idée de

l'Infini, comme d'une grandeur sans bornes en tous sens, qui comprend tout, hors de laquelle il n'y a rien. On peut appeller cet Infini *Métaphisique*, mais l'Infini *Geometrique*, c'est-à-dire, celui que la Geometrie considere, & dont elle a besoin dans ses recherches, est fort different, c'est seulement une grandeur plus grande que toute grandeur finie, mais non pas plus grande que toute grandeur. Il est visible que cette définition permet qu'il y ait des Infinis plus petits ou plus grands que d'autres Infinis, & que celle de l'Infini Metaphisique ne le permettroit pas. On n'est donc pas en droit de tirer de l'Infini Metaphisique des objections contre le Geometrique, qui n'est comptable que de ce qu'il renferme dans son idée, & nullement de ce qui n'appartient qu'à l'autre.

Je puis dire encore plus, l'Infini Métaphisique ne peut s'appliquer ni aux nombres, ni à l'étenduë, il y devient un pur Etre de raison, dont la fausse idée ne sert qu'à nous troubler & à nous égarer.

L'Infini geometrique étant bien entendu, ses principes bien inébranlables, les conséquences bien liées, la plupart des recherches un peu élevées ne laissent pas de nous jetter encore dans des abîmes d'une obscurité profonde, ou tout au moins dans des Pays où le jour est extremement foible. L'Asimptotisme des Courbes toûjours fort étonnant, quoique fort ordinaire, les espaces Asimptotiques que d'assés légéres différences rendent finis ou infinis, leurs Solides que des espaces infinis donnent finis, & que des espaces finis donnent infinis, des sommes de Suites infinies, qui d'infinies qu'elles étoient deviennent finies par la seule élevation des Suites au quarré, une infinité d'autres merveilles incompre-hensibles par elles-mêmes, naissent à chaque moment sous les pas des Geometres, & il semble que la Geometrie, qui se pique d'avoir la clarté en partage, devroit être exempte de merveilles. Quelquefois même des Méthodes, quoi-que fines & ingénieuses, ne donnent aucune idée nette. Je n'ay point vû, par exemple, de Geometre qui entendît précisément ce que c'est dans la Regle des Inflexions & des Rebroussements, qu'une différence seconde devenuë égale à l'Infini. J'en puis dire autant de la Courbure infinie, que l'on démontre telle sans sçavoir aucunement en quoi elle consiste. Ajoûterai-je qu'il semble quelquefois que les Geometres se fassent honneur de leurs conclusions surprenantes, & qu'ils seroient fâchés qu'elles fussent plus vrai-semblables? quoi-qu'il en soit, il est arrivé dans la haute Geometrie une chose bizarre, la certitude a nui à la clarté. On tient toûjours le fil du Calcul, guide infaillible, il n'importe où l'on arrive, il y falloit arriver, quelques tenebres qu'on y trouve. De plus, la gloire a toûjours été attachée aux grandes recherches, aux solutions des Problêmes difficiles, & non à l'éclairciſſement des idées.

J'ai crû que cet éclairciſſement, negligé par les habiles Geometres, pourroit être utile à la Geometrie; on n'en marchera pas plus ſûrement, mais on verra plus clair autour de ſoi, avec le fil qu'on avoit dans des Labirinthes ſombres, on aura un flambeau, dont la lueur ne ſauroit être ſi petite, qu'elle ne ſoit toûjours de quelque uſage, & même ſi cette petite lueur que je préſente n'eſt pas fauſſe, rien n'empêchera qu'on ne l'augmente beaucoup.

J'avouë qu'on peut me reprocher qu'au lieu d'éclaircir l'Infini, j'y porte une obſcurité nouvelle, un Paradoxe inoüi, qui eſt expoſé dans la Sect. III, & qui enſuite ſe retrouve ſouvent dans tout l'Ouvrage; mais ſi ce Paradoxe eſt vrai, s'il ſuit neceſſairement de la nature de l'Infini, je la fais mieux connoître, j'en fais mieux connoître les propriétés, qui, quoiqu'obſcures, ſont la ſource de tout ce que le Calcul nous donne de plus étonnant; on arrivera aux plus grandes merveilles bien préparé, & ſans cette eſpece de ſurpriſe, qui dans le fonds n'eſt point honorable à une vraye Science. C'eſt toûjours un degré de lumiére, que de voir ſûrement à quel principe, fût-il peu connu, tiennent certains effets. Ainſi quand les Phiſiciens ont demandé comment ſe fait la generation perpetuelle des Plantes & des Animaux, qui ſont des Corps d'une organiſation ſi admirable & ſi conſtante, ceux qui ont dit que ces Corps ſont déja tout

tout formés de la main du ſouverain Etre dans les Graines ou dans les Œufs, & qu'ils ne font que ſe développer, ont apporté dans la Phiſique une connoiſſance nouvelle & utile, toute accompagnée qu'elle eſt de difficultés embarraſſantes; elles ne font pas abandonner le principe, & on ſe contente d'admirer. Je remarquerai en paſſant que dans cet exemple même la principale difficulté vient de l'Infini.

Ceux qui ont le plus traité l'Infini geometrique, ne l'ont fait juſqu'à preſent qu'avec un reſte de timidité, qui les a empêchés de l'approfondir autant qu'ils le pouvoient. Il m'a ſemblé qu'au point où l'on en étoit venu, cette timidité n'étoit plus guere de ſaiſon, & que ma temerité ſeroit excuſable, ſi je tâchois d'avancer encore de quelque pas, pourvû que je ſuiviſſe exactement les routes déja ouvertes. Il s'eſt offert à moi une infinité de nouveaux Infinis ignorés, & cependant importants, & en general l'Infini s'étend beaucoup plus qu'il ne faiſoit ſur toute la Geometrie, ne fût-ce que par cette ſeule raiſon, que c'eſt lui qui fait les Incommenſurables, dont le nombre eſt infiniment plus grand que celui des Commenſurables. On rapporte qu'il y a dans les Païs-bas de grandes étenduës de terre qui ont été couvertes par la Mer, & dont il ne reſte que quelques pointes de Clochers éparſes çà & là, qui ſortent de l'eau. C'eſt ainſi à peu-près que l'Océan de l'Infini a abîmé tous les nombres, & toutes les grandeurs, dont il ne reste que les Commensurables que nous puissions connoître parfaitement. M. Huguens, qui étoit du moins autant homme d'esprit que grand Geometre, a dit en quelque endroit de son *Cosmotheoros*, qu'*il soupçonnoit que tout nôtre Calcul ne rouloit que sur les petits commencements des Suites des Nombres.* M. Wallis a crû aussi que tous nos Signes radicaux ne suffiroient pas pour exprimer certains nombres qu'il entrevoyoit, plus singuliers & plus Incommensurables que les Incommensurables ordinaires. Il y a bien de l'apparence qu'il entreroit de l'Infini dans ces nombres de M. Wallis.

Quand une Science, telle que la Geometrie, ne fait que de naître, on ne peut guere attraper que des Verités dispersées qui ne se tiennent point, & on les prouve chacune à part comme l'on peut, & presque toûjours avec beaucoup d'embarras. Mais quand un certain nombre de ces Verités desunies ont été trouvées, on voit en quoi elles s'accordent, & les principes generaux commencent à se montrer, non pas encore les plus generaux ou les premiers, il faut un plus grand nombre de Verités pour les forcer à paroître. Plusieurs petites Branches que l'on tient d'abord séparément, menent à la grosse Branche qui les produit, & plusieurs grosses Branches menent enfin au Tronc. Une des grandes difficultés que j'aye éprouvées dans la composition de cet Ouvrage a été de ſaiſir le Tronc, & pluſieurs groſſes Branches m'ont paru l'être qui ne l'étoient pas. Je ne ſuis pas ſûr de ne m'y être pas encore trompé, mais enfin quand j'ai eu pris l'Infini pour le Tronc, il ne m'a plus été poſſible d'en trouver d'autre, & je l'ai vû diſtribuer de toutes parts, & répandre ſes rameaux avec une régularité & une ſimetrie, qui n'a pas peu ſervi à ma perſuaſion particuliére.

Un avantage d'avoir ſaiſi les premiers Principes, ſeroit que l'ordre ſe mettroit par-tout preſque de lui-même, cet ordre qui embellit tout, qui fortifie les Verités par leur liaiſon, que ceux à qui on parle ont droit d'exiger, & qu'on ne peut leur refuſer ſans une eſpece d'injuſtice, ſur-tout ſi on ſacrifie leur commodité à la gloire de paroître plus profond. De plus les démonſtrations qui ne ſont pas tirées des premiers principes, ne vont guere au but que par de longs & fatigants circuits. On ne ſçait preſque plus d'où l'on eſt parti, on ne ſçait par où l'on a paſſé. Mais ſi on a pû remonter à la vraye nature des choſes, les démonſtrations en naiſſent preſque immédiatement, & en foule, il arrive rarement qu'il y ait bien loin des concluſions aux principes, & que l'on ne puiſſe pas embraſſer d'un coup d'œil tout le chemin qu'on a fait. Enfin ce qui n'eſt pas pris dans ces premiéres ſources, manque aſſés ſouvent d'une certaine clarté. On ſe ſert des Rayons des Développées pour mesurer la courbure des Courbes, mais parce que ces Rayons ne sont qu'un indice de la courbure, & non pas ce qui la fait, quand on trouve une courbure infinie, on ne peut en prendre selon cette Theorie aucune idée nette. Le Vrai est simple & clair, & quand nôtre maniére d'y arriver est embarrassée & obscure, on peut dire qu'elle mene au Vrai, & n'est pas vraye.

Le Calcul n'est guere en Geometrie que ce qu'est l'experience en Phisique, & toutes les Verités produites seulement par le Calcul, on les pourroit traiter de Verités d'experience. Les Sciences doivent aller jusqu'aux premiéres causes, sur-tout la Geometrie, où l'on ne peut soupçonner comme dans la Phisique des principes qui nous soient inconnus. Car il n'y a dans la Geometrie, pour ainsi dire, que ce que nous y avons mis, ce ne sont que les idées les plus claires que l'Esprit humain puisse former sur la Grandeur comparées ensemble, & combinées d'une infinité de façons differentes, au lieu que la Nature pourroit bien avoir employé dans la structure de l'Univers quelque Mechanique qui nous échape absolument. Que si cependant la Geometrie a toûjours quelque obscurité essentielle, qu'on ne puisse dissiper, & ce sera uniquement, à ce que je crois, du côté de l'Infini, c'est que de ce côté-là la Geometrie tient à la Phisique, à la nature intime des Corps que nous connoissons peu, &

peut-être auſſi à une Metaphiſique trop élevée, dont il ne nous eſt permis que d'appercevoir quelques rayons.

Si l'on fait l'honneur à ce Livre de l'attaquer, & que ce ſoit par des endroits qui me ſont communs avec les Geometres partiſans de l'Infini, je me reposerai de ma défenſe ſur leur autorité, & ne me mêlerai point de ſoutenir leur ſentiment, qu'ils ſoutiendroient mieux que moi. Si on m'attaque par des endroits qui me ſoient particuliers, je demande en grace qu'on ne les ait point jugés du premier coup d'œil, qu'on ne les prenne qu'accompagnés de tout ce qui les appuye ou les favoriſe, en un mot qu'on rompe abſolument la liaiſon qu'ils m'ont paru avoir avec les principes reçûs, & je reconnoîtrai mon erreur ſans chercher de vains ſubterfuges. J'en dis autant de toute autre eſpece de fautes où je ſerai tombé ſans m'en appercevoir, ce qui n'eſt que trop poſſible dans un aſſés grand Ouvrage, que j'ai toûjours craint qui ne fût au deſſus de mes forces, & que j'ai ſupprimé long-temps par cette raiſon.

EXTRAIT DES REGISTRES de l'Academie Royale des Sciences.

Du 22. Fevrier 1727.

MEssieurs de MAIRAN & NICOLE, qui avoient été nommés pour examiner les *Elements de la Geometrie de l'Infini* par M. DE FONTENELLE Secretaire perpetuel de l'Academie, en ayant fait leur rapport; la Compagnie a jugé que la plusꝑart des idées contenuës dans cet Ouvrage étoient nouvelles, soit par le fond, soit par la forme que l'Auteur leur donnoit, que l'application qu'il en faisoit à la recherche des proprietés des Suites infinies de grandeurs quelconques, à la nature des Courbes, à leurs Asimptotes, à leurs Espaces, & aux Solides qui resultent de leurs révolutions autour d'un axe, aux forces Centrales, & à quelques autres questions Phisico-mathematiques, étoit solide & ingenieuse, que les Incommensurables, & les quantités Imaginaires, étoient expliquées d'une maniére toute nouvelle, & comme faisant partie d'un plan general, qui presentoit à l'Esprit un spectacle magnifique, & qu'enfin un Ouvrage si capable d'interesser les plus grands Geometres par les speculations sublimes qu'il contient, & en même temps si propre à éclairer ceux qui aspirent à le devenir, ne pouvoit qu'être utile au Public, & faire honneur à l'Academie. En foi dequoi j'ai signé le present Certificat au lieu du Secretaire. A Paris ce 26e Fevrier 1727.
DE REAUMUR *Directeur de l'Academie Royale des Sciences.*

TABLE.

PREMIERE PARTIE.

SISTEME GENERAL DE L'INFINI.

SECONDE PARTIE.

DIFFERENTES APPLICATIONS OU REMARQUES.

ELEMENTS

Quod numerare nefas, numerat

ELEMENTS DE LA GEOMETRIE DE L'INFINI.

PREMIERE PARTIE.

SISTEME GENERAL DE L'INFINI.

SECTION PREMIERE.

De la Grandeur, & de ses Rapports ; des Proportions, & des Progressions.

1. LA GRANDEUR est ce qui est susceptible d'augmentation & de diminution, ou, ce qui est le même, de plus & de moins. Tels sont les Nombres, les Lignes, les Surfaces, les Solides, les Temps, &c. Il est clair qu'un Nombre peut, sans cesser d'être nombre, être plus grand ou plus petit. De même une ligne, &c.

Ce que c'est que la Grandeur.

2. Donc o n'est point grandeur, car il n'est susceptible ni d'augmentation ni de diminution. Un rien ne peut être un plus grand ou un moindre rien.

Deux maniéres dont se forme la Grandeur.

3. Il est naturel de concevoir les Grandeurs comme formées par une augmentation successive, & pour cela ce qu'il y a de principal à considerer, c'est leur origine. Je puis les prendre à un point, dans un état, où elles n'existent pas encore, & d'où elles partent pour devenir grandeurs, ou bien je puis les prendre comme formées de quelque grandeur de même espece, si petite que je voudrai, & qui croîtra toûjours. Il n'y a que ces deux maniéres possibles. Ainsi s'il s'agit, par exemple, des élevations du Soleil sur l'Horison, je puis commencer par les prendre au point où le Soleil est précisément à l'Horison, & où son élevation est nulle, & compter de là 1 degré, 2 degrés, &c. ou seulement 1 Minute, 2 Minutes, &c. ou des Secondes, &c. mais je puis aussi commencer par prendre 1 degré ou 1 Minute, &c. d'élevation, & de là compter le reste.

Selon la 1re maniére, la numeration commence par o, & selon la 2de par 1. Selon la 1re, o est un *Terme* d'où partent les grandeurs croissantes, & selon la 2de, 1 est un *Element* dont elles sont formées. Elles sont d'autant plus grandes qu'elles sont plus éloignées de o selon la 1re, & qu'elles sont formées de 1 plus répeté selon la 2de. En un mot, on a suivi ou l'idée de *distance* plus ou moins grande à un Terme commun, ou l'idée de *répetition* plus ou moins grande d'un Element commun.

4. Zero ne peut être que Terme, & jamais Element, car il faut qu'un Element soit grandeur, & il ne l'est pas (2).

5. Donc si Zero commence une formation de grandeurs, cette formation est faite selon l'idée de distance, & non selon celle d'Element.

6. Un Element doit être moindre que les grandeurs qui en sont formées, & le même pour elles toutes. S'il y avoit dans la Nature une grandeur qui fût réellement la moindre grandeur possible de toutes celles d'une espece, par exemple,

une élevation du Soleil sur l'Horison, moindre que toutes les autres, ce seroit celle-là qu'il faudroit prendre pour Element des élevations, mais comme une telle grandeur n'existe point, on ne peut avoir un Element que par une détermination arbitraire, par exemple, 1 degré d'élevation, ou 1 Minute, &c. cet élement une fois fixé ne doit plus changer.

Unité numerique & geometrique.

7. Soit que l'on prenne pour élement des élevations du Soleil ou 1 degré, ou 1 Minute, ou 1 Seconde, &c. C'est toûjours 1 appliqué à differentes grandeurs réelles, & qui les désigne. Ainsi 1 est une grandeur purement intelligible & abstraite, au lieu que 1 degré, ou 1 Minute, &c. est une grandeur existante & réelle. 1 dans le 1er sens s'appelle l'*unité numerique*, & dans le 2[d] sens, où il est appliqué à quelque grandeur réelle, c'est l'*unité geometrique*.

8. L'unité geometrique est divisible, 1 degré contient 60 Minutes, 1 Minute 60 Secondes, &c. Mais l'unité numerique est indivisible, car quelque grandeur réelle que je veüille désigner, je ne la puis désigner par un moindre nombre que 1. Et si je dis $\frac{1}{2}$, $\frac{1}{3}$, &c. j'entends $\frac{1}{2}$, $\frac{1}{3}$ de quelque grandeur réelle ou unité geometrique, comme d'un degré, d'une minute, d'une toise, &c. alors c'est le demi-degré, ou la demi-minute, &c. qui devient l'unité numerique.

9. L'unité numerique est l'Element commun de tous les nombres, 2, 3, 4, &c. ils ne sont tous que 1 répeté un certain nombre de fois.

10. Les nombres naturels étant pris selon l'idée de distance précisément, ils sont 0, 1, 2, 3, &c. & selon l'idée d'élement ils ne sont que 1, 2, 3, &c. De la 1re maniére ils se forment par addition. $0.\ 0+1=1.\ 0+2=2$, &c. & de la 2de ils se forment par multiplication, $1.\ 1\times 2=2.\ 1\times 3=3$, &c. Donc tout nombre est égal à la distance où il est de 0, & tout nombre est égal au nombre de fois que 1 a dû être répeté pour le former.

11. Zero ne peut absolument être élement (4), mais 1 peut être terme aussi-bien qu'élement, car rien n'empêche que l'on ne prenne les nombres croissants comme distants

de 1, & que l'on ne dise 1+1=2, 1+2=3, &c. Mais ce qui marque bien que 1 n'est pas si naturellement terme que 0, c'est que les nombres ne sont pas égaux à leurs distances à 1, comme ils le sont à leurs distances à 0 (10).

12. Tout 0 est le même 0, & tout 1 est le même 1 numerique, mais non pas geometrique (7).

13. Puisque l'unité numerique est indivisible (8) & le moindre nombre possible, elle n'a point d'élement, car il seroit moindre qu'elle; ou, ce qui revient à la même chose, elle n'a d'élement qu'elle même. Et en effet $1\times1=1$. Cela doit être encore, parce que tout nombre a étant $=1\times a$ (10) il faut aussi que a étant 1, 1×1 soit $=1$.

14. Donc 1 est toûjours 1, à quelque puissance qu'on l'éleve, & par conséquent aussi quelque racine qu'on en tire.

15. Puisque 1 multiplié par lui-même tant qu'on voudra ne change point, c'est la même chose que s'il n'étoit point multiplié, & une multiplication qui ne produit aucun effet peut n'être point comptée. Donc il est également vrai & que 1 n'est formé d'aucune multiplication, & qu'il est formé d'autant de multiplications par lui-même qu'on voudra, ce qui lui est particulier.

16. Il n'y a point de nombre qui aussi-bien que 0 & même que 1 (11) ne puisse être un Terme d'où l'on comptera d'autres nombres plus grands, mais il ne sera qu'un Terme *particulier*, & il n'y en a point qui aussi-bien que 1 ne puisse être élement, mais élement *particulier* de nombres plus grands. Ainsi tout nombre a est tel que l'on en peut toûjours faire un plus grand qui sera $a+m$, ou $a\times m$, m étant un nombre quelconque entier.

17. Tout nombre a pouvant être Terme à l'égard d'un plus grand qui sera $a+m$, il n'est pas vrai de même qu'il puisse être élement à l'égard de tout nombre plus grand. Ainsi 2 & 3 sont tels que $2+m=3$, m étant $=1$, mais jamais $2\times m$ ne peut être $=3$, m étant un nombre entier. Il en est de même de tous les nombres dont le grand n'est pas un multiple exact du petit. Cela enferme deux cas. 1.° S'ils

ſont premiers entr'eux comme 2 & 3, ils ne peuvent, n'étant pas exprimés ſelon l'idée de diſtance, ou par a & $a+m$, s'exprimer que par a & b. 2.° S'ils ne ſont pas premiers entre eux, & que l'un ſoit ſimplement un multiple non exact de l'autre, il eſt aiſé de voir qu'ils s'exprimeront par am & bm, a & b étant deux membres premiers entr'eux, & m le même de part & d'autre. Tels ſont $10=2\times5$ & $15=3\times5$.

18. Donc en general deux nombres ne peuvent s'exprimer que par a & $a+m$, ou a & $a\times m$, ou a & b, ou am, & bm.

Rapports. Rapport arithmetique & geometrique.

19. Un Rapport eſt la comparaiſon de deux choſes, ou pluſtôt le fondement de la comparaiſon qu'on en fait, donc il faut qu'elles ſoient deux, car ſi elles n'étoient préciſément & de tous points que la même, il n'y auroit nulle comparaiſon à en faire. Donc tout leur rapport ne vient préciſément que de ce qui fait qu'elles ſont deux. Or deux grandeurs préciſément priſes comme telles, & ſans nulle autre circonſtance étrangere, ne peuvent être deux, que parce que l'une eſt plus petite, & l'autre plus grande, donc c'eſt de là uniquement que vient leur rapport, & il ne conſiſte qu'en ce qui rend l'une plus petite, & l'autre plus grande, ou, la plus petite étant poſée, en ce qui rend l'autre plus grande.

20. Donc ſi deux nombres ou grandeurs ſont exprimés par a & $a+m$, ou par a & am, tout leur rapport conſiſte dans m, qui ſeule les rend deux. Or m eſt la diſtance de $a+m$ à a, a étant pris pour Terme à l'égard de $a+m$, & m eſt le nombre de fois que a Element de am eſt repeté dans am. Donc le rapport de a & de $a+m$ eſt pris ſelon l'idée de diſtance, & le rapport de a & de am ſelon l'idée d'élement. Le 1er s'appelle rapport *arithmetique* ou *difference*, & le 2[d] rapport *geometrique*.

21. Dans l'expreſſion generale du rapport arithmetique de a & de $a+m$, a peut être $=0$, parce que a eſt conſideré comme un Terme à l'égard de $a+m$, & que 0 eſt le Terme commun des grandeurs. Les deux grandeurs a & $a+m$ deviendront donc alors 0 & $0+m=m$, & même tout le

rapport arithmetique de a & de $a+m$ se réduit necessairement à celui de o & de m; car en retranchant de a & de $a+m$, a qui leur est commun, & qui par conséquent ne les rend point deux, & ne fait rien à leur rapport, on a $a-a=0$, & m.

22. Donc a & m étant deux nombres indéterminés, dont chacun peut avoir une infinité de valeurs differentes, le rapport arithmetique de deux nombres quelconques se réduit toûjours à celui de o, & de leur difference m.

23. Donc quand on prendra m pour un nombre déterminé, il y a un rapport primitif & original de o & de m, qui a, pour ainsi dire, une infinité de copies dans les rapports de a & de $a+m$.

24. Dans l'expression du rapport geometrique de a & de am, a ne peut être $=0$ (4), mais il peut être $=1$, & même quelque grandeur que soit a, le rapport de a & de am se réduit à celui de 1 & de m, car a & am ayant a qui leur est commun & inutile à leur rapport, si on le leur ôte à tous deux par la division, ce qu'il faut faire, puisque leur rapport est formé par multiplication (10), on a $\frac{a}{a}=1$, & $\frac{am}{a}=m$.

25. Donc les rapports geometriques du nombre infini de grandeurs representées par a & am, ne sont que les copies du rapport primitif & original de 1 & de m.

26. Quand deux grandeurs ne peuvent être exprimées que par a & b, à cause que a & b sont premiers entr'eux (17), cela n'empêche pas qu'elles n'ayent une difference m, $=b-a$, en quoi consiste leur rapport arithmetique, & elles peuvent toûjours être exprimées par a & $a+m$. Mais elles n'ont point de m pour exprimer leur rapport geometrique, & elles n'ont rien de commun que 1, élement de toutes les grandeurs, car elles sont $1\times a=a$, & $1\times b=b$. Donc leur rapport geometrique consiste dans a & dans b pris en leur entier, & c'est un rapport irréductible & original. Ces grandeurs sont deux par toute leur nature & par toute leur expression, & leur rapport geometrique ne peut être que $\frac{a}{b}$ ou $\frac{b}{a}$.

27. Si deux grandeurs sont exprimées par am, & bm selon l'art. 17, il est visible qu'elles ne sont selon le rapport geometrique que a & b, & qu'il suffit de les considerer sous cette derniere expression.

28. En supposant toûjours $a < b$, on peut concevoir que comme am est formé de a, multiplié par m, ainsi b est formé de a, multiplié par $\frac{b}{a}$, car $a \times \frac{b}{a} = b$. Ainsi en prenant m pour un nombre quelconque soit entier, soit fractionnaire, & $= \frac{b}{a}$ expression d'un rapport geometrique irréductible, m sera un multiplicateur qui d'un nombre quelconque en fera toûjours un plus grand quelconque.

29. Donc deux grandeurs ayant un rapport arithmetique se peuvent toûjours exprimer par a & $a + m$, & si elles ont un rapport geometrique par a & am, & en réünissant les deux signes $+$ & $\times$, les deux grandeurs quelconques s'exprimeront par a & $a \overset{+}{\times} m$, m étant dans l'arithmetique une difference, & dans le geometrique un multiplicateur, en quoi consiste de part & d'autre tout le rapport.

30. Deux grandeurs differentes de a & de $a \overset{+}{\times} m$ ne peuvent avoir entr'elles le même rapport quelconque que a & $a \overset{+}{\times} m$, ou faire avec a & $a \overset{+}{\times} m$ une proportion, soit *arithmetique* soit *geometrique*, à moins qu'elles ne soient deux entr'elles précisément de la même maniére dont a & $a \overset{+}{\times} m$ sont deux (20). Donc il faut qu'elles conservent l'm de $a \overset{+}{\times} m$, donc ces deux nouvelles grandeurs sont b, & $b \overset{+}{\times} m$.

31. Si deux grandeurs ne peuvent être exprimées selon le rapport geometrique que par a & b, comme elles sont deux ou differentes par toute leur expression, deux autres grandeurs ne sçauroient avoir le même rapport geometrique qu'elles ne soient encore a & b, & en même temps pour être

differentes de a & de b, il faut qu'elles le ſoient par quelque choſe qui leur ſoit commun à toutes deux, & par conſequent ne change rien au rapport de a & de b. Donc les deux nouvelles grandeurs ſont $a \times m$, & $b \times m$, ce qui n'empêche pas que ſelon le rapport arithmetique elles ne puiſſent être exprimées par a & $a + m$ (17).

Expreſſion generale de la proportion arithmetique, & de la geometrique.

32. Donc toute proportion s'exprime ainſi :

$a.\ a \overset{+}{\underset{\times}{}} m.\ b.\ b \overset{+}{\underset{\times}{}} m.$ ou $a.\ b.\ a \overset{+}{\underset{\times}{}} m.\ b \overset{+}{\underset{\times}{}} m.$

Chacune de ces expreſſions contient deux proportions, l'une arithmetique, l'autre geometrique.

33. Quoi-que dans les deux proportions de chaque eſpece les grandeurs puiſſent être les mêmes, par exemple, $a = 2$, $b = 3$, $m = 4$, de part & d'autre, les deux proportions ne ſeront pas la même, car le rapport égal qui doit être entre les 2 premiéres grandeurs d'une proportion, & les 2 derniéres, ne ſera pas le même de part & d'autre. Ainſi dans $a.\ a+m.\ b.\ b+m$, ce rapport égal ſera 4, & dans $a.\ b.\ a+m.\ b+m$, il ſera 1. De même dans $a.\ am.\ b.\ bm$ le rapport ou multiplicateur égal ſera 4, & dans $a.\ b.\ am.\ bm$, il ſera $\frac{3}{2}$ (28). Alors cette derniére proportion ſera $a.\ a \times \frac{b}{a}.\ m.\ m \times \frac{b}{a}$, c'eſt-à-dire $2.\ 2 \times \frac{3}{2}.\ 4.\ 4 \times \frac{3}{2}$, ou $2.\ 3.\ 4.\ 6.$ & elle ſera réduite à la même forme que $a.\ am.\ b.\ bm$, ſelon l'art. 28.

34. La premiére proportion quelconque de l'art. 32. deviendra la 2de, ſi on met ſeulement les deux termes moyens à la place l'un de l'autre. Donc ce déplacement de termes n'empêche pas qu'il n'y ait encore proportion, quoi-que le rapport égal qui conſtituë la proportion ne ſoit plus le même (33.)

35. Au lieu de commencer par les plus petits termes dans les deux comparaiſons que l'on fait, ou dans les deux rapports, on peut commencer par les plus grands, & dire

$a \overset{+}{\underset{\times}{}} m.\ a.\ b \overset{+}{\underset{\times}{}} m.\ b.$ ou $b.\ a.\ b \overset{+}{\underset{\times}{}} m.\ a \overset{+}{\underset{\times}{}} m.$ & il eſt clair

que

que ce déplacement de termes, & celui de l'art. précédent sont tous les déplacements possibles, qui laisseront subsister une proportion.

36. En toute proportion il n'y a que 3 grandeurs differentes, *a*, *b*, & *m*, repetées chacune une fois.

37. De quelque maniere que les 4 termes d'une proportion quelconque soient rangés, pourvû qu'ils le soient de maniére qu'il y ait proportion, *a*, *b*, & *m* se trouvent toûjours dans les deux termes extrêmes & dans les deux moyens, & ne s'y trouvent qu'une fois chacun. Donc la somme des extrêmes, & celle des moyens dans la proportion arithmetique, & le produit des extrêmes & celui des moyens dans la geometrique, sont toûjours des quantités égales.

Des principes qui viennent d'être établis, on tireroit aisément toute la Theorie des Proportions à priori, *au lieu que souvent les démonstrations qu'on donne en cette matiére sont fondées sur l'égalité des extrêmes & des moyens, qui n'est qu'une proprieté, & non l'essence de la proportion. Il suffit d'avoir fait appercevoir le chemin qu'on pourroit prendre., nous ne le suivrons pas plus loin.*

38. Dans la proportion soit arithmetique, soit geometrique, les deux rapports égaux sont celui du 1er terme au 2^d^, & du 3me au 4me, mais non celui du 2^d^ au 3me. Que s'il étoit égal aux deux autres, la proportion seroit *continuë*, & s'appelleroit *progression*, & pourroit comprendre ensuite tant de termes qu'on voudroit.

Expression generale de la Progression arithmetique & de la geometrique.

Donc deux grandeurs étant exprimées par a & par $a \overset{+}{\times} m$, une 3me qui auroit même rapport à la 2de, que la 2de à la 1re seroit $a \overset{+}{\times} m \overset{+}{\times} m$, & on aura de même une 4me grandeur, & toûjours ainsi de suite. Donc la progression arithmetique sera

$$\div a . a + m . a + 2m . a + 3m, \text{ \&c.}$$

Et la geometrique

$$\dot{\div} a : am : am^2 : am^3, \text{ \&c.}$$

Si les deux 1res grandeurs étoient exprimées par a & par b, il seroit aisé de réduire b à l'expression $a \overset{+}{\underset{\times}{}} m$, puisqu'on peut prendre $m = b - a$ (26) ou $m = \frac{b}{a}$ (28).

39. Donc en toute progression il n'y a que deux grandeurs differentes, a & m, repetées.

40. De ce qu'il n'y a que ces deux grandeurs, & de ce que la progression arithmetique se forme par l'addition continuelle de m au terme précédent, & la geometrique par la multiplication continuelle de m par le terme précédent, il suit que les Coëfficients de m dans l'arithmetique, & les Exposants de m dans la geometrique sont les mêmes, & de plus sont les termes de la Suite naturelle 1, 2, 3, &c.

Comparaison des deux Progressions.

41. Donc a & m étant donnés, si l'on en veut faire une progression arithmetique, il n'y a qu'à multiplier m par tous les nombres naturels de suite, & ajoûter toûjours a, & si l'on veut faire une progression geometrique, il n'y a qu'à élever m de suite aux puissances désignées par ces nombres, & multiplier toûjours par a.

42. Dans la progression arithmetique a peut être $= 0$, & alors elle est $\div\ 0 .\ 1m.\ 2m.\ 3m$, &c. & même afin que m soit dans le 1er terme aussi-bien que dans tous les autres, & qu'en même temps il soit $= 0$, on peut concevoir que la progression est $\div\ 0m.\ 1m.\ 2m$, &c.

43. Si a a une autre valeur que 0, 0 peut encore être le 1er terme de la progression, pourvû que a soit $= m$. Car alors elle est $\div\ 1m.\ 2m.\ 3m$, &c. & par conséquent 0 en peut être le 1er terme (42).

44. Et même il le doit être, si l'on veut que la progression commence d'aussi loin qu'elle le peut.

45. Donc toute progression arithmetique, dont le 1er terme different de 0 est égal à la difference, peut commencer par 0, & le doit pour commencer d'aussi loin qu'elle le peut. Telle est la Suite naturelle des nombres.

46. Dans la progression geometrique a peut être $= 1$, & alors elle est $\div\!\div\ 1 .\ m^1.\ m^2.\ m^3$, &c. c'est-à-dire, que tous

ses termes ne sont que m élevé de suite à toutes ses puissances, excepté le 1er terme 1.

47. Donc toutes les puissances consécutives de quelque grandeur que ce soit, sont en progression geometrique.

48. Donc 1 peut toûjours être le 1er terme de ces differentes progressions, & doit l'être, afin qu'elles commencent d'aussi loin qu'elles le peuvent.

49. Et même pour faire que ce 1er terme soit aussi exprimé par m, il n'y a qu'à considerer que les exposants de m sont en progression arithmetique naturelle (40), dont par conséquent le 1er terme est o (45), & que par conséquent dans la progression $\div$ 1. m^1. m^2, &c. m^0 doit être immédiatement avant m^1, & par conséquent $=$ 1. Donc le 1er terme 1 sera exprimé par m^0, comme dans la progression arithmetique $\div$ 0. 1m. 2m, &c. le 1er terme o peut être exprimé par om (42).

En effet m^3 est m multipliée deux fois par elle-même, m^2 est m multipliée une fois par elle-même, m^1 est m qui n'est plus multipliée par elle-même, mais qu'on laisse telle qu'elle étoit, & qui par conséquent n'est que m multipliée par 1 qui ne multiplie point. Donc m^0 est encore d'un degré au dessous, & par conséquent est une grandeur qui n'est absolument formée par aucune multiplication. Or la seule grandeur à laquelle cette idée convienne est 1 (15).

50. Donc toute grandeur élevée à la puissance o est 1.

51. Donc 1^0 est aussi $=$ 1, & en effet les puissances de 1 ne le changent point (14).

52. Si a est une autre grandeur que 1, 1 peut encore être le 1er terme de la progression geometrique, pourvû que a soit $= m$. Car alors la progression est $\div$ m^1. m^2, &c. & par conséquent le 1er terme peut être $m^0 = 1$ (49).

53. Si $m = 1$, la progression geometrique est toute composée de grandeurs égales, & n'est plus progression, ou bien c'en est une qui l'est le moins qu'il se puisse. C'est la même chose que si dans une progression arithmetique m étoit $=$ 0.

Maniére de trouver les termes quelconques d'une Progreſſion arithmetique ou geometrique.

54. On voit par la formation des deux progreſſions $a. a \overset{+}{\times} m$ (38) que leur 3me terme eſt $a + 2m = a + \overline{m \times 3 - 1}$, ou $am^2 = a \times m^{3-1}$, que le 10me eſt $a + \overline{m \times 10 - 1}$, ou $a \times m^{10-1}$, & en general le n^{me} $a + \overline{m \times n - 1}$, ou am^{n-1}. Ce qui donne tout d'un coup un terme quelconque de la progreſſion, quand on ſçait le quantiéme il eſt.

Par exemple, ſi on demande le 10me terme de la progreſſion geometrique, dont 2 & 3 ſont les deux 1ers termes, & où par conſéquent $m = \frac{3}{2}$, ce 10me terme eſt $\frac{3}{2}$ élevé à la puiſſance $n - 1$, c'eſt-à-dire à la 9me, & multiplié par $2 = a$. Donc c'eſt $\frac{2 \times 3^9}{2^9} = \frac{3^9}{2^8} = \frac{19683}{256} = 76\frac{227}{256}$.

On voit par cet exemple que ſi, outre que la progreſſion ſera geometrique, ſes deux 1ers termes ſont des nombres premiers entr'eux, le n^{me} terme ſera $\frac{b^{n-1}}{a^{n-2}}$.

55. Si on a le 1er terme d'une progreſſion quelconque, & un autre b qui ne ſoit pas le 2^d, on aura toute la progreſſion, pourvû qu'on ſçache le quantiéme eſt b, ou, ce qui eſt le même, que l'on connoiſſe le nombre total des termes n. Car ce n^{me} terme eſt $a + \overline{m \times n - 1}$, ou am^{n-1} (54), & m eſt alors un nombre inconnu. Donc dans la progreſſion arithmetique $b = a + \overline{m \times n - 1}$, & par conſéquent $\frac{b-a}{n-1} = m$, & dans la geometrique $b = am^{n-1}$, & par conſéquent $\sqrt[n-1]{\frac{b}{a}}$ ou $\frac{b^{\frac{1}{n-1}}}{a^{\frac{1}{n-1}}} = m$. Or quand on a a & m, on a toute la progreſſion quelconque (39), & il ne faut plus que donner à $\frac{b-a}{n-1} = m$ des Coëfficients, ou à $\frac{b^{\frac{1}{n-1}}}{a^{\frac{1}{n-1}}} = m$ des Expoſants

qui soient la suite naturelle des nombres (41). Donc la progression arithmetique sera

$\div a . a + \frac{b-a}{n-1} . a + \frac{2b-2a}{n-1} . a + \frac{3b-3a}{n-1}$, &c.

ou $\div a . \frac{na+1b-2a}{n-1} . \frac{na+2b-3a}{n-1} . \frac{na+3b-4a}{n-1}$, &c.

Où l'on voit que si, par exemple, $n = 4$, c'est-à-dire, si b doit être le 4me terme, $\frac{na+3b-4a}{n-1}$ est $= b$. Car $na - 4a = 0$. Donc il ne reste que $\frac{3b}{n-1}$. Or ici $3 = n - 1$. Donc $\frac{3b}{n-1} = b$.

Pareillement la progression geometrique sera

$\div\div a . a \times \frac{b^{\frac{1}{n-1}}}{a^{\frac{1}{n-1}}} : a \times \frac{b^{\frac{2}{n-1}}}{a^{\frac{2}{n-1}}} : a \times \frac{b^{\frac{3}{n-1}}}{a^{\frac{3}{n-1}}} : a \times \frac{b^{\frac{4}{n-1}}}{a^{\frac{4}{n-1}}}$, &c.

ou $\div\div a : a^{\frac{n-2}{n-1}} \times b^{\frac{1}{n-1}} : a^{\frac{n-3}{n-1}} \times b^{\frac{2}{n-1}} : a^{\frac{n-4}{n-1}} \times b^{\frac{3}{n-1}}$, &c.

Où l'on voit que si $n = 4$, le 4me terme $a^{\frac{n-4}{n-1}} \times b^{\frac{3}{n-1}}$ est $= b$. Car $n - 4 = 0$. Donc $a^{\frac{n-4}{n-1}} = a^{\frac{0}{n-1}}$. Or l'exposant $\frac{0}{n-1}$ est $= 0$. Donc $a^{\frac{0}{n-1}} = a^0 = 1$ (50.) Donc il ne reste dans ce terme que $b^{\frac{3}{n-1}}$. Or ici $3 = n - 1$. Donc $b^{\frac{3}{n-1}} = b$.

On voit assés qu'il en ira de même de toute autre valeur qu'on donnera à n dans l'une & dans l'autre progression.

56. Si on veut que b entre dans le premier terme de ces progressions comme dans tous les autres, il est clair par l'analogie perpetuelle de leurs termes que dans l'arithmetique ce premier terme sera $\frac{na+0b-1a}{n-1} = \frac{na-1a}{n-1} = a$, & dans la geometrique $a^{\frac{n-1}{n-1}} \times b^{\frac{0}{n-1}} = a \times 1 = a$.

57. On a donné dans l'article 55. à $\frac{b-a}{n-1}$ ou à $\frac{b^{\frac{1}{n-1}}}{a^{\frac{1}{n-1}}}$ des Coëfficients ou des Exposants qui sont la Suite naturelle des nombres, & c'est ainsi qu'on a formé toutes les autres fractions des deux progressions. De là il suit que dans la progression arithmetique tous les termes ajoutés à a, & dans la geometrique tous les exposants de a, & tous ceux de b sont en progression arithmetique, car ces grandeurs, fractionnaires les unes & les autres, ayant toûjours le même dénominateur, ont leurs numerateurs en cette progression. Seulement il est bon de remarquer que dans la progression geometrique les exposants de a sont en progression arithmetique décroissante, & ceux de b en progression arithmetique croissante, & que ces deux progressions arithmetiques ne sont que la même renversée.

Moyens proportionnels en nombre quelconque, appartenants à l'une ou à l'autre Progression.

58. Remplir, comme on a fait dans l'article 55. une progression quelconque dont on a le 1er terme, & un autre quelconque b en connoissant n, nombre total des termes, ou introduire entre a & b un nombre n de moyens proportionnels quelconques, c'est la même chose, à cela près que dans la 1re operation le nombre total des termes est n, & dans la 2[de] $n+2$, car outre le nombre n de moyens proportionnels, il y a encore les deux extrêmes a & b. Donc il ne faudra que mettre par tout au lieu de $n-1$, $n-1+2 = n+1$, & tout se réduira aux articles 55, 56 & 57.

Par exemple, si on cherche 7 moyens arithmetiques entre 3 & 5, l'm ou difference de 3 & de 5 étant 2, celle de la progression sera $\frac{2}{8} = \frac{b-a}{n+1}$, & la progression sera

$\div 3.$ ou (56) $3+\frac{0}{8}.\ 3+\frac{2}{8}.\ 3+\frac{4}{8}.\ 3+\frac{6}{8}.\ 3+\frac{8}{8}.\ 3+\frac{10}{8}.\ 3+\frac{12}{8}.\ 3+\frac{14}{8}.\ 3+\frac{16}{8} = 5.$

Si entre les mêmes extrêmes on cherche 8 moyens arithmetiques, la progression sera

$\div 3+\frac{0}{9}.\ 3+\frac{2}{9}.\ 3+\frac{4}{9}.\ 3+\frac{6}{9}.\ 3+\frac{8}{9}.\ 3+\frac{10}{9}.$

$3 + \frac{12}{9} \cdot 3 + \frac{14}{9} \cdot 3 + \frac{16}{9} \cdot 3 + \frac{18}{9} = 5.$

Pareillement si on cherche 7 moyens geometriques entre 3 & 5, leur *m* étant $\frac{5}{3}$, celle de la progression sera

$\frac{5^{\frac{1}{8}}}{3^{\frac{1}{8}}} = \frac{b^{\frac{1}{n+1}}}{a^{\frac{1}{n+1}}}$, & la progression sera

$\div\!\div 3$ ou (56) $3^{\frac{8}{8}} \times 5^{\frac{0}{8}} : 3^{\frac{7}{8}} \times 5^{\frac{1}{8}} : 3^{\frac{6}{8}} \times 5^{\frac{2}{8}} : 3^{\frac{5}{8}} \times 5^{\frac{3}{8}}.$ $3^{\frac{4}{8}} \times 5^{\frac{4}{8}} : 3^{\frac{3}{8}} \times 5^{\frac{5}{8}} : 3^{\frac{2}{8}} \times 5^{\frac{6}{8}} : 3^{\frac{1}{8}} \times 5^{\frac{7}{8}} : 3^{\frac{0}{8}} \times 5^{\frac{8}{8}} = 5.$

Si on cherche entre les mêmes extrêmes 8 moyens geometriques, la progression sera

$\div\!\div 3^{\frac{9}{9}} \times 5^{\frac{0}{9}} \cdot 3^{\frac{8}{9}} \times 5^{\frac{1}{9}} \cdot 3^{\frac{7}{9}} \times 5^{\frac{2}{9}} \cdot 3^{\frac{6}{9}} \times 5^{\frac{3}{9}} \cdot 3^{\frac{5}{9}} \times 5^{\frac{4}{9}} :$ $3^{\frac{4}{9}} \times 5^{\frac{5}{9}} \cdot 3^{\frac{3}{9}} \times 5^{\frac{6}{9}} \cdot 3^{\frac{2}{9}} \times 5^{\frac{7}{9}} \cdot 3^{\frac{1}{9}} \times 5^{\frac{8}{9}} \cdot 3^{\frac{0}{9}} \times 5^{\frac{9}{9}} = 5.$

Moyens proportionnels réductibles ou irréductibles.

59. Il entre dans les progressions de ces exemples des fractions qui se peuvent réduire à de moindres termes. Elles sont toutes réductibles dans la 1re progression arithmetique, & elle devient

$\div 3 + \frac{0}{4} \cdot 3 + \frac{1}{4} \cdot 3 + \frac{2}{4} \cdot 3 + \frac{3}{4} \cdot 3 + \frac{4}{4} \cdot 3 + \frac{5}{4} \cdot 3 + \frac{6}{4} \cdot 3 + \frac{7}{4} \cdot 3 + \frac{8}{4}.$

Celle-ci a encore des fractions reductibles qui sont $\frac{2}{4} = \frac{1}{2}$, $\frac{4}{4} = 1$, $\frac{6}{4} = \frac{3}{2}$, $\frac{8}{4} = 2$. Si ces fractions peuvent être en progression arithmetique, les termes dans lesquels elles entroient, étant toûjours ajoûtés au 1er terme, seront encore en cette progression (41), & par conséquent il y aura entre les mêmes extrêmes une nouvelle progression arithmetique composée d'un moindre nombre de termes, puisquelle n'aura que quelques-uns de ceux qu'avoit la premiére. Or telles sont ces fractions, car sans changer leur valeur, elles deviendront $\frac{2}{4} = \frac{1}{2}$, $\frac{4}{4} = 1 = \frac{2}{2}$, $\frac{6}{4} = \frac{3}{2}$, $\frac{8}{4} = \frac{4}{2}$, où l'on voit que leur dénominateur 2 étant le même, leurs numerateurs 1, 2, 3, 4, sont en progression arithmetique. Et comme le 1er terme $3 + \frac{0}{4}$ est $= 3 + \frac{0}{2}$, & qu'en general le numerateur de sa fraction étant toûjours 0, le dénominateur est tel nombre que l'on veut, la nouvelle progression sera $\div\, 3 + \frac{0}{2} .\ 3 + \frac{1}{2} .\ 3 + \frac{2}{2} .\ 3 + \frac{3}{2} .\ 3 + \frac{4}{2} = 5$. Et il n'y à plus que 3 moyens proportionnels au lieu de 7 qu'il y avoit, & 5 termes en tout au lieu de 9.

Et comme dans cette nouvelle progression $\frac{0}{2}$, $\frac{2}{2}$, & $\frac{4}{2}$ sont encore réductibles, de maniére que leur dénominateur sera le même, & leurs numerateurs en progression arithmetique, car $\frac{0}{2} = \frac{0}{1}$, $\frac{2}{2} = \frac{1}{1}$, $\frac{4}{2} = \frac{2}{1}$, il se fera la nouvelle progression $\div\, 3 + \frac{0}{1},\ 3 + \frac{1}{1},\ 3 + \frac{2}{1}$ ou $3 . 4 . 5$.

Quant aux fractions irréductibles de la premiére progression, qui sont $\frac{1}{4}$, $\frac{3}{4}$, $\frac{5}{4}$, $\frac{7}{4}$, il est bien vrai qu'elles sont en progression arithmetique entr'elles, mais elles n'y peuvent être ni avec $\frac{0}{4}$ ni avec $\frac{8}{4}$, fractions extrêmes, & par conséquent les termes affectés des fractions $\frac{1}{4}$, $\frac{3}{4}$, $\frac{5}{4}$, $\frac{7}{4}$ ne peuvent être moyens arithmetiques entre $3 + \frac{0}{4} = 3$, & $3 + \frac{8}{4} = 5$; selon une progression composée de moins de 9 termes.

On voit donc, non par cet exemple particulier seulement, mais par la nature generale de la chose, que si les termes d'une progression arithmetique comprise entre deux extrêmes déterminés *a* & *b*, sont tous affectés de fractions réductibles qui soient encore après la réduction en progression arithmetique, la progression demeure la même, & conserve le même nombre de termes; que s'il n'y a que quelques termes dont les fractions soient réductibles, il faut afin qu'il y ait encore une progression comprise entre *a* & *b*, 1° que *a* & *b*, ou, pour parler plus exactement, *b* soit du nombre des termes dont les fractions sont reductibles, car *a* en est toûjours, 2° que toutes les fractions étant réduites, soient en progression arithmetique. Moyennant ces deux conditions il y aura une nouvelle progression comprise entre les mêmes extrêmes *a* & *b*, & composée d'un moindre nombre de termes.

Ce doit être le même raisonnement à l'égard des fractions qui sont les exposants des termes de la progression geometrique, car les exposants de *a* pris de suite, & de même ceux de *b* sont en progression arithmetique (57). Donc les termes moyens de la progression geometrique affectés de fractions ou ou exposants réductibles pourront encore être moyens entre les mêmes extrêmes selon une progression composée d'un moindre nombre de termes, pourvû que les exposants de ceux qui composeront la nouvelle progression soient une progression arithmetique.

Ainsi dans la 1re progression geometrique de l'art. 58. $3^{\frac{6}{8}} \times 5^{\frac{2}{8}} = 3^{\frac{3}{4}} \times 5^{\frac{1}{4}}$. $3^{\frac{4}{8}} \times 5^{\frac{4}{8}} = 3^{\frac{2}{4}} \times 5^{\frac{2}{4}}$. $3^{\frac{2}{8}} \times 5^{\frac{6}{8}} = 3^{\frac{1}{4}} \times 5^{\frac{3}{4}}$ sont des termes moyens dont les exposants étoient réductibles, mais de plus ceux de 3 & ceux de 5 font entre eux une progression arithmetique, & enfin les deux extrêmes $3^{\frac{8}{8}} \times 5^{\frac{0}{8}}$ & $3^{\frac{0}{8}} \times 5^{\frac{8}{8}}$ étant réduits à $3^{\frac{4}{4}} \times 5^{\frac{0}{4}}$, & à $3^{\frac{0}{4}} \times 5^{\frac{4}{4}}$, la progression arithmetique des exposants subsiste toûjours; d'où il suit que $3^{\frac{3}{4}} \times 5^{\frac{1}{4}}$, $3^{\frac{2}{4}} \times 5^{\frac{2}{4}}$, $3^{\frac{1}{4}} \times 5^{\frac{3}{4}}$ sont trois termes qui peuvent être moyens geometriques entre $3 = 3^{\frac{4}{4}} \times 5^{\frac{0}{4}}$ & $5 = 3^{\frac{0}{4}} \times 5^{\frac{4}{4}}$ dans une progression composée seulement de 5 termes, au lieu que la premiére où ils entroient l'étoit de 9.

Il est clair que dans cette nouvelle progression $3^{\frac{2}{4}} \times 5^{\frac{2}{4}}$ a encore un exposant réductible, que de plus les deux extrêmes ont aussi les leurs réductibles, que les exposants de ces 3 termes feront une progression arithmetique, & que les 3 termes feront $3^{\frac{2}{2}} \times 5^{\frac{0}{2}}$. $3^{\frac{1}{2}} \times 5^{\frac{1}{2}}$. $3^{\frac{0}{2}} \times 5^{\frac{2}{2}}$, ou $3.\ 3^{\frac{1}{2}} \times 5^{\frac{1}{2}}.\ 5.$

60. Tout moyen proportionnel unique entre a & b a $\frac{1}{2}$ pour Coëfficient s'il est arithmetique, & pour Exposant s'il est geometrique. Car alors $n = 1$, & $n + 1 = 2$. Donc le moyen proportionnel arithmetique entre a & b est $a + \frac{b - a}{2}$ $= a + \frac{1}{2}b - \frac{1}{2}a = \frac{1}{2}a + \frac{1}{2}b$, & le geometrique est

$a \times \frac{b^{\frac{1}{2}}}{a^{\frac{1}{2}}} = a^{\frac{1}{2}} \times b^{\frac{1}{2}}$, ou $\sqrt{ab}$. Donc dans un nombre quelconque de moyens proportionnels quelconques entre a & b, il ne ſe pourra trouver de terme qui ſoit le même que ce moyen proportionnel unique, à moins qu'il n'y en ait un affecté d'une fraction réductible à $\frac{1}{2}$. Or ſi n eſt un nombre pair, $n+1$ ſera impair, & par conſéquent nulle fraction ne pourra ſe réduire à $\frac{1}{2}$. Donc ſi le nombre de moyens proportionnels quelconques entre a & b eſt pair, il n'y en aura aucun qui ſoit le même que le moyen proportionnel unique entre a & b, & au contraire il y en aura un qui ſera le terme du milieu, ſi n eſt impair. On en voit des exemples dans les deux progreſſions tant arithmetiques que geometriques de l'art. 58.

61. Un nombre quelconque de moyens proportionnels quelconques étant introduits entre a & b, il n'y en a qui puiſſent être moyens entre les mêmes extrêmes ſelon une progreſſion compoſée d'un moindre nombre de termes, que ceux dont les fractions ſont reductibles avec certaines conditions (59). Donc ſi toutes les fractions ſont abſolument irréductibles, il n'y aura aucuns termes moyens qui puiſſent l'être entre les mêmes extrêmes ſelon une progreſſion compoſée d'un moindre nombre de termes. Or ſi $n+1$ dénominateur perpetuel de toutes les fractions eſt un nombre premier, toutes les fractions ſeront irréductibles. Donc en ce cas-là aucun des termes moyens entre a & b ne pourra l'être entre les mêmes extrêmes ſelon une progreſſion compoſée d'un moindre nombre de termes. Par exemple, ſi on prend 12 moyens proportionnels quelconques entre a & b, on ſera ſûr, parce que $n+1 = 13$ eſt un nombre premier, qu'aucun de ces 12 termes moyens ne ſera moyen entre a & b ſelon une progreſſion qui n'auroit que 11 termes moyens, ou 13 en tout, ou 12 en tout, ou 11, ou 10, &c.

62. Donc à chaque fois qu'on introduit entre a & b un nombre n de moyens proportionnels quelconques, tel que

$n+1$ soit nombre premier, on a des termes moyens differents de tous ceux qui étant en moindre nombre, seroient moyens aussi entre a & b. C'est-à-dire, que la Suite des nombres premiers étant 1, 3, 5, 7, 11, 13, 17, &c. si on introduit successivement entre a & b 2 moyens proportionnels quelconques, ou 4, ou 6, ou 10, ou 12, ou 16, &c. on aura toûjours des termes moyens differents, & non seulement tous differents dans les differentes operations, mais encore differents de ceux qu'on auroit eus, en introduisant entre a & b ou 1, ou 3, ou 5, ou 7, ou 8, ou 9, ou 11, ou 13, ou 14, ou 15, &c. termes moyens.

Comparaison des divisions du même intervalle par une Progression arithmetique, & une geometrique correspondante.

63. Quand on a introduit entre a & b un nombre n de moyens proportionnels quelconques, on a vû par les raisonnements & par les operations des art. 55, 57 & 58, que tout se réduisoit à diviser le rapport arithmetique $b-a$ ou le geometrique $\frac{b}{a}$ de a & de b en un nombre $n+1$ de parties, dont la 1re étoit $\frac{b-a}{n+1}$, ou $\frac{b^{\frac{1}{n+1}}}{a^{\frac{1}{n+1}}}$, la 2^de^ $\frac{2b-2a}{n+1}$ ou $\frac{b^{\frac{2}{n+1}}}{a^{\frac{2}{n+1}}}$ &c. & que toutes ces parties ajoûtées à a, ou multipliées par a, formoient la progression cherchée. Or toutes ces parties $\frac{b-a}{n+1}$, $\frac{2b-2a}{n+1}$, &c. ont le même rapport arithmetique, & toutes les $\frac{b^{\frac{1}{n+1}}}{a^{\frac{1}{n+1}}}$, $\frac{b^{\frac{2}{n+1}}}{a^{\frac{2}{n+1}}}$, &c. ont le même rapport geometrique. Donc le rapport arithmetique $b-a$, & le geometrique $\frac{b}{a}$ ont été divisés l'un & l'autre en parties égales, dont le nombre est $=n+1$, l'un en parties arithmetiquement égales, & l'autre en parties geometriquement égales.

64. Des grandeurs croissantes, comme on les suppose ici, ne peuvent avoir le même rapport arithmetique, ou la même

difference qu'elles n'ayent toûjours un moindre rapport geometrique, car cette difference constante qu'on leur ajoûte toûjours est toûjours moindre par rapport à elles à mesure qu'elles croissent, & par conséquent elles approchent toûjours davantage de l'égalité selon le rapport geometrique, ou, ce qui revient au même, ont un moindre rapport geometrique. Cela se voit dans la Suite naturelle des nombres. Au contraire des grandeurs croissantes ne peuvent avoir le même rapport geometrique qu'elles n'ayent toûjours un plus grand rapport arithmetique ou une plus grande difference, ce qui est clair. Donc le rapport arithmetique de a & de b divisé en parties arithmetiquement égales (63) l'est en même temps en parties geometriquement inégales & décroissantes, & le rapport geometrique de a & de b divisé en parties geometriquement égales (63) l'est en même temps en parties arithmetiquement inégales & croissantes.

65. Si on introduit entre a & b le moyen arithmetique $\frac{a+b}{2}$ & le geometrique $\sqrt{ab}$ (60) on a toûjours $\frac{a+b}{2} > \sqrt{ab}$, car le rapport arithmetique de a & de b étant divisé en deux parties arithmetiquement égales par $\frac{a+b}{2}$, & en deux parties arithmetiquement inégales & croissantes par $\sqrt{ab}$ (64), $\sqrt{ab}$ a une moindre difference à a que $\frac{a+b}{2}$, & une plus grande difference à b, & par conséquent est moindre que $\frac{a+b}{2}$.

66. Et comme une progression soit arithmetique, soit geometrique de 3 termes represente toutes celles qui auroient un plus grand nombre de termes, & que visiblement le même raisonnement y aura lieu, il suit qu'une progression arithmetique & une geometrique composées d'un même nombre quelconque de termes, étant comprises entre les mêmes extrêmes, chaque terme moyen de la geometrique sera plus petit que son correspondant dans l'arithmetique.

Somme de la progression

67. Donc la somme de la progression geometrique est moindre que celle de l'arithmetique.

geometrique, moindre que celle de l'arithmetique.

68. Toute progression geometrique étant $\div\div$ *a. am. am²*, *am³*, &c. (38), les differences de ses termes sont $\overline{am - a}$. $\overline{am^2 - am} = \overline{am - a} \times m$. $\overline{am^3 - am^2} = \overline{am - a} \times m^2$, &c. où l'on voit que c'est toûjours la même grandeur $am - a$, difference des deux 1ers termes, qui est multipliée de suite par toutes les puissances de *m*, comme *a* l'étoit dans la progression $\div\div$ *a. am*, &c. Donc les differences des termes d'une progression geometrique sont aussi en progression geometrique, & en même progression que les termes dont elles sont differences, puisque les deux progressions ont le même multiplicateur perpetuel *m*.

69. Puisque les differences des termes d'une progression geometrique sont une seconde progression geometrique qui a le même multiplicateur *m* que la premiére (68), les differences de ces differences feront une troisiéme progression qui aura encore le même multiplicateur *m*, & toûjours ainsi de suite tant qu'il y aura des differences de differences, car la progression des premiéres differences ayant necessairement un terme de moins que la progression des termes dont elles sont differences, la progression des secondes differences encore un terme de moins, & toûjours ainsi de suite, il viendra à la fin une progression de trois termes seulement, après laquelle il n'y en pourra plus avoir.

70. Comme on ne peut introduire entre *a* & *b* un terme moyen qui soit arithmetiquement plus éloigné de *a* & de *b* en même temps que celui qui est précisément au milieu, ou le moyen arithmetique, de même on ne peut introduire entre *a* & *b* aucun terme moyen qui soit plus grand par rapport à *a*, & en même temps plus petit par rapport à *b*, que le moyen geometrique, car il est plus grand que l'un dans la même raison qu'il est plus petit que l'autre, & par conséquent tout autre terme *x*, s'il est plus grand par rapport à *a*, ne sera pas si petit par rapport à *b*, & s'il est plus petit par rapport à *b*, ne sera pas si grand par rapport à *a*. Et comme une progression de 3 termes les represente toutes, il s'ensuit que dans

une progreſſion geometrique quelconque chaque terme moyen eſt plus grand par rapport à celui qui le précede, & en même temps plus petit par rapport à celui qui le ſuit, que chaque terme moyen ne le ſeroit dans toute autre Suite compriſe entre les mêmes extrêmes, compoſée du même nombre de termes, & qui ne ſeroit point une progreſſion geometrique.

71. Les differences des termes d'une progreſſion geometrique ſont auſſi en progreſſion, & en même progreſſion (68). Donc chacune de ces differences eſt plus grande par rapport à celle qui la précéde, & plus petite par rapport à celle qui la ſuit que ne ſeroient les differences des termes de toute autre Suite. Donc la progreſſion geometrique eſt celle de toutes les Suites dont les termes ont les differences les plus inégales, au lieu que l'arithmetique eſt la ſeule de toutes les Suites qui les a toutes égales.

On voit aſſés que la plus grande inégalité poſſible des differences des termes d'une progreſſion geometrique doit s'entendre du *tout pris enſemble*, c'eſt-à-dire, que ſi quelque autre Suite a quelques termes qui ayent des differences plus inégales, elle en aura d'autres qui auront des differences moins inégales.

72. Donc la difference $b-a$, ou l'intervalle arithmetique qui eſt entre a & b, étant diviſé également par la progreſſion arithmetique, l'eſt le plus inégalement qu'il ſe puiſſe dans ſon tout par la geometrique, & il eſt bon de remarquer que comme pour une progreſſion on ne ſçauroit prendre moins de 3 grandeurs, ici on ne ſçauroit prendre moins de 3 parties de l'intervalle ſuppoſé, & que par conſéquent on doit concevoir entre a & b 2 termes moyens pour le moins. Si pour ſe faire une image ſenſible on ſe repreſente cet intervalle comme une ligne où ſoient marqués les points de diviſion réſultants des deux progreſſions, & les nombres correſpondants à ces points, la ligne diviſée également par la progreſſion arithmetique, le ſera le plus inégalement qu'il ſe puiſſe par la geometrique, ou, ce qui revient au même, les points de diviſion également diſtants dans l'arithmetique, le ſeront

le plus inégalement qu'il se puisse dans la geometrique, les points de division de l'une & de l'autre progression ne se rencontreront jamais, ils seront dans la geometrique plus serrés vers l'origine, & plus écartés vers l'extremité, de sorte que si l'on conçoit la ligne divisée par le milieu, la progression arithmetique aura de part & d'autre un nombre égal de points de division, ou de termes, & la geometrique un plus grand nombre du côté de *a* que de *b*, & par conséquent un plus grand nombre de *petits* termes, les petits étant ceux qui sont moindres que le moyen arithmetique, ce qui revient à ce que la somme de la progression geometrique est moindre (67).

Division de l'intervalle commun, la plus inégale qu'il se puisse par la progression geometrique.

73. Donc la progression arithmetique & la geometrique sont entre toutes les Suites possibles celles qui sont les plus opposées par rapport à la division de l'intervalle commun.

74. Toute progression geometrique en enferme une arithmetique, qui est celle des exposants de m, & si la progression geometrique n'est formée, comme elle peut l'être, que des puissances de m, m^0, m^1, m^2, &c. Cette progression sera en même temps l'arithmetique des exposants de m, & la geometrique des puissances de m, de sorte que le rapport arithmetique égal des exposants, representera perpetuellement le geometrique égal des puissances. De là il suit qu'à tous les changements qui pourront arriver aux exposants, il répondra des changements analogues dans les puissances, c'est-à-dire, que si, par exemple, on double, on triple, &c. les exposants, on quarrera, on cubera, &c. les puissances, que si on divise les exposants par 2, par 3, &c. on tirera la $\sqrt[2]{}$, ou $\sqrt[3]{}$ &c. des puissances.

75. Si l'on conçoit une progression geometrique qui ne soit formée que de m^1 toûjours répeté, & qui par conséquent ne sera progression que le moins qu'il se puisse, l'exposant 1 constant representera le rapport geometrique constant des grandeurs, mais si on divise de suite touts les exposants 1 par 1, 2, 3, &c. on aura la Suite $m^{\frac{1}{1}}$, $m^{\frac{1}{2}}$, $m^{\frac{1}{3}}$, où le rapport arithmetique des exposants $\frac{1}{1}$, $\frac{1}{2}$, $\frac{1}{3}$, &c. representera encore

le rapport geometrique des grandeurs $m^1, m^{\frac{1}{2}}, m^{\frac{1}{3}}$, &c. Et puisque $1, \frac{1}{2}, \frac{1}{3}$, &c. ont un rapport arithmetique inégal & décroissant, $m^1, m^{\frac{1}{2}}, m^{\frac{1}{3}}$, &c. en auront un geometrique pareil, & par conséquent approcheront toûjours de plus en plus de l'égalité.

76. Si on éleve $m^{\frac{1}{2}}$, ou $m^{\frac{1}{3}}$, ou en general $m^{\frac{1}{n}}$, à toutes ses puissances de suite, ce qui donnera $m^{\frac{1}{n}}, m^{\frac{2}{n}}, m^{\frac{3}{n}}$, &c. il est visible que les exposants redeviennent en progression arithmetique, aussi la progression $m^{\frac{1}{n}}, m^{\frac{2}{n}}, m^{\frac{3}{n}}$, &c. est-elle geometrique.

Somme de la progression arithmetique quelconque.

77. Pour avoir la somme de tous les termes d'une progression arithmetique qui en a 10, par exemple, il n'y a qu'à considerer que les sommes du 1er & du 10me, du 2^{d} & du 9me, &c. sont égales, que toutes ces sommes ensemble sont la somme de la progression, que le nombre de ces sommes est égal à la moitié du nombre des termes de la progression, & que par conséquent une de ces sommes quelconque, comme celle du 1er & du 10me terme, multipliée par la moitié du nombre des termes est égale à la somme de la progression. Le nombre des termes étant n, le dernier terme est $a + \overline{m \times n - 1}$ (54). Donc la somme du 1er & du dernier est $2a + \overline{m \times n - 1}$, & celle de toute la progression est $\overline{2a + \overline{m \times n - 1}} \times \frac{n}{2}$.

Dans la progression naturelle où $a = 1 = m$, la somme est $\overline{2 + n - 1} \times \frac{n}{2} = \overline{n + 1} \times \frac{n}{2} = \frac{nn + n}{2}$. Par exemple, celle des 10 premiers nombres est $\frac{100 + 10}{2} = 55$.

Somme de la geometrique.

78. On sçait, & il seroit aisé de le prouver par tout ce qui a été dit, que dans une progression geometrique la somme de tous les *antecedents* est à celle de tous les *conséquents* comme un

un antécédent quelconque à son conséquent. Or dans une progression tous les termes étant alternativement antécédents & conséquents, horsmis le premier qui n'est qu'antécédent, & le dernier qui n'est que conséquent, la somme de tous les antécédents dans $\div\!\div\; a.\, am.\, am^2.\, am^3,$ &c. am^{n-1} sera la somme totale inconnuë de tous les termes, que j'appelle s, moins le dernier terme, c'est-à-dire $s - am^{n-1}$. De même la somme des conséquents sera $s - a$. Donc $s - am^{n-1}.\, s - a :: a.\, am :: 1.\, m$. Donc $sm - am^n = s - a$. Donc $sm - s = am^n - a$. Donc $s = \frac{am^n - a}{m - 1}$.

Par exemple, si $a = 2$, $m = 3$, $n = 4$, ce qui donne la progression $\div\!\div\; 2.\, 6.\, 18.\, 54.$ La somme $\frac{am^n - a}{m - 1}$ est $\frac{2 \times 3^4 - 2}{2} = \frac{2 \times 81 - 2}{2} = \frac{160}{2} = 80$.

Si a & n demeurant les mêmes, $m = \frac{1}{3}$, ce qui donne la progression décroissante $\div\!\div\; 2.\, \frac{2}{3}.\, \frac{2}{9}.\, \frac{2}{27}$, la somme est $\frac{2 \times \frac{1}{3^4} - 2}{\frac{1}{3} - 1} = \frac{\frac{2}{81} - 2}{-\frac{2}{3}} = \frac{2 - 162}{81}$ divisé par $-\frac{2}{3} = \frac{-160 \times 3}{-81 \times 2} = \frac{480}{162} = 2\frac{26}{27}$.

Si m est une fraction dont on tire quelque racine comme dans les deux progressions geometriques de l'art. 58. dont je prends la 1re, où $m = \frac{5^{\frac{1}{8}}}{3^{\frac{1}{8}}}$, & $n = 9$, la somme sera $\frac{3 \times 5^{\frac{9}{8}}}{3^{\frac{9}{8}}} - 3$ divisé par $\frac{5^{\frac{1}{8}}}{3^{\frac{1}{8}}} - 1$. Or $\frac{3 \times 5^{\frac{9}{8}}}{3^{\frac{9}{8}}} = 3^{-\frac{1}{8}} \times 5^{\frac{9}{8}} = \frac{5^{\frac{9}{8}}}{3^{\frac{1}{8}}}$. Donc $\frac{3 \times 5^{\frac{9}{8}}}{3^{\frac{9}{8}}} - 3 = \frac{5^{\frac{9}{8}} - 3^{\frac{9}{8}}}{3^{\frac{1}{8}}}$. D'un autre côté le diviseur $\frac{5^{\frac{1}{8}}}{3^{\frac{1}{8}}} - 1 = \frac{5^{\frac{1}{8}} - 3^{\frac{1}{8}}}{3^{\frac{1}{8}}}$. Donc la somme est $\frac{5^{\frac{9}{8}} - 3^{\frac{9}{8}}}{3^{\frac{1}{8}}} \times \frac{3^{\frac{1}{8}}}{5^{\frac{1}{8}} - 3^{\frac{1}{8}}} = \frac{5^{\frac{9}{8}} - 3^{\frac{9}{8}}}{5^{\frac{1}{8}} - 3^{\frac{1}{8}}}$.

5^9 étant $= 1953125$ dont la $\sqrt[8]{}$ est un peu plus de 6, & 3^9 étant $= 19683$ dont la $\sqrt[8]{}$ est un peu plus de 3, il suit que $5^{\frac{9}{8}} - 3^{\frac{9}{8}}$ est à peu près 3, & cette grandeur ayant un diviseur, il semble qu'elle doive encore devenir moindre. Cependant dans cette progression la somme des deux extrêmes 3 & 5 est 8, & elle est encore beaucoup augmentée par celle des 7 moyens proportionnels. Mais aussi $5^{\frac{1}{8}} - 3^{\frac{1}{8}}$ est une fraction, quoi-qu'elle n'en ait pas la forme, & par conséquent elle augmente la grandeur qu'elle divise. Car $5^{\frac{1}{8}}$ est plus grand que $1 = 1^{\frac{1}{8}}$, & moindre que 2 dont la puissance 8me est 256. $3^{\frac{1}{8}}$ est aussi plus grand que 1, & à plus forte raison moindre que 2. Donc quand de $5^{\frac{1}{8}}$ on retranche $3^{\frac{1}{8}}$, on en retranche plus que 1, & puisque $5^{\frac{1}{8}}$ & $3^{\frac{1}{8}}$ sont l'un & l'autre moindres que 2, le reste que donne la soustraction ou $5^{\frac{1}{8}} - 3^{\frac{1}{8}}$ est moindre que 1, & par conséquent une fraction, mais cette fraction est inconnuë, du moins exactement.

On la peut appeller $\frac{1}{x}$, & la somme de cette progression sera $5^{\frac{9}{8}} - 3^{\frac{9}{8}} \times x$.

Rapport de ces sommes. 79. Pour avoir par le calcul le rapport de la somme *A* d'une progression arithmetique à la somme *G* d'une geometrique, ou plustôt les deux sommes ensemble, les deux progressions ayant les mêmes extrêmes *a* & *b*, & le même nombre *n* de termes, il faut considerer que dans $2a + m \times n - 1$

$\times \frac{n}{2}$ Formule de A (77) & dans $\frac{am^n - a}{m-1}$ Formule de G (78) m étant different de part & d'autre, il doit être réduit à la même expression, ce qui se fera en prenant dans A, $m = \frac{b-a}{n-1}$, & dans G, $m = \frac{b^{\frac{1}{n-1}}}{a^{\frac{1}{n-1}}}$ (55).

On a donc d'une part $\overline{2a + m \times \overline{n-1}} \times \frac{n}{2} =$ $\overline{2a + \frac{b-a}{n-1} \times \overline{n-1}} \times \frac{n}{2} = \overline{a+b} \times \frac{n}{2} = \frac{an+bn}{2}$. Et de l'autre $\frac{am^n - a}{m-1} = \frac{b^{\frac{n}{n-1}} - a^{\frac{n}{n-1}}}{b^{\frac{1}{n-1}} - a^{\frac{1}{n-1}}}$.

Donc $A . G :: \frac{an+bn}{2} : \frac{b^{\frac{n}{n-1}} - a^{\frac{n}{n-1}}}{b^{\frac{1}{n-1}} - a^{\frac{1}{n-1}}}$.

$:: \frac{\overline{an+bn} \times \overline{b^{\frac{1}{n-1}} - a^{\frac{1}{n-1}}}}{2} : b^{\frac{n}{n-1}} - a^{\frac{n}{n-1}}$.

Par exemple, si $a = 1$, $b = 8$, & $n = 4$, on a $\frac{\overline{an+bn} \times \overline{b^{\frac{1}{n-1}} - a^{\frac{1}{n-1}}}}{2} = \frac{36 \times \overline{8^{\frac{1}{3}} - 1}}{2} = 18$, & $b^{\frac{n}{n-1}} - a^{\frac{n}{n-1}} = 8^{\frac{4}{3}} - 1$. Or 8 étant $= 2^3$, on a $8^{\frac{4}{3}} = 2^{\frac{12}{3}} = 2^4 = 16$, dont ensuite il faut retrancher 1. Donc $A:G :: 18 . 15$, qui sont en effet les sommes des 2 progressions.

80. Si n demeurant le même, b devient plus grand par rapport à a, A devient plus grande par rapport à G. Car $A = \frac{an+bn}{2}$ augmente par l'augmentation de b, sans qu'il lui arrive d'ailleurs aucune diminution, & $G = \frac{b^{\frac{n}{n-1}} - a^{\frac{n}{n-1}}}{b^{\frac{1}{n-1}} - a^{\frac{1}{n-1}}}$ est telle que son numerateur augmente par l'augmentation

de b, & son dénominateur aussi, & par conséquent G ne fait que se maintenir à peu-près comme elle étoit, & n'augmente pas à proportion de A. Donc plus b sera grand, n demeurant le même, plus A l'emportera sur G.

81. Si a & b demeurant les mêmes, n augmente, A augmente absolument, & dans G la grandeur $b^{\frac{n}{n-1}} - a^{\frac{n}{n-1}}$ en approche toûjours plus d'être $b-a$, & $b^{\frac{1}{n-1}} - a^{\frac{1}{n-1}}$ d'être $b^{\frac{1}{n}} - a^{\frac{1}{n}}$, & alors la difference de $b^{\frac{1}{n}}$ à $a^{\frac{1}{n}}$ est très petite, d'où il suit que G est fort grande. Donc l'augmentation de b par rapport à a augmente plus le rapport de A à G que l'augmentation de n.

SECTION II.

De la Grandeur infiniment grande.

82. CE qui par son essence est susceptible de plus & de moins, ne perd rien de son essence en recevant ce plus ou ce moins dont il étoit susceptible. Or la grandeur est par son essence susceptible de plus & de moins (1). Donc elle ne perd rien de son essence en recevant ce plus ou ce moins, donc elle est encore grandeur, donc encore également susceptible de plus & de moins, donc elle en est toûjours susceptible, donc elle l'est sans fin, ou à l'infini. *Ce que c'est que l'Infini.*

Examinons la grandeur entant que susceptible d'augmentation.

83. Puisque la grandeur est susceptible d'augmentation sans fin, on la peut concevoir ou supposer augmentée une infinité de fois, c'est-à-dire qu'elle sera devenuë infinie. Et en effet, il est impossible que la grandeur susceptible d'augmentation sans fin soit dans le même cas que si elle n'en étoit pas susceptible sans fin. Or si elle ne l'étoit pas, elle demeureroit toûjours finie; donc étant susceptible d'augmentation sans fin, elle peut ne demeurer pas toûjours finie, ou, ce qui est le même, devenir infinie.

84. Pour mieux concevoir l'Infini, je considere la Suite naturelle des nombres, dont l'origine est 0 ou 1.

Chaque terme croît toûjours d'une unité, & je vois que cette augmentation est sans fin, & que quelque grand que soit le nombre où je serai arrivé, je n'en suis pas plus proche de la fin de la Suite, ce qui est un caractere qui ne peut convenir à une Suite dont le nombre des termes seroit fini. Donc la Suite naturelle a un nombre de termes infini.

Envain diroit-on que le nombre des termes qui la composent est toûjours actuellement fini, mais que je le puis toûjours augmenter. Il est bien vrai que le nombre des termes que je puis actuellement parcourir ou arranger selon leur ordre, est toûjours fini, mais le nombre des termes dont la Suite est composée en elle-même, est autre chose. Les termes dont elle est composée en elle-même existent tous également, & si je la conçois poussée seulement jusqu'à 100, je ne donne pas à ces 100 termes une existence dont soient privés tous ceux qui sont par de-là. Donc tous les termes de la Suite, quoi-qu'ils ne puissent pas être tous embrassés ou considerés ensemble par mon esprit, sont également réels. Or le nombre en est infini, comme on vient de le prouver, donc un nombre infini existe aussi réellement que les nombres finis.

85. Dans la Suite naturelle chaque terme est égal au nombre des termes qui sont depuis 1 jusqu'à lui inclusivement. Donc puisque le nombre de tous ses termes est infini (84) elle a un dernier terme qui est ce même infini.

On l'exprime par ce caractere ∞.

Il ne faut point que le mot de *dernier terme* effraye en cette matiére. C'est un dernier terme fini que la Suite naturelle n'a point, mais n'en avoir point de dernier fini, ou en avoir un dernier infini, c'est la même chose; car ce qui fait qu'elle n'a pas un dernier terme fini, c'est que quand elle a un terme fini quelconque, son cours n'est ni ne peut être terminé, puisqu'elle n'a encore qu'un nombre fini de termes, mais quand elle a un terme infini, elle a un nombre infini de termes, & l'on peut concevoir son cours comme terminé.

86. ∞ est un nombre inexprimable, car il s'en faut bien que ce caractere ∞ nous en donne une idée claire. Mais en même temps ∞ est en quelque sorte un nombre déterminé, ou distingué de tout autre, puisqu'il l'est non seulement de tout nombre fini, mais en cas qu'il y ait d'autres Infinis possibles, de tout Infini qui ne seroit pas le dernier terme de la Suite naturelle, ou seroit le dernier d'une autre Suite infinie. Ainsi ∞ sera toûjours pris ici pour un Infini fixe & constant, dernier terme de la Suite naturelle.

Il est inconcevable comment la Suite naturelle passe du Fini à l'Infini, c'est-à-dire, comment après avoir eu des termes finis, elle vient à en avoir un infini. Cependant cela doit être, ou bien il faut absolument abandonner toute idée de l'Infini, & n'en prononcer jamais le nom, ce qui feroit périr la plus grande & la plus noble partie des Mathematiques. Je suppose donc que c'est là un fait certain, quoi-qu'incomprehensible, & je prends la grandeur qui doit être infinie, non comme étant dans ce passage obscur du Fini à l'Infini, mais comme l'ayant franchi entiérement, & ayant passé par les degrés necessaires, quels qu'ils soient, si ce n'est que je puisse quelquefois entrevoir quelque lumiére sur la nature de ces degrés.

Comment l'Infini peut être augmenté ou diminué.

87. L'idée naturelle de la grandeur infinie est qu'elle ne puisse être plus grande ou augmentée, & en effet ∞ dernier terme de la Suite naturelle étant 1 qui a reçû des augmentations sans fin, il n'en peut recevoir davantage. D'un autre côté la grandeur infinie étant toûjours grandeur, en doit conserver l'essence, & être susceptible d'augmentation (1) & même sans fin (82). Ces deux idées si contraires en apparence, se concilient parfaitement, & on le va voir en les examinant toutes deux l'une après l'autre.

∞ ne peut plus être augmenté par les grandeurs qui l'avoient augmenté jusque-là, car il a reçû d'elles tout ce qu'il pouvoit recevoir d'augmentation. Donc $\infty + 1$ n'est que ∞, ou $\infty + 1 = \infty$.

88. Et si 1 n'augmente pas ∞, $1 + 1$ ou 2, ou 3, &c. ne l'augmente pas non plus. Donc en general a étant un nombre fini, $\infty + a = \infty$.

89. Et si a n'augmente pas ∞, il ne le diminuë pas non plus quand il en est retranché. Donc $\infty \pm a = \infty$.

90. Mais par la raison des contraires, & encore plus par la nature même de la chose, je puis dire $\infty + \infty$ ou 2∞, ou 3∞, &c. Car il faut que l'infini, puisqu'il est grandeur, soit capable d'augmentation, & je vois qu'il le sera sans fin, puisqu'il pourra être multiplié par tous les nombres naturels de suite, dont le nombre est infini. Voilà donc les deux idées de l'art. 87 conciliées.

91. On voit par là que ∞, qui est 1 devenu infini par une augmentation sans fin, ou une grandeur finie qui est sortie de l'*ordre* du fini, & a passé dans celui de l'infini, ne peut plus être augmentée par tout ce qui est de l'ordre du fini dont elle n'est plus, mais seulement par ce qui est de l'ordre de l'infini dont elle a commencé d'être, & il est clair qu'il en ira de la diminution comme de l'augmentation.

92. $a \pm 0 = a$, comme $\infty \pm a = \infty$, & par conséquent a, quoi-que grandeur, est aussi peu grandeur par rapport à ∞, que 0 par rapport à a. Donc aucune grandeur finie n'est grandeur par rapport à ∞, & toute grandeur qui l'est par rapport à ∞ ne peut être qu'infinie.

Que toutes les parties déterminables de l'Infini sont des Infinis.

93. La moitié d'une grandeur, son tiers, enfin toute aliquote, & plus generalement toute partie déterminable, est grandeur par rapport à son Tout, donc toute partie déterminable de l'Infini est infinie (92). Donc $\frac{\infty}{n}$, n étant un nombre fini quelconque, est une grandeur infinie. A plus forte raison $n\infty$, ou l'Infini multiplié par une grandeur finie, est une grandeur infinie, comme on l'a déja vû dans l'art. 90.

94. Puisque ∞ n'a aucune aliquote dans toute la suite naturelle des nombres finis (93), il est nombre premier.

95. $\frac{\infty}{n} . \infty :: 1 . n$. ou $n\infty . \infty :: n . 1$. Donc deux grandeurs infinies peuvent avoir les mêmes rapports que des grandeurs finies.

En effet les rapports de deux grandeurs finies ne sont pas finis, parce qu'elles sont finies, mais parce qu'elles sont grandeurs l'une à l'égard de l'autre.

96. La somme de deux Infinis ne peut être qu'infinie, $n\infty + \infty = \overline{n+1} \times \infty$. $\infty + \frac{\infty}{n} = \frac{\overline{n+1} \times \infty}{n}$.

97. Leur difference peut être $= 0$, car ils peuvent être égaux.

98. Si on leur suppose une difference finie, elle sera encore nulle par rapport à eux (89), & ils seront égaux.

99.

99. Réciproquement si deux Infinis sont égaux, leur difference est nulle, ou finie.

100. Donc si deux Infinis sont inégaux, leur difference n'est ni nulle ni finie, donc infinie. $n\infty - \infty = \overline{n-1} \times \infty$. $\infty - \frac{\infty}{n} = \frac{\overline{n-1} \times \infty}{n}$.

101. Le produit de deux Infinis est infiniment plus grand qu'aucun des deux, car il contient celui des deux qu'on voudra prendre pour le premier autant de fois qu'il y a d'unités dans le second, or il y en a une infinité, donc le produit contient le premier Infini une infinité de fois, donc il est infiniment plus grand, & c'est la même chose à l'égard du second Infini.

102. La division d'un Infini par un Infini doit donner un quotient infiniment moindre qu'aucun des deux, car si la multiplication d'un Infini par un Infini donne un produit infiniment plus grand, la division qui fait un effet contraire doit donner un quotient infiniment plus petit. Ainsi $\frac{\infty}{\infty} = 1$, ou $\frac{\infty}{n\infty} = \frac{1}{n}$, ou ∞ divisé par $\frac{\infty}{n}$ est $= n$.

103. Il suit & de tout ce qui a été dit, & de la nature de la chose, que ∞ étant grandeur, est susceptible d'augmentation, pourvû que les grandeurs que l'on concevra l'augmenter soient grandeurs par rapport à lui, c'est-à-dire infinies. Ainsi l'on peut concevoir cette nouvelle Suite ∞. 2∞. 3∞, &c. qui sera une progression arithmetique dont la difference sera $= \infty$, & comme la difference de 1 à ∞, ou $\infty - 1$ est $= \infty$, cette progression pourra commencer par 1, & on aura $\div$ 1. ∞. 2∞. 3∞, &c.

104. Puisque dans cette nouvelle progression les coëfficients de ∞ croissent toûjours selon la Suite des nombres naturels, elle se terminera enfin par $\infty \times \infty = \infty^2$. *L'Infini devenu infiniment plus grand, & toûjours de suite à l'infini.*

105. $\infty^2 = \infty \times \infty$ est infiniment plus grand que ∞ (101). Donc comme la Suite naturelle 1. 2, &c. se terminoit à ∞ infiniment plus grand que les termes de son origine,

de même la progreſſion ∞. 2∞, &c. ſe termine à ∞^2 infiniment plus grand que les termes qui ſont à ſon origine.

106. On peut concevoir une 3me progreſſion arithmetique qui ſera ∞^2. $2\infty^2$. $3\infty^2$, &c. $\infty \times \infty^2 = \infty^3$, ſur laquelle on fera les mêmes raiſonnements, & toûjours ainſi de ſuite, de ſorte que le dernier terme de chacune de ces progreſſions ſera toûjours infiniment grand par rapport à ceux qui étoient vers l'origine; & en raſſemblant tous ces derniers termes, on aura la progreſſion geometrique $\div\!\div \infty. \infty^2. \infty^3. \infty^4$, &c. toute formée des puiſſances conſécutives de ∞, & telle que chaque terme ſera toûjours infiniment grand par rapport à celui qui le précéde.

107. Il faut toûjours raiſonner de chaque terme de la progreſſion geometrique par rapport à celui qui le précéde comme on a fait de l'Infini ou de ∞ par rapport au Fini. Donc $\infty^2 \pm \infty = \infty^2$. Et en general $\infty^{n+1} \pm \infty^n = \infty^{n+1}$.

108. Donc autant qu'il y a de puiſſances poſſibles de ∞, autant il y a d'*ordres* ou *genres* d'Infinis qui s'élevent toûjours les uns au deſſus des autres. ∞ eſt du 1er ordre ou genre, ∞^2 du 2^d, &c.

109. 1 peut être le 1er terme de la progreſſion geometrique (47 & 48), & elle ſera $\div\!\div$ 1. ∞. ∞^2. ∞^3, &c. ou (49) ∞^0. ∞^1. ∞^2, &c.

110. Donc $\infty^0 = 1$. Et en effet le raiſonnement par lequel on a prouvé dans l'art. 49 que $m^0 = 1$, prouve auſſi que $\infty^0 = 1$, car il eſt abſolument indépendant de la grandeur de *m*.

111. La progreſſion $\div\!\div \infty^0. \infty^1. \infty^2$, &c. peut & doit aller juſqu'à ∞^∞, puiſque les expoſants de ſes termes ſont la Suite naturelle des nombres. Donc il y a un nombre d'ordres d'Infinis $= \infty$.

112. Si la progreſſion eſt $\div\!\div$ 1. ∞. ∞^2, &c. (109) le Fini eſt un des ordres qui y entrent, & il eſt clair qu'il y

doit entrer. 1 repreſente toutes les grandeurs finies, quelles qu'elles ſoient, qui ne ſont point grandeurs par rapport aux infinies. ∞ repreſente toutes les grandeurs ſimplement infinies, telles que $n\infty$, ou $\frac{\infty}{n}$, ∞^2 celles qui ſont des produits de grandeurs ſimplement infinies par de pareilles grandeurs, & toûjours ainſi de ſuite; par exemple, $\infty \times n\infty$, plus grand que ∞^2, & $\infty \times \frac{\infty}{n}$ moindre que ∞^2 ſont également de l'ordre de ∞^2, quoi-qu'inégaux en grandeur dans cet ordre. De même $\infty^2 \times n\infty$, ou $\infty \times \frac{\infty}{n}$ ſont de l'ordre de ∞^3, &c.

113. Ces ordres ainſi établis, une grandeur quelconque a des rapports finis à tout ce qui eſt de ſon ordre, & elle ne peut recevoir des augmentations ou des diminutions que par ce qui eſt de ſon ordre. Si on la conçoit élevée à un ordre ſuperieur, il faut la prendre comme ayant franchi ce paſſage immenſe, & alors tout ce qui eſt d'un ordre inferieur n'eſt plus grandeur par rapport à elle, & diſparoît devant elle, comme elle-même n'eſt point grandeur par rapport à toutes celles des ordres ſuperieurs, & diſparoîtroit devant elles. Tout cela n'eſt que ce qui a été dit du Fini & du ſimple Infini, appliqué à tous les ordres en general, dont le Fini & le ſimple Infini n'étoient que les deux premiers.

114. Ce que font dans le Fini les puiſſances ou plus generalement les multiplications, en élevant la grandeur à differentes *dimenſions*, elles le font dans l'Infini, en l'élevant à differents ordres, deſorte que les dimenſions du Fini répondent aux ordres de l'Infini. Ainſi comme a^4 ou $abcd$ eſt une grandeur de 4 dimenſions, ∞^4 ou $\infty^3 \times n\infty$, ou $\times \frac{\infty}{n}$, ou $\infty^2 \times n^2\infty^2$ ou $\times \frac{\infty^2}{n^2}$, &c. eſt un Infini du 4me ordre.

115. Si deux Infinis ou du même ordre ou de differents ordres ſont multipliés l'un par l'autre, le produit eſt d'un ordre dont l'expoſant eſt la ſomme des expoſants des ordres des

deux Infinis : par exemple, $\infty \times \infty = \infty^{1+1} = \infty^2$. $\infty^2 \times \infty^3 = \infty^{2+3} = \infty^5$.

116. Si deux Infinis du même ou de differents ordres ſont diviſés l'un par l'autre, le quotient eſt de l'ordre dont l'expoſant eſt la difference des expoſants des ordres des deux Infinis. $\frac{\infty}{\infty} = \infty^{1-1} = \infty^0 = 1$ (110). $\frac{\infty^3}{\infty^2} = \infty^{3-2} = \infty^1$.

Propriétés qui paſſent du Fini dans l'Infini, ou s'apperçoivent dans le Fini par le moyen de l'Infini.

117. Dans le Fini plus un nombre eſt grand, plus il eſt petit par rapport à ſon quarré, plus ſon quarré eſt petit par rapport à ſon cube, & toûjours ainſi de ſuite des autres puiſſances. Et l'on voit ici qu'un nombre infini n'eſt pas grandeur par rapport à ſon quarré, que le quarré ne l'eſt pas par rapport au cube, &c. Donc le rapport des puiſſances ſuperieures aux inferieures ayant toûjours été croiſſant dans le Fini à meſure que les nombres étoient plus grands, il devient enfin infini dans l'Infini, c'eſt-à-dire, lorſque les nombres ſont infinis. Cela conduit naturellement à cette reflexion, Que les propriétés qui vont toûjours croiſſant dans le Fini, doivent dans l'Infini recevoir tout l'accroiſſement dont elles ſont capables, ou, ce qui eſt le même, arriver au Terme où elles ont tendu, & dont elles ſe ſont toûjours approchées pendant un chemin infini.

Cette reflexion ſuppoſe trois choſes. 1° Que la propriété prenne naiſſance dans le Fini. 2° Qu'elle s'y ſoutienne auſſi long-temps que l'on peut, pour ainſi dire, la ſuivre de l'œil. 3° Qu'elle ſoit capable d'un certain accompliſſement dans l'Infini. Moyennant ces trois conditions, la reflexion devient un Principe.

118. Donc ſi une propriété a pris naiſſance dans le Fini, ſi elle s'y conſerve auſſi long-temps qu'on l'y peut ſuivre, & ſi elle eſt capable d'un certain accompliſſement dans l'Infini, il eſt certain qu'elle l'y reçoit.

119. Si on voit dans l'Infini une propriété, & qu'en même temps on en voye la naiſſance dans le Fini, il eſt certain

qu'elle se conserve dans tout le cours du Fini où l'on ne peut la suivre de vûë, & que dans tout ce cours elle approchoit de plus en plus de l'état où elle est dans l'Infini.

120. Par la raison des contraires, les propriétés qui vont décroissant dans le Fini aussi long-temps qu'on les peut suivre, & peuvent s'anéantir dans l'Infini, s'y anéantissent sûrement. Ainsi parce que le rapport geometrique des termes de la Suite naturelle décroît toûjours, & qu'il est possible qu'il soit nul dans l'Infini, puisque deux Infinis peuvent être égaux, la Suite naturelle infinie se termine par deux Infinis égaux.

121. Si on voit qu'une propriété est nulle dans l'Infini, & en même temps qu'elle a commencé à décroître dans le Fini, il est sûr qu'elle a décrû dans tout le cours du Fini où l'on n'a pû la suivre, & qu'elle a toûjours approché de plus en plus de son anéantissement.

122. Comme ces conclusions supposent toûjours une propriété dont on voit la naissance dans le Fini, & la fin ou possible ou actuelle dans l'Infini, il ne suit point de là qu'une propriété qui se maintient constante & sans altération dans le Fini, doive se maintenir dans l'Infini; car tout ce qu'on en voit dans le Fini, & qui est supposé constant, peut n'être que sa naissance, & en ce cas-là on ne voit qu'une de ses extremités, ce qui ne suffit pas. Donc il est seulement possible, & non pas absolument necessaire qu'une propriété qui se maintient toûjours dans le Fini, se maintienne aussi dans l'Infini.

123. Mais par la même raison, si on voit une propriété dans le Fini, ne fût-ce qu'à sa premiére & plus petite naissance, & qu'on la retrouve la même dans l'Infini, il est sûr qu'elle a été constante dans tout le cours intermédiaire, pourvû que ce cours ait été *uniforme*, c'est-à-dire, que les autres propriétés qui y étoient croissantes ou décroissantes l'ayent toûjours été. Moyennant cette condition, les deux extrêmités seules assûreront de tout l'entre-deux.

Pour prévenir la pensée où l'on pourroit tomber, que toute cette Théorie abstraite de l'Infini est peu utile, je vais apporter quelques exemples des uſages que peut avoir le peu que nous en avons vû juſqu'ici.

EXEMPLE I.

124. Si l'on cherche la ſomme de la Suite naturelle pouſſée juſqu'à ∞, on voit par la Formule generale $\frac{nn+n}{2}$ (77) que cette ſomme eſt $\frac{\infty^2+\infty}{2} = \frac{\infty^2}{2}$ (107), c'eſt-à-dire, que la ſomme de la Suite naturelle infinie eſt la moitié du quarré du nombre infini qui la termine. Et quoi-que ce nombre infini nous ſoit inconnu, il eſt certain qu'on prend par-là une idée de cette ſomme qu'on n'auroit pas eûë autrement.

EXEMPLE II.

125. Si je ne prends la ſomme que de la moitié des termes de la Suite naturelle, le nombre n de ſes termes étant alors $= \frac{\infty}{2}$, la ſomme ſera $\frac{\infty^2+2\infty}{8} = \frac{\infty^2}{8}$. Et elle ſera à celle de la Suite entiére terminée par $\infty :: \frac{\infty^2}{8} . \frac{\infty^2}{2}$ (107) $:: 2 . 8 :: 1 . 4$. Donc dans la Suite naturelle infinie la ſomme du nombre infini des termes eſt quadruple de la ſomme de la moitié infinie de ce nombre total des termes. Cela me fait appercevoir que cette propriété pourroit avoir pris naiſſance dans la même Suite finie, & je vois en effet que 10, ſomme des 4 premiers termes, n'eſt pas quadruple de 3, ſomme des 2 premiers, mais que 21, ſomme des 6 premiers, approche plus d'être quadruple de 6, ſomme des 3 premiers, que 10 n'approchoit d'être quadruple de 3, & quelques autres *inductions* m'aſſûreront de reſte que cette propriété eſt croiſſante dans le Fini ; & comme je la vois accomplie dans l'Infini, j'en conclus ſûrement (119) qu'elle eſt croiſſante dans tout le cours du Fini, & que plus on prend un grand nombre de termes de la Suite naturelle, plus leur ſomme approche d'être quadruple de la ſomme d'un nombre de termes une fois moindre.

Si je prends la somme d'un nombre de termes de la Suite naturelle $= \frac{\infty}{3}$, elle sera $\frac{\infty^2 + 3\infty}{18} = \frac{\infty^2}{18}$, & elle sera à $\frac{\infty^2}{2}$, somme du nombre total des termes :: 1. 9.

De même, si je prends la somme d'un nombre de termes de la Suite naturelle $= \frac{\infty}{4}$, elle sera à $\frac{\infty^2}{2}$ :: 1. 16.

Et en general il est clair par la Formule $\frac{nn+n}{2}$ que si le nombre des termes que je prends est $\frac{\infty}{m}$, m étant un nombre fini quelconque, la somme en sera $\frac{\infty^2}{2m^2}$ qui sera à $\frac{\infty^2}{2}$, somme du nombre total des termes :: 1. m^2.

D'où je conclus que dans le Fini, plus le nombre n des termes de la Suite naturelle sera grand, plus la somme approchera d'être à celle d'un nombre de termes $= \frac{n}{2}$ :: 4. 1. à celle d'un nombre de termes $= \frac{n}{3}$ :: 9. 1. à celle d'un nombre de termes $= \frac{n}{4}$ :: 16. 1. &c. Et c'est par l'Infini qu'on est arrivé à cette connoissance du Fini.

EXEMPLE III.

126. Je suppose qu'on sçait ce que c'est que les Nombres Figurés, qui sont les Unités, les Nombres Naturels, les Triangulaires, les Pyramidaux, les Triangulo-pyramidaux, &c. à l'infini. Il est démontré qu'un nombre Naturel quelconque étant n, le n^{me} Triangulaire est .... $\frac{nn+n}{1 \times 2}$.

Pyramidal .... $\frac{n^3+3n^2+2n}{1 \times 2 \times 3}$.

Triang. pyr. .... $\frac{n^4+6n^3+11n^2+6n}{1 \times 2 \times 3 \times 4}$.

&c.

De-là il suit que le dernier des Naturels étant ∞,

le dernier des Triangulaires eſt ..... $\frac{\infty^2}{2}$.

des Pyramidaux .... $\frac{\infty^3}{6}$.

des Triang. pyramidaux... $\frac{\infty^4}{24}$.

D'où l'on voit que ceux des ordres ſuivants ſeront $\frac{\infty^5}{120}$, $\frac{\infty^6}{720}$, &c. le numerateur étant toûjours ∞ élevé à la puiſſance ou à l'ordre immédiatement ſuperieur, & le dénominateur le produit continuel des nombres naturels juſqu'au nombre incluſivement qui eſt l'expoſant de ∞.

On peut s'aſſûrer par-là que les differents ordres d'Infini ſont très réels, puiſque des Suites de nombres y conduiſent neceſſairement. Et ſi l'on ſe contentoit d'appercevoir que les derniers termes de ces differentes Suites de Nombres Figurés doivent être infinis, la connoiſſance ſeroit ſans comparaiſon plus imparfaite.

127. On peut élever au quarré tous les termes de la progreſſion $\div\!\div$ $1.\ \infty.\ \infty^2.\ \infty^3$, &c. ∞^{∞}, ce qui donnera la nouvelle progreſſion $\div\!\div$ $1^2 = 1.\ \infty^2.\ \infty^{2\times 2}.\ \infty^{2\times 3}$ &c. $\infty^{2\infty}$. De même en élevant au cube la premiére progreſſion, on aura $\div\!\div$ $1.\ \infty^3.\ \infty^6.\ \infty^9$, &c. $\infty^{3\infty}$, & ainſi de ſuite pour toutes les autres puiſſances, & enfin pour la puiſſance $= \infty$, on aura $\div\!\div$ $1^{\infty}.\ \infty^{\infty}.\ \infty^{2\infty}.\ \infty^{3\infty}$, &c. $\infty^{\infty\times\infty} = \infty^{\infty^2}$, c'eſt-à-dire, ∞ multiplié par lui-même autant de fois qu'il y a d'unités dans ∞^2.

128. On peut encore élever au quarré, au cube, &c. & enfin à ∞ la progreſſion $\div\!\div$ $1^{\infty}.\ \infty^{\infty}.\ \infty^{2\infty}$, &c. ∞^{∞^2}, ce qui donnera pour dernier terme dans la derniére élevation $\infty^{\infty^2\times\infty} = \infty^{\infty^3}$. Il eſt viſible que ces élevations n'ont

n'ont point de fin, qu'on iroit jusqu'à une progression dont le dernier terme seroit $\infty^{\infty^{\infty}}$, & que là même on recommenceroit encore à faire des élevations sans fin.

129. $1^{\infty} = 1$. Car (127) $\div\div 1^{\infty} . \infty^{\infty} . \infty^{200}$. Donc $\infty^{200} = 1^{\infty} \times \infty^{200}$. Donc $1^{\infty} = 1$. Donc 1 conserve jusque dans l'Infini sa propriété de ne point augmenter par aucune élevation à une puissance.

130. Donc $\infty^{0} = 1$ (110) $= 1^{\infty}$.

131. Donc aussi $1^{0} = 1^{\infty}$. Et il est remarquable que 0 & ∞ appliqués de la même maniére fassent le même effet, mais la raison en est claire. C'est qu'une grandeur qui n'est absolument multipliée par rien, ou la même grandeur multipliée de façon qu'elle ne puisse augmenter, c'est la même chose, & elle ne peut changer d'état. Or 1 est la seule grandeur, qui multipliée par elle-même ne change point.

132. Il est clair par tout ce qui a été dit, que si on éleve tous les termes de la Suite naturelle infinie au quarré, au cube, &c. le dernier terme de la Suite quarrée sera ∞^{2}, de la Suite cubée ∞^{3}, &c. toûjours d'un ordre superieur.

Formation de nouveaux Infinis, qui ne sont que radicaux.

133. Que ∞ soit divisé en un nombre fini n de parties qui seront infinies (93), ou que le rapport arithmetique de 1 & de ∞, ou leur difference $= \infty$ soit divisée en ce nombre n de parties, c'est la même chose, & ces parties seront infinies, & parce qu'elles sont infinies, leurs parties en nombre fini, le seront aussi, quoi-que toûjours moindres, ou, ce qui revient au même, leurs rapports arithmetiques ou differences seront encore infinies. Ainsi $\frac{\infty}{3}$ & $\frac{\infty}{4}$ étant deux Infinis qui sont parties de ∞, leur difference $= \frac{\infty}{12}$ est infinie. Par la même raison le rapport geometrique de ∞ à 1 étant divisé en un nombre fini n de parties, elles seront infinies, & comme ce seront des rapports geometriques, ces rapports seront donc infinis, ou, ce qui est la même chose, les grandeurs

entre lesquelles seront ces rapports, seront infinies les unes par rapport aux autres. Donc si on introduit entre 1 & ∞ un nombre n fini de moyens geometriques, ce qui donnera (58) $\div\!\div\ 1 .\ \infty^{\frac{1}{n+1}} .\ \infty^{\frac{2}{n+1}} .\ \infty^{\frac{3}{n+1}}$, &c. jusqu'à $\infty^{\frac{n+1}{n+1}} = \infty$, on aura une progression dont chaque terme sera infini par rapport à celui qui le précédera.

Par exemple, si $n = 1$, on aura $\div\!\div\ 1 . \infty^{\frac{1}{2}}$ ou $\sqrt[2]{\infty . \infty}$. Si $n = 2$. $\div\!\div\ 1 .\ \infty^{\frac{1}{3}} .\ \infty^{\frac{2}{3}} .\ \infty$.

134. Donc voilà de nouvelles progressions, dont les termes toûjours infiniment grands par rapport à ceux qui les précédent, sont toûjours par conséquent d'ordres superieurs, comme ceux de $\div\!\div\ 1 . \infty . \infty^2$, ou de $\div\!\div\ 1 . \infty . \infty^2 . \infty^3$, & de toutes les progressions pareilles. Mais il y a cette difference essentielle, qu'au lieu que dans ces derniéres progressions, c'est le rapport infini de ∞ à 1, doublé ou triplé, &c. qui a été divisé en un nombre fini n de parties, qui ont fait autant d'ordres *potentiels*, c'est dans les progressions $\div\!\div\ 1 .\ \infty^{\frac{1}{n+1}} .\ \infty^{\frac{2}{n+1}}$, &c. le rapport simplement infini de ∞ à 1 qui est divisé, & qui ne produit que des ordres *radicaux*.

135. Quoi-que ∞ soit infiniment grand par rapport à $\infty^{\frac{1}{2}}$ sa moitié geometrique, & qu'il ne le soit pas par rapport à $\frac{\infty}{2}$ sa moitié arithmetique, cela n'empêche pas que la correspondance du rapport arithmetique & du geometrique ne soit toûjours parfaite, car comme ∞ a une difference infinie à $\frac{\infty}{2}$, ainsi ∞ a un rapport geometrique infini à $\infty^{\frac{1}{2}}$, & commme pour égaler $\frac{\infty}{2}$ à ∞, il ne faut que le doubler, ainsi pour égaler $\infty^{\frac{1}{2}}$ à ∞, il ne faut que le doubler ou le quarrer, ce qui est sa maniére particuliére d'être doublé. Donc comme les parties $\frac{\infty}{2}$, $\frac{\infty}{3}$, &c. du rapport

arithmetique de ∞ & de 1 sont du même ordre que ∞, & plus generalement parce que toutes les parties déterminables d'un Tout quelconque, ou qui sont en nombre fini, sont du même ordre que ce Tout, il faut que les $\infty^{\frac{1}{2}}$, $\infty^{\frac{1}{3}}$, &c. soient du même ordre que ∞. Mais ces Infinis radicaux ne peuvent être du même ordre que ∞, qu'entant qu'ils sont quelques parties déterminées du rapport geometrique $\frac{\infty}{1}$, ou de l'ordre potentiel qui est entre 1 & ∞, donc ils sont du même ordre potentiel que ∞, ou du même ordre par rapport à 1, ou au fini, ce qui n'empêche pas qu'ils ne soient entr'eux de differents ordres radicaux infiniment élevés les uns au dessus des autres, comme les $\frac{\infty}{2}$, $\frac{\infty}{3}$, &c. ont entr'eux des differences infinies.

Rapports des Infinis radicaux aux potentiels, & entr'eux.

136. Puisque dans la progression radicale $\div 1 . \infty^{\frac{1}{n+1}} \infty^{\frac{2}{n+1}}$, &c. ∞. chaque terme est infiniment grand par rapport à celui qui le précéde (133) on a $\infty^{\frac{1}{n+1}} \pm 1 = \infty^{\frac{1}{n+1}}$, ou $\infty^{\frac{1}{n+1}} \pm a = \infty^{\frac{1}{n+1}}$. $\infty^{\frac{2}{n+1}} \pm \infty^{\frac{1}{n+1}} = \infty^{\frac{2}{n+1}}$. $\infty \pm \infty^{\frac{n}{n+1}} = \infty$. A plus forte raison si l'on prend dans cette progression des termes qui ne soient pas consécutifs, car le plus grand en sera encore infiniment plus grand par rapport à l'autre.

137. Le nombre n de moyens geometriques étant déterminé, deux termes qui appartiennent à la même progression, different d'autant d'ordres radicaux que les numerateurs de leurs exposants different d'unités. Ainsi si $n = 3$, ce qui donne $\div 1 . \infty^{\frac{1}{4}}, \infty^{\frac{2}{4}}, \infty^{\frac{3}{4}}, \infty$, on voit que $\infty^{\frac{1}{4}}$ & $\infty^{\frac{3}{4}}$ different de deux ordres radicaux.

138. Plus n est grand, plus le rapport $\frac{\infty}{1}$ a été divisé en un grand nombre de parties, & par conséquent plus elles sont petites, quoi-que toutes infinies. Donc si deux Infinis

radicaux ſont conſécutifs dans une progreſſion qui a un certain nombre de termes, le rapport infini du plus grand au plus petit n'eſt pas ſi grand que celui de deux autres Infinis radicaux conſécutifs dans une autre progreſſion qui a un moindre nombre de termes. Ainſi le rapport de $\infty^{\frac{2}{4}}$ à $\infty^{\frac{1}{4}}$ n'eſt pas ſi grand que celui de $\infty^{\frac{2}{3}}$ à $\infty^{\frac{1}{3}}$.

139. Après tout ce qui vient d'être établi, il eſt aiſé de comparer enſemble deux Infinis radicaux dont les expoſants ont le même dénominateur, comme $\infty^{\frac{3}{7}}$ & $\infty^{\frac{5}{7}}$, car on voit tout d'un coup qu'ils appartiennent à une progreſſion qui a introduit entre 1 & ∞ ſix moyens geometriques, & que dans cette progreſſion ils different de deux ordres radicaux.

140. Et comme pour la comparaiſon de deux Infinis radicaux il faut qu'ils appartiennent à la même progreſſion, & que quand ils y appartiennent, leurs expoſants ont le même dénominateur, il s'enſuit que ſi leurs expoſants ont differents dénominateurs, il faut leur en donner un qui ſoit le même ſans changer leur valeur. Auſſi pour comparer $\infty^{\frac{1}{3}}$ & $\infty^{\frac{1}{4}}$, il faut les changer en $\infty^{\frac{4}{12}}$ & $\infty^{\frac{3}{12}}$, moyennant quoi on voit qu'ils appartiennent à une progreſſion qui a introduit 11 moyens geometriques entre 1 & ∞, & que dans cette progreſſion ils different d'un ordre radical.

141. Quand les numerateurs des expoſants ſeroient differents auſſi-bien que les dénominateurs, comme dans $\infty^{\frac{1}{4}}$ & $\infty^{\frac{2}{3}}$, cela ne changeroit rien à cette maniére de comparer les Infinis radicaux. On auroit dans cet exemple $\infty^{\frac{3}{12}}$ & $\infty^{\frac{8}{12}}$, après quoi la comparaiſon eſt aiſée.

142. Comme on a introduit entre 1 & ∞ un nombre quelconque n fini de moyens geometriques (133) on en peut introduire ce même nombre entre 1 & ∞^{2}, ce qui

donnera (58) $\div\!\div\ 1 . \infty^{\frac{2\times1}{n+1}} . \infty^{\frac{2\times2}{n+1}} . \infty^{\frac{2\times3}{n+1}} . \infty^{\frac{2\times4}{n+1}}$ &c.

$\infty^{\frac{2\times\overline{n+1}}{n+1}} = \infty^2$. Où l'on voit que le numerateur des exposants est toûjours un produit de deux nombres, dont 2 exposant du dernier terme ∞^2 est toûjours l'un, & les autres sont la Suite naturelle des nombres.

Si, par exemple, $n = 6$, on aura

$\div\!\div\ 1 . \infty^{\frac{2\times1}{7}} . \infty^{\frac{2\times2}{7}} . \infty^{\frac{2\times3}{7}} . \infty^{\frac{2\times4}{7}} . \infty^{\frac{2\times5}{7}} . \infty^{\frac{2\times6}{7}} . \infty^{\frac{2\times7}{7}}$.

ou $\div\!\div\ 1 . \infty^{\frac{2}{7}} . \infty^{\frac{4}{7}} . \infty^{\frac{6}{7}} . \infty^{\frac{8}{7}} . \infty^{\frac{10}{7}} . \infty^{\frac{12}{7}} . \infty^{\frac{14}{7}} = \infty^2$.

Puisque dans cette progression c'est le rapport geometrique de ∞^2 à 1 qui a été divisé en un nombre $n+1$ de parties égales, au lieu que dans celle de l'art. 135, c'étoit le rapport de ∞ à 1, & puisque le rapport de ∞^2 à 1 est infiniment plus grand que celui de ∞ à 1, les divisions infinies produites par cette 2de progression sont infiniment plus grandes que les infinies produites par la 1re, & comme la 1re n'en pouvoit produire que d'infinies tant que n étoit fini, la 2de dans cette même supposition n'en peut produire que d'infinies, & infiniment plus grandes.

Et en effet, puisque 2 est un coëfficient constant dans les numerateurs des exposants, tous les termes de la 2de progression sont les quarrés de ceux de la 1re, qui étoient $\div\!\div\ 1 . \infty^{\frac{1}{n+1}} . \infty^{\frac{2}{n+1}}$, &c. Or n étant fini $\infty^{\frac{1}{n+1}} . \infty^{\frac{2}{n+1}}$, &c. étoient des grandeurs infinies. Donc leurs quarrés sont infiniment plus grands.

143. Donc le rapport de deux termes infinis consécutifs est infiniment plus grand dans la 2de progression que dans la 1re, & en general deux termes infinis qui dans la 2^de^

progression different d'un certain nombre d'ordres radicaux, different infiniment plus que deux autres termes infinis qui differeroient de ce même nombre d'ordres radicaux dans la 1re.

144. La 2de progression a des termes qui lui sont communs avec la 1re, ce sont tous ceux dont l'exposant a un numerateur moindre que le dénominateur. Ainsi $\infty^{\frac{2}{7}}$, $\infty^{\frac{4}{7}}$, $\infty^{\frac{6}{7}}$ auroient aussi appartenu à une progression qui auroit introduit 6 moyens geometriques entre 1 & ∞, mais ils n'y auroient pas été consécutifs, comme ils le sont dans la 2de progression. Il est aisé de le voir, & comme il y auroit eu un autre terme dans chacun de leurs intervalles, le rapport de deux termes consécutifs de la 2de progression est doublé de celui de deux termes consécutifs de la 1re, ce qui revient aux quarrés de l'art. 142.

145. Les termes de la 2de progression qui ont le numerateur de leur exposant plus grand que le dénominateur, par exemple, $\infty^{\frac{8}{7}}$, $\infty^{\frac{10}{7}}$, &c. sont particuliers à cette progression, c'est-à-dire, n'ont pû entrer dans la 1re. J'appelle *purs* Infinis radicaux les termes qui sont communs aux deux progressions, parce que leur exposant est une pure fraction, & j'appelle Infinis radicaux *mixtes*, ceux qui sont particuliers à la 2de progression, parce que leur exposant est une fraction qui contient un entier plus une pure fraction.

146. Tous les termes de la 2de progression ont un exposant dont le numerateur est un multiple exact de 2, ou pair, & enfin le dernier a un exposant dont le numerateur est double du dénominateur. Il est clair qu'il en ira de même de toute progression pareille comprise entre 1 & ∞^2.

147. Les purs Infinis radicaux de la 2de progression lui étant communs avec la 1re (144), il suffit de les considerer dans cette 1re, ou plustôt en general, tous les purs Infinis radicaux doivent être considerés dans une progression comprise entre 1 & ∞, & on a déja vû tout ce qui leur appartient. Mais les Infinis radicaux mixtes étant particuliers à la

2de, y doivent être considerés, & ne le peuvent être dans l'autre, ou en general, tous ceux dont l'exposant est une fraction qui contient 1 plus une pure fraction, appartiennent uniquement à une progression de cette espece. Ainsi $\infty^{\frac{16}{9}}$ est un des termes d'une progression qui auroit introduit 8 moyens geometriques entre 1 & ∞^2, & qui seroit

$$\div\!\div 1 . \infty^{\frac{2\times1}{9}} . \infty^{\frac{2\times2}{9}} . \infty^{\frac{2\times3}{9}}, \&c. \infty^{\frac{2\times9}{9}} = \infty^2.$$

148. Il est aisé de trouver cette progression dont $\infty^{\frac{16}{9}}$ est un des termes, parce que 16, numerateur de l'exposant, est multiple exact de 2, ou pair, & que dans les progressions que nous considerons presentement, tous les numerateurs des exposants sont pairs (142). Mais il semble que si on avoit eu $\infty^{\frac{15}{9}}$ qui se rapporte aussi-bien que $\infty^{\frac{16}{9}}$ à une progression comprise entre 1 & ∞^2 (145), il y auroit eu quelque difficulté à déterminer en particulier la progression dont il seroit un des termes. Cependant cela seroit fort aisé, car puisque ces progressions ont toûjours des termes dont les exposants ont des numerateurs pairs, il n'y auroit eu qu'à donner à $\infty^{\frac{15}{9}}$ un numerateur pair sans changer la valeur de l'exposant, & on auroit eu $\infty^{\frac{2\times15}{2\times9}} = \infty^{\frac{30}{18}} = \infty^{\frac{15}{9}}$. De-là il suit que $\infty^{\frac{30}{18}} = \infty^{\frac{15}{9}}$ est un des termes d'une progression qui introduit 17 moyens proportionnels entre 1 & ∞^2, & qui a pour dernier terme $\infty^{\frac{36}{18}} = \infty^2$ (147).

149. Si l'on veut comparer $\infty^{\frac{15}{9}}$ & $\infty^{\frac{16}{9}}$, il faut après avoir changé $\infty^{\frac{15}{9}}$ en $\infty^{\frac{30}{18}}$, changer aussi $\infty^{\frac{16}{9}}$ en $\infty^{\frac{32}{18}}$, & l'on voit, parce que les numerateurs de leurs exposants sont $30 = 2\times15$, & $32 = 2\times16$, qu'ils sont consécutifs dans une progression, qui a introduit 17 moyens geometriques entre 1 & ∞^2, & qu'ils n'y different que d'un ordre radical.

150. De tout cela s'ensuit clairement & sans autre preuve

la Methode de comparer deux Infinis radicaux compris entre 1 & ∞^2, soit que l'un soit pur radical, & l'autre mixte, soit qu'ils soient tous deux mixtes.

Si leurs exposants ont des dénominateurs differents, il faut les réduire à avoir le même, afin que les deux Infinis puissent appartenir à la même progression.

Après cela, si les numerateurs des exposants sont tous deux pairs, il n'y a plus rien à faire, & l'on voit tout d'un coup de combien d'ordres radicaux different les deux Infinis dans la progression qui a été déterminée par le dénominateur commun.

Si les deux numerateurs ne sont pas pairs, il faut les réduire à l'être, & comme par-là le dénominateur commun change, les deux Infinis viennent à appartenir à une nouvelle progression dans laquelle il est aisé de les comparer.

Par exemple, pour comparer $\infty^{\frac{1}{2}}$ & $\infty^{\frac{5}{4}}$, il faut les changer en $\infty^{\frac{4}{8}}$ & $\infty^{\frac{10}{8}}$, & comme les deux numerateurs des exposants sont pairs, & que $4 = 2 \times 2$, & $10 = 2 \times 5$, on voit qu'ils appartiennent à une progression qui introduit entre 1 & ∞^2 7 moyens geometriques, & qu'ils y ont entr'eux $\infty^{\frac{2 \times 3}{8}}$, $\infty^{\frac{2 \times 4}{8}}$, & par conséquent qu'ils y different de 3 ordres radicaux.

Pour comparer $\infty^{\frac{1}{3}}$ & $\infty^{\frac{5}{4}}$, on a d'abord $\infty^{\frac{4}{12}}$ & $\infty^{\frac{15}{12}}$, mais parce que 15 n'est pas pair, il faut changer $\infty^{\frac{15}{12}}$ en $\infty^{\frac{30}{24}}$, & par conséquent $\infty^{\frac{4}{12}} = \infty^{\frac{1}{3}}$ en $\infty^{\frac{8}{24}}$, & alors ils appartiennent tous deux à une progression qui introduit entre 1 & ∞^2 23 moyens proportionnels, & parce que $8 = 2 \times 4$, & $30 = 2 \times 15$, ils different dans cette progression d'autant d'ordres radicaux que 4 & 15 different d'unités, c'est-à-dire, de 11 ordres.

151. Si on introduit entre 1 & ∞^3 un nombre n fini de moyens geometriques, on aura

$\div\!\div$ 1.

$\div\!\div$ 1. $\infty^{\frac{3\times1}{n+1}}$. $\infty^{\frac{3\times2}{n+1}}$. $\infty^{\frac{3\times3}{n+1}}$. $\infty^{\frac{3\times4}{n+1}}$, &c. jusqu'à $\infty^{\frac{3\times\overline{n+1}}{n+1}} = \infty^3$ dernier terme.

Le rapport de ∞^3 à 1 étant infiniment plus grand que celui de ∞^2 à 1, cette 3me progression produira des divisions infiniment plus grandes que celles de la 2de, ou de l'art. 142, qui étoient infiniment plus grandes que celles de la 1re, ou de l'art. 133, & l'on voit que tous les termes de cette 3me progression sont les cubes de ceux de la 1re, ou ont un rapport triplé.

152. De plus, il peut y avoir dans cette 3me progression de purs Infinis radicaux, des mixtes qui peuvent aussi lui être communs avec la 2de, parce que leurs exposants seront une fraction qui contiendra 1 plus une pure fraction, & enfin il y a necessairement des mixtes particuliers à cette 3me progression, parce que leurs exposants sont une fraction qui contient 2 plus une pure fraction. Ainsi si $n=6$, quand on aura $\infty^{\frac{3\times5}{7}} = \infty^{\frac{15}{7}}$, on aura un de ces Infinis radicaux particuliers à cette progression.

153. Il est visible qu'en introduisant de même un nombre n fini de moyens geometriques entre 1 & ∞^4, il y aura les mêmes raisonnements à faire sur l'augmentation infinie des divisions, ou du rapport des termes, & que de plus on aura de nouveaux Infinis radicaux mixtes particuliers à cette 4me progression, dont les exposants seront une fraction qui contiendra 3, plus une pure fraction, & toûjours ainsi de suite.

154. Donc en general un exposant étant $\frac{m}{n}$, où m & n sont des nombres finis, & $m > n$, tout $\infty^{\frac{m}{n}}$ est un Infini radical mixte qui appartient à une progression dont le dernier terme est ∞ élevé à une puissance qui a autant d'unités que n est contenu de fois dans m, plus une, ou, ce qui revient

au même, tout $\infty^{\frac{m}{n}}$ est au dessus de ∞ élevé à la puissance qui a autant d'unités que n est contenu de fois dans m, & ce $\infty^{\frac{m}{n}}$ entre dans l'ordre potentiel suivant. Ainsi $\infty^{\frac{10}{3}}$ est au dessus de ∞^3, & entre ∞^3 & ∞^4, ou, ce qui est le même, il entre dans l'ordre potentiel qui est entre ∞^3 & ∞^4.

155. La Methode qui a été donnée dans l'art. 150, pour la comparaison des Infinis radicaux qui ne passent pas ∞^2, s'applique d'elle-même aux Infinis radicaux quelconques, ou qui seront au dessus de tel ordre potentiel qu'on voudra, pourvû qu'on fasse attention que comme dans les progressions comprises entre 1 & ∞^2, 2 est un coëfficient perpetuel dans les numerateurs des exposants, de même dans les progressions comprises entre 1 & ∞^3, c'est 3, 4 pour les progressions comprises entre 1 & ∞^4, & ainsi de suite. Du reste les operations sont les mêmes.

Par exemple, on veut comparer $\infty^{\frac{1}{2}}$ & $\infty^{\frac{10}{3}}$ qui appartiennent à une progression dont le dernier terme est ∞^4 (153), & par conséquent le coëfficient perpetuel des numerateurs des exposants est 4. En réduisant les exposants de $\infty^{\frac{1}{2}}$ & de $\infty^{\frac{10}{3}}$ au même dénominateur, on a $\infty^{\frac{3}{6}}$ & $\infty^{\frac{20}{6}}$. Mais comme 3 n'est pas un multiple de 4, comme 20 en est un, il faut changer ces deux Infinis en $\infty^{\frac{12}{24}}$ & en $\infty^{\frac{80}{24}}$, d'où l'on voit qu'ils appartiennent à une même progression qui introduit 23 moyens proportionnels entre 1 & $\infty^4 = \infty^{\frac{96}{24}}$, & qu'ils different de 17 ordres radicaux, parce que $12 = 4 \times 3$, & $80 = 4 \times 20$.

Il seroit inutile de répéter que plus le nombre n de moyens proportionnels qu'on introduit entre les mêmes extrêmes est grand, plus les rapports égaux, quoi-qu'infinis, sont petits.

Rapports des Infinis radicaux au Fini.

156. Mais il n'est pas si important de sçavoir comparer les Infinis radicaux entr'eux, que de les pouvoir comparer ou rapporter au Fini, qui est toûjours ou le principal objet, ou du moins la base de nos recherches.

Il suit de tout ce qui a été dit, que tout Infini radical pur, tel que $\infty^{\frac{1}{n}}$ ou $\infty^{\frac{n}{m}}$, *n* & *m* étant finis, & $n < m$, appartient à quelque progression geometrique qui auroit divisé le rapport infini de ∞ à 1 en un nombre fini de parties égales, & par conséquent infinies, & du même ordre que leur Tout qui est de l'ordre de ∞. Donc $\infty^{\frac{n}{m}}$ fût-il le 1er terme moyen de cette progression ou celui qui suit immediatement 1, il a un rapport infini à 1, & ce rapport est de l'ordre de ∞, ou du 1er ordre potentiel. Donc tout Infini radical pur est par rapport à 1, ou au Fini du 1er ordre potentiel.

157. Tout $\infty^{\frac{m}{n}}$, Infini radical mixte, est au dessus de quelque Infini potentiel, & entre dans l'ordre potentiel suivant (154). Or de cet ordre potentiel où il entre, il en détermine une certaine partie où il se place, & cette partie est necessairement d'une dénomination finie, & par conséquent elle est infinie, & du même ordre que son Tout qui est ce dernier ordre potentiel. Donc $\infty^{\frac{m}{n}}$ est par rapport à 1 de ce dernier ordre potentiel. Ainsi $\infty^{\frac{10}{3}}$ qui est au dessus de ∞^3, & entre ∞^3 & ∞^4, est du 4me ordre potentiel par rapport à 1, ou au Fini.

158. Donc en general un Infini radical quelconque est par rapport au Fini du même ordre potentiel que l'Infini potentiel le plus élevé, au dessous duquel il est immédiatement. Il est clair que l'exposant de l'Infini radical détermine tout d'un coup quel est l'Infini potentiel le plus élevé, au dessous duquel il est immédiatement.

159. Donc quand on a deux Infinis radicaux qui different entr'eux d'un certain nombre d'ordres radicaux, mais tous compris dans le même ordre potentiel, comme $\infty^{\frac{1}{2}}$, $\infty^{\frac{1}{3}}$, &c. si on compare ces deux Infinis radicaux au Fini,

ils sont du même ordre potentiel, les differences de leurs ordres radicaux disparoissent, & elles ne sont à compter que quand on compare les Infinis radicaux entr'eux.

160. Il suit aussi de-là qu'une grandeur qui par une certaine supposition ou conséquence devroit être de l'ordre de ∞, & qui ne se trouveroit que $=\infty^{\frac{1}{2}}$, ou $\infty^{\frac{1}{3}}$, &c. devroit être considerée de deux maniéres. Par rapport au Fini, elle seroit toûjours de l'ordre dont on auroit supposé ou conclu qu'elle auroit dû être. Mais en elle-même, elle seroit infiniment moindre que si elle avoit été $=\infty$, & non pas un Infini radical. Il en seroit de même d'une grandeur qui auroit dû être ∞^2, & ne seroit que $\infty^{\frac{3}{2}}$, &c.

Quelles sont les parties infinitiémes d'un Tout infini.

161. Un Tout infini ne peut avoir une infinité de parties infinies de son ordre, car lorsqu'il n'est divisé qu'en un nombre fini de parties, elles sont infinies, & de son ordre, mais d'autant moindres qu'elles sont en plus grand nombre, d'où il suit que quand elles sont en nombre infini, elles doivent être infiniment moindres qu'elles n'étoient, & n'être plus de l'ordre du Tout. Mais pour le démontrer plus à la rigueur, soit supposé ∞ formé de parties infinies en nombre infini, égales, ou inégales. Si elles sont égales, une partie quelconque, & si elles sont inégales, une certaine partie moyenne, multipliée par un nombre infini sera $=\infty$. Or cette partie est infinie par la supposition, donc le produit où elle entrera sera un Infini d'un ordre superieur à ∞, ce qui est contradictoire. Donc un Tout infini ne peut avoir une infinité de parties infinies de son ordre.

162. Donc toute partie *infinitiéme* est d'un ordre inferieur à son Tout. Par exemple, toute partie infinitiéme de ∞ est finie, toute partie infinitiéme de ∞^2 est de l'ordre de ∞, &c.

163. Un Infini d'un ordre quelconque divisé d'abord en 10 parties, par exemple, qui seront infinies de son ordre, peut ensuite être divisé en une infinité de parties finies. Donc il aura des parties infinies, & des parties finies, mais il n'aura

des parties infinies qu'en nombre fini, & il en aura de finies en nombre infini, ou, ce qui revient au même, s'il est divisé en une infinité de parties parmi lesquelles il y en ait de son ordre, elles ne seront qu'en nombre fini, & celles de l'ordre inferieur seront en nombre infini.

164. Si un Infini est divisé en une infinité de parties égales, elles ne peuvent être toutes que de l'ordre inferieur.

165. Si on divise en un nombre ∞ de parties égales le rapport arithmetique de 1 & de ∞, elles seront donc toutes finies, & en effet chacune d'elles est 1, difference constante de la Suite naturelle, qui introduit entre 1 & ∞ un nombre ∞ de moyens arithmetiques. Cela se trouveroit de même par la Formule de l'art. 55.

De même si on divise en une infinité de parties égales le rapport geometrique $\frac{\infty}{1}$, ce qui introduira entre 1 & ∞ une infinité de moyens geometriques, toutes ces parties seront donc finies, & comme ces parties sont des rapports geometriques, ces rapports seront donc tous finis, c'est-à-dire, que dans la progression geometrique qui se formera, aucun terme ne sera infiniment grand par rapport au précédent, & n'aura à ce précédent qu'un rapport fini, tel que ceux que les nombres finis ont les uns aux autres.

166. Dans cette progression geometrique a étant $=1$, $b=\infty$, $n=\infty$, on aura (55) $m=\frac{b^{\frac{1}{n+1}}}{a^{\frac{1}{n+1}}}=\frac{\infty^{\frac{1}{\infty}}}{1}$ $=\infty^{\frac{1}{\infty}}$, & par conséquent $\div\!\div\, 1.\infty^{\frac{1}{\infty}}.\infty^{\frac{2}{\infty}}.\infty^{\frac{3}{\infty}}$ &c. $\infty^{\frac{\infty}{\infty}}=\infty$. Or tous les rapports de cette progression étant finis (165) $\infty^{\frac{1}{\infty}}$ ne sera donc pas infiniment grand par rapport à 1, mais du même ordre que 1, ou fini, seulement il sera plus grand, puisqu'il le suit dans une

Quelle est la racine infinitiéme de l'Infini.

progreſſion croiſſante. Cet $\infty^{\frac{1}{\infty}}$ eſt la $\sqrt[\infty]{}$ de ∞, donc la racine infinitiéme de ∞ eſt finie & plus grande que 1, au lieu que toutes les autres $\sqrt{}$ de ∞ qui ont un expoſant fini ſont infinies.

167. Mais ce $\infty^{\frac{1}{\infty}} > 1$ eſt < 2, car en comparant les termes de cette progreſſion geometrique qui eſt la correſpondante de la Suite naturelle, aux termes correſpondants de cette Suite, on a (66) $\infty^{\frac{1}{\infty}}$ ſecond terme de la progreſſion geometrique, moindre que 2 ſecond de l'arithmetique.

168. De même $\infty^{\frac{2}{\infty}} < 3$. $\infty^{\frac{3}{\infty}} < 4$, &c.

169. $\infty^{\frac{2}{\infty}}$ étant le quarré de $\infty^{\frac{1}{\infty}}$, $\infty^{\frac{1}{\infty}}$, dont le quarré eſt moindre que 3, eſt donc moindre que $\sqrt{3}$. Or $\sqrt{3}$ eſt < 2. Donc $\infty^{\frac{1}{\infty}}$ qui eſt plus au deſſous de 2 que $\sqrt{3}$, eſt beaucoup au deſſous de 2.

170. Puiſque $\infty^{\frac{1}{\infty}}$ eſt une grandeur finie, ∞ par l'extraction de la racine infinitiéme ne deſcend que d'un ordre, au lieu que par l'élevation à la puiſſance infinie, il monte d'une infinité d'ordres, ou, ce qui eſt la même choſe, toutes ſes racines en nombre infini tant d'un expoſant fini que d'un expoſant infini ſont entre ∞ & 1, au lieu que toutes ſes puiſſances s'étendent depuis ∞ juſqu'à ∞^{∞}. On voit la naiſſance de cela dans le Fini, où les 10 premiéres puiſſances de 2, par exemple, vont depuis 2 juſqu'à 1024, au lieu que ſes 10 premiéres racines & même toutes ſes racines ſont entre 1 & 2.

De quel ordre ſont les ſommes des Suites infinies, qui ont des termes de differents ordres.

171. Maintenant je conſidere les Suites qui ont des termes en nombre $= \infty$, les uns finis, les autres infinis du même ordre ∞, ou plus generalement, car ce ſera toûjours la même choſe, des termes de deux ordres conſécutifs que j'appelle n & $n+1$.

Si une Suite infinie n'avoit des termes que de l'ordre n, il y auroit toûjours quelque terme moyen x, qui multiplié par ∞, nombre des termes, donneroit le produit $x \times \infty$ égal à la somme totale de la Suite. Or si x est supposé fini, & par conséquent tous les autres termes de la Suite, $x\infty$ sera un Infini du 1er ordre, & par conséquent aussi la somme de la Suite, ou, ce qui est le même, la somme sera de l'ordre immediatement superieur à celui des termes. De même si x est de l'ordre de ∞, la somme sera de l'ordre de ∞^2, &c. Donc aussi si la Suite a une infinité de termes de l'ordre n, & une infinité de l'ordre $n+1$, ce qui est fort possible, puisqu'elle en peut avoir, par exemple, de l'ordre n un nombre $= \frac{\infty}{2}$, ou $= \frac{\infty}{3}$, &c. & de l'ordre $n+1$ un nombre $= \frac{\infty}{2}$, ou $= \frac{2\infty}{3}$, &c. les termes de l'ordre n feront une somme de l'ordre $n+1$, & ceux de l'ordre $n+1$ une somme de l'ordre $n+2$, donc la somme totale sera de l'ordre $n+2$, c'est-à-dire, de l'ordre immédiatement superieur à celui des termes les plus élevés.

172. Si la Suite a un nombre fini de termes de l'ordre n, & un infini de l'ordre $n+1$, ceux de l'ordre n ne peuvent faire qu'une somme de ce même ordre, & ceux de l'ordre $n+1$ en font une de l'ordre $n+2$. Donc la somme totale est de l'ordre immédiatement superieur à celui des termes les plus élevés.

Il faut remarquer qu'en ce cas tous les termes de l'ordre n ne faisant qu'une somme de l'ordre n, cette somme n'est donc qu'un terme de l'ordre n qui disparoît devant les termes de l'ordre $n+1$, & que par conséquent tous ces termes de l'ordre n sont *inutiles* à la somme totale, qui n'est formée que de ceux de l'ordre $n+1$. Dans le cas de l'art. précédent tous les termes étoient utiles à la somme, parce que ceux de l'ordre n en nombre infini faisoient une somme de l'ordre $n+1$, ou un terme de cet ordre qui se joignoit à ses *homogenes* de l'ordre $n+1$.

173. Si la Suite a un nombre infini de termes de l'ordre n, & un nombre seulement fini de l'ordre $n+1$, tous les termes de l'ordre n font une somme de l'ordre $n+1$. qui se joint à ses homogenes de l'ordre $n+1$, mais comme ils sont en nombre fini, & qu'elle n'augmente leur nombre que d'un terme, la somme totale n'est que de l'ordre $n+1$, quoi-que tous les termes lui soient utiles.

174. Soit maintenant une Suite composée de termes de trois differents ordres consécutifs, n, $n+1$, & $n+2$.

Si le nombre des termes de chacun de ces trois ordres est infini, il est clair qu'ils seront tous utiles à la somme, & qu'elle sera de l'ordre $n+3$.

175. Si le nombre des termes de l'ordre n est fini, & celui des termes des deux autres ordres infini, ou même si le nombre des termes tant de l'ordre n que de l'ordre $n+1$ est fini, & celui des termes du seul ordre $n+2$ infini, tous les termes qui ne sont qu'en nombre fini dans leur ordre seront inutiles à la somme, & elle sera de l'ordre $n+3$.

176. Si le nombre des termes de l'ordre n est infini, & celui des deux autres ordres fini, ou même si le nombre des termes des ordres n, & $n+1$ est infini, & celui seulement des termes de l'ordre $n+2$ fini, la somme n'est que de l'ordre $n+2$, mais dans le 1er cas les termes des deux 1ers ordres sont inutiles à la somme, & dans le 2[d] cas ils y sont utiles.

177. Il est aisé de voir qu'il en ira toûjours de même, quel que soit le nombre des ordres consécutifs des differents termes, & qu'en general la somme ne sera que de l'ordre des termes les plus élevés, s'il n'y en a qu'un nombre fini, ou de l'ordre immédiatement superieur, s'il y en a un nombre infini.

178. Réciproquement si la somme n'est que de l'ordre des termes les plus élevés, il n'y en a dans la suite qu'un nombre fini, & si la somme est de l'ordre immédiatement superieur, il y a un nombre infini de ces termes.

179. Les termes de l'ordre le plus élevé ne pouvant

jamais

jamais être inutiles à la ſomme, il n'y a que ceux de quelque ordre inferieur qui le puiſſent être, & ils le ſont quand ils ne ſont qu'en nombre fini, ou lorſqu'étant en nombre infini, les termes de l'ordre ſuivant ne ſont qu'en nombre fini, & que cet ordre ſuivant n'eſt pas le dernier ou le plus élevé.

180. Plus dans une Suite infinie le nombre des differents ordres des termes ſera grand, plus il pourra y avoir d'ordres qui n'ayent des termes qu'en nombre fini, & par conſéquent inutiles à la ſomme (179). Et enfin ſi le nombre des differents ordres étoit infini, ce qui réduiroit, ſinon tous les ordres, du moins une infinité d'ordres à n'avoir qu'un nombre de termes fini, les termes de cette infinité d'ordres ſeroient tous inutiles à la ſomme, & ſi le nombre des ordres étoit égal au nombre des termes, ou, ce qui eſt le même, ſi chaque terme étoit d'un ordre different, tous les termes horſmis le dernier ou plus élevé ſeroient inutiles à la ſomme. Telle eſt la $\div\!\div$ $1.\infty.\infty^2.\infty^3$, &c. ∞^∞, dont la ſomme n'eſt que ∞^∞. Et on le voit encore en y appliquant la Formule $\frac{am^n-a}{m-1}$ (78) car elle donne $\frac{1\times\infty^\infty-1}{\infty-1}=\infty^{\infty-1}=\infty^\infty$.

SECTION III.

De la Suite naturelle infinie élevée à ses Puissances, & comparée à la Progression geometrique correspondante.

LA Suite naturelle des Nombres n'est appellée de ce nom que parce que c'est la premiére, & quelquefois la seule qui s'offre à l'esprit des hommes, & qu'elle est toûjours enveloppée dans toutes les autres, quelque recherchées & quelque compliquées qu'elles soient. Ainsi il importe de la connoître & de l'approfondir le plus qu'il se puisse, car peut-être ne l'a-t-elle pas encore été tout-à-fait, quoi-que bien exposée à la vûë de tout le monde.

Consideration de la Suite naturelle des nombres, appellée A. Qu'elle a une infinité de termes infinis, & une autre infinité beaucoup moindre de termes finis.

181. J'appelle A la Suite naturelle infinie des Nombres. Il semble que ∞, dernier terme de A, en devroit être le seul terme infini précedé immédiatement d'un terme fini. Car (84 & 85) on n'a conçû que A avoit un dernier terme infini ou ∞, que parce que le nombre de ses termes finis étant ∞, ce même ∞ devoit aussi exprimer son dernier terme. Donc ∞ qui n'est l'expression d'un nombre infini que de termes finis, & qui est en même temps le dernier terme de A, en doit être le seul Infini. Et en effet dès qu'on est arrivé à l'Infini, A n'est-elle pas terminée, du moins dans son ordre? N'a-t-on pas parcouru une infinité de termes finis, quand on est arrivé au premier Infini ?

Mais il s'en faut beaucoup que tout cela ne soit vrai, & il arrive souvent en ces matiéres qu'une idée legitime qu'on a prise enferme plus qu'on ne pensoit, & menoit plus loin.

La somme de A est $\frac{\infty^2}{2}$ (124) donc A a une infinité de termes de l'ordre de ∞ (178). Donc il est déja démontré *a posteriori* qu'elle a une infinité de termes infinis.

182. Mais on peut démontrer *a priori*, & plus clairement

cette même verité, qui se trouvera avoir encore plus d'étenduë

Puisque *A* est une progression arithmetique, dont le dernier terme est ∞, son terme du milieu est $\frac{\infty}{2}$, Infini, après lequel il ne peut y avoir que des Infinis plus grands. De même le terme de son 1er quart est $\frac{\infty}{4}$, encore infini, celui de sa premiére 100me partie est $\frac{\infty}{100}$ encore infini, de sorte que de l'intervalle infini, qui est entre 1 & ∞, divisé en 100 parties, il y en a déja 99 qui ne peuvent avoir que des termes infinis, & il ne reste que la 1re qui puisse en avoir de finis. Il est visible que cette premiére 100me partie sera infinie, puisqu'elle sera une partie finie d'un intervalle infini, & par conséquent elle contiendra encore une infinité de termes. Enfin *n* étant un nombre fini quelconque, & si grand qu'on voudra, & l'intervalle entre 1 & ∞ étant divisé en ce nombre *n* de parties, on trouvera toûjours qu'il n'y aura que la 1re *n*me partie qui puisse avoir des termes finis, & la difficulté ne sera plus que de sçavoir comment *A* peut encore avoir une infinité de termes finis, car cette infinité doit toûjours subsister, puisqu'elle est née de la premiére supposition qui a donné ∞.

183. Avant que d'éclaircir cette difficulté, & même afin de l'éclaircir, il faut connoître autant qu'on le peut la nature de ce nombre prodigieux d'Infinis contenus dans *A*. Ils sont tous moindres que ∞, & je les désigne tous par ce caractere $\propto$, qui represente un Infini indéterminé & variable du même ordre que ∞, qui est un Infini fixe.

Comme ils naissent de la division qu'on a faite de l'intervalle qui est entre 1 & ∞ en un nombre fini *n* de parties, les $\propto$ qui sont à la tête de chaque division sont des $\frac{\infty}{n}$, $\frac{2\infty}{n}$, $\frac{3\infty}{n}$, &c. jusqu'au dernier qui est $\frac{n-1\times\infty}{n}$, & enfin vient $\frac{n\infty}{n}$ $=\infty$ dernier terme de *A*. Tous ces $\propto$ ont un rapport exprimable à ∞, en vertu de la division qu'on a faite. Mais dans les intervalles infinis qui sont entre $\frac{\infty}{n}$ & $\frac{2\infty}{n}$, ou entre $\frac{2\infty}{n}$ & $\frac{3\infty}{n}$, &c. & dont chacun contient un nombre d'Infinis $= \frac{\infty}{n}$, ces Infinis intermediaires n'ont point en vertu de cette division un rapport exprimable ou déterminable à ∞. Et comme n n'est qu'une expression generale & indéterminée d'un nombre fini, il faut regarder les ∝ en general comme n'ayant à ∞ qu'un rapport indéterminable, à moins que par quelque supposition particuliére on ne vienne à le déterminer.

184. La nature generale de ce rapport, tant arithmetique que geometrique, se détermine cependant très aisément. Dans le nombre infini des ∝ il n'y en peut avoir qu'un nombre fini à l'extremité de A, qui soient à une distance finie de ∞, & dont par conséquent la difference à ∞ soit finie. En ce cas elle est nulle (98) & A finit par un nombre fini d'Infinis égaux, ou, si l'on veut, presque égaux. Tous les autres ∝ sont à une distance infinie de ∞, ou ont une difference infinie à ∞. Cette difference est donc un ∝. Cela revient à l'art. 100.

185. Mais en même temps le rapport geometrique de ∞ aux ∝ n'est pas infini, ou ∞ n'est pas infiniment plus grand que les ∝, même que ceux auxquels il a une difference infinie. Car soit le moindre ∝ possible $= \frac{\infty}{n}$, n étant fini & si grand qu'on voudra, ∞ est à $\frac{\infty}{n}$ :: n. 1.

186. Les ∝ sont donc d'une nature toute differente des Infinis radicaux purs, tels que $\infty^{\frac{1}{n}}$ ou $\infty^{\frac{n}{m}}$, quoi-que compris dans le même intervalle. ∞ n'est point du tout diminué par la soustraction de $\infty^{\frac{1}{n}}$ ou de $\infty^{\frac{n}{m}}$ (136). Et au contraire par la soustraction de ∝ il perd une infinité des unités qui le formoient, pourvû que ce ∝ ne soit pas

tout-à-fait à l'extremité de *A*. Hors de-là $\infty - \propto = \propto$, ces deux $\propto$ étant presque toûjours differents, au lieu que $\infty - \infty^{\frac{1}{n}}$ ou $- \infty^{\frac{n}{m}} = \infty$. $\infty^{\frac{1}{n}}$ ou $\infty^{\frac{n}{m}}$ n'est point grandeur par rapport à ∞, au lieu que $\propto$ en est une.

187. On peut par-là se confirmer en passant, combien, ainsi qu'on l'a déja vû, la progression arithmetique & la geometrique correspondante sont opposées; car les $\infty^{\frac{1}{n}}$ ou $\infty^{\frac{n}{m}}$ & les $\propto$ sont des Infinis nés de deux divisions d'un même intervalle infini en un nombre fini de parties, mais l'une de ces divisions étoit geometrique, l'autre arithmetique.

188. Puisque ∞ n'a qu'un rapport fini aux $\propto$ (185) $\frac{\infty}{\propto}$ est un entier fini, plus une fraction le plus souvent, & $\frac{\propto}{\infty}$ est une fraction finie moindre que 1.

189. Les $\propto$ ont entr'eux des differences finies ou infinies selon les lieux où ils sont pris.

190. Ils n'ont entr'eux que des rapports finis, puisqu'ils n'en ont que de tels à ∞, le plus grand de tous les termes de *A*. Donc $\frac{\propto}{\propto}$ est un Fini.

191. Pour revenir à la difficulté de l'art. 182, il faut concevoir *A* divisée en un nombre $\propto$ de parties, au lieu qu'elle l'étoit en un nombre fini *n*. Chaque division contiendra un nombre $\frac{\infty}{\propto}$ de termes, nombre fini (188), & cela doit être, puisqu'il y a une infinité de divisions. Les termes qui seront à la tête de chaque division, seront selon l'art. 183 $\frac{\infty}{\propto}$. $\frac{2\infty}{\propto}$. $\frac{3\infty}{\propto}$, &c. le dénominateur $\propto$ étant toûjours le même, & ces termes seront toûjours finis. Mais comme dans ces expressions les Coëfficients 1, 2, 3, &c. du numerateur ∞ sont toûjours croissants, il en viendra enfin un qui

ſera $\propto$, & on aura $\frac{\propto\infty}{\propto}$, terme infini, puiſque $\frac{\propto}{\propto}$ eſt fini (190).

Cet $\frac{\propto\infty}{\propto}$ ſera une partie déterminée de ∞, ſelon le rapport fini qu'auront entr'eux les deux $\propto$, l'un du numerateur, l'autre du dénominateur, le 1er étant ſuppoſé toûjours moindre que le 2^d^.

Juſqu'à cet $\frac{\propto\infty}{\propto}$ tous les termes de *A* auront été finis, & pour en trouver un nombre infini, je n'ai qu'à concevoir que le $\propto$ du numerateur, qui doit alors être le 1er de tous les $\propto$, étoit à une diſtance infinie de 1, premier terme de *A*, ce qui eſt fort naturel & fort poſſible, puiſqu'un $\propto$ eſt un terme infini. Je dis ſeulement que cela eſt *naturel* & *poſſible*, & non pas *neceſſaire*, parce qu'on verra dans la ſuite qu'il ne l'eſt pas abſolument. Si $\propto$ du numerateur de $\frac{\propto\infty}{\propto}$, premier terme infini de *A*, a été à une diſtance infinie de 1, il y a eu donc avant lui une infinité de termes finis qui étoient les $\frac{1\infty}{\propto}$, $\frac{2\infty}{\propto}$, $\frac{3\infty}{\propto}$, ou ∞ avoit toûjours un Coëfficient fini.

Donc le prodigieux nombre d'Infinis qu'on a trouvés dans *A* par l'art. 182, n'empêche pas qu'il ne puiſſe y avoir une infinité de termes finis, ce qui eſt la difficulté qu'on avoit à lever.

192. Si à la ſuppoſition de l'art. précédent, par laquelle dans $\frac{\propto\infty}{\propto}$ le $\propto$ du numerateur eſt le 1er des $\propto$, on ajoûte que le $\propto$ du dénominateur en ſoit le dernier, il faudra concevoir celui du numerateur toûjours croiſſant, & celui du dénominateur conſtant, moyennant quoi on verra que $\frac{\propto\infty}{\propto}$ eſt toûjours infini, & moindre que ∞, juſqu'à ce qu'enfin le $\propto$ du numerateur étant parvenu à être égal à celui du dénominateur, on ait $\frac{\propto\infty}{\propto} = \infty$.

193. Donc A a une infinité de termes finis, & une infinité d'Infinis, mais la 1re infinité prodigieusement moindre que la 2de, quoi-que du même ordre. Le rapport de 1 à 1000, &c. où l'on mettra tel nombre fini de zero qu'on voudra, n'exprimeroit pas le rapport de ces deux infinités, car selon l'art. 182 $\frac{\infty}{1000 \&c.}$ seroit encore un nombre infini. Ce rapport, quoi-que fini, est indéterminable.

194. Tous les termes de A sont utiles à sa somme, puisqu'ayant des termes de deux ordres, elle en a une infinité dans chacun (171 & 172).

195. Une Suite composée d'un nombre ∞ de termes, tous $=\infty$, auroit sa somme $=\infty^2$, qui ne seroit que double de la somme de A, ce qui fait encore voir très facilement combien les Infinis de A qui précédent ∞, tous moindres que lui, & très lentement croissants, doivent être en une prodigieuse quantité.

Considération de la Suite naturelle quarrée, ou de A^2.

196. Concevons maintenant que tous les termes de A sont élevés au quarré, ce qui donne A^2, 1, 4, 9, 16, &c. ∞^2. Il est visible que A^2 a autant de termes que A.

Je represente les deux Suites aux yeux, pour mieux faire voir leur correspondance.

	Termes finis.		B		
A.	1. 2. 3. 4, &c.	n	nn	Infinis	∞.
A^2.	1. 4. 9. 16, &c.	nn		Infinis	∞^2.
			C		

La ligne BC marque dans A la séparation des termes finis d'avec les Infinis, desorte qu'à la gauche de BC ils sont tous Finis, & à sa droite Infinis, & en même temps elle marque dans A^2 qu'au moins à sa droite ils seront tous Infinis, car les Infinis de A ne peuvent qu'augmenter dans A^2 par l'élevation au quarré.

Soit nn le plus grand quarré fini qui soit dans A, & posé par conséquent à la gauche de BC, & tout auprès. Il sera aussi dans A^2, puisqu'il est le quarré de n, un des termes de A.

Mais il sera dans A^2 sous n sa racine, & n est dans A, fort éloigné de nn, & d'autant plus que n est plus grand. Mais nn est le plus grand quarré fini possible, & dans A^2 il y a encore loin de nn à la ligne BC. Donc dans A^2 il n'y a plus de termes finis après nn, ou bien il y a dans cette Suite un vuide depuis nn jusqu'à la ligne BC, de sorte que tous les termes Finis qui sont dans A depuis n jusqu'à la ligne BC, n'ont point de correspondants ou de quarrés dans A^2, ce qui est manifestement impossible. Donc après nn, il vient dans A^2 des Infinis, & A^2 en a plustôt que A.

197. Cette conclusion n'est point étonnante, car puisque A^2 s'éleve jusqu'à ∞^2, infiniment plus grand que ∞ où A se termine, & qu'elle n'a qu'un cours de la même étenduë, il est très naturel, & même absolument necessaire que A^2 arrive à un simple Infini plustôt que A. Mais si cela est, les Infinis qui seront dans A^2 depuis nn jusqu'à la ligne BC seront donc des quarrés de termes finis correspondants qui étoient dans A depuis n jusqu'à la ligne BC, or comment des quarrés de termes finis peuvent-ils être infinis? Le fini multiplié par le fini, & quelque nombre fini de fois qu'il le soit, ne peut être que fini. C'est une verité reçûë de tous les Geometres, c'est la Regle invariable d'une infinité de calculs.

J'avoüe que du premier coup d'œil cette difficulté est accablante, & elle m'auroit fait abandonner tout ce Sistême de l'Infini, si je n'avois vû un grand nombre de fortes raisons qui la diminüoient, car je n'ose presque dire qu'elles la levoient entiérement, & qui m'engageoient à admettre l'étrange Paradoxe de termes finis devenus infinis par l'élevation au quarré.

1°. Ce Paradoxe n'est pas plus terrible que celui d'un Infini plus grand, & même infiniment plus grand, qu'un autre Infini, contre lequel on peut faire des objections apparemment invincibles. Mais il est vrai qu'il est établi, & que l'on reçoit avec moins de peine, & même sans peine, ce que l'on voit que tous les autres reçoivent. L'autorité a son effet, même en Geometrie, sans que l'on s'en apperçoive.

2°.

2°. Les Finis que je suppose qui deviennent Infinis, ne le deviennent que dans le passage obscur & incomprehensible, & cependant constant, du Fini à l'Infini. C'est là que se font des changements que nous ne connoissons, à la verité, que par les effets, c'est-à-dire, par les resultats des Calculs, mais quoi-qu'on ne sçache pas comment ils se font, il est pourtant bon de sçavoir que c'est là où ils se font, & de pouvoir juger, du moins *a posteriori*, quels ils ont dû être. Celà pourra fournir des principes, qui ensuite feront connoître les changements *a priori*.

3°. Il y a bien de la difference entre le Fini *fixe*, pour ainsi dire, & le Fini *en mouvement*, ou, comme disent nos habiles Voisins, *en fluxion*, pour devenir Infini. Tous les Finis ne sont, dès que nous les pouvons déterminer, qu'au commencement de la Suite *A*, quelque grands qu'ils soient, & à cause qu'elle est d'une étenduë infinie, ils ne sont pas plus avancés vers son extremité que 1, premier terme de *A*. Ils sont fixes, parce qu'ils ne sont encore en aucun mouvement pour devenir Infinis, ou du moins dans un si petit mouvement qu'il n'est à compter pour rien par rapport à celui qu'ils ont encore à faire. Mais quand ils ont déja fait une partie infinie de ce mouvement, là commencent les degrés inconnus par lesquels ils doivent passer & s'élever à l'Infini, là ils deviennent d'une nature moyenne, qui les rend propres à se changer en Infinis par des changements legers qui n'auroient pas suffi auparavant. Tous les Calculs n'operent que sur des Finis fixes, & jamais sur les Finis en mouvement, & de-là vient la Regle invariable, que le Fini multiplié par le Fini n'est que Fini. Il est bien sûr qu'un Calcul ne tombera jamais dans le cas de l'exception, mais il peut être permis à la Theorie d'aller plus loin, & de l'appercevoir, supposé qu'il soit fondé.

4°. Comme nous n'operons que sur des Finis qui sont tout à l'origine des Suites, de même quand nous operons sur des Infinis, ce n'est que sur ceux qui sont tout à l'extremité, & qui ont pris la nature entiére & complete d'Infini, desorte que nous ne saisissons que les deux bouts des Suites; encore n'y a-t-il que le premier bien saisi & bien connu, l'autre n'est guere qu'entrevû, & supposé. Tout l'entre-deux infini nous échape, & il doit cependant y arriver tout ce que l'Infini a de plus merveilleux.

5°. Si l'on admet le Paradoxe, il y a des Finis de A qui deviennent Infinis dans A^2, & ils ne pourront être que de l'ordre de ∞, & assés petits dans cet ordre. Ils feront le degré & la nuance des Finis de A^2 aux Infinis du 2^d^ ordre ou aux ∞^2, or ces degrés & ces nuances sont necessaires dans les Suites, & tous les Geometres en conviennent. Si tout ce qui est Fini dans A, demeure Fini dans A^2, tout ce qui étoit Infini dans A, deviendra dans A^2 infini du 2^d^ ordre, & A^2 sautera brusquement du Fini à ∞^2, sans passer par ∞, ce qui n'a absolument aucun exemple dans des Suites, dont la gradation soit aussi lente que celle de A^2.

6°. Si on n'admet pas le Paradoxe, je démontrerai invinciblement le contraire de quelques verités constantes & reçûës, & il y aura démonstration contre démonstration. On en verra des exemples, quand l'ordre de cet Ouvrage les amenera.

7°. Le Paradoxe admis ne conduit jamais à aucune conclusion fausse. Au contraire il se lie necessairement aux verités déja connües, & en produit beaucoup de nouvelles. C'est de quoi l'on sera pleinement convaincu dans la suite. S'il est faux, il est donc parfaitement équivalent à quelque chose de vrai, & en remplit bien heureusement la place.

En attendant ce vrai, que je ne connois pas, je vais prendre ce Paradoxe pour une verité démontrée dans l'art. précédent, me reservant toutefois, & je le dis avec la derniére sincerité, à le rejetter absolument, dès qu'on me fera voir que sans l'employer on peut faire un Sistême lié de l'Infini en Geometrie, ou qu'il y a quelque autre idée à lui substituer, qui fasse le même effet sans avoir la même difficulté, ou une équivalente.

198. J'appelle *Finis indéterminables*, les termes finis de A

qui deviennent infinis dans A^2 par l'élevation au quarré, car comme ils sont dans le passage que fait A^2 du Fini à l'Infini, ils ne peuvent jamais être connus ni déterminés, comme les termes qui sont à l'origine de A ou de A^2.

199. Un terme quelconque de A^2 étant nn, nn exprime aussi le quantiéme il est dans A, & sa racine n le quantiéme, il est dans A^2. Ainsi 16 est le 16me terme de A, & est le 4me de A^2. 100 est le 100me de A, & le 10me de A^2. Donc si nn est le 1er terme infini de A^2, & par conséquent si n est le 1er terme fini indéterminable de A qui soit devenu infini dans A^2, nn n'est qu'à une distance finie de 1, premier terme de A^2, car sa racine n, qui est finie, exprime son quantiéme dans A^2, & ce quantiéme n'est donc que fini. Donc le 1er infini de A^2 n'est qu'à une distance finie de 1 son 1er terme.

200. Mais n étant ici un Fini indéterminable, cette distance finie est indéterminable, & plus grande que toutes celles qui peuvent être déterminées ou connües.

201. Donc A^2 n'a qu'un nombre fini, mais indéterminable en grandeur, de termes finis.

202. Et puisque A avoit un nombre infini de termes finis, il y a donc une infinité de ses Finis qui deviennent Infinis dans A^2.

203. Donc A formée d'une infinité de Finis, & d'une infinité beaucoup plus grande d'Infinis (193) a ses Finis de deux especes, les uns Finis déterminables & connus, mais en nombre seulement fini indéterminable, les autres Finis indéterminables en nombre infini.

204. Il est aisé de voir que la source des changements qui arrivent à A^2 par rapport à A, est que A^2 vers son origine ne prend que des termes qui sont dans A, mais qu'elle en prend peu, & en saute toûjours de plus en plus. A^2 dès ses deux 1ers termes, qui sont 1 & 4, saute deux termes de A, entre 4 & 9 elle en saute quatre, entre 9 & 16 six, & toûjours ainsi selon la Suite des Pairs, & enfin, comme on vient de voir, elle en a sauté un nombre infini, lorsqu'elle n'est encore

arrivée qu'à une distance finie de son origine, ou n'a eu qu'un cours fini.

205. Quoi-que A^2 fasse de plus grands pas que A, elle ne les fait que proportionnés à ceux de A, & comme ceux-ci, qui ne sont que la difference constante 1, sont d'une grande lenteur pour aller de 1 à ∞, A^2 dont on sçait que les differences sont la Suite des nombres impairs 3, 5, 7, &c. ne peut pas aller de 1 à ∞^2 en faisant des pas infinis, c'est-à-dire, sauter de 1 à ∞^2 sans passer par ∞. Donc A^2 a des termes de l'ordre de ∞, & elle en doit avoir de cet ordre, lorsque A n'en a encore que de correspondants finis; ce sont les Finis indéterminables de A, qui devenus infinis dans A^2, sont les termes de l'ordre de ∞ par lesquels A^2 passe du Fini à ∞^2, & ils sont en nombre infini (202).

206. Mais il y a encore plus. La gradation lente de A^2, fondée sur celle de A, ne permet pas que tous les Infinis de A deviennent dans A^2 des Infinis de l'ordre de ∞^2. D'ailleurs puisqu'il y a des Finis si grands, qu'étant quarrés ils sortent de leur ordre, & deviennent infinis, l'analogie demande qu'il y ait des Infinis si petits, qu'étant quarrés ils ne sortent point de leur ordre, & si cela peut être, cela est. Or $\infty^{\frac{1}{2}}$ est tel, qu'étant quarré il ne sort point de l'ordre potentiel de ∞ dont il étoit, donc ou $\infty^{\frac{1}{2}}$, s'il est dans A, & des Infinis d'une grandeur approchante, ou si $\infty^{\frac{1}{2}}$ n'est pas dans A, ces Infinis seuls d'une grandeur approchante seront tels, qu'étant quarrés ils ne sortiront point de l'ordre de ∞, & ils se joindront dans A^2 aux Finis indéterminables devenus de cet ordre, & moindres qu'eux.

207. En un mot, l'élevation au quarré doit agir de la même maniére sur les Finis & sur les Infinis de A. Elle éleve à l'ordre superieur un nombre infini de Finis, & n'en laisse qu'un nombre fini indéterminable dans leur premier ordre. Donc elle éleve à ∞^2 un nombre infini des ∞, & en laisse un nombre fini indéterminable dans l'ordre des ∞, & cela

ajoûte à l'art. précédent que le nombre des ∞ de A, qui ne sortent point de cet ordre dans A^2, ne soit que fini.

208. Donc le nombre infini des Fin. indéterminables de A, devenus de l'ordre de ∞ dans A^2, n'est augmenté que d'un nombre fini par le nombre des Infinis de A qui demeurent de l'ordre de ∞ dans A^2.

209. Donc le nombre infini des Finis de A étant beaucoup moindre que celui de ses Infinis (193), & tous les Finis de A n'étant pas devenus infinis dans A^2, & le nombre infini de ceux qui le sont devenus n'étant augmenté que d'un nombre fini (208), il suit que le nombre des termes de l'ordre de ∞^2 dans A^2 est plus grand, non seulement que le nombre des termes finis qui est fini, mais que le nombre des termes de l'ordre de ∞, qui est infini.

210. Donc A^2 est formée 1° de termes Finis en nombre fini, 2° de termes de l'ordre de ∞ en nombre infini, 3° de termes de l'ordre de ∞^2 en nombre infini beaucoup plus grand.

211. Donc la somme de A^2 est un Infini du 3me ordre, & tous les termes Finis y sont inutiles (175).

212. Le nombre des ∞^2 de A^2 est moindre que le nombre des ∞ de A (206). D'un autre côté tous les Finis de A^2 sont inutiles à sa somme, ce qui fait le même effet par rapport à la somme que si A^2 étoit composée d'un moindre nombre de termes que A. Enfin il faut faire encore une observation. Ce qui fait que la somme de A n'est qu'une partie de ∞^2, & non pas ∞^2 entier, c'est que tous ses termes ne sont pas chacun $= \infty$, mais tous inégaux depuis 1 jusqu'à ∞. D'ailleurs ils sont les moins inégaux dans leur total qu'il se puisse (72). Donc s'ils étoient plus inégaux, comme ils le seroient effectivement dans une progression geometrique correspondante où ils seroient les plus inégaux qu'il se puisse (72), leur somme seroit moindre (67), & si dans une Suite quelconque comprise, comme A, entre 1 & ∞, ils étoient plus inégaux que dans A, & que leur somme fût de l'ordre de ∞^2, il faudroit du moins que cette somme fût une moindre

partie de ∞^2 que n'est celle de *A*, c'est-à-dire, $\frac{1}{3}$ ou $\frac{1}{4}$, &c. puisque celle de *A* en est $\frac{1}{2}$. Or le même raisonnement subsiste à l'égard de A^2 comparée à *A*. Les termes de A^2 étant visiblement plus inégaux dans leur total que ceux de *A*, la somme de A^2 qui est de l'ordre de ∞^3 doit être une moindre partie de ∞^3, que celle de *A* n'est de ∞^2. Donc par les trois raisons énoncées dans cet article, la somme de *A* étant $= \frac{\infty^2}{2}$ ou $\frac{1}{2}$ de ∞^2, la somme de A^2 sera une moindre partie de ∞^3, c'est-à-dire, par ex. $\frac{1}{3}$, $\frac{1}{4}$, &c.

213. A^2 tend & arrive à l'égalité, car les termes de *A* y tendent & y arrivent, & par conséquent aussi ceux de A^2, qui en sont les quarrés.

Consideration de A^3.

214. Soit maintenant A^3, ou *A* élevée au cube, qui est 1. 8. 27. 64, &c. ∞^3.

Puisqu'il y a dans *A* des Finis indéterminables, & en nombre infini, qui par l'élevation au quarré deviennent Infinis, il est évident que non seulement ils ne cesseront pas de l'être par l'élevation au cube, mais que si on cube *A* d'autres Finis indéterminables qui n'avoient pas été assés grands pour devenir infinis par l'élevation au quarré, le deviendront par l'élevation au cube. De même d'autres Finis indéterminables encore moindres qui n'étoient pas devenus infinis par l'élevation au cube, le deviendront par l'élevation au quarré-quarré, & toûjours ainsi de suite. Donc ce sera la propriété ou le caractere general des Finis indéterminables de devenir infinis par l'élevation à quelque puissance finie.

215. Dans A^3 les premiers Finis indéterminables qui par l'élevation au cube seront devenus infinis, ne seront que de l'ordre de ∞. Donc A^3 aura des termes finis à son origine, ensuite des ∞, & à son extremité des ∞^3, & comme elle ne peut aller de ∞ à ∞^3 sans passer par ∞^2, elle aura donc des termes des 4 ordres, des Finis, des ∞, des ∞^2, & des ∞^3.

216. Il est très aisé de voir que le nombre des Finis de A^3 ne sera que fini, & moindre que celui des Finis de A^2,

mais toûjours Fini indéterminable. Le nombre total des Infinis de A^3 sera donc plus grand que celui des Infinis de A^2, mais il ne sera plus grand que de la quantité dont le nombre des Finis de A^2 surpasse le nombre des Finis de A^3, or cette quantité ne peut être que finie, ces deux nombres étant finis, donc le nombre total des Infinis de A^3 ne surpassera que d'une quantité finie celui des Infinis de A^2.

217. La difference finie du nombre total des Infinis de A^3 & de A^2 étant nulle par rapport à ces deux nombres infinis, & par conséquent ces deux nombres pouvant être pris pour égaux, d'un autre côté le nombre total des Infinis de A^3 étant composé d'Infinis de 3 ordres differents (215) au lieu que le nombre des Infinis de A^2 n'est composé que d'Infinis de 2 ordres, il suit que dans A^3 le nombre des Infinis de chaque ordre sera moindre que n'étoit le nombre des Infinis de chaque ordre dans A^2.

218. Donc le nombre des ∞ dans A^3 sera moindre que dans A^2, mais de plus il ne sera que fini. Car si A^2 qui éleve A à la puissance immédiatement superieure, fait l'effet de changer en ∞ un nombre des Finis de A, tel que le nombre de ces Finis devenus ∞, est infini par rapport au nombre des Finis qui demeurent Finis, à plus forte raison A^3 qui fait de plus grands pas que A^2 doit-elle changer en ∞^2 une infinité des ∞ de A^2, & n'en laisser qu'un nombre fini dans l'ordre de ∞. Donc A^3 n'aura qu'un nombre fini de ∞, & un infini de ∞^2.

219. Le nombre infini des ∞^2 de A^3 sera encore augmenté par des ∞^2 de A^2 qui demeureront de l'ordre de ∞^2 dans A^3, mais ils ne seront qu'en nombre fini par la même raison que les ∞ de A qui sont demeurés de l'ordre de ∞ dans A^2 n'ont été qu'en nombre fini (207).

220. De-là il suit aussi que le nombre des ∞^3 de A^3 est infini.

221. Donc A^3 est composée 1° de Finis en nombre fini. 2° De ∞ en nombre fini. 3° De ∞^2 en nombre infini. 4° De ∞^3 en nombre infini.

222. A qui a des termes de 2 ordres, a le nombre des termes de l'ordre du Fini beaucoup moindre que celui des termes de l'ordre de ∞ (193). Et par conséquent le nombre des termes de ces differents ordres est croissant à compter de l'origine de A. De même A^2 qui a des termes de 3 ordres, a le nombre des termes de ses differents ordres croissant depuis l'origine (210). Donc pour conserver l'analogie qui doit être entre A, A^2 & A^3, il faut que dans A^3, qui a des termes de 4 ordres, le nombre des termes de chaque ordre soit aussi croissant, c'est-à-dire, que le nombre des termes finis étant fini, celui des ∞ soit un Fini plus grand, & que celui des ∞^2 étant infini, celui des ∞^3 soit un Infini plus grand.

223. A^3 a une somme de l'ordre de ∞^4, à laquelle tous les Finis & tous les ∞ sont inutiles. Ses ∞^2 qui y sont utiles sont en moindre nombre que les ∞^3 (222), & enfin les termes de A^3 sont plus inégaux que ceux de A^2. Donc en suivant le raisonnement de l'art. 212, la somme de A^3 sera une moindre partie de ∞^4, que la somme de A^2 n'étoit de ∞^3.

224. A^3 tend & arrive à l'égalité aussi-bien que A^2, & par la même raison (213).

225. On voit par tout ce qui a été dit, que quand on change A en A^2, il n'y a qu'un nombre fini des termes finis de A qui ne s'élevent point d'ordre, quoi-qu'ils s'élevent de grandeur, & qui demeurent *immobiles* quant à l'ordre, & qu'il y a un nombre infini de ces mêmes termes finis qui sont *mobiles*, ou qui s'élevent d'ordre. En même temps, ou dans le même changement de A en A^2, il n'y a qu'un nombre fini des ∞ de A qui demeurent immobiles, & tous les autres ∞ en nombre infini sont mobiles. De même quand A^2 se change en A^3, du nombre infini des ∞ de A^2, car les Finis de A^2 n'étant qu'en nombre fini, ils ne peuvent donner lieu à cette comparaison qui demande un nombre infini de termes d'un même ordre, de ce nombre infini, dis-je, des ∞ de A^2, il n'y en a qu'un nombre fini d'immobiles, ou qui demeurent des ∞, & tous les autres en nombre infini

infini deviennent des ∞^2, ou ſont mobiles, & pareillement du nombre infini des ∞^2 de A^2 il n'y en a qu'un nombre fini d'immobiles, & tous les autres ſont mobiles. Or il eſt à remarquer qu'un ordre étant composé d'une infinité de termes, les immobiles, qui ſont toûjours en nombre fini, ſont toûjours à l'origine de l'ordre, & les mobiles en nombre infini, toûjours vers l'extremité & juſqu'à l'extremité.

Cela répond à une difficulté qu'on auroit lieu de faire dans le Siſtême commun de l'Infini, Pourquoi le Fini élevé à quelque puiſſance finie que ce ſoit, demeure-t-il toûjours dans ſon ordre, au lieu que l'Infini pareillement élevé, s'éleve toûjours d'ordre ? car le Fini n'étant à l'égard de ∞ que ce qu'eſt ∞ à l'égard de ∞^2, il eſt contre cette analogie, que ∞, dès qu'il eſt quarré, s'éleve d'ordre, tandis que le Fini quarré demeure dans le ſien. La réponſe eſt que le fait ſuppoſé n'eſt pas vrai, & que c'eſt parfaitement la même choſe pour le Fini & pour l'Infini. Dès que le Fini eſt à une certaine diſtance finie, mais indéterminable, de l'origine de ſon ordre, il s'éleve d'ordre étant quarré, & juſque là il ne s'en éleve point; de même ∞ étant quarré ne s'éleve point d'ordre, tant qu'il n'eſt qu'à une certaine diſtance finie indéterminable de l'origine de ſon ordre, & paſſé cela il s'éleve. Mais ce qui nous jette dans l'erreur ſur la comparaiſon du Fini & de l'Infini à cet égard, c'eſt que nous ne connoiſſons le Fini qu'à l'origine de ſon ordre, nous n'operons ſur lui qu'en le prenant à ſa naiſſance, & au contraire l'Infini à l'origine de ſon ordre nous eſt abſolument inconnu, & le peu de connoiſſance que nous en avons roule ſur un Infini plein, pour ainſi dire, & qui a franchi un paſſage immenſe pour être devenu ce qu'il eſt. De-là vient que nous ne connoiſſons que des Finis, qui élevés à une puiſſance finie, ne s'élevent point d'ordre, & des Infinis au contraire qui s'en élevent.

226. Si l'on prend A^4, 1. 16. 81. 256, &c. ∞^4. Il eſt aiſé de voir par l'application de tout ce qui a été dit, 1° que A^4 aura des Finis en nombre fini, des ∞ en nombre fini, *Conſideration de* A^4.

des ∞^2 en nombre fini, des ∞^3 en nombre infini, & des ∞^4 en nombre infini.

2°. Que le nombre des termes de ces cinq differents ordres sera croissant depuis l'origine.

3°. Que A^4 aura une somme de l'ordre de ∞^5, à laquelle les Finis, les ∞, & les ∞^2 seront inutiles.

4°. Que le ∞^5 qui exprimera cette somme sera dans son ordre un moindre Infini que n'étoit dans le sien le ∞^4 qui exprimoit la somme de A^3.

Consideration de A^n *en general.*

227. En general n étant un Exposant fini toûjours croissant, dont la 1re valeur est 1, A^n sera toûjours telle qu'elle aura un nombre d'ordres $= n+1$; le nombre des ordres, qui auront un nombre de termes infinis, toûjours $= 2$, ce qui donnera le nombre des ordres où le nombre des termes sera fini ; le nombre des termes des differents ordres croissant depuis l'origine; le nombre des termes de chaque ordre toûjours moindre, à mesure que n sera plus grand ; une somme de l'ordre de ∞^{n+1} à laquelle les deux derniers ordres seuls seront utiles ; & toûjours un moindre ∞^{n+1} qui exprimera cette somme, ou, ce qui est le même, ∞^{n+1} divisé par un plus grand nombre.

Consideration de A^∞.

228. Si enfin l'exposant $n = \infty$, on a A^∞. 1^∞. 2^∞. 3^∞, &c. ∞^∞. Suite qu'il faut considerer plus particuliérement, parce qu'elle contient les puissances infinies de tous les nombres de A, & qu'il est important de connoître les rapports que ces nombres élevés à ∞ ont soit au Fini, soit entr'eux.

2^∞, 2d terme de A^∞, seroit le dernier terme de la progression geometrique infinie, 2^1, 2^2, 2^3, &c. 2^∞, que j'appelle P. Si l'on compare P à A^2, on a d'un côté 2^1. 2^2. 2^3. 2^4. 2^5. 2^6, &c. & de l'autre 1^2, 2^2, 3^2, 4^2, 5^2, 6^2, &c. & l'on voit que $2^1 > 1^2$, $2^2 = 2^2$, $2^3 < 3^2$, $2^4 = 4^2$, $2^5 > 5^2$, $2^6 > 6^2$, &c. & que depuis $2^5 = 32$, tous les termes de P

sont plus grands que les correspondants de A^2, & fort croissants par rapport à eux. Donc si A^2 n'a qu'un nombre fini de termes finis, à plus forte raison P n'en a-t-elle qu'un nombre fini, & même elle n'en a qu'un nombre fini beaucoup moindre. Donc P après un nombre de termes fini, mais indéterminable, arrive à l'infini. Donc 2 n'ayant qu'un exposant x, fini indéterminable, est infini, ou 2^x est de l'ordre de ∞.

229. Il suit de là que non seulement 2^∞, dernier terme de P, est plus grand que ∞^2, dernier terme de A^2, mais qu'il doit être d'un grand nombre d'ordres au dessus de ∞^2, puisqu'après qu'on a eu dans P, $2^{\frac{x}{2}}$, il reste encore un nombre infini d'exposants à donner à 2, avant qu'il soit 2^∞.

230. Pour le voir plus en détail, & plus sûrement, je compare P aux A^n qui suivent A^2, & pour plus de facilité du calcul, aux seules A^n où n est un nombre pair.

Le 16me terme de A^4, qui est 16^4, est égal au 16me de P qui est 2^{16}, car $16^4 = 2^{4 \times 4} = 2^{16}$, & après cela le 17me terme de P est plus grand que le 17me de A^4, & toûjours ainsi de suite. Donc $2^\infty > \infty^4$.

De même en comparant P à A^6, on a pour le 1er terme de P, plus grand que le correspondant de A^6, après lequel tous les termes de P sont plus grands, le 30me terme de P qui est $2^{30} > 30^6$ son correspondant, car tirant de part & d'autre la $\sqrt[6]{}$, on a $2^5 > 30^1$. Donc $2^\infty > \infty^6$.

Si l'on prend A^8, le 44me terme de P qui est 2^{44} est plus grand que 44^8, car en tirant de part & d'autre la $\sqrt[4]{}$, on a $2^{11} = 2048$, plus grand que $44^2 = 1936$. Donc $2^\infty > \infty^8$.

Il resulte de ces quatre comparaisons que le 1er terme de P, plus grand que le correspondant de A^n, & après lequel P croît toûjours plus que A^n, est le 5me si P est comparée à A^2, le 17me si P est comparée à A^4, le 30me si P est comparée à A^6, le 44me si P est comparée à A^8.

Or en considerant ces 4 nombres, 5, 17, 30, 44; on les trouve très réguliers, puisque leurs differences sont la progression arithmetique naturelle 12, 13, 14, & cette extrême régularité pourroit suffire pour persuader qu'elle se soutiendra toûjours; mais de plus on le trouvera par le calcul pour les A^n suivantes. Donc la progression arithmetique des differences qui a commencé par 12, 13, 14, continuë par 15, 16, 17, &c. & les termes dont ces nombres sont les differences, & qui étoient 5, 17, 30, 44, continüeront par être 59, 75, 92, &c. c'est-à-dire, que P à son 59me terme commencera à croître toûjours au dessus de A^{10}, à son 75me au dessus de A^{12}, à son 92me au dessus de A^{14}, &c. Donc $2^{\infty} > \infty^{14}$, &c.

231. A^n où n est pair, étant exprimée en general, il est aisé de trouver en general le quantiéme terme sera dans P celui où elle commencera à croître au dessus de A^n.

La Suite de ces quantiémes est, 5, 17, 30, 44, 59, &c. & celle de leurs differences, 12, 13, 14, 15, &c. progression arithmetique dont la difference est 1, le 1er terme 12, le nombre des termes correspondant à une A^n quelconque, $\frac{n-2}{2}$. Car le nombre des termes de la Suite des quantiémes pour A^n est toûjours $\frac{n}{2}$; si $A^n = A^2$, $\frac{2}{2} = 1$, & 5, premier terme de la Suite des quantiémes est celui qui désigne à quel terme P croît pour toûjours au dessus de A^2. Si $A^n = A^4$, $\frac{n}{2} = 2$, & 17, second terme de la Suite des quantiémes, désigne le terme où P croît au dessus de A^4, &c. Donc $\frac{n}{2}$ est toûjours le nombre des termes de la Suite des quantiémes, dont le dernier est celui dont on a besoin pour l'A^n proposée. Donc le nombre des termes de la Suite des differences des quantiémes est $\frac{n}{2} - 1 = \frac{n-2}{2}$. Donc la somme d'un nombre quelconque de termes de cette Suite des differences est $\frac{42n+nn-88}{8}$.

Cette somme est égale au dernier terme correspondant de la Suite des quantiémes, moins 5, premier terme de cette Suite. Donc $\frac{42n+nn-88}{8} + 5 = \frac{42n+nn-48}{8}$ est le dernier terme de la Suite des quantiémes, ou celui que l'on cherche pour l'A^n proposée. Ainsi si $n = 10$, on a $\frac{472}{8} = 59$, c'est-à-dire, que si on compare P à A^{10}, P commence pour toûjours à surpasser A^{10} à son 59me terme.

232. Par cette expression $\frac{42n+nn-48}{8}$, on voit que tant que n est Fini déterminable, P commence à surpasser A^n à un terme qui n'est qu'à une distance finie déterminable de l'origine de P, & que par conséquent P surpasse A^n durant un cours infini. Donc $2^{\infty} > \infty^n$, & même plus élevé de plusieurs ordres, quelque grand nombre fini déterminable que soit n.

233. Mais lorsque n est devenu un Fini indéterminable x qui par l'élevation au quarré est infini, c'est-à-dire, quand on compare P à A^x, $\frac{42n+nn-48}{8}$ devient $\frac{42x+xx-48}{8} = \frac{xx}{8} = \frac{\infty}{8}$, xx étant alors un Infini, donc P commence à surpasser A^x à un terme dont le quantiéme est exprimé par $\frac{\infty}{8}$. Or ce terme est bien éloigné d'être le ∞^{me} ou dernier. Donc 2^{∞} est beaucoup au dessus de ∞^x, dernier terme de A^x, quelque grand nombre fini indéterminable que soit x.

234. Donc enfin 2^{∞} ne sçauroit être égal qu'à ∞^{∞}, c'est-à-dire à ∞ élevé à quelque puissance infinie, moindre

que ∞, mais dont le rapport à ∞ est absolument inconnu.

Que 2^{∞} est d'une infinité d'ordres au dessus de ∞.

235. Donc $2^{\infty} = \infty^{\alpha}$ est d'une infinité d'ordres au dessus de ∞.

136. *P* a donc des termes d'un nombre infini d'ordres, mais non pas $= \infty$. Et en effet il est impossible qu'elle ait ce nombre de differents ordres $= \infty$, puisque le nombre de ses termes n'est que $= \infty$, & qu'elle ne change pas d'ordre à chaque terme, car elle en a d'abord un nombre fini indéterminable dans le seul ordre du Fini. Ensuite elle en a dans l'ordre de ∞, de ∞^2 &c. mais toûjours un moindre nombre, ce qui est visible par la grandeur des pas qu'elle fait.

237. Quand une Suite a plusieurs termes dans un même ordre, j'appelle cela y *séjourner*; si elle a des termes consécutifs dans des ordres consécutifs, elle *passe* par ces ordres; si elle a des termes consécutifs dans des ordres non consécutifs, elle *saute* quelques ordres.

Il s'agit de sçavoir si *P* ayant séjourné à son origine, passe ou saute à son extremité, & pour le déterminer il faut observer qu'une Suite croissante ayant une gradation réguliére, si elle doit séjourner plusieurs fois & passer, elle séjourne avant que de passer, & séjourne toûjours moins, & que si elle doit passer & sauter, elle passe avant que de sauter, & que si elle doit après cela faire plusieurs sauts, elle les fait toûjours plus grands, ou croissants. Donc si *P* arrivée à ses deux derniers termes ne fait que passer, elle n'a point sauté précédemment. Or son dernier terme étant 2^{∞}, le penultiéme qui en est $\frac{1}{2}$, est $\frac{2^{\infty}}{2} = 2^{\infty - 1}$, où il faut remarquer que -1 ne disparoît point dans cet exposant devant ∞, car on auroit $\frac{2^{\infty}}{2} = 2^{\infty}$, ce qui est absurde. Donc l'exposant $\infty - 1$ signifie que le terme qui en est affecté est de l'ordre immédiatement inferieur à celui qui est affecté de ∞. Donc $2^{\infty - 1}$ & 2^{∞} sont de deux ordres consécutifs, & *P* à son extremité ne fait que passer sans sauter jamais.

238. Donc 2^{∞} eſt ſeul de ſon ordre dans *P*, & il fait ſeul la ſomme de *P*.

239. Il eſt clair que tout ce qui a été dit de *P*, ou de $\div 2^1. 2^2$ &c. 2^{∞} s'applique de ſoi-même à la $\div 3^1. 3^2. 3^3$ &c. 3^{∞}, mais qu'à cauſe que cette 2de progreſſion eſt beaucoup plus croiſſante que la 1re, 3^{∞} ſera beaucoup au deſſus de 2^{∞}.

Pour le voir plus préciſément, ſoit la $\div 1^{\infty}. 2^{\infty}. 4^{\infty}$, puiſque 2^{∞} eſt d'un nombre infini d'ordres au deſſus de 1 (235), 4^{∞} eſt de ce même nombre d'ordres au deſſus de 2^{∞}. Donc 3^{∞} qui partage en deux parties, quoi-qu'inégales, l'intervalle qui eſt entre 2^{∞} & 4^{∞}, ne peut être que d'un nombre infini d'ordres au deſſus de 2^{∞}, & d'un autre nombre infini moindre d'ordres au deſſous de 4^{∞}.

240. Donc $3^{\infty} \pm 2^{\infty} = 3^{\infty}$, & $4^{\infty} \pm 3^{\infty} = 4^{\infty}$.

Que 3^{∞} eſt d'une infinité d'ordres au deſſus de 2^{∞}, pareillement 4^{∞} au deſſus de 2^{∞}, &c.

241. On prouvera aiſément la même choſe pour tous les autres nombres par le moyen de la progreſſion double, 2, 4, 8, 16, &c. élevée à ∞, car tous les autres nombres, tels que 3, 5, 6, 7, &c. élevés à ∞, ne pourront que ſe placer dans ſes intervalles infinis & égaux. Mais il s'y placera toûjours un plus grand nombre de ces nombres intermediaires, & comme ce nombre croiſſant ne ſera que fini tant que les termes de la progreſſion double qu'on affectera de l'expoſant ∞ ne ſeront que finis en eux-mêmes, on aura toûjours, quelque nombre fini déterminable que ſoit *n*, $\overline{n+1}^{\infty}$ élevé d'un nombre infini d'ordres au deſſus de n^{∞}, mais toûjours d'un moindre nombre d'ordres à meſure que *n* ſera plus grand. Cela vient viſiblement de ce que le rapport geometrique des nombres naturels *n* eſt toûjours décroiſſant, & par conſéquent auſſi celui de leurs puiſſances quelconques.

242. Si entre deux nombres finis conſécutifs de la Suite naturelle on introduit un nombre moyen quelconque, & qu'on les éleve tous trois à ∞, ce moyen ſera d'une infinité d'ordres au deſſus de l'un des extrêmes, & d'une autre infinité au deſſous de l'autre, quelque peu diſtant qu'il ſoit de

l'un ou de l'autre. Ainsi si entre 1 & 2 on introduit $1+\frac{1}{100}$, $\overline{1+\frac{1}{100}}^{\infty}$ sera d'une infinité d'ordres au dessus de $1^{\infty}=1$, & d'une autre infinité au dessous de 2^{∞}. Car $\overline{1+\frac{1}{100}}^{\infty} = \frac{\overline{101}^{\infty}}{\overline{100}^{\infty}}$, qui est à $1^{\infty}=1=\frac{\overline{100}^{\infty}}{\overline{100}^{\infty}} :: \overline{101}^{\infty} . \overline{100}^{\infty}$.

Or $\overline{n+1}^{\infty}$ est d'une infinité d'ordres au dessus de n^{∞} (241). à plus forte raison l'autre partie de la proposition est-elle vraie.

Pour faire que le nombre moyen élevé à ∞ fût du même ordre que n^{∞} ou $\overline{n+1}^{\infty}$, il faudroit qu'il eût été pris infiniment proche de l'un ou de l'autre, ce qui est impossible dans le Fini.

243. Voilà tout ce qui étoit necessaire pour être en état de raisonner sur la Suite A^{∞}, qui est 1^{∞}, 2^{∞}, 3^{∞}, &c. ∞^{∞}.

Elle saute donc de son 1er terme au 2[d] une infinité d'ordres, du 2[d] au 3me une autre infinité moindre, & toûjours ainsi tant que n, nombre naturel quelconque est Fini (239, 240 & 241). Mais comme elle a sauté un nombre infini d'ordres que par conséquent elle ne contient point, que le nombre total des ordres, tant de ceux qu'elle contient que de ceux qu'elle ne contient point, est $=\infty$, & qu'elle a un nombre de termes $=\infty$, il faut necessairement qu'elle vienne à séjourner dans des ordres, & y fasse autant de séjours & aussi longs qu'il est besoin pour avoir, malgré l'infinité d'ordres sautés, un nombre de termes $=\infty$. D'un autre côté ayant commencé par sauter, elle ne peut séjourner sans avoir passé (237). Donc elle saute, passe, & séjourne, fait des sauts toûjours décroissants, passe par moins d'ordres qu'il n'y en a où elle séjourne, & enfin fait des séjours toûjours croissants.

244. Il faut qu'à son extremité elle fasse ou une infinité de séjours finis, ou un nombre fini de Finis, & un dernier Infini, car elle n'en peut faire une infinité d'Infinis, puisque par là le nombre de ses termes seroit de l'ordre de ∞^{2}. Mais je

je dis qu'elle en fait une infinité de Finis, car dans les A^n où n est fini, le nombre des termes de chaque ordre étant toûjours moindre à mesure que n est plus grand (227), & par conséquent le nombre des termes du dernier ordre toûjours moindre, & ce nombre ayant commencé par être infini, il faut qu'enfin il devienne fini dans A^{∞}, ou, ce qui est le même, que le dernier séjour de A^{∞} ne soit que fini, ce qui ne l'empêche pas d'être plus grand que tous les précédents (227).

245. Donc la somme de A^{∞} est son dernier terme ∞^{∞} multiplié par quelque nombre fini inconnu, ou $x\infty^{\infty}$.

246. Il est aisé de voir en quoi A^{∞} convient avec les A^n où n étoit fini, ou en differe, & pourquoi.

Les A^n ayant toûjours réduit le nombre des termes finis de leur origine à être moindre, A^{∞} le réduit à n'être que 1, terme inébranlable.

A^{∞} tend & arrive à l'égalité aussi-bien que les A^n, & par la même raison.

Mais il étoit impossible que A^{∞} eût un nombre d'ordres $=\infty+1$, puisqu'elle n'en peut avoir qu'un nombre $=\infty$, & qu'elle n'en a effectivement qu'un nombre beaucoup moindre à cause des ordres sautés à son origine; de-là naissent ses differences avec les A^n.

Elle saute, passe, & séjourne, au lieu que les A^n ne font que séjourner.

Mais dès qu'elle séjourne, elle doit reprendre son analogie avec les A^n, & faire des séjours croissants, & elle n'en doit faire un dernier que fini, parce que les A^n font leur dernier séjour infini décroissant.

Cela fait que le dernier ordre seul de A^{∞} est utile à sa somme, au lieu que les deux derniers des A^n sont utiles à la leur.

Les sommes des A^n ayant toûjours été décroissantes dans l'Infini immédiatement superieur à leur dernier terme, la somme de A^∞ n'est que son dernier terme infini finiment multiplié.

247. De-là on doit conjecturer qu'il y a eu entre les A^n où n étoit Fini déterminable, & A^∞, quelque Suite A^α, α étant Fini indéterminable, qui n'a eu qu'un nombre d'ordres égal à son exposant, qui a passé d'abord par les ordres, & ensuite a séjourné, & séjourné infiniment dans son dernier ordre seul, & dont par conséquent la somme a été son dernier terme infiniment multiplié, qu'immédiatement après elle est venuë une Suite qui n'a fait qu'un saut d'un seul ordre, ensuite a passé, &c. & dont la somme a été son dernier terme multiplié par un moindre nombre, ce qui enfin a amené par degrés A^∞.

Considera-tion de $A^{\frac{1}{2}}$.

248. Après avoir examiné la Suite A, élevée à la puissance quelconque n, & en avoir tiré toutes les connoissances que nous avons pû, voyons maintenant la même A dont on tire la $\sqrt[n]{}$ quelconque, ou $A^{\frac{1}{n}}$, qui sera $A^{\frac{1}{2}}$, $A^{\frac{1}{3}}$, $A^{\frac{1}{4}}$, &c. $A^{\frac{1}{\infty}}$, selon les differentes valeurs successives de n.

Il est clair d'abord en general que l'extraction de la $\sqrt[n]{}$ étant précisément le contraire de l'élevation à la puissance n, on doit trouver dans A, devenuë $A^{\frac{1}{n}}$, le contraire de ce qu'on a trouvé dans A devenuë A^n. Donc tout ce qui en passant de A dans A^n étoit élevé, est abaissé en passant de A dans $A^{\frac{1}{n}}$.

249. Soit $A^{\frac{1}{2}}$, qui est $1^{\frac{1}{2}} = 1.\ 2^{\frac{1}{2}}.\ 3^{\frac{1}{2}}.\ 4^{\frac{1}{2}} = 2.\ 5^{\frac{1}{2}}.\ 6^{\frac{1}{2}}.\ 7^{\frac{1}{2}}.\ 8^{\frac{1}{2}}.\ 9^{\frac{1}{2}} = 3$, &c. $\infty^{\frac{1}{2}}$.

Il n'y a dans A aucun nombre fini déterminable, qui ne soit la $\sqrt[2]{}$ de quelque nombre fini déterminable de A, or $A^{\frac{1}{2}}$

contient les $\sqrt[2]{}$ de tous les nombres de A, donc elle contient tous les Finis déterminables de A. Mais de plus entre deux nombres consécutifs de A, tels que 1 & 2, 2 & 3, &c. $A^{\frac{1}{2}}$ introduit de nouveaux nombres qui n'étoient point dans A. Donc $A^{\frac{1}{2}}$ a plus de nombres finis déterminables que A.

250. $A^{\frac{1}{2}}$ introduit 2 nombres nouveaux entre 1 & 2, 4 entre 2 & 3, 6 entre 3 & 4, & toûjours ainsi selon la suite des Pairs, d'où il suit qu'outre les Finis déterminables de A, $A^{\frac{1}{2}}$ prend autant de termes nouveaux que A^2 en sautoit dans A (204), & par conséquent comme A^2 sautoit dans A un nombre de termes infini par rapport au nombre des termes qu'elle y prenoit, $A^{\frac{1}{2}}$ prend un nombre de termes finis nouveaux qui est infini par rapport au nombre des Finis déterminables de A qu'elle prend. Et comme le nombre des Finis déterminables de A n'est que fini, le nombre des Finis déterminables de $A^{\frac{1}{2}}$ est infini.

251. Si $A^{\frac{1}{2}}$ continüoit toûjours ainsi, c'est-à-dire, si elle prenoit tous les termes des A finis & infinis, & qu'elle introduisît entr'eux des termes nouveaux en nombre toûjours croissant, le nombre total de ses termes ne pourroit être qu'infiniment plus grand que celui des termes de A. Mais $A^{\frac{1}{2}}$ se termine par $\infty^{\frac{1}{2}}$, & par conséquent ne prend aucun terme de A plus grand que $\infty^{\frac{1}{2}}$, ou qu'un Infini fort approchant, si $\infty^{\frac{1}{2}}$ n'est pas dans A. $A^{\frac{1}{2}}$ prend donc tous les termes de A depuis 1 jusqu'à $\infty^{\frac{1}{2}}$, en introduisant toûjours entr'eux des termes nouveaux. Et comme le nombre des termes nouveaux introduits entre deux termes consécutifs de A est toûjours croissant selon la Suite des Pairs pendant le cours infini de $A^{\frac{1}{2}}$, il suit que le nombre de ces termes introduits entre les deux derniers termes que $A^{\frac{1}{2}}$ prend dans A

est infini. Donc $\infty^{\frac{1}{2}}$ étant necessairement précédé dans A d'un autre Infini moindre, & $A^{\frac{1}{2}}$ les prenant tous deux, elle introduit entr'eux un nombre infini d'Infinis. Donc $A^{\frac{1}{2}}$ se termine par un nombre infini d'Infinis.

Cette démonstration demande seulement que dans A, $\infty^{\frac{1}{2}}$ soit précédé d'un Infini, mais comme il est visible qu'il l'est de beaucoup d'autres, & que la Suite des Pairs se termine par plus d'un Infini, le nombre infini des Infinis de $A^{\frac{1}{2}}$ en est d'autant plus grand.

252. Le nombre des Finis déterminables de $A^{\frac{1}{2}}$ par où elle commence est donc infini (250), & le nombre des Infinis par où elle se termine infini aussi. Mais tous les Finis indéterminables de A qui sont en nombre infini demeurent Finis dans $A^{\frac{1}{2}}$, puisque l'extraction de leur $\sqrt[2]{}$ ne peut pas les rendre infinis, & de plus $A^{\frac{1}{2}}$ ne peut introduire entr'eux qu'un nombre infini de termes nouveaux. Donc voilà le nombre infini des Finis de $A^{\frac{1}{2}}$ beaucoup augmenté.

253. De plus, puisqu'il y a dans A des Infinis si petits, que l'élevation à la puissance 2 ne les éleve pas d'ordre dans A^2 (206), il faut que par la raison contraire l'extraction de la $\sqrt[2]{}$ les abaisse d'ordre dans $A^{\frac{1}{2}}$, ou les fasse devenir Finis. Mais comme ils ne sont qu'en nombre fini (207), ils n'augmenteront que finiment l'infinité des Finis de $A^{\frac{1}{2}}$.

254. La présomption est donc grande que le nombre infini des Finis de $A^{\frac{1}{2}}$ sera plus grand que le nombre infini de ses Infinis, ou, ce qui est le même, que le nombre des termes des deux differents ordres dont $A^{\frac{1}{2}}$ est formée sera décroissant de l'origine vers l'extremité. Mais on le voit sûrement par l'analogie d'opposition qui doit être entre $A^{\frac{1}{2}}$ & A

ou A^2, dans lesquelles le nombre des termes des differents ordres est croissant (193 & 210).

255. Puisque $A^{\frac{1}{2}}$ est comprise entre 1 & $\infty^{\frac{1}{2}}$, deux extrêmes infiniment moins éloignés que 1 & ∞, extrêmes de A, & que $A^{\frac{1}{2}}$ introduit toûjours des termes nouveaux entre deux consécutifs de A qu'elle prend, & toûjours un nombre croissant de ces termes, les termes de $A^{\frac{1}{2}}$ pris dans leur total ont de moindres rapports, ou sont moins inégaux que ceux de A, & de plus c'est vers l'extrémité de $A^{\frac{1}{2}}$ qu'ils ont de moindres rapports. Donc $A^{\frac{1}{2}}$ tend & arrive à l'égalité. On le prouvera aussi par le même raisonnement qui l'a prouvé de A^2 & de A^n en general.

256. Puisque le nombre des Finis de $A^{\frac{1}{2}}$ est infini, ils sont tous utiles à sa somme, & tous les termes de $A^{\frac{1}{2}}$, excepté le 1er, étant plus grands que 1, la somme est plus grande que celle de la Suite infinie des Unités qui est $=\infty$, & elle doit être de quelque ordre au dessus de ∞, puisqu'il y entre une infinité d'Infinis. D'un autre côté la somme de $A^{\frac{1}{2}}$ est moindre que celle de A qui est de l'ordre de ∞^2, & moindre de quelque ordre, puisqu'elle n'a pas d'Infinis plus élevés que $\infty^{\frac{1}{2}}$. Donc elle est de quelque ordre moyen entre ∞ & ∞^2, c'est-à-dire, qu'elle est quelque Infini radical qui est de l'ordre de ∞^2 incomplet, comme $\infty^{\frac{3}{2}}$, ou $\infty^{\frac{5}{4}}$, &c.

257. Comme dans A $\infty^{\frac{1}{2}}$ est précédé par $\infty^{\frac{1}{2}}-1$, & qu'entre ces deux Infinis $A^{\frac{1}{2}}$ en a introduit une infinité de nouveaux qui ne peuvent être que de l'ordre de $\infty^{\frac{1}{2}}$, il y a dans $A^{\frac{1}{2}}$ un nombre ∞ de termes de l'ordre de $\infty^{\frac{1}{2}}$, mais non pas égaux à $\infty^{\frac{1}{2}}$; d'où il suit que leur somme est

$\propto \times \infty^{\frac{1}{2}}$ divisé par quelque nombre fini d'autant plus grand que l'inégalité des Infinis de l'ordre de $\infty^{\frac{1}{2}}$ sera plus grande, car c'est cette inégalité qui empêche leur somme d'être $= \propto \times \infty^{\frac{1}{2}}$. Après cela les Infinis de $A^{\frac{1}{2}}$ qui précédent $\infty^{\frac{1}{2}} - 1$ n'étant pas en nombre infiniment plus grand que ceux de l'ordre de $\infty^{\frac{1}{2}}$, & étant même d'ordres inferieurs, & plus inégaux entr'eux, ils ne peuvent élever d'ordre la somme des $\infty^{\frac{1}{2}}$, mais seulement l'augmenter. Les Finis en nombre infini ne peuvent que l'augmenter encore d'un terme infini d'autant moindre que leur inégalité, plus grande que celle des Infinis, est plus grande. Donc la somme de $A^{\frac{1}{2}}$ est fixée à être de l'ordre de $\propto \times \infty^{\frac{1}{2}}$. Et comme $\propto$ est de l'ordre de ∞, elle est de l'ordre de $\infty^{\frac{3}{2}}$.

258. Selon le raisonnement de l'art. 212, mais renversé, tous les termes de $A^{\frac{1}{2}}$ étant utiles à sa somme (256), & d'ailleurs étant tous moins inégaux que ceux de A (255), la somme de $A^{\frac{1}{2}}$ doit être une plus grande partie de son Tout ou de $\infty^{\frac{3}{2}}$ que la somme de A n'est du sien, ou de ∞^2. Donc la somme de $A^{\frac{1}{2}}$ est, par ex. $\frac{2\infty^{\frac{3}{2}}}{3}$, ou $\frac{3\infty^{\frac{3}{2}}}{4}$ &c.

Considera-tion de $A^{\frac{1}{3}}$, *& en general de* $A^{\frac{1}{n}}$, *& de* $A^{\frac{1}{\infty}}$.

259. $A^{\frac{1}{3}}$ est $1^{\frac{1}{3}} = 1, 2^{\frac{1}{3}}. 3^{\frac{1}{3}}. 4^{\frac{1}{3}}. 5^{\frac{1}{3}}. 6^{\frac{1}{3}}. 7^{\frac{1}{3}}. 8^{\frac{1}{3}} = 2$, &c. $\infty^{\frac{1}{3}}$. Et il est aisé de voir que $A^{\frac{1}{3}}$ est comprise entre deux extrêmes moins éloignés que ceux de $A^{\frac{1}{2}}$, & que par conséquent tous les termes moyens sont plus petits que ceux de $A^{\frac{1}{2}}$, qu'elle prend dans A tous les termes qui étoient entre 1 & $\infty^{\frac{1}{3}}$, & par conséquent un moindre nombre de termes que n'en prenoit $A^{\frac{1}{2}}$, qu'elle introduit entre deux

termes consécutifs de A un plus grand nombre de termes nouveaux que n'en introduisoit $A^{\frac{1}{2}}$, & un nombre toûjours croissant, qu'elle a un nombre infini de Finis plus grand que celui des Finis de $A^{\frac{1}{2}}$, & un nombre infini d'Infinis moindre, que ses termes pris dans le total sont moins inégaux que ceux de $A^{\frac{1}{2}}$, qu'elle tend & arrive à l'égalité, que sa somme est de l'ordre de $\infty^{\frac{4}{3}}$, moindre que $\infty^{\frac{3}{2}}$, & une plus grande partie de $\infty^{\frac{4}{3}}$ que la somme de $A^{\frac{1}{2}}$ n'étoit de $\infty^{\frac{3}{2}}$.

260. Il en ira toûjours de même de $A^{\frac{1}{4}}$, $A^{\frac{1}{5}}$, & en general de $A^{\frac{1}{n}}$, desorte que la derniére $A^{\frac{1}{n}}$ n'aura plus que des nombres finis, ou égaux, ou très approchants d'être égaux, & une somme de l'ordre de ∞, & même egale à ce ∞, puisqu'elle n'en sera plus du tout une partie. En effet la derniére $A^{\frac{1}{n}}$ est $A^{\frac{1}{\infty}}$ qui est $1^{\frac{1}{\infty}} = 1.2^{\frac{1}{\infty}}.3^{\frac{1}{\infty}}$ &c. $\infty^{\frac{1}{\infty}}$, & il est aisé de prouver en détail qu'elle a toutes les propriétés annoncées.

Quelque nombre que soit n, fini ou infini, $2^n > n$. Donc $2 > n^{\frac{1}{n}}$. Donc tout nombre n par l'extraction de sa $\sqrt[n]{}$ tombe au dessous de 2, ou entre 2 & 1, car il ne peut tomber plus bas que 1 (8). Donc n étant fini, il reste encore après la $\sqrt[n]{}$ une infinité de $\sqrt{}$ à tirer jusqu'à la $\sqrt[\infty]{}$. Donc tout nombre fini a une infinité de $\sqrt{}$ entre 2 & 1, & comme chacune l'abaisse toûjours ou l'approche toûjours de 1, il en est donc infiniment approché par la $\sqrt[\infty]{}$, & vient à se confondre avec 1. Donc n étant fini, $n^{\frac{1}{\infty}} = 1$. Donc tous les nombres finis de $A^{\frac{1}{\infty}}$ sont les plus petits qu'il se puisse & égaux.

261. Cette démonstration n'est que trop forte, car il n'y a point de nombre n, excepté 2, qui attende sa $\sqrt[n]{}$ pour tomber au dessous de 2. 3, par exemple, y tombe avant sa $\sqrt[3]{}$ & dès sa $\sqrt[2]{}$, 4 dès sa $\sqrt[3]{}$ &c. 100 dès sa $\sqrt[7]{}$ très éloignée de la $\sqrt[100]{}$, 1000 dès sa $\sqrt[9]{}$ &c.

En general si un nombre est une puissance de 2, comme $512 = 2^9$, il est visible que sa $\sqrt[9]{}$ étant 2, toutes ses autres $\sqrt{}$ sont au dessous de 2, & si le nombre n'est pas une puissance de 2, il ne peut avoir de ses $\sqrt{}$ au dessus de 2 qu'autant que la plus grande puissance de 2 qui est au dessous de lui a de dimensions. Ainsi parce que la plus grande puissance de 2 qui soit au dessous de 1000 est 512, 1000 ne peut avoir que ses $\sqrt[2]{}$, $\sqrt[3]{}$ &c. jusqu'à $\sqrt[9]{}$ au dessus de 2, & toutes les autres sont au dessous, & il est bien éloigné d'attendre pour cela sa $\sqrt[1000]{}$. Et comme du nombre infini des puissances de 2 il n'y en a qu'un nombre fini de finies (228), il n'y a point de nombre fini, quelque grand qu'il soit, qui ait au dessous de soi une puissance de 2 si grande qu'elle ne soit plus finie, & par conséquent il ne peut avoir qu'un nombre fini de ses $\sqrt{}$ au dessus de 2, & il en a un nombre infini entre 2 & 1.

262. Puisque n étant fini ou infini, $2 > n^{\frac{1}{n}}$ (260), on a $2 > \infty^{\frac{1}{\infty}}$, dernier terme de $A^{\frac{1}{\infty}}$, comme on l'a déja trouvé dans l'art. 167. Donc tous les termes de $A^{\frac{1}{\infty}}$ sont finis, puisque son plus grand terme l'est, aussi-bien que le premier & le plus petit.

263. $n^{\frac{1}{\infty}}$ étant $= 1$ tant que n est fini (260), cela n'est plus vrai quand $n = \infty$. Car on a déja vû que $\infty^{\frac{1}{\infty}} > 1$.

> 1 (166). On peut considerer de plus que quoi-que la $\sqrt[\infty]{}$ d'un grand nombre fini le confonde avec 1, aussi-bien que la $\sqrt[\infty]{}$ d'un petit nombre le confond avec 1, la $\sqrt[\infty]{}$ du grand nombre ne le confond pas si absolument & si pleinement avec 1. Ainsi quoi-que $100^{\frac{1}{\infty}} = 1$, & $2^{\frac{1}{\infty}} = 1$, $100^{\frac{1}{\infty}}$ n'est pas si absolument 1 que $2^{\frac{1}{\infty}}$. Car si cela étoit, on auroit absolument $100^{\frac{1}{\infty}} = 2^{\frac{1}{\infty}}$, ou $100 = 2$, ce qui seroit absurde. $n^{\frac{1}{\infty}} = 1$ n'est donc pas une égalité absoluë, mais seulement telle que la difference de $n^{\frac{1}{\infty}}$ à 1 n'est pas à compter, tant que n est fini. Mais quand $n = \infty$, cette difference sera à compter, parce que si la $\sqrt[\infty]{}$ d'un plus grand nombre le confond toûjours moins absolument avec 1, la $\sqrt[\infty]{}$ de ∞ ne l'y confondra plus du tout. Cela sera encore beaucoup plus éclairci dans la suite. Donc $\infty^{\frac{1}{\infty}}$ tombe entre 1 & 2 sans se confondre avec 1, & il y a quelque difference finie dont $\infty^{\frac{1}{\infty}}$ surpasse 1.

264. Donc les deux extrêmes de $A^{\frac{1}{\infty}}$ étant 1 & $\infty^{\frac{1}{\infty}} < 2$ & > 1, les termes moyens qui sont en nombre infini ne peuvent être qu'infiniment approchants d'être tous égaux chacun à son antécédent ou à son conséquent, & les plus égaux de tous sont vers l'extremité selon la propriété de toutes les $A^{\frac{1}{\infty}}$ (255 & 259), desorte que $\infty^{\frac{1}{\infty}}$ & son antécédent seront absolument égaux, ce qui confirme que les termes qui sont à l'origine de $A^{\frac{1}{\infty}}$ ou les $\sqrt[\infty]{}$ des nombres finis

ne sont pas absolument $= 1$, car elles seroient absolument égales entr'elles.

265. $A^{\frac{1}{\infty}}$ est une Suite croissante comme toutes ses $A^{\frac{1}{n}}$, puisque $\infty^{\frac{1}{\infty}} > 1$, mais c'est une suite aussi peu croissante qu'il soit possible, & en effet toutes les $A^{\frac{1}{n}}$ précédentes l'étoient toûjours de moins en moins.

266. $\infty^{\frac{1}{\infty}}$ n'est pas dans A, mais seulement $2 > \infty^{\frac{1}{\infty}}$, & par conséquent $A^{\frac{1}{\infty}}$ introduit son infinité de termes moyens entre 1 & $\infty^{\frac{1}{\infty}}$, dont le second n'est pas dans A, mais seulement 2, nombre approchant. Mais quand $A^{\frac{1}{\infty}}$ auroit introduit son infinité de termes entre 1 & 2, ce seroit toûjours la même chose, quant à la nature de la Suite, à sa maniére d'être croissante, & à l'égalité de ses termes. Donc il n'est pas necessaire en general que les $A^{\frac{1}{n}}$ n'introduisent des termes moyens qu'entre des termes qui soient précisément dans A, il suffit qu'elles les introduisent entre des termes approchants. Cela n'est necessaire dans les $A^{\frac{1}{n}}$ que quand n est fini, & de plus vers l'origine de ces Suites, desorte que, comme nous l'avons dit, $\infty^{\frac{1}{2}}$, $\infty^{\frac{1}{3}}$, &c. derniers termes de $A^{\frac{1}{2}}$, $A^{\frac{1}{3}}$, &c. pourroient n'être pas dans A, mais seulement des termes approchants, ce qui ne change rien à la nature de ces Suites.

267. Tous les termes de $A^{\frac{1}{\infty}}$ ne sont presque que des Unités, puisque $\infty^{\frac{1}{\infty}}$, le plus grand de tous, & infiniment distant de 1 dans $A^{\frac{1}{\infty}}$, est moindre que 2, & ne surpasse 1

que d'une difference finie. Donc la somme de $A^{\frac{1}{\infty}}$ ne peut surpasser celle de la Suite infinie des Unités que d'une difference finie. Or la somme de la Suite des Unités est $=\infty$, donc celle de $A^{\frac{1}{\infty}}$ est ∞ plus un nombre fini x, c'est-à-dire ∞ entier, & sans diviseur.

268. Donc en disposant selon leur ordre les sommes de toutes les $A^{\frac{1}{n}}$, elles sont comprises pour l'ordre entre $\infty^{\frac{1}{2}}$ & ∞, d'où il suit qu'elles vont toûjours en s'abaissant, & tendant à l'égalité, & y arrivent.

269. Puisque n étant un nombre fini, $n^{\frac{1}{\infty}} = 1$, & que $n^0 = 1$ (50), $n^{\frac{1}{\infty}}$ est $= n^0$, c'est-à-dire, qu'élever un nombre à la moindre puissance possible, ou en tirer la plus grande V possible, c'est également le rendre le moindre nombre possible ou 1.

270. Quand on voit d'un même coup d'œil toutes les A^n qui en partant de A, où le nombre des Finis est infini, deviennent successivement & par une infinité de degrés A^{∞}, où il ne reste que 1 de nombre fini, il est impossible de ne pas conclurre que le changement des Finis en Infinis a commencé dès A^2, sur-tout parce qu'il est très certain que le nombre des Finis a diminué dès A^2. De même, & par la raison contraire, quand on voit toutes les $A^{\frac{1}{n}}$ qui partant de A, où le nombre des Infinis est infini, deviennent enfin $A^{\frac{1}{\infty}}$, où il n'y a plus aucun Infini, mais seulement des Unités, il est impossible de ne pas conclurre que le changement des Infinis en Finis a commencé dès $A^{\frac{1}{2}}$, car si tous les Finis & Infinis de A étoient fixes dans leur état, & immüables, le changement de A en A^{∞} ou en $A^{\frac{1}{\infty}}$ ne seroit plus successif

& gradué, comme on voit très certainement qu'il l'est. C'est de-là que naît toute la Theorie si paradoxe des *Finis indéterminables*, qui est aussi celle des *Infinis indéterminables*. Les uns & les autres sont des nombres de A, placés dans le passage incompréhensible du Fini à l'Infini, & qui sont, pour ainsi dire, les nuances d'un ordre à l'autre. Ils existent, quoi-qu'on ne puisse ni les déterminer, ni les comprendre, & il est important de connoître qu'ils existent, parce que c'est de leurs changements que dépendent souvent les differents ordres des sommes des Suites.

Consideration de $A^{\frac{2}{3}}$, $A^{\frac{3}{4}}$, *&c. & de* $A^{\frac{n-1}{n}}$ *en general.*

271. Soit A élevée à $\frac{2}{3}$, ce qui donne $A^{\frac{2}{3}}$, qui est $1^{\frac{2}{3}} = 1.\ 2^{\frac{2}{3}}.\ 3^{\frac{2}{3}}$, &c. $8^{\frac{2}{3}} = 4$, &c. $\infty^{\frac{2}{3}}$.

Ou soit $A^{\frac{3}{4}}$, qui est $1^{\frac{3}{4}} = 1.\ 2^{\frac{3}{4}}.\ 3^{\frac{3}{4}}$, &c. $16^{\frac{3}{4}} = 8$, &c. $\infty^{\frac{3}{4}}$.

Et en general $A^{\frac{n-1}{n}}$. On peut considerer ces Suites, ou comme partant de $A^{\frac{1}{2}}$, la premiére & la moindre de toutes, déja connuë, auquel cas n aura toutes les valeurs possibles depuis 2, ou comme étant les $A^{\frac{1}{n}}$ déja connuës, que l'on éleve à la puissance $n-1$, auquel cas la plus petite valeur de n sera 3, car si n étoit $=2$, la puissance $n-1=1$ ne donneroit rien de nouveau, & l'on aura pour la premiére de ces Suites $A^{\frac{2}{3}}$ qui sera $A^{\frac{1}{3}}$ élevée au quarré, pour la seconde $A^{\frac{3}{4}}$, qui sera $A^{\frac{1}{4}}$ élevée au cube, &c. la 1re maniére de les considerer sera la plus commode.

Les $A^{\frac{n-1}{n}}$ étant successivement $A^{\frac{1}{2}}$, $A^{\frac{2}{3}}$, $A^{\frac{3}{4}}$, $A^{\frac{4}{5}}$, &c. où l'on voit que l'exposant $\frac{n-1}{n}$ approche toûjours d'autant plus d'être $=1$ que n est plus grand, la derniére $A^{\frac{n-1}{n}}$ sera $A^1 = A$, & il est bon de remarquer qu'alors dans l'exposant $\frac{n-1}{n} = \frac{\infty-1}{\infty}$ le -1 du numerateur disparoît devant ∞, quoi-qu'il soit dans un exposant; ainsi que dans l'art. 237. & qu'apparemment il n'y a point de Regle absolument generale de Calcul pour negliger 1 ou ne le pas negliger devant l'Infini, mais qu'il faut se regler sur la nature & les circonstances du sujet dont il s'agit.

272. L'exposant des $A^{\frac{n-1}{n}}$ croissant donc toûjours depuis $\frac{1}{2}$ jusqu'à 1, les $A^{\frac{n-1}{n}}$ croissent toûjours aussi, c'est-à-dire, ont toûjours chacune de plus grands termes que les correspondants dans la précédente, & en effet leurs derniers termes sont $\infty^{\frac{1}{2}}$, $\infty^{\frac{2}{3}}$, $\infty^{\frac{3}{4}}$, &c. ∞. Infinis toûjours croissants. Les $A^{\frac{n-1}{n}}$ vont donc toûjours s'élevant depuis $A^{\frac{1}{2}}$ jusqu'à A.

273. $A^{\frac{1}{2}}$ a un nombre infini de termes finis & un infini d'infinis, mais moindre (254). A a un nombre infini de finis, & un infini d'infinis beaucoup plus grand. Donc toutes les $A^{\frac{n-1}{n}}$ moyennes ont un nombre infini de termes finis, & un infini d'infinis, mais le nombre des finis est toûjours décroissant à mesure qu'elles s'élevent de $A^{\frac{1}{2}}$ vers A, & le nombre des infinis est croissant.

274. Puisque toutes les $A^{\frac{n-1}{n}}$ ont un nombre infini d'Infinis, leur somme est de l'ordre de $\infty \times \infty^{\frac{n-1}{n}} = \infty^{\frac{n-1}{n}+1} = \infty^{\frac{2n-1}{n}}$. Et en effet la somme de $A^{\frac{1}{2}}$, où $n=2$, est de l'ordre de $\infty^{\frac{4-1}{2}} = \infty^{\frac{3}{2}}$ (257), & la somme de A, où $n=\infty$, est de l'ordre de $\infty^{\frac{2\infty}{\infty}} = \infty^2$. Donc

la somme de $A^{\frac{2}{3}}$, où $n=3$, est de l'ordre de $\infty^{\frac{5}{3}}$, celle de $A^{\frac{3}{4}}$ de l'ordre de $\infty^{\frac{7}{4}}$, &c.

275. La somme de $A^{\frac{1}{2}}$ étant la moindre de toutes, & celle de A la plus grande, toutes les sommes des $A^{\frac{n-1}{n}}$ moyennes sont comprises entre l'ordre de $\infty^{\frac{3}{2}}$ & celui de $\infty^{2}=\infty^{\frac{4}{2}}$. Donc elles n'ont toutes à partager entr'elles qu'un intervalle $=\infty^{\frac{1}{2}}$.

276. Comme elles sont en nombre infini, elles ne peuvent partager cet intervalle en un nombre infini de parties infinies, mais seulement en un nombre infini de finies, ou en un nombre fini d'infinies, & un infini de finies. Or les premiéres $A^{\frac{n-1}{n}}$, telles que $A^{\frac{1}{2}}$ & $A^{\frac{2}{3}}$, ou $A^{\frac{2}{3}}$ & $A^{\frac{3}{4}}$, &c. ont des sommes $\infty^{\frac{3}{2}}$ & $\infty^{\frac{5}{3}}$, ou $\infty^{\frac{5}{3}}$ & $\infty^{\frac{7}{4}}$ (274) &c. qui different de quelques ordres radicaux d'Infini, & par conséquent infiniment. Donc il y a depuis $A^{\frac{1}{2}}$ un nombre seulement fini, mais indéterminable, de $A^{\frac{n-1}{n}}$, dont les sommes s'élevent les unes au dessus des autres de quelques ordres radicaux, & ensuite il y en a un nombre infini du même ordre qui est celui de ∞^{2}.

277. Puisque toutes les $A^{\frac{n-1}{n}}$ ont un nombre infini de Finis, tous leurs termes sont utiles à leurs sommes, & elles doivent être censées avoir toutes, à l'égard de ces sommes, un nombre de termes égal. D'ailleurs la somme de $A^{\frac{1}{2}}$ est une plus grande partie de l'Infini qui désigne son ordre, que la somme de A n'est de l'Infini qui désigne le sien, & cela parce que les termes de $A^{\frac{1}{2}}$ pris dans leur total, sont moins inégaux entr'eux que ceux de A (258). Donc les $A^{\frac{n-1}{n}}$ qui suivent

$A^{\frac{1}{2}}$, & tendent à devenir A, ayant toûjours leurs termes plus approchants d'être aussi inégaux que ceux de A, & par conséquent toûjours plus inégaux entr'eux que ceux de $A^{\frac{1}{2}}$, leurs sommes seront toûjours de moindres parties de l'Infini qui désignera leur ordre.

278. Et comme la somme de A, est $\frac{1}{2}$ de son Infini, & que la somme de $A^{\frac{1}{2}}$ est une partie du sien plus grande que $\frac{1}{2}$, les sommes des $A^{\frac{n-1}{n}}$ seront des parties de leur Infini, toûjours décroissantes depuis un nombre plus grand que $\frac{1}{2}$, depuis $\frac{2}{3}$, par exemple, ou $\frac{3}{4}$, &c. jusqu'à $\frac{1}{2}$. Et comme elles sont en nombre infini, il n'est pas possible qu'elles ne viennent à être égales, non seulement quant à l'ordre (276), mais encore quant à la grandeur, même après qu'elles n'auront été encore qu'en nombre fini.

On tireroit toutes les mêmes conclusions, en considerant les $A^{\frac{1}{n}}$ déja connuës, comme élevées à $n-1$.

279. Il est aisé de voir que les $A^{\frac{n}{n-1}}$, qui sont $A^{\frac{2}{1}} = A^2$, $A^{\frac{3}{2}}$, ou $1^{\frac{3}{2}} = 1$, $2^{\frac{3}{2}}$, $3^{\frac{3}{2}}$, $4^{\frac{3}{2}} = 8$, &c. $\infty^{\frac{3}{2}}$. $A^{\frac{4}{3}}$, ou $1^{\frac{4}{3}} = 1$, $2^{\frac{4}{3}}$, $3^{\frac{4}{3}}$, &c. $8^{\frac{4}{3}} = 16$, &c. $\infty^{\frac{4}{3}}$. $A^{\frac{5}{4}}$, &c. sont le contraire des $A^{\frac{n-1}{n}}$. *Consideration des* $A^{\frac{n}{n-1}}$.

Au lieu que les $A^{\frac{n-1}{n}}$ s'élevent depuis $A^{\frac{1}{2}}$ qui en est la 1re jusqu'à A, les $A^{\frac{n}{n-1}}$ descendent depuis A^2 qui en est la 1re jusqu'à A.

La 1re $A^{\frac{n-1}{n}}$ a un nombre infini de termes Finis, & un infini d'Infinis moindre, & dans les $A^{\frac{n-1}{n}}$ suivantes le nombre des Finis est toûjours décroissant, & celui des Infinis croissant, jusqu'à ce qu'enfin dans A le nombre infini des Finis soit beaucoup moindre que celui des Infinis. Tout au contraire dans la 1re des $A^{\frac{n}{n-1}}$ le nombre des Finis n'est que fini, & celui des Infinis infini, & dans les $A^{\frac{n}{n-1}}$ suivantes le nombre des Finis est croissant, & celui des Infinis décroissant, jusqu'à ce qu'enfin dans A le nombre des Finis soit infini aussi-bien que celui des Infinis, quoi-que beaucoup moindre.

Au contraire des $A^{\frac{n-1}{n}}$ les $A^{\frac{n}{n-1}}$ décroissent, aussi-bien que leurs exposants qui décroissent depuis 2 jusqu'à 1, c'est-à-dire, que les termes d'une $A^{\frac{n}{n-1}}$ sont toûjours moindres que leurs correspondants dans la précédente.

280. Puisque la somme de A^2 est de l'ordre de ∞^3, & celle de A de l'ordre de ∞^2, les sommes de toutes les $A^{\frac{n}{n-1}}$ moyennes sont comprises dans l'ordre potentiel qui est entre ∞^3 & ∞^2, & par conséquent elles sont de l'ordre de ∞^3 incomplet, & se terminent à celui de ∞^2 complet. Ainsi puisque toutes les $A^{\frac{n}{n-1}}$ ont une infinité d'Infinis, la somme de $A^{\frac{3}{2}}$ est de l'ordre de $\infty \times \infty^{\frac{3}{2}} = \infty^{\frac{5}{2}}$, qui est ∞^3 incomplet, celle de $A^{\frac{4}{3}}$ est de l'ordre de $\infty^{\frac{7}{3}}$, &c. Mais comme ces sommes sont en nombre infini, qu'elles n'ont à partager entr'elles que l'intervalle $= \infty$ qui est entre ∞^3 & ∞^2, & que les premiéres different entr'elles de quelques ordres radicaux d'Infini, il s'ensuit qu'il n'y a que ces premiéres en nombre fini indéterminable qui ayent de pareilles differences, & que toutes les autres en nombre infini sont de l'ordre de ∞^2 complet, & par conséquent qu'elles ont tendu & sont arrivées à l'égalité d'ordre. En effet $\frac{n}{n-1}$ tend autant à l'égalité, & y tend par la même raison que $\frac{n-1}{n}$.

281.

281. Tant que les $A^{\frac{n}{n-1}}$ n'ont qu'un nombre fini de Finis comme la 1re A^2, ce qui doit être dans un nombre fini indéterminable de $A^{\frac{n}{n-1}}$, ou, ce qui revient au même, tant que n est fini déterminable, tous leurs Finis sont inutiles aux sommes, mais après cela elles viennent à avoir une infinité de Finis, & par conséquent elles doivent être censées, à l'égard des sommes, avoir un plus grand nombre de termes. De plus elles partent de A^2 qui a des termes plus inégaux entr'eux que ceux de *A*, & elles tendent à devenir *A*, d'où il suit que les termes de chacune sont toûjours d'autant moins inégaux qu'elles approchent plus de *A*. Donc leurs sommes sont toûjours une plus grande partie de l'Infini qui désigne leur ordre. Et comme la somme de A^2 est une partie de ∞^3 moindre que $\frac{1}{2}$ (212), les sommes des $A^{\frac{n}{n-1}}$ sont toûjours de plus grandes parties de leur Infini, & sont croissantes à cet égard depuis $\frac{1}{3}$, par exemple, ou $\frac{1}{4}$, &c. jusqu'à $\frac{1}{2}$ qui est le coëfficient de l'Infini de la somme de *A*. Donc toutes les $A^{\frac{n}{n-1}}$ aussi-bien que les $A^{\frac{n-1}{n}}$ tendent & arrivent à des sommes égales tant en grandeur qu'en ordre.

282. Si l'on éleve chaque terme de *A* à la puissance de *son nom*, ce qui donnera la Suite $1^1 = 1.\ 2^2 = 4.\ 3^3 = 27.\ 4^4 = 256$, &c. ∞^∞, que j'appelle A^a, il est clair d'abord que si A^2 n'a qu'un nombre fini de termes Finis, A^a en a encore beaucoup moins, & un nombre infini d'Infinis. *Considera-tion de* A^a.

283. Puisque A^a se termine par ∞^∞, elle a une infinité de differents ordres d'Infini, mais elle n'en a pas un nombre $= \infty$, puisqu'elle séjourne d'abord dans l'ordre du Fini. Ensuite elle peut faire de moindres séjours dans les premiers ordres d'Infini, mais ne fît-elle qu'y passer, il faut absolument qu'elle vienne à sauter des ordres vers sa fin. Donc son

dernier terme ∞^{∞} fait seul sa somme. On voit par-là que A^{a} est le contraire de A^{∞} trouvée dans les art. 228, 243. 244, &c. & comprise entre les mêmes extrêmes.

Considera-tion de $A^{\frac{1}{a}}$.

284. Si de chaque terme de A on tire la $\sqrt{}$ de son nom, ce qui donne $A^{\frac{1}{a}}$, $1^{\frac{1}{1}}=1$, $2^{\frac{1}{2}}$, $3^{\frac{1}{3}}$, &c. $\infty^{\frac{1}{\infty}}$, on voit que tous ses termes sont finis, puisque les deux extrêmes le sont. De plus on a toûjours $2>n^{\frac{1}{n}}$, quelque nombre que soit n (260). Donc tous les termes de $A^{\frac{1}{a}}$, qui ne sont que des $n^{\frac{1}{n}}$, sont moindres que 2, & il est clair qu'ils sont tous plus grands que 1.

Il faut observer maintenant que n ayant successivement tous les nombres naturels pour valeur, $2^{n}>n$ est de plus d'autant plus grand par rapport à n, que n est plus grand, sous cette condition que n ait de plus grandes valeurs que 1 & que 2. Car quand $n=1$, 2^{1} est double de 1, & quand $n=2$, 2^{2} est encore double de 2, ce qui fait le même rapport de 2^{n} à n pour ces deux valeurs de n, mais passé cela, le rapport de 2^{n} à n est toûjours d'autant plus grand que n est plus grand, ce qu'il est aisé de voir. Donc le rapport de 2 à $n^{\frac{1}{n}}$, quoique différent de celui de 2^{n} à n, est aussi croissant sous cette même condition, & par conséquent dans $A^{\frac{1}{a}}$, passé les deux 1ers termes, où $n=1$, & $n=2$, tous les termes depuis le 3me, qui est $3^{\frac{1}{3}}$, sont toûjours plus petits par rapport à 2, ou absolument plus petits, & décroissants, & comme c'est à ce 3me terme qu'il se fait un changement, ils ont dû jusque là être ou égaux ou croissants, or il est visible qu'ils ne sont pas égaux, donc ils sont croissants. Donc $A^{\frac{1}{a}}$ est croissante jusqu'à son 3me terme, & de-là toûjours décroissante.

On le peut voir en détail. Il est clair d'abord que $2^{\frac{1}{2}} > 1$.

$3^{\frac{1}{3}} > 2^{\frac{1}{2}}$. Car $3^{\frac{1}{3}} = 3^{\frac{2}{6}}$, & $2^{\frac{1}{2}} = 2^{\frac{3}{6}}$, or élevant de part & d'autre à la puissance 6, on a $3^2 > 2^3$, puisque $3^2 = 9$, & $2^3 = 8$.

Mais $4^{\frac{1}{4}} < 3^{\frac{1}{3}}$. Car $4^{\frac{1}{4}} = 4^{\frac{3}{12}}$, & $3^{\frac{1}{3}} = 3^{\frac{4}{12}}$, or élevant de part & d'autre à la puissance 12, on a $4^3 = 64 < 81 = 3^4$. On le peut voir tout d'un coup, car $4^{\frac{1}{4}} = 2^{\frac{1}{2}} < 3^{\frac{1}{3}}$.

De même $5^{\frac{1}{5}} = 5^{\frac{4}{20}} < 4^{\frac{1}{4}} = 4^{\frac{5}{20}}$, puisque $5^4 = 625$, & $4^5 = 1024$.

$6^{\frac{1}{6}} = 6^{\frac{5}{30}} < 5^{\frac{1}{5}} = 5^{\frac{6}{30}}$, puisque $6^5 = 7776$, & $5^6 = 15625$, & ainsi des autres.

285. Tous les termes de $A^{\frac{1}{a}}$ étant décroissants depuis $3^{\frac{1}{3}}$, il suit que non seulement $\infty^{\frac{1}{\infty}}$ est plus petit que 2, mais qu'il l'est plus que $3^{\frac{1}{3}} < 2$, comme on l'a déja trouvé (169). De-là suit $3^{\frac{2}{3}} > \infty^{\frac{2}{\infty}}$. $3^{\frac{3}{3}} = 3 > \infty^{\frac{3}{\infty}}$, & en general $3^{\frac{n}{3}} > \infty^{\frac{n}{\infty}}$. Donc $3^{\frac{\infty}{3}} > \infty^{\frac{\infty}{\infty}} = \infty$.

286. Puisqu'entre $3^{\frac{1}{3}} < 2$, & $\infty^{\frac{1}{\infty}} < 2$ & > 1, il y a une infinité de termes toûjours décroissants, il faut qu'ils soient tous presqu'égaux, & ne soient guere que des Unités, ce que l'on verra plus distinctement dans la suite.

287. Non seulement les termes de $A^{\frac{1}{a}}$ sont presque égaux, mais ils approchent toûjours de plus en plus d'être entiérement égaux. Car deux termes consécutifs de $A^{\frac{1}{a}}$ étant $n^{\frac{1}{n}}$ & $\overline{n+1}^{\frac{1}{n+1}}$, ils approchent d'autant plus de l'égalité

& par eux-mêmes, & par leurs exposants, que n est plus grand. Donc enfin $A^{\frac{1}{a}}$ arrive à deux termes entiérement égaux.

288. Tous les termes de $A^{\frac{1}{a}}$, horsmis le 1er, sont plus grands que 1, ce qui est visible d'abord dans ses trois 1ers termes où elle est croissante, & ensuite dans tous les autres où elle est décroissante, puisque $\infty^{\frac{1}{\infty}}$, le moindre de tous, est > 1. Son 2d & son 3me terme ont des differences finies à 1, & tous les autres du cours décroissant ont chacun une difference finie à 1, puisque telle est la difference de $\infty^{\frac{1}{\infty}}$, le moindre de tous, à 1 (263). Donc la somme de $A^{\frac{1}{a}}$ est plus grande d'une difference infinie que celle de la somme des Unités, qui est $=\infty$. D'un autre côté chaque terme de $A^{\frac{1}{a}}$ est moindre que 2. Donc la somme de $A^{\frac{1}{a}}$ est un Infini moyen entre ∞ & 2∞.

Il est aisé de voir en quoi $A^{\frac{1}{a}}$, comprise entre les mêmes extrêmes que $A^{\frac{1}{\infty}}$, lui est contraire, comme A^a l'étoit à A^{∞} (283).

Considera-tion de $A^{\frac{a}{n}}$.

289. Si de A^a on tire la $\sqrt[n]{}$, n ayant successivement toutes les valeurs, ce qui donnera $A^{\frac{a}{1}} = A^a$, $A^{\frac{a}{2}}$ qui est $1^{\frac{1}{2}} . 2^{\frac{2}{2}} = 2 . 3^{\frac{3}{2}} . 4^{\frac{4}{2}} = 16 . 5^{\frac{5}{2}}$, &c. $\infty^{\frac{\infty}{2}}$. $A^{\frac{a}{3}}$, $1^{\frac{1}{3}} . 2^{\frac{2}{3}} . 3^{\frac{3}{3}} = 3 . 4^{\frac{4}{3}}$, &c. $\infty^{\frac{\infty}{3}}$. $A^{\frac{a}{4}}$, $1^{\frac{1}{4}} . 2^{\frac{2}{4}} = 2^{\frac{1}{2}} . 3^{\frac{3}{4}} . 4^{\frac{4}{4}} = 4 . 5^{\frac{5}{4}}$, &c. $\infty^{\frac{\infty}{4}}$, &c. on voit d'abord que chacune de ces Suites $A^{\frac{a}{n}}$ a des termes toûjours croissants, mais que d'une Suite à l'autre ils sont toûjours moindres, puisque n est toûjours croissant.

290. Elles ont toutes vers leur origine un terme égal au terme correspondant de la Suite naturelle A; par exemple, $A^{\frac{a}{2}}$ a son 2^d terme $2^{\frac{a}{2}}$ égal au 2^d de A, $A^{\frac{a}{3}}$ a son 3me terme égal au 3me de A, &c. ce qui arrive necessairement, lorsque dans l'exposant $\frac{a}{n}$, $a = n$. Et comme dans $A^{\frac{a}{2}}$ on a $a = n$ dès le 2^d terme, dans $A^{\frac{a}{3}}$ au 3me, & toûjours ainsi de suite, le terme de $A^{\frac{a}{n}}$ égal au correspondant de A, avance toûjours d'une place à mesure que n croît d'une unité, & le nombre qui exprime la quantiéme est cette place, est n. D'un autre côté il est visible que dans les $A^{\frac{a}{n}}$ tous les termes, horsmis le 1er, qui précédent le terme égal au correspondant dans A, sont moindres que leurs correspondants dans A, & tous les termes qui le suivent, plus grands. Donc plus n est petit, plus les $A^{\frac{a}{n}}$ ont un grand nombre de termes plus grands que leurs correspondants dans A, & au contraire plus n est grand, plus les $A^{\frac{a}{n}}$ ont un grand nombre de termes plus petits que leurs correspondants dans A.

291. Il faut encore ajoûter que plus n est petit, moins les termes de $A^{\frac{a}{n}}$ plus petits que leurs correspondants dans A sont petits, & plus les termes de $A^{\frac{a}{n}}$ plus grands que leurs correspondants dans A sont grands. Au contraire plus n est grand, plus les termes de $A^{\frac{a}{n}}$ plus petits que leurs correspondants dans A sont petits, & moins les termes de $A^{\frac{a}{n}}$ plus grands que leurs correspondants dans A sont grands. Il est aisé de le voir.

292. De tout cela il suit que quand $n = \infty$, ce qui

donne $A^{\frac{a}{\infty}}$, $1^{\frac{1}{\infty}} = 1$, $2^{\frac{2}{\infty}}$, $3^{\frac{3}{\infty}}$, &c. $\infty^{\frac{\infty}{\infty}} = \infty$, le terme égal à un terme correſpondant dans A, qui a toûjours avancé d'une place à meſure que n croiſſoit (290), eſt enfin venu à la derniére place dans $A^{\frac{a}{\infty}}$, que ce terme eſt ∞, & que tous les termes de $A^{\frac{a}{\infty}}$ moyens entre 1 & ∞ ſont moindres que leurs correſpondants dans A, & que de plus n étant alors le plus grand qu'il puiſſe être, tous ces termes ſont les plus petits qu'il ſoit poſſible par rapport à ces correſpondants ſelon les conditions des $A^{\frac{a}{n}}$ (291). En effet ces termes moyens commençant par être $2^{\frac{2}{\infty}} = 4^{\frac{1}{\infty}} = 1$, $3^{\frac{3}{\infty}} = 27^{\frac{1}{\infty}} = 1$, $4^{\frac{4}{\infty}} = 256^{\frac{1}{\infty}} = 1$, & toûjours ainſi de ſuite tant que les nombres n^n ſont finis (260), on voit que tous ces termes de $A^{\frac{a}{\infty}}$ deſcendent le plus bas que des nombres puiſſent tomber par des extractions de V.

293. $A^{\frac{a}{\infty}}$ n'a donc que des termes preſque abſolument égaux à 1, tant que n^n eſt fini, c'eſt-à-dire, qu'elle en a un nombre fini indéterminable, ou qu'elle ſéjourne dans le ſeul nombre 1 pendant une étenduë finie indéterminable de ſon cours. Mais il eſt viſible qu'elle ſéjourne beaucoup moins dans 1 que ne faiſoit $A^{\frac{1}{\infty}}$, après cela elle ſéjourne dans 2, mais moins que dans 1, dans 3, moins que dans 2, &c. Il faut donc que la Suite vers ſon extremité faſſe des ſauts, non d'ordres, mais de nombres conſécutifs de A, pour réparer les longs ſéjours qu'elle a faits dans d'autres nombres conſécutifs, & avant que de ſauter il faut qu'elle paſſe. De-là il ſuit qu'elle fera ſes ſéjours ou ſes paſſages dans le Fini, & ſes ſauts dans l'Infini, & qu'elle aura beaucoup plus de termes Finis que d'Infinis. Or je dis qu'elle n'en aura qu'un nombre fini d'Infinis,

car il faut que tous ses termes soient les plus petits qu'il soit possible par rapport aux correspondants dans A (291), or de cette manière cela est ainsi.

En effet $A^{\frac{a}{\infty}}$ doit être le contraire de $A^a = A^{\frac{a}{1}}$. Or dans A^a le nombre des Finis est fini, & celui des Infinis infini (282).

294. La 1re des $A^{\frac{a}{n}}$, qui est $A^{\frac{a}{2}}$, a son 4me terme $4^{\frac{4}{2}} = \sqrt[2]{256}$ égal au 4me terme de A^2, qui est 16, & ensuite tous ses termes beaucoup plus grands que leurs correspondants dans A^2, ce qu'il est aisé de voir. Donc si A^2 n'a qu'un nombre fini de termes Finis, à plus forte raison $A^{\frac{a}{2}}$ n'en a-t-elle aussi qu'un nombre fini. Donc le nombre de ses Infinis est infini.

295. Puisque dans $A^{\frac{a}{2}}$ le nombre des Finis n'est que fini, & le nombre des Infinis infini, & que dans $A^{\frac{a}{\infty}}$ la dernière des $A^{\frac{a}{n}}$, c'est le contraire (293), dans toutes les $A^{\frac{a}{n}}$ moyennes, à mesure que n croît, le nombre des Finis augmente, & celui des Infinis diminuë.

296. Mais comme d'une $A^{\frac{a}{n}}$ à la suivante, le nombre des Finis n'augmente qu'à proportion de l'augmentation de n, qui ne croît que d'une unité, le nombre des Finis n'augmente que finiment, tant que n est Fini déterminable, & par conséquent dans toutes les $A^{\frac{a}{n}}$, où n est un Fini déterminable, le nombre des Finis n'est que fini, mais croissant.

297. $\infty^{\frac{\infty}{2}}$, dernier terme de $A^{\frac{a}{2}}$, étant presque de l'ordre de ∞^{∞}, & $A^{\frac{a}{2}}$ séjournant dans l'ordre du Fini, où

elle a beaucoup plus de termes qu'il ne manque d'ordres à $\infty^{\frac{\infty}{2}}$ pour être égal à ∞^{∞}, il faut necessairement que $A^{\frac{a}{2}}$ saute quelques ordres d'Infini, & comme elle a commencé par séjourner dans son premier ordre, il faut qu'ensuite elle passe par les ordres, & n'en saute qu'à son extremité. Donc $\infty^{\frac{\infty}{2}}$ est seul de son ordre, & il fait seul la somme.

298. Il en va de même de toutes les $A^{\frac{a}{n}}$ suivantes, tant que n est fini.

299. Au contraire dans $A^{\frac{a}{\infty}}$ tous les termes sont utiles à la somme. Elle n'est que de l'ordre de ∞, puisqu'il n'y a qu'un nombre fini d'Infinis de cet ordre, mais elle est plus grande que ∞, somme des Unités, & plus grande d'une difference infinie.

Considération des $A^{\frac{n}{a}}$.

300. Si on éleve $A^{\frac{1}{a}}$ à la puissance n qui aura successivement toutes ses valeurs, ce qui donne $A^{\frac{1}{a}}$, $A^{\frac{2}{a}}$, $1^{\frac{2}{1}}$. $2^{\frac{2}{2}}=2$. $3^{\frac{2}{3}}$, $4^{\frac{2}{4}}=2$. $5^{\frac{2}{5}}$, &c. $\infty^{\frac{2}{\infty}}$. $A^{\frac{3}{a}}$, $1^{\frac{3}{1}}$. $2^{\frac{3}{2}}$. $3^{\frac{3}{3}}=3$. $4^{\frac{3}{4}}$, &c. $\infty^{\frac{3}{\infty}}$. $A^{\frac{4}{a}}$, $1^{\frac{4}{1}}$. $2^{\frac{4}{2}}=4$. $3^{\frac{4}{3}}$. $4^{\frac{4}{4}}=4$, &c. $\infty^{\frac{4}{\infty}}$, &c. on voit d'abord que ces Suites $A^{\frac{n}{a}}$ ont comme les $A^{\frac{a}{n}}$ un terme égal au terme correspondant dans A, lorsque $n=a$, & que ce terme avance toûjours d'une place à mesure que n croît d'une unité, mais qu'au contraire des $A^{\frac{a}{n}}$, tous les termes des $A^{\frac{n}{a}}$ jusqu'à ce terme égal sont plus grands que leurs correspondants dans A, & tous ensuite plus petits. La raison en est claire.

301. Donc dans la derniére des $A^{\frac{n}{a}}$, qui est $A^{\frac{\infty}{a}}$, le terme égal est à la derniére place, & tous les termes qui le précédent,

précédent, horsmis 1, le 1er de la Suite, sont plus grands que leurs correspondants dans *A*. En effet $A^{\frac{\infty}{a}}$ est $1^{\frac{\infty}{1}} = 1$. $2^{\frac{\infty}{2}}$. $3^{\frac{\infty}{3}}$, &c. $\infty^{\frac{\infty}{\infty}} = \infty$, où $2^{\frac{\infty}{2}}$ est non seulement plus grand que 2, son correspondant dans *A*, mais infiniment plus grand, de même $3^{\frac{\infty}{3}}$ infiniment plus grand que 3, &c.

302. Comme les $A^{\frac{n}{a}}$ ne sont que des puissances de $A^{\frac{1}{a}}$, & que dans $A^{\frac{1}{a}}$ le 3me terme est le plus grand de tous, & qu'elles sont croissantes jusqu'à lui, & de-là décroissantes (284), il suit qu'il en va de même dans toutes les $A^{\frac{n}{a}}$. Donc tant que le 3me terme de $A^{\frac{n}{a}}$ est fini, elles n'ont que des termes finis.

303. Le troisiéme terme de toutes les $A^{\frac{n}{a}}$ est $3^{\frac{n}{3}}$, qui dans $A^{\frac{1}{a}}$ est $3^{\frac{1}{3}}$, & dans $A^{\frac{\infty}{a}}$, $3^{\frac{\infty}{3}}$, c'est-à-dire, que $3^{\frac{1}{3}}$ est élevé successivement dans les $A^{\frac{n}{a}}$ à toutes les puissances depuis la puissance 1 jusqu'à la puissance ∞. Or tant que *n* est fini, $3^{\frac{n}{3}}$ est une puissance finie de $3^{\frac{1}{3}}$, ou un nombre fini, donc tant que *n* est fini, les $A^{\frac{n}{a}}$ n'ont que des termes finis.

304. Donc les sommes des $A^{\frac{n}{a}}$ ne sont alors que de l'ordre de ∞, mais croissantes dans cet ordre.

305. Puisque *n* étant fini, tous les termes des $A^{\frac{n}{a}}$ sont finis, les derniers de chaque $A^{\frac{n}{a}}$ disposés de suite, qui sont

$\infty^{\frac{1}{\infty}}$, $\infty^{\frac{2}{\infty}}$, $\infty^{\frac{3}{\infty}}$, &c. sont donc finis, & en general les $\infty^{\frac{n}{\infty}}$ sont des nombres finis tant que n est fini.

306. Lorsque n est devenu quelque nombre Fini indéterminable x, tel que le 3me terme de $A^{\frac{n}{a}}$, qui est alors $3^{\frac{n}{3}}$, soit infini pour la premiére fois, tous les termes suivants moindres que lui sont encore finis, & quand dans les $A^{\frac{n}{a}}$ suivantes quelques-uns de ces Finis deviennent Infinis, ce sont les plus proches du 3me terme, le 4me d'abord, ensuite le 5me, &c. desorte que c'est à l'extremité de ces Suites qu'il subsiste plus long-temps des termes finis. Et comme dans la derniére de ces Suites, qui est $A^{\frac{\infty}{a}}$, tous les termes sont infinis, il faut que depuis la 1re $A^{\frac{n}{a}}$, où le 3me terme a commencé à être infini, il y ait infiniment plus de Suites qui ayent des termes finis à leur extremité, qu'il n'y en a qui ont tous leurs termes infinis, ou, ce qui revient au même, le nombre des Suites qui ont des termes finis à leur extremité est infini, & le nombre de celles qui n'ont que des termes infinis, n'est que fini.

307. Donc les derniers termes de toutes les $A^{\frac{n}{a}}$ étant $\infty^{\frac{1}{\infty}}$, $\infty^{\frac{2}{\infty}}$, $\infty^{\frac{3}{\infty}}$, &c. $\infty^{\frac{\infty}{\infty}} = \infty$, qui sont la Suite des puissances de $\infty^{\frac{1}{\infty}}$, il y a un nombre infini de ces puissances, qui sont finies, & un nombre seulement fini d'infinies, ce qui est le contraire de la Suite des puissances de 2, de 3, &c. (228, 239, &c.) Et cela même fait voir l'analogie qui est entre la Suite des puissances de 1 & de 2, & celle des puissances de $\infty^{\frac{n}{\infty}}$, nombre moyen entre 1 & 2. Car toutes les puissances de 1 en nombre infini sont finies,

$\infty^{\frac{1}{\infty}}$ a un nombre infini de puiſſances finies, & un nombre fini d'infinies, 2 a un nombre fini de puiſſances finies, & un infini d'infinies. D'où l'on peut même conjecturer qu'entre $\infty^{\frac{1}{\infty}}$ & 2 il y a quelque nombre qui a un nombre infini de puiſſances finies, & un nombre infini égal d'infinies. Toûjours il réſulte des puiſſances de 1, de $\infty^{\frac{1}{\infty}}$, & de 2, qu'une très petite difference entre deux nombres fait une grande difference d'ordres entre leurs puiſſances ∞, comme il a été dit.

308. Dans $A^{\frac{\infty}{a}}$ le 2[d] terme $2^{\frac{\infty}{2}}$ eſt infiniment plus grand que le 1er terme 1, & d'une infinité d'ordres au deſſus. Car $2^{\frac{\infty}{2}}$ eſt $2^{\frac{1}{2}}$ élevé à ∞, or $2^{\frac{1}{2}}$ eſt le moyen geometrique entre 1 & 2, & par conſéquent $2^{\frac{\infty}{2}}$ partage également le rapport de 1 à 2^{∞}. Or 2^{∞} eſt d'une infinité d'ordres au deſſus de 1 (235), donc $2^{\frac{\infty}{2}}$ eſt de la moitié de ce nombre infini d'ordres au deſſus de 1. $3^{\frac{\infty}{3}}$, 3me terme de $A^{\frac{\infty}{a}}$, eſt encore infiniment grand par rapport à $2^{\frac{\infty}{2}}$, mais moins au deſſus de $2^{\frac{\infty}{2}}$ que $2^{\frac{\infty}{2}}$ n'étoit au deſſus de 1. Car 1°. $3^{\frac{1}{3}}$ & $2^{\frac{1}{2}}$ ſont deux nombres moyens entre 1 & 2, d'où il ſuit qu'étant élevés à ∞ $3^{\frac{1}{3}} > 2^{\frac{1}{2}}$ (242) eſt infiniment plus grand, & d'autant plus qu'ils ſont pris tous deux dans le plus grand de tous les intervalles geometriques de *A*, qui eſt celui de 1 à 2. 2°. $3^{\frac{1}{3}}$ n'eſt pas ſi grand par rapport à $2^{\frac{1}{2}}$, que $2^{\frac{1}{2}}$ par rapport à 1, d'où il ſuit que $3^{\frac{\infty}{3}}$ n'eſt pas ſi élevé au deſſus de $2^{\frac{\infty}{2}}$, que $2^{\frac{\infty}{2}}$ au deſſus de 1. Donc dans le cours croiſſant de $A^{\frac{\infty}{a}}$ qui n'eſt composé que de 3 termes,

chaque terme disparoît devant son conséquent, & le rapport des termes est décroissant.

309. De même dans le cours décroissant de $A^{\frac{\infty}{a}}$, qui est composé d'une infinité de termes, leur rapport est décroissant, puisque $A^{\frac{\infty}{a}}$ doit avoir des rapports décroissants, ou tendre à l'égalité aussi-bien que $A^{\frac{1}{a}}$ (287). $3^{\frac{\infty}{3}}$, 1er terme du cours décroissant de $A^{\frac{\infty}{a}}$, étant infiniment plus grand que $2^{\frac{\infty}{2}}$, qui est d'une infinité d'ordres au dessus de 1 (308), il est donc d'une infinité d'ordres au dessus de 1, & au dessus de ∞, dernier terme de $A^{\frac{\infty}{a}}$. Mais ce nombre infini d'ordres dont $3^{\frac{\infty}{3}}$ surpasse ∞, est beaucoup moindre que ∞, & doit être distribué dans tout le cours décroissant de $A^{\frac{\infty}{a}}$, qui a un nombre de termes $= \infty - 3 = \infty$. Donc la Suite séjournera dans quelques ordres d'Infini, & les rapports de ses termes étant décroissants, ce sera vers son extremité qu'elle séjournera, & à son extremité même qu'elle fera son plus long séjour, qui sera dans l'ordre de ∞. Et quand même ce séjour seroit infini, ce qui éleveroit à l'ordre de ∞^2 la somme des termes de ce dernier ordre, elle disparoîtroit devant des Infinis superieurs, qui disparoîtront devant d'autres Infinis superieurs & précédents, & toute la somme du cours décroissant de $A^{\frac{\infty}{a}}$, aussi-bien que celle du cours croissant (308), ne sera que $3^{\frac{\infty}{3}}$, 3me terme de la Suite.

Consideration de la progression geometrique G *correspondante à* A.

310. Soit maintenant entre 1 & ∞, termes extrêmes de A, la progression geometrique G, composée du même nombre de termes, & qui est $\because 1 . \infty^{\frac{1}{\infty}} . \infty^{\frac{2}{\infty}}$ &c.

$\infty^{\frac{\infty}{\infty}} = \infty$. On sçait déja qu'il n'y a aucun de ses termes qui soit infiniment grand par rapport à son antécédent (165), & que *G*, qui est la Suite des puissances de $\infty^{\frac{1}{\infty}}$, n'a qu'un nombre fini d'Infinis à son extremité, & un nombre infini de Finis depuis son origine (307). On peut voir aussi d'une autre maniére cette derniére verité. *G* partage le plus inégalement qu'il se puisse, l'intervalle entre 1 & ∞ que *A* partage également (71), donc *G* n'introduit pas dans cet intervalle une infinité tant de Finis que d'Infinis, car elle le partageroit comme fait *A*. Elle n'y introduit pas non plus un nombre fini de Finis, & un infini d'Infinis, car alors elle auroit au moins quelques termes moyens plus grands & infiniment plus grands que leurs correspondants dans *A*, ce qui est impossible (66). Donc elle introduit dans cet intervalle une infinité de Finis, & un nombre seulement fini d'Infinis, ce qui est la seule maniére possible de le partager le plus inégalement par rapport à celle dont *A* le partage.

311. On sçait que dans toute Suite croissante le dernier terme moins le premier est la somme des differences de tous les termes de la Suite, donc dans *A* & dans *G* $\infty - 1$, où ∞ est la somme des differences de *A* & de *G*, & à cause de l'opposition de ces deux progressions, il doit être cette somme des deux maniéres les plus opposées qu'il se puisse, ou étant la somme d'une infinité de differences finies égales, ce qu'il est certainement dans *A*, ou étant la somme de differences croissantes, les unes finies en nombre infini, les autres infinies en nombre seulement fini, ce qu'il doit donc être dans *G*. Or les differences finies ne seront qu'entre des termes Finis du côté de l'origine, & les infinies entre des Infinis à l'extremité. Donc, &c.

312. La somme des differences de *A* & de *G* étant la même, il faut que puisqu'il entre des Finis dans l'une & dans l'autre, & des Infinis dans celle des differences de *G* seulement, il y ait en récompense dans celle-ci des Finis beaucoup

plus petits que dans celle des differences de A. Et comme les plus petits Finis de la progression des differences de G sont à son origine, & que toutes les differences de A sont des Unités, il faut que les premiéres differences de G soient beaucoup plus petites que 1. Et en effet on a toûjours trouvé $\infty^{\frac{1}{\infty}}$ beaucoup moindre que 2, & par conséquent $\infty^{\frac{1}{\infty}}$ de bien peu plus grand que 1. Donc $\infty^{\frac{1}{\infty}} - 1$, premiére difference de G, est une fraction, dont 1 étant le numerateur, le dénominateur doit être un fort grand nombre, mais inconnu, qu'on peut appeller x, & la fraction sera $\frac{1}{x}$.

313. La somme de G ne peut donc être qu'un Infini de l'ordre de ∞, & tous les Finis y seront utiles. En effet selon la Formule $\frac{am^n - a}{m-1}$, a étant ici $= 1$, $m = \infty^{\frac{1}{\infty}}$, $n = \infty$, on a pour la somme de $G \frac{\infty}{\infty^{\frac{1}{\infty}} - 1} = \infty$ divisé par $\frac{1}{x}$ (312) $= x\infty$, x étant un grand nombre fini.

Rapport des sommes de A *& de* G.

314. Donc la somme de A est à celle de G :: $\frac{\infty^2}{2}$. $x\infty$ :: ∞. $2x$.

315. On voit par-là la confirmation de ce qui a été dit dans l'art. 81, que l'augmentation de b par rapport à a, augmente plus le rapport de la somme de la progression arithmetique à la somme de la progression geometrique, que ne fait l'augmentation de n. Car ici n étant $= \infty$ aussi-bien que b, si n augmentoit infiniment le rapport de la somme de A à celle de G, aussi-bien que b l'a augmenté infiniment, la somme de A seroit de deux ordres au dessus de celle de G, or elle n'est que d'un ordre au dessus.

316. Il est bon d'approfondir davantage cette matiere, dont la connoissance confirmera des choses qui ont été dites, & servira pour d'autres qui viendront.

En general les sommes des deux progressions correspondantes, l'une arithmetique, l'autre geometrique, font $\frac{an+bn}{2}$ & $\frac{b^{\frac{n}{n-1}}-a^{\frac{n}{n-1}}}{b^{\frac{1}{n-1}}-a^{\frac{1}{n-1}}}$ (79).

Si b eſt infini par rapport à a, n étant fini, ces deux ſommes ſe réduiſent à $\frac{bn}{2}$ & $\frac{b^{\frac{n}{n-1}}}{b^{\frac{1}{n-1}}} = b$. Donc elles ſont $:: \frac{bn}{2} . b :: n . 2$.

Si alors $n=3$, ce qui eſt ſa moindre valeur poſſible, & $a=1$, comme on l'a toûjours ſuppoſé, on a pour la progreſſion $A \div 1 . \frac{\infty}{2} . \infty$, dont la ſomme eſt $\frac{3\infty}{2}$, & pour G on a $\dot{\div}\dot{\div}\ 1 . \infty^{\frac{1}{2}} . \infty$, dont la ſomme eſt ∞. Or ces deux ſommes ſont $:: 3 . 2 :: n . 2$.

Si $n=4$, on a $A \div 1 . \frac{\infty}{3} . \frac{2\infty}{3} . \frac{3\infty}{3}$, dont la ſomme eſt 2∞, & $G\ \dot{\div}\dot{\div}\ 1 . \infty^{\frac{1}{3}} . \infty^{\frac{2}{3}} . \infty^{\frac{3}{3}}$, dont la ſomme eſt ∞, & ces deux ſommes ſont $:: 2 . 1 :: n=4 . 2$.

Il en ira de même de toutes les valeurs ſucceſſives de n fini. Dans toutes les A, tous les termes ſeront utiles à la ſomme, horſmis le premier, & dans toutes les G le dernier terme ſeul fera la ſomme, ce qui confirme toute la Theorie des Infinis radicaux, car s'ils ne diſparoiſſoient pas, comme il a été dit, devant les Infinis potentiels, le rapport $\frac{n}{2}$ des deux ſommes ſeroit faux, quoi-que démontré par le calcul.

317. Il n'eſt pas poſſible que ſi n continuë de croître juſqu'à devenir infini, le rapport des ſommes de A & de G ne devienne infini, lorſque n ſera $=\infty$, mais il ne devient pas celui de ∞ à 2, comme on pourroit le conjecturer d'abord.

La raiſon en eſt que tant que n eſt fini, la grandeur $a^{\frac{1}{n-1}} = 1$ diſparoit devant $b^{\frac{1}{n-1}}$ dans le dénominateur de la ſomme de G, car alors $b^{\frac{1}{n-1}}$ est quelque Infini radical, mais dès que n est le plus petit $\propto$ possible, on a pour la somme de G $\frac{\infty^{\frac{\propto}{\propto-1}}-1}{\infty^{\frac{1}{\propto-1}}-1} = \frac{\infty}{\infty^{\frac{1}{\propto}}-1}$, où 1 ne disparoît plus devant $\infty^{\frac{1}{\propto}}$ qui est fini, & plus grand que $\infty^{\frac{1}{\infty}}$. Car si l'on conçoit que dans $\infty^{\frac{1}{n}}$, n augmente toûjours, $\infty^{\frac{1}{n}}$ ne sera infini que tant que n sera fini, & qu'on aura $\infty^{\frac{1}{2}}$, ou $\infty^{\frac{1}{3}}$ &c. & tous les $\infty^{\frac{1}{\propto}}$ seront finis. Le rapport de la somme de A à celle de G, qui étoit le rapport déterminé de n à 2, tant que n étoit fini, change donc quand $n = \propto$.

$\infty^{\frac{1}{\propto}}$ est donc un nombre fini, toûjours décroissant à mesure que n est un plus grand $\propto$, & la somme de G en est toûjours d'autant plus grande, ce qui doit être, & n'empêche pas qu'elle ne soit toûjours moins grande, & même infiniment moins grande que celle des correspondantes A.

Quand $\infty^{\frac{1}{\propto}}$ en décroissant toûjours devient $= 2$, on a pour la somme de G $\frac{\infty}{2-1} = \infty$, mais après cela $\infty^{\frac{1}{\propto}}$ continüant à décroître pour devenir $\infty^{\frac{1}{\infty}}$ presque égal à 1, les sommes des G sont ∞ divisé par des fractions, ou multiplié par les dénominateurs de ces fractions, & par conséquent ces sommes sont encore croissantes, ce qui donne enfin $\frac{\infty}{\infty^{\frac{1}{\infty}}-1} = \infty\infty$.

318. Le rapport de la somme de A à celle de G ayant été celui de n à 2, tant que n a été fini, desorte que si cela eût continué, le rapport de la somme de la Suite naturelle à la somme de la progression geometrique correspondante eût été

été celui de ∞ à 2 (317), & ce dernier rapport n'étant que celui de ∞ à $2x$ (314), moindre que celui de ∞ à 2; il s'ensuit que le rapport de la somme de A à celle de G a été d'abord en croissant comme v, qu'ensuite il a crû moins que n, que dans un certain endroit, ou pour une A & une G correspondante, il a été le plus grand qu'il pût être, & qu'alors il a été celui de ∞ à 2, si cela a été possible. Or cela l'a été, quand la somme de A a été en general $\frac{\infty^2}{2m}$, & celle de $G \frac{\infty}{m}$, c'est-à-dire, quand la somme de A a été une certaine partie m de $\frac{\infty^2}{2}$, somme de la Suite naturelle, & quand en même temps dans la somme $\frac{\infty}{\infty^{\frac{1}{\infty}} - 1}$, $\infty^{\frac{1}{\infty}} - 1$ a été $= m$. Or m étant un nombre indéterminé, il a une infinité de valeurs qui donneroient ce rapport de ∞ à 2, & il arriveroit une infinité de fois que les sommes de A & de G auroient ce rapport, mais certainement cela n'arrive qu'une fois, & il faut déterminer quelle est alors la valeur de m.

Quand cela arrive, le rapport des sommes de A & de G est le plus grand qu'il se puisse, & par conséquent la somme de la progression arithmetique, qui est $\frac{\infty^2}{2m}$, est la plus approchante qu'il se puisse de la somme de la Suite naturelle, ou, ce qui est le même, m est le moindre nombre possible. Or il ne peut être moindre que 2, donc alors on a $\frac{\infty^2}{4}$, & $\frac{\infty}{2}$, ce qui donne pour les deux sommes le rapport de ∞ à 2.

319. Quand la somme de A est $= \frac{\infty^2}{4}$, elle est la somme de la progression arithmetique des Pairs ou des Impairs, qui est $\frac{\infty^2}{4}$. Donc le nombre des termes est alors $n = \frac{\infty}{2}$, & c'est quand n a cette valeur, ou qu'il est à la moitié de toutes ses valeurs successives, que l'on a pour les deux sommes de A

& de G le rapport de ∞ à 2, qui est leur plus grand rapport possible.

320. On voit que la Suite naturelle A & la correspondante G sont d'une nature toute opposée, non seulement en ce que l'une est une progression arithmetique, & l'autre une geometrique, mais en ce que 1° A a une infinité tant de termes Finis que d'Infinis, & G une infinité de Finis, & un nombre seulement fini d'Infinis, 2° tous les Finis de G, horsmis 1, sont des $\sqrt[\infty]{}$ de ∞^n absolument inconnuës, & par-là même les Infinis de G sont encore plus inconnus que ceux de A.

321. Les numerateurs des exposants des termes de G étant la Suite des nombres naturels, il y a de ces numerateurs de trois especes, des Finis déterminables n, des indéterminables x, & des $\propto$. On a donc outre les $\infty^{\frac{n}{\infty}}$, une infinité tant de $\infty^{\frac{n}{\infty}}$ que de $\infty^{\frac{\propto}{\infty}}$, qui sont des nombres finis, & il n'y a qu'un nombre fini de $\infty^{\frac{\propto}{\infty}}$ qui soient Infinis. On verra encore mieux par le raisonnement suivant, comment cela se fait. ∞ élevé à une puissance dont l'exposant soit une fraction pure, comme toutes celles dont il s'agit ici, est élevé autant de fois qu'il y a d'unités dans le numerateur de la fraction, & abaissé autant de fois qu'il y a d'unités dans le dénominateur, car le numerateur exprime une puissance parfaite, & le dénominateur une $\sqrt{}$. Si ∞ est finiment élevé par le numerateur de son exposant, & finiment abaissé par le dénominateur, ou, ce qui est le même, si le nombre des unités tant du numerateur que du dénominateur, n'est que fini, quelque differents que soient ces deux nombres entr'eux, ∞ n'a point reçû de changement quant à l'ordre, & il reste dans celui dont il étoit. De-là vient que tous les $\infty^{\frac{1}{2}}$, $\infty^{\frac{1}{3}}$ &c. sont des Infinis. Mais si ∞ est finiment élevé par le

numerateur de son exposant, & infiniment abaissé par le dénominateur, il sort de son ordre, & tombe dans celui du Fini, donc tous les $\infty^{\frac{n}{\infty}}$ & les $\infty^{\frac{x}{\infty}}$ sont des nombres finis, & même tous les $\infty^{\frac{\propto}{\infty}}$, tant que $\propto$ a une difference infinie à ∞, & que par conséquent il a une infinité d'unités moins que ∞. Or il y a une infinité de $\propto$ qui ont une difference infinie à ∞, & il n'y en a qu'un nombre fini qui ayent à ∞ une difference finie (184). Donc, &c.

SECTION IV.

De la Grandeur infiniment petite.

Ce que c'est que l'Infiniment petit.

322. TOUTE grandeur a infiniment moins grande que b, est infiniment petite par rapport à elle. Ainsi 1 ou tout nombre fini est infiniment petit par rapport à ∞, ∞ l'est par rapport à ∞^2, &c. $\infty^{\frac{1}{3}}$ par rapport à $\infty^{\frac{1}{2}}$, &c. Mais ce ne sont pas là les grandeurs que l'on appelle proprement ou absolument *infiniment petites.* Ce ne sont que celles qui le sont par rapport au Fini, & il faut que nous en prouvions l'existence.

323. La preuve de l'art. 82 porte également sur la possibilité de la diminution infinie de la grandeur finie, & sur la possibilité de son augmentation infinie, & tout ce qui a été dit ensuite sur l'augmentation s'applique de soi-même à la diminution. Donc puisque la grandeur infiniment grande est la grandeur finie que l'on a conçûë comme infiniment augmentée, l'infiniment petite doit être la même grandeur finie que l'on concevra comme infiniment diminuée.

324. 1 étant pris pour representer en general la grandeur finie, plus le nombre par lequel je le divise est grand, plus je le diminuë, desorte que $\frac{1}{2}$, $\frac{1}{3}$, $\frac{1}{4}$, &c. sont des grandeurs toûjours décroissantes. Donc à la fin $\frac{1}{\infty}$ sera une grandeur infiniment petite, ou, ce qui est la même chose, l'Infiniment petit est une partie du Fini résultante d'une division poussée à l'infini, ou une partie *infinitiéme* du Fini, comme 1 est une partie infinitiéme de ∞.

325. Donc l'Infiniment petit est essentiellement une fraction, mais infiniment petite, ou, ce qui revient au même, une fraction dont le numerateur est fini, & le dénominateur infini. Et l'Infini est un entier infiniment grand, dont le Fini n'est qu'une partie infinitiéme.

326. Donc $\div\div \frac{1}{\infty} . 1 . \infty$.

327. Et puisque 1, quoi-qu'infiniment petit par rapport à ∞, est grandeur en lui-même, $\frac{1}{\infty}$, quoi-qu'infiniment petit par rapport à 1, est aussi grandeur en lui-même.

Que l'Infiniment petit ou $\frac{1}{\infty}$ est grandeur.

328. Donc $\frac{1}{\infty}$ peut être encore infiniment divisé, ce qui donnera $\frac{1}{\infty^2}$, partie infinitiéme de $\frac{1}{\infty}$, ou infiniment petit de l'infiniment petit $\frac{1}{\infty}$, & l'on aura encore $\div\div \frac{1}{\infty^2} . 1 . \infty^2$.

Ordres à l'infini d'Infiniment petits.

329. Et comme cela n'a point de fin, on aura $1 . \frac{1}{\infty} . \frac{1}{\infty^2} . \frac{1}{\infty^3} . \frac{1}{\infty^4}$, &c. $\frac{1}{\infty^\infty}$, c'est-à-dire, autant d'ordres d'Infiniment petits qui s'abaisseront à l'infini au dessous de 1, que l'on a vû d'ordres d'Infinis qui s'élevoient à l'infini au dessus de 1.

330. Toutes ces grandeurs $\frac{1}{\infty}$, $\frac{1}{\infty^2}$, $\frac{1}{\infty^3}$, &c. quoi-que toûjours infiniment plus petites, seront toûjours grandeurs (327 & 328), & même $\frac{1}{\infty^\infty}$, quoi-qu'une infinité de fois infiniment plus petite que 1.

331. Il est visible que la Suite $\frac{1}{\infty}$, $\frac{1}{\infty^2}$. &c. $\frac{1}{\infty^\infty}$ est la Suite des puissances de $\frac{1}{\infty}$, & par conséquent progression geometrique.

332. Dans le Fini les élevations aux puissances augmentent de grandeur les nombres entiers, & diminüent les fractions. Dans l'Infini ces mêmes élevations doivent augmenter ou diminüer les grandeurs de grandeur & d'ordre en même temps. Mais dans l'Infiniment grand elles augmentent les grandeurs de grandeur & d'ordre, parce que les grandeurs infinies sont des entiers, & dans l'Infiniment petit elles diminüent les grandeurs de grandeur & d'ordre, parce que les Infiniment petits sont des fractions (325).

333. Donc aussi, pour suivre cette analogie, puisque les extractions de racines diminüent de grandeur les entiers dans

le Fini, & augmentent de grandeur les fractions, & que dans l'infiniment grand elles diminuënt les grandeurs de grandeur & d'ordre, il faut que dans l'infiniment petit elles augmentent les grandeurs de grandeur & d'ordre. Mais ces ordres ne sont que radicaux.

334. Tout cela se conclurra encore de ce que l'on aura toûjours $\frac{1}{\infty^n} . \frac{1}{\infty^m} :: \infty^m . \infty^n$. m & n étant des nombres quelconques entiers ou rompus. Ainsi les rapports de tous les Infinis, soit potentiels, soit radicaux, ayant été traités, il seroit inutile de s'arrêter à ceux des Infiniment petits quelconques, qui ne sont que la même chose renversée.

335. De tout ce qui a été dit, il suit que

1°. $1 \pm \frac{1}{\infty} = 1$, ou $a \pm \frac{1}{\infty} = a$.

2°. $\frac{1}{\infty^n} \pm \frac{1}{\infty^{n+1}} = \frac{1}{\infty^n}$.

3°. $\frac{1}{\infty^{\frac{1}{n+1}}} \pm \frac{1}{\infty^{\frac{1}{n}}} = \frac{1}{\infty^{\frac{1}{n+1}}}$.

Comment different $\frac{1}{\infty}$ & o.

336. Si l'on change la Suite naturelle des nombres entiers en une Suite de fractions, qui auront toutes 1 pour numerateur, & pour dénominateurs les nombres naturels, ce qui donnera la progression *harmonique* $\frac{1}{1}$, $\frac{1}{2}$, $\frac{1}{3}$, $\frac{1}{4}$, &c. on voit que cette Suite toûjours décroissante aboutira à $\frac{1}{\infty}$, qui pourra être pris pour zero, non pour zero *absolu*, car $\frac{1}{\infty}$ est toûjours grandeur en lui-même, mais pour zero *relatif*, c'est-à-dire, par rapport à toute grandeur finie, quelque petite qu'elle soit.

337. En prenant o pour absolu, on ne peut dire ni $\frac{0}{1}$, ni $\frac{1}{0}$, car le pur rien & la grandeur n'ont nul rapport geometrique, ni même $\frac{0}{0} = 1$, car il n'est point vrai, exactement parlant, que le pur rien soit une fois dans le pur rien. Mais en prenant o pour relatif, ou $0 = \frac{1}{\infty}$, on peut dire $\frac{0}{1}$, ce qui est le rapport geometrique de $\frac{1}{\infty}$ à 1, ou d'une partie

infiniment petite à son Tout. On peut dire $\frac{1}{0}$, ce qui est le rapport de 1 à $\frac{1}{\infty}$, ou d'un Tout à sa partie infiniment petite, & enfin $\frac{0}{0}$, ce qui est le rapport d'un Infiniment petit à lui-même, ou 1.

338. Donc o étant pris pour relatif, $\frac{0}{1} = \frac{1}{\infty}$, & $\frac{1}{0} = \infty$. Et en effet $\frac{0}{1}$ est $\frac{1}{\infty}$ divisé par 1, ou $\frac{1}{\infty}$, & $\frac{1}{0}$ est 1 divisé par $\frac{1}{\infty}$, ce qui est $\frac{\infty}{1} = \infty$.

339. On peut exprimer $\frac{0}{1}$ simplement par o, & alors ce o, puisqu'il est relatif, & $= \frac{1}{\infty}$, est essentiellement une fraction, quoi-qu'il n'en ait pas la forme, & $\frac{1}{0}$, qui ne peut être exprimé autrement, en faisant entrer o dans l'expression, est un entier $= \infty$, quoi-qu'il ait la forme d'une fraction.

340. o absolu, & o relatif $= \frac{1}{\infty}$ peuvent par une espece d'accident venir à faire le même effet, quoi-qu'ils soient en eux-mêmes essentiellement differents. Ainsi dans a^0 l'exposant o étant absolu, $a^0 = 1$, & d'un autre côté $a^{\frac{1}{\infty}} = 1$ (260).

341. A plus forte raison o absolu & o relatif $= \frac{1}{\infty}$ feront-ils des effets differents, comme ils en font dans $\infty^0 = 1$ (110), & dans $\infty^{\frac{1}{\infty}}$ grandeur finie plus grande que 1 (166). ∞^0 est une grandeur qui n'a été, ni n'a pû être absolument formée par aucune multiplication, & par conséquent 1, & $\infty^{\frac{1}{\infty}}$ est l'Infini dont on tire une racine infiniment petite par rapport à lui, mais non pas nulle.

342. Si l'on veut sçavoir ce que ce seroit que $\sqrt[0]{a}$, il faut considerer que $\sqrt[0]{a}$ ne peut être que la derniére d'une Suite infinie de $\sqrt{}$ décroissantes de a, qui seroient par conséquent $a^{\frac{1}{2}}$, $a^{\frac{1}{3}}$, $a^{\frac{1}{4}}$, &c. Or la Suite de ces exposants aboutit

à $\frac{1}{\infty}$ (336) qui est un o relatif. Donc dans l'expression $\sqrt[0]{a}$, o ne peut être que relatif. Donc $\sqrt[0]{a} = a^{\frac{1}{\infty}} = 1$.

343. Dans le calcul $\sqrt[n]{a}$ est toûjours $= a^{\frac{1}{n}}$, & de-là il semble qu'il devroit s'ensuivre $\sqrt[0]{a} = a^{\frac{1}{0}}$. Mais ce qui fait que cela ne s'ensuit pas, c'est que dans $a^{\frac{1}{n}}$, $\frac{1}{n}$ est toûjours une fraction, or $\frac{1}{0}$ n'en est pas une (339), & au contraire o relatif en est une.

344. Par la même raison $a^{\frac{1}{0}} = a^{\infty}$.

345. La Suite infinie de toutes les $\sqrt{}$ consécutives de $\frac{1}{\infty}$, qui est $\frac{1}{\infty^{\frac{1}{2}}}$, $\frac{1}{\infty^{\frac{1}{3}}}$, &c. est croissante (333), & elle aboutit à $\frac{1}{\infty^{\frac{1}{\infty}}}$. Or $\infty^{\frac{1}{\infty}}$ est une grandeur finie plus grande que 1 & moindre que 2. Donc $\frac{1}{\infty^{\frac{1}{\infty}}}$ est une fraction finie, & toute la Suite des $\sqrt{\frac{1}{\infty}}$ est comprise dans le seul ordre potentiel qui est entre $\frac{1}{\infty}$ & 1, comme celle des $\sqrt{\infty}$ est comprise dans l'ordre correspondant qui est entre 1 & ∞.

Quelles sont les parties infinitiémes d'un Tout fini.

346. Tout ce qui a été dit depuis l'art. 161 jusqu'au 165 sur la division d'un Tout infini, ou en general d'un Tout quelconque en un nombre infini de parties égales ou inégales, s'applique ici de soi-même à la division d'un Tout fini. Ainsi si un Tout fini est divisé en une infinité de parties égales, elles sont toutes infiniment petites & de l'ordre de $\frac{1}{\infty}$; si les unes sont finies, & les autres infiniment petites, il n'y en a qu'un nombre fini de finies, & une infinité d'infiniment petites. Il en iroit de même d'un Tout qui seroit $\frac{1}{\infty}$ ou $\frac{1}{\infty^2}$, &c.

347.

Consideration de la progression arithmetique comprise entre $\frac{1}{\infty}$ & 1.

347. Le rapport arithmetique de 1 à $\frac{1}{\infty}$ étant 1, puisque $1-\frac{1}{\infty}=1$ (335), si on divise ce rapport en une infinité de parties égales, on aura donc une progression arithmetique comprise entre $\frac{1}{\infty}$ & 1, dont toutes les differences seront infiniment petites, & qui sera $\div \frac{1}{\infty} . \frac{2}{\infty} . \frac{3}{\infty}$, &c. $\frac{\infty}{\infty}=1$, c'est-à-dire, que ce seront tous les termes de la Suite naturelle divisés chacun par ∞, ou dont on prendra la partie infinitiéme. Donc tant que les termes de la Suite naturelle seront finis, ceux de la nouvelle progression seront infiniment petits, & quand les termes de la Suite naturelle seront infinis, ceux de la nouvelle progression seront finis.

348. Il y aura donc dans cette nouvelle progression une infinité de termes finis, qui n'auront chacun à celui qui le suivra, qu'une difference infiniment petite & $=\frac{1}{\infty}$, & comme cette difference ne sera pas à compter par rapport à eux, ils seront égaux à cet égard, & ne le seront pourtant pas à la rigueur, puisqu'ils seront termes d'une progression toûjours croissante. C'est ainsi que des grandeurs peuvent être égales en un sens, & inégales en un autre, selon ce qui avoit été entrevû dans l'art. 263. Cela se trouve toûjours en general, quand elles sont croissantes ou décroissantes, & que leurs differences, qui sont leurs accroissements ou décroissements, sont d'un ordre inferieur à elles.

349. Les termes de la Suite naturelle étant des n finis déterminables, des x finis indéterminables, & des $\propto$, tous les $\frac{n}{\infty}$ & $\frac{x}{\infty}$ de la $\div \frac{1}{\infty}, \frac{2}{\infty}$, &c. seront infiniment petits, & tous les $\frac{\propto}{\infty}$ finis & des fractions moindres que 1 (188) jusqu'à ce qu'enfin la progression se termine par 1. Et en effet selon la formule $2a+\overline{m\times n-1}\times\frac{n}{2}$ (77), la somme de cette progression est $\overline{\frac{2}{\infty}+\overline{\frac{1}{\infty}\times\infty}}\times\frac{\infty}{2}=\overline{\frac{2}{\infty}+1}$

$\times \frac{\infty}{2} = \frac{\infty}{2}$, ce qui marque bien que cette progression a une infinité de termes finis, & moindres que 1, puisque la Suite infinie des Unités a une somme $= \infty$.

350. Il faut donc concevoir que comme dans cette progression une infinité de termes finis sont égaux & croissants, parce qu'ils croissent infiniment peu, ainsi les termes de la Suite $1^{\frac{1}{\infty}}, 2^{\frac{1}{\infty}}, 3^{\frac{1}{\infty}}$, &c. $\infty^{\frac{1}{\infty}}$ de l'art. 260, & ceux de la Suite $1^{\frac{1}{\infty}}, 2^{\frac{2}{\infty}}, 3^{\frac{3}{\infty}}$, &c. $\infty^{\frac{\infty}{\infty}} = \infty$ de l'art. 292 sont égaux & croissants tant qu'ils n'ont que des differences infiniment petites par rapport à eux, ce qui leve toute la difficulté de l'art. 263, & explique pleinement l'art. 286.

351. Donc $a^{\frac{1}{\infty}} = 1$ ne l'est pas exactement & à la rigueur, mais seulement parce que sa difference à 1 est infiniment petite, & plus a est grand, plus cette difference infiniment petite est grande, desorte que quand $a = \infty$, cette difference doit devenir finie, & en effet on a toûjours trouvé que $\infty^{\frac{1}{\infty}} - 1$ étoit une grandeur finie.

Consideration de la progression geometrique comprise entre $\frac{1}{\infty}$ & 1.

352. Le rapport geometrique de 1 à $\frac{1}{\infty}$ étant $= \infty$; si on le divise en une infinité de parties égales, on aura la progression $\div\!\div \frac{1}{\infty} = \frac{\infty^{\frac{0}{\infty}}}{\infty}, \frac{\infty^{\frac{1}{\infty}}}{\infty}, \frac{\infty^{\frac{2}{\infty}}}{\infty}$, &c. $\frac{\infty^{\frac{\infty}{\infty}}}{\infty} = \frac{\infty}{\infty} = 1$, dans laquelle tous les rapports seront égaux & finis, c'est-à-dire, qu'aucun terme ne sera infiniment grand, ou petit, par rapport à son antécédent, ou à son conséquent. Il est visible que cette progression est la progression $\div\!\div$ 1. $\infty^{\frac{1}{\infty}}$. $\infty^{\frac{2}{\infty}}$, &c. $\infty^{\frac{\infty}{\infty}} = \infty$ de l'art. 310, correspondante à la Suite naturelle, mais dont chaque terme est divisé par ∞, ensorte que chaque terme de cette nouvelle progression est la partie infinitiéme de son correspondant dans la premiére. Or la partie infinitiéme d'un nombre fini est un $\frac{1}{\infty}$,

& la partie infinitiéme d'un infini est un nombre fini, & d'un autre côté la premiére progression a un nombre infini de termes finis, & un nombre seulement fini d'infinis (310), donc la nouvelle a une infinité de termes infiniment petits, & un nombre seulement fini de finis. En effet puisque $\infty^{\frac{1}{\infty}}$ est fini, $\frac{\infty^{\frac{1}{\infty}}}{\infty}$ est un $\frac{1}{\infty}$, de même $\frac{\infty^{\frac{2}{\infty}}}{\infty}$, &c.

353. Si l'on prend la somme de cette progression, où $a = \frac{1}{\infty}$, $m = \infty^{\frac{1}{\infty}}$, $n = \infty$, on a $\frac{\frac{1}{\infty} \times \infty^{\frac{\infty}{\infty}} - \frac{1}{\infty}}{\infty^{\frac{1}{\infty}} - 1} = \frac{\frac{\infty}{\infty} - \frac{1}{\infty}}{\infty^{\frac{1}{\infty}} - 1} = \frac{1 - \frac{1}{\infty}}{\infty^{\frac{1}{\infty}} - 1} = \frac{1}{\infty^{\frac{1}{\infty}} - 1} = 1 \times x$ (312) grandeur finie, ce qui fait voir qu'il n'y a dans la progression qu'un nombre fini de termes finis.

354. Les differences de cette progression étant aussi en progression, & en même progression, il y en a une infinité d'infiniment petites, & un nombre fini de finies. Et en effet leur somme est $1 - \frac{1}{\infty} = 1$.

355. En general de ce que les differences des termes d'une progression geometrique sont en même progression, il suit que les differences sont d'autant d'ordres differents que les termes, & en nombre pareillement fini ou infini dans chaque ordre. Car la progression des differences a le même multiplicateur perpetuel que la progression primitive (68), & c'est uniquement de la grandeur de ce multiplicateur que dépend celle des pas d'une progression, ou, ce qui est le même, c'est en vertu de la grandeur de ce multiplicateur qu'elle s'éleve à des ordres superieurs à ceux de son origine, & y séjourne plus ou moins, d'où il suit que dans la progression primitive & dans celle des differences tout sera le même à cet égard.

Cela n'emporte pas que dans la progression primitive & dans celle des differences, les ordres differents soient les mêmes dans chacune, car les differences peuvent êtr ed'un ordre inferieur aux termes de la progression primitive, par exemple infiniment petites, les termes étant finis; mais il y aura autant d'ordres differents dans une progression que dans l'autre, & les mêmes séjours, & s'il n'y a qu'un ordre dans la primitive, il n'y en aura qu'un, mais inferieur dans celle des differences. Ainsi dans la progression des puissances de $2^{\frac{1}{\infty}}$, qui est $\div 2^{\frac{0}{\infty}} = 1.\ 2^{\frac{1}{\infty}}.\ 2^{\frac{2}{\infty}}$, &c. $2^{\frac{\infty}{\infty}} = 2$, & qui n'a que des termes finis, la progression des differences n'a que des termes de l'ordre de $\frac{1}{\infty}$.

356. De-là même suit encore ce qu'on a dit tant de fois, que $\infty^{\frac{1}{\infty}} - 1$ est une grandeur finie, car si elle n'étoit pas finie, elle seroit infiniment petite, or elle ne l'est pas. C'est la difference des deux 1ers termes de la $\div 1.\ \infty^{\frac{1}{\infty}}.\ \infty^{\frac{2}{\infty}}$, &c. ∞, qui n'a des termes que de l'ordre du Fini & de ∞. Donc la progression des differences n'a des termes que de deux ordres. Certainement elle en a à son extremité qui sont de l'ordre de ∞, car l'intervalle qui est entre 1 & ∞ est divisé le plus inégalement qu'il se puisse (72), donc elle n'a des termes que de l'ordre de ∞ & de celui du Fini. Donc $\infty^{\frac{1}{\infty}}$ moins son 1er terme 1, ou $\infty^{\frac{1}{\infty}} - 1$, n'est pas un Infiniment petit, mais une grandeur finie.

357. Mais je dis en même temps que cette grandeur finie, qui est une fraction, est si petite, qu'élevée au quarré, elle devient infiniment petite, c'est-à-dire, que $1 - 2\infty^{\frac{1}{\infty}} + \infty^{\frac{2}{\infty}} = \frac{1}{\infty}$, ou, ce qui est le même, $2\infty^{\frac{1}{\infty}} - \infty^{\frac{2}{\infty}} = 1 - \frac{1}{\infty}$.

$2\infty^{\frac{1}{\infty}} - \infty^{\frac{2}{\infty}}$ est la difference du double de $\infty^{\frac{1}{\infty}}$ à son quarré, or tout nombre compris entre 1 & 2, comme

$\infty^{\frac{1}{\infty}}$, est tel que son double est plus grand que son quarré, cette difference allant toûjours en décroissant jusqu'à 2, qui a son double & son quarré égaux.

Soit en general ce nombre moyen entre 1 & 2, $1+\frac{1}{x}$, la difference de son double & de son quarré est $1-\frac{1}{xx}$. Or si on détermine $1+\frac{1}{x}$ a être $\infty^{\frac{1}{\infty}}$, la difference $1-\frac{1}{xx}$ devient $1-\frac{1}{\infty}$, ce que je prouve ainsi.

$\infty^{\frac{1}{\infty}}$ est tel, qu'élevé à la puissance ∞, il est $=\infty$, donc aussi $1+\frac{1}{x}$ ou $\frac{x+1}{x}$. Donc $\frac{\overline{x+1}^{\infty}}{x^{\infty}}=\infty$. Pour cela il faut necessairement que $\overline{x+1}^{\infty}$ ne soit que d'un ordre au dessus de x^{∞}. Mais tant que dans $1+\frac{1}{x}$, x sera un Fini déterminable, $\overline{x+1}^{\infty}$ sera d'une infinité d'ordres au dessus de x^{∞}, & au contraire si x étoit $=\infty$, $\overline{x+1}^{\infty}$ & x^{∞} seroient du même ordre (241 & 242), ce qui approche infiniment plus de ce qu'il faudroit. Donc afin que $\overline{x+1}^{\infty}$ & x^{∞} ne different que d'un ordre précisément, il faut que x soit le plus grand Fini indéterminable possible. Or les plus grands Finis de cette espece sont ceux qui dès l'élevation au quarré deviennent infinis. Donc tel est x dans $1+\frac{1}{x}=\infty^{\frac{1}{\infty}}$. Donc la difference $1-\frac{1}{xx}=1-\frac{1}{\infty}$. Donc, &c.

358. Donc il y a des grandeurs finies *indéterminables en petitesse*, comme il y en a de finies indéterminables en grandeur, c'est-à-dire, que comme celles-ci élevées à une puissance finie montent d'ordre, les autres baissent, & la seule analogie d'opposition auroit suffi pour le faire conjecturer.

359. Il suit & de cette analogie & de la nature même de la chose, que le Fini indéterminable en petitesse, étant multiplié par l'Infini, peut demeurer Fini, comme le Fini

indéterminable en grandeur, multiplié par le Fini, devient Infini, pourvû que le Fini qui le multiplie soit d'une certaine grandeur. En effet le Fini indéterminable en petitesse étant moyen entre 1 & $\frac{1}{\infty}$, & $\frac{1}{\infty}\times\infty$ n'étant que 1, le Fini indéterminable en petitesse, multiplié par ∞, peut bien n'être qu'un nombre Fini plus grand que 1.

360. Quand on a pris $\infty^{\frac{1}{\infty}} - 1 = \frac{1}{x}$, cet x est visiblement le même que celui qui entre dans $1 + \frac{1}{x} = \infty^{\frac{1}{\infty}}$ (357). Donc dans la somme de la $\div$ 1. $\infty^{\frac{1}{\infty}}$. $\infty^{\frac{2}{\infty}}$, &c. ∞, qui est $x\infty$ (313), x est un Fini indéterminable en grandeur, & la somme est plus grande dans l'ordre de ∞ que si x étoit un nombre Fini déterminable quelconque, mais elle ne va pas jusqu'à être de l'ordre de ∞^2. Il faudroit pour cela qu'elle fût $x^2\infty$.

Consideration de toutes les Suites A, A^n, &c. changées en $\frac{1}{A}$, $\frac{1}{A^n}$ &c.

361. Quand on a une Suite quelconque composée de nombres entiers, les uns finis, les autres infinis, on la peut changer en une suite de fractions, dont les dénominateurs seront tous les termes de la Suite des entiers, & 1 le numerateur perpetuel & constant, & alors tous les termes qui dans la 1re Suite étoient finis, demeureront finis dans la 2de, & ceux qui dans la 1re étoient infinis, deviendront infiniment petits dans la 2de. Ce sera encore la même chose, si tous les numerateurs sont inégaux, mais finis. On en a déja vû un exemple dans l'art. 336. Donc en réduisant toutes les Suites de la Section précédente en fractions qui ayent toûjours pour numerateur 1, ou un nombre fini quelconque, ou enfin toûjours des nombres finis differents pour differentes Suites, ou differents pour une même, on sçaura tout d'un coup si ces nouvelles Suites auront un nombre fini ou infini de termes finis ou infiniment petits, & par conséquent si leurs sommes seront finies ou infinies, puisqu'on sçait si les Suites primitives ont un nombre fini ou infini de termes finis ou infinis.

362. Donc si la Suite naturelle *A* devient $\frac{1}{A}$, c'est-à-dire,

$\frac{1}{1}, \frac{1}{2}, \frac{1}{3}$, &c. $\frac{1}{\infty}$, la ſomme en eſt infinie, car A a un nombre infini de termes finis qui demeurent Finis dans $\frac{1}{A}$. De plus les Infinis de A, qui ſont en nombre infini, & plus grand que celui des Finis, deviennent dans $\frac{1}{A}$ des infiniment petits en nombre infini, dont la ſomme eſt finie, & par conſéquent ſe joint aux termes finis de $\frac{1}{A}$, & eſt utile à la ſomme totale. Cette ſomme totale infinie eſt beaucoup moindre que ∞, ſomme des Unités, puiſque chaque terme fini de $\frac{1}{A}$ eſt moindre, & toûjours moindre que 1, & que $\frac{1}{A}$ a une infinité d'infiniment petits.

363. Puiſque A^2 n'a qu'un nombre fini de termes finis, & tous les autres infinis (210), la Suite $\frac{1}{A^2}$ ou $\frac{1}{1}, \frac{1}{4}, \frac{1}{9}$, &c. $\frac{1}{\infty^2}$, ne peut avoir qu'une ſomme finie.

Il eſt démontré ſelon d'autres methodes que $\frac{1}{A}$ a une ſomme infinie, & $\frac{1}{A^2}$ une ſomme finie, d'où il ſuit neceſſairement qu'une infinité de termes qui étoient finis dans $\frac{1}{A}$ ont ceſſé de l'être dans $\frac{1}{A^2}$, & y ſont devenus infiniment petits, c'eſt-à-dire, qu'une infinité de $\frac{1}{x}$ finis ſont devenus infiniment petits, étant $\frac{1}{x^2}$, ou que x fini eſt devenu infini, étant x^2, ce qui prouve invinciblement *a poſteriori* tout le Paradoxe des Finis indéterminables. Car ſi on prétend que tous les Finis de A ſont demeurés finis dans A^2, donc il y a une infinité de termes finis dans $\frac{1}{A^2}$, auſſi-bien que dans $\frac{1}{A}$, donc elles ont toutes deux une ſomme infinie, quoi-que celle de $\frac{1}{A^2}$ ſoit la moindre. Donc le contraire d'une verité conſtante & reçûë ſeroit démontré.

364. Puiſque A^2 a un nombre infini tant de ∞ que de ∞^2 (210), $\frac{1}{A^2}$ a un nombre infini tant de $\frac{1}{\infty}$ que de $\frac{1}{\infty^2}$, & par conſéquent tous ſes infiniment petits ſont utiles à ſa ſomme.

365. Il eſt aiſé de voir que toutes les $\frac{1}{A^n}$, n étant > 1,

n'auront que des sommes finies, & toûjours décroissantes jusqu'à celle de $\frac{1}{A^{\infty}}$, qui est la Suite $\frac{1}{1^{\infty}}$, $\frac{1}{2^{\infty}}$, $\frac{1}{3^{\infty}}$, &c. $\frac{1}{\infty^{\infty}}$, dont la somme n'est que le 1er terme $\frac{1}{1^{\infty}} = 1$, puisque 2^{∞} étant infiniment grand par rapport à 1, & infiniment petit par rapport à 3^{∞}, & 3^{∞} infiniment petit par rapport à 4^{∞}, &c. (239 & 240), $\frac{1}{2^{\infty}}$ disparoît devant 1, $\frac{1}{3^{\infty}}$ devant $\frac{1}{2^{\infty}}$, &c.

Un plus grand détail de ce qui regarde les Suites moyennes entre $\frac{1}{A^{2}}$ & $\frac{1}{A^{\infty}}$ se presentera de soi-même.

366. Toutes les Suites $A^{\frac{1}{n}}$ depuis $A^{\frac{1}{1}} = A$, ou depuis $A^{\frac{1}{2}}$ jusqu'à $A^{\frac{1}{\infty}}$, ayant une infinité croissante de termes finis (250, 254, 259, 260), les Suites $\frac{1}{A^{\frac{1}{n}}}$ qui sont $\frac{1}{1^{\frac{1}{2}}}$, $\frac{1}{2^{\frac{1}{2}}}$, $\frac{1}{3^{\frac{1}{2}}}$, &c. $\frac{1}{\infty^{\frac{1}{2}}}$, ou $\frac{1}{1^{\frac{1}{3}}}$, $\frac{1}{2^{\frac{1}{3}}}$, $\frac{1}{3^{\frac{1}{3}}}$, &c. $\frac{1}{\infty^{\frac{1}{3}}}$, ou $\frac{1}{1^{\frac{1}{4}}}$, $\frac{1}{2^{\frac{1}{4}}}$, $\frac{1}{3^{\frac{1}{4}}}$, &c. $\frac{1}{\infty^{\frac{1}{4}}}$, &c. ont des sommes infinies, & comme les termes de $\frac{1}{A^{\frac{1}{3}}}$ sont plus grands que leurs correspondants dans $\frac{1}{A^{\frac{1}{2}}}$, ceux de $\frac{1}{A^{\frac{1}{4}}}$ plus grands que leurs correspondants dans $\frac{1}{A^{\frac{1}{3}}}$, &c. ces sommes infinies des $\frac{1}{A^{\frac{1}{n}}}$ sont croissantes, tant parce que le nombre de leurs termes finis est toûjours plus grand, que parce que leurs termes sont toûjours plus grands. La premiére de ces Suites, qui est $\frac{1}{A^{\frac{1}{1}}} = \frac{1}{A}$, $\frac{1}{1}$, $\frac{1}{2}$, $\frac{1}{3}$, &c. $\frac{1}{\infty}$, a une somme infinie beaucoup moindre que ∞ (362).

(362). La derniére Suite $\frac{1}{A^{\frac{1}{\infty}}}$ est $= A^{\frac{1}{\infty}}$, parce que tous les termes des $A^{\frac{1}{\infty}}$ sont $= 1$, horsmis le dernier (267), & la somme de $A^{\frac{1}{\infty}}$ est $= \infty$ (267). Donc toutes les sommes infinies croissantes des $\frac{1}{A^{\frac{1}{n}}}$ sont comprises entre un Infini beaucoup moindre que ∞, & ∞.

367. Puisque toutes les $A^{\frac{n-1}{n}}$, dont la premiére est $A^{\frac{1}{2}}$, & la derniére A (271), ont un nombre infini décroissant de termes finis (273), les $\frac{1}{A^{\frac{n-1}{n}}}$ qui sont $\frac{1}{1^{\frac{1}{2}}}$, $\frac{1}{2^{\frac{1}{2}}}$, $\frac{1}{3^{\frac{1}{2}}}$, &c. $\frac{1}{\infty^{\frac{1}{2}}}$, ou $\frac{1}{1^{\frac{2}{3}}}$, $\frac{1}{2^{\frac{2}{3}}}$, $\frac{1}{3^{\frac{2}{3}}}$, &c. $\frac{1}{\infty^{\frac{2}{3}}}$, ou $\frac{1}{1^{\frac{3}{4}}}$, $\frac{1}{2^{\frac{3}{4}}}$, $\frac{1}{3^{\frac{3}{4}}}$, &c. $\frac{1}{\infty^{\frac{3}{4}}}$, &c. auront des sommes infinies, mais décroissantes, tant parce que le nombre de leurs termes finis est décroissant, que parce que les termes de $\frac{1}{A^{\frac{2}{3}}}$ sont plus petits que leurs correspondants dans $\frac{1}{A^{\frac{1}{2}}}$; ceux de $\frac{1}{A^{\frac{3}{4}}}$ plus petits que leurs correspondants dans $\frac{1}{A^{\frac{2}{3}}}$, &c. La premiére de ces Suites, qui est $\frac{1}{A^{\frac{1}{2}}}$, a une somme plus grande que celle de $\frac{1}{A}$ (366), & la derniére, qui est $\frac{1}{A}$, a une somme beaucoup moindre que ∞. Donc le nombre infini des sommes infinies décroissantes des $\frac{1}{A^{\frac{n-1}{n}}}$ est compris entre deux Infinis moindres que ∞.

368. Puiſque les $A^{\frac{n}{n-1}}$, dont la premiére eſt $A^{\frac{2}{1}} = A^2$, & la derniére A, n'ont, tant que n eſt fini déterminable, qu'un nombre fini de termes finis, mais croiſſant (281), toutes les $\frac{1}{A^{\frac{n}{n-1}}}$ où n ſera Fini déterminable, qui ſont $\frac{1}{1^{\frac{3}{2}}}$, $\frac{1}{2^{\frac{3}{2}}}$, $\frac{1}{3^{\frac{3}{2}}}$, &c. $\frac{1}{\infty^{\frac{3}{2}}}$, ou $\frac{1}{1^{\frac{4}{3}}}$, $\frac{1}{2^{\frac{4}{3}}}$, $\frac{1}{3^{\frac{4}{3}}}$, &c. $\frac{1}{\infty^{\frac{4}{3}}}$, ou $\frac{1}{1^{\frac{5}{4}}}$, $\frac{1}{2^{\frac{5}{4}}}$, $\frac{1}{3^{\frac{5}{4}}}$, &c. $\frac{1}{\infty^{\frac{5}{4}}}$, &c. auront des ſommes finies, mais croiſſantes, tant parce que le nombre des termes finis eſt croiſſant, que parce que les termes de $\frac{1}{A^{\frac{4}{3}}}$ ſont plus grands que leurs correſpondants dans $\frac{1}{A^{\frac{3}{2}}}$, & ainſi de ſuite. Et comme $\frac{1}{A^2}$ n'a qu'une ſomme finie (363), & que $\frac{1}{A}$ en a une infinie beaucoup moindre que ∞, toutes les ſommes des $\frac{1}{A^{\frac{n}{n-1}}}$ moyennes ſeront compriſes entre ces deux termes.

369. On trouvera de même que $\frac{1}{A^A}$ (282) qui eſt $\frac{1}{1^1}$, $\frac{1}{2^2}$, $\frac{1}{3^3}$, &c. $\frac{1}{\infty^\infty}$, n'a qu'une ſomme finie.

370. Selon l'art. 296, les $\frac{1}{A^{\frac{A}{n}}}$, qui ſont $\frac{1}{1^{\frac{1}{2}}}$, $\frac{1}{2^{\frac{2}{2}}}$, $\frac{1}{3^{\frac{3}{2}}}$, &c. $\frac{1}{\infty^{\frac{\infty}{2}}}$, ou $\frac{1}{1^{\frac{1}{3}}}$, $\frac{1}{2^{\frac{2}{3}}}$, $\frac{1}{3^{\frac{3}{3}}}$, &c. $\frac{1}{\infty^{\frac{\infty}{3}}}$, ou $\frac{1}{1^{\frac{1}{4}}}$, $\frac{1}{2^{\frac{2}{4}}}$, $\frac{1}{3^{\frac{3}{4}}}$, &c. $\frac{1}{\infty^{\frac{\infty}{4}}}$, &c. auront des ſommes finies, tant que n ſera fini. Et comme la premiére de ces Suites, qui eſt $\frac{1}{A^{\frac{A}{1}}} = \frac{1}{A^A}$, n'a qu'une ſomme finie (369), & que la

derniére, qui est $\frac{1}{A^{\frac{a}{\infty}}}$, a une somme infinie, puisque $A^{\frac{a}{\infty}}$ a une infinité de termes finis (293), toutes les sommes des $\frac{1}{A^{\frac{a}{n}}}$ seront croissantes depuis le Fini jusqu'à un Infini, & cet Infini sera moindre que ∞, puisque les termes de $\frac{1}{A^{\frac{a}{\infty}}}$ sont pour la plus grande partie moindres que des Unités, & que cette Suite a des Infiniment petits.

371. Selon l'art. 284, $\frac{1}{A^{\frac{1}{a}}}$, qui est $\frac{1}{1^{\frac{1}{1}}}$, $\frac{1}{2^{\frac{1}{2}}}$, $\frac{1}{3^{\frac{1}{3}}}$, &c. $\frac{1}{\infty^{\frac{1}{\infty}}}$ aura une somme infinie, mais moindre que celle des Unités, puisque tous ses termes sont des fractions moindres que 1. $\frac{1}{A^{\frac{\infty}{a}}}$, qui est selon l'art. 301, $\frac{1}{1^{\frac{\infty}{1}}}$, $\frac{1}{2^{\frac{\infty}{2}}}$, $\frac{1}{3^{\frac{\infty}{3}}}$, &c. $\frac{1}{\infty}$, n'aura qu'une somme finie, qui sera d'abord formée du 1er terme $\frac{1}{1^{\frac{\infty}{1}}} = 1$, devant lequel disparoîtront les termes suivants, qui sont des infiniment petits d'ordres differents. Mais comme cette Suite au contraire de sa generatrice $A^{\frac{\infty}{a}}$ est croissante depuis son 3me terme, elle aura à son extremité ses plus grands infiniment petits, & comme elle en peut avoir au moins dans son dernier ordre un nombre infini (309), ils feront en ce cas une somme finie qui s'ajoûtera à 1 pour faire la somme totale, qui ne sera formée que de termes pris aux deux extremités de la Suite. Que si elle n'a pas dans son dernier ordre un nombre infini d'Infiniment petits, toute sa somme ne sera que 1. Donc les $\frac{1}{A^{\frac{n}{a}}}$, moyennes entre $\frac{1}{A^{\frac{1}{a}}}$ & $\frac{1}{A^{\frac{\infty}{a}}}$, auront des sommes décroissantes depuis un Infini

moindre que ∞, jusqu'à un très petit nombre fini. Ces sommes seront infinies, tant que n aura des valeurs finies, & même quand il aura un certain nombre infini de valeurs infinies (306).

372. Puisque 2 n'a qu'un nombre fini de puissances finies (228), & à plus forte raison tous les autres nombres plus grands que 2, la Suite des puissances d'un nombre n fini étant réduite en fractions, qui sera $\frac{1}{n}$, $\frac{1}{n^2}$, $\frac{1}{n^3}$, &c. $\frac{1}{n^\infty}$, n'aura qu'une somme finie, & d'autant moindre que n sera plus grand. Et en effet cette Suite étant une progression geometrique, on trouvera aisément que la somme en est $\frac{1}{n-1}$. Si, par exemple, $n = 2$, la somme de la Suite infinie des puissances de $\frac{1}{2}$, à commencer par $\frac{1}{2}$, est 1, celle des puissances de $\frac{1}{3}$ est $\frac{1}{2}$, celle des puissances de $\frac{1}{4}$ est $\frac{1}{3}$, &c. & même celle des puissances de $\frac{1}{\infty}$ est $\frac{1}{\infty - 1} = \frac{1}{\infty}$, car toute la somme se réduit au 1er terme de la Suite.

373. Quand un nombre infini de Suites ont toutes leurs sommes comprises dans le même ordre, il faut, ou que les differences de ces sommes soient toutes de l'ordre inferieur, ou qu'il y ait un nombre fini de ces differences qui soient de l'ordre supposé, & un nombre infini de l'ordre inferieur. Dans le 1er cas, les sommes de deux Suites consécutives, ou qui ne sont qu'à une distance finie l'une de l'autre, sont égales, ou infiniment peu inégales; dans le 2d, il y en a un nombre fini d'inégales, & un nombre infini d'égales, ou du moins d'infiniment peu inégales, & elles tendoient toutes à l'égalité. De-là il suit que si de ce nombre infini de Suites on voit que les premiéres ayent des sommes inégales, elles sont toutes dans le 2d cas, & leurs sommes tendent à l'égalité, & en approchent d'autant plus que les Suites sont plus avancées dans leur cours. Donc les sommes des Suites $\frac{1}{A^n}$ étant toutes comprises dans l'ordre du Fini, dès que $n = 2$ (365), & les premiéres de ces sommes étant manifestement inégales, elles

tendent toutes à l'égalité, c'est-à-dire, que par ex. la somme de $\frac{1}{A^4}$ approche plus d'être égale à celle de $\frac{1}{A^3}$, que celle de $\frac{1}{A^3}$ n'approche d'être égale à celle de $\frac{1}{A^2}$. De même les sommes des $\frac{1}{A^{\frac{1}{n}}}$ de l'art. 366, & plusieurs autres qu'il sera aisé de voir, tendront à l'égalité.

Consideration de la Suite $\frac{1}{G}$ correspondante à $\frac{1}{A}$.

374. Si l'on réduit en fractions la progression geometrique G, correspondante à A, ce qui donne $\frac{1}{G} \div\!\div 1 = \frac{1}{\infty^{\frac{0}{\infty}}} \cdot \frac{1}{\infty^{\frac{1}{\infty}}} \cdot \frac{1}{\infty^{\frac{2}{\infty}}}$, &c. $\frac{1}{\infty^{\frac{\infty}{\infty}}} = \frac{1}{\infty}$, la somme en est infinie, puisque G a une infinité de termes Finis, & un nombre seulement fini d'Infinis. Mais cette somme est moindre & beaucoup moindre que ∞, puisque $\frac{1}{G}$ n'a que des termes moindres que 1, excepté le 1er, & toûjours décroissants, & qu'elle a des Infiniment petits, & d'ailleurs la même somme est plus grande que celle de $\frac{1}{A}$ qui est infinie (362), puisque les termes de A étant tous plus grands que ceux de G, excepté les deux extrêmes, les termes de $\frac{1}{G}$ sont plus grands que ceux de $\frac{1}{A}$.

Differentes divisions finies ou infinies de la grandeur finie.

375. La grandeur est susceptible de diminution à l'infini. Donc quelque partie que je retranche de a, je puis encore retrancher une partie du reste, & encore une partie de ce 2d reste, & je trouverai toûjours à retrancher, pourvû que je ne retranche aucun reste entier; or je n'y serai jamais obligé, puisqu'un reste quelconque sera toûjours une grandeur. Donc la grandeur est divisible à l'infini, ou en une infinité de parties. On a déja vû dans cet Ouvrage quantité de choses qui prouvent necessairement cette divisibilité à l'infini, ou qui s'y accordent.

376. La grandeur n'est divisible qu'en parties qu'elle a réellement. Un Pied, par exemple, n'est divisible en 12 pouces.

que parce qu'il les a. Donc la grandeur a réellement une infinité de parties.

377. Puisqu'elle les a réellement, cette infinité de parties conçûës comme faisant une Suite infinie de grandeurs, ne feront toutes ensemble que a, qui est le Tout quelconque supposé, ou, ce qui est le même, cette Suite infinie aura une somme $= a$. Il ne reste plus qu'à voir quelle doit être cette Suite infinie, ou dans quel ordre ses grandeurs doivent être disposées.

378. Il est clair, 1°. Que la Suite doit être toûjours décroissante. 2°. Qu'il faut qu'il n'y ait aucun de ses termes qui ne soit une partie de a. 3°. Qu'il faut que chacun en soit une partie differente de toute autre. Or je remplis ces trois conditions, si ayant pris d'abord $\frac{1}{2}$ de a, ce qui donne pour 1er reste $\frac{1}{2}a$, je prends $\frac{1}{2}$ de ce 1er reste, ensuite $\frac{1}{2}$ du 2d, $\frac{1}{2}$ du 3me, &c. à l'infini, car par ce moyen il n'y a rien dans a qui ne devienne à son tour $\frac{1}{2}$, & une moitié differente de toute autre ; d'ailleurs je prends toûjours tout ce qui est moitié, & toutes ces moitiés sont décroissantes. Ce sera le même raisonnement si je prends d'abord $\frac{1}{3}$, $\frac{1}{4}$, &c. enfin une partie quelconque de a, & qu'ensuite je prenne sur tous les restes à l'infini une partie du même nom, c'est-à-dire, toûjours $\frac{1}{3}$, ou toûjours $\frac{1}{4}$, &c.

379. Donc a est composé d'une infinité, ou de moitiés, ou de tiers, &c. enfin de parties de même nom inégales & décroissantes, au lieu que si on prend ces parties de même nom égales, a n'en a qu'un nombre fini.

380. Si ayant pris d'abord, par ex. $\frac{1}{2}a$, je prends ensuite $\frac{1}{3}$ du 1er reste, $\frac{1}{4}$ du 2d, $\frac{1}{5}$ du 3me, &c. il est clair que je prendrai moins que les moitiés de tous les restes, & par conséquent quoi-que je prenne un nombre infini de parties de a, je n'aurai pas pris a entier, parce que je n'aurai pas pris tout ce qui étoit dans a, mais seulement des parties moindres que celles qu'il pouvoit me fournir. En un mot, les divisions infinies ne seront pas tombées sur a entier, mais seulement sur une certaine portion de a, divisible aussi à l'infini, & n'auront pas touché à l'autre portion.

381. Il semble qu'il y ait au contraire une maniére de faire sur a une infinité de divisions qui prennent plus que a. Telle est la Suite infinie $\frac{1}{2}a$, $\frac{1}{3}a$, $\frac{1}{4}a$, $\frac{1}{5}a$, &c. où dès qu'on a pris $\frac{1}{2}a$, $\frac{1}{3}a$, $\frac{1}{4}a$, on a $\frac{13}{12}a$ plus grand que a. Mais ce n'est pas là faire sur a une infinité de divisions, ou prendre une infinité de parties de a, puisqu'avant la fin de la 3me division, a est déja épuisé. C'est seulement concevoir differentes grandeurs décroissantes rapportées à a, dont la 1re est $=\frac{1}{2}a$, la 2de $=\frac{1}{3}a$, la 3me $=\frac{1}{4}a$, &c. Et quoi-que chacune en particulier puisse être considerée comme partie de a, toutes prises ensemble n'en sont pas parties.

382. Si après avoir pris d'abord $\frac{1}{10}a$, par ex. je prends une partie du 1er reste qui soit d'une plus grande dénomination que $\frac{1}{10}$, comme $\frac{1}{9}$, ensuite $\frac{1}{8}$ du 2d reste, &c. Il est bien vrai que je ne prendrai que de veritables parties de a, & differentes les unes des autres, mais je ne les prendrai qu'en nombre fini, & égales, & dans cet exemple ce seront dix 10mes parties.

383. Donc en prenant toûjours sur a des parties d'une même dénomination, on en prend une infinité d'inégales & de décroissantes, & on prend a entier (378). Si on prend des parties d'une dénomination toûjours moindre, on en prend une infinité d'inégales & de décroissantes, mais on prend moins que a (379). Si on prend des parties d'une dénomination toûjours plus grande, on prend a entier, mais on ne prend qu'un nombre fini de parties égales (382).

384. Donc il n'y a que deux maniéres de faire une infinité de divisions sur a. La 1re prend tout ce qui est dans a, & la 2de ne prend pas tout.

Division de la grandeur finie en une infinité de parties qui sont en progression geometrique.

385. Selon la 1re maniére, il faut donc prendre un nombre constant b, plus grand que a, qui sera le diviseur perpetuel de a, & de tous ses restes, & on aura une Suite infinie, dont la somme sera $=a$. $\frac{a}{b}$ sera le 1er terme de cette Suite. $\frac{a}{b}$ étant ôté de a, le 1er reste sera $a-\frac{a}{b}=\frac{ab-a}{b}$, & ce

reste divisé par b, sera $\frac{ab-a}{b^2}$, 2^d terme. $\frac{a}{b}$ & $\frac{ab-a}{b^2}$ étant encore ôtés de a, le 2^d reste sera $a-\frac{a}{b}-\frac{ab-a}{b^2}=\frac{ab^2-2ab+a}{b^2}$, & ce reste divisé par b, sera $\frac{ab^2-2ab+a}{b^3}$, 3me terme.

Or le 2^d terme $\frac{ab-a}{b^2}=\frac{\overline{b-1}\times a}{b^2}$. Le 3me $\frac{ab^2-2ab+a}{b^3}=\frac{\overline{b-1}^2\times a}{b^3}$. On trouvera de même que le 4me terme sera $\frac{\overline{b-1}^3\times a}{b^4}$, & ainsi de suite, desorte qu'on aura la Suite infinie décroissante $\frac{a}{b}$. $\frac{\overline{b-1}\times a}{b^2}$. $\frac{\overline{b-1}^2\times a}{b^3}$. $\frac{\overline{b-1}^3\times a}{b^4}$, &c. jusqu'à $\frac{\overline{b-1}^{\infty-1}\times a}{b^\infty}=\frac{\overline{b-1}^\infty\times a}{b^\infty}$.

386. On voit d'abord que cette Suite est une progression geometrique dont $\frac{a}{b}$ est le 1er terme, & le multiplicateur perpetuel ou m est $\frac{b-1}{b}$.

387. Si, pour avoir la somme de cette progression, on y applique la Formule $\frac{am^n-a}{m-1}$, on trouvera que a de la Formule étant ici $=\frac{a}{b}$, $m=\frac{b-1}{b}$, & $n=\infty$, am^n devient $\frac{a}{b}\times\frac{\overline{b-1}^\infty}{b^\infty}$; or $\overline{b-1}^\infty$ étant infiniment petit par rapport à b^∞ (241), $\frac{a}{b}\times\frac{\overline{b-1}^\infty}{b^\infty}$ est une grandeur infiniment petite, qui par conséquent dans le numerateur de la Formule am^n-a disparoît devant $-a=-\frac{a}{b}$. Donc il ne reste que $-\frac{a}{b}$ divisé par $m-1$, c'est-à-dire $-\frac{a}{b}$ divisé par

par $\frac{b-1-b}{b}$ ou $-\frac{a}{b}$ divisé par $\frac{-1}{b}$, ce qui est $\frac{ab}{b} = a$, somme de la progression, comme on avoit trouvé par le seul raisonnement que cela devoit être.

388. Il n'y a point de grandeur qui ne puisse être exprimée par une infinité de differentes progressions geometriques décroissantes, car la valeur de a ayant été déterminée, on peut donner à b une infinité de valeurs differentes, pourvû que b soit plus grand que a (385).

Par exemple, si $a = 2$, & $b = 3$, on aura

$\because \frac{2}{3} \cdot \frac{2 \times 2}{9} \cdot \frac{4 \times 2}{27} \cdot \frac{8 \times 2}{81}$, &c. $= 2$.

ou $\because \frac{2}{3} \cdot \frac{4}{9} \cdot \frac{8}{27} \cdot \frac{16}{81}$, &c. $= 2$.

Si $b = 4$, a étant toûjours $= 2$, on aura

$\because \frac{2}{4} \cdot \frac{3 \times 2}{16} \cdot \frac{9 \times 2}{64} \cdot \frac{27 \times 2}{256}$, &c. $= 2$.

ou $\because \frac{2}{4} \cdot \frac{6}{16} \cdot \frac{18}{64} \cdot \frac{54}{256}$, &c. $= 2$.

ou $\because \frac{1}{2} \cdot \frac{3}{8} \cdot \frac{9}{32} \cdot \frac{27}{128}$, &c. $= 2$.

D'où l'on voit que b étant successivement $= 5$, $= 6$, &c. il y aura une infinité de progressions geometriques décroissantes dont la somme sera $= 2$.

389. Si $a = 1$, tous les termes qui suivent le 1er $\frac{a}{b} = \frac{1}{b}$ ne sont plus que $\frac{\overline{b-1}^{\,n}}{b^{n+1}}$, n étant successivement 1, 2, 3, &c.

Par exemple, si $b = 2$, on a

$\because \frac{1}{2}, \frac{1}{4}, \frac{1}{8}, \frac{1}{16}$, &c. $\frac{1}{2^{\infty}} = 1$.

Si $b = 3$, on a

$\because \frac{1}{3} \cdot \frac{2}{9} \cdot \frac{4}{27} \cdot \frac{8}{81}$, &c. $\frac{2^{\infty}}{3^{\infty}} = 1$.

Si $b = 4$, on a

$\because \frac{1}{4} \cdot \frac{3}{16} \cdot \frac{9}{64} \cdot \frac{27}{256}$, &c. $\frac{3^{\infty}}{4^{\infty}} = 1$.

S

390. Les progressions, qui seroient les puissances consécutives à l'infini d'une fraction quelconque $\frac{1}{n}$, n'appartiennent point à cette Theorie, si ce n'est quand $n=2$, car hors de-là ce ne sont point des Suites qui prennent toutes les parties de 1 selon l'art. 378, mais elles prennent moins selon l'art. 379. Aussi a-t-on vû dans l'art. précédent, que si on a pris d'abord $\frac{1}{3}$ d'un Tout, il faut pour prendre le Tout, prendre ensuite $\frac{2}{9}$, $\frac{4}{27}$, &c. & non pas $\frac{1}{9}$, $\frac{1}{27}$, &c. ce qui seroit la Suite des puissances de $\frac{1}{3}$; que si on a pris d'abord $\frac{1}{4}$, il faut prendre ensuite $\frac{3}{16}$, $\frac{9}{64}$, &c. & non pas $\frac{1}{16}$, $\frac{1}{64}$. On sçait d'ailleurs par l'art. 372, que la somme des puissances à l'infini de $\frac{1}{n}$ est $=\frac{1}{n-1}$, or $\frac{1}{n-1}$ est toûjours une fraction, si ce n'est quand $n=2$, ce qui fait que la Suite des puissances de $\frac{1}{2}$, dont la somme est $=1$, entre dans la Theorie que nous traitons presentement, & non pas les autres.

391. Donc si on a les deux 1ers termes d'une progression geometrique infinie décroissante, dont les deux numerateurs ne soient pas tous deux 1, elle n'appartiendra qu'à la Theorie presente, & l'on verra aisément quelle en est la somme. Car c'est toûjours a, c'est-à-dire, le numerateur du 1er terme $\frac{a}{b}$. Mais comme la fraction $\frac{a}{b}$ peut avoir été réduite, & par conséquent les autres, ainsi qu'elles le sont dans le 2d exemple de l'art. 388, où $\frac{2}{4}$, $\frac{6}{16}$, &c. sont devenus $\frac{1}{2}$, $\frac{3}{8}$, &c. on n'auroit plus a, qui dans cet exemple est 2, & la somme de la progression, mais 1 paroîtroit être a, & la somme de la progression, & il ne l'est pas. C'est pour cela que la connoissance du 2d terme est necessaire aussi. Si le dénominateur du 2d terme est le quarré de celui du 1er, il n'y a point eu de réduction de fractions, & par conséquent le numerateur du 1er terme est a, qui n'a point été changé, & c'est la somme de la progression. Mais si le dénominateur du 2d terme n'est pas le quarré de celui du 1er, il y a eu une réduction, & il faut chercher a. Pour cela il faut voir quel est le plus petit nombre entier, qui étant coëfficient de ce dénominateur du

2^d terme, le rendroit le quarré du dénominateur du 1er, ce coëfficient multipliant aussi le numerateur du 2^d terme, & le numerateur & le dénominateur du 1er, ne changera rien à leur valeur, & les remettra tous deux tels qu'ils étoient avant la réduction.

Ainsi si on a pour les deux 1ers termes $\frac{2}{3}$ & $\frac{4}{9}$, on voit tout d'un coup que 2 est la somme de la progression.

Mais si on a $\frac{1}{4}$ & $\frac{3}{8}$, il faut, parce que 2 est le moindre coëfficient qui puisse rendre 8 quarré du dénominateur du 1er terme, qui sera alors 4, tout étant multiplié par 2, il faut, dis-je, changer les deux termes en $\frac{1\times 2}{2\times 2} = \frac{2}{4}$, & en $\frac{3\times 2}{2\times 8} = \frac{6}{16}$, & l'on voit que 2 est la somme.

De même si on a pour les deux 1ers termes $\frac{2}{3}$ & $\frac{10}{18}$, on voit qu'en multipliant tout par 2, on aura $\frac{4}{6}$ & $\frac{20}{36}$, & par conséquent 4 est la somme de la progression.

392. Puisque a étant $=1$, la progression est $\div\div \frac{1}{b} \cdot \frac{\overline{b-1}^1}{b^2} \cdot \frac{\overline{b-1}^2}{b^3}$, &c. (389), il suit que deux termes quelconques consécutifs étant pris dans la Suite naturelle, si on fait une Suite dont le 1er terme soit 1 divisé par le plus grand des deux, le 2^d, la 1re puissance du moindre divisée par la 2de du plus grand, le 3me terme, la 2de puissance du moindre divisée par la 3me du plus grand, & toûjours ainsi à l'infini, cette Suite est une progression geometrique, dont la somme est $=1$.

Ainsi $\frac{1}{14} \cdot \frac{13}{\overline{14}^2} \cdot \frac{\overline{13}^2}{\overline{14}^3}$, &c. $=1$.

393. Sans donner à a aucune autre valeur que 1, on peut avoir les expressions de chaque nombre entier ou rompu en progressions geometriques infinies, & l'expression de chaque nombre en une infinité de differentes progressions. Car pour avoir l'expression de 2, de 3, &c. il n'y a qu'à multiplier par 2, ou par 3, &c. tous les numerateurs d'une

progreſſion dont la ſomme ſoit $=1$, & de ces progreſſions il y en a une infinité (388 & 389). De même pour avoir l'expreſſion de $\frac{1}{2}$, $\frac{1}{3}$, &c. il n'y a qu'à multiplier par 2, ou par 3, &c. tous les dénominateurs d'une progreſſion dont la ſomme ſoit $=1$. Ainſi la progreſſion $\frac{1}{b} \cdot \frac{\overline{b-1}^{1}}{b^2} \cdot \frac{\overline{b-1}^{2}}{b^3}$, &c. ſuffit pour tout.

394. Toutes ces progreſſions ayant un nombre de termes $=\infty$, & une ſomme finie, elles n'ont donc qu'un nombre fini de termes finis, & un infini d'infiniment petits. Donc telle eſt la progreſſion $\frac{1}{2}$, $\frac{1}{4}$, $\frac{1}{8}$, &c. $\frac{1}{2^\infty}$. Or cette progreſſion eſt celle des puiſſances conſécutives de 2, que l'on a changées en fractions, en donnant à toutes 1 pour numerateur, ce qui a laiſſé fini tout ce qui étoit fini, & changé en infiniment petit tout ce qui étoit infiniment grand. Donc il n'y avoit qu'un nombre fini, mais indéterminable, de puiſſances de 2 qui fuſſent finies, & il y en avoit un nombre infini d'infinies. Et cela confirme par le calcul, & *a poſteriori*, ce qui avoit été conclu *a priori* dans l'art. 228.

395. Il y a dans la Suite naturelle un nombre infini de termes finis, qui ſont ſucceſſivement les expoſants de 2. Donc puiſque 2 n'a qu'un nombre fini de puiſſances finies, il devient infini lorſqu'il n'a encore pour expoſant qu'un nombre fini, mais indéterminable. Donc il eſt poſſible réciproquement qu'un nombre fini beaucoup plus grand que 2, mais indéterminable, devienne infini, lorſqu'il n'aura pour expoſant qu'un nombre fini déterminable, comme 2, ou 3, &c. & ce qu'on trouve ici poſſible par une ſuite du calcul, & *a poſteriori*, on a prouvé *a priori* dans les art. 197, 198, &c. qu'il exiſtoit.

396. Dans la progreſſion $\frac{1}{b} \cdot \frac{\overline{b-1}^{1}}{b^2}$, &c. plus b eſt grand, plus le 1er terme eſt petit, & en même temps moins les autres ſont décroiſſants. Car $\frac{b-1}{b}$ étant le multiplicateur

perpetuel de la progression, & une fraction plus petite que 1, & d'autant plus approchante de 1, que 1 est plus petit par rapport à b, ou b plus grand, cette fraction approche d'autant plus de ne point changer, non plus que 1, ce qu'elle multiplie, qu'elle approche plus de 1, ou que b est plus grand. Donc plus b est grand, plus les termes de la progression sont petits, & en même temps moins décroissants, ou moins inégaux entr'eux. Ainsi la progression $\frac{1}{14} \cdot \frac{13}{14^{2}}$, &c. de l'art. 392, est de toutes celles qu'on a vûës, celle dont les termes sont les plus petits & les moins décroissants. Réciproquement, &c.

397. Donc si $b = \infty$, les termes seront infiniment petits, & infiniment peu décroissants, ou égaux. Et en effet la Formule donne $\frac{1}{\infty} \cdot \frac{\infty - 1}{\infty^2} = \frac{\infty}{\infty^2} = \frac{1}{\infty} \cdot \frac{\infty^2}{\infty^3} = \frac{1}{\infty}$, &c. & la somme en est $= 1$, comme doit être celle d'une infinité d'Infiniment petits du 1er ordre égaux. Cette progression n'est plus progression, ou ne l'est que le moins qu'il se puisse (53), & cela vient de ce qu'elle est la derniére d'une infinité de progressions pareilles, dont les termes étoient toûjours d'autant moins décroissants, ou plus approchants d'être égaux entr'eux, que b étoit plus grand.

398. La progression generale $\frac{1}{b}$, $\frac{\overline{b-1}^{2}}{b^{2}}$, &c. aboutit toûjours à $\frac{\overline{b-1}^{\infty}}{b^{\infty}}$, c'est-à-dire, à la puissance infinie d'un nombre quelconque, divisée par la puissance infinie d'un nombre plus grand d'une unité. Or tant que b est fini, ces deux puissances different d'un nombre infini d'ordres, mais toûjours décroissant à mesure que b est plus grand (241). D'où il suit qu'à mesure que b est plus grand, chaque progression finit toûjours par un infiniment petit d'un ordre moins bas, ce qui convient avec ce qu'on a déja vû, qu'à mesure que b est plus grand, les termes sont moins décroissants, & que quand $b = \infty$, le dernier terme est $\frac{1}{\infty}$, le moins bas de tous les Infiniment petits.

399. Si entre toutes les progressions qui ont une somme égale, on vouloit choisir celle dont les 4 premiers termes, par eux, approcheroient plus de faire la somme entiére que les 4 premiers de toute autre, il est clair qu'il faudroit prendre celle où *b* est le moindre, & par conséquent $= 2$, car c'est celle dont les termes sont les plus décroissants & les plus inégaux entr'eux (396); & par conséquent tous les termes qui suivent les 4 premiers, étant plus petits, peuvent être negligés avec moins d'erreur, ou, ce qui revient au même, les 4 premiers approchent plus de faire la somme entiére qu'en toute autre progression. Ainsi dans la progression $\frac{1}{2}, \frac{1}{4}, \frac{1}{8}, \frac{1}{16}$, dès qu'on a pris ces 4 premiers termes, on a $\frac{15}{16}$, & il n'y a point de progression pareille dont les 4 premiers termes approchent tant de faire 1.

400. Quoi-que dans ces progressions, dont la somme est $= 1$, ou en general $= a$, il puisse y avoir une infinité d'Infiniment petits d'ordres differents, inutiles à la somme, il faut prendre tous les termes de la progression pour avoir a, parce que le nombre fini des termes finis qui seroient seuls utiles à la somme est indéterminable, & absolument inconnu.

401. Il n'est pas besoin qu'une Suite infinie, pour avoir une somme finie $= a$, soit une progression geometrique, car il est clair qu'il peut y avoir une infinité d'autres maniéres de diviser a telles que quelques termes étant moindres ou plus grands que les correspondants d'une progression geometrique, d'autres seront en récompense plus grands ou plus petits, de sorte que tout reviendra au même. J'appelle ces Suites *équivalentes à des progressions geometriques*.

Maniére dont une grandeur finie peut recevoir une infinité d'accroissements sans cesser d'être finie.

402. Je puis ajoûter tout d'un coup a à a, ce qui donnera $2a$, de sorte que a, par un seul accroissement, sera devenu $2a$. Je puis aussi ajoûter à a d'abord $\frac{1}{10}a$, ensuite encore $\frac{1}{10}a$, &c. ou en general $\frac{1}{n}a$, n étant un nombre fini, & a ne deviendra $2a$, qu'après avoir reçû le nombre n d'accroissements égaux. Mais si j'ajoûte à a d'abord $\frac{a}{b}$, ensuite à a ainsi accrû $\frac{\overline{b-1} \times a}{b^2}$, ensuite à a encore accrû

[illegible], & toûjours ainsi de suite, a ne deviendra $2a$, qu'après avoir reçû une infinité d'accroissements, mais ces accroissements seront décroissants selon une progression geometrique, & ce seroit la même chose, s'ils l'étoient selon quelqu'autre Suite équivalente (401). Or alors a devenu $2a$, ne sort point de son ordre, qui est celui du Fini. Donc une grandeur finie qui reçoit une infinité d'accroissements, mais décroissants selon une progression geometrique, ou équivalente, demeure finie, ou dans son ordre.

403. A plus forte raison a demeureroit-il dans son ordre, s'il recevoit une infinité d'accroissements plus décroissants que selon une progression geometrique, tels que ceux de l'art. 380. Alors a ainsi accrû, seroit moindre que $2a$, & moindre selon telle raison qu'on voudroit.

404. Il est clair que a sortiroit de son ordre, & deviendroit infini, s'il recevoit une infinité d'accroissements finis égaux, à plus forte raison s'ils étoient croissants. Donc la seule maniére dont a puisse recevoir une infinité d'accroissements, & demeurer dans son ordre, est de les recevoir décroissants selon une progression geometrique, ou équivalente, ou plus décroissants.

405. Réciproquement si une grandeur finie demeure dans son ordre après avoir reçû une infinité d'accroissements, ils étoient décroissants selon une progression geometrique, ou équivalente, ou plus décroissants.

406. Ce qui se dit ici de la grandeur finie est également vrai de l'infiniment grande, ou petite, car cela naît de l'essence de la grandeur, & de sa divisibilité infinie.

407. Soit x une grandeur variable & croissante qui est d'abord $\frac{a}{b}$, ensuite $\frac{a}{b} + \frac{\overline{b-1}^{1} \times a}{b^2}$, ensuite $\frac{a}{b} + \frac{\overline{b-1}^{1} \times a}{b^2} + \frac{\overline{b-1}^{2} \times a}{b^3}$, & toûjours ainsi de suite, il est clair que x ne sera $= a$ qu'après avoir reçû une infinité d'accroissements.

Si je retranche toûjours de a, x ainsi croissant, je n'aurai donc $a-x=a-a=o$, qu'après une infinité d'autres $a-x$, où x aura passé par une infinité de degrés, au lieu que j'aurois eu $a-a=o$, en retranchant tout d'un coup a de a, ou par un nombre fini de degrés selon l'idée de l'art. 382. Donc une grandeur finie, & en general (406) toute grandeur peut n'être anéantie que par une infinité de décroissements.

408. Lorsque x, en croissant toûjours selon la progression décroissante $\frac{a}{b} \cdot \frac{\overline{b-1}^1 \times a}{b^2}$, &c. a passé l'endroit de cette progression où finissent les termes finis, il ne prend plus que des accroissements infiniment petits, & enfin ne differe de a qu'infiniment peu. Donc alors la difference de a & de x, ou $a-x$, est une grandeur infiniment petite, ou $=\frac{1}{\infty}$.

409. Puisqu'alors $x+\frac{1}{\infty}=a$, x est $=a$, & $a-x=a-a=o$. Mais cet $a-a=o$ n'est pas le même que si on avoit retranché a de a tout d'un coup, ou par un nombre fini de degrés, ce qui auroit aussi donné $a-a=o$. Dans ces deux derniers cas, $o=a-a$ est absolu, parce qu'on a absolument retranché a de a. Mais dans le cas de $a-x=a-a=o$, on prend x dans un état où il ne differe qu'infiniment peu de a, & où $a-x=\frac{1}{\infty}=a-a=o$. Donc alors o est relatif.

410. Si l'on a une grandeur croissante $\frac{1}{a-x}$, qui soit telle, parce que a étant constant, x croît toûjours, & tend à devenir $=a$, & si à la fin l'étant devenu, il donne $\frac{1}{a-a}=\frac{1}{o}$, cette grandeur $\frac{1}{o}$ sera infinie, pourvû que x ait passé par une infinité de degrés d'accroissement. Car alors $a-a=\frac{1}{\infty}$ (409), donc $\frac{1}{o}$ est 1 divisé par $\frac{1}{\infty}$, ou ∞.

411. Réciproquement si on a une Suite de $\frac{1}{a-x}$ terminée

par

par $\frac{1}{a-a} = \frac{1}{0} = \infty$, il faut entendre que x a paſſé par une infinité de degrés d'accroiſſement.

Maniére dont ſe peuvent former les differents ordres d'Infiniment grand ou petit, differente des précédentes.

412. Juſqu'ici nous n'avons conſideré les differents ordres d'Infiniment grands, ou d'Infiniment petits, que comme formés par des puiſſances, ou par des racines, mais il y a encore une autre maniére dont il peut ſe former des ordres.

Un nombre quarré, ou cubique, &c. peut être conçû comme formé *linéairement.* 4, par ex. ou 8, &c. peuvent être conçûs, non comme le quarré, ou le cube de 2, mais comme une ſimple Suite linéaire de 4 ou de 8 unités, & alors au lieu que 2 étoit leur racine, 1 eſt leur Element, c'eſt-à-dire, la moindre grandeur de leur *eſpece,* ou le moindre nombre entier dont ces nombres puiſſent être formés.

Selon cette idée, 1 eſt l'Element commun de tous les nombres, & même de ∞, & ſi l'on veut, de ∞^2, ∞^3, &c. Mais ſi, lorſqu'il s'agira d'Infinis, on veut avoir l'Element *de même eſpece,* c'eſt-à-dire, la moindre grandeur infinie, qui répetée un nombre de fois infini, ait pû former un certain Infini, alors 1 n'eſt l'Element que de ∞, quoi-qu'il ne ſoit pas de même eſpece, mais il ne ſera plus l'Element de ∞^2, ∞^3, &c. ce ne ſera pas même ∞ qui ſera l'Element de ∞^2, quoi-qu'une Suite infinie de ∞ forment ∞^2, car il y a un moindre nombre infini qui étant infiniment répeté, le peut former.

Soit $\propto < \infty$, & du même ordre. Le 3me proportionnel geometrique à $\propto$ & ∞ ſera plus grand que ∞ & du même ordre ; donc $\propto$ multiplié par ce nombre, ou répeté ce nombre de fois infini, donnera ∞^2. Donc $\propto$, & non pas ∞, ſera l'Element de ∞^2, & un Element de même eſpece, au lieu que 1 étoit fini, ou, ce qui revient au même, $\propto$ ſera l'Element *immédiat* de ∞^2.

De même un $\propto^2$ ſera l'Element immédiat de ∞^3, car le 3me proportionnel à $\propto^2$ & à $\infty^{\frac{3}{2}}$ ſera le nombre infini par lequel $\propto^2 < \infty^2$ étant multiplié, formera $\infty^{\frac{2\times3}{2}} = \infty^3$

Donc en general tout ∞^n a un Element immédiat dans l'ordre $n-1$. Ainsi ∞^1 a pour le sien $\infty^{1-1} = \infty^0 = 1$, ∞^2 pour le sien un ∞ de l'ordre de ∞, &c. & de plus si $n > 1$, ∞^n a dans l'ordre de ∞^{n-1} un Element immédiat moindre que ∞^{n-1}.

413. Si on éleve ∞^n & son Element immédiat à la même puissance x, l'Infini sera ∞^{nx}, & son Element montera à l'ordre $\overline{n-1} \times x$. Par ex. si $n=3$, & $x=2$, l'Infini étant ∞^3, & son Element immédiat de l'ordre de ∞^2, le 1er étant quarré sera ∞^6, & le 2[d] sera de l'ordre de ∞^4. Si n étant toujours $=3$, $x=3$, le cube de l'Infini sera ∞^9, & celui de l'Element sera de l'ordre de ∞^6, &c.

414. Si on tire la $\sqrt[x]{}$ quelconque d'un ∞^n & de son Element immédiat, l'un sera $\infty^{\frac{n}{x}}$, & l'autre de l'ordre de $\infty^{\frac{n-1}{x}}$.

Tout cela s'applique de soi-même aux Infiniment petits, qui ne sont que des Infinis renversés. Ce n'est que par rapport à ces Infiniment petits que cette consideration des Elements est de quelque utilité.

SECTION V.

Des Grandeurs Incommensurables.

415. SI l'on introduit entre 1 & 2 une infinité de moyens proportionnels arithmetiques, ou, ce qui est la même chose, si l'on divise l'intervalle qui est entre 1 & 2, en une infinité de parties égales, il est clair que l'intervalle étant fini, & divisé en un nombre infini de parties, ces parties, ou les differences des termes de la progression qui se formera seront infiniment petites. Et en effet on aura ÷ 1. $1+\frac{1}{\infty}$. $1+\frac{2}{\infty}$. $1+\frac{3}{\infty}$, &c. $1+\frac{\infty}{\infty}=1+1=2$.

Formation d'une infinité de nombres finis inexprimables dans des Suites infinies comprises entre deux termes finis.

416. Ici il ne faut pas prendre le 2d terme $1+\frac{1}{\infty}$, $=1$. Car si cela étoit, les deux 1ers termes de la progression étant égaux, tous les autres le seroient, & elle ne seroit point croissante comme elle doit l'être, ou n'arriveroit point à 2 comme elle y doit arriver. $1+\frac{1}{\infty}$ est donc 1 augmenté seulement d'une quantité infiniment petite, & telle que quand il aura reçû une infinité d'augmentations pareilles, il sera $=2$; c'est 1 que l'on considere comme commençant à être, pour ainsi dire, dans un mouvement d'accroissement, dont il reçoit déja le premier degré infiniment petit, & il seroit contradictoire à cette idée, de prendre $1+\frac{1}{\infty}=1$. Que si l'on ne considere pas $1+\frac{1}{\infty}$ précisément comme 1 étant dans ce mouvement d'accroissement, mais comme 1 accrû déterminément, & *à demeure*, de $\frac{1}{\infty}$, & qu'en cet état on le compare à 1, il est certain que $1+\frac{1}{\infty}=1$, parce que 1 n'est accrû de rien, en comparaison de ce qu'il est. Cela revient encore à la difference qu'on a fait sentir en plusieurs endroits entre la grandeur qui est dans le passage du Fini à l'Infini, & celle qui a

franchi ce passage. Car de même qu'entre les Infinis de la Suite naturelle qui précédent ∞, il faut qu'il y ait des differences toûjours $= 1$, & qui font l'accroissement perpetuel de ces Infinis, quoi-que nous n'en ayons aucune idée nette, ainsi entre les termes de la progression arithmetique infinie dont 1 & 2 sont les extrêmes, il faut qu'il y ait des differences $= \frac{1}{\infty}$ qui fassent l'accroissement perpetuel de ces termes, quoi-que nous ne concevions point nettement comment ces differences peuvent être des accroissements, si ce n'est lorsqu'elles sont parvenües à être en nombre infini. En un mot, le passage du Fini à l'Infini, ou, ce qui revient au même, de l'Infiniment petit au Fini, nous échappe toûjours, mais il n'en est pas moins réel.

417. Il est essentiel à cette progression arithmetique infinie, comprise entre 1 & 2, que chaque terme soit 1 plus une fraction moindre que 1, que chaque fraction ait ∞ pour dénominateur, & que les numerateurs des fractions soient la Suite des nombres naturels depuis 1 jusqu'à ∞.

418. Tant que les numerateurs des fractions sont des nombres finis, soit déterminables, soit indéterminables, les fractions sont infiniment petites, quoi-que toûjours croissantes. Mais enfin après les termes finis indéterminables, viennent dans la Suite naturelle les $\propto$, & alors on a dans la progression proposée des $1 + \frac{\propto}{\infty}$, c'est-à-dire, 1 affecté de fractions finies (190), & ces fractions sont toûjours croissantes jusqu'à celle du dernier terme qui est $\frac{\infty}{\infty} = 1$.

419. Toutes ces fractions, tant les $\frac{n}{\infty}$, n étant un nombre fini quelconque, que les $\frac{\propto}{\infty}$, sont inexprimables, parce qu'elles ont toutes ∞ pour dénominateur. On peut même dire que les $\frac{\propto}{\infty}$ sont les plus inexprimables, parce qu'elles ont aussi un Infini pour numerateur, mais enfin elles le sont

toutes, & par conſéquent auſſi tous les termes où elles entrent, & dont elles ſont une partie neceſſaire. Donc tous les termes moyens de la progreſſion ſont inexprimables.

420. ∞ eſt un nombre premier à l'égard de tous les nombres finis (94). Donc (61 & 62) quand on introduit entre 1 & 2 un nombre de moyens arithmetiques $=\infty$, on doit avoir des termes tout differents de ceux qu'on auroit eus, en introduiſant entre ces mêmes extrêmes un nombre fini quelconque de moyens arithmetiques. Et l'on voit en effet qu'au lieu que ſi ce nombre avoit été fini, on auroit eu des termes exprimables & connus, on n'en a ici que d'inexprimables & d'inconnus.

421. Tant que les fractions qui affectent les termes de la progreſſion propoſée ſont des $\frac{n}{\infty}$, on peut concevoir que les termes ſe confondent avec 1, dont ils ne different que d'une difference infiniment petite. Mais cela ne ſe peut plus abſolument, quand les fractions ſont devenües des $\frac{\propto}{\infty}$, car alors elles ſont finies, & les $1+\frac{\propto}{\infty}$ different de 1 d'une difference finie. Donc il y a des nombres finis plus grands que 1, qui en different d'une difference finie, & qui ſont inexprimables.

422. Et puiſqu'il y a dans la Suite naturelle une infinité de $\propto$ avant ∞, il y a dans la progreſſion compriſe entre 1 & 2, une infinité de nombres inexprimables finis, dont la difference à 1 eſt finie.

423. De ce qu'ils ſont inexprimables, il ſuit que leur rapport à 1, ou à tout nombre exprimable, l'eſt auſſi.

424. Si l'on conçoit que l'intervalle qui eſt entre 1 & 2 ait été diviſé en un nombre de parties, non pas $=\infty$, mais $=\propto$, & tel que $\infty > \propto$ ait été nombre premier à ſon égard, il ſera entré dans cet intervalle un nombre $=\propto$ d'inexprimables tous differents de ceux que nous avons conſiderés juſqu'ici; & il y aura autant d'infinités de ces inexprimables tous differents les uns des autres dans chaque progreſſion, & differents de tous les exprimables, qu'il y aura de $\propto$ à l'égard deſquels ∞ ſera nombre premier.

425. Mais parce que nous ne pouvons pas distinguer ces nombres produits entre 1 & 2 par des divisions $=\infty$ de ceux qui sont produits par la division $=\infty$, il vaut autant prendre tous ces inexprimables comme produits par la seule division $=\infty$, en sousentendant neanmoins qu'ils peuvent avoir été produits par differentes divisions infinies.

426. Si un nombre fini est possible, & s'il doit être entre 1 & 2, il est certainement un des exprimables ou des inexprimables, c'est-à-dire, produit par une division quelconque, ou finie, ou infinie.

427. S'il y a une grandeur dont le quarré soit $=2$, elle est entre 1 & 2, & par conséquent est $1+\frac{n}{m}$, n & m étant deux grandeurs inconnües, & $n<m$. Or $\overline{1+\frac{n}{m}}^{2}=2$ donne l'équation $nn+2nm=mm$, ou $nn+2nm-mm=0$, qui selon les regles de l'Algebre ne peut être imaginaire, & par conséquent il y a quelque grandeur dont le quarré $=2$.

Mais il est impossible que deux nombres finis exprimables soient tels que le quarré nn du plus petit plus $2nm$ soit égal au quarré mm du plus grand, ce que je prouve ainsi.

Tout nombre plus grand que n sera $n+x$. Il faut par la supposition que $n^2+2n\times\overline{n+x}$ soit $=\overline{n+x}^{2}$, c'est-à-dire $3n^2+2nx=n^2+2nx+xx$, ou $2n^2=x^2$. Or il est impossible que le double d'un nombre quarré fini exprimable soit quarré.

Donc (426) c'est parmi les nombres finis inexprimables, ou produits par une division infinie, qu'il faut chercher le nombre dont le quarré $=2$.

428. Donc dans $1+\frac{n}{m}$, expression de la grandeur cherchée, il faut poser $m=\infty$, ce qui donne l'équation $nn+2n\infty=\infty^2$, qui ne peut être imaginaire, & où l'on voit que n est necessairement une grandeur infinie, car autrement l'équation se réduiroit à $\infty^2=0$, ce qui est absurde.

De plus n est, & par la supposition, & par la nature de la chose, moindre que m. Et si $n = m = \infty$, l'équation donneroit $3\infty^2 = \infty^2$. Donc $n = \propto$. Et $1 + \frac{\propto}{\infty}$ est la grandeur cherchée. Donc $1 + \frac{\propto}{\infty} = \sqrt[2]{2}$. Donc $\sqrt[2]{2}$ est un nombre inexprimable.

429. $1 + \frac{\propto}{\infty}$ est une expression indéterminée de tout inexprimable compris entre 1 & 2, & qui de plus a une difference finie à 1 (422). Et $\sqrt[2]{2}$ est une expression déterminée d'un certain inexprimable particulier dont le quarré $= 2$. Mais malgré cela $\sqrt[2]{2}$ est toûjours un nombre aussi inexprimable que $1 + \frac{\propto}{\infty}$, ce qui fait voir que l'inexprimable & l'indéterminable peuvent être differents.

430. On prouvera par les mêmes raisonnements qu'on a faits dans les art. 427 & 428, qu'il n'y a entre 1 & 2 aucun nombre fini exprimable ou produit par une division finie, dont le cube soit $= 2$, mais qu'il y en a un produit par une division infinie, & qui se détermine par l'expression $\sqrt[3]{2}$, sans cependant s'exprimer, qu'il y en a un autre qui est $\sqrt[4]{2}$, un autre $\sqrt[5]{2}$, &c. enfin tant que l'exposant de la $\sqrt{\ }$ sera fini.

431. Donc 2 est réellement & sans fiction une puissance finie quelconque, pourvû qu'on le considere dans une Suite infinie où il aura toutes ses $\sqrt{\ }$ finies quelconques, mais non pas dans une Suite finie, quelle qu'elle soit, car alors il ne sera aucune puissance.

432. On fera les mêmes raisonnements sur 3, dont toutes les $\sqrt{\ }$ sont comprises entre 1 & 2, & inexprimables.

433. 4 a toutes ses $\sqrt{\ }$ finies entre 1 & 2, excepté la $\sqrt[2]{\ }$, qui est 2. De même 5, 6, 7, jusqu'à 8 exclusivement, ont toutes leurs $\sqrt{\ }$ finies entre 1 & 2, excepté la $\sqrt[2]{\ }$, car 8 n'a

pas sa $\sqrt[3]{}$ entre 1 & 2, puisque $\sqrt[3]{8} = 2$. Et en general tout nombre a toutes ses $\sqrt{}$ finies entre 1 & 2, excepté un nombre de ces $\sqrt{}$ égal au nombre des puissances de 2 qu'il a au dessous de lui, à commencer par 4, ce qui revient à l'art. 261. Ainsi 31 a toutes ses $\sqrt{}$ entre 1 & 2, excepté 3, qui sont par conséquent la $\sqrt[2]{}$, la $\sqrt[3]{}$, & la $\sqrt[4]{}$, parce qu'il a au dessous de lui trois puissances de 2, qui sont 4, 8, & 16. Et il est clair que selon les raisonnements qu'on a faits, toutes ces $\sqrt{}$ quelconques de nombres quelconques comprises entre 1 & 2 sont inexprimables.

434. Au lieu de supposer, comme nous avons toûjours fait jusqu'ici, que c'est l'intervalle entre 1 & 2 qui a été infiniment divisé, on peut concevoir également que c'est l'intervalle entre 1 & 3, entre 1 & 4, &c. Et il est clair que les divisions infinies quelconques, c'est-à-dire, soit par ∞, soit par les $\propto$, feront entrer dans ces nouveaux intervalles de nouvelles infinités d'inexprimables.

435. D'un autre côté il y a dans la Suite naturelle une infinité de nombres qui ne sont aucune puissance, c'est-à-dire, ni quarrés, ni cubiques, &c. Et ce sont, 1° tous les nombres premiers qui ne sont aucun produit, 2° tous les nombres qui ne peuvent être un produit que de nombres differents entre eux; de sorte qu'il en reste peu qui soient un produit de quelque nombre par lui-même, ou une puissance quelconque, & qui par conséquent ayent au dessous d'eux dans la Suite naturelle la $\sqrt{}$ correspondante à cette puissance. De plus les nombres, qui sont plusieurs puissances à la fois, ne sont pas toutes les puissances qui sont au dessous de la plus élevée. Ainsi 64, qui est une puissance 2, une puissance 3, & une puissance 6, n'est pas une puissance 4 ni 5, & par conséquent il n'a dans la Suite naturelle qu'une $\sqrt[2]{}$, une $\sqrt[3]{}$, & une $\sqrt[6]{}$, mais non une $\sqrt[4]{}$, ni une $\sqrt[5]{}$. Enfin tout nombre fini n ayant sa $\sqrt[\infty]{} = 1$, puisque $n^{\frac{1}{\infty}} = 1$, il a depuis lui jusqu'à 1 une infinité

infinité de *V* tant d'un exposant fini, que d'un exposant infini; & comme depuis lui jusqu'à 1, il n'y a dans la Suite naturelle qu'un nombre fini déterminable de termes $= n$, & que ses *V* d'un exposant fini déterminable sont en nombre fini indéterminable, il faut que s'il a quelques-unes de ces *V* dans la Suite naturelle, & quelque grand nombre qu'il en ait, il en ait encore un nombre fini indéterminable qui ne soient point dans cette Suite. Donc toutes ces *V* ne se trouveront que dans la Suite naturelle infiniment divisée, & seront quelques-uns des inexprimables produits par les divisions infinies.

Que ces nombres inexprimables sont les Incommensurables.

436. Toutes ces *V* inexprimables sont les nombres que l'on appelle *incommensurables*, ou *irrationnels*, ou *sourds*, parce qu'on a toûjours bien reconnu qu'ils n'avoient aux autres nombres ordinaires aucun rapport qui se pût déterminer précisément. Mais quoi-que l'existence de ces nombres fût bien certaine, il devoit toûjours paroître étrange qu'il y en eût; car d'où peut venir que des grandeurs finies, ou leurs rapports à d'autres grandeurs finies, soient inexprimables? Cette merveille ne doit point cesser tant qu'on ne regarde les incommensurables que comme des grandeurs finies, mais elle cesse absolument dès qu'on voit le mélange d'Infini qui y entre. Tout incommensurable est $a + \frac{\alpha}{\infty}$. Le Fini est par lui-même exprimable, & l'Infini inexprimable, & puisque $a + \frac{\alpha}{\infty}$ est une grandeur finie dans laquelle entre la fraction $\frac{\alpha}{\infty}$ qui ne se peut exprimer autrement, l'Infini communique à cette grandeur finie son *inexprimabilité*, de la même maniére dont le Fini communique son *exprimabilité* aux rapports de l'Infini, lorsqu'il y entre, comme dans 100 & 200.

Pourquoi tout Incommensurable est une Racine.

437. On voit aussi la raison essentielle pour laquelle tous les incommensurables sont exprimés par des *V*. C'est qu'étant inexprimables, ils ne peuvent être déterminés que par quelque rapport à des nombres exprimables & déterminés, or ils n'y peuvent avoir de rapport que par en être les *V* qui

V

leur manquent en nombres exprimables, car d'ailleurs rien ne manque à ces nombres. Mais du nombre infini d'inexprimables que les divisions infinies introduisent entre 1 & *n*, nombre quelconque, il en reste une infinité qui ne sont point $\sqrt{}$ de quelque nombre exprimable, & qui faute d'être susceptibles de cette détermination, ne sont point au rang des incommensurables, quoi-qu'ils soient absolument de la même nature. Ainsi les inexprimables finis sont une *espece*, dont les incommensurables ne sont qu'une petite partie.

Que tout nombre fini est réellement une puissance quelconque.

438. Tout nombre fini *n* est réellement & sans fiction une puissance finie ou infinie quelconque, qui a toutes les $\sqrt{}$ correspondantes dans l'intervalle qui est entre *n* & 1, & ces $\sqrt{}$ sont, ou dans la Suite naturelle entre *n* & 1, auquel cas elles sont commensurables, ou dans cette même Suite infiniment divisée, auquel cas elles sont incommensurables.

439. En supposant que $\sqrt[n]{a}$ exprime tout incommensurable en general, il y a necessairement quelque progression geometrique d'un nombre fini de termes compris entre *a* & 1 qui donnera ce $\sqrt[n]{a}$; par ex. $\sqrt[2]{2}$ est le moyen geometrique proportionnel entre 2 & 1. Mais cela n'est nullement contraire à ce qui a été dit, que tout incommensurable étoit produit par une division ou progression infinie. Car $\sqrt[n]{a}$ n'est pas une valeur, ce n'est qu'une détermination d'un incommensurable entre une infinité d'autres, & une détermination qui n'en apprend point précisément la valeur, & cette valeur précise n'est que dans une progression infinie.

Parce que $\sqrt[n]{a}$ entre necessairement dans quelque progression geometrique finie, elle n'entrera point dans la progression geometrique infinie que l'on pourra faire entre *a* & 1 (62 & 94), & on a vû que $\sqrt[n]{a}$ entre toûjours dans une progression arithmetique infinie. Ce n'est donc que dans cette progression qu'est $\sqrt[n]{a}$ avec sa valeur.

440. Mais comme tous les termes de cette progression nous sont inconnus, à cause de ∞ qui s'y mêle, cette valeur ne peut jamais être connuë.

Seulement comme $\sqrt[n]{a}$ est plus grande que 1, & moindre que a, limites entre lesquelles $\sqrt[n]{a}$ est comprise, on peut, en introduisant entre a & 1 un nombre de moyens arithmetiques toûjours plus grand, trouver des limites toûjours moins éloignées que a & 1, entre lesquelles $\sqrt[n]{a}$ sera comprise, & par-là on aura toûjours un nombre moins au dessous d'elle que 1, & moins au dessus que a, & on approchera toûjours de plus en plus de la valeur précise de $\sqrt[n]{a}$. De-là vient la Methode des approximations. On a toûjours des nombres commensurables moins au dessous, & moins au dessus de $\sqrt[n]{a}$; parce qu'on fait toûjours des divisions finies plus grandes; mais on ne peut arriver à la valeur précise de $\sqrt[n]{a}$, parce qu'on ne fait que des divisions finies, & quand même on en feroit une infinie, cette valeur seroit toûjours inconnuë à cause du mêlange de ∞ (436).

Methode pour trouver les Incommensurables si approchés qu'on voudra.

441. De cette Theorie résulte une methode facile pour trouver deux nombres commensurables, dont l'un soit plus petit, & l'autre plus grand qu'un incommensurable quelconque de moins que d'une difference donnée, & cela sans faire differentes approximations comme à l'ordinaire.

L'incommensurable proposé sera en general $\sqrt[n]{a}$, & la difference donnée $\frac{1}{d}$. Je conçois entre 1 & a une progression.

$$\div 1.\ 1+\frac{1}{d}.\ 1+\frac{2}{d}.\ 1+\frac{3}{d},\ \&c.\ 1+\frac{m}{d}=a.$$

$\sqrt[n]{a}$ étant un incommensurable, & appartenant à une division ou progression infinie, il ne sera aucun des termes de cette progression finie, mais il sera entre deux de ses termes consécutifs, & par conséquent sera plus grand que l'un, &

moindre que l'autre de moins que $\frac{1}{d}$ qui est leur difference. Il s'agit donc de trouver les deux termes de la progression finie, entre lesquels est $\sqrt[n]{a}$.

Si je suppose $\sqrt[n]{a} = 1 + \frac{x}{d}$, x étant un numerateur inconnu, il est certain que parce que $\sqrt[n]{a} = 1 + \frac{\infty}{\infty}$, & que cette fraction est inexprimable, $\frac{x}{d}$ le sera aussi, & par conséquent d étant exprimable ou commensurable, ce sera x qui sera incommensurable, & par conséquent il ne sera aucun des numerateurs de la progression finie, mais entre deux de ces numerateurs, qui tous different entr'eux d'une unité. Donc le numerateur de cette progression que x surpassera de moins que d'une unité, sera le numerateur du terme cherché de la progression finie qui sera immédiatement au dessous de $\sqrt[n]{a}$, & ce numerateur étant trouvé, donnera celui du terme qui sera immédiatement au dessus de $\sqrt[n]{a}$. Donc tout se réduit à trouver la valeur de x.

Puisque $1 + \frac{x}{d} = \sqrt[n]{a}$, $\overline{1 + \frac{x}{d}}^{n} = a$, cette équation sera toûjours du degré n, & il n'y a qu'à la résoudre pour avoir la valeur de x.

Si $n = 2$, ce qui rend l'équation du 2[d] degré, on a

$$\left.\begin{matrix} xx + 2xd + dd \\ - add \end{matrix}\right\} = 0, \text{ \& } x = -d + \sqrt[2]{add}.$$

En ce cas, si $a = 2$, & $d = 96$, c'est-à-dire, si on cherche deux nombres commensurables qui different de $\sqrt[2]{2}$ de moins que de $\frac{1}{96}$, l'un en dessous, l'autre en dessus, on trouve $\sqrt[2]{2dd}$ plus grande de moins qu'une unité que 135, & par conséquent le numerateur du terme qui est immédiatement au dessous de $\sqrt[2]{2}$ est $135 - 96 = 39$. Donc ce terme est

$1+\frac{39}{96}$, & celui qui est immédiatement au dessus, est $1+\frac{40}{96}=1+\frac{5}{12}$. D'où l'on voit que $1+\frac{5}{12}$ est plus grand que $\sqrt[2]{2}$ de moins que $\frac{1}{96}$.

Si $a=5$, le reste étant le même, on trouveroit que $\sqrt[2]{5dd}$ est plus grande de moins qu'une unité que 214, que par conséquent le numerateur du terme, qui est au dessous de $\sqrt[2]{5}$, est $214-96=118$, que ce terme est donc $1+\frac{118}{96}=2+\frac{22}{96}$, & que le terme qui est immédiatement au dessus, est $2+\frac{23}{96}$. D'où l'on voit que $\sqrt[2]{5}$ est plus grande que $2+\frac{11}{48}$ de moins que $\frac{1}{96}$.

On voit par cet exemple que quand $\sqrt[n]{a}$ est au dessus de 2, la fraction qui s'ajoûte à 1, contient un entier, ou des entiers, ainsi qu'il le faut, & que la methode l'emporte necessairement.

Si $n=3$, ce qui donne l'équation du 3me degré $\left.\begin{matrix} x^3+3x^2d+3xd^2+d^3 \\ -ad^3 \end{matrix}\right\}=0$, on trouvera qu'en faisant évanoüir le 2^d^ terme par la supposition de $x=y-d$, le 3me terme s'évanoüit aussi dans la transformée, qui se réduit à $y^3=ad^3$. Donc $y=\sqrt[3]{ad^3}$. Donc $x=\sqrt[3]{ad^3}-d$.

En ce cas, si $a=2$, & $d=96$, $\sqrt[3]{2}$ est entre $1+\frac{24}{96}$, & $1+\frac{25}{96}$.

Si $n=4$, on trouvera qu'en faisant évanoüir le second terme de l'équation du quatriéme degré, le 3me & le 4me s'évanoüiront aussi, & qu'il viendra $x=\sqrt[4]{ad^4}-d$. De sorte que pour $\sqrt[n]{a}$ en general, on a $x=\sqrt[n]{ad^n}-d$.

Il pourroit sembler ici que $\sqrt[n]{ad^n}$ étant $=d\sqrt[n]{a}$, $\sqrt[n]{a}$

entre toûjours dans l'expression de $1+\frac{x}{d}=\sqrt[n]{a}$, que par conséquent on fait un cercle vicieux, & que l'on n'avance point. Il est même vrai, & cela doit être, que $1+\frac{x}{d}$, par la valeur que nous donnons à x, ne se trouve que $\sqrt[n]{a}$, car $1+\frac{x}{d}=1+\frac{d\sqrt[n]{a}-d}{d}=1+\frac{\overline{\sqrt[n]{a}-1}\times d}{d}=1+\sqrt[n]{a}$ $=1=\sqrt[n]{a}$. Mais il faut remarquer que ce n'est pas $\sqrt[n]{a}$ que l'on cherche, on ne doit & on ne peut jamais la trouver autrement exprimée par $\sqrt[n]{a}$. On cherche deux nombres commensurables entre lesquels elle est. Il est vrai que pour les trouver, il faut laisser $\sqrt[n]{a\,d^n}-d$ sous cette forme, & ne la pas prendre sous l'équivalente $d\sqrt[n]{a}-d$. La raison en est claire.

Consideration des Racines quelconques des nombres.

442. Si l'on conçoit toutes les $\sqrt{2}$, qui sont autant d'incommensurables, disposées de suite entre 2 & 1, elles formeront la Suite $2^{\frac{1}{2}}$, $2^{\frac{1}{3}}$, &c. $2^{\frac{1}{\infty}}$, dont les termes auront toûjours un rapport geometrique décroissant, & par conséquent tendront à l'égalité. Donc l'intervalle entre 2 & 1 sera divisé en une infinité de parties décroissantes, & comme il est Fini, cette infinité de parties ne pourront pas être Finies, mais elles seront, ou toutes Infiniment petites, ou les unes en nombre fini Finies, & les autres en nombre infini Infiniment petites. Or il est bien clair que $2^{\frac{1}{2}}$, $2^{\frac{1}{3}}$, $2^{\frac{1}{4}}$, &c. ont des differences finies, & par conséquent divisent l'intervalle en parties finies, donc l'intervalle est divisé d'abord en un nombre seulement fini de parties Finies, & ensuite en un nombre infini d'Infiniment petites.

443. Donc il y a un nombre infini de $\sqrt{2}$ qui n'ont de l'une à celle qui la suit, que des differences infiniment petites, & même toûjours décroissantes.

444. Donc le nombre fini de $\sqrt{2}$, qui ont des differences finies, doivent être celles dont les exposants sont Finis déterminables, & celles dont les exposants sont Finis indéterminables ou ∞, auront les differences infiniment petites. Cela est visible.

445. Puisque c'est l'intervalle entre 2 & 1 qui a été ainsi divisé, la derniére partie de cet intervalle est infiniment petite. Donc à la fin de la Suite, $2^{\frac{1}{\infty}} = 1$, ce que l'on sçavoit déja d'ailleurs.

Et même toutes les $\sqrt{}$ infinies de 2, ou les $2^{\frac{1}{\infty}}$ qui ne sont éloignés de 1 que d'un nombre fini de termes de cette Suite, sont encore confondus avec 1, puisqu'ils n'en different que d'un nombre fini de differences infiniment petites.

446. On en doit dire autant des $\sqrt{3}$ toutes comprises entre 2 & 1, & même des $\sqrt{}$ de tout nombre n, quoi-qu'elles ne soient pas toutes entre 2 & 1, car elles seront toûjours entre n & 1, & cet intervalle étant fini, le raisonnement sera toûjours le même, seulement cet intervalle sera divisé en parties plus grandes, tant Finies qu'Infiniment petites, ce qui rendra toûjours $n^{\frac{1}{\infty}} = 1$.

447. Toutes les $\sqrt{2}$ étant disposées entre 2 & 1, si l'on conçoit les $\sqrt{3}$ disposées dans ce même intervalle, elles ne peuvent, parce qu'elles sont toutes differentes des $\sqrt{2}$, se placer que dans les intervalles que les $\sqrt{2}$ laissent entr'elles, & par-là on voit que tant que les $\sqrt{2}$ & les $\sqrt{3}$ ont des exposants finis déterminables, les unes se placent dans des intervalles finis que les autres laissent entr'elles, & que par conséquent elles ont les unes aux autres des differences finies, après quoi elles n'en ont plus que d'infiniment petites, & que toutes les $\sqrt{2}$ & $\sqrt{3}$ se confondent dès qu'elles n'ont plus des exposants finis déterminables.

448. Donc aussi à mesure que leurs exposants Finis déterminables augmentent, elles approchent davantage de se

confondre, ou d'être égales. Par exemple, $\sqrt[5]{2}$ & $\sqrt[5]{3}$ approchent plus de l'égalité que $\sqrt[4]{2}$ & $\sqrt[4]{3}$, & moins que $\sqrt[6]{2}$ & $\sqrt[6]{3}$.

449. Il en ira de même des incommensurables qui ne seront pas tous compris entre 2 & 1, tels que sont les $\sqrt{4}$ & les $\sqrt{5}$, & en general des $\sqrt{n}$ & $\sqrt{n+1}$, n étant un nombre fini quelconque, car les intervalles entre n ou $n+1$ & 1, seront toûjours divisés de la même maniére, mais seulement en parties plus grandes (446). Donc en general les $\sqrt{n}$ & & $\sqrt{n+1}$ approchent d'autant plus de l'égalité, que l'exposant de la $\sqrt{\ }$ étant le même de part & d'autre, est plus grand.

450. D'un autre côté, plus n est grand, plus n & $n+1$ approchent de l'égalité, & par conséquent aussi leurs $\sqrt{\ }$ d'un même exposant. Donc $\sqrt{n}$ & $\sqrt{n+1}$ approchent d'autant plus de l'égalité, 1° que leur exposant étant le même est plus grand; 2° que n est plus grand. Par exemple, $\sqrt[6]{2}$ & $\sqrt[6]{3}$ approchent plus de l'égalité que $\sqrt[5]{2}$ & $\sqrt[5]{3}$, mais moins que $\sqrt[6]{3}$ & $\sqrt[6]{4}$.

Cela vient évidemment de ce que, quoi-que l'intervalle entre n ou $n+1$ & 1 soit divisé en de plus grandes parties à mesure que n est plus grand, les $\sqrt{n}$ & les $\sqrt{n+1}$ sont plus proches chacune de celle du même nom à mesure que n est plus grand, & par conséquent le plus de grandeur de l'intervalle qui est entre n ou $n+1$ & 1 n'empêche nullement le plus de proximité des $\sqrt{n}$ & $\sqrt{n+1}$ du même nom.

Nous n'avons comparé que des $\sqrt{\ }$ de même nom de nombres consécutifs, parce qu'on ne pourroit comparer que beaucoup moins exactement des $\sqrt{\ }$ de differents noms, & de nombres

nombres non consécutifs, & de plus cela seroit inutile au dessein présent.

451. De tout ce qui a été dit, il suit que tous les Incommensurables ont entr'eux des differences finies, tant que les $\sqrt{}$ qui les expriment ont des exposants finis déterminables, ce qui est la seule forme sous laquelle nous les connoissions, qu'ensuite quand ces exposants sont des Finis indéterminables, ils n'ont plus que des differences infiniment petites décroissantes, & qu'enfin quand l'exposant est infini, ils n'ont plus à 1 qu'une difference encore plus petite que toutes les précédentes, ou sont 1.

452. Donc l'incommensurabilité s'anéantit par le décroissement infini de la grandeur incommensurable quelconque, qui cependant ne s'anéantit pas, puisqu'elle devient 1, & par ce décroissement infini l'incommensurable devient commensurable. En effet, tout Incommensurable étant, ou pouvant être devenu $1 + \frac{\alpha}{\infty}$, il décroît à l'infini par le seul décroissement de la fraction $\frac{\alpha}{\infty}$, dans laquelle ∞ étant constant & α variable, α décroît jusqu'à ce qu'il soit enfin $= 1$, ce qui donne $1 + \frac{1}{\infty} = 1$, & alors l'incommensurabilité cesse.

453. L'incommensurabilité est attachée au rapport $\frac{\alpha}{\infty}$ qui dans toutes ses variations est toûjours également inexprimable & inconnu, & par conséquent quoi-que la grandeur $1 + \frac{\alpha}{\infty}$, qui est incommensurable, décroisse, & tende à devenir commensurable, & à la fin le devienne effectivement, elle est cependant toûjours également incommensurable.

A quoi est attachée l'incommensurabilité; qu'elle vient de l'Infini.

454. Donc l'incommensurabilité n'a point de plus & de moins, quoi-que la grandeur $\frac{\alpha}{\infty}$, d'où dépend l'incommensurabilité, en ait.

455. Puisque l'incommensurabilité d'un nombre vient de l'Infini qui y entre necessairement, il faut regarder deux

Incommensurables comparés entr'eux comme deux Infinis; & leur rapport comme celui de deux Infinis. Donc deux Incommensurables auront entr'eux un rapport exprimable, ou inexprimable, quand deux Infinis en auroient un. Or deux Infinis n'ont un rapport exprimable que quand ils sont le même Infini affecté de deux coëfficients finis, donc pareillement deux Incommensurables n'ont un rapport exprimable que quand ils sont le même Incommensurable affecté de deux differents coëfficients, comme $\sqrt[n]{a}$ & $m\sqrt[n]{a}$, ou $\sqrt[n]{a}$ & $\frac{\sqrt[n]{a}}{m}$, donc en ce cas leur rapport est exprimable, ou, ce qui est le même, ils sont commensurables entr'eux, c'est-à-dire, $:: 1 . m$, ou $:: m . 1$. Mais par la raison contraire, $\sqrt[n]{a}$ & $\sqrt[n]{b}$, ou $\sqrt[n]{a}$ & $\sqrt[m]{a}$, quelques coëfficients qu'ils puissent avoir, n'ont aucun rapport exprimable, ou sont incommensurables à l'égard l'un de l'autre, aussi-bien qu'à l'égard de tous les autres nombres, car dans $\sqrt[n]{a} = 1 + \frac{\propto}{\infty}$, & dans $\sqrt[m]{a} = 1 + \frac{\propto}{\infty}$, $\propto$ est different, & de même dans $\sqrt[n]{a}$ & $\sqrt[n]{b}$. En un mot $\propto$ qui entre dans $\sqrt[n]{a}$ est unique, & n'est le même dans aucun autre Incommensurable, & de-là tout le reste s'ensuit.

Comparaison des Finis indéterminables, & des Incommensurables.

456. Les Finis indéterminables sont tels qu'étant élevés à quelque puissance finie, ils deviennent Infinis, & par conséquent ils sont $\sqrt{}$ finies de quelque Infini. Les Incommensurables sont des $\sqrt{}$ finies de quelque nombre fini, mais tels que l'Infini entreroit necessairement dans leur valeur précise. Donc les Incommensurables & les Finis indéterminables sont également inexprimables, parce qu'ils tiennent de l'Infini les uns & les autres. Mais les Incommensurables sont déterminables, parce qu'ils sont $\sqrt{}$ de quelque nombre fini qui se détermine, & les Finis indéterminables sont indéterminables, parce qu'ils sont $\sqrt{}$ de quelque Infini.

457. Nous n'avons consideré jusqu'ici que des Incommensurables, qui étoient des $\sqrt{}$ finies de quelque nombre fini, & ce sont aussi les seuls que les Geometres ayent considerés, mais il y en a d'autres especes. *Nouvelles especes d'Incommensurables. 2de espece.*

Au lieu d'introduire dans l'art. 415 un nombre infini de moyens arithmetiques entre 1 & 2, on y auroit pû introduire ce même nombre de moyens geometriques, ce qui donne

$$\div\div\ 1.\ 2^{\frac{1}{\infty}}.\ 2^{\frac{2}{\infty}}.\ 2^{\frac{3}{\infty}},\ \&c.\ 2^{\frac{\infty}{\infty}} = 2.$$

Parce que $2^{\frac{1}{\infty}} = 1$, comme $1 + \frac{1}{\infty} = 1$, il faut appliquer ici le raisonnement de l'art. 416, & ne pas prendre $2^{\frac{1}{\infty}}$ comme précisément $= 1$, de même qu'on n'a pas pris $1 + \frac{1}{\infty}$ comme précisément $= 1$. Il faut donc necessairement regarder la progression $\div\div\ 1.\ 2^{\frac{1}{\infty}}.\ 2^{\frac{2}{\infty}}$, &c. comme croissante, quoi-qu'elle le soit infiniment peu dans tout son cours, aussi-bien que l'arithmetique correspondante, mais les differences infiniment petites de l'arithmetique étoient égales, & celles de la geometrique sont croissantes.

Il y a dans la geometrique des $2^{\frac{\infty}{\infty}}$, mais en nombre fini seulement, qui ont à 1 une difference finie. Car la progression arithmetique correspondante a une infinité de termes qui ont à 1 une difference finie (421 & 422), donc la geometrique qui divise le même intervalle le plus inégalement qu'il soit possible, & de la maniére la plus opposée à la progression arithmetique, n'a qu'un nombre fini de ces termes. Or ils sont necessairement des $2^{\frac{\infty}{\infty}}$. Et en effet, comme dans *A* le nombre des termes finis, ou qui ont une difference finie à 1, & le nombre des termes qui y ont une difference infinie, étant tous deux infinis, le nombre seul des termes qui ont des differences finies à 1 est infini dans *G*, de même il faut pour les deux progressions dont il s'agit ici, que le nombre des termes qui ont une difference infiniment petite à 1, & le nombre des termes qui y ont une difference finie, étant tous deux infinis dans l'arithmetique, le nombre seul des termes qui ont une difference infiniment petite à 1, soit infini dans la geometrique. Or les $2^{\frac{\propto}{\infty}}$ étant des nombres finis finiment differents de 1, ils sont cependant inexprimables, & par conséquent ils ont tous les caracteres d'Incommensurables.

458. Ces Incommensurables ne sont pas comme les $\sqrt{2}$ des $\sqrt{}$ finies de 2, mais des $\sqrt{}$ infinies de 2 élevé à quelque puissance infinie moindre que la $\sqrt{}$. Ils sont déterminables en ce que, comme les $\sqrt{2}$, ils appartiennent au nombre déterminé 2, mais ni la dénomination de la $\sqrt{}$ qui les exprime n'est déterminée comme dans les $\sqrt{2}$, ni la puissance dont on tire cette $\sqrt{}$ ne l'est; & par tout cela ils sont d'une espece differente des $\sqrt{2}$.

459. On peut remarquer ici en passant, que la somme de la progression arithmetique infinie comprise entre 1 & 2 sera (77) $\overline{2+\overline{\frac{1}{\infty}\times\infty}}\times\frac{\infty}{2}=\overline{2+\frac{\infty}{\infty}}\times\frac{\infty}{2}=\frac{3\infty}{2}$, & que par conséquent elle sera à la somme de la Suite infinie des Unités, qui est $=\infty$ :: 3 . 2. Ce qui vient de ce que cette progression a une infinité de termes plus grands que 1, & plus grands d'une difference finie (457).

La somme de la progression geometrique correspondante sera $\frac{2^{\frac{\infty}{\infty}}-1}{2^{\frac{1}{\infty}}-1}=\frac{2-1}{2^{\frac{1}{\infty}}-1}=\frac{1}{2^{\frac{1}{\infty}}-1}$. Or $2^{\frac{1}{\infty}}-1$ est une grandeur infiniment petite (351), ou o relatif. Donc $\frac{1}{2^{\frac{1}{\infty}}-1}=\frac{1}{0}$, grandeur infinie (338). Cet $\frac{1}{0}$ n'est pas absolument $=\infty$, car la progression geometrique ayant tous ses termes plus grands que 1, & entr'eux un nombre fini indéterminable, qui sont plus grands que 1 d'une difference finie (457), sa somme est plus grande que celle de la Suite infinie des Unités qui est $=\infty$. Donc cet $\frac{1}{0} > \infty$, mais seulement d'une difference finie, & si on la compte, cette somme de la progression geometrique ne peut être comparée à celle de l'arithmetique, qui est $\frac{3\infty}{2}$, ou ces sommes sont incommensurables entr'elles. Seulement on sçait que celle de l'arithmetique doit être la plus grande, & par conséquent elle auroit à celle de la geometrique un moindre rapport que celui de 3 à 2.

460. Tout ce qui a été dit de la progression geometrique infinie dont 1 & 2 sont les extrêmes, s'applique de soi-même à celles dont 1 & 3, ou 1 & 4, &c. seroient les extrêmes, & l'on voit naître une infinité de $3^{\frac{\propto}{\infty}}$, de $4^{\frac{\propto}{\infty}}$, &c. qui seront autant de nombres finis incommensurables d'une 2de *espece*.

461. Que si enfin on établit la progression geometrique dont 1 & ∞ soient les extrêmes, ce qu'on a déja vû plusieurs fois; tous les termes $\infty^{\frac{1}{\infty}}$, $\infty^{\frac{2}{\infty}}$, $\infty^{\frac{3}{\infty}}$, &c. enfin tant que le numerateur des exposants sera fini, seront finis, & ce sont de nouveaux Incommensurables d'une *3me espece*, parce qu'ils n'appartiennent plus à aucun nombre fini, mais à l'Infini élevé à quelque puissance finie dont ils sont V infinies. *3me espece.*

462. Et comme dans cette progression il y a des $\infty^{\frac{\propto}{\infty}}$ qui sont encore finis (321), ce sont encore des Incommensurables d'une *4me espece*, parce qu'il n'entre absolument rien de fini dans leur expression, non pas même le numerateur de leur exposant, ou, ce qui revient au même, qu'ils sont V infinies d'un Infini élevé à une puissance infinie. *4me espece.*

463. On voit assés que passé cela, il ne doit plus être possible de trouver des Incommensurables, c'est-à-dire, des nombres finis inexprimables; & même ces derniers, qui sont les $\infty^{\frac{\infty}{\infty}}$, manquent absolument d'un caractere qui les fasse reconnoître pour finis, car il y en a aussi de pareils ou pris dans la même progression qui sont infinis. A mesure que les Incommensurables ont plus de rapport à l'Infini, ils deviennent plus indéterminables.

464. Donc il y a des nombres finis de deux especes principales. Les uns purement Finis, les autres qui tiennent de l'Infini. Les premiers sont les Commensurables, tous exprimables, & déterminables, dont nous avons une idée parfaite. Les seconds sont les Incommensurables, tous inexprimables, & dont nous n'avons qu'une idée obscure. Ils se subdivisent en quatre especes, & deviennent d'autant moins déterminables, & l'idée que nous en avons d'autant plus obscure, qu'ils tiennent plus de l'Infini, & enfin dans la derniére espece ils deviennent absolument indéterminables, & nous n'en avons plus d'idée.

465. Il suit de l'art. 435, que chaque nombre commensurable produit une infinité d'Incommensurables, & ils ne sont que de la 1re espece. Donc il y a autant d'infinités d'Incommensurables de cette espece qu'il y a de commensurables, & il ne faut pas être surpris que dans les recherches Algebriques on en rencontre tant.

466. Que si on rencontre aussi des grandeurs qui soient certainement finies, & ne soient cependant point $\sqrt{}$ de quelque nombre fini exprimable, ce seront des Incommensurables de quelqu'une des trois derniéres especes; ainsi les sommes de $\frac{1}{A^2}$, $\frac{1}{A^3}$, &c. sont des grandeurs finies (363 & 365), mais qui ne se peuvent exprimer par aucun nombre fini, ni par aucune $\sqrt{}$ d'un nombre fini. Elles seront de ces nouveaux Incommensurables.

467. A plus forte raison deux grandeurs de cette espece auront-elles un rapport fini qui ne se pourra jamais exprimer ni déterminer. Tel sera le rapport de la somme de $\frac{1}{A^2}$ à la somme de $\frac{1}{A^3}$. C'est peut-être celui de $3^{\frac{\propto}{\infty}}$ à $2^{\frac{\propto}{\infty}}$, $\propto$ étant le même de part & d'autre. Il suffit de voir par-là qu'il peut y avoir une infinité de rapports finis de grandeurs finies, qui par leur nature seront éternellement hors de la portée de l'Esprit humain.

SECTION VI.

Des Grandeurs Positives & Negatives, Réelles & Imaginaires.

468. ON appelle Grandeurs *positives*, celles qui ont le signe +, ou qui n'en ont point, car alors + est sousentendu, & en effet toute grandeur que l'on considere est par cela seul posée. Et on appelle *negatives*, celles qui ont le signe —.

Il paroît que dans l'usage commun on confond assés les grandeurs positives avec celles qui sont ajoûtées à quelqu'autre, & les negatives avec celles qui sont retranchées de quelqu'autre, & il est si vrai qu'on les confond, que l'on ne tire les Regles du calcul des grandeurs positives & negatives, que des seules idées de l'addition & de la soustraction. De-là vient encore que quand les grandeurs negatives ont un — absolu, comme —1, —2, —3, &c. c'est-à-dire, qu'elles ont le signe — sans être précédées d'aucune grandeur dont elles soient réellement retranchées, on est réduit à imaginer qu'elles sont retranchées de o. Mais on tombe par-là dans quelque chose d'entiérement inconcevable, qui est une grandeur moindre que rien.

On dit, pour justifier cette idée, qu'un Homme qui a, par exemple, plus de Dettes que de Bien, a moins que rien. Mais il faut prendre garde que ce *moins que rien* n'est pas une idée geometrique, ni phisique, mais seulement morale, & qu'on entend par-là que selon les loix de la Société la condition de cet Homme est plus mauvaise, que s'il n'avoit précisément rien, c'est-à-dire, ni Bien, ni Dettes. Si —1 est moins que rien, j'entends que ce — soit absolu, comment son quarré est-il 1 ? Et si —2 est moindre que —1, parce qu'il est plus au dessous de o, comment son quarré 4 est-il au dessus de celui de —1 ?

On

On dit aussi que $-a$ est la negation de a, mais cela ne porte pas une idée nette, car dès que l'on considere une grandeur, on l'affirme, ou on la pose, & on n'entend pas ce que c'est que de la nier, à moins que ce ne soit la retrancher de quelque autre. Or le $-$ étant absolu, il n'y a point de retranchement, ou si l'on en suppose un, on retombe dans les embarras qui viennent d'être representés.

Enfin les exposants negatifs des puissances ne sont negatifs par aucune soustraction, ni par aucune negation. Quand je dis $a^{-n} = \frac{1}{a^n}$, je ne puis concevoir ni que n soit retranché d'aucune grandeur, ni que $-n$ soit la negation de la puissance n, puisque je retrouve cette puissance n dans $\frac{1}{a^n} = a^{-n}$.

De tout cela je conclus que les grandeurs positives & negatives le sont par elles-mêmes, & indépendamment de toute addition, ou soustraction, ou negation, & que dans ce qui les rend positives ou negatives, il y a quelque idée peu développée, qu'il est bon de démêler.

Ce que c'est que le Positif & le Negatif. Que le Negatif ne consiste pas dans un retranchement, mais dans une certaine opposition.

469. Si on veut qu'une Suite de nombres represente le cours du Soleil au dessus de l'Horison, 0, 1, 2, &c. 90, 89, &c. 2, 1, 0, 0 marquera que le Soleil est à l'Horison, soit qu'il se leve, ou se couche. Si on veut suivre son cours au dessous de l'Horison, on ne peut avoir que les mêmes nombres 0, 1, 2, &c. 90, 89, &c. 2, 1, 0, où l'on voit qu'ils representent également & les élevations du Soleil au dessus de l'Horison, & ses abaissements au dessous. L'expression par les nombres seuls est donc douteuse & équivoque. Pour la déterminer, on affecte du signe $-$ les nombres qui representent les abaissements, en donnant le signe $+$ à ceux qui representent les élevations, ou en le leur laissant sousentendu, puisque tous les nombres l'ont naturellement & par eux-mêmes. Par-là l'équivoque est entiérement levée.

De même, si étant toûjours tourné du même côté, je voulois representer par une Suite de nombres les arcs ou degrés d'un demi-Cercle que parcourroit le Soleil d'abord à ma droite, ensuite à ma gauche, j'aurois 0, 1, 2, &c. jusqu'à 90 pour les arcs qu'il parcourroit à ma droite, 0 étant le point où le demi-Cercle couperoit l'Horison, après quoi j'aurois pour les arcs à ma gauche — 89, &c. — 2, — 1, 0, car sans cela les deux especes d'arcs n'auroient nulle distinction.

De-là il suit que l'idée du positif & du negatif ajoûte à celle des grandeurs qu'elles soient *contraires* en quelque chose, comme dans les deux exemples rapportés les nombres sont contraires par la position des grandeurs qu'ils representent.

470. Toute *contrarieté* ou opposition suffit pour l'idée du positif & du negatif. Si, par ex. 4, 3, 2, 1, representent le Bien ou le Fonds d'un Homme qui diminuë toûjours, — 1, — 2, &c. representeront ses Dettes qui augmenteront. Et en general, si *a* est un Fonds, une élevation du Soleil, &c. — *a* est une Dette, ou un abaissement du Soleil, &c.

471. Donc toute grandeur positive ou negative n'a pas seulement son être *numerique*, par lequel elle est un certain nombre, une certaine quantité, mais elle a de plus son être *specifique*, par lequel elle est une certaine *Chose* opposée à une autre.

Je dis *opposée à une autre*, car ce n'est que par cette opposition qu'elle prend un être specifique, & si on lui en donnoit un qui ne lui apportât aucune opposition à une autre grandeur, elle ne conserveroit aucun caractere d'être specifique, & ne seroit considerée que selon le numerique. Ainsi quoi-que des degrés de Vitesse appartiennent à une certaine chose, qui est une Vitesse, ils ne sont point susceptibles de l'idée du positif & du negatif, parce que la Vitesse, entant que Vitesse précisément, n'a rien qui lui soit opposé, non pas même la Lenteur, qui n'est qu'une moindre Vitesse, ni le Repos, qui n'est qu'une Vitesse devenuë nulle, ou infiniment petite.

472. Donc toute grandeur n'est pas susceptible de l'idée du positif & du negatif, & celles qui le sont peuvent être aisément reconnües par l'opposition specifique qu'elles auront à d'autres.

473. Quand deux grandeurs sont opposées, l'une exclut ou nie l'autre, & par conséquent est negative à l'égard de l'autre qui sera positive. Ainsi l'abaissement du Soleil nie l'élevation, une Dette nie un Fonds, &c. Et comme deux grandeurs opposées se nient également l'une l'autre, & que l'élevation nie autant l'abaissement que l'abaissement nie l'élevation, &c. il est indifferent laquelle des deux on prenne pour positive ou pour negative. Cependant on prend ordinairement pour positive celle qui se presente la premiére dans la recherche dont il s'agit, & qu'il est le plus naturel de considerer. Un Fonds sera plustôt la grandeur positive qu'une Dette.

474. Quoi-qu'une grandeur ait une opposée, il n'est nullement necessaire de considerer cette opposée. Ainsi quoique je considere un Fonds que j'appelle *a*, je puis ne considerer *a* que numeriquement, par ses accroissements ou décroissements numeriques quelconques, & sans aucun rapport à la grandeur specifique opposée, qui est une Dette; mais si je dis —*a*, cette grandeur n'est ce qu'elle est, & affectée du signe —, que parce qu'elle est opposée à *a*, ou +*a*, qui est un Fonds. La grandeur negative, quoi-que prise à part, renferme donc necessairement dans son idée l'être specifique; mais la positive, prise de même, ne le renferme pas necessairement, & alors elle n'est positive qu'*improprement*, & parce qu'elle est considerée ou posée, mais non pas *proprement*, & par rapport à une grandeur opposée. Elle n'est plus qu'un nombre.

475. Donc —*a* n'est point un pur nombre, & à moins que d'y attacher une idée specifique, on n'en a plus d'idée.

476. Zero n'est point susceptible de l'idée du positif & du negatif, puisqu'il n'est point grandeur, & que loin de pouvoir avoir un être specifique, il n'en a seulement pas un numerique.

477. Par la raison contraire, l'Infini est susceptible de cettte idée, ce qui est évident de soi-même.

478. Les entiers & les fractions ne sont point des

grandeurs specifiquement opposées. Par exemple, 3 ne l'est point à $\frac{1}{3}$, car 3 est $\frac{1}{3}$ à l'égard de 9, & $\frac{1}{3}$ est 3 à l'égard de $\frac{1}{9}$. Donc l'idée de positif & de negatif ne peut tomber sur les entiers entant qu'opposés aux fractions, ni réciproquement.

En quoi consiste le Negatif des Puissances & des Racines.

479. De même les puissances & les racines ne sont point des grandeurs opposées. Car il n'y a point de nombre qui ne soit en même temps & une puissance quelconque (438) & une racine quelconque. Cela se voit encore, parce que les puissances sont n, & les racines $\frac{1}{n}$, entiers & fractions, qui ne sont point opposés (478).

480. Mais les puissances peuvent avoir entr'elles-mêmes, & les racines de même entr'elles une opposition specifique. Une puissance éleve ou abaisse la grandeur qu'elle affecte, selon que cette grandeur est un entier ou une fraction. Donc les puissances qui élevent & celles qui abaissent sont specifiquement opposées entr'elles. Donc si n est une puissance qui éleve, $-n$ est une puissance qui abaisse, ou, ce qui est le même, si a est élevé par la puissance n, il est abaissé par la puissance $-n$. Or il n'y a qu'une fraction qui puisse être abaissée par une puissance, donc a abaissé par la puissance $-n$ est devenu fraction, ou $\frac{1}{a}$. Donc $a^{-n} = \frac{1}{a^n}$. De même une racine abaisse ou éleve une grandeur selon que cette grandeur est un entier, ou une fraction. Donc si $\frac{1}{n}$ est une racine qui abaisse, $-\frac{1}{n}$ est une racine qui éleve. Or une racine ne peut élever qu'une fraction. Donc $a^{-\frac{1}{n}} = \frac{1}{a^{\frac{1}{n}}}$.

On voit par l'article précédent pourquoi a^{-n} n'est pas $= a^{\frac{1}{n}}$, ou $a^{-\frac{1}{n}} = a^n$, & par celui-ci pourquoi $a^{-n} = \frac{1}{a^n}$, & $a^{-\frac{1}{n}} = \frac{1}{a^{\frac{1}{n}}}$. Et peut-être tout cela seroit-il plus difficile à démontrer *a priori* par d'autres principes que ceux qui ont été établis.

La même chose se trouve aisément par le calcul. Car $a^n \times a^{-n} = a^{n-n} = a^0 = 1$. Donc $a^{-n} = \frac{1}{a^n}$. De même $a^{\frac{1}{n}} \times a^{-\frac{1}{n}} = a^{\frac{1}{n}-\frac{1}{n}} = a^0 = 1$. Donc $a^{-\frac{1}{n}} = \frac{1}{a^{\frac{1}{n}}}$.

481. Dans les exemples des élevations ou abaissements du Soleil, des Fonds ou Dettes, l'opposition specifique ne touche point à l'être numerique des grandeurs qui demeure toûjours le même, c'est-à-dire, que 2 degrés d'élevation du Soleil, par ex. ou 2 degrés d'abaissement sont toûjours le même nombre 2. Mais l'opposition specifique des puissances ou des racines positives ou negatives entr'elles change l'être numerique de la grandeur à laquelle elles sont appliquées, puisque ce qui dans a^n & dans $a^{\frac{1}{n}}$ étoit a, devient $\frac{1}{a}$ dans a^{-n} & dans $a^{-\frac{1}{n}}$.

482. Du raisonnement de l'art. 480, & du précédent il suit que si une puissance éleve infiniment a, la même puissance affectée de — l'abaisse infiniment. Donc puisque a^∞ est infiniment grand, $a^{-\infty}$ est infiniment petit. Et en effet $a^{-\infty} = \frac{1}{a^\infty}$ (480).

483. Pareillement si une puissance ou une racine a rendu une grandeur telle qu'elle ne puisse plus être ni élevée ni abaissée par les puissances ou par les racines, la même puissance ou racine affectée de — ne rendra point la grandeur differente de ce qu'elle étoit, quand la puissance ou racine étoit affectée de +, car les puissances ou racines auront perdu l'opposition specifique qu'elles avoient entr'elles. Donc puisque $a^0 = 1$, a^{-0} est de même $= 1$, car la puissance 0

ayant rendu $a = 1$, l'a rendu incapable d'être élevé ou abaissé par des puissances. De même puisque $a^{\frac{1}{\infty}} = 1$, $a^{-\frac{1}{\infty}}$ est aussi $= 1$. Et en effet $a^{-\frac{1}{\infty}} = \frac{1}{a^{\frac{1}{\infty}}} = \frac{1}{1} = 1$.

484. Donc $a^{-0} = a^{0} = 1$, soit que o soit absolu ou relatif. S'il est absolu, on vient de le voir dans l'art. précédent, & si o est relatif, $a^{-0} = a^{-\frac{1}{\infty}} = 1$.

Comment une Suite devient de positive negative.

485. On voit suffisamment par le 1er exemple de l'art. 469, qu'une Suite de grandeurs peut devenir de positive negative, & qu'elle passeroit du positif au negatif par o, que de même dans le 2d exemple elle passeroit du positif au negatif par 90, c'est-à-dire, que dans le 1er exemple, o étant le point de l'Horison où le Soleil seroit dans le plan de ce Cercle, il ne seroit ni au dessus, ni au dessous, & par conséquent sa position ne seroit ni positive ni negative, & dans le 2d exemple, elle ne seroit non plus ni l'un ni l'autre, parce que le Soleil étant à 90, ne seroit ni à ma droite ni à ma gauche, mais sur ma tête. D'où l'on voit en general que dans les Suites qui deviennent de positives negatives, le passage du positif au negatif se fait par quelque *terme* qui n'est ni l'un ni l'autre, ou si l'on veut, qui est l'un & l'autre en même temps. Car o n'est ni positif ni negatif (476), mais on peut bien concevoir que 90 soit la derniére des grandeurs positives, & la premiére des negatives en même temps. Ces deux idées, *quant à present*, reviennent au même.

486. Il est clair que ce que 90 est dans l'exemple qu'on avoit pris, tout autre nombre le sera dans d'autres exemples ou d'autres cas, & que l'Infini même le pourra être. Donc en general zero, tous les nombres Finis & l'Infini sont des termes par où des Suites de grandeurs peuvent passer du positif au negatif.

Calcul des grandeurs negatives.

487. Il se trouve par le calcul, que les operations que l'on fait sur les grandeurs negatives sont les mêmes qu'on

feroit fur des grandeurs fimplement retranchées, parce qu'en effet on peut ramener en quelque forte l'idée de grandeurs negatives à celle de grandeurs fimplement retranchées. Mais comme cette maniére de les y ramener eft un peu forcée, qu'elle ne va point affés au fond de la nature des chofes, & qu'elle ne peut s'étendre à tout, par ex. aux puiffances negatives qui ne font telles par aucun retranchement, il vaut mieux prouver les operations fur les grandeurs négatives, en les prenant fimplement comme negatives, & de-là naîtront quelques idées qui éclairciront peut-être un peu une partie affés obfcure de l'Algebre. Je fuppofe donc les grandeurs negatives affectées du figne — abfolu, ou negatives par elles-mêmes.

Ajoûter une grandeur negative à une negative, une Dette à une Dette, c'eft l'augmenter. Donc $-a$, auquel on ajoûte $-a$, ou $-a+-a=-2a$.

Ajoûter à une grandeur negative une pofitive, un Fonds à une Dette, c'eft diminüer la Dette. Donc $-2a+a=-a$. De même ajoûter une Dette à un Fonds, c'eft diminüer le Fonds. $2a+-a=a$.

Oter d'une grandeur negative une negative, une Dette d'une Dette, c'eft la diminüer. Donc $-2a--a=-a$. Et l'on voit par conféquent que $--a=+a$.

Oter d'une grandeur negative une pofitive, un Fonds d'une Dette, c'eft augmenter la negative. Donc $-2a-+a=-2a-a=-3a$. De même ôter une Dette d'un Fonds, c'eft augmenter le Fonds. Donc $2a--a=2a+a=3a$. Et l'on voit toûjours que $--=+$.

Il eft clair que tout cela naît ou de la feule nature de la grandeur, lorfqu'on n'opere que fur des grandeurs negatives, ou de l'oppofition fpecifique, lorfqu'on opere fur des grandeurs pofitives & negatives.

488. Il n'y a point d'idée plus claire que celle de la multiplication d'un Fonds a, ou d'une Dette $-a$, par un nombre b, ce n'eft que doubler, tripler, &c. le Fonds ou la Dette. Le 1er produit eft donc ab, & le 2[d] $-ab$; car il eft

évident que si le produit des deux nombres purs a & b est $= c$, le 1er produit est un plus grand Fonds c, & le 2^d^ une plus grande Dette $-c$.

Il est bon de remarquer que dans ab, produit du Fonds a par le pur nombre b, l'idée de l'être specifique de a disparoît entiérement, & que ce produit n'est en rien different de celui du pur nombre a par le pur nombre b. Mais dans le produit $-ab$, l'idée de l'être specifique subsiste, & en effet c'est proprement aux grandeurs negatives que cette idée est attachée (474).

Autant qu'il est clair qu'un Fonds peut être doublé, par exemple, ou multiplié par 2, autant il est inconcevable qu'un Fonds puisse être multiplié par 2 Fonds. Car que fait l'idée de Fonds dans les 2 Fonds qui multiplieroient? Il faut necessairement l'en détacher, si l'on veut ramener cela à quelque chose d'intelligible, & réduire les 2 Fonds à n'être que le nombre 2, auquel cas, selon qu'on vient de le remarquer, l'idée d'être specifique disparoît entiérement dans le produit quelconque ab, qui n'est plus que purement numerique.

Cela est ainsi, non parce que a est un Fonds, mais parce que c'est une grandeur qu'on avoit revêtuë d'une idée specifique. Donc il en ira de même du produit de $-a$ Dette, par $-b$ Dette. Donc ce produit sera purement numerique, donc $= ab$.

Ce qui a été dit de la multiplication des grandeurs negatives se doit appliquer à la division. Donc $\frac{-a}{b}$ ou $\frac{a}{-b} = -x$, & $\frac{-a}{-b} = x$.

489. Si, dans quelque recherche que l'on fait, les grandeurs ont pû être revêtuës d'une idée specifique, ab est un produit *équivoque*, c'est-à-dire, qu'il peut être également le produit de deux grandeurs ausquelles on avoit attaché à toutes deux ou l'idée de Fonds, par ex. ou celle de Dette, & qui en ont été dépoüillées toutes deux par la multiplication. Mais $-ab$ n'est point un produit équivoque, il ne peut être que celui d'une Dette par un nombre.

490.

490. L'idée de puissance ajoûte à celle de produit l'égalité, ou *identité* de la grandeur multipliée. Je ne puis, selon le raisonnement de l'art. 488, concevoir le quarré d'un Fonds, ou d'une Dette, mais seulement le quarré du nombre qui exprimoit le Fonds ou la Dette, c'est-à-dire, que ce nombre revêtu de l'idée de Fonds ou de Dette, je l'en ai dépoüillé pour en faire un quarré. Mais il est vrai aussi que j'ai fait un quarré d'un nombre primitivement revêtu de l'une ou de l'autre idée, & que puisqu'il a été dépoüillé ou de l'une ou de l'autre, il demeure douteux, lorsqu'il est quarré, de laquelle des deux il avoit été d'abord revêtu. Donc *aa* est un quarré équivoque, comme le produit *ab* (489).

491. Mais —*aa* n'est point équivoque, non plus que —*ab*. Il ne peut être que le produit de —*a* Dette par *a* nombre pur.

492. De-là il suit que —*aa* n'est point un quarré, mais il y a deux maniéres selon lesquelles il ne l'est point. 1°. Ce n'est point un quarré purement numerique, car *a* étant un pur nombre, —*a* n'en est point un (475). 2°. Ce n'est point un quarré specifique, ou de —*a* Dette, selon le sens de l'art. 490, car —*a* n'a point été dépoüillé de son idée specifique.

Il faut remarquer que si on ne distinguoit pas l'être numerique d'avec le specifique, ce ne seroit que numeriquement que —*aa* ne seroit point quarré, car on pourroit seulement dire que *a* & —*a*, quoi-qu'égaux, ne seroient pas précisément le même nombre. Mais il est necessaire, & tous les Geometres en conviendront, qu'il y ait deux maniéres selon lesquelles —*aa* ne soit point quarré, & par conséquent la distinction de l'être numerique & du specifique est necessaire.

493. —a^2 pour n'être point quarré, ne laisse pas d'être un veritable plan.

494. Si je prends —a^2 pour un quarré, je le prends donc pour ce qu'il ne peut être. On appelle *Imaginaires*, les grandeurs qui ne peuvent être ce qu'on suppose qu'elles sont, ou ce qu'elles devroient être, & qui par conséquent enferment

Ce que c'est que les Imaginaires.

contradiction, & on les oppose à toutes les autres qui sont *Réelles*. Donc $-a^2$ pris pour quarré est imaginaire, mais pris pour plan il est réel (493). Donc il peut devenir réel ou imaginaire selon le sens où il sera pris.

495. Si l'on dit $\sqrt[2]{-a^2}$, on détermine necessairement $-a^2$ à être pris pour un quarré, puisqu'on lui suppose une $\sqrt[2]{}$. Donc $\sqrt[2]{-a^2}$ est une grandeur entiérement déterminée à être imaginaire, & ce sont celles-là seules ausquelles on donne ce nom absolu, parce qu'elles ne peuvent être réelles en aucun sens.

496. Il y a deux maniéres selon lesquelles $-a^2$ n'est point quarré (492) ou est quarré imaginaire. Donc il a deux $\sqrt[2]{}$ imaginaires, dont chacune répond à chaque maniére dont il peut être formé sans être quarré.

497. Toute grandeur qu'on affecte de $\sqrt[2]{}$ est prise pour un quarré. Donc si cette même grandeur est affectée du signe $-$, comme $\sqrt[2]{-a}$, ou $\sqrt[2]{-a^n}$, n étant un nombre indéterminé, c'est une grandeur imaginaire.

498. Toute $\sqrt{}$ dont l'exposant est pair est une $\sqrt[2]{}$. Ainsi $\sqrt[6]{}$ est la $\sqrt[2]{}$ de $\sqrt[3]{}$, $\sqrt[8]{}$ de $\sqrt[4]{}$, &c. Donc toute $\sqrt{}$ paire d'une grandeur quelconque negative est imaginaire.

499. Il y a deux maniéres selon lesquelles a^2 est quarré (490) comme il y en a deux selon lesquelles $-a^2$ ne l'est point. Donc comme $-a^2$ a deux $\sqrt[2]{}$ imaginaires (496), a^2 en a deux réelles, qui sont a & $-a$.

D'où viennent les Racines réelles mêlées avec les Imaginaires.

500. Quoi-que l'on eût formé le quarré a^2, en ne prenant a que pour un pur nombre; auquel cas il semble qu'il ne devroit avoir que a pour $\sqrt{}$, la seule possibilité d'une autre formation qui auroit été faite sur $-a$, donne au quarré a^2 une 2de $\sqrt{}$. Et de même les deux maniéres selon lesquelles

—a^2 peut être formé, dont il est impossible qu'aucune fasse un quarré, lui donnent deux $\sqrt{}$ imaginaires. D'où l'on voit en general que ce ne sont pas seulement les formations actuelles qu'on a faites, mais encore toutes les autres formations possibles, qui produisent des $\sqrt{}$ réelles ou imaginaires.

501. a^3 est un cube numerique, & c'est aussi un cube specifique devenu numerique, parce que le cube d'un Fonds étant aussi inconcevable que son quarré, ce sera le cube du nombre a, auquel j'avois attaché l'idée specifique de Fonds, & que j'ai été obligé d'en dépoüiller pour faire un cube. Selon cette formation, a^3 n'auroit que a pour $\sqrt[3]{}$. Mais a^3 peut être aussi le produit de $-a$ par $-a^2$. Or il faut que toute grandeur de deux dimensions qui entre dans la formation d'un cube soit un quarré. $-a^2$ est cette grandeur de deux dimensions, mais il n'est point quarré, & il y a deux maniéres dont il ne l'est point. Donc il y a deux maniéres dont $-a \times -a^2 = a^3$ n'est point cube. Donc a^3 est cube imaginaire en deux sens, & a deux $\sqrt[3]{}$ imaginaires, mais il y a un sens dans lequel il est cube réel, & a une $\sqrt[3]{}$ réelle.

502. Si je veux avoir le cube de $-a$, je trouve cette grandeur dépoüillée de son idée specifique, ou, ce qui revient au même, du signe —, dès son quarré a^2. Pour la cuber, il faut donc que je la multiplie par elle-même dépoüillée de son signe dans son quarré, c'est-à-dire, que je multiplie $-a$ par a^2, ce qui donne $-a^3$, dont la $\sqrt[3]{}$ est $-a$, & réelle. Mais $-a^3$ peut être aussi le produit de $-a^2$ par a, ce qui fait entrer dans cette formation $-a^2$, & par conséquent deux $\sqrt[3]{}$ imaginaires dans $-a^3$.

On voit par-là pourquoi le calcul algebrique donne plusieurs racines pour une puissance qui n'a été formée que par une seule racine, & en même temps pourquoi il donne des racines imaginaires pour une puissance qui n'a été formée que par une racine réelle, peut-être ne voyoit-on pas trop d'où tout cela pouvoit sortir. Il suffit presentement d'avoir pris cette idée generale de ce que c'est que l'Imaginaire.

Comment l'Imaginaire devient réel.

503. La qualité d'Imaginaire tient, pour ainsi dire, à peu de chose, & peut être aisément effacée. $-a^2$ n'est imaginaire que comme quarré, & non comme plan (493). Or un plan multiplié par lui-même est un veritable quarré, donc $-a^2 \times -a^2$, en deviendra un, qui est en effet a^4, quarré réel. De même $\sqrt[2]{-a^2} \times \sqrt[2]{-a^2} = -a^2$, plan réel. Ainsi la racine d'un quarré imaginaire est imaginaire, parce que c'est cette racine même qui rend le quarré imaginaire, en le déterminant à être quarré & non pas plan, & le quarré d'une racine imaginaire est réel, parce qu'alors la racine qui faisoit tout l'Imaginaire, disparoît.

504. Ce sera le même raisonnement, si une grandeur imaginaire en multiplie une autre differente d'elle, car ce sera une $\sqrt[2]{}$ qui déterminoit un plan à être pris pour quarré qu'il ne pouvoit être, & cette $\sqrt[2]{}$, en multipliant une autre pareillement conditionnée, les deux plans qu'elles affectoient deviendront un plan réel. Ainsi $\sqrt[2]{-a^2} \times \sqrt[2]{-b^2} = \sqrt[2]{a^2 b^2} = ab$. Il en est de même de $\sqrt[2]{-a^n} \times \sqrt[2]{-b^m} = \sqrt[2]{a^n b^m}$.

505. Le produit de l'Imaginaire par le Réel doit être imaginaire, car l'Imaginaire doublé, par ex. triplé, &c. enfin multiplié par n, n'en est pas moins imaginaire.

506. Donc le produit de l'Imaginaire par lui-même étant réel (503), si on multiplie encore ce produit par l'Imaginaire, le 2d produit sera imaginaire (505), un 3me pareil réel, un 4me imaginaire, & toûjours ainsi de suite.

507. Tout cela s'applique de soi-même à la division, & l'on voit à l'égard de ces deux operations, l'analogie parfaite du positif & du Réel, du negatif & de l'Imaginaire. Aussi l'Imaginaire n'est-il imaginaire qu'en ce qu'il tient du negatif.

508. Il est aisé de voir aussi le rapport de l'Incommensurable & de l'Imaginaire. Ils sont tous deux necessairement exprimés par une $\sqrt{}$, l'un par une $\sqrt{}$ quelconque, l'autre par une $\sqrt[2]{}$, ou plus generalement par une $\sqrt{}$ paire (498). L'un suppose qu'une grandeur est une puissance qu'elle n'est pas dans le Fini, l'autre qu'elle est une puissance qu'elle ne peut absolument être. Une simple élevation à une puissance les fait tous deux changer de nature, & rend l'un commensurable, l'autre réel.

Comparaison de l'Incommensurable, & de l'Imaginaire.

509. L'Imaginaire n'est pas zero, car quoi-qu'il ne puisse être, il ne tient presque à rien qu'il ne soit, & un leger changement le rendra réel & existant, ce qui ne convient pas à zero.

510. L'Imaginaire a même une grandeur déterminée, & l'on voit par son expression quelle seroit cette grandeur qui ne peut être, en cas qu'elle fût. Si $\sqrt[2]{-a^n}$ étoit possible, elle seroit $a^{\frac{n}{2}}$, & cette propriété ne convient pas non plus à zero.

Que l'Imaginaire ne laisse pas d'avoir une grandeur.

511. $\sqrt[2]{-a^n} + b$ n'est pas $= b$, puisque $\sqrt{-a^n}$ n'est pas $= 0$ (509). Qu'est-ce donc que cette somme?

Il faut considerer que mettre plusieurs grandeurs ensemble, c'est les concevoir comme existant ensemble. Mettre b avec o, ou avec $\frac{1}{\infty}$, c'est concevoir b comme existant seul, ou avec une grandeur qui à cause de son infinie petitesse ne l'augmente point. Mais mettre b avec une grandeur qui ne peut exister, c'est se réduire à l'impossibilité de concevoir b comme existant, puisqu'on le lie à l'Impossible. Donc $\sqrt[2]{-a^n} + b$ est une somme imaginaire. Il en faut dire autant de la soustraction, ou d'une difference.

512. Puisque l'Imaginaire a une grandeur (510), on peut concevoir qu'il croisse ou décroisse. Ainsi x étant une grandeur variable, $\sqrt[2]{-x}$ formera une Suite croissante de

grandeurs imaginaires, si x croît, & au contraire, si x décroît.

513. x peut même croître jusqu'à l'infini, ou décroître jusqu'à zero, ce qui donnera $\sqrt[2]{-\infty}$, ou $\sqrt[2]{-0}$, grandeurs encore imaginaires.

514. On peut même concevoir qu'à l'exemple de la Suite 2, 1, 0, —1, —2, &c. $\sqrt[2]{-0}$ étant posé pour terme commun, il y aura d'un côté des $\sqrt[2]{-x}$ positives décroissantes, qui y aboutiront, & de l'autre des $-\sqrt[2]{-x}$ negatives & croissantes, qui en partiront, de sorte que les grandeurs imaginaires qui ne sont telles que par l'impossibilité de l'être specifique qu'elles renferment, prendront elles-mêmes un être specifique, mais cela ne laisse pas d'être aisé à concevoir.

515. On a pris souvent dans cette Section pour exemple de grandeurs specifiquement opposées, des Fonds & des Dettes, à cause de la briéveté de l'expression. Mais on voit assés que les mêmes choses s'appliqueroient aux élevations, ou abaissements du Soleil par rapport à un Terme commun, & comme ces grandeurs n'ont d'autre être specifique que leur position par rapport à ce Terme, il faut comprendre dans tout ce qui a été dit, les grandeurs qui n'auroient que cette sorte d'être specifique, & plus generalement encore, toutes celles qui en auroient un, quel qu'il fût.

516. De plus, pour ne considerer que des grandeurs veritablement negatives, nous avons supposé qu'elles eussent le signe — absolu, ou par elles-mêmes, originairement, & sans aucune soustraction, comme des abaissements du Soleil sous l'Horison, comparés aux élevations. Cependant si de 2 degrés d'élevation du Soleil, j'en ôtois 3, j'aurois —1 qui seroit un degré d'abaissement, & ce —1 me seroit venu par une soustraction. Mais il est clair que cette soustraction n'est pas necessaire pour donner à un degré d'abaissement le signe —, & qu'il l'auroit eu par lui-même, & par son opposition specifique à un degré d'élevation. C'est cela même, c'est-à-dire

cette soustraction, non pas necessaire, mais possible, qui a fait confondre les grandeurs negatives avec les retranchées.

517. De-là il suit que —1 ne seroit plus une grandeur veritablement negative, s'il venoit necessairement de quelque soustraction ou operation équivalente, quoi-qu'il eût le — absolu. Ainsi si on divise 3 par —3, on a —1, qui n'est plus une grandeur veritablement negative, ou qui renferme dans son idée quelque être specifique, & le — absolu signifie seulement que cette grandeur vient de la division d'une grandeur positive par une negative. Alors —1 n'est plus qu'un pur nombre qui n'est que 1, & le — qui ne signifie rien, ne doit plus être d'aucune consideration, à moins que —1 ne doive entrer dans quelque calcul, auquel cas le — doit être conservé, parce que dans le calcul le + & le — se traitent differemment, & que —1 doit porter le caractere du calcul qui l'a produit.

518. Donc pour juger si une grandeur qui a le — absolu est veritablement negative, il faut avoir égard & à sa nature, & au calcul qui peut l'avoir produite.

SECTION VII.

Sur les Suites infinies de Grandeurs quelconques.

519. LORSQUE plusieurs grandeurs consécutives sont telles que chacune est déterminée à être ce qu'elle est par quelque ordre, ou quelque Loi commune à toutes, elles font une *Suite* ou *Serie*. Il est visible que toute Progression est une Suite, mais il y en a une infinité d'autres especes, parce qu'il peut y avoir une infinité d'autres sortes de Loix qui réglent des grandeurs. Ainsi ces nombres 1, 2, 3, 4, 5, 6, 10, 12, 15, 20, 30, 60, font une Suite, parce que la Loi commune est que les produits du 1er terme par le dernier, du 2^d^ par le penultiéme, du 3me par l'ante-penultiéme, &c. sont toûjours = 60. Les nombres Naturels font une Suite, parce que leur Loi est que leurs differences soient la Suite des Unités, ou toûjours 1, & en même temps cette Suite est une progression arithmetique. La Loi des nombres Triangulaires est que leurs differences soient la Suite des nombres Naturels. La Loi des Pyramidaux, que leurs differences soient la Suite des Triangulaires, & toûjours ainsi à l'infini d'un ordre de nombres Figurés à l'autre. De même la Loi generale des Poligones est que leurs differences soient des progressions arithmetiques, dont la difference croisse toûjours de 1, d'un ordre de Poligones à l'autre. Ainsi les Triangulaires ont les nombres Naturels pour differences, les Quarrés ont les nombres impairs, &c.

Les grandeurs d'une Suite *varient*, lorsqu'elles croissent ou décroissent, & leur *variation* est cette espece de mouvement reglé par la Loi qui les fait croître ou décroître. Elles varient *continüement*, quand elles vont toûjours en croissant ou en décroissant, & je suppose, quant à present, qu'elles ne varient que continüement.

Je n'appelle à present Suite *infinie*, que celle qui a un nombre

nombre de termes $= \infty$, il n'importe quelle en soit la Loi.

Je suppose les Suites infinies formées de termes finis, du moins à leur origine. Ce sont celles qu'il nous importe le plus de connoître, & que toute cette Section aura en vûë.

Je suppose les Suites toûjours croissantes, à moins que le contraire ne soit dit ; & si elles ne le sont pas, il n'y a qu'à les renverser.

Nous allons considerer les sommes de ces Suites.

520. Il n'y a nulle difficulté sur les sommes des Suites infinies dont tous les termes sont du même ordre, car ces sommes sont toûjours de l'ordre immédiatement superieur à celui des termes, quel qu'il soit. En voici cependant des Exemples que l'on apporte, parce qu'ils donneront lieu à des remarques particuliéres, & auront leur usage dans la suite.

Sommes des Suites infinies qui n'ont des termes que d'un même ordre.

EXEMPLE I.

521. La Suite $\frac{1}{2}, \frac{2}{3}, \frac{3}{4}$, &c. Et en general $\frac{n}{n+1}$, n étant successivement tous les nombres naturels, est terminée par $\frac{\infty}{\infty+1} = \frac{\infty}{\infty} = 1$, & par conséquent a une somme de l'ordre de ∞, mais moindre que ∞, puisque tous ses termes, excepté le dernier, sont moindres que 1.

Suite infinie croissante dans le seul ordre du Fini.

522. Il est bon de remarquer que cette Suite, quoi-que toûjours croissante, & infinie, & composée de termes Finis déterminables, du moins à son origine, ne sort point d'un même ordre, qui est celui du Fini, & même qu'elle est toute comprise dans un très petit intervalle, qui est celui de $\frac{1}{2}$ à 1. Cela seroit impossible, si toutes ses differences étoient de l'ordre de celles de son origine, c'est-à-dire finies, car une infinité de differences finies, soit égales, soit croissantes, soit décroissantes, feroient une somme infinie, & par conséquent un dernier terme infini. Cette Suite qui a un dernier terme fini, & des differences finies à son origine, n'a donc qu'un nombre fini de ces differences, & un nombre infini de differences infiniment petites, & le dernier terme moins le premier

ou $1 - \frac{1}{2} = \frac{1}{2}$ est la somme de cette infinité totale de differences de ces deux ordres.

523. Deux termes consécutifs quelconques de cette Suite étant $\frac{n}{n+1}$ & $\frac{n+1}{n+2}$, la difference en general est $\frac{1}{nn+3n+2}$ $= \frac{1}{\overline{n+1} \times \overline{n+2}}$. Par exemple, si $n = 4$, la difference entre $\frac{4}{5}$ & $\frac{5}{6}$ est $\frac{1}{16+12+2} = \frac{1}{30} = \frac{1}{5 \times 6}$. Or il n'y a (522) qu'un nombre fini de $\frac{1}{nn+3n+2}$ finies, & une infinité d'infiniment petites, & d'un autre côté il y a une infinité de valeurs de n finies, puisqu'il y a dans la Suite naturelle une infinité de nombres finis. Donc $\frac{1}{nn+3n+2}$ devient infiniment petite, lorsque n a encore des valeurs finies, & même lorsqu'il en doit encore avoir une infinité. Or cela ne se peut, à moins que n étant fini, nn ne soit infini, ce qui revient aux Finis indéterminables, qu'on a déja tant vûs, & les confirme.

524. En ce cas la Formule des differences devient $\frac{1}{nn}$ $= \frac{1}{\infty}$. Et quand $n = \infty$, elle est $\frac{1}{\infty^2}$. Donc la Suite proposée a des differences de trois ordres, du Fini, de l'ordre de $\frac{1}{\infty}$, & de l'ordre de $\frac{1}{\infty^2}$, celles du 1er n'étant qu'en nombre fini, mais indéterminable, & celles des deux autres ordres en nombre infini.

EXEMPLE II.

Suite pareillement renfermée dans le Fini, & croissante.

525. Si on prend la Suite infinie des puissances n^0, n^1, n^2, &c. n^∞ d'un nombre fini quelconque n, & que de chaque terme de cette progression geometrique on en tire la $\sqrt[\infty]{\ }$, ce qui donnera la nouvelle progression $\div\, n^{\frac{0}{\infty}} = 1^{\frac{1}{\infty}} = 1$, $n^{\frac{1}{\infty}}$, $n^{\frac{2}{\infty}}$, &c. $n^{\frac{\infty}{\infty}} = n$, il est clair que tous ses termes étant finis, sa somme sera de l'ordre de ∞.

526. Puisque cette Suite est une progression geometrique, ses differences sont aussi en progression, & en même progression. Donc les termes de la progression principale étant croissants, & tous du même ordre, les differences de ces termes sont croissantes, & toutes du même ordre. Et puisque la somme de ces differences est $n - 1$, c'est-à-dire 1, si $n = 2$, 2, si $n = 3$, &c. cette somme ne peut être que celle d'une infinité de differences toutes de l'ordre de $\frac{1}{\infty}$, mais en même temps, parce que les differences de ces Suites sont croissantes, & que par conséquent la difference de $n^{\frac{3}{\infty}}$ à $n^{\frac{2}{\infty}}$, par ex. est plus grande que celle de $n^{\frac{2}{\infty}}$ à $n^{\frac{1}{\infty}}$, $n^{\frac{3}{\infty}}$ infiniment peu different de $n^{\frac{2}{\infty}}$, en est plus different que $n^{\frac{2}{\infty}}$ de $n^{\frac{1}{\infty}}$, & à plus forte raison $n^{\frac{3}{\infty}} = 1$ est plus different de 1, que $n^{\frac{2}{\infty}} = 1$ n'en est different, ce qui revient à l'art. 263.

527. Si on donne à n les differentes valeurs successives 2, 3, 4, &c. on voit que dans les progressions $1, 2^{\frac{1}{\infty}}, 2^{\frac{2}{\infty}} = 4^{\frac{1}{\infty}}$, &c. $1, 3^{\frac{1}{\infty}}, 3^{\frac{2}{\infty}} = 9^{\frac{1}{\infty}}$, &c. $1, 4^{\frac{1}{\infty}}, 4^{\frac{2}{\infty}} = 16^{\frac{1}{\infty}}$, &c. les differences toûjours infiniment petites, & de l'ordre de $\frac{1}{\infty}$ dans chaque progression, sont toûjours plus grandes d'une progression à l'autre, & en effet la somme en est toûjours plus grande, puisque dans la 1re elle est $2 - 1$, dans la 2de $3 - 1$, dans la 3me $4 - 1$, &c. Donc à mesure que n est plus grand, les differences d'une progression à l'autre sont plus grandes. Donc si enfin $n = \infty$, les differences deviendront infiniment plus grandes qu'elles n'étoient, c'est-à-dire finies. Or alors on a $\div 1.\ \infty^{\frac{1}{\infty}}$, $\infty^{\frac{2}{\infty}}$, &c. $\infty^{\frac{\infty}{\infty}} = \infty$. Donc la difference de $\infty^{\frac{1}{\infty}}$ à 1 est finie, comme on l'a toûjours trouvée.

528. Quoi-que cette derniére progression n'appartienne pas à la consideration presente ... ce qu'elle a des termes de deux ordres, elle y est amenée par l'analogie qu'elle a avec toutes les précédentes où n étoit fini, & on y peut remarquer que comme elle a des termes de deux ordres, au lieu que les autres n'en avoient que d'un, aussi a-t-elle des differences de deux ordres, de Finies, & d'Infinies (310). Il est même impossible que la progression des differences ait des termes de plus de deux ordres, puisque la progression principale n'en a que de deux ordres. De plus la progression des differences doit avoir à son origine des differences finies (527), & par conséquent les autres seront infinies.

529. La Formule de la somme de la progression geometrique donnera pour toutes ces progressions, où $a = 1$, m ou le multiplicateur perpetuel $= n^{\frac{1}{\infty}}$, le nombre des termes $= \infty$, la somme $\frac{n-1}{n^{\frac{1}{\infty}}-1}$. Par exemple, si $n = 2$, c'est-à-dire, si la progression est 1, $2^{\frac{1}{\infty}}$, $2^{\frac{2}{\infty}}$, &c. 2, la somme est $\frac{1}{2^{\frac{1}{\infty}}-1}$. Or $2^{\frac{1}{\infty}} - 1 = \frac{1}{\infty}$ (351). Donc la somme est $1 \times \infty = \infty$. Si $n = 3$, la somme est $\frac{2}{3^{\frac{1}{\infty}}-1} = 2 \times \infty$, & ainsi des autres, d'où il suit que les sommes augmentent toûjours par les coëfficients 1, 2, &c. qui multiplient ∞. Mais il faut prendre garde que dans ces deux exemples, & par conséquent dans les autres, ∞ affecté des coëfficients 1, 2, &c. n'est pas le même. Car la difference de l'ordre de $\frac{1}{\infty}$ qui est entre $3^{\frac{1}{\infty}}$ & 1 est plus grande que celle du même ordre qui est entre $2^{\frac{1}{\infty}}$ & 1 (351), & par conséquent elles ne doivent pas être exprimées par le même $\frac{1}{\infty}$, mais la plus grande par $\frac{1}{\infty}$, & l'autre par $\frac{1}{\infty}$, d'où il suit que la somme de la progression où $n = 2$, étant $1 \times \infty$,

celle de la progression où $n = 3$, sera $2 \times \infty$, & que si ces sommes croissent par les coëfficients des Infinis qui y entrent, elles décroissent par les Infinis mêmes, de sorte qu'elles se tiennent à peu près dans l'égalité, ou du moins ne doivent point sortir de l'ordre de ∞. Et en effet quand $n = \infty$, la somme n'est encore que de cet ordre (313).

EXEMPLE III.

530. On a déja vû dans les art. 260, &c. 267, que la somme de la Suite $1^{\frac{1}{\infty}} = 1$, $2^{\frac{1}{\infty}}$, $3^{\frac{1}{\infty}}$, &c. $\infty^{\frac{1}{\infty}}$, est $= \infty$. *Suite pareille.*

Deux de ses termes consécutifs quelconques sont $n^{\frac{1}{\infty}}$ & $\overline{n+1}^{\frac{1}{\infty}}$, n étant successivement tous les nombres naturels.

La difference des deux 1ers termes 1 & $2^{\frac{1}{\infty}}$ est de l'ordre de $\frac{1}{\infty}$ (351), & cette difference doit toûjours ensuite aller en décroissant, parce que n & $n+1$ dont on tire la $\sqrt[\infty]{}$, different d'autant moins ou approchent d'autant plus de l'égalité, que n est plus grand. Donc la difference décroissante de $n^{\frac{1}{\infty}}$ & de $\overline{n+1}^{\frac{1}{\infty}}$ tend à devenir de l'ordre de $\frac{1}{\infty^2}$. Il est clair que comme elle suit le décroissement du rapport de 1 à n, elle ne doit changer d'ordre & tomber dans l'ordre inferieur, que quand 1 change d'ordre & devient infiniment petit par rapport à n. Or cela arrive dès que n est le moindre Infini possible, donc alors la difference de $n^{\frac{1}{\infty}}$ & de $\overline{n+1}^{\frac{1}{\infty}}$ devient infiniment petite par rapport à ce qu'elle étoit, ou de l'ordre de $\frac{1}{\infty^2}$. Et comme n n'est jamais infini que du 1er ordre, la difference ne tombe point au dessous de l'ordre de $\frac{1}{\infty^2}$.

531. Donc il y a dans cette Suite une infinité de differences de l'ordre de $\frac{1}{\infty}$, & une autre infinité beaucoup plus

grande de l'ordre de $\frac{1}{\infty}$, toutes décroissantes, dont la somme est $\infty^{\varphi} - 1$, & finie, comme on l'a toûjours trouvée, mais très petite.

532. Je suppose les differences continüement croissantes, ou décroissantes, comme j'ai supposé les Suites continüement croissantes. Il suit en general de tout ce qui a été dit, que les Suites originairement formées de termes Finis, ne sortent point de l'ordre du Fini, si elles n'ont que des differences infiniment petites, soit croissantes, comme celle de l'Ex. 2, soit décroissantes, comme celle de l'Ex. 3, ou si, comme celle de l'Ex. 1, elles n'ont qu'un nombre Fini de differences finies, soit croissantes, soit décroissantes, car dans tous ces cas la somme des differences ne peut être d'un ordre plus élevé que le Fini, & par conséquent le dernier terme, qui moins le premier est cette somme, ne peut être que Fini.

533. Et comme l'art. précédent comprend toutes les maniéres possibles dont une infinité de grandeurs peuvent ne faire qu'une somme finie, toute Suite qui ne sort point de l'ordre du Fini est dans quelqu'un de ces cas, & réciproquement.

Theorie generale pour l'ordre des sommes des Suites croissantes, qui s'élevent du Fini à un Infini quelconque.

534. Mais quand des Suites infinies s'élevent de 1 à ∞, ou en general à ∞^{n}, il n'est plus vrai que leurs sommes soient toûjours de l'ordre superieur à celui de leur dernier terme, & il s'agit de sçavoir de quel ordre elles seront.

Une Suite croissante ne peut jamais avoir une somme moindre, quant à l'ordre & à la grandeur, que lorsque son dernier terme seul est sa somme, & elle n'en peut jamais avoir une plus grande, quant à l'ordre, que quand elle est de l'ordre de ∞^{n+1}, mais alors cette somme est moindre, quant à la grandeur, que ∞^{n+1}, ou, ce qui est le même, elle est ∞^{n+1} affecté de quelque coëfficient qui le diminuë, car pour être ∞^{n+1} sans coëfficient qui le diminuât, il faudroit que la Suite ne fût formée que d'un nombre ∞ de ∞^{n}, ce qui est contre la supposition.

535. Afin qu'une Suite ait la plus grande ſomme poſſible, c'eſt-à-dire, qu'elle l'ait plus grande que toutes les Suites qui auront les mêmes extrêmes, & le même nombre ∞ de termes, ce qu'on ſouſentendra toûjours, il faut que ſa ſomme ſoit ∞^{n+1} affecté d'un coëfficient le plus approchant de 1 qu'il ſoit poſſible, ou qui diminuë le moins de grandeur ∞^{n+1}. Pour cela il faut que la Suite ait eu un nombre infini de ∞^n, & le plus grand poſſible, & de plus des Infinis d'ordres inferieurs dans le plus grand nombre infini poſſible, enfin le plus grand nombre poſſible de termes tous utiles à la ſomme. Or cela demande qu'elle ſéjourne infiniment, s'il ſe peut, dans chacun de ſes ordres, ou que du moins elle ſéjourne infiniment dans les derniers qui ſont les principaux pour la ſomme. Ces ſéjours infinis demandent que la Suite croiſſe lentement, ou, ce qui eſt le même, qu'elle n'ait que de petites differences, & de plus, comme les derniers ordres ſont les plus importants pour la ſomme, les differences y doivent être moindres, c'eſt-à-dire, qu'elles doivent être décroiſſantes, & le plus lentement décroiſſantes qu'il ſera poſſible, ſur-tout vers la fin.

536. Il eſt clair & par la raiſon des contraires, & par la nature même de la choſe, que les Suites à differences croiſſantes auront de moindres ſommes, & que celle qui les aura les plus croiſſantes vers ſa fin aura la moindre ſomme poſſible.

537. Le même ∞^n étant le dernier terme des Suites que l'on compare, & en même temps la ſomme conſtante de leurs differences qui ſont en même nombre, plus des differences ſont croiſſantes, & par conſéquent plus elles ſont grandes à l'extremité de la Suite, plus elles ſont petites à ſon origine, & réciproquement. De même plus des differences ſont lentement décroiſſantes vers l'extremité, plus elles ſont grandes à l'origine, & réciproquement.

538. Les differences croiſſantes ſont de deux eſpeces, elles le ſont ou *abſolument* & en même temps *relativement* aux termes dont elles ſont differences, ou abſolument, & non relativement.

Soient les quatre nombres 1, 2, 5, 13, dont les differences sont 1, 3, 8. Non seulement elles sont absolument croissantes, mais elles le sont relativement, ou selon une plus grande raison que les termes, car 3, la 2de de ces differences, a un plus grand rapport à 1 qui en est la 1re, que 2, le 2^{d} des termes à 1 qui en est le 1er. De même 8 a un plus grand rapport à 3, que 5 à 2. Ces differences sont absolument & relativement croissantes.

Soient les quatre termes 1, 3, 6, 10, dont les differences sont 2, 3, 4. Il est visible qu'elles sont croissantes selon une moindre raison que les termes. Elles sont absolument croissantes, & relativement décroissantes.

539. Puisqu'il y a des differences absolument croissantes & relativement décroissantes, à plus forte raison y en a-t-il qui soient absolument constantes & relativement décroissantes. Telles sont celles de toutes les progressions arithmetiques croissantes.

540. De même puisqu'il y a des differences absolument croissantes & relativement décroissantes, à plus forte raison y en a-t-il qui soient absolument croissantes, & relativement constantes. Telles sont celles de toutes les progressions geometriques croissantes, car elles sont toûjours en même raison que les termes.

541. Il est certain que les Suites à differences absolument décroissantes auront de plus grandes sommes que celles à differences absolument & relativement croissantes, & que ce seront là les deux *genres* extrêmes de Suites par rapport à la grandeur des sommes. Ainsi entre ces deux genres il s'en placera un moyen qui sera des Suites à differences absolument croissantes & relativement décroissantes. Elles auront des sommes moindres que celles du 1er genre, & plus grandes que celles du 3me. Car par rapport à la grandeur des sommes, le décroissement relatif des differences doit faire moins d'effet que le décroissement absolu, & plus que l'accroissement absolu. Il est aisé de s'imaginer ces trois genres ainsi rangés. 1, Suites à differences absolument décroissantes. 2, Suites à differences

differences relativement décroissantes, & absolument croissantes. 3, Suites à differences absolument & relativement croissantes. Les sommes vont toûjours diminüant.

542. La derniére Suite du 1er genre est celle dont les differences cessent d'être absolument décroissantes, & commencent à l'être relativement, & en même temps ne sont pas encore absolument croissantes comme seront celles de la Suite qui viendra après elle. C'est donc une progression arithmetique. Elle est la derniére du 1er genre, & la 1re du 2d, & le passage de l'un à l'autre.

543. De même la derniére du 2d genre & la 1re du 3me cessera d'avoir des differences relativement décroissantes, & ne les aura pas encore relativement croissantes, quoi-qu'elle les ait absolument croissantes, comme celles du 2d & 3me genre. Elle ne les aura donc ni relativement décroissantes, ni relativement croissantes, quoi-qu'absolument croissantes, & par conséquent elle les aura absolument croissantes, & relativement constantes, & sera une progression geometrique (540) qui fera le passage du 2d genre au 3me.

544. La progression arithmetique & la geometrique font chacune le passage d'un genre à un autre, parce qu'elles sont d'une nature unique & singuliére entre toutes les Suites, & qu'elles participent toûjours également de deux genres consécutifs, ce qui les met à l'extremité de l'un & à la tête de l'autre. Par la même raison elles doivent faire les autres passages qui sont à faire. Il s'en fait un des sommes de l'ordre de ∞^{n+1} à des sommes de l'ordre de ∞^{n}. Ce passage, qui est infini, ne doit se faire que dans le genre de Suites les plus opposées à celles dont les sommes sont de l'ordre de ∞^{n+1}. Or selon l'arrangement que nous supposons ici, les plus opposées à celles du 1er genre, qui ont certainement des sommes de l'ordre de ∞^{n+1}, sont les Suites du 3me genre. Donc ce passage se fait par une Suite de ce genre, & de plus par la progression geometrique qui en est la 1re, c'est-à-dire, que

toutes les Suites au dessus de la progression geometrique ont des sommes de l'ordre de ∞^{n+1}, & que cette progression & toutes les Suites au dessous n'ont que des sommes de l'ordre de ∞^{n}.

545. Il suit de-là que de toutes les Suites qui n'ont des sommes que de l'ordre de ∞^{n}, la progression geometrique est celle qui a la plus grande somme, & qu'après elle les sommes vont toûjours en décroissant, jusqu'à une derniére $= \infty^{n}$, la moindre possible.

546. La progression arithmetique est aussi placée dans un passage, mais qui n'a rapport qu'à la grandeur de sommes toutes de l'ordre de ∞^{n+1}. La somme de cette progression est toûjours $\frac{\infty^{n+1}}{2}$, ou, ce qui est le même, $\frac{1}{2}$ est un coëfficient constant qui affecte la somme de toute progression arithmetique comprise entre 1 & ∞^{n}, ce qu'il est très aisé de voir. Toute Suite qui sera au dessus d'elle, aura le ∞^{n+1} de sa somme affecté d'un coëfficient plus grand que $\frac{1}{2}$, mais toûjours moindre que 1, & toute Suite au dessous de la progression arithmetique & au dessus de la geometrique aura le ∞^{n+1} de sa somme, affecté d'un coëfficient moindre que $\frac{1}{2}$.

547. Pour sçavoir si une Suite a une somme de l'ordre de ∞^{n} ou de ∞^{n+1}, il ne faut donc que sçavoir si elle est au dessous ou au dessus de la progression geometrique, & si elle est au dessous, on sçait que sa somme de l'ordre de ∞^{n} est moindre que celle de cette progression (544). Si elle est au dessus, on sçait que sa somme de l'ordre de ∞^{n+1} est plus grande ou moindre que $\frac{\infty^{n+1}}{2}$ selon que la Suite est au dessus ou au dessous de la progression arithmetique. Il ne s'agit donc que de juger quelle est la situation d'une Suite donnée à l'égard de l'arithmetique & de la geometrique correspondantes, que l'on aura toûjours par les Regles connües. C'est ce

que nous allons faire, en donnant à n, exposant de ∞^n, ses differentes valeurs qui étoient demeurées indéterminées.

Nous avons toûjours supposé que ∞^n étoit sans coëfficient; c'est-à-dire, qu'il n'étoit ni $m\infty^n$, ni $\frac{\infty^n}{m}$. Cependant il est certain que des Suites peuvent s'élever à ∞^n ainsi affecté, mais ce coëfficient devant être fini, puisqu'autrement ∞^n changeroit d'ordre, il est clair que cela ne change rien à l'ordre des sommes, & que pour leur grandeur, il sera aisé d'y avoir égard. Mais il va être question principalement de l'ordre des sommes.

Ordre des sommes des Suites comprises entre 1 & ∞.

548. Comme les Suites que la Geometrie considere ne sont que celles qui sont originairement formées de termes Finis déterminables, & que si nous en avons consideré d'autres, ce n'a été que pour en venir à celles-là, nous allons y réduire toute cette Theorie, qui n'étoit que trop generale.

Lorsqu'une Suite est comprise entre 1 & ∞, on a déja les deux progressions *A* & *G* que l'on a tant vûës, ausquelles on la comparera. *A* est originairement toute formée de termes Finis déterminables, & *G* de termes Finis non déterminables, car quoi-que $\infty^{\frac{1}{\infty}}$, $\infty^{\frac{2}{\infty}}$, &c. soient finis, & ayent entr'eux des differences finies (527 & 528), on ne peut connoître leur valeur précise, parce que *G* n'ayant une somme que de l'ordre de ∞, & ses differences vers son extremité fort croissantes, quoi-que relativement constantes, elle a les differences de son origine si petites, que la premiére qui est $\infty^{\frac{1}{\infty}} - 1$, est indéterminable en petitesse (357), ce qui emporte que les suivantes soient de même nature. Donc les Suites qui seront au dessus de *G*, & qui par conséquent auront des sommes de l'ordre de ∞^2, auront à leur origine des differences finies plus grandes que des indéterminables en petitesse, donc ces differences seront déterminables, & les termes aussi dont elles seront differences, & réciproquement les Suites comprises entre 1 & ∞, & originairement formées de termes Finis déterminables seront au dessus de G, & auront des sommes de l'ordre de ∞^2.

549. Et comme les Suites au dessus de G peuvent être tant au dessus qu'au dessous de A, c'est-à-dire, avoir des differences ou décroissantes, ou croissantes, il suit que pourvû qu'elles soient originairement formées de termes Finis déterminables, elles ont toutes des sommes de l'ordre de ∞^2.

550. Il peut y avoir au dessus de A quelque Suite à differences absolument décroissantes, telle que seroit $\frac{nn+2n}{n+1}$, n étant successivement tous les nombres naturels, de sorte que pour $n=1$, on auroit $\frac{3}{2}$, 1er terme, pour $n=2$, $\frac{8}{3}$, ensuite $\frac{15}{4}$, $\frac{24}{5}$, &c. & la Suite, quoi-que commençant par un terme un peu plus grand que 1, se termineroit comme A par ∞, car on auroit $\frac{nn+2n}{n+1} = \frac{\infty^2+2\infty}{\infty+1} = \frac{\infty^2}{\infty} = \infty$. L'expression generale de la difference seroit $\frac{n^2+3n+3}{n^2+3n+2}$, qui donneroit pour les differences consécutives à l'origine de la Suite, $\frac{7}{6} = 1\frac{1}{6}$, $\frac{13}{12} = 1\frac{1}{12}$, $\frac{21}{20} = 1\frac{1}{20}$, &c. differences décroissantes. Il semble donc que la somme devroit être plus grande que celle de A. Mais il faut prendre garde que cette Suite vient bien-tôt à n'avoir que la même difference que A, car dès que n est un nombre naturel si grand, qu'étant quarré il devient infini, $\frac{n^2+3n+3}{n^2+3n+2}$ se réduit à $\frac{n^2}{n^2} = 1$. Or afin que les Suites ayent de plus grandes sommes en vertu de leurs differences absolument décroissantes, il faut, comme on a vû, que ces differences absolument décroissantes, le soient jusqu'au bout, parce que c'est principalement à l'extremité qu'il en résulte un plus grand nombre de grands termes & de l'ordre superieur. Ici il est visible que les grandeurs $\frac{1}{6}$, $\frac{1}{12}$, $\frac{1}{20}$, &c. dont les differences de cette Suite excedent 1, ne peuvent faire qu'une somme finie, parce qu'elles ne regnent que dans une étenduë finie, ou jusqu'aux Finis indéterminables. De plus cette somme ne peut être que fort petite, & elle disparoît devant la somme infinie des Unités.

551. Par le même raisonnement, mais renversé, si l'on fait la Suite $\frac{n^2+1}{n+1}$ qui sera $1, \frac{5}{3}, \frac{10}{4}, \frac{17}{5}$, &c. terminée par ∞, & dont les differences à l'origine seront $\frac{2}{3}, \frac{5}{6}, \frac{9}{10}$, &c. & par conséquent croissantes, elle sera, si l'on veut, au dessous de *A*, mais elle n'en aura pas une moindre somme, car $\frac{n^2+n-1}{n^2+n}$, expression generale de la difference, deviendra $=1$ dès les premiers Finis indéterminables.

552. *A* est la seule Suite originairement formée de nombres entiers déterminables, comprise entre 1 & ∞, & nulle autre pareille, quoi-que fractionnaire, ne peut avoir une plus grande, ou une moindre somme, de sorte qu'il n'y a proprement aucune Suite pareille, qui soit au dessus, ni au dessous de *A*.

553. Il n'en va pas de même de *G*, qui lui est toûjours opposée, & pour voir qu'il y a quelque Suite au dessous de *G*, & dont la somme est moindre, il n'y a qu'à se souvenir de $A^{\frac{a}{\infty}}$ des art. 292 & 293, qui est $1^{\frac{1}{\infty}}=1, 2^{\frac{2}{\infty}}, 3^{\frac{3}{\infty}}$ &c. $\infty^{\frac{\infty}{\infty}}=\infty$. Les differences de son origine sont infiniment petites (350 & 351) & fort croissantes, puisqu'elles commencent par $\frac{1}{\infty}$, & font une somme $=\infty$. De plus elles sont, selon que le demande la Theorie presente, croissantes selon une plus grande raison que les termes, car les termes de l'origine, qui sont finis, ne prennent des accroissements que de l'ordre qui leur est inferieur, & les differences en prennent de leur ordre. Aussi la somme de $A^{\frac{a}{\infty}}$ est-elle moindre que celle de *G*, ce qu'on peut voir ainsi.

$\infty^{\frac{1}{\infty}}$, 2[d] terme de *G*, est plus grand que $2^{\frac{2}{\infty}}=4^{\frac{1}{\infty}}$, 2[d] terme de $A^{\frac{a}{\infty}}$, ce qui est clair de soi-même, & de plus $\infty^{\frac{1}{\infty}}$ differe finiment de 1, & $4^{\frac{1}{\infty}}$ infiniment peu. De même $\infty^{\frac{a}{\infty}} > 3^{\infty}$, &c. Enfin le penultiéme terme de G est $\infty^{\frac{\infty-1}{\infty}}$; car le dernier terme ∞ est à ce penultiéme :: $\infty^{\frac{1}{\infty}} . 1$, ce qui donne pour ce penultiéme $\frac{\infty}{\infty^{\frac{1}{\infty}}} = \infty^{\frac{\infty-1}{\infty}}$. Le penultiéme terme de $A^{\frac{a}{\infty}}$ est $\overline{\infty-1}^{\frac{\infty-1}{\infty}}$, donc il est moindre que le penultiéme de G, ou tout au plus égal. Donc jusque-là tous les termes moyens de $A^{\frac{a}{\infty}}$ sont moindres que ceux de G, donc la somme de $A^{\frac{a}{\infty}}$ moindre que celle de G.

554. Toutes nos connoissances exactes & complettes ne roulent qu'autour de A, & tout ce qui est analogue à G nous échappe pour la plus grande partie.

Ordre des sommes des Suites comprises entre 1 & ∞^2.

555. Considerons maintenant toutes les Suites possibles comprises entre 1 & ∞^2, & toûjours composées d'un nombre de termes $= \infty$. Selon la Theorie presente, il y aura une progression arithmetique qui aura une somme de l'ordre de ∞^3, & la plus grande somme possible entre toutes les Suites à differences croissantes, & il y aura au dessous d'elle, dans cette même espece de Suites à differences croissantes, une progression geometrique qui n'aura une somme que de l'ordre de ∞^2, mais la plus grande de toutes celles de cet ordre.

La progression arithmetique est $\div$ 1. $1 + \infty = \infty$. 2∞. 3∞, &c. $\infty \times \infty = \infty^2$. La geometrique est $\div\div$ 1. $\infty^{\frac{2}{\infty}} = \infty^{\frac{2\times 1}{\infty}}$. $\infty^{\frac{2\times 2}{\infty}}$. $\infty^{\frac{2\times 3}{\infty}}$, &c. $\infty^{\frac{2\infty}{\infty}} = \infty^2$. La somme de l'arithmetique est $\frac{\infty^3}{2}$, & celle de la geometrique $\frac{\infty^2}{\infty^{\frac{2}{\infty}} - 1}$.

Puisque $\infty^{\frac{1}{\infty}} = 1 + \frac{1}{x}$, x étant un Fini indéterminable en grandeur (357), on a $\infty^{\frac{2}{\infty}} = \frac{xx+2x+1}{xx}$, & $\infty^{\frac{2}{\infty}} - 1 = \frac{2x+1}{xx}$. Donc $\frac{\infty^2}{\infty^{\frac{2}{\infty}} - 1} = \frac{xx\infty^2}{2x+1} = \frac{x\infty^2}{2}$ à très peu près. Donc cette somme n'est que de l'ordre de ∞^2.

556. En même temps $\infty^{\frac{2}{\infty}} - 1$, premiére difference de la progression geometrique, est un Fini indéterminable en petitesse, dont le quarré $1 - 2\infty^{\frac{2}{\infty}} + \infty^{\frac{4}{\infty}}$ est de l'ordre de $\frac{1}{\infty}$. Car en procedant comme dans l'art. 357, on trouvera que $2\infty^{\frac{2}{\infty}} - \infty^{\frac{4}{\infty}} = \overline{1 + \frac{1}{x}}^2 \times 2 - \overline{1 + \frac{1}{x}}^4$ est $= 1 - \frac{4}{x^2} - \frac{4}{x^3} - \frac{1}{x^4} = 1 - \frac{4}{x^2}$, car $\frac{1}{x^4}$ disparoît devant $\frac{4}{x^2}$, puisque x^4 est x^2 infini du 1er ordre multiplié par lui-même, & $\frac{4}{x^3}$ où x^3 est x^2 infini multiplié par x fini, est quelque Infiniment petit radical moyen entre $\frac{1}{\infty}$ & $\frac{1}{\infty^2}$, & qui disparoît devant $\frac{1}{\infty}$. Donc $1 - 2\infty^{\frac{2}{\infty}} + \infty^{\frac{4}{\infty}} = 1 - 1 + \frac{4}{x^2} = \frac{4}{x^2} = \frac{4}{\infty}$.

557. S'il y a des Suites qui ayent dans l'ordre de ∞^3 de plus grandes sommes que la progression arithmetique, comprise entre 1 & ∞^2, car elles ne peuvent jamais avoir des sommes d'un ordre plus élevé, elles seront au dessus de cette progression arithmetique, & auront des differences décroissantes, & par conséquent de plus grandes differences à leur origine que cette progression, dont la difference constante est ∞. Elles ne seroient donc pas originairement formées de termes Finis déterminables. Donc toutes celles qui seront originairement formées de termes de cette nature, seront au dessous de la progression arithmetique. En même temps elles seront au dessus de la geometrique, dont les differences de l'origine sont Finies indéterminables en petitesse,

puisque $\infty^{\frac{2}{\infty}} - 1$, première différence de cette progression (556), est indéterminable en petitesse. Donc toutes les Suites comprises entre 1 & ∞^2, & originairement formées de termes Finis déterminables, ont des sommes de l'ordre de ∞^3, mais moindres que celle de la progression arithmetique.

558. En effet on a vû que A^2, qui est 1, 4, 9, 16, &c. ∞^2, a une somme qui est ∞^3 divisé par un plus grand nombre que 2 (212). Or la somme de la progression arithmetique est $\frac{\infty^3}{2}$. On peut remarquer pour confirmation de cette Theorie, que les differences de A^2, qui sont les nombres impairs, 3, 5, 7, &c. sont croissantes selon une moindre raison que les termes, ce qui la place entre la progression arithmetique & la geometrique.

559. Quoi-que la progression arithmetique n'ait, horsmis son 1er terme, que des Infinis, qui par conséquent sont tous inexprimables ou indéterminables, les rapports de ces Infinis, du moins à l'origine, sont tous Finis & exprimables, ou déterminables, & au contraire la progression geometrique n'a que des termes tous inexprimables & indéterminables, lors même qu'ils sont Finis, & dont les rapports le sont pareillement. Cela met encore une difference d'espece entre les deux progressions, & de-là vient que les Suites originairement formées de termes Finis déterminables n'ont d'analogie ou d'affinité qu'avec les progressions arithmetiques correspondantes; c'est-à-dire, comprises entre les mêmes extrêmes, & composées du même nombre de termes, & non avec les geometriques pareillement correspondantes.

560. La somme de la progression geometrique comprise entre 1 & ∞, étant $x\infty$, & celle de la progression comprise entre 1 & ∞^2, étant $x\infty^2$ divisé par 2, ou par un nombre de très peu plus grand (555), celle de la 2de n'est pas tout-à-fait une moitié de son Infini, au lieu que celle de la 1re est son Infini entier.

Ordre des 561. Il en ira de même des Suites comprises entre 1 & ∞^3.

∞^3. La difference constante de la progression arithmetique sera ∞^2, le multiplicateur perpetuel de la geometrique $\infty^{\frac{3}{\infty}}$, la somme de l'arithmetique $\frac{\infty^4}{2}$, & celle de la geometrique $\frac{\infty^3}{\infty^{\frac{3}{\infty}}-1}$, d'où l'on voit d'abord que la somme de la 1re étant toûjours $\frac{1}{2}$ de son Infini, celle de la 2de sera toûjours une moindre partie du sien, car $\infty^{\frac{3}{\infty}}-1 > \infty^{\frac{2}{\infty}}-1$, ce qui donnera pour la somme de la geometrique $x\infty^3$ divisé par quelque nombre plus grand que 2. On voit aussi, par tout ce qui a été dit, que les Suites originairement formées de termes Finis déterminables, comme A^3 (214), seront entre ces deux progressions, & auront des sommes de l'ordre de ∞^4, mais moindres que $\frac{\infty^4}{2}$, selon ce qui a été dit de A^3 (223). *Sommes des Suites comprises entre 1 & ∞^3.*

562. Il est assés clair, & on peut s'en assûrer encore plus en détail, que ce sera toûjours la même chose de toutes les Suites comprises entre 1 & ∞^n, n étant fini. Donc toutes les Suites originairement formées de termes Finis déterminables, & comprises entre 1 & ∞^n, n étant fini, auront des sommes de l'ordre de ∞^{n+1}. *Ordre des sommes des Suites comprises entre 1 & ∞^n.*

563. La difference constante, & par conséquent celle des deux 1ers termes de la progression arithmetique quelconque, comprise entre 1 & ∞^n, est ∞^{n-1}, ce qui subsiste, lors même que $n=1$, car alors $\infty^{n-1}=\infty^{1-1}=\infty^0=1$. Et dès que $n=2$, la difference de la progression arithmetique est $=\infty$. La difference des deux 1ers termes de la progression geometrique correspondante est $\infty^{\frac{n}{\infty}}-1$. Or on a trouvé (310) qu'en donnant à n toutes ses differentes valeurs successives, il y a une infinité de $\infty^{\frac{n}{\infty}}$ finis, & à

plus forte raison, de $\infty^{\frac{n}{\infty}}-1$. De plus le premier des $\infty^{\frac{n}{\infty}}-1$ est $\infty^{\frac{1}{\infty}}-1$, quantité finie, mais indéterminable en petitesse, ce qui détermine l'accroissement des $\infty^{\frac{n}{\infty}}-1$ à être fort lent. Enfin on a vû (285) que $3^{\frac{n}{3}} > \infty^{\frac{n}{\infty}}$, ce qui tient toûjours les $\infty^{\frac{n}{\infty}}$ dans une assés grande petitesse, & encore plus les $\infty^{\frac{n}{\infty}}-1$; car si, par ex. $n=3$, on a $3>\infty^{\frac{3}{\infty}}$, si $n=6$, $9>\infty^{\frac{6}{\infty}}$, &c. & par conséquent $2>\infty^{\frac{3}{\infty}}-1$, $8>\infty^{\frac{6}{\infty}}-1$, &c. D'un autre côté les Suites originairement formées de termes Finis déterminables ont les differences de leurs deux 1ers termes beaucoup plus grandes que ces $\infty^{\frac{n}{\infty}}-1$; par ex. si $n=3$, la difference des deux 1ers termes de A^3 est 7, beaucoup plus grand que 2, si $n=6$, la difference des deux 1ers termes de A^6 est 63, beaucoup plus grand que 8, &c. Or les Suites comprises entre 1 & ∞^n, étant rangées selon la grandeur de leurs sommes décroissantes, & par conséquent les differences d'une Suite étant plus croissantes que celles de la précédente, ou, ce qui revient au même, les differences de l'origine étant plus petites dans une Suite que dans la précédente, il suit de tout ce qui vient d'être dit, que dès que $n=2$, les differences de l'origine des Suites originairement formées de termes Finis déterminables, sont plus petites que celles de la progression arithmetique, & plus grandes que celles de la progression geometrique, que par conséquent ces Suites sont placées entre ces deux progressions, & que cela dure au moins tant que n est fini. Mais quand $n=\infty$, la difference de la progression arithmetique est $\infty^{\infty-1}$, & la 1re difference de la geometrique est $\infty^{\frac{\infty}{\infty}}-1=\infty$, & par conséquent il n'y a aucune Suite à differences finies, ou originairement formée de termes Finis déterminables, qui puisse se placer entre ces deux progressions. Donc s'il y a quelque Suite de cette nature comprise entre 1 & ∞^∞, elle est au dessous de la progression geometrique.

564. La propression arithmetique est $\div 1 . 1+\infty^{\infty-1} = \infty^{\infty-1} . 2\infty^{\infty-1}$, &c. $\infty \times \infty^{\infty-1} = \infty^\infty$, dont la somme est $\frac{\infty^{\infty+1}}{2}$, & la geometrique est $\div\div 1 . \infty . \infty^2$, &c. ∞^∞, dont la somme est ∞^∞. Entre les mêmes extrêmes est A^a originairement formée de termes Finis déterminables, qui est 1^1, 2^2, 3^3, &c. ∞^∞ (282). Selon l'art. précédent, A^a est au dessous de la progression geometrique, & par conséquent elle devroit avoir une moindre somme, cependant elle a précisément la même (283). Mais cela vient de ce que la progression geometrique ayant la moindre somme possible, puisque ce n'est que son dernier terme, A^a n'en peut jamais avoir une moindre. En ce cas-là le dernier terme seul faisant la somme, & étant le même en deux Suites, tous les termes qui le précédent dans l'une & dans l'autre, quelque differents qu'ils soient, ne sont plus à considerer, ainsi qu'ils l'étoient lorsque *n* étoit fini. Et ce qui marque bien que si ce n'étoit cela, la somme de A^a seroit moindre que celle de la progression geometrique, c'est qu'en prenant un nombre fini quelconque de termes de A^a, on en trouvera la somme moindre, & même infiniment moindre que celle d'un même nombre de termes de la progression, ou plustôt que le dernier de ce nombre de termes qui fera seul la somme. Ainsi 32, somme des trois 1ers termes de A^a, est infiniment moindre que ∞^3, somme des trois 1ers termes, ou 3me terme de la progression.

565. On voit par-là que les sommes de Suites comprises entre 1 & ∞^n, & originairement formées de termes Finis

déterminables, se sont toûjours d'autant plus approchées de la somme de la progression geometrique que n fini a été plus grand, jusqu'à ce qu'enfin n étant $=\infty$, ces sommes soient devenües égales à celle de cette progression. En effet on a vû dans les A^n qu'à mesure que n étoit plus grand, les sommes étoient ∞^{n+1} divisé par un plus grand nombre (227), ce qui approchoit toûjours de plus en plus ∞^{n+1} de ∞^n.

566. D'un autre côté les sommes des progressions geometriques comprises entre 1 & ∞^n, ayant été pour $n=1$, $\kappa\infty$, pour $n=2$, $\frac{\kappa\infty^2}{2}$, & enfin pour $n=\infty$, ∞^∞, on voit qu'elles ont toûjours dû être le dernier terme de la progression multiplié par un même nombre, & divisé d'abord par un nombre beaucoup plus petit que ce multiplicateur, mais croissant, de sorte que le diviseur est enfin devenu égal au multiplicateur. Ainsi ces sommes ont toûjours été des Infinis plus élevés, mais décroissants chacun dans son ordre. Tous ces décroissements de sommes dans leurs ordres viennent, selon ce qui a été dit ici assés souvent, de ce qu'il y a eu toûjours moins de termes utiles à la somme.

567. Entre 1 & ∞^∞ est encore la Suite A^∞, 1^∞, 2^∞, 3^∞, &c. ∞^∞ (228). Il saute aux yeux que les differences de son origine qui sont les termes mêmes, 2^∞, 3^∞, &c. étant plus grandes que ∞, ∞^2, &c. (235, 239), differences correspondantes de la progression geometrique, A^∞ doit être au dessus de cette progression, & sa somme plus grande, & c'est aussi ce qu'on a trouvé (245).

Ordre des sommes des Suites comprises entre 1 & $\infty^{\frac{1}{n}}$.

568. Soient maintenant les Suites infinies comprises entre 1 & $\infty^{\frac{1}{n}}$. Si $n=2$, ce qui est ici sa moindre valeur possible, on a la $\div$ 1. $1+\frac{1}{\infty^{\frac{1}{2}}}$. $1+\frac{2}{\infty^{\frac{1}{2}}}$. $1+\frac{3}{\infty^{\frac{1}{2}}}$, &c. $1+\frac{\infty}{\infty^{\frac{1}{2}}}=1+\infty^{\frac{1}{2}}=\infty^{\frac{1}{2}}$. Et la $\div\!\div$ $1.\infty^{\frac{1}{2\infty}}$.

$\infty^{\frac{2}{200}} = \infty^{\frac{1}{\infty}} . \infty^{\frac{3}{200}}$, &c. $\infty^{\frac{\infty}{200}} = \infty^{\frac{1}{2}}$. La somme de la 1re est $\frac{\infty^{\frac{3}{2}}}{2}$, & la somme de la 2^de^ $\frac{\infty^{\frac{1}{2}}}{\infty^{\frac{1}{200}} - 1}$. La somme de la 1re est de l'ordre le plus élevé qu'elle puisse être, car elle est de l'ordre de $\infty^{\frac{3}{2}} = \infty^{\frac{1}{2}+1}$, or nulle Suite ne peut avoir une somme d'un ordre plus élevé que celui qui est immédiatement superieur à son dernier terme.

La difference constante de la progression arithmetique est infiniment petite, puisqu'elle est $\frac{1}{\infty^{\frac{1}{2}}}$, & la 1re difference de la progression geometrique est encore plus petite par la nature de ces deux progressions. Donc il n'y a entr'elles aucune Suite originairement formée de termes Finis déterminables, & qui par conséquent auroit des differences finies. Donc toute Suite de cette nature est au dessus de la progression arithmetique, & a une plus grande somme. Or elle n'en peut avoir une d'un ordre plus élevé, donc elle l'a seulement plus grande dans l'ordre de $\infty^{\frac{3}{2}}$.

En effet on a trouvé (258) que $A^{\frac{1}{2}}$, qui est $1^{\frac{1}{2}}$, $2^{\frac{1}{2}}$, &c. $\infty^{\frac{1}{2}}$, & qui a des differences finies, a une somme plus grande que $\frac{\infty^{\frac{3}{2}}}{2}$. Aussi $A^{\frac{1}{2}}$ a-t-elle des differences absolument décroissantes, comme l'on verra aisément, car les $\sqrt{}$ commensurables consécutives, telles que $\sqrt{1}$, $\sqrt{4}$, $\sqrt{9}$, &c. n'ayant toutes que 1 pour difference, cet intervalle est toûjours partagé en un plus grand nombre de parties par les $\sqrt{}$ incommensurables intermediaires.

569. Il en ira de même des Suites comprises entre 1 & $\infty^{\frac{1}{3}}$, dont la ÷ est 1. $1 + \frac{1}{\infty^{\frac{2}{3}}}$. $1 + \frac{2}{\infty^{\frac{2}{3}}}$, &c. $1 + \frac{\infty}{\infty^{\frac{2}{3}}} = \infty^{\frac{1}{3}}$. Et la ÷÷ est 1. $\infty^{\frac{1}{300}}$. $\infty^{\frac{2}{300}}$, &c. $\infty^{\frac{\infty}{300}}$

$= \infty^{\frac{1}{3}}$. La somme de la 1re est $\frac{\infty^{\frac{4}{3}}}{2}$, & celle de la 2de $\frac{\infty^{\frac{1}{3}}}{\infty^{\frac{1}{3\infty}} - 1}$. Il est aisé de voir que la difference de la progression arithmetique étant infiniment petite, & même infiniment plus petite que celle de la progression arithmetique comprise entre 1 & $\infty^{\frac{1}{2}}$; & la 1re difference de la progression geometrique encore plus petite que celle de l'arithmetique, il n'y aura point de Suites telles que $A^{\frac{1}{3}}$ (259) originairement formées de termes Finis déterminables, qui n'ayent une plus grande somme que $\frac{\infty^{\frac{4}{3}}}{2}$, quoi-que du même ordre.

570. Il en ira toûjours de même, & à plus forte raison des Suites originairement formées de termes Finis déterminables, comprises entre 1 & $\infty^{\frac{1}{n}}$, à mesure que n croîtra, & tant qu'il sera fini. Donc toutes ces Suites ont des sommes de l'ordre de $\infty^{\frac{1}{n}+1} = \infty^{\frac{n+1}{n}}$.

On pourroit suivre cette Theorie jusqu'à $n = \infty$, ce qui feroit voir l'analogie des Suites décroissantes depuis celles qui seroient comprises entre 1 & $\infty^{\frac{1}{2}}$, jusqu'à celles qui seroient entre 1 & $\infty^{\frac{1}{\infty}}$, & produiroit quelques remarques particuliéres, mais ce seroit une curiorisité inutile, quant à present.

Ordre des sommes des Suites comprises entre 1 & $\infty^{\frac{m}{n}}$ où $m > n$.

571. Il est clair que toutes les Suites comprises entre 1 & $\infty^{\frac{3}{2}}$ ou $\infty^{\frac{4}{3}}$, &c. & en general entre 1 & $\infty^{\frac{m}{n}}$, m étant plus grand que n, sont de l'espece de celles qui sont entre 1 & ∞^2 ou ∞^3, &c. comme toutes celles qui sont entre 1 & $\infty^{\frac{2}{3}}$, ou $\infty^{\frac{3}{4}}$, &c. & en general entre 1 & $\infty^{\frac{n}{m}}$ sont de l'espece de celles qui sont entre 1 & $\infty^{\frac{1}{2}}$ ou $\infty^{\frac{1}{3}}$, &c.

Donc toutes les Suites originairement formées de termes Finis déterminables, & comprises entre 1 & ∞ élevé à quelque puissance finie que ce soit, parfaite, ou imparfaite, & dont les differences sont continuëment croissantes ou décroissantes, ont une somme de l'ordre immédiatement superieur à celui de leur dernier terme, ou de l'ordre de ∞^{n+1}; n étant un nombre fini quelconque entier ou rompu, & ∞^n leur dernier terme.

572. Toutes les A^n dont on a vû dans la Sect. III, que la somme étoit de l'ordre de ∞^{n+1}, n étant fini, sont autant d'exemples de cette Theorie, mais comme elle est devenuë plus generale, il sera bon d'en donner encore quelques autres nouveaux.

Application de la Theorie aux nombres Poligones.

EXEMPLE I.

Il est démontré sur les Nombres Poligones que n étant un nombre naturel quelconque,

le n^{me} Triangulaire est . . . . . . $\frac{nn+n}{2}$.

Quarré . . . . nn.

Pentagone . . . . $\frac{3nn-1n}{2}$.

Exagone . . . . $\frac{4nn-2n}{2}$.

Eptagone . . . . $\frac{5nn-3n}{2}$, &c.

D'où il suit que le dernier des Naturels étant ∞,

le dernier des Triangulaires est . . . $\frac{\infty^2}{2} = \frac{1\infty^2}{2}$.

des Quarrés . . . . $\infty^2 = \frac{2\infty^2}{2}$.

des Pentagones . . . . . $\frac{3\infty^2}{2}$.

des Exagones . . . . . . $\frac{4\infty^2}{2}$.

des Eptagones . . . . . . $\frac{5\infty^2}{2}$, &c.

Et par conséquent selon la Theorie presente, la somme d'une Suite infinie de Poligones quelconques sera de l'ordre de ∞^3.

En effet il est démontré dans l'art. 10, de la 2de Edit. de l'*Essai d'Analise sur les Jeux de Hazard,* que la somme d'un nombre quelconque de nombres Poligones quelconques est $\frac{n^3-n\times a}{6}+\frac{n^2+n}{2}$, en prenant $a=1$, s'il s'agit des Triangulaires, $a=2$ pour les Quarrés, $a=3$ pour les Pentagones, &c. & n étant le nombre des termes, dont on cherche la somme.

D'où il suit que si $n=\infty$,

La somme infinie des Triangulaires est . . . $\frac{1\infty^3}{6}$.

des Quarrés . . . . $\frac{2\infty^3}{6}$.

des Pentagones . . . . . . $\frac{3\infty^3}{6}$, &c.

573. Toutes ces sommes sont en progression arithmetique, aussi-bien que les derniers termes des differents ordres consécutifs de Poligones rangés de suite, & même que tous leurs n^{mes} termes, comme il sera aisé de le voir.

574. Les multiplicateurs des sommes, toutes de l'ordre de ∞^3, des Poligones finis, augmentent toûjours, leur diviseur demeurant le même, parce qu'à mesure que ces Poligones sont plus grands, les Suites ont un moindre nombre de termes Finis, & un plus grand d'Infinis. Et comme ces Poligones ne passent point ∞^2, ils n'ont des Infinis que de deux ordres, & tous utiles à la somme.

575. Si entre les deux extrêmes d'une Suite de Poligones finis quelconques, on fait une progression arithmetique d'un même nombre de termes, on trouvera toûjours sa somme plus grande que celle de la Suite de Poligones, & même dans le rapport constant de 3 à 2. Aussi les Suites de Poligones ont-elles des differences absolument croissantes, qui ne sont que relativement décroissantes. Et pareillement une progression

sion geometrique aura toûjours une somme de l'ordre de ∞^2, selon que le demande la Theorie presente.

EXEMPLE II.

576. On a dans l'art. 126, les derniers termes de toutes les Suites des Nombres Figurés. Or c'est une proprieté de ces nombres, que le n^{me} terme d'un ordre de Figurés quelconque est égal à la somme des n premiers termes de l'ordre immédiatement inferieur. Par exemple, 10, 4me terme des Triangulaires, est égal à la somme des 4 premiers Naturels. *Application aux Figurés.*

Donc n étant $= \infty$,

La somme des Triangulaires est . . . . $\frac{\infty^3}{6}$.

des Pyramidaux . . . . $\frac{\infty^4}{24}$.

des Triang. pyramidaux . . . . $\frac{\infty^5}{120}$, &c.

D'où l'on voit que ces sommes sont toûjours de l'ordre superieur au dernier terme de la Suite.

577. En même temps que d'un ordre de Figurés au suivant ces sommes s'élevent toûjours d'un ordre d'Infini, elles sont de moindres Infinis dans leur ordre. Cela vient 1° de ce que ces Suites terminées par des Infinis toûjours d'ordres superieurs, le sont par de moindres Infinis dans ces ordres; mais 2° elles ont toûjours un plus grand nombre de differents ordres, & par conséquent moins d'Infinis de leur dernier ordre, qui sont les principaux pour la somme, & d'ailleurs elles ont aussi plus de termes inutiles à la somme. C'est par cette raison que l'Infini de leur somme a un plus grand diviseur que l'Infini, qui est leur dernier terme.

578. D'une Suite à l'autre les Poligones se terminent toûjours à un Infini du même ordre, & croissant de grandeur, & les Figurés à des Infinis croissants d'ordre & décroissants de grandeur. Les sommes sont de même, & en partie parce que tels sont les derniers termes, mais de plus les

sommes des Figurés sont décroissantes de grandeur, parce que le nombre de leurs differents ordres est croissant.

579. Par la formation des Poligones & des Figurés, les differences des uns & des autres sont croissantes dans chaque Suite, & plus croissantes dans une Suite que dans l'inferieure, mais beaucoup plus croissante dans une Suite de Figurés que dans une Suite correspondante de Poligones, excepté la Suite des Triangulaires, qui est en même temps Suite de Poligones & de Figurés. Cette consideration des differences poussée plus loin, s'accordera avec tout ce qu'on a établi dans la Theorie generale.

Détermination précise de la somme de toutes les Suites A^n.

580. Il est démontré dans l'art. 13 de l'*Analise des Jeux de Hazard*, qu'un nombre quelconque de Nombres naturels étant n, la somme de ces nombres depuis 1 jusqu'à n inclusivement élevés au quarré est . . . . $\frac{2n^3+3n^2+n}{6}$.

au cube . . . . . . $\frac{n^4+2n^3+n^2}{4}$.

au quarré-quarré $\frac{6n^5+15n^4+10n^3-n}{30}$, &c.

D'où il suit que n étant $=\infty$, la somme des nombres Naturels élevés au quarré est . . . . $\frac{2\infty^3}{6}=\frac{\infty^3}{3}$.

au cube . . . . $\frac{\infty^4}{4}$.

à la 4me puissance. . . . . . $\frac{6\infty^5}{30}=\frac{\infty^5}{5}$.

à la 5me . . . . $\frac{\infty^6}{6}$, &c.

Et en general n étant une puissance parfaite, la somme des nombres Naturels élevés à n est $\frac{\infty^{n+1}}{n+1}$, ce qui donne, outre l'ordre que l'on avoit déja, une valeur précise que l'on n'avoit pas.

En attendant cette détermination précise, on avoit prouvé *a priori*, dans les art. 212, 223, 226, 227, que la somme de A^2 étoit une partie de son Infini moindre que $\frac{1}{2}$, & en effet elle en est $\frac{1}{3}$, que celle de A^3 étoit une partie de son Infini moindre que $\frac{1}{3}$, & en effet elle en est $\frac{1}{4}$, &c.

581. La somme des nombres Naturels non élevés est aussi comprise dans la Formule $\frac{\infty^{n+1}}{n+1}$, car alors étant élevés à 1, leur somme $\frac{\infty^2}{2} = \frac{\infty^{1+1}}{1+1}$. Et même la somme des mêmes nombres élevés à 0 y est comprise aussi, car elle est $\frac{\infty^{0+1}}{0+1} = \frac{\infty^1}{1} = \infty$, somme des Unités. Et tous les nombres naturels ne sont alors que des Unités.

582. La somme de toute A^n où n est un entier, étant donc $\frac{\infty^{n+1}}{n+1}$, il s'agit de sçavoir si cela aura encore lieu, quand n sera une fraction ou $\frac{1}{n}$, c'est-à-dire, si la somme de $A^{\frac{1}{n}}$ sera $\frac{\infty^{\frac{1}{n}+1}}{\frac{1}{n}+1} = \frac{n\infty^{\frac{n+1}{n}}}{n+1}$. *Détermination de la somme des* $A^{\frac{1}{n}}$, *& en general des* $A^{\frac{n}{m}}$, *ou* $A^{\frac{m}{n}}$.

En donnant à n, dénominateur de $\frac{1}{n}$, ses deux valeurs extrêmes 1 & ∞, la premiére des $A^{\frac{1}{n}}$ est $A^{\frac{1}{1}} = A$, dont la somme est $\frac{\infty^2}{2} = \frac{1\infty^{\frac{1+1}{1}}}{1+1}$. Et la derniére des $A^{\frac{1}{n}}$ est $A^{\frac{1}{\infty}}$, dont la somme, si la Formule presente lui convient, sera $\frac{\infty \times \infty^{\frac{\infty+1}{\infty}}}{\infty+1} = \frac{\infty^2}{\infty} = \infty$. Or c'est là effectivement la somme de $A^{\frac{1}{\infty}}$ (267). Donc puisque la Formule convient aux deux extrêmes des $A^{\frac{1}{n}}$, elle convient à toutes les moyennes, selon l'art. 123, car on a vû dans toute la Sect. III, que le cours des $A^{\frac{1}{n}}$, comparées les unes aux autres, aussi-bien que celui des A^n, étoit très uniforme, & que toutes leurs autres propriétés croiſſantes ou décroiſſantes ne faiſoient que croître ou décroître toûjours des unes aux autres.

583. On peut prouver encore ainſi la même choſe. n entier eſt $= \frac{n}{1}$. Donc la Formule de la ſomme des A^n eſt $\infty^{\frac{n+1}{1}}$ diviſé par $\frac{n+1}{1}$, ou multiplié par $\frac{1}{n+1}$, c'eſt-à-dire $\frac{1\infty^{\frac{n+1}{1}}}{n+1}$. Donc quand n ſera une vraye fraction, ou $\frac{1}{n}$, il faudra faire la même operation, & on aura $\frac{n\infty^{\frac{n+1}{n}}}{n+1}$.

Et en effet, ſi n entier eſt, par ex. 3, il peut être exprimé par $\frac{6}{2}$, & alors on a pour la ſomme de A^3, $\frac{\infty^{\frac{6}{2}+1}}{\frac{6}{2}+1} = \frac{2\infty^{\frac{8}{2}}}{8} = \frac{\infty^4}{4}$, d'où l'on voit que quand l'Infini, qui exprime l'ordre d'une ſomme, a un expoſant fractionnaire, il faut, pour la valeur préciſe de la ſomme, multiplier l'Infini par cet expoſant reverſé. Or il n'eſt pas poſſible que cela ſoit vrai des expoſants fractionnaires qui valent des entiers, & non de ceux qui ſont de pures fractions.

584. Donc en general la ſomme de toute $A^{\frac{n}{m}}$, quelques nombres que ſoient n & m, eſt $\frac{m\infty^{\frac{n+m}{m}}}{n+m}$.

Quand $m = 1$, ce ſont les ſommes des A^n. Quand $n = 1$, ce ſont celles des $A^{\frac{1}{m}}$, dont l'expoſant eſt une pure fraction. Hors de ces deux cas $\frac{n}{m}$ eſt une fraction ou pure ou mixte.

Ainſi la ſomme de $A^{\frac{1}{2}}$ eſt $\frac{2\infty^{\frac{3}{2}}}{3}$, celle de $A^{\frac{1}{3}}$ eſt $\frac{3\infty^{\frac{4}{3}}}{4}$, &c.

celle de $A^{\frac{2}{3}}$ est $\frac{3\infty^{\frac{5}{3}}}{5}$, celle de $A^{\frac{3}{2}}$ est $\frac{2\infty^{\frac{5}{2}}}{5}$; &c.

On pourra voir combien ces déterminations précises s'accordent avec ce qui avoit été trouvé *a priori* sur ces sommes dans la Sect. III.

Quand les Suites infinies comprises entre 1 & ∞^n, ou $\infty^{\frac{m}{n}}$ ou $\infty^{\frac{n}{m}}$ ont un nombre infini ou fini de termes finis.

585. Il ne suffit pas de sçavoir de quel ordre sont les sommes des Suites originairement formées de termes Finis déterminables, & comprises entre 1 & ∞^n, ce qui fait voir en même temps si les Infinis de leur dernier ordre sont en nombre fini ou infini, il est important de sçavoir aussi quand le nombre de leurs termes finis est fini ou infini.

1 & ∞ étant posés pour extrêmes, entre lesquels sont comprises toutes les Suites possibles qui les auront pour premier & dernier terme, les deux Suites dont la nature est la plus opposée qu'il se puisse, sur-tout à l'égard du nombre des termes des deux differents ordres que toutes ces Suites contiennent, sont *A* & *G*, que l'on a tant vûës. Car *A* ayant une infinité de termes tant Finis qu'Infinis, & une plus grande infinité d'Infinis, *G* n'en a une infinité que de Finis, & un nombre seulement fini d'Infinis, ce qui est la plus grande opposition possible. Donc ce en quoi elles conviennent à cet égard doit être bien essentiel à toutes les Suites comprises entre 1 & ∞. Or *A* & *G* conviennent en ce qu'elles ont un nombre infini de termes finis, donc toutes les Suites comprises entre 1 & ∞ en ont aussi un nombre infini, & cela, comme on voit, soit qu'elles soient originairement formées de termes Finis déterminables, ou non.

586. Cela sera encore vrai, quand les Suites se termineront par un Infini plus grand que ∞, mais du même ordre, comme par 2∞. Telle est la Suite des Impairs $\div$ 1, 3, 5, &c. qui pour avoir un nombre de termes $=\infty$, doit aller jusqu'à 2∞. Il est clair qu'elle a encore une infinité de termes finis, quoi-qu'elle en ait la moitié moins que *A*. Il est clair aussi que le nombre de ses termes finis, comparé au nombre des Finis de *A*, n'a reçû qu'une diminution proportionnée à

l'augmentation du dernier des Impairs comparé au dernier de *A*, & que comme cette augmentation n'a été que finie, ou de grandeur simplement, & non d'ordre, la diminution qui s'en ensuivoit n'a été aussi que de grandeur, & non d'ordre, ou finie. Ce même raisonnement aura également lieu pour toutes les Suites terminées par $n\infty$, n étant Fini déterminable. Donc toutes les Suites comprises entre 1 & $n\infty$, n étant un nombre Fini déterminable quelconque, & originairement formées de termes Finis déterminables, ou non, ont une infinité de termes finis.

587. A plus forte raison, si ces Suites étoient terminées par $\frac{\infty}{n}$, car le nombre des termes finis en augmenteroit plustôt que de diminüer.

588. La progression arithmetique comprise entre 1 & ∞^2 (555) a des termes de trois ordres, & n'a que son premier terme 1 dans l'ordre du Fini. La geometrique n'a qu'une somme de l'ordre de ∞^2 (555), & par conséquent n'a qu'un nombre fini de termes dans son dernier ordre, qui est celui de ∞^2. Donc malgré leur opposition elles conviennent en ce qu'elles n'ont ni l'une ni l'autre un nombre infini de termes dans chacun de leurs trois ordres. Donc nulle Suite comprise entre 1 & ∞^2, & qui par conséquent aura des termes de trois ordres, n'aura une infinité de termes dans chacun des trois.

589. Toute Suite originairement formée de termes Finis déterminables, & comprise entre 1 & ∞^2, a une somme de l'ordre de ∞^3 (557). Donc elle a une infinité de termes de l'ordre de ∞^2, donc elle n'en a pas une infinité de l'ordre du Fini, & de l'ordre de ∞ (588). Donc elle en a, ou 1° un nombre fini de ces deux ordres, ou 2° un nombre fini de l'ordre du Fini, & un nombre infini de l'ordre de ∞, ou 3° un nombre infini de l'ordre du Fini, & un nombre seulement fini de l'ordre de ∞. Ce dernier cas est visiblement impossible, & absolument contraire à la gradation réguliére des Suites toûjours réglées par quelque Loi, car une Suite

composée de trois ordres consécutifs, auroit donc un nombre infini de termes dans le 1er, un nombre fini dans le 2d, & un nombre infini dans le 3me. Donc il ne reste que les deux 1ers cas de possibles, qui tous deux ne donnent à la Suite qu'un nombre fini de termes finis, mais il est aisé de voir que c'est le 2d qui est le vrai. Donc toute Suite originairement formée de termes Finis déterminables, & comprise entre 1 & ∞^2, n'a qu'un nombre fini de termes finis.

On en peut prendre pour exemple A^3.

590. Si la Suite se terminoit par $\frac{\infty^2}{n}$, ce qui seul peut augmenter le nombre des termes finis, le nombre n'en seroit encore que fini, selon le raisonnement de l'art. 586, renversé, & 587.

591. Donc la Suite infinie des Triangulaires, terminée par $\frac{\infty^2}{2}$ (572), n'a qu'un nombre fini de termes finis. Et en effet puisqu'un nombre Naturel quelconque étant n, le Triangulaire correspondant est $\frac{nn+n}{2}$, la Suite des Triangulaires arrive à l'infini, dès que nn est infini; or il l'est, dès que n est un Fini indéterminable $= x$, & quand cela arrive, il n'y a encore eu qu'un nombre fini de nombres Naturels n finis, & par conséquent que ce même nombre de Triangulaires finis.

592. De même toutes les autres Suites de Poligones terminées par des $\frac{\infty^2}{12}$ croissants dans cet ordre, n'auront qu'un nombre fini de termes finis. On peut leur appliquer aussi le raisonnement qui vient d'être fait sur la Suite des Triangulaires.

593. Si les Suites originairement formées de termes Finis déterminables, & comprises entre 1 & ∞^2, soit que cet Infini ait un multiplicateur ou un diviseur fini, n'ont qu'un nombre fini de termes finis, à plus forte raison cela sera-t-il vrai des Suites pareilles qui s'éleveront plus haut, ou se termineront par ∞^3, ∞^4, &c. & en general par ∞^n, n étant

fini. On peut aussi leur appliquer le raisonnement qui a été fait sur les Suites comprises entre 1 & ∞^2.

Donc toutes les Suites comprises entre 1 & ∞, soit qu'elles soient originairement formées de termes Finis déterminables, ou non, ont une infinité de termes finis, & toutes les Suites comprises entre 1 & ∞^n, n étant fini & plus grand que 1, n'ont qu'un nombre fini de termes finis, si ces termes dont elles sont originairement formées sont déterminables, & cela, quelque coëfficient fini qu'ait ∞^2 ou ∞^n.

On voit aisément par les art. 557 & 589, pourquoi la condition que les Suites soient originairement formées de termes Finis déterminables est necessaire, dès que l'exposant de l'Infini qui les termine est plus grand que 1.

594. Donc tous les nombres Figurés, à commencer par les Triangulaires, n'ont qu'un nombre fini de termes finis, & même un nombre toûjours décroissant d'une Suite à l'autre. On le verra aussi *a priori* par leurs Formules de l'art. 126, en suivant le raisonnement de l'art. 591.

595 Si les Suites sont comprises entre 1 & $\infty^{\frac{1}{n}}$, il est visible qu'elles sont de la même espece que celles qui seroient terminées par ∞^1, & que même celles-ci doivent à plus forte raison avoir un nombre infini de Finis. Il en faut dire autant de celles qui seroient terminées par $\infty^{\frac{n}{m}}$, si $n < m$. Pareillement celles qui seront terminées par $\infty^{\frac{m}{n}}$, où $m > n$, seront de l'espece de celles qui sont terminées par ∞, dont l'exposant est un entier plus grand que 1, & elles n'auront qu'un nombre fini de termes finis. On en a vû des exemples dans les $A^{\frac{n-1}{n}}$ de l'art. 273, & dans les $A^{\frac{n}{n-1}}$ de l'art. 279.

596. Si une Suite a plus d'un terme fini, elle n'en sçauroit avoir moins qu'un nombre fini indéterminable. Il est clair que si son 1er terme étant 1, le 2d est un Infini, comme dans la progression arithmetique comprise entre 1 & ∞^2 (555)

(555) dont la difference est ∞, elle ne peut jamais avoir que son 1er terme de Fini. Mais si ce 2[d] terme eût été un nombre fini quelconque, il eût été impossible que la Loi qui auroit réglé la Suite, n'eût fourni un 3me terme fini, qui eût suivi cette Loi à l'égard du 2[d], comme le 2[d] la suivoit à l'égard du 1er, & de même un 4me à l'égard du 3me, &c. ce qui se seroit étendu à tous les nombres Finis déterminables qui auroient pû suivre la Loi, de sorte qu'on n'en auroit pû assigner ou déterminer le dernier, ou, ce qui revient au même, qu'ils auroient été au moins en nombre Fini indéterminable. C'est ce qu'on a vû dans les A^2, A^3, &c. Ce sera la même chose, si une Suite originairement formée de termes finis, doit se terminer par l'Infiniment petit. Elle aura ou une infinité, ou un nombre Fini indéterminable de termes finis. Il en ira encore de même, si une Suite a d'abord des differences finies, & après cela d'infiniment petites.

Ordre des sommes des Suites infinies décroissantes comprises entre 1 & $\frac{1}{\infty}$, ou $\frac{1}{\infty^n}$ ou $\frac{1}{\infty^{\frac{n}{m}}}$.

597. Considerons maintenant les Suites originairement formées de termes Finis, & terminées par des Infiniment petits, & par conséquent composées de termes de differents ordres, qui vont en s'abaissant.

Quel que soit le nombre de ces differents ordres, elles ne peuvent avoir une somme infinie que quand le nombre de leurs termes finis sera infini, car le nombre des termes infiniment petits du 1er ordre, qui sont les plus élevés de tous, fût-il infini, ils ne vaudroient tous ensemble qu'un terme fini, qui se joindroit aux finis, & ne changeroit rien à l'ordre de leur somme. A plus forte raison cela sera-t-il vrai des Infiniment petits inferieurs, & par conséquent tout se réduit à sçavoir quand le nombre des termes finis de ces Suites sera fini, ou infini.

598. Ces Suites n'ayant qu'un nombre total de termes $= \infty$, & le nombre de leurs termes finis, quand il est infini, ne pouvant être que de cet ordre, elles ne peuvent avoir une somme d'un ordre plus élevé que celui de ∞.

599. Quelle que soit une de ces Suites, elle n'est (361) qu'une Suite croissante originairement formée de termes finis,

& terminée par ∞^n, n ayant une valeur quelconque, mais que l'on a changée en une Suite de fractions, & qui par conséquent est devenuë décroissante, & terminée par $\frac{1}{\infty^n}$. Donc tous les termes finis de la Suite croissante terminée par ∞^n sont demeurés finis dans la décroissante terminée par $\frac{1}{\infty^n}$, & au contraire tous les Infinis de la 1re sont devenus Infiniment petits dans la 2de. Or toutes les Suites originairement formées de termes Finis, & terminées par ∞, ont un nombre infini de termes Finis, & toutes les Suites originairement formées de termes Finis déterminables, & terminées par ∞^n, n étant fini, & plus grand que 1, n'ont qu'un nombre fini de termes Finis, donc toutes les Suites décroissantes terminées par $\frac{1}{\infty}$ ont une infinité de termes Finis, & par conséquent une somme infinie de l'ordre de ∞, & toutes les autres terminées par $\frac{1}{\infty^n}$, n'ont qu'un nombre fini de termes finis, & par conséquent une somme finie, pourvû qu'elles soient originairement formées de termes Finis déterminables.

Il faut joindre aux Suites terminées par $\frac{1}{\infty}$, celles qui le sont par $\frac{1}{\infty^{\frac{1}{n}}}$ ou par $\frac{1}{\infty^{\frac{n}{m}}}$, puisqu'elles sont de la même espece, & aux Suites terminées par $\frac{1}{\infty^n}$, celles qui le sont par $\frac{1}{\infty^{\frac{m}{n}}}$.

On a déja vû des exemples de cette Theorie dans les art. 362, 363, 365, 366, 367, 368, 369, 370. Mais comme elle n'étoit pas alors generale, en voici de nouveaux.

EXEMPLE I.

Application de la Theorie aux sommes de differentes Suites décroissantes de cette espece.

600. Si l'on divise les Unités par les nombres Naturels, ce qui donnera $\frac{1}{1}$, $\frac{1}{2}$, $\frac{1}{3}$, $\frac{1}{4}$, &c. $\frac{1}{\infty}$.

Les nombres Naturels par les Triangulaires, ce qui donnera

$$\frac{1}{1},\ \frac{2}{3},\ \frac{3}{6},\ \frac{4}{10},\ \&c.\ \frac{1\infty}{\frac{1}{2}\infty^2} = \frac{2}{\infty}.$$

Les Triangulaires par les Pyramidaux, ce qui donnera

$$\frac{1}{1},\ \frac{3}{4},\ \frac{6}{10},\ \frac{10}{20},\ \&c.\ \frac{\frac{1}{2}\infty^2}{\frac{1}{6}\infty^3} = \frac{3}{\infty}.$$

Les Pyramidaux par les Triangulo-pyramidaux, ce qui donnera $\frac{1}{1},\ \frac{4}{5},\ \frac{10}{15},\ \frac{20}{35},\ \&c.\ \frac{\frac{1}{6}\infty^3}{\frac{1}{24}\infty^4} = \frac{4}{\infty}.$ Et si enfin on opère toûjours ainsi de suite sur les Nombres Figurés, on voit que l'on aura toûjours des sommes infinies de l'ordre de ∞ (599), & même des sommes toûjours croissantes.

601. Tous les derniers termes des Suites de Figurés divisés par les Figurés de l'ordre immédiatement superieur, sont en progression arithmetique naturelle.

EXEMPLE II.

602. Si l'on divise les Figurés d'un ordre par les Figurés superieurs de deux ordres, les Unités par les Triangulaires, les nombres Naturels par les Pyramidaux, &c. ce qui donnera

$$\frac{1}{1},\ \frac{1}{3},\ \frac{1}{6},\ \frac{1}{10},\ \&c.\ \frac{1}{\frac{1}{2}\infty^2} = \frac{2}{\infty^2}.$$

$$\frac{1}{1},\ \frac{2}{4},\ \frac{3}{10},\ \frac{4}{20},\ \&c.\ \frac{\infty}{\frac{1}{6}\infty^3} = \frac{6}{\infty^2}.$$

Et pour les autres derniers termes des Suites de Figurés ainsi divisées, $\frac{12}{\infty^2}$, $\frac{20}{\infty^2}$, &c. on voit que toutes ces Suites n'auront que des sommes finies (599) & croissantes.

603. Les dénominateurs des derniers termes de ces Suites étant toûjours ∞^2, les numerateurs 2, 6, 12, 20, &c. ont pour differences les termes d'une progression arithmetique, dont le 1er terme est 4, & la difference 2.

604. En operant de même sur les Poligones, on trouve que les Triangulaires divisés par les Quarrés, donnent

$$\frac{1}{1},\ \frac{3}{4},\ \frac{6}{9},\ \frac{10}{16},\ \&c.\ \frac{\frac{1}{2}\infty^2}{\infty^2} = \frac{1}{2}.$$

Que le dernier terme des Quarrés divisés par les Pentagones

eſt $\frac{2}{3}$, des Pentagones par les Exagones $\frac{3}{4}$, des Exagones par les Eptagones $\frac{4}{5}$, &c. & par conſéquent que ces Suites ne peuvent avoir que des ſommes infinies de l'ordre de ∞, & même croiſſantes, puiſque ces derniers termes le ſont.

605. Si on diviſe des Poligones par les Poligones ſuperieurs de deux ordres, les Triangulaires par les Pentagones, les Quarrés par les Exagones, &c. on aura cette Suite des derniers termes $\frac{1}{3}, \frac{2}{4}, \frac{3}{5}, \frac{4}{6}, \frac{5}{7}, \frac{6}{8}$, &c. D'où l'on voit que toutes les ſommes ſeront infinies & croiſſantes.

EXEMPLE III.

606. A étant la Suite naturelle, ſi on diviſe $A^{\frac{1}{3}}$ par $A^{\frac{1}{2}}$, ce qui donne $\frac{1}{1}, \frac{2^{\frac{1}{3}}}{2^{\frac{1}{2}}}, \frac{3^{\frac{1}{3}}}{3^{\frac{1}{2}}}, \frac{4^{\frac{1}{3}}}{4^{\frac{1}{2}}}$, &c. $\frac{\infty^{\frac{1}{3}}}{\infty^{\frac{1}{2}}} = \infty^{\frac{2-3}{6}} = \infty^{-\frac{1}{6}} = \frac{1}{\infty^{\frac{1}{6}}}$, la ſomme eſt infinie (599).

De même le dernier terme de $\frac{A^{\frac{1}{4}}}{A^{\frac{1}{3}}}$ étant $\frac{\infty^{\frac{1}{4}}}{\infty^{\frac{1}{3}}} = \frac{1}{\infty^{\frac{1}{12}}}$, la ſomme de $\frac{A^{\frac{1}{4}}}{A^{\frac{1}{3}}}$ eſt encore infinie, & toûjours ainſi tant que la Suite ſera $\frac{A^{\frac{1}{m}}}{A^{\frac{1}{n}}}$ où $m > n$, & plus generalement encore, tant que les expoſants de A diviſée & de A diviſante ſeront de pures fractions, ſoit que le numerateur en ſoit 1 ou non, pourvû que l'expoſant de A diviſée ſoit le plus petit, comme il eſt neceſſaire pour avoir une Suite décroiſſante.

EXEMPLE IV.

607. La ſomme de $\frac{A^{\frac{1}{2}}}{A^{\frac{5}{3}}}$ qui ſe termine par $\frac{1}{\infty^{\frac{7}{6}}}$ n'eſt que finie, puiſque $\frac{1}{\infty^{\frac{7}{6}}}$ eſt de l'ordre de $\frac{1}{\infty^2}$ (599). Et en

general ces sommes sont toûjours finies, tant que l'exposant de A divisée étant une pure fraction, celui de A divisante est une fraction mixte.

608. Si les deux exposants étoient des fractions mixtes, l'ordre de la somme dépendroit de leur rapport. Ainsi $\frac{A^{\frac{4}{3}}}{A^{\frac{3}{2}}}$ terminée par $\frac{1}{\infty^{\frac{1}{6}}}$ aussi-bien que $\frac{A^{\frac{1}{3}}}{A^{\frac{1}{2}}}$, auroit aussi une somme infinie, & $\frac{A^{\frac{5}{4}}}{A^{\frac{8}{3}}}$ terminée par $\frac{1}{\infty^{\frac{17}{12}}}$ n'auroit qu'une somme finie.

Theorie pour l'ordre des sommes des Suites comprises entre $\frac{1}{\infty}$ & un dernier terme quelconque, & d'abord pour celles des Suites comprises entre deux Infiniment petits.

609. Je considere maintenant les Suites originairement formées d'Infiniment petits du 1er ordre, qui aboutissent à un dernier terme quelconque.

Si elles aboutissent à un infiniment petit du 1er ordre, ce sont des Suites que j'appelle *primitives*, toutes formées de termes finis, dont on a divisé chaque terme par ∞. Telles seroient les trois Suites primitives des art. 521, 525, 530, divisées par ∞. La 1re deviendroit

$$\frac{1}{2\infty},\ \frac{2}{3\infty},\ \frac{3}{4\infty},\ \&c.\ \frac{1}{\infty}.$$

La 2[de] $\frac{n^{\frac{1}{\infty}}}{\infty},\ \frac{n^{\frac{2}{\infty}}}{\infty},\ \frac{n^{\frac{3}{\infty}}}{\infty},\ \&c.\ \frac{n}{\infty}.$

La 3me $\frac{1}{\infty},\ \frac{2^{\frac{1}{\infty}}}{\infty},\ \frac{3^{\frac{1}{\infty}}}{\infty},\ \&c.\ \frac{\infty^{\frac{1}{\infty}}}{\infty}.$

Il est clair que ces Suites, qui ne sortent point de l'ordre de leur origine, ont par cette raison une somme de l'ordre immédiatement superieur, c'est-à-dire finie, & cela indépendamment des rapports déterminables, ou non, des Infiniment petits de leur origine, car il n'y a que la 1re dont les Infiniment petits de l'origine ayent des rapports déterminables. Il est clair aussi qu'il n'importe que ces Suites soient croissantes ou décroissantes.

Ordre des ſommes des Suites compriſes entre $\frac{1}{\infty}$ & 1.

610. Si ces Suites ſortent de leur ordre, & ſe terminent par 1, ou, ce qui revient au même, par tout autre nombre fini, ce ſont des Suites primitives, originairement formées de termes finis, & terminées par ∞, dont on a diviſé chaque terme par ∞. Ainſi la Suite primitive A deviendroit $\frac{1}{\infty}$, $\frac{2}{\infty}$, $\frac{3}{\infty}$, &c. $\frac{\infty}{\infty} = 1$, & la correſpondante G deviendroit

$\frac{1}{\infty}$, $\frac{\infty^{\frac{1}{\infty}}}{\infty}$, $\frac{\infty^{\frac{2}{\infty}}}{\infty}$, &c. 1.

Ces Suites, qui ont des termes Finis, ne peuvent avoir une ſomme de l'ordre de ∞, que quand elles auront une infinité de termes Finis, & elles n'en peuvent avoir une infinité que quand les primitives en auront une infinité d'Infinis de l'ordre de ∞. Or les primitives ont des ſommes de l'ordre de ∞^2, ou, ce qui eſt le même, une infinité de termes de l'ordre de ∞, quand elles ſont originairement formées de termes Finis déterminables (549 & 571), & en ce cas il eſt clair que les Infiniment petits, dont les Suites que nous conſiderons ſont originairement formées, ont des rapports déterminables. Donc en ce cas ces Suites ont des ſommes de l'ordre de ∞. Les deux Suites de cet art. ſont des exemples des deux cas. La 1re étant une progreſſion arithmetique, ſa ſomme eſt $\frac{\infty}{2}$, & la ſomme de la 2de, qui eſt une progreſſion geometrique, eſt $\frac{1}{\infty^{\frac{1}{\infty}} - 1} = 1$ diviſé par $\frac{1}{x}$, ou $= x$, nombre Fini indéterminable.

Ordre des ſommes des Suites compriſes entre $\frac{1}{\infty}$ & ∞ ou ∞^n.

611. Si ces Suites ſe terminent par ∞, ce ſont des Suites primitives originairement formées de termes Finis, & terminées par ∞^2, dont on a diviſé chaque terme par ∞. Ainſi A^2 deviendroit $\frac{1}{\infty}$. $\frac{4}{\infty}$. $\frac{9}{\infty}$, &c. $\frac{\infty^2}{\infty} = \infty$. On voit aſſés que le raiſonnement de l'art. précédent revient ici, & que ces Suites qui ont des termes de l'ordre de ∞, n'en peuvent avoir une infinité, ni par conſéquent des ſommes de l'ordre de ∞^2, que quand les Suites primitives auront des ſommes

de l'ordre de ∞^3, & que par conséquent les Suites originairement formées d'Infiniment petits du 1er ordre, & terminées par ∞, ont des sommes de l'ordre de ∞^2, quand les Infiniment petits de leur origine ont des rapports déterminables.

612. Il est clair que ces Suites, quoi-qu'originairement formées d'Infiniment petits du 1er ordre, peuvent monter par leurs derniers termes à ∞^2, ∞^3, &c. & que ce sera toûjours le même raisonnement. Donc en general si elles ne sortent point de l'ordre de leur origine, elles n'ont que des sommes finies, & si elles s'élevent à quelque ordre superieur, elles ont des sommes infinies de l'ordre immédiatement superieur à celui de leur dernier terme, lorsque les Infiniment petits de leur origine ont des rapports déterminables.

Ordre des sommes des Suites décroissantes comprises entre $\frac{1}{\infty}$ & $\frac{1}{\infty^{n}}$.

613. Si ces Suites sont décroissantes, & terminées par $\frac{1}{\infty^2}$, ce sont des Suites primitives comprises entre ∞ & ∞^2, telles que la progression arithmetique $\div \infty, 2\infty, 3\infty$, &c. ∞^2 de l'art. 555, dont tous les termes ont divisé les termes de Suites toutes formées de Finis, telles que les trois Suites des art. 521, 525 & 530, qui seroient devenuës,

La 1re $\frac{1}{2\infty}, \frac{2}{6\infty}, \frac{3}{12\infty}$, &c. $\frac{1}{\infty^2}$.

ou $\frac{1}{2\infty}, \frac{1}{3\infty}, \frac{1}{4\infty}$, &c. $\frac{1}{\infty\times\infty} = \frac{1}{\infty^2}$.

La 2^de^ $\frac{1}{\infty}, \frac{n^{\frac{1}{\infty}}}{2\infty}, \frac{n^{\frac{2}{\infty}}}{3\infty}$, &c. $\frac{n}{\infty^2}$.

La 3me $\frac{1}{\infty}, \frac{2^{\frac{1}{\infty}}}{2\infty}, \frac{3^{\frac{1}{\infty}}}{3\infty}$, &c. $\frac{\infty^{\frac{1}{\infty}}}{\infty^2}$.

D'où l'on voit que la progression arithmetique $\div \infty$. 2∞, &c. ∞^2, ayant une infinité de termes de l'ordre de ∞, ce qu'il est aisé de voir, aussi-bien qu'une infinité de l'ordre de ∞^2, les Suites décroissantes, dont il s'agit ici, auront une infinité de termes de l'ordre de $\frac{1}{\infty}$, & par conséquent des sommes finies, soit que les Infiniment petits de leur origine ayent des rapports déterminables, comme dans la 1re, ou non, comme dans les deux autres. Donc à plus forte raison les Suites originairement formées de $\frac{1}{\infty}$, & terminées par $\frac{1}{\infty^3}$, $\frac{1}{\infty^4}$, &c. ne peuvent avoir des sommes d'un ordre plus élevé que celui du Fini.

614. Quant aux Suites originairement formées d'Infiniment petits du 1er ordre, & terminées par des Finis, ou Infinis, ou Infiniment petits, qui ayent des coëfficients, il ne peut y avoir nulle difficulté (547), non plus que sur ces mêmes Suites terminées par des Infinis ou Infiniment petits radicaux, qui se rapporteroient sans peine aux potentiels.

Sur les derniers termes des Suites qui commencent par $\frac{1}{\infty}$, & dont les termes n'ont que des differences infiniment petites.

615. Il est important de connoître des Suites qui commenceroient par o, ou par $\frac{1}{\infty}$, & dont les termes quelconques n'auroient que des differences infiniment petites, qui seroient originairement de l'ordre de $\frac{1}{\infty}$. Mais après tout ce qui vient d'être dit, la connoissance en sera facile.

Si une Suite croissante commence par $\frac{1}{\infty}$, & si les differences de ses termes doivent être toutes égales, le 2d terme sera $\frac{2}{\infty}$, le 3me $\frac{3}{\infty}$, &c. & elle ne pourra avoir un terme Fini que quand ses numerateurs, qui sont les nombres naturels, auront atteint le premier & moindre $\propto$, & alors $\frac{\propto}{\infty}$ sera une fraction finie beaucoup moindre que 1, & la somme de toutes les differences infiniment petites de termes qui auront précédé. Et comme ces termes précédents ont été en nombre infini, il a falu que la Suite supposée ait eu un nombre infini de termes avant que de venir à en avoir un fini.

616. Après $\frac{\propto}{\infty}$, elle n'a plus que des termes finis, mais qui n'ont que des differences $= \frac{1}{\infty}$, & pour venir à en avoir un qui ait à $\frac{\propto}{\infty}$ une difference finie, il faut qu'elle ait encore une infinité de termes finis, car puisque cette difference doit être finie, elle ne peut être que la somme d'une infinité de differences $= \frac{1}{\infty}$, & par conséquent entre $\frac{\propto}{\infty}$ & le terme

le

le plus proche, dont la difference à $\frac{\infty}{\infty}$ soit finie, il y aura une infinité de termes, & toûjours ainsi de suite, de sorte qu'il y aura toûjours une infinité de termes finis infiniment peu differents entre deux termes finis quelconques, qui auront une difference finie.

617. Tous les termes finis, qui n'ont à d'autres termes finis que des differences infiniment petites, ne peuvent être déterminés, & il n'y a de déterminables que ceux qui ont entr'eux des differences finies. Donc ces Suites ont autant d'infinités de termes Finis non-déterminables qu'elles ont de termes Finis déterminables.

618. Et comme les Suites infinies que nous considerons n'ont de termes qu'en nombre infini de l'ordre de ∞, elles ne peuvent pas avoir une infinité d'infinités de termes Finis non-déterminables. Donc elles ne peuvent avoir qu'un nombre fini d'infinités de termes Finis non-déterminables, & par conséquent un nombre fini de termes Finis déterminables. Donc en quelque grand nombre fini de parties qu'on les divise, on ne peut leur trouver qu'un nombre fini de termes Finis déterminables.

619. Donc leur dernier terme est toûjours fini. Ce qui suit aussi de ce qu'il est la somme d'un nombre infini de differences égales de l'ordre de $\frac{1}{\infty}$.

620. Mais comme ces differences égales de l'ordre de $\frac{1}{\infty}$ peuvent être plus ou moins grandes, ce dernier terme fini peut être aussi plus ou moins grand.

621. Si ces Suites ont des differences inégales, il n'y a rien de changé au nombre total de leurs termes, qui est toûjours de l'ordre de ∞, ni à ce nombre fini d'infinités de termes Finis non-déterminables, qui sont toûjours entre deux termes Finis déterminables, mais le dernier terme est different, selon que les differences inégales sont croissantes ou décroissantes.

Si elles sont croissantes, & terminées par $\frac{1}{\infty}$, le dernier terme de la Suite principale est encore fini (609).

622. Si la Suite des differences croissantes est terminée par 1, & si de plus ces differences ont eu originairement des rapports déterminables, le dernier terme de la Suite principale est un Infini de l'ordre de ∞ (610).

623. Et en general si les differences croissantes sont terminées par ∞^n, & ont eu originairement des rapports déterminables, le dernier terme de la Suite principale sera de l'ordre de ∞^{n+1} (612).

624. Si les differences sont décroissantes, & terminées par $\frac{1}{\infty}$, le dernier terme de la Suite principale sera fini.

625. Si les differences sont terminées par $\frac{1}{\infty^2}$, & en general par $\frac{1}{\infty^n}$, n étant fini, le dernier terme de la Suite principale est Fini (613).

Suites infiniment infinies, & l'ordre de leurs sommes.

626. Nous n'avons encore consideré que des Suites dont les termes étoient en nombre infini de l'ordre de ∞. Mais le nombre infini des termes peut être infiniment plus grand, ou d'un ordre superieur à ∞. Par exemple, on peut introduire entre 1 & 2 une infinité de moyens arithmetiques ou geometriques, de même entre 2 & 3, &c. de sorte qu'en concevant tous ces termes disposés de suite, on aura une Suite qui aura autant d'infinités de termes qu'il y a de termes dans la Suite naturelle, & qui en aura par conséquent un nombre $= \infty \times \infty = \infty^2$. Il est clair qu'on peut imaginer une infinité d'autres Suites pareilles qui auront d'autres Loix. Je les appelle *infiniment* infinies, à la difference des autres qui sont *simplement* infinies, & je suppose que le nombre de leurs termes ne passe point l'ordre de ∞^2, parce qu'il seroit absolument inutile de pousser cela plus loin.

627. Ces Suites originairement formées soit de termes finis, soit d'infinis, soit d'infiniment petits, soit croissantes, soit décroissantes, soit toûjours égales, ayant une infinité d'infinités de termes, si l'on conçoit qu'on ait pris la somme de chaque infinité de leurs termes, toutes ces sommes disposées

ſelon leur ordre, ne feront plus qu'une Suite ſimplement infinie, dont la ſomme ſera celle de la Suite infiniment infinie. Donc les Suites infiniment infinies étant réduites par ce moyen en Suites ſimplement infinies, on jugera de leurs ſommes par les regles précédentes.

628. Une Suite quelconque infiniment infinie peut toûjours être conçûë comme ayant chaque infinité de ſes termes introduite ou inſerée entre deux termes conſécutifs d'une Suite ſimplement infinie finiment diſtants l'un de l'autre, d'où il ſuit que la ſomme de chaque infinité de termes de la Suite infiniment infinie eſt toûjours de l'ordre immédiatement ſuperieur à celui des deux termes conſécutifs de la Suite ſimplement infinie, entre leſquels cette infinité ſeroit compriſe. Ainſi ſi entre 1 & 2 eſt cette infinité de termes $1+\frac{1}{\infty}$, $1+\frac{2}{\infty}$, $1+\frac{3}{\infty}$, &c. $1+\frac{\infty}{\infty}=2$, la ſomme en eſt (459) $\frac{3\infty}{2}$. De même entre ∞ dernier terme de la Suite naturelle, & celui qui le précéde immédiatement, la Suite infiniment infinie introduira une infinité de termes infinis, dont la ſomme ſera de l'ordre de ∞^2. Donc la Suite infiniment infinie quelconque étant réduite en une Suite ſimplement infinie des ſommes de chaque infinité de ſes termes, ſon premier & ſon dernier terme, après cette réduction, ſeront de l'ordre immédiatement ſuperieur à celui dont ils étoient auparavant.

629. Donc toute Suite infiniment infinie a une ſomme du même ordre qu'une Suite ſimplement infinie, qui auroit un premier terme & un dernier terme de l'ordre immédiatement ſuperieur à celui dont ils étoient dans la Suite infiniment infinie.

EXEMPLE.

630. Donc Suite infiniment infinie qui introduit une infinité de moyens arithmetiques entre 1 & 2, entre 2 & 3, &c. a une ſomme de l'ordre de ∞^3, puiſqu'elle ſe termine par ∞, & qu'elle a une ſomme du même ordre qu'une Suite

simplement infinie commençant par ∞, & terminée par ∞^2, ou par un Infini de cet ordre comme la progression arithmetique de l'art. 555, ∞ étant posé pour son 1er terme.

En effet la somme de l'infinité de moyens arithmetiques introduits entre 1 & 2 est . . . . . $\frac{3\infty}{2}$.

entre 2 & 3 . . . . $\frac{5\infty}{2}$.

entre 3 & 4 . . . . $\frac{7\infty}{2}$, &c.

D'où l'on voit que ces sommes disposées selon leur ordre en nombre infini font une progression arithmetique dont le 1er terme est $\frac{3\infty}{2}$, & la difference ∞, & par consequent la somme $= \overline{\frac{6\infty}{2} + \infty \times \infty} \times \frac{\infty}{2} = \frac{\infty^3}{2}$, somme de la Suite infiniment infinie, qui est aussi celle de la progression arithmetique comprise entre ∞ & ∞^2.

631. Les Suites infiniment infinies, dont il est le plus utile de connoître les sommes, sont celles qui sont originairement formées d'Infiniment petits du 1er ordre. Et comme les seules sur lesquelles on puisse faire des recherches, sont celles qui sont originairement formées d'Infiniment petits, dont les rapports sont déterminables, il faut les supposer ainsi conditionnées.

De plus comme il faut les réduire à des Suites simplement infinies, dont le 1er terme sera 1, ou en general Fini, puisqu'on aura toûjours pris la somme d'un nombre ∞ de $\frac{1}{\infty}$, les Suites infiniment infinies originairement formées d'Infiniment petits du 1er ordre, qui auront des rapports déterminables, répondront aux Suites simplement infinies originairement formées de termes Finis déterminables.

Donc il n'y aura plus qu'à élever à l'ordre immédiatement superieur le dernier terme de la Suite infiniment infinie, & on aura l'ordre de la somme.

632. Donc une Suite infiniment infinie, commençant par $\frac{1}{\infty}$, & terminée par un Infiniment petit du même ordre,

a une somme infinie, puisque la somme d'une Suite simplement infinie, commençant par un terme fini, & terminée par un fini, auroit une somme infinie.

633. Donc une Suite infiniment infinie croissante, originairement formée d'Infiniment petits du 1er ordre, & terminée par 1, a une somme infinie de l'ordre de ∞^2, puisqu'une Suite simplement infinie, commençant par 1 & terminée par ∞, a une somme de cet ordre (549).

634. Il en ira de même de ces Suites terminées par ∞, & en general par ∞^n.

635. Une Suite infiniment infinie décroissante, originairement formée d'Infiniment petits du 1er ordre, & terminée par $\frac{1}{\infty}$ ou par $\frac{1}{\infty^2}$, a une somme infinie, puisque telle seroit la somme d'une Suite simplement infinie commençant par 1, & terminée par 1, ou par $\frac{1}{\infty}$ (599).

636. Mais toutes les autres Suites infiniment infinies, terminées par $\frac{1}{\infty^3}$, $\frac{1}{\infty^4}$, &c. n'auront plus que des sommes finies (613).

637. Tout ce qui a été dit des sommes des Suites terminées par ∞^n, ou par $\frac{1}{\infty^n}$, se doit entendre de même des sommes de celles qui seroient terminées par $\infty^{\frac{n}{m}}$ ou $\infty^{\frac{m}{n}}$; ou par $\frac{1}{\infty^{\frac{n}{m}}}$ ou $\frac{1}{\infty^{\frac{m}{n}}}$. Car il n'y auroit qu'à rapporter ces Infinis radicaux à l'ordre potentiel auquel ils appartiendroient selon l'art. 158, & les derniers termes seroient par rapport au Fini de cet ordre potentiel.

638. Une Suite simplement infinie, & une infiniment infinie, ayant toutes deux originairement des differences infiniment petites, la raison qui empêche que la 1re n'ait une infinité de termes Finis déterminables (618), cesse à l'égard de la 2de, & par conséquent celle-ci a cette infinité de termes Finis déterminables.

639. Jusqu'ici nous n'avons consideré les Suites que *Termes où*

les Suites tendent & arrivent, & renversement des Suites arrivées à ces Termes.

comme absolument terminées par leur dernier terme, & elles y doivent être effectivement terminées, quant à la grandeur des termes qui les composent, puisque le dernier terme n'est le dernier que parce qu'il est le plus grand ou le plus petit de tous ceux que la Suite peut avoir selon la Loi qui la regle. Mais elle peut n'être pas terminée à ce dernier terme, quant à son *cours*, c'est-à-dire, qu'étant arrivée à ce terme, elle peut être obligée par la Loi à y recommencer un nouveau cours. Ainsi supposé que le Soleil pût s'élever à l'infini au dessus de la Terre, la Suite des nombres, qui representeroient ses élevations, se termineroit par ∞, mais si le Soleil se rapprochoit ensuite, cette même Suite arrivée à ∞, & terminée là, quant à la grandeur de ses termes, recommenceroit un nouveau cours d'élevations toûjours décroissantes. Ces secondes Suites qui naissent des premiéres, ou leur succedent, ne donnent lieu à aucune consideration nouvelle, ni pour les derniers termes, ni pour les sommes, mais le passage d'une Suite à l'autre, ou la maniére dont elles peuvent se succeder, y donne lieu.

Si le Soleil s'est élevé infiniment au dessus de la Terre, & après cela redescend, la Suite des élevations se termine à ∞, & celle des abaissements y commence, de sorte que ∞ est en même temps le *Terme* de la 1re, & l'*Origine* de la 2de. Je n'employerai plus indifferemment le mot de *Terme* pour une grandeur quelconque d'une Suite, mais seulement pour celle qui la termine, soit qu'elle la termine simplement, soit qu'elle la termine & en commence une seconde.

Comme l'Infini peut être le Terme d'une Suite croissante & l'Origine d'une décroissante, zero ou l'Infiniment petit peuvent être le Terme d'une décroissante, & l'Origine d'une croissante.

640. Une Suite ne peut arriver à un Terme, & y recommencer un nouveau cours sans se renverser, c'est-à-dire, sans devenir de croissante décroissante, ou de décroissante croissante, en un mot, contraire à ce qu'elle étoit. Car elle étoit arrivée à un Terme de grandeur.

641. C'est la même Suite qui se renverse, & ce ne sont pas deux Suites contraires mises bout à bout. Je m'explique. Si je conçois une Suite croissante terminée par ∞, & après elle une Suite décroissante commençant par ∞, & que je veüille les concevoir comme mises seulement bout à bout, ou comme étant toûjours deux Suites distinctes, je concevrai ∞ Terme de la 1re, distinct de ∞ Origine de la 2de, & par conséquent je concevrai ∞ posé deux fois consécutives. Mais si je veux que ce ne soit que la même Suite qui se renverse, je ne concevrai ∞ posé qu'une fois, parce qu'alors il est en même temps Terme & Origine, & qu'en general toute grandeur d'une Suite appartient également & au cours qui précéde, & à celui qui suit, & ne se repete point deux fois pour appartenir à l'un & à l'autre. Par-là se leve l'indétermination qu'on a laissée dans l'art. 485.

J'ai dit précisément *pour appartenir à l'un & à l'autre cours*, car une grandeur peut se repeter deux fois par quelque autre raison.

En un mot une Suite qui se renverse est une même Suite, où ce renversement est aussi-bien causé par la Loi que le seroit un cours toûjours continu. Donc le Terme où se fait le renversement y est unique, aussi-bien que toute autre grandeur.

642. Si l'*unité* de la Suite exige que le Terme où se fait le renversement soit unique, l'unité du Terme exige aussi qu'il contienne toute la nature ou toute l'essence du renversement, c'est-à-dire, que la Suite se renverse dans le même sens que le Terme peut appartenir à deux cours contraires, & ne se renverse qu'autant qu'il y peut appartenir.

Termes naturels, & arbitraires.

643. Une Suite croissante peut être telle qu'elle ne se terminera pas à ∞, mais à quelque grandeur finie. Ainsi la Suite des élevations du Soleil sur l'Horison ne peut passer 90. Après cela comme cette Suite se renverse, & devient décroissante, 90 est aussi-bien Terme & Origine que l'auroit été ∞ dans une autre supposition. On appelle ces Termes finis des *Maxima* ou *plus grands*. De même une Suite décroissante peut

se terminer, non à o, ou à $\frac{1}{\infty}$, mais à une grandeur finie, qui sera un *Minimum*, ou *plus petit.* J'appelle ∞ ou o, ou $\frac{1}{\infty}$, Termes *naturels,* & les plus grands ou plus petits, Termes *arbitraires*, parce que leur grandeur dépend d'une détermination arbitraire de la Loi.

644. On en a vû un exemple dans $A^{\frac{1}{a}}$ (284) qui est croissante jusqu'à $3^{\frac{1}{3}}$, & après cela se renverse, & devient décroissante. $3^{\frac{1}{3}}$ y est donc un *plus grand.*

645. Toute Suite tend à un dernier Terme, & il faut qu'elle y arrive soit par un cours fini, soit par un cours infini. Donc toute Suite croissante arrive à l'Infini, ou à un *plus grand,* & toute Suite décroissante arrive à zero, ou à l'Infiniment petit, ou à un *plus petit.* Et si elles ont à se renverser, c'est là qu'elles se renversent.

Que l'Egalité est un Terme. Terme compliqué.

646. Une Suite croissante ou décroissante, dont les differences sont croissantes, croît ou décroît toûjours de plus en plus, mais si ces differences sont décroissantes, elle ne croît ou ne décroît que de moins en moins. Or ce qui ne croît ou ne décroît que de moins en moins, tend à cesser de croître ou de décroître, c'est-à-dire, à demeurer égal, & par conséquent toute Suite croissante ou décroissante qui a des differences décroissantes, outre qu'elle tend à un Terme naturel ou arbitraire de grandeur ou de petitesse, tend aussi à l'Egalité, nouveau Terme qui lui est particulier, & puisqu'elle y tend, elle y arrive par un cours soit fini soit infini (645).

647. L'Egalité est un Terme en partie naturel, en partie arbitraire, naturel, en ce que l'égalité est quelque chose de fixe, & qui n'est point susceptible de plus & de moins, arbitraire, en ce que la détermination des deux grandeurs, entre lesquelles doit être l'égalité, dépend de la Loi.

648. Une Suite arrivée au Terme de l'Egalité peut être arrivée en même temps aux deux plus grandes ou plus petites grandeurs qu'elle puisse avoir, ou seulement aux deux plus

plus grandes ou plus petites grandeurs qu'elle puisse avoir égales, & non absolument à la plus grande ou à la plus petite. Si elle se renverse, il est necessaire, dans l'un & dans l'autre cas, que les differences de décroissantes qu'elles étoient, deviennent croissantes, puisqu'elles sont arrivées à zero. Mais dans le 1er cas la Suite principale deviendra outre cela de croissante décroissante, ou au contraire, & dans le 2e elle demeurera croissante ou décroissante, comme elle étoit, mais croissante ou décroissante de plus en plus, au lieu qu'elle l'étoit de moins en moins. Ainsi le Terme de l'Egalité peut être ou *simple*, ou *compliqué* avec un Terme naturel ou arbitraire de grandeur ou de petitesse.

649. Quand une Suite arrivée à un Terme compliqué, s'y renverse, il faut qu'elle se renverse selon tous les sens que contient le Terme compliqué, supposé qu'elle ait tendu à ce Terme selon tous les sens qu'il contient.

650. Deux Infiniment grands ou petits peuvent être égaux, & deux zero le sont toûjours. Donc une Suite qui arrive à l'Egalité, peut arriver aussi en même temps ou à l'Infini, ou à l'Infiniment petit, ou à zero. Mais en ce cas le Terme de l'Egalité est necessairement compliqué avec un Terme naturel de grandeur ou de petitesse, car la Suite ne peut avoir tendu à ce Terme que comme à la plus grande ou plus petite grandeur qu'elle pût avoir. Donc si elle se renverse, elle se renverse en deux sens, c'est-à-dire, que non seulement elle prend des differences croissantes, mais qu'elle devient de croissante décroissante, ou au contraire. Donc ce n'est que dans le cas où une Suite arrive à deux grandeurs égales finies qu'elle peut continüer après cela d'être croissante ou décroissante comme elle étoit. Alors ces deux grandeurs égales ne sont pas un Terme arbitraire de grandeur ou de petitesse, mais un Terme simple d'Egalité.

651. L'Egalité ne paroît être qu'un effet de ce que des grandeurs précédentes ont crû ou décrû de moins en moins, & puisqu'elle suppose des grandeurs précédentes, elle n'est pas propre à être Origine, mais seulement Terme, ou Terme

& Origine en même temps. Cependant comme toute Suite peut être renversée, & que par conséquent une Suite terminée par l'Egalité pouvoit aussi commencer par-là, l'Egalité peut absolument être Origine.

Cinq sortes de Termes.

652. Il n'y a que cinq especes de Termes possibles, les deux naturels de grandeur & de petitesse, les deux arbitraires correspondants, & l'Egalité, car une Suite ne peut être que croissante ou décroissante, à differences constantes, croissantes, ou décroissantes, & dans tous ces cas elle arrive necessairement à un Terme naturel ou arbitraire de grandeur ou de petitesse, excepté dans celui où elle a des differences décroissantes, qui est celui du Terme de l'Egalité. Encore peut-il être compliqué avec l'un des quatre autres (648).

Suites accessoires des differences, ou des differences de differences, &c. qui naissent de la Suite principale. Quand, & jusqu'à quel point les Suites accessoires influent sur la principale.

653. Les differences font une Suite que j'appelle *accessoire*, pour la distinguer de la principale. Si une Suite est constante, elle n'a point de differences ou de Suite accessoire, mais dès qu'elle n'est pas constante, elle a au moins une Suite accessoire, car elle peut n'en avoir qu'une, & c'est lorsque ses differences sont constantes. Que si les differences de la Suite principale ne sont pas constantes, elles ont elles-mêmes au moins une Suite accessoire, & la Suite principale en a au moins deux. Ainsi la Suite des Quarrés naturels a pour Suite accessoire celle des nombres Impairs, & celle-ci a pour Suite accessoire une Suite constante dont tous les termes sont 2. La Suite des Cubes naturels a trois Suites accessoires, dont la 3me est une Suite constante dont tous les termes sont 6; & ainsi à mesure que ces Suites sont de plus hautes puissances des nombres naturels, elles ont plus de Suites accessoires, & la derniére accessoire qui est constante & qui termine tout, est plus éloignée. Elle le seroit infiniment, si on formoit une Suite des puissances infinies des nombres naturels.

Mais sans aller jusqu'à une Suite toute formée de grandeurs infinies, toute progression geometrique formée d'une infinité de termes, a une infinité de Suites accessoires, & n'en a point de derniére constante, car les differences d'une progression geometrique sont aussi en progression geometrique,

& par conséquent les differences de ces differences, & ainsi à l'infini, au lieu que la progression arithmetique n'a qu'une seule Suite accessoire constante; ce qui confirme encore tout ce qui a été dit de l'opposition de ces deux progressions.

On voit donc qu'une Suite principale quelconque étant posée, elle peut avoir plus ou moins de Suites accessoires jusqu'à la derniére, qui sera constante. Mais tout ce qu'on a ici en vûë, c'est de considerer quand & jusqu'à quel point les Suites accessoires *influënt* sur la principale, c'est-à-dire, y produisent ce qu'elle n'eût pas eu par elle-même, & indépendamment d'elles.

Une Suite croissante qui a des differences constantes, arrive à l'Infini, une Suite croissante qui a des differences croissantes, y arrive aussi, & par conséquent ce n'est point en vertu précisément de ses differences croissantes qu'elle y arrive, puisque l'autre avec des differences constantes y arrivoit pareillement. Mais quand une Suite croissante arrive à deux Infinis égaux, c'est précisément en vertu de ses differences décroissantes, & par conséquent en ce cas-là la Suite accessoire influë sur la principale. Et comme ce raisonnement est general pour toutes les Suites qui arrivent à l'Egalité, il suit qu'en ce cas la Suite accessoire a influé sur la principale, & il est clair que c'est que la Suite accessoire est arrivée à zero.

654. Donc quand une Suite arrive à l'Egalité, il faut necessairement considerer la Suite de ses differences, ou la 1re Suite accessoire.

655. Si la 1re Suite accessoire arrive elle-même à l'Egalité, il y a donc une 2de Suite accessoire qui est arrivée à zero, & alors il y a dans la Suite principale trois grandeurs qui ont des differences égales. Donc l'égalité de ces deux differences est produite dans la Suite principale par une 2de Suite accessoire, & il faut remonter jusqu'à cette 2de pour trouver la source de cette égalité des differences de la principale.

656. De-là il ne s'ensuit pas necessairement que les trois grandeurs de la Suite principale soient en progression arithmetique, si on attache au mot de *progression* l'idée que les

grandeurs aillent toûjours en croissant ou en décroissant. Car 2, 1, 2, ou 1, 2, 1, ont des differences égales, & ne sont pas selon cette idée en progression arithmetique, mais on peut dire qu'ils sont en *contre-progression*. Donc la 2de Suite accessoire arrivée à zero produit dans la principale trois grandeurs en progression ou en contre-progression arithmetique, qui n'y eussent pas été sans cela, car la Suite principale n'étoit pas une progression arithmetique, puisqu'on lui a supposé des differences variables.

Il est vrai que si les trois grandeurs de la Suite principale ont été en contre-progression, elle est arrivée à un *plus grand*, si elles ont été comme 1, 2, 1, ou à un *plus petit*, si elles ont été comme 2, 1, 2, & qu'elle pouvoit arriver à un *plus grand*, ou à un *plus petit*, indépendamment de toute Suite accessoire, mais elle n'y seroit pas arrivée avec des differences égales de part & d'autre du Terme. Si les trois grandeurs sont en progression, la Suite n'arrive ni à un *plus grand*, ni à un *plus petit*.

657. Si la 1re Suite accessoire arrive à l'Egalité & à zero tout ensemble, il y a dans la Suite principale trois grandeurs consécutives égales, & qui par conséquent sont dans la moindre progression ou contre-progression arithmetique qu'il soit possible. Il est clair qu'une Suite dont la nature est de varier toûjours, n'auroit pas par elle-même trois grandeurs consécutives égales, & qu'il faut que ce soit quelque chose d'étranger qui l'y détermine. C'est la 1re Suite accessoire arrivée à l'Egalité & à zero, & la 2de arrivée seulement à zero.

658. S'il y a une 3me Suite accessoire qui arrive à zero, elle produit dans la 2de deux grandeurs égales, dans la 1re trois grandeurs en progression ou contre-progression arithmetique, c'est-à-dire, comme 1, 2, 3, ou 3, 2, 1, ou comme 1, 2, 1, ou 2, 1, 2, & par conséquent il y a dans la Suite principale quatre grandeurs qui sont (y étant une grandeur quelconque) y. $y+1$. $y+1+2=y+3$. $y+3+3=y+6$, ou y. $y+1$. $y+1+2=y+3$. $y+3+1=y+4$, &c. ce qui n'a rien de particulier, & qui ne pût être dans la Suite principale indépendamment des accessoires.

659. Que si, lorsque la 3me Suite accessoire arrive à zero, les deux grandeurs égales de la 2de sont aussi zero, il y en a trois égales dans la 1re, & par conséquent il y a quatre grandeurs de la Suite principale en progression ou contre-progression arithmetique, qui n'y eussent pas été sans cela.

660. Que si, tout le reste demeurant le même, les trois grandeurs égales de la 1re Suite accessoire sont zero, il y a dans la Suite principale quatre grandeurs consécutives égales, ce qui est encore un effet particulier des Suites accessoires.

661. Et comme on peut suivre cette idée aussi loin qu'on voudra, il s'ensuit en general qu'autant qu'une Suite principale qui n'est point progression arithmetique a de grandeurs égales, ou en progression ou contre-progression arithmetique, autant il y a de Suites accessoires, moins une, qui influënt sur elle, ou, ce qui revient au même, qu'il faut considerer, & jusqu'où il faut remonter pour trouver la source de la propriété supposée dans la Suite principale, & que hors de-là les Suites accessoires n'influënt point necessairement sur elle, ou qu'il n'est point necessaire de les considerer.

Changements causés dans les Suites par le renversement.

662. J'appelle *Changement*, ce qui arrive à une Suite qui passe au de-là d'un Terme, & y recommence un nouveau cours, & par conséquent Changement s'oppose à *Variation*, qui n'est que le cours d'une Suite depuis une Origine jusqu'à un Terme.

L'idée de changement n'emporte aucune autre necessité, sinon que la Suite devienne contraire à ce qu'elle étoit selon la nature du Terme par où elle passe. Du reste les grandeurs de la Suite dans la 2de variation peuvent être ou les mêmes que celles de la 1re, mais posées dans un ordre contraire, ou differentes.

663. Si dans une Suite qui a un premier changement, la 2de variation n'est que la 1re renversée, & que la Loi ne permette pas qu'il y en ait une 3me differente des deux 1res, ce qui arriveroit dans la Suite des élevations ou abaissements du Soleil par rapport à l'Horison, il faut concevoir ou que la Suite est absolument terminée par les deux 1res variations,

ou qu'elle en recommence une 3me toute ſemblable à la 1re, & après cela une 4me toute ſemblable à la 2de, ce qui n'a point de fin. Donc ces ſortes de Suites peuvent être conçûës, ou comme ayant un cours fini, ſi on les borne au point après lequel il ne peut plus rien arriver de nouveau, ou comme ayant un cours infini, ſi on veut qu'elles le continuënt toûjours ſans aucune nouveauté.

664. Et quand même les deux 1res variations ſeroient differentes, ce ſeroit encore la même choſe, ſi la 3me n'étoit que la 1re, & la 4me que la 2de, & toûjours ainſi.

665. Que ſi toutes les variations étoient differentes au moins de deux en deux, c'eſt-à-dire, que les deux 1res n'étant que la même renverſée, la 3me & la 4me en fuſſent differentes, quoi-qu'elles ne fuſſent que la même renverſée, & toûjours ainſi, la Suite auroit un cours abſolument infini, & un nombre infini de variations & de changements.

666. Une Suite qui a un Terme infiniment éloigné de ſon Origine, & par conſéquent un cours infini, eſt ordinairement cenſée finir à ce Terme, & par conſéquent elle n'a point de changement. Quelquefois auſſi on peut concevoir qu'elle revienne de ce Terme vers le Fini, auquel cas elle a un changement, & a paſſé par ce Terme infiniment éloigné.

667. Il eſt poſſible qu'une Suite, après avoir paſſé par un nombre fini de Termes finis, à chacun deſquels elle ſera arrivée par un cours fini, & où elle aura reçû un changement, tende à un Terme infiniment éloigné, où elle ne pourra arriver que par un cours infini, & où elle ne recevra plus de changement.

668. Donc par rapport aux changements, il y a trois eſpeces de Suites, les 1res qui n'en ont point (666), les 2des qui en ont un nombre fini (667), les 3mes qui en ont un nombre infini (665).

669. Et par rapport au cours, il n'y a que deux eſpeces de Suites, les unes qui en ont un abſolument infini, les autres qui en ayant un fini, peuvent cependant être conçûës comme en ayant un infini (663).

670. Jusqu'ici nous n'avons consideré les Suites de grandeurs que comme purement numeriques, mais si on leur joint quelque idée d'être specifique, il y a certaines considerations à ajoûter.

Changement numerique, & specifique.

Lorsqu'une Suite ainsi conditionnée passe au de-là d'un Terme, il faut que ce Terme le soit non seulement numeriquement, mais encore specifiquement, car ce qu'exigeoit l'unité de la Suite numeriquement prise (641), l'unité de la Suite specifiquement prise l'exige aussi.

671. Il n'y a que deux maniéres dont un Terme puisse l'être specifiquement. Il peut ne contenir ni l'un ni l'autre des deux êtres specifiques qui appartiennent aux deux variations contraires, chacun à la sienne, en ce cas je l'appelle Terme *moyen*, où il contient l'un & l'autre être specifique, & je l'appelle Terme *commun*.

Terme moyen, & Terme commun.

Par exemple, si on tire une Bombe obliquement à l'horison, elle a un premier cours où elle monte toûjours, & un second où elle descend toûjours; si je veux concevoir ces deux cours ou variations comme appartenants à une Suite où entre l'idée specifique de variation montante & descendante, il faut que je conçoive que cette Suite passe de l'une à l'autre par un Terme qui n'est ni montant ni descendant, c'est-à-dire, par quelque étenduë où la Bombe va parallelement à l'horison. C'est là un Terme moyen.

Si je suppose que deux Jets d'eau égaux, courbes, sortant de terre avec leurs convexités tournées vers la terre, & directement opposés, se rencontrent & se choquent dans leur plus grande élevation, qui sera une petite étenduë verticale, quelques gouttes d'eau dans cette étenduë monteront, & d'autres descendront, de sorte qu'on pourra dire que le total montera & descendra en même temps. Si j'avois pris les deux cours des deux Jets d'eau pour une seule Suite, dont l'origine auroit été fixée au point où l'un des deux sort de terre, cette Suite auroit eu une variation montante & une descendante, & le Terme par où elle passeroit pour devenir de montante descendante, seroit l'étenduë verticale où elle seroit montante

& descendante en même temps, & ce seroit un Terme commun.

Ce second exemple, quoi-qu'un peu forcé, suffit pour donner l'idée du Terme commun. C'est assés presentement qu'on en apperçoive la possibilité.

672. Si une Suite specifique & qui se renverse, ne peut avoir, ou n'a pas un Terme moyen, il faut qu'elle en ait un commun, car son unité demande necessairement qu'elle ait un Terme entre ses deux variations, & elle n'en peut avoir que de l'une ou de l'autre espece.

673. Le Terme moyen ne détermine pas absolument la Suite à devenir specifiquement contraire à ce qu'elle étoit, car comme il ne contient ni l'un ni l'autre des deux êtres specifiques opposés, il peut être Terme entre le même être specifique qui a toûjours décrû, & le même qui va croitre, ou au contraire. Ainsi si lorsque le cours de la Bombe est devenu parallele à l'horison, il lui survenoit une nouvelle force pour la faire monter, l'étenduë parallele du cours ne laisseroit pas de pouvoir être Terme moyen entre deux variations montantes; mais comme le Terme moyen est toûjours Terme, & par conséquent doit produire un changement, il faudroit que la 1re variation ayant été montante de moins en moins, la 2de le fût de plus en plus, ce qui revient à l'art. 648.

674. Le Terme commun détermine necessairement la Suite à devenir specifiquement contraire à ce qu'elle étoit, car comme il contient les deux êtres specifiques opposés, il faut qu'au 1er qui a regné dans la 1re variation succède le 2d dans la 2de, autrement le Terme commun contiendroit les deux êtres opposés, & les deux variations n'auroient que le même, ce qui feroit que le Terme commun ne le seroit pas, contradiction manifeste.

675. Comme l'idée de positif & de negatif, j'entends negatif absolu, renferme un être specifique, une Suite ne peut devenir de positive negative sans avoir passé par un Terme moyen, ou commun. Ainsi dans le 1er exemple de l'art.

l'art. 469, les élevations du Soleil sur l'horison ne deviennent abaissements, ou grandeurs negatives, qu'après avoir passé par zero, c'est-à-dire, par une position du Soleil à l'horison où il n'est ni au dessus ni au dessous. Ce zero est donc Terme moyen. De même dans le 2[d] exemple du même art. les arcs que le Soleil décrit à ma droite, ne deviennent arcs décrits à ma gauche qu'après avoir passé par le point 90, qui n'est ni à ma droite, ni à ma gauche. Ce point 90 est donc encore un Terme moyen par où se fait le passage du positif au negatif.

676. La nature du Terme par où se fait le passage du positif au negatif, c'est-à-dire, la détermination s'il est moyen ou commun, dépend de l'être specifique auquel on a attaché le positif & le negatif. Ainsi si on avoit attaché ces deux idées à des Fonds & à des Dettes, on seroit sûr que le passage ne pourroit se faire que par un Terme moyen qui ne fût ni Fonds ni Dette, parce qu'il ne peut y avoir un Terme commun, qui soit Fonds & Dette en même temps. Donc le Terme seroit zero.

Ce n'est pas qu'un Homme ne puisse venir à avoir des Dettes & aucun Bien sans avoir passé par n'avoir ni Dettes, ni Bien, ou, ce qui revient au même, autant de Dettes que de Bien. Mais il est vrai qu'on ne changera rien à l'état de sa fortune, quand on supposera qu'il a passé par-là, & il faudra le supposer, pour conserver l'unité mathematique de la Suite des grandeurs qui exprimeront sa fortune & ses variations. Ainsi le passage se fera par zero, du moins *sousentendu*, ce qui suffit quant à present.

677. Tout Terme par où se fait le passage du positif au negatif est en même temps un Terme d'accroissement ou de décroissement, car une grandeur ne peut devenir specifiquement contraire à ce qu'elle étoit, sans avoir épuisé dans son premier être specifique tout l'être numerique dont elle étoit capable.

678. Si une Suite est exprimée par $\sqrt[2]{a-x}$, *a* étant *Changements*

de Suites réelles en imaginaires, & réciproquement.

une grandeur constante, plus grande d'abord que x, & x une grandeur variable croissante, moindre d'abord que a, la Suite deviendra imaginaire, lorsque x sera plus grand que a, car soit alors $a - x = -z$, la Suite sera donc $\sqrt[2]{-z}$. Le passage du réel à l'imaginaire doit se faire par un Terme ou moyen ou commun. Il ne peut y en avoir un commun, car aucune grandeur ne peut être telle qu'elle soit, & en même temps ne puisse être. Il reste donc que le Terme soit moyen, & ce ne peut être que zero, qui est parfaitement moyen entre ce qui est, & ce qui ne peut être, car il est également vrai qu'une grandeur n'existe point, & n'est point pour cela précisément dans l'impossibilité d'être. Donc la Suite a passé par zero, c'est-à-dire par $\sqrt[2]{a - x} = 0$, a étant $= x$, après quoi vient $\sqrt[2]{-z}$.

679. Il suit de ce raisonnement que zero est le seul Terme par où une Suite puisse passer du réel à l'imaginaire.

680. Si après que x est devenu plus grand que a, & la Suite par conséquent imaginaire, x ne peut croître que jusqu'à un Plus grand, après quoi il décroît, & redevient $= a$, ce qui fait arriver la Suite à zero une seconde fois, x continuë à décroître, la Suite redevient réelle, & par conséquent il peut y avoir dans les Suites des *Vuides*, ou certains espaces dans lesquels il n'y a nulles grandeurs, après quoi il peut revenir des espaces *pleins*. Et il faut concevoir que les grandeurs impossibles de ces Vuides ne laissent pas d'être capables de variations qui suivent les mêmes loix que celles des autres selon les art. 512, 513, 514.

681. Dans une Suite qui a plusieurs changements, deux Termes de même nature ou espece ne sçauroient être *consécutifs*, c'est-à-dire, placés dans la Suite l'un après l'autre avec une seule variation entre deux. Car toute Suite qui passe par un Terme, y reçoit un changement, & par conséquent ne peut plus tendre qu'à un Terme contraire.

682. Deux termes differents ne sçauroient être *contigus*,

c'est-à-dire, placés immédiatement l'un après l'autre, car l'idée de Terme suppose necessairement une variation qui y aboutisse, & par conséquent il faut qu'il y ait toûjours une variation entre deux Termes differents. Mais au lieu d'être contigus, ils peuvent en être un seul compliqué, parce que la variation aura été telle qu'elle aura tendu, & sera arrivée à tous les deux en même temps, ce qui revient à l'art. 649.

683. Si les differences des grandeurs d'une Suite sont infiniment petites, il n'arrivera aucun autre changement à tout ce qui a été dit, sinon que les variations seront conduites par degrés infiniment petits, & par conséquent seront, pour ainsi dire, infiniment *douces*, car de chaque pas au suivant, la difference sera inexprimable & indéterminable à cause de son infinie petitesse. *Application aux Suites dont les differences seroient infiniment petites, & ce qui en resulte.*

Si on appelle y une grandeur variable quelconque, dont l'accroissement ou décroissement perpetuel reglé par quelque Loi, forme une Suite, on appellera dy ses differences infiniment petites. Ces dy sont les $\frac{1}{\infty}$, & en effet ce sont des fractions ou parties infinitiémes de y, & dy est $\frac{y}{\infty}$. Si les dy sont variables, ils auront aussi des differences qui seront par rapport à eux comme les dy par rapport aux y. On les appelle ddy, & on a $ddy = \frac{dy}{\infty}$. De même les ddy pourront avoir leurs $dddy$, &c. jusqu'à ce qu'on arrive à une Suite d'Infiniment petits égaux, s'il y en a une même dans l'Infini, car cela n'arrive pas toûjours (653).

684. Si lorsque les differences de y sont finies, & les pas ou degrés des variations déterminés, l'unité de la Suite demande qu'il y ait à chaque changement une grandeur qui soit en même temps Terme & Origine, & Terme moyen ou commun, à plus forte raison cette même unité le demande-t-elle jointe à la *douceur* infinie, dont les variations doivent être dans cette nouvelle hipothese (683).

685. Le passage du positif au negatif qui pouvoit se faire par un zero sousentendu (676) ne peut donc plus se faire que par un zero *exprimé*.

686. En general, comme il eſt neceſſaire qu'entre deux variations il y ait un Terme ſoit naturel, ſoit arbitraire, on eſt ſûr que s'il y a un Terme naturel poſſible entre les deux variations, la Suite paſſe par-là, car avec ſes pas infiniment petits elle ne peut manquer de le rencontrer. Donc s'il eſt ſeulement poſſible qu'entre une variation poſitive, par ex. & une negative, il y ait l'Infini ou zero, cela eſt neceſſaire. Le même raiſonnement conclut que ſi une Suite, dont les differences ſont infiniment petites, peut paſſer par l'Egalité, elle y paſſe neceſſairement.

Quant aux Termes arbitraires, il n'eſt pas beſoin d'employer ce raiſonnement, puiſqu'étant déterminés par la Loi même, la Suite ne peut manquer de les avoir.

687. Excepté dans une progreſſion geometrique, les variations de la Suite principale & de l'acceſſoire ou des acceſſoires ſont differentes. Mais celle de ces variations que l'on voudra étant réglée par une Loi, toutes les autres ſeront neceſſairement déterminées en conſéquence. Ainſi il eſt indifferent que la Loi tombe immédiatement ſur la Suite principale, ou ſur une acceſſoire quelconque. Cependant il eſt plus naturel qu'elle tombe ſur la principale, ſi elle le peut, ou ſi elle ne le peut pas, ſur une acceſſoire qui influë ſur la principale. Il ſeroit inutile, par ex. de preſcrire pour Loi que les dy, differences 1res des y, ou les ddy, &c. fuſſent en progreſſion geometrique, puiſque par-là les y y ſeront, & qu'il vaut mieux preſcrire cette Loi aux y mêmes.

Et comme les Suites acceſſoires n'influënt point ſur la principale, paſſé la 2de, hors dans le cas des art. 659 & 660, il ſeroit inutile hors de ce cas, que la Loi tombât ſur une Suite acceſſoire plus éloignée que la 2de. Mais ce qui eſt inutile n'eſt pas pour cela impratiquable.

688. Si des Suites à differerences infiniment petites, au lieu d'être formées de grandeurs finies, le ſont de grandeurs infiniment petites du 1er ordre, ce qui rendra les differences du 2[d], il n'y aura rien de changé à tout ce qui a été dit, & les mêmes principes s'appliqueront également à cette nouvelle hipotheſe.

SECTION VIII.

Application des Theories précédentes aux Lignes droites.

689. IL n'y a point de nombre qui ne puiſſe exprimer quelque Ligne droite, ni réciproquement de Ligne droite qui ne puiſſe être exprimée par quelque nombre commenſurable ou incommenſurable. Donc à tous les nombres infiniment grands ou petits répondent des lignes poſſibles infiniment grandes ou petites. Commençons par les Infinies.

Lignes infinies de tous les ordres.

690. Donc il y a des lignes Infinies poſſibles de tous les ordres d'Infini, c'eſt-à-dire, de l'ordre de ∞, ou de ∞^2, &c. & en general de l'ordre de ∞^n, ou de l'ordre de $\infty^{\frac{1}{n}}$, &c. & elles auront entr'elles les mêmes rapports finis ou infinis, que les Infinis qui les exprimeront, c'eſt-à-dire, des rapports finis, ſi les lignes infinies ſont du même ordre, infinis, ſi elles n'en ſont pas.

691. Si l'on conçoit un Triangle fini quelconque, ſes trois côtés peuvent toûjours croître, & croître à l'infini, & le Triangle être toûjours ſemblable, & par conſéquent trois lignes infinies feront entr'elles trois angles finis égaux aux premiers. Donc en general des lignes infinies peuvent faire entr'elles tous les angles finis quelconques.

Angles infiniment petits de tous les ordres.

692. Si le premier Triangle fini qu'on poſe d'abord eſt iſoſcele, & que l'on conçoive qu'il n'y a que les deux côtés égaux qui croiſſent, la baſe de l'angle du ſommet demeurant toûjours la même, l'angle du ſommet décroîtra toûjours, & les deux égaux ſur la baſe croîtront toûjours, & enfin les deux côtés égaux étant devenus infinis, l'angle du ſommet ſera infiniment petit, & les deux autres égaux chacun à un droit, moins la moitié de l'angle du ſommet, c'eſt-à-dire, égaux chacun à un droit. Donc les deux côtés égaux du Triangle iſoſcele ſeront devenus deux lignes infinies paralleles, &

la base toûjours finie sera infiniment petite par rapport à elles. Et comme elle sera perpendiculaire à l'une & à l'autre, elle mesurera leur distance.

693. Donc en general ce qu'on appelle dans le Fini deux lignes paralleles, sont deux lignes qui prolongées à l'infini, font entr'elles à leur point de rencontre infiniment éloigné un angle infiniment petit, dont la base est la distance finie des deux paralleles.

694. Si l'on concevoit deux paralleles infinies du second ordre, dont la distance fût toûjours finie, l'angle de la rencontre des paralleles dans l'Infini seroit infiniment plus petit qu'il n'étoit dans l'art. précédent, car la base seroit de deux ordres au dessous des côtés.

695. Et comme on peut concevoir des lignes infinies de tous les ordres, & qui seront paralleles, & auront des distances finies, on trouvera que ces paralleles feront toûjours des angles infiniment petits d'un ordre plus bas.

696. Donc en general il peut y avoir des angles infiniment petits de tous les ordres.

Lignes infiniment petites de tous les ordres, & toûjours étenduës.

697. Les lignes infiniment petites d'un ordre quelconque répondent aux $\frac{1}{\infty^n}$, qui ont une grandeur, & ne sont pas des zero absolus, & par conséquent elles ne sont pas des points, mais elles ont une étenduë.

698. Cela n'empêche pas qu'elles ne soient des points *phisiquement* ou sensiblement, comme les $\frac{1}{\infty^n}$ sont des zero relatifs, mais en elles-mêmes, ou geometriquement, ce sont des étenduës.

699. Donc tout ce qui appartient aux lignes finies, leur appartient aussi. Elles peuvent être perpendiculaires à d'autres lignes quelconques, obliques, paralleles, en un mot, elles ont une position que des points absolus n'ont pas.

700. On peut aussi-bien concevoir un Triangle infiniment petit, dont les trois côtés seront des lignes infiniment petites d'un ordre quelconque, qu'un Triangle infiniment grand, ou même fini, & les trois côtés du Triangle infiniment

petit feront auffi entr'eux des angles finis, tant qu'ils feront des Infiniment petits du même ordre.

Parallelifme fufceptible de plus & de moins à l'infini, & dans tous les ordres.

701. Mais fi deux lignes infiniment petites du même ordre font entr'elles un angle dont la bafe foit de l'ordre immédiatement inferieur, cet angle eft infiniment petit, & les deux lignes paralleles. Et plus la bafe fera d'un ordre inferieur à celui des côtés, plus l'angle infiniment petit baiffera d'ordre.

702. Donc auffi fi deux lignes finies qui fe rencontrent ont une bafe infiniment petite du 1er ordre, elles font entre elles un angle infiniment petit, & font paralleles. Et leur angle eft encore infiniment plus petit, fi leur bafe eft du 2d ordre d'Infiniment petit, &c.

703. Donc en general deux lignes qui fe rencontrent fous un angle dont la bafe eft infiniment petite par rapport à elles, font paralleles, & font entr'elles un angle infiniment petit, & cet angle eft d'un ordre d'Infiniment petit d'autant plus bas, que la bafe eft d'un ordre plus inferieur aux côtés.

704. Réciproquement fi deux lignes d'un ordre quelconque fe rencontrent fous un angle infiniment petit, la bafe de cet angle eft d'un ordre inferieur à elles, & d'autant plus inferieur que l'angle infiniment petit eft d'un ordre plus bas, & ces lignes font paralleles.

705. Il eft poffible, mais non pas neceffaire, de concevoir deux paralleles comme faifant entr'elles un angle infiniment petit. Car on peut les concevoir comme étant toûjours paralleles, même lorfqu'elles feront prolongées à l'infini, de même qu'elles l'étoient dans le fini. Mais fi, lorfqu'elles feront prolongées à l'infini, on les conçoit comme fe rencontrant fous un angle infiniment petit, elles feront encore paralleles à caufe de l'infinie petiteffe de l'angle. Ainfi on peut concevoir leur parallelifme, ou comme abfolu, exact & rigoureux, ou comme infiniment peu different de celui-là, & il n'y a pas de neceffité de le concevoir de la 2de façon, mais feulement poffibilité.

706. Si deux lignes finies fe rencontrent fous un angle infiniment petit, il n'y a que poffibilité de les concevoir

comme paralleles, & leur parallelisme ne peut être absolu, mais seulement infiniment peu different de l'absolu. Ainsi dans ce cas-là on peut les considerer encore selon l'angle infiniment petit qu'elles font entr'elles.

707. Il en va de même de deux lignes infiniment petites, qui font entr'elles un angle infiniment petit.

708. Le parallelisme non-absolu consistant donc toûjours en ce que deux lignes font entr'elles un angle infiniment petit, si deux lignes sont paralleles de ce parallelisme, elles ne peuvent se rencontrer qu'à une distance qui soit de l'ordre immédiatement superieur à celui dont est la base de l'angle infiniment petit. Ainsi si la base de cet angle est une ligne finie, les deux lignes paralleles ne peuvent se rencontrer qu'à une distance infinie, ou dans l'Infini (692). Si la base est infiniment petite du 1er ordre, les deux paralleles se rencontrent à une distance finie, &c.

709. Le parallelisme absolu n'est point suscéptible de plus & de moins, mais le non-absolu en est susceptible, car l'angle infiniment petit peut être plus ou moins grand.

710. Le parallelisme non-absolu est même susceptible de tous les ordres, puisque l'angle infiniment petit peut être de tous les ordres d'Infiniment petit (696).

711. Donc deux lignes paralleles d'un parallelisme non-absolu peuvent être plus ou moins paralleles à l'infini, & infiniment plus ou moins paralleles selon tous les ordres d'Infini que deux autres paralleles.

On peut le voir encore ainsi. Soient deux droites égales *A* & *B*, perpendiculaires sur une même base droite *C*, la ligne *D* qui passera par leurs extrêmités sera parallele à la base *C*. Si *B* est plus grande que *A* d'une difference infiniment petite, *D* sera encore parallele à *C*, mais non d'un parallelisme absolu, comme dans le 1er cas. Plus la difference de *A* & *B* sera grande, étant toûjours de l'ordre de $\frac{1}{\infty}$, moins *D* & *C* seront paralleles, & enfin elles ne cesseront entiérement de l'être, ou ne deviendront obliques l'une à l'autre, que quand la la difference de *A* & de *B* sera finie. Que si au contraire la difference de *A* & de *B*, étant de l'ordre de $\frac{1}{\infty}$, étoit décroissante, *D* & *C* seroient toûjours plus paralleles, & enfin quand cette difference seroit devenuë $= \frac{1}{\infty^2}$, *D* & *C* seroient infiniment plus paralleles, mais non encore d'un parallelisme absolu. Et il ne le deviendroit que quand la difference auroit passé par tous les ordres d'Infiniment petit, & seroit devenuë zero absolu.

Dans les recherches geometriques, & dans le calcul, le parallelisme non-absolu est le même que l'absolu, comme $1 + \frac{1}{\infty} = 1$, & par la même raison. Mais quoi-que la difference de ces deux especes de parallelisme nous échape, il y a des occasions où il est bon de les distinguer; comme il y en a où il faut prendre $1 + \frac{1}{\infty}$ tel qu'il est, & non pas $= 1$ (416).

712. Tout ce qui a été dit du parallelisme s'applique de soi-même à la perpendicularité, & l'on verra aisément qu'il y a une perpendicularité absoluë, & une non-absoluë qui peut décroître selon tous les degrés d'un ordre jusqu'à devenir obliquité, ou au contraire croître selon tous les ordres d'Infini jusqu'à ce qu'elle devienne perpendicularité absoluë. *Et de même la perpendicularité.*

Pour entendre nettement cette perpendicularité croissante, il n'y a qu'à concevoir que dans le Triangle rectangle *MRm*, dont les trois côtés sont finis, l'hipotenuse *Mm* oblique sur *MR* s'approche toûjours en décroissant de la perpendiculaire *Rm*, & tend à se confondre avec elle. *Mm* sera oblique tant que *MR* sera d'une grandeur finie, quoique cette grandeur soit toûjours moindre. Lorsque *Mm* se sera tant approchée de *Rm*, que *MR* ne sera plus que de l'ordre de $\frac{1}{\infty}$, *Mm* sera perpendiculaire, mais non pas d'une perpendicularité absoluë, car elle ne sera pas encore entiérement & exactement confonduë avec *Rm*; elle le sera plus, lorsque *MR* ne sera que de l'ordre de $\frac{1}{\infty^2}$, plus encore, lorsque *MR* sera de l'ordre de $\frac{1}{\infty^3}$; & ainsi à l'infini, & par FIG. II.

conséquent *Mm* sera toûjours de plus en plus perpendiculaire, & enfin elle le sera absolument, lorsque *MR* sera zero absolu.

Suites infinies de Lignes, qui sont des Ordonnées posées parallelement sur un Axe.

713. On peut concevoir, ainsi que des Suites de nombres, des Suites de lignes droites, ou finies, ou infinies, ou infiniment petites, ou originairement formées de lignes finies & terminées par des lignes infiniment grandes ou petites. Mais comme on rapporte toutes les Suites de nombres à la Suite naturelle, ne fût-ce que pour leur donner les dénominations de 1er, 2d, 3me, &c. de même il faut concevoir les Suites quelconques de lignes disposées parallelement selon leur grandeur sur une ligne commune, qu'on appelle en general *diametre*, & en particulier *axe*, si les lignes qui y sont disposées lui sont perpendiculaires, ce qui est la supposition la plus naturelle, & la plus ordinaire. Les lignes disposées sur un diametre ou axe s'appellent *Ordonnées* ou *Appliquées*.

714. L'axe étant conçû divisé en une infinité de parties égales, elles representent la Suite infinie des Unités, & leurs sommes, à compter de l'origine de l'axe, sont en progression arithmetique naturelle, & representent la Suite naturelle *A*. Les Ordonnées posées sur tous les points de division de l'axe, peuvent croître ou décroître selon telle Loi qu'on voudra.

715. Il est plus naturel, mais non pas necessaire, que l'axe soit conçû divisé en parties égales, & on peut le diviser en parties qui suivront telle Loi qu'on voudra. Les sommes consécutives de ces differentes parties égales ou inégales, correspondantes chacune à une Ordonnée, s'appellent *Abscisses* ou *Coupées*.

716. Une droite finie quelconque étant prise pour axe, & conçûe divisée en une infinité de parties égales de l'ordre de $\frac{1}{\infty}$, si l'on conçoit de plus que sur chaque point de division soit élevée une Ordonnée, qu'elles suivent toutes comme leurs Abscisses correspondantes la progression arithmetique naturelle, & que la derniére soit finie comme son Abscisse, qui est l'axe entier, il est clair que ces Ordonnées ne pourront

representer les nombres de *A*, qui sont de deux ordres differents, à moins qu'elles ne soient aussi de deux differents ordres, & que puisque la derniére ou plus grande est finie, il y en aura vers l'origine de leur Suite ou de l'axe, qui ne seront que de l'ordre de $\frac{1}{\infty}$. Donc les Ordonnées de l'ordre de $\frac{1}{\infty}$ representeront les nombres finis de *A*, & les Ordonnées finies representeront les Infinis de *A*. Donc puisqu'il y a dans *A* une infinité de Finis, & une infinité beaucoup plus grande d'Infinis, il y aura une infinité de ces Ordonnées de l'ordre de $\frac{1}{\infty}$, & une infinité beaucoup plus grande de Finies.

Et en effet on voit déja qu'en joignant par une ligne droite oblique à l'axe les extrêmités de toutes ces Ordonnées, il se formera un Triangle rectangle, dont elles rempliront l'aire, que l'on n'en pourra trouver une finie vers le sommet du Triangle, quelque petite qu'elle soit, que quand on prendra une partie finie de l'axe, que cette partie finie de l'axe étant composée d'une infinité de parties de l'ordre de $\frac{1}{\infty}$, la premiére & plus petite Ordonnée finie que l'on concevra, sera précédée par conséquent d'une infinité d'Ordonnées de l'ordre de $\frac{1}{\infty}$, & qu'après elle il en viendra une infinité beaucoup plus grande de Finies. Cela represente à l'œil ce que nous avons dit tant de fois sur la Suite naturelle *A*, qui quant au nombre, aux rapports, & aux differents ordres de ses grandeurs, est précisément la même chose que la Suite des Ordonnées de ce Triangle.

717. Ce qui fait que ce Triangle ne represente que les rapports, & non l'absolu de *A*, c'est qu'on a pris un axe fini, divisé en parties égales de l'ordre de $\frac{1}{\infty}$, dont chacune representoit une Unité finie de *A*, de sorte que les differences constantes des Ordonnées n'ont été aussi que des $\frac{1}{\infty}$. Mais si on avoit pris un axe $=\infty$, divisé en une infinité de parties toutes $=1$, on auroit eu dès les premiers points de division des Ordonnées finies, qui eussent representé l'absolu des nombres finis qui sont à l'origine de *A*. Aussi n'auroit-on

pû jamais avoir actuellement, ou tracer qu'un nombre fini de ces Ordonnées, encore moins eût-on pû tracer les infinies qui auroient dû les suivre, & l'on n'eût eu qu'une representation très incomplete de *A*.

718. A^2 ayant des nombres de trois ordres, des Finis en nombre fini, des ∞, & des ∞^2 en nombre infini croissant (210), cette Suite peut être representée par des Ordonnées de l'ordre de $\frac{1}{\infty^2}$, de $\frac{1}{\infty}$, & du Fini, ou de l'ordre de $\frac{1}{\infty}$, du Fini, & de ∞, ou du Fini, de ∞, & de ∞^2; toutes conservant les rapports des quarrés des nombres naturels. Et en general il est évident qu'il n'y a point de Suite de nombres qui ne puisse être representée par des Ordonnées disposées sur un axe, ou diametre, ce qui suffit quant à present.

Lignes positives, negatives, & imaginaires.

719. Si les lignes sont susceptibles de l'idée du positif & du negatif, il faut que ce soit par quelque être specifique. Or on n'y peut jamais considerer que deux choses, leur grandeur, & leur position. Leur grandeur est certainement leur être numerique, dont il faut que le specifique soit entiérement distinct; il faut même, autant qu'il est possible, que le specifique ne touche point au numerique, c'est-à-dire, qu'il ne doit ni augmenter ni diminüer la grandeur, mais lui être absolument indifferent. La position d'une ligne par rapport à une autre ligne consiste à lui être ou perpendiculaire, ou oblique, ou parallele, mais outre que ces differentes positions feroient varier dans presque tous les cas la grandeur d'une ligne, & ne seroient pas par conséquent indifferentes à leur être numerique, il est clair que cette idée de position ne peut convenir ni aux Abscisses, qui ne sont qu'une même ligne plus ou moins grande, ni aux Ordonnées, qui sont toutes perpendiculaires à l'axe, ou également obliques sur un diametre. Donc si ces lignes sont capables d'être specifique, il consiste en quelque autre chose.

720. Il faut necessairement déterminer une Origine à l'axe, c'est-à-dire, un point d'où parte la 1re Ordonnée. Cette Origine étant arbitrairement déterminée, car elle ne peut l'être

autrement, il faut que les Abscisses prennent leur cours ou à la droite ou à la gauche de l'Origine, & s'il est possible, qu'elles prennent leur cours & à la droite & à la gauche, les Abscisses d'une part & les Abscisses de l'autre auront donc des positions contraires par rapport à leur Origine commune, & si celles qui sont à la droite ont été qualifiées de positives, celles qui seront à la gauche seront negatives, ou au contraire. Ce sera donc là leur être specifique.

721. De même il faut déterminer arbitrairement si les Ordonnées seront posées au dessus ou au dessous de l'axe, car cela est entiérement indifferent, & s'il est possible qu'il y en ait tant au dessous qu'au dessus, elles auront par rapport à l'axe des positions contraires, en quoi consistera leur être specifique, & si les superieures ont été qualifiées de positives, les inferieures seront negatives, ou au contraire.

722. Il est évident que les Abscisses ne peuvent être positives & negatives que de la maniére qui a été dite. Mais on pourroit croire que les Ordonnées le devroient être aussi de la même maniére, car celles qui seront à la droite de l'origine de l'axe, auront une position contraire à celles qui seront à la gauche. Mais ce qui fait que cela n'est pas, c'est que pour déterminer une Ordonnée, qui est à la gauche de l'origine de l'axe, il suffit d'avoir déterminé que l'Abscisse qui lui répond est negative. Ainsi le positif & le negatif des Ordonnées ne doit consister que dans leur position, au dessus ou au dessous de l'axe, comme le positif & le negatif des Abscisses ne consiste que dans leur position, à la droite ou à la gauche de l'origine de l'axe.

On a déja vû des exemples de ces deux especes de positif & de negatif dans l'art. 469, parce qu'ils étoient tirés d'arcs ou de lignes qui ne peuvent avoir que ces deux maniéres d'être positives ou negatives.

723. On voit assés que le quarré d'une Ordonnée superieure par une inferieure égale ne sera qu'imaginaire, parce que si on vouloit tracer réellement un quarré sur une Ordonnée superieure, il faudroit que ce quarré fût aussi entiérement

au dessus de l'axe. C'est la même chose pour le quarré d'une Abscisse positive par une negative égale. De-là s'ensuit tout ce qui peut appartenir à ces grandeurs entant que réelles ou imaginaires.

724. Si l'on conçoit que les differences des Ordonnées soient finies, il faut, pour la correspondance des divisions de l'axe aux Ordonnées, concevoir aussi ces divisions finies, ou, ce qui est la même chose, les differences des Abscisses. Mais si on conçoit les differences des Ordonnées infiniment petites du 1er ordre, il faut concevoir aussi les divisions de l'axe infiniment petites de ce même ordre, & par conséquent les Ordonnées infiniment proches les unes des autres, ou chacune de sa consécutive.

725. Les differences quelconques, soit des Abscisses, soit des Ordonnées, ne sont point proprement & par elles-mêmes susceptibles de l'idée du positif & du negatif, car elles n'ont point de position qui leur appartienne, elles n'ont que celle des grandeurs dont elles sont differences & parties. Elles n'ont le + que parce qu'elles sont ajoûtées à des grandeurs croissantes, ni le — que parce qu'elles sont retranchées de grandeurs décroissantes.

SECTION IX.

Idée generale des Lignes Courbes.

Differentes manières dont on pourroit concevoir la formation des Courbes, & celle dont il la faut concevoir.

726. IL n'y a point de Ligne qui ne puisse être conçûë comme décrite par le mouvement d'un Point qui coule. La Ligne droite est décrite par un point dont le mouvement a toûjours la même direction, & la Ligne Courbe dont l'idée est opposée à celle de la droite, sera donc décrite par un Point dont le mouvement changera toûjours de direction. Il faut voir maintenant ce que c'est que changer toûjours de direction. Le Point décrivant n'en peut changer qu'après chaque pas ou chemin fini, ou après chaque pas infiniment petit; il n'en peut changer que finiment, ou infiniment peu.

727. Si le Point décrivant change finiment de direction après un pas fini, auquel selon la supposition succede un second pas fini, ce sont deux lignes droites finies qui font entre elles un angle fini, & tout le mouvement quelconque du Point produit un assemblage de droites finies, qui font entre elles certains angles, c'est-à-dire, que le tout est un *Poligone rectiligne*.

728. Si le Point décrivant change finiment de direction après un pas infiniment petit, & ainsi de suite, il se forme un assemblage de lignes droites infiniment petites, qui font entr'elles des angles finis, ou, pour ne pas éviter une expression que l'idée demande, un Zic-zac, dont tous les angles sont finis, & les côtés infiniment petits. Or il est manifeste que ce n'est pas là ce qu'on entend par une Courbe, & que cette figure ne pourroit jamais être décrite, car ses côtés infiniment petits devroient être distincts les uns des autres à cause des angles finis qu'ils feroient entr'eux, mais par la même raison que tout Infini en grandeur ou en petitesse est inexprimable en nombres, il est indescriptible en lignes, & par conséquent

les côtés du Zic-zac infiniment petits, & distincts les uns des autres, devroient & ne pourroient être décrits.

729. Si le Point décrivant après un pas fini, change infiniment peu de direction, son second pas est en ligne droite avec le premier, à cause de la petitesse infinie du changement de direction, & par conséquent il ne se forme dans cette hipothese qu'une ligne droite.

730. Donc il reste pour la description de la Courbe que le Point décrivant à chaque pas infiniment petit, change infiniment peu de direction.

731. Si la Courbe étoit le Zic-zac de l'art. 728, elle auroit la plus grande opposition possible à la ligne droite, car rien n'est plus opposé à ne changer jamais de direction après aucun pas fini, que d'en changer toûjours finiment après chaque pas infiniment petit, & il est visible que de n'en changer qu'infiniment peu à chaque pas infiniment petit, est une moindre opposition. Elle est même si petite, qu'on peut concevoir la ligne droite comme changeant infiniment peu de direction après un pas fini, ainsi qu'on a vû dans l'art. 729; en quoi consiste donc l'opposition de la droite & de la Courbe? C'est que la Courbe changeant infiniment peu de direction à chaque pas infiniment petit, dès que le nombre de ces pas est infini, la somme en est finie, & par conséquent aussi celle des changements de direction, d'où il suit qu'après une étenduë finie de la Courbe, quelque petite qu'elle soit, il y a un changement de direction fini, au lieu qu'après une étenduë finie quelconque de la ligne droite, il n'y a aucun changement de direction fini, & l'Infiniment petit qu'on y supposeroit ne feroit rien, & n'empêcheroit pas la rectitude de la ligne.

732. De-là il suit qu'une droite qui à chaque pas fini quelconque changeroit infiniment peu de direction, seroit toûjours une droite tant qu'elle seroit finie, mais deviendroit Courbe, ou changeroit de direction dès qu'elle seroit infinie, car au nombre infini de ses pas finis répondroit un même nombre infini de changements de direction infiniment petits qui

qui feroient une fomme finie. Mais cette Courbe feroit d'une nature differente des Courbes que nous connoiffons, & qui le font dans des étendües finies quelconques. Cependant cette idée peut avoir lieu en certains cas, & l'aura dans la fuite.

733. Nous concevons toûjours que les changements de direction de la Courbe font des Infiniment petits du 1er ordre, puifqu'il fuffit de les prendre de cet ordre, auffi-bien que les pas de la Courbe. Mais fi l'on concevoit que les pas étant toûjours de ce 1er ordre, les changements de direction fuffent du 2^d^, il s'enfuivroit qu'après un nombre infini de pas de la Courbe, ou quand elle auroit une étenduë finie, elle n'auroit qu'un changement de direction infiniment petit du 1er ordre, & par conféquent feroit encore ligne droite, & que ce ne feroit qu'après une étenduë infinie qu'elle auroit un changement de direction fini, ou deviendroit Courbe, ce qui retombe dans l'art. précédent, dont le cas eft le parfait équivalent de celui-ci.

734. Ces fortes de Lignes infinies qui feroient droites tant qu'elles auroient des étenduës finies, & Courbes quand elles en auroient d'infinies, peuvent toûjours être conçûës comme ayant un nombre fini de parties infinies, telles que des moitiés, des tiers, &c. & par conféquent elles auroient à chacune de ces parties un changement de direction fini, ce qui les rendroit effentiellement differentes des droites, qui le font toûjours, dans quelque étenduë infinie que ce foit, & en même temps differentes des Courbes ordinaires, qui ont un changement de direction fini dans la plus petite étenduë finie.

735. Il feroit impoffible ou inutile de concevoir les pas de la Courbe comme infiniment petits du 2^d^ ordre. Car ou l'on concevroit en même temps les changements de direction comme infiniment petits du 1er, auquel cas, après une étenduë infiniment petite du 1er ordre, qui feroit la fomme d'une infinité de pas infiniment petits du 2^d^, il y auroit un changement de direction fini, ce qui feroit la ligne indefcriptible de l'art. 728, ou l'on concevroit les changements de direction

infiniment petits du 2[d] ordre, comme les pas, ce qui ne feroit que ce que font les pas infiniment petits du 1er ordre avec des changements de direction du même ordre.

Ce raisonnement ne conclut pas qu'il ne puisse y avoir une Courbe dont les pas soient infiniment petits du 2[d] ordre avec des changements de direction du 1er, mais seulement qu'une telle Courbe seroit indescriptible, & ne seroit pas par conséquent de la nature de celles que nous connoissons.

Il n'empêche pas non plus que dans quelque Courbe descriptible & que nous connoîtrons, il ne puisse y avoir quelque pas infiniment petit du 2[d] ordre, mais seulement la Courbe n'en sera pas toute composée, puisqu'on la suppose descriptible.

736. Donc la Courbe en general, & par rapport à nos connoissances, est un assemblage de lignes droites infiniment petites du 1er ordre, dont chacune se détourne infiniment peu de celle qui la précéde ou la suit, ou, ce qui est le même, fait avec elle un angle infiniment petit du 1er ordre. Ces petites droites s'appellent les *côtés* de la Courbe, qui est par conséquent un *Poligone rectiligne dont les côtés sont infiniment petits.* On sousentend qu'ils se détournent infiniment peu les uns des autres.

737. Et comme il n'y a point de Courbe qui n'ait au moins une étenduë finie, & qu'il faut une infinité d'Infiniment petits du 1er ordre pour faire une somme ou grandeur finie, toute Courbe, dans quelque étenduë finie qu'on la prenne, est un *Poligone rectiligne infiniti-latere,* ou un *Poligone infini*, en sousentendant que les côtés sont droits, infiniment petits, & se détournants infiniment peu. Et si la Courbe a une étenduë infinie, c'est un Poligone infiniment infini (626).

738. Chaque côté d'une Courbe est inassignable & indéterminable, puisqu'il est infiniment petit. Cependant il a une direction, ou, ce qui est le même, une étenduë (697), mais sensiblement ou phisiquement nulle (698).

Ce que c'est que l'angle de contingence de la Courbe.

739. Afin que le changement de direction d'un côté quelconque au suivant soit infiniment petit, il faut que les deux côtés AB, AC, soient infiniment peu éloignés d'être

en ligne droite, & par conséquent que l'angle *ABC* differe infiniment peu d'un angle de 180 degrés, & que l'angle de complément *DBC* soit infiniment petit. On appelle l'angle *DBC*, *angle de contingence*. FIG. I.

740. Puisque l'angle de contingence *DBC*, qui est le changement de direction du côté *AB* au côté *BC*, est infiniment petit du 1er ordre, & que *BC*, l'un de ses côtés, est infiniment petit du 1er ordre, étant côté de la Courbe, ce qui fait que *BD* doit être aussi conçû du même ordre, la base de cet angle sera une ligne infiniment petite du 2^d^ ordre (704).

741. Donc aussi son Sinus, qui sera sa mesure, en prenant pour Sinus total le côté *BC*, sera une ligne infiniment petite du 2^d^ ordre.

742. De ce que chaque côté de la Courbe est inassignable & indéterminable (738), il suit qu'on ne peut déterminer que le côté *AB*, supposé que *A* ne soit pas le premier point de la Courbe, commence au point *A*, & finisse au point *B*, ni que le côté *BC* commence en *B*, & finisse en *C*. Par conséquent on peut prendre *AB* & *BC* ensemble pour un seul côté de la Courbe, ou *AB* & une partie de *BC*, telle que *Bb*, ou seulement la ligne *Aa*, ou *aBb*. Enfin *ABC* étant une portion infiniment petite de la Courbe, il est libre de la prendre ou pour un seul côté, ou pour une partie d'un côté, ou pour plusieurs côtés, en tel nombre fini qu'on voudra, car cette portion étant infiniment petite, elle peut n'être ou qu'une petite droite, ou portion de droite, sans aucun changement de direction, ou plusieurs petites droites qui n'auront qu'un nombre fini de changements de direction infiniment petits, qui tous ensemble n'empêcheront point toutes ces petites lignes d'être posées bout à bout en ligne droite.

743. Si on conçoit *AB* & *BC* comme deux côtés, alors cette idée emporte necessairement qu'il y ait entr'eux un angle *ABC*, comme au point *B*.

744. Donc de l'infinie petitesse des côtés d'une Courbe qui les rend indéterminables, il suit que la division d'une

Courbe en ses côtés est entiérement arbitraire, c'est-à-dire, qu'on peut les concevoir égaux ou inégaux, selon telle raison qu'on voudra, pourvû que cette division étant établie, on conçoive toûjours entre deux côtés consécutifs un angle *ABC*.

745. De cette divisibilité arbitraire de la Courbe qui peut produire des divisions differentes à l'infini, & de ce qu'entre deux côtés consécutifs il y a toûjours un angle *ABC*, il suit qu'il n'y a aucun point de la Courbe où il ne se fasse un changement de direction infiniment petit.

Angle de contingence croissant ou décroissant. Idée de la courbure croissante ou décroissante.

746. L'angle de contingence *DBC* a une grandeur, & par conséquent peut croître ou décroître.

747. S'il croît, il semble qu'il doive être capable de devenir infiniment plus grand qu'il n'étoit, c'est-à-dire fini. Mais s'il le devenoit, la division de la Courbe ne seroit plus arbitraire en cet endroit, car on ne pourroit plus prendre pour une seule ligne droite *AB* & *BC*, qui feroient entr'eux un angle obtus *ABC*, dont le complément *DBC* seroit fini. Il est vrai qu'on pourroit dire qu'il suffiroit que par-tout ailleurs la division de la Courbe fût arbitraire, mais on prouvera dans la suite que l'angle *DBC* ne peut jamais être fini.

748. S'il décroît, rien n'empêche qu'il ne devienne $=0$, auquel cas il faut concevoir l'angle *ABC* comme étant exactement de 180 degrés, & les deux côtés *AB*, *BC*, exactement posés bout à bout en ligne droite. Alors ces deux côtés peuvent encore n'être pris que pour un seul, & ne sont sensiblement qu'un point.

749. Si l'angle *DBC* devient, non pas absolument zero, mais infiniment petit du 2[d] ordre, c'est encore la même chose, car les deux côtés *AB*, *BC*, qui approchoient infiniment d'être posés en ligne droite, venant à en approcher encore infiniment davantage, doivent être conçûs comme posés en ligne droite, quoi-que ce ne soit pas à la derniére rigueur. Il en faudra dire autant de l'angle *DBC*, devenu infiniment petit du 3me ordre, &c. Tout cela revient aux lignes paralleles plus ou moins paralleles de la Sect. VIII, & dépend des mêmes principes. Ici une ligne droite est plus ou moins droite

selon qu'il y faut concevoir des angles ou changements de direction d'un ordre d'Infiniment petit plus ou moins bas. Et en effet dans une ligne absolument droite, il n'en faudroit absolument concevoir aucun.

750. Puisque la courbure d'une Courbe consiste dans ses changements de direction ou angles infiniment petits *DBC* à chaque pas infiniment petit, & que les pas ou côtés de la Courbe, & les angles *DBC*, peuvent être plus ou moins grands, la courbure sera d'autant plus grande qu'un côté sera plus petit, & l'angle *DBC* plus grand, desorte que la courbure sera croissante, si les côtés sont décroissants, & les angles *DBC* croissants, car il est visible que se détourner davantage après un moindre chemin en ligne droite, c'est s'éloigner davantage de la rectitude. Ce sera le contraire si les côtés sont croissants, & les angles *DBC* décroissants. Et si les côtés sont toûjours égaux, & les angles *DBC* aussi, la courbure sera toûjours la même, ou uniforme.

751. On voit assés par-là qu'il ne peut y avoir qu'une seule espece de Courbe dont la courbure soit uniforme, & que toutes les autres doivent avoir une courbure croissante ou décroissante.

752. La division d'une Courbe en ses côtés étant entiérement arbitraire, on peut concevoir les côtés tous égaux, auquel cas on n'a plus pour la courbure que les angles *DBC* croissants ou décroissants à considerer. Ou bien on peut concevoir la Courbe tellement divisée, que tous les angles *DBC* qui seront aux points de division soient égaux, & on n'aura plus à considerer que les côtés croissants ou décroissants, car si la Courbe est supposée faire des pas toûjours égaux, il faut pour une courbure croissante qu'elle se détourne toûjours davantage, ou au contraire pour une courbure décroissante; & si elle est supposée se détourner toûjours également, il faut pour une courbure croissante qu'elle fasse toûjours de plus petits pas en ligne droite, ou au contraire.

753. Puisque tous les côtés de la Courbe ont chacun leur direction particuliére, si on rapporte la Suite *AMm* de *Differentes positions des*

parties de la Courbe par rapport à un même axe.

FIG. II.

differents côtés infiniment petits, où la Courbe *AMm* a une ligne droite *AB*, ils auront tous par rapport à cette ligne leur position particuliére; par exemple, le côté *Mm* aura par rapport à *AB* une position que les précédents ni les suivants n'auront point, ou, ce qui revient au même, *Mm* étant conçû prolongé jusqu'à *AB*, l'angle *ATM* sera different de celui que feroient sur *AB* les autres côtés pareillement prolongés. Il est clair qu'il n'y a pas d'autre moyen de considerer les differentes directions des côtés, que de les rapporter tous à une ligne droite commune.

754. Si des deux extremités du côté *Mm*, & pareillement de celles de tous les autres côtés, on mene sur *AB* les perpendiculaires *MP*, *mp*, &c. ces lignes sont *Ordonnées* ou *Appliquées* à l'*axe AB*. Et parce que les côtés *Mm* sont infiniment petits du 1er ordre, les distances *Pp* ou *MR* de deux Ordonnées consécutives, & leurs differences $pm - PM = Rm$, sont des Infiniment petits de ce même ordre.

Mouvement composé de chaque côté infiniment petit de la Courbe.

755. L'axe *AB* étant conçû comme une ligne horisontale, ce qui est entiérement arbitraire, un côté quelconque *Mm* oblique à cet axe, est l'hipotenuse d'un Triangle rectangle, dont les deux autres côtés sont la ligne horisontale *MR*, & la verticale *Rm*. Donc tout côté *Mm* oblique à l'axe represente un mouvement infiniment petit de la Courbe, composé d'un horisontal & d'un vertical.

756. L'origine de la Courbe *AMm* étant au point *A*, & son étenduë jusqu'au point *m* finie, il est clair qu'elle est la somme d'une infinité de côtés *Mm*, qui ont eu une direction composée de l'horisontale & de la verticale, que l'*Abscisse Ap* correspondante à la somme de tous ces côtés est la somme de tout ce qu'il y a eu d'horisontal dans leurs directions, & l'Ordonnée *pm* la somme de tout ce qu'il y a eu de vertical; ou, pour parler plus exactement, car les idées d'horisontal & de vertical ne sont employées ici qu'afin de rendre l'image plus sensible, *Ap* est la somme de toutes les distances infiniment petites *Pp* qui ont été entre les Ordonnées, & *pm* est la somme de toutes leurs differences infiniment

petites *Rm*, les distances *Pp* & les differences *Rm* ayant été en un même nombre infini.

757. Dans une étenduë finie quelconque *Ap* de l'axe, il y a une infinité d'Ordonnées infiniment proches, qui répondent à une égale infinité de côtés *Mm*.

758. Au point *A* de l'origine d'une Courbe, il faut lui concevoir une Ordonnée infiniment petite, & ne lui en concevoir point d'autres jusqu'à ce que la Courbe ait une étenduë finie. Ces Ordonnées sont infiniment petites du 1er ordre, leurs distances sont toûjours des *Pp*, & leurs differences des *Rm* du même ordre qu'elles. Et ce n'est que quand ces Ordonnées sont en nombre infini, que la Courbe a une étenduë finie, & une premiére Ordonnée finie, qui est la somme de toutes les differences des Ordonnées précédentes. Il est clair que cette premiére Ordonnée finie est indéterminable, & ne peut être déterminée qu'arbitrairement.

759. Puisque chaque étenduë finie de la Courbe a une infinité de *Mm*, ausquels répondent une infinité égale d'Ordonnées, de *Pp*, & de *Rm*, si la Courbe a une étenduë infinie, il y a une infinité d'infinités de *Mm*, d'Ordonnées, de *Pp*, & de *Rm*.

Ce qui est necessaire pour la connoissance des Courbes. Leur Equation ou Loi.

760. Puisque les Ordonnées étant infiniment proches, il n'y a aucun point de la Courbe où il ne se termine une Ordonnée, la Courbe peut aussi-bien être conçûë comme la Suite des extremités de toutes les Ordonnées, que comme une Suite de côtés *Mm*. Donc on a la Courbe, si on a la grandeur de toutes les Ordonnées *PM* ou *pm*, ou, ce qui revient au même, le rapport de chaque Abscisse *AP*, ou *Ap*, a son Ordonnée correspondante *PM* ou *pm*. Donc la connoissance du rapport des Absciſses aux Ordonnées renferme toute la connoissance de la Courbe.

761. Si ce rapport étoit constant, c'est-à-dire, si une Absciſse quelconque étoit à son Ordonnée comme une autre Absciſse à la sienne, il est aisé de voir que ce qu'on auroit supposé être une Courbe, ne seroit que l'Hipotenuse d'un Triangle rectangle, dont une Absciſse & une Ordonnée quelconques

feroient les deux autres côtés, comme dans l'art. 716. Donc il faut que dans une Courbe, le rapport des Abſciſſes aux Ordonnées ſoit inceſſamment variable.

762. Mais il faut en même temps qu'il ſoit *perpetuel*, c'eſt-à-dire, entre ces grandeurs toûjours *conditionnées* de la même maniére. Ainſi ne pouvant être toûjours le même entre les Abſciſſes & les Ordonnées, parce qu'il n'en reſulteroit qu'une ligne droite, il pourra être, par ex. entre les Abſciſſes & les quarrés des Ordonnées, ou leurs cubes, &c. & alors il eſt variable, ce qui eſt évident, & perpetuel, parce qu'il eſt toûjours entre les Abſciſſes & les mêmes puiſſances des Ordonnées. On voit aſſés qu'il peut y avoir une infinité d'autres maniéres de le rendre variable & perpetuel, & que chacune de ces maniéres produira une differente eſpece de Courbe.

763. Il faut une Loi particuliére pour déterminer chaque rapport perpetuel, & l'expreſſion algebrique de cette Loi s'appelle l'*Equation de la Courbe*.

764. Toute variation demande quelque choſe d'invariable & de conſtant, qui ſoit comme le point fixe par rapport auquel ſe faſſe tout le mouvement de la variation. Donc parmi les grandeurs qui compoſent la Courbe, & qui ſont les *Mm*, ou celles qui y ont rapport, qui ſont les *Pp*, ou les *Rm*, il faut en choiſir quelques-unes qui ſeront ſuppoſées conſtantes, tandis que les autres varieront. Et ce choix eſt entiérement libre, parce que quelque choix que l'on faſſe, il n'en arrivera autre choſe, ſinon que la Courbe ſera differemment diviſée en ſes côtés, or cette diviſion eſt arbitraire. La plus ordinaire des trois ſuppoſitions & la plus commode eſt celle des *Pp* conſtants, moyennant quoi les Abſciſſes croiſſent ſelon la progreſſion arithmetique naturelle, tandis que les Ordonnées varient ſelon la loi quelconque preſcrite par l'Equation.

765. Le rapport des Abſciſſes aux Ordonnées, exprimé par l'Equation de la Courbe, ſe maintient dans l'Infiniment petit, & dans l'Infini, c'eſt-à-dire, lorſque la Courbe n'a encore qu'une étenduë infiniment petite, & lorſqu'elle en a une infinie,

infinie, si elle en a une telle. Car ce rapport est perpetuel, & d'ailleurs tout rapport peut être également entre des grandeurs finies, ou infiniment grandes, ou petites.

766. L'Axe & les Ordonnées sont des lignes étrangeres à la Courbe, & sans lesquelles on peut absolument la concevoir. De-là il suit que la position de l'Axe par rapport à la Courbe est indifferente, c'est-à-dire, qu'au lieu de rapporter la Courbe *AMm* à l'axe *AB*, on peut la rapporter à l'axe *ab* parallele au premier, ou à l'axe *αβ* perpendiculaire à tous les deux, ou même à un autre axe qui leur soit oblique. Mais un axe étant posé, il emporte la position des Ordonnées qui lui sont toûjours perpendiculaires, non par aucune necessité tirée de leur nature, mais par une supposition arbitraire qui a prévalu, parce qu'elle est plus simple & plus commode que ne seroit celle des Ordonnées obliques à une ligne droite commune, qu'on appelleroit alors *diametre*.

767. Puisqu'il est indifferent à quel axe on rapporte une Courbe, on peut lui en concevoir deux en même temps. Ainsi si la Courbe *AMm* se termine au point *β*, on peut lui concevoir *Aa* & *αβ* comme deux axes perpendiculaires l'un à l'autre, ensorte que la derniére des Ordonnées prises sur l'un sera l'autre axe même. En ce cas-là les Abscisses & les Ordonnées prises indifferemment sur l'un ou l'autre, s'appellent *Coordonnées*. On appelle aussi les deux axes *Conjugués*.

768. La Courbe *AMm* est concave vers l'axe *AB*, mais si on avoit pris *ab* pour axe, elle seroit convexe vers lui. Sa concavité vers *AB* vient de ce que les angles obtus *ABC* de ses côtés sont tournés vers *AB*, & par conséquent les angles de contingence du côté opposé, ou vers *ab*. FIG. I.

Ce qui fait la concavité ou convexité de la Courbe vers l'axe.

769. Je suppose les *Pp* égaux. Si après le côté *Mm*, hipotenuse du Triangle infiniment petit *MRm*, il vient un autre côté posé en ligne droite avec *Mm*, il y aura un second triangle égal & semblable à *MRm*, & les deux côtés consécutifs ne feront point d'angle tourné ni vers *AB*, ni vers *ab*. FIG. II. Mais si le côté qui suit *Mm* se détourne de *Mm*, & s'abaisse vers *AB*, le côté *Rm* du second triangle sera moindre qu'il

n'étoit dans le premier, & en même temps les deux côtés *Mm* & le suivant feront entr'eux un angle obtus tourné vers *AB*. Or *Rm* est la difference de deux Ordonnées croissantes. Donc la Courbe est concave vers *AB* (768), lorsque les Ordonnées croissent, & que leurs differences décroissent. Par la raison contraire, elle seroit convexe vers *AB*, si les Ordonnées & leurs differences croissoient en même temps.

Et comme la Courbe *AMm* renversée, c'est-à-dire, prise de *m* vers *A*, est une Courbe dont les Ordonnées décroissantes ont des differences croissantes, & qu'elle est encore concave vers *AB*, il s'ensuit en general que la Courbe est toûjours concave vers l'Axe, dont les Ordonnées ont une variation d'accroissement ou de décroissement contraire à celle de leurs differences, & toûjours convexe, quand les Ordonnées & leurs differences ont la même espece de variation.

Rebroussement de la Courbe.

770. Jusqu'ici nous n'avons consideré le changement de direction perpetuel qui fait l'essence de la Courbe, que comme appartenant à un mouvement direct, ou qui va toûjours en avant, par ex. à celui de la Courbe *AMm*, qui va toûjours de *A* vers *B*. Mais quand un mouvement qui étoit direct, devient retrograde ou rebroussant, c'est une autre espece de changement de direction, & il faut voir comment il peut appartenir à la Courbe.

Si un Point, qui a décrit une ligne droite, est conçû comme revenant exactement sur ses pas, il a le plus grand changement de direction qui soit possible, mais quant à la description d'une ligne, ce changement de direction ne fait absolument rien, car tout au plus le Point redécrit une ligne déja décrite. C'est la même chose, si cette ligne est Courbe. Ainsi le plus grand changement de direction possible ne fait rien par lui-même à la Courbe, ni à la courbure.

771. Je dis *par lui-même*, car il peut avoir quelque effet, si on y ajoûte une condition, qui est que le Point décrivant décrive par son mouvement retrograde une ligne soit droite, soit courbe, exactement posée sur une ligne déja décrite, ce qui la rendra double; car cela n'eût pas été sans le mouvement

retrograde, mais il n'y a encore rien de changé par-là à la ligne décrite. Pour tirer de-là quelque nouvel effet, il faut concevoir que le Point décrivant, ayant décrit par son mouvement direct une Courbe, retourne du dernier point où il étoit arrivé, non pas exactement sur ses pas, mais seulement vers le même côté d'où il étoit parti, & forme une nouvelle courbure ou *branche* de Courbe. La Courbe totale formée des deux branches, dont l'une a été produite par le mouvement direct, l'autre par le retrograde, s'appelle *rebroussante.* Elle est continuë, parce que le mouvement du Point décrivant n'a pas été interrompu.

772. Soit que l'on considere la Courbe en elle-même, c'est-à-dire, comme une Suite de côtés infiniment petits qui se détournent infiniment peu les uns des autres, soit qu'on la considere comme la Suite des extremités de ses Ordonnées infiniment peu distantes les unes des autres, & infiniment peu differentes en grandeur, il est clair que toutes les variations de la Courbe doivent être infiniment douces (683), & par conséquent il ne s'y fera aucun changement sans un Terme qui soit en même temps Terme & Origine, & Terme moyen ou commun (684).

773. Il n'entre dans la consideration des Courbes que des Suites de lignes droites, soit finies, soit infiniment petites, reglées par quelque Loi, & par conséquent il n'y a qu'à leur appliquer tout ce qui a été dit sur les Suites de nombres. Toute la difference est qu'une Courbe est comme le résultat de la combinaison ou complication de plusieurs Suites differentes de lignes, de celle des Ordonnées, de celle de leurs distances, de celle de leurs differences, de celle des côtés, de celle des bases ou des Sinus des angles de contingence, ou du moins de quelques-unes de toutes celles-là. Mais tout ce qui en arrive, c'est que les Termes par où se font les changements des Courbes sont ordinairement compliqués, & qu'il faut que chaque Suite en particulier y trouve également ce qui lui est necessaire.

774. Toute Courbe est naturellement infinie, c'est-à-dire,

d'un cours ou d'une étenduë infinie. Car c'est une Suite dont le cours est absolument infini, ou peut-être conçû comme infini (663).

775. Il entre dans la consideration de toute Courbe des Suites ou simplement infinies ou infiniment infinies de grandeurs infiniment petites, & comme ce n'est que par ces grandeurs que la Courbe peut être connuë ou considerée, il faut que ces Infiniment petits, inconnus & indéterminables par eux-mêmes, ayent des rapports qui puissent être connus & déterminés. Donc de tout ce que nous avons dit sur les Suites formées d'Infiniment petits dans la Theorie des Suites en general, on n'en peut appliquer aux Suites d'Infiniment petits qui entrent dans la consideration des Courbes, que ce qui appartient aux Suites originairement formées d'Infiniment petits dont les rapports sont déterminables.

776. Si une Courbe a un cours infini, elle nous échape, & ne peut plus être décrite vers cette extremité, précisément comme les Suites infinies de nombres dont nous ne connoissons point les nombres infinis, ou en grandeur, ou en petitesse. Et comme ces Suites nous échapent, non seulement quand elles ont atteint les nombres infinis, mais infiniment plustôt, & dès qu'elles sont parvenuës aux Finis indéterminables, & même encore plustôt, ce que l'on voit dans la Suite naturelle, dont toutes les autres que nous connoissons sont extraites, ainsi les Courbes qui ont un cours infini nous échapent, non seulement dès que ce cours est devenu infini, mais infiniment plustôt, & nous n'en pouvons connoître ou décrire que quelque portion finie qui peut toûjours être plus grande, & par conséquent est indéterminable.

777. Une Courbe d'un cours infini ne doit être conçûë comme terminée que quand elle a tout le cours infini dont son Equation la rend capable, mais aussi dès qu'elle l'a atteint, elle doit être conçûë comme terminée.

Courbe devenuë infiniment moins courbe.

778. Les variations de grandeur de toutes les differentes Suites possibles de nombres sont analogues aux variations de direction de toutes les differentes Courbes possibles, ou les

peuvent représenter, & tout ce qu'on aura conçû des uns se peut concevoir des autres. Donc comme il y a des Suites de nombres qui ayant eu des variations de grandeur finies & déterminables, viennent à n'en avoir plus que d'infiniment petites, & par conséquent indéterminables, il doit y avoir des Courbes qui ayant eu des variations de direction finies & déterminables dans des étenduës finies, viennent à n'en avoir plus que d'infiniment petites dans de pareilles étenduës. Et en effet il doit être possible que les angles de contingence qui sont naturellement infiniment petits du 1er ordre, viennent dans certaines Suites où ils seront décroissants, à être infiniment petits du 2^{d}, du 3me, &c. puisque tous ces angles sont possibles (696). En ce cas, dès que ces angles seront du 2^{d} ordre, la variation de la direction des Courbes sera infiniment moindre qu'elle n'étoit, ou, ce qui est le même, ces Courbes deviendront lignes droites, du moins phisiquement, car quoiqu'en elles-mêmes & réellement elles varient encore de direction, elles n'en varieront plus de la maniére que nous connoissons, & auront infiniment moins de courbure, ce qui est équivalent à la rectitude. Tels sont le parallelisme ou la perpendicularité croissants ou décroissants des art. 709, 710, 711, 712.

779. Il n'y a aucune Suite infinie de nombres, qui ayant eu d'abord des variations finies, vienne dans un cours Fini déterminable à avoir une variation infiniment petite, & toute Suite qui vient à en avoir une pareille, ne l'a qu'après un cours infini moindre que son cours total, ou au moins après un cours fini si grand, qu'il en est indéterminable (596). Donc aussi si une Courbe doit venir à n'avoir qu'une variation de direction infiniment petite dans des étenduës finies, ou, ce qui est le même, devenir ligne droite, cela ne peut arriver au plustôt qu'après qu'elle aura eu un cours Fini indéterminable, & dans d'autres cas, après qu'elle aura eu un cours infini. Donc une Courbe ne peut devenir ligne droite, même phisiquement, après un cours Fini déterminable.

SECTION X.

Des Variations & des Changements des Courbes.

Consideration d'une Courbe qui s'élevant toûjours au dessus de son axe, tend ou arrive à lui devenir parallele, soit par un cours fini, soit par un cours infini.

FIG. II.

780. JE suppose la Courbe *AMm*, dont les Ordonnées *PM*, *pm*, infiniment proches, sont toûjours distantes de la même quantité *Pp*. Je suppose aussi que la Courbe s'éleve au dessus de son axe *AB*, & que par conséquent les *PM* sont croissantes, mais que leurs differences *Rm* sont décroissantes, & que par conséquent la Courbe s'éleve toûjours de moins en moins.

Donc dans chaque petit Triangle *MRm*, *Rm*, qui represente le mouvement vertical de chaque côté correspondant *Mm*, est toûjours plus petit par rapport à *MR* = *Pp*, qui represente un mouvement horisontal constant.

781. Il ne s'ensuit pas de-là que *Rm* n'ait pû être d'abord ou vers l'origine *A* de la Courbe plus grand que *MR*, mais seulement que *Rm* décroît toûjours, *MR* = *Pp* étant constant. Et si *Rm* a été d'abord plus grand que *MR*, il viendra à lui être égal (686), après quoi il sera toûjours plus petit.

782. Puisque *Rm*, ou le mouvement vertical décroît toûjours, chaque côté *Mm* est toûjours plus oblique à l'axe *AB*, ou, ce qui revient au même, chaque *Mm* prolongé jusqu'à un point *T* de l'axe, y fait toûjours un angle *MTP* plus aigu.

783. C'est dans cette obliquité croissante que consiste la variation de la position des côtés *Mm* par rapport à l'axe.

784. Une Courbe qui s'éleve toûjours de moins en moins au dessus de son axe, tend à ne s'élever plus, & par conséquent à avoir un côté parallele à l'axe, qui sera le plus oblique qu'il se puisse, après que tous les précédents l'ont toûjours été de plus en plus. Donc le Terme où la Courbe tend est le parallelisme.

785. Il seroit naturel de concevoir que son Origine a

été un côté perpendiculaire à l'axe au point *A*, mais cela n'est pas absolument necessaire. Ce premier côté peut avoir été oblique à l'axe, mais il doit l'avoir été moins que tous les suivants.

786. Quand la Courbe arrive à un côté parallele, les deux Ordonnées qui lui répondent sont égales. Ces deux Ordonnées égales, considerées dans le Fini, c'est-à-dire, comparées à quelque autre Ordonnée finiment distante d'elles, n'en font qu'une à cause de leur proximité infinie, mais considerées dans l'Infini, c'est-à-dire, en tant qu'infiniment proches, elles sont toûjours deux.

787. Donc leur difference *Rm* est nulle, & la Suite décroissante des *Rm* qui étoient originairement des $\frac{1}{\infty}$, est arrivée ou à zero absolu, ou à $\frac{1}{\infty^2}$, ou à quelque Infiniment petit inferieur.

788. Si la Suite des *Rm* est arrivée à zero absolu, les deux Ordonnées correspondantes étant absolument égales, la Courbe est arrivée au parallelisme absolu & rigoureux. Mais si la Suite des *Rm* n'est arrivée qu'à $\frac{1}{\infty^2}$, les deux Ordonnées qui ont cette difference, sont infiniment moins differentes que les précédentes qui l'étoient infiniment peu, & par conséquent sont *censées* égales, & la Courbe parallele. Mais enfin elle pourroit réellement l'être davantage. Ce qui revient au parallelisme susceptible de plus & de moins des art. 709, 710, 711; à plus forte raison cela seroit-il vrai, si la Suite des *Rm* se terminoit par $\frac{1}{\infty^3}$ ou $\frac{1}{\infty^4}$, &c.

789. La Suite des *Rm*, terminée par o, ou par $\frac{1}{\infty^2}$, étoit ou simplement infinie, ou infiniment infinie. Si c'est le 1er, la Courbe est arrivée au parallelisme par un cours fini, ou n'a eu jusque là qu'une étenduë finie (759). Si c'est le 2[d], la Courbe est arrivée au parallelisme par un cours infini (759) & a eu un axe *AB* infini.

790. Lorsque la Suite des *Rm*, terminée par o, ou par $\frac{1}{\infty^2}$, est simplement infinie, la somme en est finie (613).

Donc l'Ordonnée *PM*, qui répond au côté parallele, & qui est la somme de cette Suite des *Rm*, est finie. Donc la Courbe arrivée au parallelisme par un cours fini (789), n'y peut avoir qu'une Ordonnée finie.

791. Si à l'origine de la Courbe, qui est arrivée au parallelisme par un cours fini, les *Rm* ont été plus petits que les *Pp*, l'Ordonnée *PM* qui répond au côté parallele est plus petite que l'Abscisse *AP* correspondante, puisque cette *AP* est la somme de tous les *Pp* constants qui sont en même nombre infini que les *Rm*, & qui dès le commencement ont été plus grands. Mais si les *Rm* ont été d'abord plus grands que les *Pp*, selon l'art. 781, il est possible que *PM*, qui répond au côté parallele, soit plus grande que *AP* correspondante. Cela est possible, & non pas necessaire, car les *Rm*, quoi-que d'abord plus grands que les *Pp*, peuvent avoir été dans la suite si décroissants, que leur somme sera moindre que celle des *Pp*. Puisque *PM* peut être moindre ou plus grande que *AP*, il est évident qu'elles peuvent être égales.

792. Lorsque la Suite décroissante des *Rm*, terminée par $\frac{1}{\infty}r$, est infiniment infinie, la somme en est infinie (635). Donc en ce cas la Courbe qui arrive au parallelisme par un cours infini, & a un axe infini (789), a aussi une Ordonnée infinie.

Il est vrai que cette démonstration suppose que la Suite des *Rm* ait été originairement formée de *Rm*, dont les rapports étoient déterminables (631), mais on est toûjours ici, & on sera toûjours dans cette supposition (775), & il ne sera plus necessaire d'en avertir.

793. Une Suite simplement infinie de $\frac{1}{\infty}$, terminée par $\frac{1}{\infty}r$, a une infinité de $\frac{1}{\infty}$, & une infinité de $\frac{1}{\infty}r$ (613). Mais c'est lorsqu'on suppose qu'elle a le même nombre infini de grandeurs que la Suite naturelle ; or elle en peut avoir une infinité moindre, selon tel rapport fini qu'on voudra, & par conséquent on peut concevoir qu'elle n'a que l'infinité de ses $\frac{1}{\infty}$, & se termine à son premier $\frac{1}{\infty}r$, & sa somme n'en est

est pas moins finie. Or il est necessaire de le concevoir ainsi, quand la Suite des $Rm = \frac{1}{\infty}$ répond ou est liée à une Courbe dont elle represente les differences des Ordonnées. Car si on laisse à cette Suite des Rm son infinité de $\frac{1}{\infty^2}$, la Courbe arrivée au parallelisme par un cours Fini déterminable dès le premier $\frac{1}{\infty^2}$, continuë donc à être parallele tant que dure l'infinité des $\frac{1}{\infty^2}$, c'est-à-dire, que la Courbe est parallele à son axe pendant un autre cours fini, & par conséquent est ligne droite après un cours Fini déterminable. Or cela ne se peut (779). Donc la Suite des Rm, parce qu'elle est liée à une Courbe, doit être conçûë comme terminée à son premier $\frac{1}{\infty^2}$, & la Courbe terminée aussi, *quant à present*, à un seul côté parallele. De plus (777) il faut concevoir une Courbe, & par conséquent aussi un certain cours d'une Courbe terminé dès qu'il est arrivé au premier Infiniment grand ou petit dont il est capable.

794. Si la Suite des Rm, terminée par $\frac{1}{\infty^2}$, est infiniment infinie, elle a une infinité d'infinités de $\frac{1}{\infty}$, & une infinité d'infinités de $\frac{1}{\infty^2}$ (613 & 628), dans la supposition que le nombre de ses grandeurs est $= \infty^2$. Mais comme il peut être de ce même ordre, & moindre selon tel rapport fini qu'on voudra, & que d'ailleurs la Suite des Rm est liée à une Courbe, il faut concevoir cette Suite terminée à son premier $\frac{1}{\infty^2}$, ce qui la laisse encore infiniment infinie, & par conséquent la Courbe est arrivée par un cours infini à un seul côté parallele où elle se termine, & auquel répond une Ordonnée infinie.

795. En ce cas, si les Rm ont été d'abord égaux aux Pp, ou moindres, il est visible que la derniére PM infinie est moindre que son AP correspondante, qui est l'axe infini. Mais quand même les Rm auroient été d'abord plus grands que les Pp, cela seroit encore. Car dans cette supposition les Rm, toûjours décroissants, ont dû venir à un $Rm = Pp$, ce

qui n'a pû arriver qu'aprés un cours fini de la Courbe, puisqu'alors elle n'est pas parallele, & qu'elle ne l'est que quand elle a un cours infini (789). Donc à ne considerer la Courbe que comme ayant son origine au point où $Rm = Pp$, sa derniére PM infinie est moindre que son AP. Maintenant à la reprendre depuis sa premiére & vraye origine jusqu'au point où $Rm = Pp$, on a à ce point une PM finie plus grande que son AP pareillement finie, & parce qu'en ajoûtant cette PM finie à la PM infinie, & l'AP finie à l'axe infini, on ne fait rien, la derniére PM est toûjours moindre que l'axe infini.

796. Donc l'axe infini étant supposé $= \infty$, ce qui suffit toûjours, la derniére PM d'une Courbe arrivée au parallelisme par un cours infini, est toûjours moindre que ∞, ou de quelque ordre radical, tel que $\infty^{\frac{1}{n}}$, ou $\infty^{\frac{n}{m}}$.

797. On a vû que la Suite des Rm, terminée par $\frac{1}{\infty^2}$; est & en elle-même, & comme liée à une Courbe, indifferente entre être simplement infinie, ou infiniment infinie. Mais si elle se termine par $\frac{1}{\infty^3}$, elle perdra par sa liaison avec une Courbe cette indifference qu'elle auroit toûjours par sa nature. Car comme elle se termine par $\frac{1}{\infty^3}$, elle ne peut se terminer plustôt qu'au premier $\frac{1}{\infty^3}$, & par conséquent elle a tous ses $\frac{1}{\infty^2}$ aussi-bien que tous les $\frac{1}{\infty}$. Si elle est simplement infinie, la Courbe qui arrive au parallelisme par un cours Fini déterminable, est donc encore parallele ou ligne droite pendant un autre cours Fini déterminable, or cela ne se peut (779). Donc la Suite des Rm d'une Courbe terminée par $\frac{1}{\infty^3}$ ne peut être qu'infiniment infinie, ou la Courbe dont les Rm se terminent par $\frac{1}{\infty^3}$, a un cours infini.

798. La Suite infiniment infinie des Rm, terminée par $\frac{1}{\infty^3}$, n'a qu'une somme finie (636). Donc la derniére PM de la Courbe n'est que finie, tandis que l'axe AB est infini.

799. Si on connoît la grandeur dont doit être cette derniére PM finie, que l'on tire perpendiculairement sur l'axe une ligne égale $\alpha\beta$, & par son extremité β une ligne ab parallele à AB, la Courbe AMm qui s'élevera toûjours au dessus de son axe, ne pourra cependant s'élever jusqu'à la parallele ab que par un cours infini. On appelle la ligne ab ainsi conditionnée, *Asimptote* de la Courbe.

Cas où cette Courbe a une Asimptote parallele à l'axe. Ce que c'est que l'Asimptotisme en general.

800. Donc une Courbe à laquelle répond une Suite de Rm, terminée par $\frac{1}{\infty^3}$, a toûjours une Asimptote, au lieu qu'elle n'en auroit point, si la Suite des Rm, quoi-qu'infiniment infinie, étoit terminée par $\frac{1}{\infty^2}$, car la derniére PM seroit infinie aussi-bien que l'axe (792).

801. L'axe infini & la derniére PM étant composés du même nombre infiniment infini, l'un de Pp, & l'autre de Rm, il est visible qu'en ce cas l'Asimptotisme vient de ce que de deux mouvements, l'un horisontal, l'autre vertical, qui ont été conduits par le même nombre de degrés, l'un a une somme totale infinie, & l'autre une seulement finie, & qu'en general toutes les fois que de ces deux mouvements, l'un ne fera qu'une somme finie, tandis que l'autre en fera une infinie, il y aura Asimptotisme.

802. Comme il est fort naturel & fort ordinaire que de deux Suites infinies, composées du même nombre de grandeurs, l'une ait une somme infinie, & l'autre une finie, l'Asimptotisme n'a donc rien de merveilleux.

803. Puisque la Suite infiniment infinie des Rm, terminée par $\frac{1}{\infty^3}$, n'a qu'une somme finie, elle n'a qu'un nombre infini de $Rm = \frac{1}{\infty}$, car si elle en avoit un nombre infiniment infini, elle auroit une somme infinie (635). Donc elle a un nombre simplement infini de $\frac{1}{\infty}$, & un nombre infiniment infini de $\frac{1}{\infty^3}$. Donc la Courbe arrive au parallelisme par un cours fini, & est parallele ou ligne droite pendant un cours infini. Mais le cours fini de la Courbe, pendant lequel seulement elle sera courbe, sera indéterminable (779).

Les art. 521, 522, 523, 524, fournissent un exemple sensible de cette verité qui peut paroître paradoxe.

Si l'on conçoit disposées sur un axe des Ordonnées qui soient comme les grandeurs $\frac{0}{1}$, $\frac{1}{2}$, $\frac{2}{3}$, $\frac{3}{4}$, &c. $\frac{\infty}{\infty}=1$, & séparées par de petits intervalles finis égaux, & que de l'extremité de chaque Ordonnée à l'extremité de la suivante on tire une ligne droite, il se formera un Poligone rectiligne infini, dont chaque côté sera toûjours plus oblique à l'axe. Mais il n'y aura qu'un nombre Fini indéterminable de ces Ordonnées qui ayent des differences finies, & toutes les autres en nombre infini n'auront que des differences infiniment petites. Donc les côtés du Poligone ne seront obliques à l'axe que pendant un cours fini, mais indéterminable, du Poligone, après quoi ils seront tous paralleles à l'axe, ou disposés bout à bout en ligne droite pendant un cours infini. Il est clair que pour changer ce Poligone rectiligne en Courbe qui aura le même cours infini, & qui ne sera courbe que pendant un cours Fini indéterminable, il n'y a qu'à concevoir entre les Ordonnées $\frac{0}{1}$ & $\frac{1}{2}$, entre $\frac{1}{2}$ & $\frac{2}{3}$, &c. dont les intervalles ou distances ont été supposées finies, une infinité d'Ordonnées intermediaires, ce qui ne changera rien au reste.

804. La Courbe dont la Suite des Rm se termine par $\frac{1}{\infty^3}$ est donc parallele, dès qu'elle a atteint le premier Rm $=\frac{1}{\infty^2}$, ce qu'elle fait par un cours Fini indéterminable, après quoi elle continuë d'être parallele ou ligne droite pendant un cours infini, c'est-à-dire, tant que durent les Rm $=\frac{1}{\infty^2}$, & enfin quand elle arrive à $\frac{1}{\infty^3}$, elle devient encore plus parallele qu'elle n'étoit, ce qui revient à l'art. 788.

805. La Courbe n'a tout le parallelisme dont elle est capable que quand elle est arrivée à $\frac{1}{\infty^3}$, & par conséquent on ne la doit concevoir terminée que là. Mais aussi on doit la concevoir terminée dès qu'elle y est arrivée (777), & par conséquent elle ne doit avoir que deux derniéres Ordonnées

infiniment proches, dont la difference soit $= \frac{1}{\infty^2}$, ou, ce qui est le même, elle n'a qu'un seul côté parallele de ce dernier parallelisme, au lieu qu'elle en a précédemment une infinité d'infinités paralleles d'un moindre parallelisme, & toûjours le même, ou d'une même espece.

806. Quoi-qu'elle soit *censée* ligne droite pendant un cours infini, elle ne l'est pourtant pas absolument & en elle-même. Car si on concevoit une ligne droite infinie parallele à l'axe *AB*, on concevroit toutes ses Ordonnées infiniment proches comme absolument égales, & ayant des differences $= 0$, & non des differences $= \frac{1}{\infty^2}$. Donc la Courbe tient encore de sa nature de courbe, & n'est point absolument droite. Et en effet chaque infinité de $Rm = \frac{1}{\infty^2}$ a une somme $= \frac{1}{\infty}$; d'où il suit que quand la Courbe est devenuë ce que nous appellons n'être que *censée* ligne droite, il y a aux deux extremités de chaque partie finie de son cours, deux Ordonnées dont la difference est $= \frac{1}{\infty}$, ce qui n'empêche pas la rectitude, & ne convient pas cependant à la ligne droite précisément prise comme telle. Et enfin si l'on conçoit les deux Ordonnées posées aux deux extremités du cours infini pendant lequel les Rm ont été $= \frac{1}{\infty^2}$, la difference de ces deux Ordonnées est finie, puisqu'elle est la somme d'une infinité d'infinités de $\frac{1}{\infty^2}$, ou d'une infinité de $\frac{1}{\infty}$, & cette propriété ne convient pas à une droite qui le seroit à toute rigueur. Tout cela revient aux art. 709, &c. 788.

807. Puisque la Courbe n'est courbe à la maniére ordinaire, & que nous connoissons que dans un cours fini, elle atteint son Asimptote dès qu'elle a fait ce cours fini, car quand elle est ligne droite, elle n'est plus que cette Asimptote même. Mais elle n'est que *censée* atteindre son Asimptote ou la devenir après ce cours fini, car absolument ou à toute rigueur elle ne la devient pas encore. Cependant il est aisé de voir que cela suffit pour faire évanoüir entiérement tout le surprenant de l'Asimptotisme.

808. Si la Suite des Rm se termine par $\frac{1}{\infty^3}$, & en general par $\frac{1}{\infty^n}$, n étant fini, & plus grand que 2, la Courbe a un cours infini, une derniére Ordonnée finie, & une Asimptote, & elle est courbe seulement pendant un cours Fini indéterminable, & ligne droite, mais non absolument & à la rigueur, pendant un cours infini. Il est très aisé de le voir.

809. Plus dans $\frac{1}{\infty^n}$ dernier Rm, l'exposant n sera grand, plus la Courbe, dont l'axe est toûjours supposé le même Infini, sera courbe pendant un petit cours Fini indéterminable; & plus le cours infini, pendant lequel elle sera ligne droite, sera grand, plus aussi elle aura de parallelismes differents, & toûjours plus exacts, depuis le premier, qui se fera toûjours dès qu'elle aura atteint le premier $Rm = \frac{1}{\infty^2}$ jusqu'au dernier qui se fera au premier & unique $\frac{1}{\infty^n}$.

Consideration de la Courbe arrivée au parallelisme par un cours fini, & qui ensuite continuë son cours, soit en continuant de s'élever au dessus de son axe, soit en redescendant vers lui.

810. Voilà tout ce qui regarde la Courbe arrivée au parallelisme par un cours infini, & il est visible qu'en ce cas, c'est une Suite infinie sans changement (666). Mais si elle n'est arrivée au parallelisme que par un cours Fini déterminable, il faut voir ce qu'elle peut devenir après.

La Courbe avoit monté par rapport à son axe, & le côté parallele où elle est arrivée n'est ni montant ni descendant. Donc c'est un Terme moyen (671) qui par conséquent (673) ne détermine pas necessairement la Courbe à redescendre vers son axe, mais la laisse indifferente entre redescendre ou continüer de monter. Il n'y a rien de necessaire, sinon que les Rm deviennent croissants, puisque leur Suite est terminée par 0, ou par $\frac{1}{\infty^2}$, la moindre grandeur qu'elle puisse avoir.

811. Je suppose que la Courbe redescend. Ses Ordonnées sont donc décroissantes, & comme leurs differences Rm sont croissantes (810), la Courbe est encore concave vers son axe (769), ainsi qu'elle l'étoit dans son premier cours.

812. Donc l'Ordonnée qui répond au côté parallele est

plus grande que toutes celles des deux cours, l'un montant, l'autre descendant, au lieu que dans le cours infini il n'y avoit que la derniére qui fût la plus grande de toutes.

813. De plus, les *Rm* qui representent dans le second cours le mouvement vertical descendant, étant croissantes, la Courbe descend de plus en plus, au lieu qu'auparavant elle montoit de moins en moins.

814. De ce que les *Rm* croissent, les *Pp* ou *MR* étant constants, il suit que dans le Triangle *MRm* l'angle *RMm* est toûjours plus grand, & par conséquent le côté *Mm* moins oblique sur *MR*, & la Courbe moins oblique à son axe, & que par conséquent elle tend à lui être perpendiculaire. On n'a qu'à s'imaginer la Courbe *AMm* renversée, ou prise de *m* vers *A*.

815. La Courbe doit arriver à un côté perpendiculaire, ou du moins à un côté moins oblique que tous ceux de ce second cours, ce qui est la même chose que les art. 784 & 785 renversés.

816. Le côté parallele & le perpendiculaire sont les Termes naturels de la position oblique des côtés de la Courbe par rapport à l'axe, & un côté plus ou moins oblique que tous les précédents du même cours, n'en est qu'un Terme arbitraire (643), c'est-à-dire, fixé & déterminé par l'Equation de la Courbe. Et comme les Termes arbitraires peuvent être substitués aux naturels, il est possible que la Courbe qui dans son second cours tend à la perpendicularité, n'arrive qu'à un côté moins oblique que les précédents, & y termine ce second cours.

817. Soit que dans ce second cours la Courbe arrive au Terme naturel ou à un arbitraire, elle ne peut avoir besoin d'un cours infini pour y arriver. Car ce Terme quelconque sera un côté posé sur l'axe dont la Courbe dans le cours qu'on lui suppose se rapproche toûjours; donc si elle avoit besoin d'un cours infini pour arriver au Terme, soit naturel, soit arbitraire, l'axe seroit Asimptote de la Courbe. Or tout le mouvement vertical descendant dont elle a besoin pour

arriver à son axe, n'est que l'Ordonnée qui répond au côté parallele d'où la Courbe est partie ; & cette Ordonnée n'est que finie. Donc il faudroit pour l'Asimptotisme que le mouvement horisontal fût infini (801). S'il l'étoit, il seroit croissant par rapport au vertical, & ici tout au contraire, c'est le vertical qui est croissant par rapport à l'horisontal. Donc la Courbe n'arrivera à son Terme que par un cours fini.

Cas où la Courbe en redescendant, arrive dans ce 2[d] cours à la perpendicularité, Terme naturel.

818. Je suppose que la Courbe arrive au Terme naturel, l'arbitraire viendra ensuite. Quand la Courbe arrive à un côté perpendiculaire, son mouvement horisontal est devenu absolument nul, & le vertical subsiste seul, au lieu que quand la Courbe étoit arrivée à un côté parallele, c'étoit le contraire ; ou, ce qui revient au même, l'angle RmM du petit Triangle MRm est $= 0$ dans la perpendicularité, au lieu que dans le parallelisme, c'étoit l'angle RMm.

819. Dans le parallelisme le côté Mm est necessairement déterminé à être $= MR = Pp$, & dans la perpendicularité il est seulement déterminé à être perpendiculaire sur MR, mais sans aucun rapport necessaire de grandeur à MR, de sorte que Mm peut être plus grand ou plus petit que les Pp constants selon une raison quelconque, ou leur être égal.

820. Il y a plus ; le côté perpendiculaire n'a point de MR ou Pp qui lui réponde, au lieu que tout autre côté oblique ou parallele en a un. Car si le côté perpendiculaire commence la Courbe au point A, il est visible que le premier Pp appartient au côté qui suit le perpendiculaire, & que celui qui appartiendroit au côté perpendiculaire, & qui devroit être à la gauche du point A, n'existe point. Ce sera le même raisonnement si le côté perpendiculaire termine un cours de la Courbe, & même quand on le supposera entre deux cours consécutifs.

Cas où la Courbe, en continüant de monter, tend à la perpendicularité, après avoir eu une inflexion.

821. Selon la division de l'art. 810, la Courbe AMm arrivée au parallelisme, peut continüer de monter, les Rm étant toûjours necessairement croissants. En ce cas, ses Ordonnées étant toûjours croissantes, & leurs differences Rm l'étant devenuës, elle montera toûjours de plus en plus, au lieu

lieu qu'auparavant elle montoit de moins en moins, ce qui est un changement possible (648).

822. Il n'y a point là de plus grande Ordonnée, puisqu'elles vont toûjours en croissant.

823. La Courbe dans son second cours tend aussi à la perpendicularité, puisque les *Rm* croissent.

824. De ce que les *Rm* croissent aussi-bien que les Ordonnées, il suit que la Courbe devient convexe vers son axe *AB*, de concave qu'elle étoit (769). Elle devient la Courbe de la Fig. III.

825. Toute Courbe étant une Suite dont les variations sont infiniment douces (683), la Courbe n'a pû passer de la concavité à la convexité vers le même axe sans passer par un Terme ou moyen ou commun. Comme la concavité d'une Courbe vers un axe consiste dans l'*obversion* de ses angles obtus vers cet axe, il faut que cette obversion vienne à se faire du côté opposé, afin que la Courbe devienne de concave convexe. Si l'obversion peut ne se faire ni d'un côté ni de l'autre, ce sera là un Terme moyen. Or cela ne peut arriver que par deux côtés consécutifs exactement posés bout à bout en ligne droite; alors l'angle obtus qu'ils feront entr'eux, étant exactement de 180, ou nul, car cela revient au même, il ne sera tourné ni vers l'axe *AB*, ni du côté opposé. On peut même concevoir qu'il y a deux angles de 180, dont l'un est tourné vers *AB*, & l'autre du côté opposé. Ainsi ce même Terme peut être conçû & comme moyen, & comme commun, & cela le rend unique pour le passage de la concavité à la convexité. En effet il est impossible d'en imaginer un autre. Donc dans la supposition presente, la Courbe qui dans son premier cours est arrivée au parallélisme en montant, & continuë de monter dans le second, a terminé son premier cours par deux côtés consécutifs *Mm* & $m\mu$ paralleles à l'axe, & posés exactement bout à bout en ligne droite.

Le passage de la concavité à la convexité vers le même axe, ou au contraire, s'appelle *Inflexion*, & le point où il se

Inflexion. fait *point d'inflexion*, car les deux côtés infiniment petits ne font qu'un point dans le Fini.

826. A deux côtés paralleles répondent necessairement trois Ordonnées égales infiniment proches, dont par conséquent les deux differences Rm sont chacune $= 0$.

827. Un côté parallele étant $= Pp$ (819), & les Pp étant constants, les deux côtés paralleles où se fait l'Inflexion sont égaux.

828. Et même indépendamment de la supposition arbitraire des Pp constants, comme l'essence de l'Inflexion demande qu'elle se fasse par deux côtés exactement posés en ligne droite, il faudroit toûjours les concevoir égaux, parce qu'il n'y auroit nulle raison de les concevoir inégaux.

Cas où la Courbe est arrivée dans son premier cours, non au parallelisme, Terme naturel de l'obliquité croissante, mais seulement au Terme arbitraire, qui sera une certaine obliquité plus grande que toutes les précédentes. Inflexion.

829. Si l'on suppose que la Courbe, au lieu d'être arrivée à la fin de son premier cours au Terme naturel de l'obliquité croissante, qui est le côté parallele, ne soit arrivée qu'à un Terme arbitraire qui sera un côté plus oblique seulement que tous les précédents, & moins que les suivants, puisqu'il sera Terme & Origine, il s'ensuivra, 1°. Que les Rm décroissants arriveront à un *plus petit*, & seront ensuite croissants. 2°. Que la Courbe ne pourra redescendre vers l'axe, parce qu'elle n'aura passé par aucun Terme qui soit moyen entre monter & descendre, ou commun, & que par conséquent la Courbe continüera de monter, & ses Ordonnées d'être croissantes. Donc la Courbe concave, tant que les Rm étoient décroissants, sera ensuite convexe. Or elle ne peut passer de la concavité à la convexité que par l'Inflexion (825). Donc si la Courbe, au lieu d'arriver à un côté parallele, arrive à un côté le plus oblique de tous les précédents, qui soit Terme arbitraire de son obliquité croissante, elle a necessairement une Inflexion en ce même point, & elle pouvoit n'en avoir pas, lorsqu'elle arrivoit au côté parallele.

830. Donc lorsque la Courbe arrive à un Terme arbitraire d'obliquité croissante, elle arrive à deux côtés égaux (828) exactement posés bout à bout en ligne droite, au lieu

qu'en arrivant au Terme naturel elle peut n'arriver qu'à un seul côté.

831. Quand elle arrive au Terme arbitraire, il n'y a point de plus grande Ordonnée, non plus que quand elle arrive au Terme naturel avec Inflexion (822).

832. Quand la Courbe, dont l'obliquité étoit croissante, arrive soit au Terme naturel de cette obliquité avec Inflexion, soit au Terme arbitraire, il y a trois Ordonnées infiniment proches, qui sont égales, si l'Inflexion est parallele, ou en progression arithmetique, si l'Inflexion est oblique, & alors les trois Ordonnées sont comme 1, 2, 3, à cela près que leurs differences sont de l'ordre de $\frac{1}{\infty}$, & par conséquent dans les deux cas leurs differences sont égales, toutes deux zero dans le 1er, & dans le 2d deux $\frac{1}{\infty}$ égaux.

833. Comme les Termes arbitraires font le même effet que les naturels, quant au renversement ou aux changements des Suites, la Courbe arrivée à son Terme arbitraire d'obliquité croissante ne peut plus après cela qu'avoir une obliquité décroissante, ou tendre à la perpendicularité.

834. Quand la Courbe arrive à un seul côté parallele, ce côté est un Terme simple d'obliquité croissante, mais quand elle arrive à deux côtés, soit paralleles, soit obliques, ils sont en même temps Termes d'obliquité croissante, & de concavité vers l'axe, & par conséquent ils sont un Terme compliqué.

835. Puisqu'une Courbe peut rebrousser, elle le peut étant arrivée au parallelisme. Il faut alors un Terme ou moyen ou commun entre le cours direct & le retrograde. Un Terme moyen, ce seroit un, ou, si l'on veut, deux côtés qui n'appartiendroient ni au cours direct ni au retrograde, mais cela est impossible, puisqu'il n'y a point de mouvement sans direction. Reste donc que l'on conçoive un Terme commun qui appartiendra au cours direct, & au retrograde en même temps, & pour cela il faut necessairement concevoir que sur le dernier côté du cours direct se pose exactement le premier du retrograde, moyennant quoi ce côté double, qui n'en vaut *Cas du rebroussement.*

qu'un, appartient en même temps aux deux cours. Il est effectivement necessaire, selon l'art. 771, que la Courbe rebroussante parte du dernier point de son cours direct pour rebrousser, & ici le côté double n'est que ce point commun aux deux cours.

836. Les deux côtés sont égaux, puisqu'ils sont le même Terme commun.

837. Comme la Courbe arrivée au parallelisme est indifferente entre redescendre ou continüer de monter (810), la Courbe *AMm* arrivée aux deux côtés *Mm* & *mμ* paralleles & rebroussants, peut ou redescendre vers *AB* comme par la branche *MC*, ou continüer de monter par la branche *MD*. Tout ce qu'il y a de necessaire, c'est que dans son second cours elle tende à la perpendicularité, comme dans la Fig. III, & par la même raison.

FIG. IV.

838. Au lieu que la Courbe rebroussante redescend dans la Fig. IV, par la branche *MC* exterieure à la premiére branche *AMm*, elle peut redescendre par une autre branche interieure, & alors il faudra concevoir le côté rebroussant *mμ* posé sous le direct *Mm*, au lieu que dans la Figure il est posé dessus, mais cela ne change absolument rien.

839. Si la Courbe redescend par une branche, soit interieure à *AMm*, soit exterieure comme *MC*, elle est concave vers *AB* comme dans son premier cours, puisque ses Ordonnées sont décroissantes, & leurs differences croissantes (811). Si la Courbe continuë de monter par la branche *MD*, elle est convexe vers *AB*.

839. Il pourroit donc sembler que dans ce second cas il y auroit rebroussement & inflexion, mais il n'y a réellement que rebroussement. L'un & l'autre doivent être quelque chose de réel & d'indépendant de ce que la Courbe sera rapportée à un axe ou à un autre, ce qui est arbitraire. Il est bien vrai que la Courbe rebroussante *AMD*, rapportée à l'axe *AB*, est concave vers cet axe dans la branche *AM*, & convexe dans la branche *MD*; mais si on la rapporte à un axe perpendiculaire à *AB*, elle sera dans ses deux branches concave

ou convexe vers ce nouvel axe, & par conséquent n'aura point d'inflexion par rapport à lui, mais elle sera toûjours rebroussante. Donc elle n'a réellement que rebroussement. Si on rapporte la Courbe de la Fig. III à un axe perpendiculaire à *AB*, on verra qu'elle est toûjours concave vers ce nouvel axe dans une de ses branches, & convexe dans l'autre, ce qui marque qu'elle a réellement inflexion.

840. Dans le Rebroussement fait par deux côtés paralleles exactement posés l'un sur l'autre, il y a comme dans l'Inflexion trois Ordonnées égales; mais au lieu que dans l'inflexion les trois Ordonnées sont posées de suite, dans le rebroussement la 3me va se poser sur la 1re, de sorte que la 3me & la 1re sont exactement confonduës en une seule.

841. Cependant comme l'idée de rebroussement demande que ces deux Ordonnées confonduës en une seule soient deux, & non pas une seule, il faut concevoir dans le rebroussement parallele, aussi-bien que dans l'inflexion parallele, trois Ordonnées égales, dont les differences soient chacune $= 0$, comme dans l'art. 832.

842. Comme la Courbe peut avoir une inflexion oblique aussi-bien que parallele, elle peut avoir un rebroussement oblique aussi-bien que parallele, car il est clair que les deux côtés rebroussants, exactement posés l'un sur l'autre, sont indifferents à toute position à l'égard de l'axe.

843. En ce cas il faut, comme dans celui du rebroussement parallele (837), que la Courbe ou continuë de monter par la branche *MD*, ou redescende par la branche *MC*, soit exterieure à la branche directe *AM*, comme dans la Fig. IV, soit interieure. Et pour s'en convaincre encore plus, il n'y a qu'à concevoir la branche rebroussante, soit *MD*, soit *MC* égale & semblable à la directe *AM*, & ayant avec elle un côté commun $m\mu = Mm$, & qu'il s'agit de poser cette branche *MD* ou *MC*, de sorte qu'elle rebrousse à l'égard de *AM*. On ne pourra la poser que de deux maniéres, ou entiérement sur *AM*, de sorte qu'elle décrira de *M* en *A* le même chemin que l'autre avoit décrit de *A* en *M*, ou de

façon qu'elle soit adossée contre *AM*, & qu'ainsi elles ayent toutes deux leurs conv[illegible] opposées. De la 1re maniére, la branche rebroussante redescendra vers l'axe, & sera concave vers cet axe, comme l'étoit la branche directe ; de la 2de, la branche rebroussante continuera de s'élever au dessus de l'axe, comme faisoit la directe, & sera convexe vers l'axe, au lieu que la directe étoit concave. Maintenant que la branche rebroussante ne soit ni égale ni semblable à la directe, il est visible que cela ne fait rien à ce que nous considerons ici sur sa position.

844. Si la Courbe *AM*, arrivée à un rebroussement oblique, redescend par la branche *MC*, ses Ordonnées deviennent donc décroissantes, & la Courbe en même temps est concave vers l'axe (843), donc les differences *Rm* sont devenues croissantes, au lieu qu'elles étoient décroissantes dans le cours direct. Si la Courbe *AM* continuë de monter par la branche *MD*, ses Ordonnées continuent d'être croissantes, & en même temps elle est convexe vers l'axe (843). Donc les differences *Rm* sont encore croissantes. Donc la Courbe dont l'obliquité étoit croissante, arrivée à un rebroussement oblique, a ensuite une obliquité décroissante, ou tend à la perpendicularité, de même que la Courbe dont l'obliquité étoit pareillement croissante, & qui est arrivée à une inflexion oblique (829).

845. Donc la Courbe arrivée à un rebroussement oblique, aussi-bien que la Courbe arrivée à une inflexion oblique, est arrivée en même temps à un Terme arbitraire d'obliquité, c'est-à-dire, à deux côtés égaux plus obliques que tous les précédents, & moins que les suivants.

846. Les trois Ordonnées infiniment proches, qui répondent au rebroussement oblique, & dont les deux extrêmes sont confonduës ensemble (840), sont en contre-progression arithmetique, ou comme 1, 2, 1, au lieu que les trois qui répondent à l'inflexion oblique sont en progression arithmetique (832), ou comme 1, 2, 3. Quant à celles qui répondent à l'inflexion ou au rebroussement paralleles, elles sont

dans la moindre progreſſion ou contre-progreſſion arithmetique poſſible.

847. On a vû tout ce qui appartient à une Courbe qui a commencé par tendre au paralleliſme, ſoit qu'elle y ſoit arrivée par un cours infini, auquel cas elle n'a point de changement, ſoit qu'elle y ſoit arrivée par un cours fini, auquel cas elle a dû recevoir des changements, ſoit même qu'elle ne ſoit arrivée qu'à un Terme arbitraire de ſon obliquité croiſſante. Maintenant conſiderons une Courbe qui commence par tendre à la perpendicularité. On ſuppoſe toûjours qu'elle s'éleve au deſſus de l'axe, & par conſéquent que ſes Ordonnées ſont croiſſantes.

Conſideration de la Courbe, qui s'élevant toûjours au deſſus de ſon axe, tend ou arrive à lui devenir perpendiculaire, ſoit par un cours fini, ſoit par un cours infini.

En general il ne faudroit preſentement que changer l'axe des Courbes des Fig. II, III & IV, & les rapporter à un axe mené au point *A* perpendiculairement à *AB*. Il eſt clair que tout ce qui étoit mouvement horiſontal, deviendroit vertical, & réciproquement, & que toutes les conſéquences qu'on a déja tirées reviendroient. Cependant il eſt bon de conſiderer en elle-même la ſuppoſition preſente. Il en naîtra des reflexions particuliéres.

848. La Courbe aura commencé par avoir un côté parallele à l'axe, ou du moins plus oblique que tous ceux qui le ſuivront dans la même variation, puiſque ſon mouvement perpendiculaire ou vertical eſt croiſſant.

849. Les Ordonnées, & leurs differences *Rm* qui repreſentent le mouvement vertical, étant croiſſantes, la Courbe qui ira de *A* en *M* ſera convexe vers l'axe *AB*. FIG. V.

850. Dans la perpendicularité le mouvement horiſontal doit être nul par rapport au vertical, ainſi que dans le paralleliſme le vertical eſt nul par rapport à l'horiſontal, & en effet les deux idées de vertical & d'horiſontal s'excluent neceſſairement l'une l'autre. Mais comme on a vû que dans le paralleliſme le mouvement vertical peut être ou abſolument zero, ou ſeulement infiniment petit par rapport à l'horiſontal, & de tous les degrés differents d'Infiniment petit, de même dans la perpendicularité le mouvement horiſontal peut être

ou absolument zero, ou seulement infiniment petit par rapport au vertical, &c.

851. Donc les Pp qui representent le mouvement horisontal peuvent, quoi-qu'ils ayent été supposés constants, devenir ou absolument nuls, ou infiniment plus petits qu'ils n'étoient supposés. Ils peuvent devenir absolument nuls, parce que quoi-qu'il soit vrai qu'une grandeur constante doit être toûjours la même tant qu'elle existe, il ne s'ensuit pas qu'elle doive exister toûjours; & ils peuvent devenir infiniment plus petits qu'ils n'étoient, parce que c'est la même chose que n'exister plus, du moins par rapport à ce qu'ils étoient.

852. Il est clair que ce ne peut être qu'à l'origine ou à l'extremité d'un cours d'une Courbe que les Pp n'existent plus, & par conséquent ils existeront par tout ailleurs, & seront constants selon la supposition.

853. La Suite croissante des Rm peut se terminer par $\frac{1}{\infty}$ (609), & alors elle est ou simplement infinie, auquel cas la somme en est finie (609), ou infiniment infinie, auquel cas la somme en est infinie (632). Donc dans le 1er cas l'Ordonnée par laquelle la Courbe arrive à la perpendicularité est finie, & dans le 2d infinie. Donc dans le 1er cas le mouvement vertical par lequel la Courbe est arrivée à la perpendicularité est fini, & dans le 2d infini.

854. Dans la perpendicularité $MR = Pp$ étant nul par rapport à Rm (850), le côté de la Courbe est toûjours $= Rm$. Donc quand la Suite se termine par $\frac{1}{\infty}$, la Courbe qui n'est perpendiculaire que par son dernier côté $= Rm$, ne l'est que dans une étenduë de l'ordre de $\frac{1}{\infty}$, & cela, soit que son cours vertical soit fini ou infini.

Differents cas où la Courbe ayant un cours infini, arrive à la perpendicularité sans Asimptotisme ou avec Asimptotisme.

855. J'examine d'abord le cas où ce cours est infini, parce que la Courbe n'a alors qu'une variation sans changement, ce qui est plus simple.

Puisque la Courbe a eu un cours vertical infini, & qu'elle n'est perpendiculaire que par un côté $= \frac{1}{\infty}$ (854), elle a donc eu une infinité d'infinités de côtés obliques ausquels ont

par

par conséquent répondu une infinité d'infinités de *Pp*, c'est-à-dire un axe infini, & par conséquent le mouvement horisontal de la Courbe est alors infini aussi-bien que le vertical.

856. Donc elle n'a point d'Asimptote (801).

857. En même temps il faut, à cause de la perpendicularité, que le dernier de la Suite infiniment infinie & constante des *Pp* soit nul par rapport à $Rm = \frac{1}{\infty}$, donc il faut que ce dernier *Pp* soit $= 0$, ou au moins $= \frac{1}{\infty^2}$.

858. Il ne doit pas être d'un ordre inferieur à $\frac{1}{\infty^2}$, puisque la perpendicularité qui se fait par un $Rm = \frac{1}{\infty}$ n'en exige pas davantage.

859. Et même si la Suite des *Rm*, toûjours terminée par un *Rm* de l'ordre potentiel de $\frac{1}{\infty}$, l'étoit par un *Rm* d'un ordre radical superieur, tel que $\frac{1}{\infty^{\frac{1}{2}}}$ ou $\frac{1}{\infty^{\frac{1}{3}}}$, &c. le dernier *Pp* pourroit être $= \frac{1}{\infty}$, car $\frac{1}{\infty}$ est nul par rapport à $\frac{1}{\infty^{\frac{1}{n}}}$.

860. Si la Suite croissante des *Rm* se termine par 1 (610), la Courbe est perpendiculaire par un côté fini, & par conséquent ligne droite finie. Si la Suite des *Rm* avoit été simplement infinie, la Courbe deviendroit donc ligne droite après un cours Fini déterminable, ce qui ne se peut. Donc dans ce cas le cours vertical de la Courbe est necessairement infini, ou la Suite des *Rm* infiniment infinie.

861. Puisque le dernier côté est $= Rm = 1$, & la Suite des *Rm* infiniment infinie, il y a eu avant ce dernier côté, seul perpendiculaire, une infinité d'infinités de côtés obliques, ou un axe ou mouvement horisontal infini.

862. Donc il n'y a point encore d'Asimptotisme.

863. Donc aussi le dernier *Pp* ne doit être que $\frac{1}{\infty}$.

864. Si la Suite des *Rm* se termine par ∞, la Courbe a un côté perpendiculaire $= \infty$, & par conséquent est ligne droite pendant un cours infini. Le dernier $Rm = \infty$ est

équivalent à une infinité d'infinités de Rm croissants $= \frac{1}{\infty}$ qui seroient tous posés bout à bout en ligne droite, & par conséquent dans ce cas la Suite des Rm doit être conçûë comme infiniment infinie, mais formée de Rm, dont une infinité d'infinités seront une ligne droite infinie, & tous ces Rm, à cause de leur position, n'auront point de Pp correspondants. Donc il n'y aura qu'un nombre fini d'infinités de Rm vers l'origine de cette Suite, qui puissent avoir des Pp correspondants, ou, ce qui est le même, l'axe ou le mouvement horisontal ne sera que fini.

865. Donc il y aura Asimptotisme.

866. Un seul $Pp = \frac{1}{\infty}$ répondra à la ligne droite infinie $= Rm$.

867. La Courbe ne sera courbe que pendant un cours Fini indéterminable.

Ce ne sont là que les art. 799, 800, &c. renversés, mais dont le renversement pouvoit avoir quelque difficulté.

868. Puisque dans le cas de $Rm = \infty$, la Courbe n'est courbe que pendant un cours Fini indéterminable, on peut concevoir Rm, qui est toûjours par sa nature la difference de deux Ordonnées infiniment proches, comme la difference de l'Ordonnée finie qui termine ce cours Fini indéterminable, & de l'infinie qui la suit, & qui est, après une étenduë finie, la Courbe même devenuë ligne droite infinie.

869. De tout cela il suit que quand la Courbe arrive à la perpendicularité par un cours infini, elle n'a point d'Asimptote tant que Rm n'est que d'un ordre au dessus de Pp (860, 861, 862), & qu'elle n'en a une que quand Rm est de deux ordres au dessus de Pp (864, 865), car alors $Rm = \infty$, & $Pp = \frac{1}{\infty}$ (866).

870. Et comme afin qu'une Courbe qui arrive au parallelisme par un cours infini ait une Asimptote, il faut que Rm soit au moins $= \frac{1}{\infty\infty}$ (799, 800, 868), Pp étant toûjours necessairement $= \frac{1}{\infty}$, il suit que pour l'Asimptotisme

parallele ou perpendiculaire, il faut que Rm soit au moins de deux ordres au dessous ou au dessus de Pp. Et en effet l'Asimptotisme consiste en ce que des deux mouvements de la Courbe, l'horisontal & le vertical, l'un est infini, l'autre fini. Les Pp sont les parties infiniment petites de l'un, & les Rm les parties infiniment petites de l'autre. Il faut donc que celui des deux qui doit être infini, ait une infinité d'infinités de ces parties qui existent, tandis que l'autre n'en aura qu'un nombre simplement infini, ou une infinité d'infinités qui seront infiniment moindres que celles du premier. Or il est sûr que cela est ainsi, quand la Suite des Rm se termine par une grandeur qui est de deux ordres au dessus de celle qui termine la Suite des Pp, ou au contraire.

871. Dans l'Asimptotisme parallele on conçoit naturellement une infinité d'infinités de $Pp = \frac{1}{\infty}$, & un nombre simplement infini de $Rm = \frac{1}{\infty}$, & une infinité d'infinités de $Rm = \frac{1}{\infty^2}$ terminée par un dernier $Rm = \frac{1}{\infty^3}$ pour le moins. Mais comme la Courbe est parallele ou ligne droite tant que durent les $Rm = \frac{1}{\infty^2}$ ou $= \frac{1}{\infty^3}$, on peut aussi concevoir que les Rm n'existent plus, que leur Suite est simplement infinie, & que par conséquent il y a une infinité d'infinités de Pp sans Rm correspondants. Au contraire dans l'Asimptotisme perpendiculaire il est plus naturel de concevoir, selon les art. 864 & 866, qu'à un seul $Rm = \infty$ répond un $Pp = \frac{1}{\infty}$. Mais aussi comme $Rm = \infty$ est équivalent à une infinité d'infinités de $Rm = \frac{1}{\infty}$, ou à une infinité de $Rm = 1$, on peut concevoir qu'à chacun de ces $Rm = 1$ répond un $Pp = \frac{1}{\infty^2}$, ce qui n'empêche point que ces Rm ne soient tous posés bout à bout en ligne droite, & le nombre infini des $Pp = \frac{1}{\infty^2}$ qui répondront à ce nombre infini de $Rm = 1$, ne feront qu'un $Pp = \frac{1}{\infty}$, tel qu'on l'a trouvé d'abord.

872. Cette idée d'une infinité de $Pp = \frac{1}{\infty}$ ne détruit

point da suppositìon des Pp constants, puisqu'elle n'a lieu qu'à l'extrémité du cours de la Courbe, où Pp, nul par rapport à Rm, peut être conçû d'un ordre d'Infiniment petit inferieur à $\frac{1}{\infty}$ (851 & 852).

873. Dans l'Asimptotisme parallele, l'Asimptote est parallele à l'axe, & perpendiculaire dans l'Asimptotisme perpendiculaire, & necessairement infinie dans les deux cas. Donc si une Courbe a une Asimptote, il faut que cette Asimptote puisse être prise de maniére qu'elle represente celui des deux mouvements de la Courbe qui sera infini.

Cas où la Courbe arrive à la perpendicularité par un cours fini, & ensuite redescend vers l'axe, ou continuë de monter, en tendant au parallelisme.

874. Maintenant si la Courbe arrive à la perpendicularité par un cours Fini déterminable, auquel cas elle n'est perpendiculaire que par un côté $= Rm = \frac{1}{\infty}$, il faut voir ce qui peut arriver.

Il est sûr d'abord que puisqu'elle est arrivée par un premier cours à un Terme qui est la perpendicularité, elle ne peut plus dans un second cours que tendre au parallelisme. Donc les Rm qui étoient croissants, deviendront décroissants, & par conséquent la Suite des Rm est arrivée à un *plus grand*, ou à un Terme arbitraire de grandeur.

Cas où la Courbe redescend par un rebroussement.

FIG. V.

875. La Courbe peut ou redescendre vers son axe, ou continüer de monter.

Si elle redescend, le côté Mm où elle est arrivée, étant entiérement perpendiculaire, ou vertical, ou montant, il ne peut être Terme moyen entre un cours montant & un descendant, donc il reste qu'il soit Terme commun, & il ne peut l'être à moins qu'il ne soit en même temps montant & descendant, & il ne peut encore l'être, à moins que l'on ne conçoive un rebroussement, moyennant lequel il y aura un autre côté $m\mu$ descendant, exactement posé le long de Mm montant, de sorte que Mm & $m\mu$ feront phisiquement un seul côté qui sera en même temps montant & descendant, & par conséquent Terme commun entre le cours montant & le descendant.

876. Il est également possible que la branche rebroussante

mμB soit posée comme dans la Figure, de sorte que la Courbe continüera d'avancer de *A* vers *B*, ou que cette branche, soit interieure, soit exterieure à la branche directe *AMm*, retourne de *m* vers *A*.

877. Mais de quelque maniére que ce soit, la Courbe arrivée à la perpendicularité par le côté *Mm*, ne peut redescendre vers son axe sans un rebroussement, parce qu'il lui faut alors un Terme commun.

878. Puisque la Courbe redescend, ses Ordonnées sont décroissantes, & puisqu'elle tend au parallelisme (874), leurs differences *Rm* sont décroissantes aussi. Donc la Courbe est convexe vers son axe dans son second cours, comme dans le premier.

879. Si la Courbe continuë de monter, ses Ordonnées continüent d'être croissantes, & leurs differences *Rm* sont décroissantes (878), donc elle est concave vers son axe dans son second cours, donc elle a passé de la convexité à la concavité vers le même axe.

Cas où la Courbe continuë de monter par une inflexion.

880. Ce passage doit se faire avec inflexion (825), si, selon le raisonnement de l'art. 839, la Courbe est veritablement concave & convexe vers un même axe, c'est-à-dire, vers quelque axe qu'on puisse lui donner, comme l'est la Courbe de la Fig. III. Mais si elle est comme la Courbe de la Fig. VI, qui étant rapportée à un axe perpendiculaire à *AB*, est toûjours concave vers cet axe, alors de la branche *AM* convexe vers *AB*, elle passe à la branche *mC* concave vers le même *AB* par le côté perpendiculaire *Mm*, sans y avoir d'inflexion, & ce côté *Mm* est un Terme moyen entre les côtés du premier cours qui montoient de *A* vers *M*, & ceux du second qui montent de *m* vers *C*, parce qu'il ne monte ni de *A* vers *M*, ni de *m* vers *C*.

881. Si la Courbe arrivée à la perpendicularité, redescend comme dans la Fig. V, l'Ordonnée qui répond au point *M*, est plus grande que toutes celles qui l'ont précédée dans le 1er cours, & que toutes celles qui la suivent dans le 2d. C'est la même chose pour les deux autres cas de l'art. 876.

mais ce n'est que dans le 1er des trois que l'Ordonnée, qui répond au point *M*, est appellée une *plus grande* Ordonnée, parce que dans les deux derniers l'axe finit sous le point *M*, & que les Ordonnées rebroussent sur l'axe de *M* vers *A*. Or qu'une Ordonnée soit la plus grande de toutes, parce qu'elle est la derniére d'un cours auquel l'axe a, pour ainsi dire, manqué, cela n'a rien de singulier par rapport aux Ordonnées, ni qui leur appartienne, à proprement parler. Mais quand elles viennent à décroître, en allant toûjours en avant sur l'axe, ou de *A* vers *B*, c'est quelque chose qui leur appartient plus particuliérement.

882. Quand la Courbe continuë de monter, soit sans inflexion, soit avec inflexion, il n'y a point là de *plus grande* Ordonnée.

883. Quand la Courbe redescend, il y a un rebroussement perpendiculaire (877), c'est-à-dire, deux côtés perpendiculaires *Mm*, *mμ*, exactement posés le long l'un de l'autre, & égaux, puisqu'ils font un même Terme commun. Donc à ces deux côtés répondent trois Ordonnées qui, à cause de la perpendicularité des côtés, sont sans *Pp* qui les séparent, & sont par conséquent infiniment plus proches que toutes les autres consécutives qui sont infiniment proches, & en même temps à cause de l'égalité des côtés $= Rm$, elles ont des differences égales, & à cause du rebroussement elles sont en contre-progression arithmetique, ou comme 1, 2, 1.

884. Il en va de même de l'inflexion perpendiculaire, à cela près que les trois Ordonnées, qui y répondent, infiniment plus proches que toutes les autres, sont en progression arithmetique, ou comme 1, 2, 3.

885. Quant au cas de la Fig. VI, rien ne détermine necessairement le côté perpendiculaire *Mm* à être égal, ni à *Rm* qui le précéde, ni à celui qui le suit. Et par conséquent il n'y a point là trois Ordonnées qui soient necessairement en progression ou contre-progression arithmetique.

Cas où la Courbe arrive 886. Si la Courbe, au lieu d'arriver au Terme naturel de son obliquité décroissante, ou à la perpendicularité, n'arrive, comme elle peut, qu'à un Terme arbitraire, il n'y a qu'à appliquer là tout ce qui a été dit sur le Terme arbitraire de l'obliquité croissante dans les art. 829, &c. 834, car des côtés obliques sont toûjours la même chose, soit qu'ils soient plus ou moins obliques que tous les précédents.

non à la perpendicularité, Terme naturel, mais au Terme arbitraire équivalent.

887. Donc une Courbe d'une obliquité, soit croissante, soit décroissante, qui n'arrive point au Terme naturel de cette obliquité, c'est-à-dire, au parallelisme ou à la perpendicularité, arrive au Terme arbitraire, c'est-à-dire, à deux côtés égaux, plus obliques que les précédents, & moins que les suivants, ou au contraire, & cette égalité des côtés emporte l'inflexion ou le rebroussement.

888. Il est clair, par tout ce qui a été dit, que ce qui emporte dans ce cas l'inflexion ou le rebroussement, & conséquemment l'égalité de deux côtés, c'est qu'un second cours succede au premier, ou qu'il se fait un changement. Donc si cette raison cesse, c'est-à-dire, si la variation est infinie sans changement, ou s'il n'y a qu'un cours, la Courbe pourra n'arriver par un cours infini qu'à un Terme arbitraire d'obliquité, qui ne sera qu'un seul côté plus ou moins oblique que ceux de la Suite infiniment infinie qui auront précédé.

Cas où la Courbe arrive par un cours infini à un Terme arbitraire d'obliquité croissante, ou décroissante. Asimptotisme.

889. En ce cas cette Suite infiniment infinie de côtés obliques demande necessairement deux Suites pareilles, l'une de *Pp*, l'autre de *Rm*, tous de l'ordre de $\frac{1}{\infty}$, & par conséquent les deux mouvements de la Courbe, l'horisontal & le vertical, seront infinis.

890. Donc elle n'aura point d'Asimptote ni parallele ni perpendiculaire à son axe (801).

891. Tant que la Courbe *AMm* n'aura que des côtés obliques à l'axe *AB*, les points *T* où chaque côté *Mm* prolongé rencontre l'axe, seront toûjours à une distance finie du point *A*, origine de la Courbe sur l'axe. Car si le point *T* pouvoit être infiniment éloigné de *A*, les lignes *MT* & *AT* seroient paralleles (693), & par conséquent le côté *Mm* parallele à l'axe, ce qui est contre la supposition. Donc si la

FIG. II.

Courbe *AMm*, dont les côtés sont toûjours plus obliques, n'arrive par un cours infini qu'à un côté plus oblique que tous les précédents, ce côté, quoi-qu'infiniment éloigné, étant prolongé jusqu'à l'axe, ne tombe que sur un point *T* finiment distant de *A*. Donc la ligne *AT* est finie.

892. Donc tous les côtés de la Courbe prolongés ne sont tombés que sur des points entre *A* & *T*, toûjours plus proches de *T*, à mesure que ces côtés étoient plus obliques. Et il est clair que deux points où tombent deux côtés consécutifs prolongés, sont infiniment proches, & que leur distance est au moins de l'ordre de $\frac{1}{\infty}$.

893. Le mouvement de la Courbe, ou, ce qui est la même chose, de tous ses côtés pris ensemble, étant donc infini de *A* vers *B* par la supposition, le mouvement de ces mêmes côtés prolongés jusqu'à l'axe n'est que fini de *A* vers *T*. Or l'essence de l'Asimptotisme est que de deux mouvements correspondants, l'un soit infini, tandis que l'autre n'est que fini (801). Donc il y a là un Asimptotisme, & il consiste en ce que la ligne *TM* qui fera sur l'axe un angle aigu déterminable *ATM*, sera telle que la Courbe ne pourra arriver que par un cours infini à avoir un côté, qui étant prolongé, soit cette *TM*. Donc *TM* sera Asimptote de la Courbe.

894. La ligne *AT* étant finie, ne pourra fournir aux points *T* qu'une infinité de distances de l'ordre de $\frac{1}{\infty}$. Or il y a une infinité d'infinités de côtés, donc il n'y en aura qu'un nombre infini qui prolongés puissent tomber sur des points *T*, dont la distance soit $= \frac{1}{\infty}$, & il est visible que ce seront ceux qui seront vers l'origine de la Courbe. Quant au nombre infiniment infini des autres, ils ne tomberont tous que sur le même dernier point *T*, ou, ce qui revient au même, ils n'auront sur *AT* que des distances d'un ordre inferieur à $\frac{1}{\infty}$. Donc la Courbe, pendant un cours infini, se confondra avec son Asimptote *TM*, ou sera ligne droite, & ne sera courbe que pendant un cours Fini indéterminable, ce qu'on a déja vû

être

être une propriété inséparable de l'Asimptotisme.

895. Puisque la Courbe, pendant un cours infini, sera une ligne droite oblique à l'axe, elle aura, les *Pp* étant constants, une infinité d'infinités de *Rm* de l'ordre de $\frac{1}{\infty}$ tous égaux, & les *Rm* n'auront été décroissants que pendant le cours Fini indéterminable, ou, ce qui revient au même, les *Rm* ayant toûjours, à cause de l'obliquité perpetuelle, un rapport fini aux *Pp*, ce rapport ne sera variable que pendant un cours Fini indéterminable de la Courbe, & constant pendant un cours infini, ou du moins infiniment moins variable.

896. Donc quand la Courbe arrive par un cours infini à un Terme arbitraire d'obliquité croissante, ce Terme est une ligne droite infinie, au lieu qu'il n'en est qu'une infiniment petite, quand la Courbe arrive à ce Terme par un cours fini.

897. Si l'on suppose que la Courbe arrive par un cours infini à un Terme arbitraire d'obliquité décroissante, ce sera entiérement la même chose; à cela près que la Courbe sera convexe vers son axe. Il ne faut que rapporter la Courbe *AMm* à un axe tiré au point *A* perpendiculairement à *AB*, & tous les mêmes raisonnements reviendront. FIG. II.

898. Donc toute Courbe qui arrive par un cours infini à un Terme arbitraire d'obliquité, a une Asimptote oblique à son axe, & qui fait avec cet axe l'angle aigu, qui est le Terme arbitraire de l'obliquité de la Courbe.

899. Si on prend cette Asimptote pour axe infini, ou pour Ordonnée infinie de la Courbe, alors on retombe dans le cas de l'Asimptotisme parallele ou perpendiculaire.

900. Le caractere general de l'Asimptotisme est que le cours de la Courbe étant infini, le dernier *Rm* ait un rapport fini au *Pp* correspondant, ce qui arrive dans l'Asimptotisme oblique (895), ou que *Rm* soit de deux ordres au dessous ou au dessus de *Pp*, ce qui arrive dans l'Asimptotisme parallele ou perpendiculaire (870).

901. Réciproquement si le cours de la Courbe étant infini, le dernier *Rm* a un rapport fini au *Pp* correspondant,

il y a un Asimptotisme oblique, & si *Rm* est de deux ordres au dessus ou au dessous de *Pp*, il y a Asimptotisme perpendiculaire ou parallele ; perpendiculaire dans le 1er cas, parallele dans le 2d.

Que l'angle de contingence ne peut être fini.

902. Voilà tout ce qui regarde toutes les positions possibles de la Courbe par rapport à un axe, & l'on n'a vû aucun cas où l'angle de contingence de deux côtés consécutifs pût être fini ; mais il y a plus, il resulte de tout ce qui a été dit, qu'il ne peut l'être, & c'est là ce qui a été laissé comme en suspens dans l'art. 747.

Je suppose que le premier des deux côtés qui feront entre eux l'angle de contingence fini, soit oblique & montant, & d'une telle obliquité que le côté suivant ne puisse faire avec lui l'angle de contingence déterminé sans redescendre vers l'axe, car tout cela pourra toûjours être par rapport à quelque axe que je donnerai à la Courbe, elle montera donc par ce premier côté, & redescendra par le suivant, sans avoir passé par aucun Terme, ni moyen, ni commun, ce qui est impossible, & contraire à la douceur infinie qui fait l'essence de la variation des Courbes. Donc l'angle de contingence fini est impossible.

903. De plus l'angle de contingence fini seroit aigu, puisqu'il seroit le dernier d'une Suite infinie d'angles aigus infiniment petits. Ce seroit donc un aigu toûjours plus grand, selon que la Suite d'angles, dont il seroit la derniére grandeur, seroit plus croissante, & enfin elle pourroit l'être à tel point, qu'il seroit le plus grand de tous les aigus, c'est-à-dire, droit, & par conséquent il y auroit un axe par rapport auquel la Courbe arrivée au parallelisme, arriveroit aussi-tôt après, & dès le côté suivant à la perpendicularité. Or deux Termes ne peuvent être contigus (682).

904. On peut ajoûter enfin que si l'angle de contingence pouvoit être fini, la variation croissante qui l'y conduiroit, pourroit être croissante de moins en moins, & par conséquent arriver à l'Egalité, c'est-à-dire, à deux angles de contingence finis & égaux consécutifs. En ce cas il y auroit un côté

de la Courbe dont les deux extremités seroient les sommets de ces deux angles, & ces angles étant finis, les sommets en seroient sensibles & déterminables, & par conséquent la grandeur du côté le seroit aussi. Or il est impossible que la grandeur d'un côté infiniment petit soit déterminable.

905. Il ne reste plus presententement qu'à examiner ce qui appartient à la courbure des Courbes.

Theorie de la courbure des Courbes.

Pour cet examen il faut abandonner la supposition des *Pp* constants, & prendre l'une ou l'autre des deux suppositions de l'art. 752, qui ont toutes deux essentiellement rapport à la courbure, car il faut toûjours quelque chose de constant (764). La 1re de ces deux suppositions, qui est celle des côtés constants, est la plus aisée dans la pratique, & nous la préférons. Donc la variation de la courbure sera celle des angles de contingence *DBC*. La courbure sera croissante, si ces angles croissent, décroissante, s'ils décroissent, & suivra le rapport de leurs accroissements ou décroissements.

906. La mesure de ces angles étant leur Sinus, qui sera une ligne infiniment petite du 2[d] ordre (741), la mesure de la courbure sera donc ce Sinus de l'ordre de $\frac{1}{\infty^2}$.

907. Ce Sinus existe, & par conséquent il y a courbure, tant que les côtés font entr'eux un angle de contingence infiniment petit, de quelque grandeur qu'il soit dans l'ordre de $\frac{1}{\infty}$, mais dès qu'ils cessent d'en faire un, il n'y a plus de courbure. Or ils cessent d'en faire un, quand ils sont exactement posés ou bout à bout en ligne droite dans l'inflexion, ou l'un sur l'autre dans le rebroussement. Donc alors la courbure est nulle.

Differents cas où la courbure est nulle.

908. Donc alors la Courbe qui arrive ou à l'inflexion, ou au rebroussement, y est arrivée par une courbure toûjours décroissante.

909. La Courbe qui a une Asimptote quelconque, étant ligne droite pendant un cours infini, elle aura pendant tout ce cours une courbure nulle, & par conséquent sa courbure précédente aura été décroissante.

Ce qui fait la courbure infinie, & les cas où elle l'est.

910. La courbure croissante devroit aboutir à un angle de contingence fini, ce qui la rendroit infinie. Mais cet angle est impossible (902, 903, 904). Donc la courbûre ne peut devenir infinie de cette maniére. Il faut donc voir de quelle maniére elle le peut devenir.

Tout côté oblique a un Rm & un Pp de l'ordre de $\frac{1}{\infty}$ qui lui répondent, & il est de ce même ordre ; & parce qu'il est oblique d'une certaine obliquité necessairement déterminée, il a un certain rapport de grandeur déterminé à Rm & à Pp qui lui répondent, & cela, quelque supposition qu'on fasse, ou des Rm, ou des Pp, ou des côtés Mm constants. Quand un côté est parallele, il est necessairement égal à quelque portion de l'axe, mais quand il est perpendiculaire, il n'a aucun rapport necessaire de grandeur à Pp, mais peut être plus grand ou plus petit, selon telle raison qu'on voudra (819), c'est-à-dire, dans le cas qu'il soit plus petit, qu'il peut l'être plus que tous les Pp qui répondront à des côtés obliques ; & non pas plus que son Pp correspondant, car il n'en a point, ou n'en a qu'un infiniment petit par rapport à lui.

En effet on a vû qu'un côté perpendiculaire $=\infty$ n'avoit qu'un $Pp = \frac{1}{\infty}$ (864 & 866), ce qui marque bien que la grandeur du côté perpendiculaire ne garde aucun rapport avec celle des Pp, qui sont de l'ordre de $\frac{1}{\infty}$ tant qu'ils existent.

Donc en renversant cet exemple, il doit être possible aussi que Pp étant zero absolu pour un côté perpendiculaire, ce côté soit de l'ordre de $\frac{1}{\infty^2}$, puisque rien ne l'assujettit à aucun rapport de grandeur à Pp, & qu'il lui suffit au contraire de n'en avoir point qui lui réponde (820).

Et comme un côté perpendiculaire est necessairement ou l'Origine ou le Terme d'un cours, ce ne peut être qu'en l'un ou l'autre de ces deux points qu'il se trouvera un côté ou infiniment plus grand, ou infiniment plus petit que les Pp qui seront dans tout le reste du cours.

Donc il est possible qu'une Courbe commence ou termine

un cours par un côté $= \frac{1}{\infty^2}$, qui sera perpendiculaire.

Après ce côté, s'il est le premier, en viendra necessairement un second oblique, & de l'ordre de $\frac{1}{\infty}$, car ce n'est que sa perpendicularité qui dispense les côtés, pour ainsi dire, d'être de cet ordre. C'est la même chose renversée, si ce côté $= \frac{1}{\infty^2}$ est le dernier du cours.

On peut demander pourquoi à l'origine de la Courbe, par exemple, car cela suffit pour fixer l'idée, le côté perpendiculaire $= \frac{1}{\infty^2}$, & le suivant oblique $= \frac{1}{\infty}$, ne sont pas plustôt conçûs comme un seul côté oblique, puisque le perpendiculaire est nul par rapport à l'oblique, ou pourquoi le perpendiculaire & l'oblique pris ensemble, étant $\frac{1}{\infty}$, on ne conçoit pas ce $\frac{1}{\infty}$ comme divisé en deux parties du même ordre, dont la premiére sera perpendiculaire, & la seconde oblique, puisque la division d'une Courbe en ses côtés est entiérement arbitraire.

On ne peut pas prendre les deux côtés pour un seul oblique, puisqu'il y a là réellement une position perpendiculaire de la Courbe.

On ne peut pas prendre le perpendiculaire $= \frac{1}{\infty^2}$ & une partie de l'oblique $= \frac{1}{\infty}$ pour un même côté perpendiculaire de l'ordre de $\frac{1}{\infty}$, puisque s'il est vrai que la Courbe commence par un côté $= \frac{1}{\infty^2}$, elle fait là un pas infiniment plus petit que tous ceux qu'elle fera ensuite, ou, ce qui est la même chose, fait son premier détour infiniment plustôt qu'elle ne fera tous les autres ; or c'est là quelque chose de réel, qui vient de sa nature, & qu'on ne lui peut ôter. Et en effet il faut que ce premier côté $= \frac{1}{\infty^2}$, quand il existera, soit necessaire par l'Equation de la Courbe.

Donc enfin un premier ou dernier côté perpendiculaire $= \frac{1}{\infty^2}$ est possible.

Or en ce cas la courbure de la Courbe sera infinie, car si

elle commence par là, elle se détournera après un pas infiniment plus petit, ou infiniment plustôt que par tout ailleurs, & si elle termine un cours par là, elle ne fera après un détour ordinaire, qu'un pas infiniment plus petit que tous les autres.

Donc il est possible que la Courbe ait une courbure infinie à l'origine ou à l'extremité d'un cours.

911. L'angle de contingence fini, qui devroit être le Terme de la courbure croissante, étant impossible, c'est cette courbure infinie faite par un côté $= \frac{1}{\infty^2}$ qui prend sa place, & dans les cas où par l'accroissement continuel des angles de contingence, la courbure devroit devenir infinie par un angle de contingence fini, elle ne le deviendra que par un côté $= \frac{1}{\infty^2}$. Ainsi ce cas de courbure infinie ne fera que se substituer à celui où l'angle de contingence auroit dû être fini, & cela ne troublera en rien la consideration de la courbure fondée sur les angles en tous les autres cas.

912. Cette courbure infinie ne peut avoir rien de sensible, ni qui frappe les yeux, car quelque exactement qu'une Courbe fût tracée ou décrite, il seroit toûjours impossible d'y reconnoître aucune grandeur $= \frac{1}{\infty}$, & encore moins $= \frac{1}{\infty^2}$, ou la difference de $\frac{1}{\infty^2}$ à $\frac{1}{\infty}$.

913. La courbure infinie qui demande un côté $= \frac{1}{\infty^2}$ n'est pas contraire à la supposition des côtés constants de l'ordre de $\frac{1}{\infty}$, comme les Pp nuls, ou de l'ordre de $\frac{1}{\infty^2}$ dans la perpendicularité, ne sont point contraires à la supposition des Pp constants. Les raisonnements des art. 851 & 852 reviennent ici, & les Mm ne peuvent non plus que les Pp, être de l'ordre de $\frac{1}{\infty^2}$ qu'à l'origine ou à l'extremité d'un cours.

914. Quand on appelle infinie la courbure qui se fait par un côté $= \frac{1}{\infty^2}$, on suppose que la courbure ordinaire, ou qui se fait par des côtés de l'ordre de $\frac{1}{\infty}$, & dont les

angles de contingence font de cet ordre, eſt finie ; par conſéquent la courbure qui ſe feroit par un côté $= \frac{1}{\infty^3}$ feroit infinie du 2[d] ordre, & ainſi de ſuite, les angles de contingence étant toûjours de l'ordre de $\frac{1}{\infty}$.

915. Il n'eſt point neceſſaire pour la courbure infinie, que le côté par lequel elle ſe fait ſoit $= \frac{1}{\infty^2}$, il ſuffit qu'il ſoit de cet ordre comme $\frac{1}{\infty^{\frac{3}{2}}}$ ou $\frac{1}{\infty^{\frac{5}{4}}}$, &c. car il ſera toûjours infiniment petit par rapport à $\frac{1}{\infty}$.

916. Et par la même raiſon ſi les côtés obliques étoient ſeulement, par ex. $= \frac{1}{\infty^{\frac{1}{2}}}$, il ſuffiroit que le côté perpendiculaire par lequel ſe feroit la courbure infinie fût $= \frac{1}{\infty}$. En general le raiſonnement qu'on a fait ſur la courbure infinie, ne demande autre choſe, ſinon que le côté, par lequel elle ſe fait, ſoit infiniment petit par rapport aux côtés obliques, de quelque maniére qu'il le ſoit.

917. Ce qui fait la courbure infinie eſt réel, c'eſt un côté qui par la nature de la Courbe n'eſt que de l'ordre de $\frac{1}{\infty^2}$, tandis que tous les autres ſont de l'ordre de $\frac{1}{\infty}$. Nous l'avons ſuppoſé perpendiculaire pour mieux faire appercevoir que même dans la ſuppoſition des côtés conſtants il pouvoit être $= \frac{1}{\infty^2}$. Mais un côté perpendiculaire par rapport à un axe, fera parallele, ou oblique par rapport à un autre, ainſi la perpendicularité du côté n'eſt point neceſſaire pour la courbure infinie. Tout ce qui reſte de neceſſaire, c'eſt que le côté par lequel elle ſe fait, commence ou finiſſe un cours, car une Courbe rapportée à differents axes, ne fait que changer ſes poſitions paralleles en perpendiculaires, ſa concavité en convexité, ou au contraire, mais ſes differents cours ou variations commencent & finiſſent toûjours aux mêmes points.

918. Donc la courbure infinie peut ſe faire par un côté parallele, car il commence ou finit neceſſairement un cours.

919. Tout ce qu'exige la nature du côté parallele, c'est qu'il y ait un *Pp* égal qui lui réponde sans *Rm* correspondant. De là il a suivi que tant qu'on a supposé que les côtés ne pouvoient être que de l'ordre de $\frac{1}{\infty}$, le côté parallele en étoit aussi, & $= Pp = \frac{1}{\infty}$ supposé alors constant. Mais ici où le côté parallele est $= \frac{1}{\infty^2}$, il faut que *Pp* soit aussi égal à ce même $\frac{1}{\infty^2}$.

920. La courbure infinie ne peut se faire par un côté oblique que quand ce côté oblique commencera ou terminera un cours. Prenons le cas où il le termine, qui est le plus naturel. Un côté oblique ne termine un cours que quand il est Terme arbitraire d'obliquité croissante ou décroissante, & alors ce côté oblique est double, & il y a inflexion ou rebroussement (829 & 845). Donc la courbure infinie qui termine un cours, ne peut se faire par un côté oblique sans inflexion ou rebroussement.

921. Donc la courbure qui est toûjours nulle dans l'inflexion, quand les côtés y sont de l'ordre de $\frac{1}{\infty}$, & dans le rebroussement, quand les côtés étant de cet ordre, y sont exactement posés l'un sur l'autre, peut être infinie dans ces mêmes points, & ce sera quand les deux côtés égaux y seront de l'ordre de $\frac{1}{\infty^2}$, ayant été par-tout ailleurs $= \frac{1}{\infty}$. Ils ne font entr'eux, à cause de la position que leur donne l'inflexion, ou le rebroussement, qu'un angle de contingence nul, mais cet angle nul ne rend pas alors la courbure nulle, car il se fait dans une étenduë de l'ordre de $\frac{1}{\infty^2}$, & cette étenduë rend la courbure infinie.

922. Il est clair que cela est general pour les inflexions ou rebroussements, tant paralleles, ou perpendiculaires, qu'obliques.

923. La courbure infinie peut se faire à l'origine d'une Courbe par un côté oblique simple $= \frac{1}{\infty^2}$, car elle s'y peut faire par un côté perpendiculaire simple, qui deviendra oblique quand la Courbe sera rapportée à un autre axe. C'est ainsi

qu'une

qu'une Courbe peut avoir à son origine un côté simple oblique $=\frac{1}{\infty}$, mais elle ne peut pas de même avoir pour Terme d'obliquité croissante ou décroissante un côté simple oblique.

924. L'inflexion, qui est un Terme ou passage de la concavité à la convexité, ou réciproquement, & le rebroussement, qui est le Terme d'un cours direct, & l'Origine d'un rebroussant, sont toûjours compliqués avec un Terme de courbure croissante ou décroissante, & ce Terme est une courbure ou nulle, ou infinie.

925. Donc aussi le Terme arbitraire d'obliquité, qui est toûjours compliqué avec l'inflexion ou le rebroussement, est pareillement compliqué avec un Terme de courbure.

926. L'Inflexion & le rebroussement, où la courbure est nulle, & qui se font par deux côtés égaux de l'ordre de $\frac{1}{\infty}$, ont de plus *ces deux côtés égaux*, qui *sont un Terme*, de sorte que les *Pp* ayant été supposés constants, la Courbe a dû, dans son cours précédent, tendre à cette égalité de côtés, c'est-à-dire, que ses côtés n'ont pû croître ou décroître que de moins en moins. Il y aura donc dans toute inflexion ou rebroussement de cette espece une complication de quatre Termes differents, 1°. D'inflexion, ou de rebroussement. 2°. De position parallele, ou perpendiculaire, ou la plus ou la moins oblique de toutes par rapport à l'axe. 3°. D'égalité des deux côtés. 4°. De courbure nulle.

927. Si l'inflexion ou le rebroussement sont accompagnés de courbure infinie, les deux 1ers Termes de l'art. précédent subsistent, & le 4me se change en une courbure infinie. Pour le 3me, il n'est plus question de considerer les deux côtés égaux de l'ordre de $\frac{1}{\infty^2}$, les *Pp* étant constants, car ces côtés de l'ordre de $\frac{1}{\infty^2}$ ne répondent à aucun *Pp* qui soit de l'ordre de $\frac{1}{\infty}$, mais parce que ces côtés sont deux, & $=\frac{1}{\infty^2}$, ils marquent non seulement une courbure infinie, mais une égalité de courbure infinie. Ils tiennent la place de deux angles de contingence finis égaux & consécutifs, ausquels la courbure

croissante seroit arrivée, en croissant toujours de moins en moins, si des angles finis avoient été possibles. Il y a donc encore ici quatre Termes compliqués.

928. Une Courbe qui se termine par un côté de l'ordre de $\frac{1}{\infty}$ comme tous les autres, ne peut avoir à son extremité une courbure infinie, mais elle en peut avoir une nulle, parce que ce côté pourra faire avec le précédent un angle de contingence nul, & ces deux côtés, posés bout à bout en ligne droite, ne produiront point d'inflexion à l'extremité d'un cours infini où la Courbe se termine.

929. Quant à la Courbe qui se termineroit par un côté $=1$ (860), il est bien visible que sa courbure est nulle à cette extremité, puisqu'elle y devient ligne droite finie. A plus forte raison, la Courbe qui a une Asimptote.

930. Donc la Courbe peut avoir à son extremité une courbure nulle, parce qu'elle y sera ligne droite pendant une étenduë infiniment petite, mais plus grande que par-tout ailleurs (928), ou qu'elle y sera droite finie, ou infinie.

931. Comme il n'y a point de Terme naturel auquel un arbitraire ne puisse être substitué, il faut qu'il y ait un Terme arbitraire de courbure croissante ou décroissante, & ce sera un angle de contingence plus grand ou plus petit que les précédents, & suivi par des angles plus petits ou plus grands. Il ne se fait là aucune complication necessaire d'autres Termes.

932. Rien n'empêche qu'une Courbe n'arrive par un cours infini à un simple Terme arbitraire de courbure, mais en ce cas il est visible qu'elle ne doit pas avoir d'Asimptote, ni même un dernier côté $=1$. Ce ne peut donc être que dans le cas où elle aura un dernier côté $=\frac{1}{\infty}$, car il sera possible qu'il fasse encore un angle de contingence avec le précédent, soit plus grand, soit plus petit que les angles précédents.

Ordre des Changements des Courbes.

933. Tout ce qui appartient aux variations & aux changements des Courbes ayant été examiné, il est aisé de voir quel ordre peuvent garder entr'eux les changements, quand il y en a.

Une Courbe ne peut aller du parallelisme au parallelisme, ni de la perpendicularité à la perpendicularité, ni en general d'un Terme quelconque à un autre de même espece, parce que deux Termes de même espece ne peuvent être consécutifs (681), ou, ce qui est le même, une Courbe arrivée à un Terme ne peut tendre dans la variation suivante qu'à un Terme contraire, soit naturel, soit arbitraire.

934. Une Courbe peut aller d'un Terme naturel de sa position par rapport à l'axe à un autre Terme naturel contraire, c'est-à-dire, être alternativement parallele & perpendiculaire tant de fois qu'on voudra.

935. Une Courbe peut aller d'une Inflexion à une Inflexion, pourvû que dans la 1re la courbure ayant été nulle ou infinie, & pareillement le Terme d'obliquité ayant été celui d'une obliquité croissante ou décroissante (926), cette courbure & ce Terme soient dans la 2de Inflexion contraires à ce qu'ils étoient ; cela peut arriver alternativement autant de fois qu'on voudra.

936. Il en faut dire autant des Rebroussements.

937. Jusqu'ici nous n'avons consideré que les Courbes qui commençoient par s'élever au dessus de leur axe, mais elles peuvent aussi avoir leur origine à un point qui soit au dessus de cet axe, & descendre vers lui. Cette nouvelle supposition ne changera rien à tout ce qui a été dit, sinon que ce qui étoit montant sera descendant, une Ordonnée la plus grande de deux variations consécutives sera la plus petite, &c. mais tous les raisonnements demeureront les mêmes.

938. Une Courbe peut même descendre au dessous de son axe, & cela ne change encore rien. Seulement si les Ordonnées tirées au dessus de l'axe ou superieures ont été qualifiées de positives, les inferieures seront negatives. Il faut appliquer ici tout ce qui a été dit dans les articles 719, &c. 725.

E'quations des Courbes. Courbes geometriques & mechaniques.

939. Après que l'on a vû tout ce qui peut arriver aux Courbes en general, il ne reste plus qu'à voir comment on peut déterminer geometriquement tout ce qui doit arriver à

une Courbe selon sa nature particuliére, c'est-à-dire, selon la Loi ou l'Equation qui la reglera.

Nous avons supposé d'abord dans les art. 761, &c. 765, que cette Equation consistoit toûjours dans quelque rapport perpetuel des Abscisses aux Ordonnées affectées ou conditionnées d'une certaine maniére. Mais comme on a vû dans toute la suite que les Courbes ne sont composées que de grandeurs infiniment petites, ou résultent de la combinaison de differentes grandeurs de cette espece, il est visible que leur nature particuliére sera déterminée, quand on aura déterminé le rapport de quelques-unes de ces grandeurs, par ex. des *Rm* aux *Pp*, sans avoir déterminé celui des *AP* aux *PM*. Cela revient à l'art. 687.

Si le rapport perpetuel qui doit faire l'essence de la Courbe est établi entre des grandeurs infiniment petites, il se peut également qu'il s'ensuive ou ne s'ensuive pas de là un rapport perpetuel entre les Abscisses & les Ordonnées. Dans le 1er cas, il a été inutile, du moins à parler en general, mais non pas impossible, de regler la Courbe par cette sorte de rapport, & on la peut ramener à une Equation qui exprime le rapport des Abscisses aux Ordonnées; dans le 2^d cas, la Courbe n'a pû avoir d'autre Equation, & il n'y a point de rapport perpetuel entre ses Abscisses & ses Ordonnées.

Dans le 1er cas, la Courbe est appellée *geometrique*, parce que le rapport entre ses Abscisses & ses Ordonnées, qui ne sont que des lignes droites, étant perpetuel, on peut la connoître & la décrire en tous ses points par le moyen de ces droites qu'on peut tirer ou déterminer geometriquement.

Mais dans le 2^d cas, la Courbe est appellée *mechanique*, parce que son essence ne consiste que dans un rapport d'Infiniment petits qui ne peuvent être déterminés, & que les Abscisses & les Ordonnées n'ayant pas un rapport perpetuel, on ne peut déterminer geometriquement une Abscisse & une Ordonnée quelconques.

940. On voit par la nature des Courbes mechaniques, que pour les connoître il faut une Theorie & un Calcul des

infiniment petits, mais que les geometriques en doivent être plus indépendantes.

En effet, x exprimant toûjours une Abscisse, & y une Ordonnée indéterminée, il y a certaines choses que la seule Algebre ordinaire donne à la premiére vûë de l'Equation d'une Courbe geometrique. Par exemple, si cette équation est $ax = yy$, ou $1x = yy$, ou $x = yy$, soit en prenant la grandeur constante $a = 1$, soit en la sousentendant, on voit que cette Courbe, qui est la Parabole, a des Ordonnées negatives égales aux positives correspondantes, car soit que chaque Ordonnée soit $= y$, ou $= -y$, on a toûjours le quarré yy, & $x = yy$. Donc elle a des Ordonnées au dessus & au dessous de l'axe indéterminé x, égales chacune à chacune. On voit aussi qu'elle n'a point d'Abscisses negatives, ou $= -x$, c'est-à-dire, prises à la gauche du point de l'axe où l'on aura fixé l'origine de son cours vers la droite; car l'équation seroit $-x = -yy$, or elle deviendroit imaginaire, puisque $-yy$ ne peut être un quarré réel. Un point étant donc fixé pour origine de l'axe, la Parabole n'a son cours qu'à la droite ou à la gauche de ce point, mais elle a un cours égal tant au dessus qu'au dessous de l'axe.

Si l'on prend la 1re Parabole cubique, qui est $aax = y^3$, ou $x = y^3$, on voit que l'équation $-x = -y^3$ est la même, & par conséquent que cette Parabole peut avoir des Abscisses negatives en même temps que des Ordonnées negatives, aussi-bien que des Abscisses positives en même temps que des Ordonnées positives, mais non les unes positives, & les autres negatives en même temps, & par conséquent qu'à la droite du point de son origine elle aura seulement des Ordonnées au dessus de l'axe, & à la gauche des Ordonnées seulement au dessous.

De même dans la 2de Parabole cubique, $x^2 = y^3$, on voit que x^2 est aussi-bien quarré de $-x$ que de x, & que par conséquent la Courbe a des Abscisses negatives, mais que l'équation ne peut pas être $-x^2 = -y^3$, parce que $-x^2$ seroit un quarré imaginaire, & par conséquent que la Courbe n'a point d'Ordonnées negatives, d'où il suit qu'elle a son cours tant à la droite qu'à la gauche du point de son origine, mais toûjours au dessus de l'axe.

On verra pareillement par la seule équation d'une Courbe geometrique, si elle aura des Ordonnées, & par conséquent des portions imaginaires, ou des Vuides (680), combien elle aura de Branches, car elle en aura autant que les Ordonnées y, élevées à une certaine puissance déterminée par l'équation de la Courbe, auront de valeurs ou racines réelles, & quelques autres choses qui sont connües par l'Algebre.

Mais il y a toûjours dans la connoissance des Courbes, même geometriques, un grand nombre de choses qui demandent la Theorie de l'Infiniment grand ou petit, du moins pour être connües d'une maniére generale & commune à toutes les Courbes, & en même temps immédiatement tirée du fond de leur nature. Il faut donc aussi avoir l'Art de calculer les Infinis qui entrent dans les Courbes, & sur-tout les Infiniment petits, parce que, comme nous l'avons vû, les differences infiniment petites des grandeurs finies qui y entrent, sont ce qu'il y a de plus important à considerer. Par cette même raison, ce Calcul s'appelle *Differentiel.*

Il consiste à trouver quel est l'Infiniment petit d'une grandeur finie quelconque complexe ou incomplexe, conditionnée comme l'on voudra. Je suppose ces Regles connües, & elles le sont effectivement de tous les Geometres. Ces Infiniment petits étant déterminés, on opere sur eux comme nous avons fait dans tout cet Ouvrage. Il n'est plus question presentement que de faire voir comment par le Calcul differentiel on peut déterminer tout ce qui appartient à la connoissance des Courbes sans exception, & cela, en ne faisant que suivre les conséquences necessaires qui naissent de tout ce qui a été établi jusqu'ici.

SECTION XI.

Regles generales pour déterminer par le Calcul Differentiel tout ce qui appartient au cours d'une Courbe rapporté à un Axe.

941. L'INDÉTERMINÉE AP étant appellée x, & PM correspondante y, Rm est dy, & Pp, dx, & Mm $\sqrt{dx^2 + dy^2}$. Ainsi dx & dy sont Elements aussi-bien que Differences de x & de y, c'est-à-dire ; que non seulement dx & dy sont les grandeurs de l'ordre de $\frac{1}{\infty}$, dont x & y croissent à chaque pas infiniment petit de la Courbe, mais encore que chaque dx & chaque dy est un nombre de fois infini dans x ou dans y finis, & le même nombre de fois, puisqu'à chaque dx répond un dy. FIG. II.

942. Je suppose dans toute cette Section les Pp ou dx constants.

Si l'on prend trois Ordonnées infiniment proches, correspondantes aux deux côtés consécutifs Mm, $m\mu$, & leurs differences Rm, $r\mu$, & qu'on veüille avoir la difference de ces differences, il faut prolonger le côté Mm en p jusqu'à la rencontre de $r\mu$ prolongée, moyennant quoi μp est la difference de Rm & de $r\mu$. Or μp est en même temps la base de l'angle de contingence $pm\mu$. D'ailleurs Rm & $r\mu$ étant toutes deux dy, leur difference, ou la difference 2de des trois Ordonnées est ddy, égale à la base de l'angle de contingence. FIG. VII.

943. ddy est la difference infiniment petite par rapport à $r\mu = dy$, dont $r\mu$ a décrû dans la Figure, & est en même temps élement de $r\mu = dy$, comme dy est élement & difference de y. Il en faut dire autant de ddx à l'égard de dx, si dx n'est pas constant, car une grandeur qui ne croît ni ne décroît n'a point de difference, c'est-à-dire, de grandeur infiniment petite par rapport à elle, dont elle croisse ou décroisse.

à chaque instant. On pourroit lui concevoir un élement infiniment petit, mais cela seroit inutile.

944. Si ddy est variable, comme il est très possible & ordinaire qu'il le soit, il aura encore un $dddy$ pour élement & pour difference, ce qui peut aller si loin qu'on voudra.

945. De-là il suit (412) que ddy & dy^2 sont du même ordre, c'est-à-dire, de l'ordre de $\frac{1}{\infty^2}$; $dddy$ & dy^3 du 3me, &c. On a déja vû (740) que la base de l'angle de contingence $= ddy$ (942) étoit de l'ordre de $\frac{1}{\infty^2}$.

946. L'Equation d'une Courbe renfermant toute son essence, le Principe general & invariable de toute la Theorie des Courbes est que toutes les diverses suppositions que l'on peut faire sur les grandeurs indéterminées qui entrent dans l'équation, en leur conservant le rapport prescrit par l'équation, sont autant de modifications ou *affections* qui appartiennent à la Courbe, & qu'elle doit avoir. Ainsi si l'équation permet qu'une grandeur indéterminée qu'elle renferme soit supposée d'une certaine valeur finie, ou infinie, ou infiniment petite, tout ce qui s'en ensuivra appartiendra à la Courbe, & en sera quelque modification.

947. Quand une Courbe peut avoir ou x ou y, ou l'un & l'autre $= \infty$, ou de cet ordre, son cours est infini.

948. Si x étant $= \infty$, y n'est que fini, ou au contraire, la Courbe a une Asimptote.

949. Par la raison contraire il n'y auroit point d'Asimptote, lorsque x & y peuvent être l'un & l'autre $= \infty$, si ce n'étoit qu'une Courbe d'un cours infini, & qui se termine par être oblique à son axe, a $x = \infty$, & $y = \infty$, & a toûjours cependant une Asimptote (888, &c. 901). Donc afin qu'une Courbe qui a x & $y = \infty$, n'ait point d'Asimptote, il faut qu'elle se termine par être parallele ou perpendiculaire à son axe.

Regle pour déterminer quand une Courbe d'un

950. Et comme une Courbe qui au bout d'un cours infini est parallele à son axe, & a une Asimptote, a son dernier dy de deux ordres au moins au dessous de dx (800 & 808), &

& que celle qui est perpendiculaire, & a pareillement une Asimptote, a son dernier $dy = \infty$ (864 & 865), il s'ensuit cette Regle generale.

cours infini a une Asimptote, ou n'en a pas.

Toute Courbe qui a un cours infini, & se termine par être oblique à son axe, ou se termine par être parallele, & a en même temps dy de deux ordres au dessous de dx, ou se termine par être perpendiculaire, & a en même temps $dy = \infty$, a une Asimptote. Et hors de-là elle a un cours infini sans Asimptote.

EXEMPLE I.

951. Soit l'Hiperbole rapp... e à son premier axe, ou axe traversant, dont a est la m... ué, b étant la moitié du second. Son équation est, $yy \,.\, xx - aa :: bb \,.\, aa$, les x étant comptés du centre de l'Hiperbole. Or on voit que x & y peuvent être tous deux infinis, & alors $y^2 \,.\, x^2 :: b^2 \,.\, a^2$, ou $y \,.\, x :: b \,.\, a$, & par conséquent y & x infinis ont un rapport fini. D'ailleurs la même équation donne selon le Calcul differentiel, $dy \,.\, dx :: b^2 x \,.\, a^2 y$, & par conséquent x & y étant infinis, dy & dx ont un rapport fini, donc la Courbe est oblique à son axe au bout d'un cours infini, donc elle a une Asimptote.

Exemple dans l'Hiperbole rapportée à ses axes.

952. Cette Asimptote est oblique à l'axe (888, &c. 901).

953. Le rapport $\frac{dy}{dx} = \frac{y}{x} = \frac{b}{a}$, qui est à l'extremité de la Courbe, détermine l'angle de cette Asimptote sur l'axe. Si $a = b$, ce qui rend l'Hiperbole équilatere, cet angle est de 45.

EXEMPLE II.

954. Soit la Logarithmique où $dy \,.\, dx :: y \,.\, a$. Si $y = \infty$, donc dx étant toûjours $= \frac{1}{\infty}$, dy est $= 1$. Donc dans cette supposition de $y = \infty$, la Courbe n'a point d'Asimptote, c'est-à-dire, que quand elle a un cours infini vertical, elle en a aussi un horisontal, ou un axe infini.

Dans la Logarithmique.

955. Si $y = \frac{1}{\infty}$, dx étant toûjours $= \frac{1}{\infty}$, dy est $= \frac{1}{\infty^2}$, & il n'y a point encore d'Asimptote, mais aussi on n'a rien supposé qui donne un cours infini à la Courbe. Que si on suppose $y = \frac{1}{\infty^2}$, ce que l'équation permet, dy devient $= \frac{1}{\infty^3}$, dx étant toûjours $= \frac{1}{\infty}$, & la Courbe a un cours infini à cause de dy^3 (797), & une Asimptote parallele à l'axe à cause de dy^3 inferieur de deux ordres à dx.

956. Donc la Logarithmique, rapportée au même axe, n'a point d'Asimptote du côté où son cours vertical est croissant, & elle en a une du côté où son cours vertical est décroissant, & cette Asimptote est l'axe même.

957. On peut aussi-bien dans la Logarithmique supposer $y = \frac{1}{\infty^3}$ que $= \frac{1}{\infty^2}$, & enfin on peut le supposer d'un ordre si bas qu'on voudra, ce qui rendra toûjours dy de l'ordre immédiatement inferieur, & de tant d'ordres qu'on aura voulu au dessous de dx, & par conséquent la Logarithmique en auroit toûjours d'autant plus, s'il se pouvoit, une Asimptote; mais du moins elle en sera toûjours d'autant plus exactement & plus rigoureusement parallele, & confonduë avec son axe. Et enfin elle se terminera par $y = \frac{1}{\infty^\infty}$, & par $dy = \frac{1}{\infty^{\infty+1}}$.

958. Lorsque $y = \infty$, dy est $= 1$ (954), & $y = \infty$ est la somme de la Suite des dy, qui étant infiniment infinie & terminée par 1, devroit avoir une somme de l'ordre de ∞^2, si les dy, dont elle est originairement formée, avoient des rapports déterminables (549 & 633), mais ils n'en ont pas. Car dans la Logarithmique les dx étant constants, ou les Abscisses en progression arithmetique, les Ordonnées sont en progression geometrique, & par conséquent leurs differences dy sont en même progression. Donc cette Courbe étant prise du côté que son cours vertical est croissant, & une premiére Ordonnée $= 1$ étant déterminée, la Suite de ses Ordonnées est la progression geometrique infinie comprise entre 1 & ∞,

c'est-à-dire, $\frac{1}{0}$. 1. $\infty^{\frac{1}{\infty}}$. $\infty^{\frac{2}{\infty}}$, &c. ∞, composée de grandeurs, dont les rapports sont tous indéterminables. Ces grandeurs ayant des differences finies, & ne representant que des Ordonnées de la Courbe, qui ont entr'elles des distances finies, il faut, pour avoir les Ordonnées infiniment proches, concevoir entre 1 & $\infty^{\frac{1}{\infty}}$ une infinité de moyens geometriques, de même entre $\infty^{\frac{1}{\infty}}$ & $\infty^{\frac{2}{\infty}}$, &c. & ces moyens geometriques en nombre infiniment infini ont des rapports encore plus indéterminables, & toutes ces grandeurs ensemble font la Suite infiniment infinie des y en progression geometrique, à laquelle répond une Suite pareille de dy, dont par conséquent tous les rapports sont toûjours indéterminables. Cela confirme les Theories de la Sect. VII.

959. Quand on peut déterminer sur l'axe d'une Courbe ses Ordonnées distantes d'une distance finie, si petite qu'on voudra, cette Courbe peut être décrite *par points*, qui seront les extremités de ces Ordonnées, car quoi-que finiment distantes, elles pourront l'être si peu, qu'elles feront sensiblement la Courbe. Mais les Ordonnées finiment distantes de la Logarithmique étant $\frac{1}{0}$. 1. $\infty^{\frac{1}{\infty}}$. $\infty^{\frac{2}{\infty}}$, &c. grandeurs finies absolument indéterminables, la Logarithmique ne peut être décrite même par points. De-là vient *à priori* que sa description est mise au nombre des Problêmes impossibles, ou non encore resolus.

Pourquoi la Logarithmique est indescriptible.

960. C'est principalement dans les Courbes mechaniques, comme la Logarithmique, dans l'équation desquelles x & y n'entrent pas tous deux, que la Regle de l'art. 950 pour l'Asimptotisme peut être utile, car pour les geometriques on voit tout d'un coup si elles ont une Asimptote, puisque x & y étant dans leur équation, il n'y aura que l'un ou l'autre qui puisse devenir $=\infty$, à moins qu'elles ne se terminent par être obliques à l'axe. Cependant pour faire mieux voir que $dy = \frac{1}{\infty}$ ou $=\infty$ est toûjours lié avec l'Asimptotisme,

Exemple dans l'Hiperbole entre ses Asimptotes.

nous en allons donner encore quelques exemples dans des Courbes geometriques, quoi-que cette consideration n'y soit pas absolument necessaire pour juger de l'Asimptotisme, mais elle servira à faire voir ce que signifient ces valeurs extrêmes de dy, dont il semble qu'on a negligé jusqu'ici de rechercher l'effet.

EXEMPLE III.

Soit l'Hiperbole entre ses Asimptotes, $ab = xy$. y est $= \frac{ab}{x}$. $dy = \frac{-abdx}{xx}$.

Si $x = \infty$, $dy = \frac{-abdx}{\infty^2}$. Donc $dy = \frac{1}{\infty^3}$ pour l'ordre.

Si $y = \infty$, ce qui emporte $x = dx = \frac{1}{\infty}$, dy est $= \frac{-abdx}{dx^2} = \frac{-ab}{dx} = \infty$. On supprime le — dont ce ∞ est affecté, parce qu'il ne fait rien à l'ordre.

EXEMPLE IV.

Dans la Conchoïde.

961. Dans la Conchoïde prise comme elle l'est, p. 65 de l'*An. des Inf. petits*, $dy = \frac{x^3dx + aabdx}{xx\sqrt{aa-xx}}$. Donc si $x = dx$, $dy = \frac{dx^4 + aabdx}{dx^2\sqrt{aa-dx^2}} = \frac{aabdx}{adx^2} = \frac{ab}{dx} = \infty$. Donc la Conchoïde a un cours infini dans le sens des y, & d'ailleurs elle a un cours seulement fini dans le sens des x, puisque x ne peut être plus grand que a. Donc elle a une Asimptote.

EXEMPLE V.

Dans une Courbe de l'An. des Inf. petits.

962. Dans la Courbe $axx = xxy + aay$ (p. 63 & 64 de l'*An. des Inf. petits*) $dy = \frac{2a^3xdx}{\overline{xx+aa}^2}$. Donc si $x = \infty$, $dy = \frac{2a^3\infty \times \frac{1}{\infty}}{\infty^4} = \frac{2a^3}{\infty^4}$. Donc $dy = \frac{1}{\infty^4}$ est de trois ordres au dessous de dx. Donc la Courbe a une Asimptote.

EXEMPLE VI.

963. On verra aisément que la Parabole ordinaire $ax = yy$ n'a point d'Asimptote, car $dy = \frac{adx}{2y}$, & y étant $= \infty$, dy est $= \frac{adx}{2\infty} = \frac{1}{\infty^2}$, & par conséquent n'est que d'un ordre au dessous de dx. *Dans deux Paraboles.*

Mais dans la 1re Parabole cubique $a^2x = y^3$, & où par conséquent $dy = \frac{a^2dx}{3y^2}$, $y = \infty$ rend $dy = \frac{a^2dx}{3\infty^2}$, & par conséquent de deux ordres au dessous de dx; donc il devroit y avoir une Asimptote selon la Regle, cependant il est bien sûr qu'il n'y en a point.

L'erreur vient de ce que y, supposée infinie, n'a pas été bien caracterisée ou bien exprimée. On voit par l'équation $a^2x = y^3$, que x & y ne peuvent devenir infinis qu'ensemble, & supposant $a^2 = 1$, on a donc $\infty = \infty^3$, ce qui ne se peut en mettant le même Infini dans les deux membres de l'équation. Il faut donc entendre par ∞^3 un Infini moindre que ∞, qui soit élevé au cube. Soit cet Infini $\propto$. Donc $\infty = \propto^3$, ce qui se peut. Donc $\infty^{\frac{1}{3}} = \propto = y$ infini. Donc dans l'Infini, $y^2 = \infty^{\frac{2}{3}}$. Donc $dy = \frac{a^2dx}{3y^2} = \frac{1}{\infty \times 3\infty^{\frac{2}{3}}} = \frac{1}{3\infty^{\frac{5}{3}}}$.

Or $\infty^{\frac{5}{3}}$ est de l'ordre de ∞^2, donc $dy = \frac{1}{3\infty^{\frac{5}{3}}}$ n'est que de l'ordre de $\frac{1}{\infty^2}$, & par conséquent n'est que de l'ordre potentiel immédiatement inferieur à celui de dx.

964. Il ne s'est point glissé d'erreur dans les exemples précédents, faute de cette attention de bien caracteriser les Infinis, parce que x & y n'y devenoient pas infinis en même temps, & que ce n'est qu'en ce cas-là qu'il faut considerer leur different caractere. Mais de-là naît la Remarque generale, que quand deux ou plusieurs grandeurs, qui ont rapport ensemble,

deviennent en même temps infinies, ou, ce qui est une suite necessaire du même raisonnement, infiniment petites, il faut en juger, non par le caractere vague & indéterminé d'Infiniment grand ou petit, qu'elles prennent, mais par le caractere particulier que leur donne la necessité de leur rapport; & cela fait voir l'usage de ces differents ordres potentiels & radicaux dont nous avons tant parlé.

Sans cette Theorie des Infinis radicaux, on trouveroit une difficulté insurmontable dans l'équation même de la Parabole ordinaire, où $\div\!\div a . y . x$. Car comment concevoir que y & x, croissant toûjours ensemble, & ne devenant infinis qu'en même temps, il arrive cependant, quand ils le deviennent, que y soit infiniment moindre que x! Cette difficulté disparoît entiérement, quand on voit, selon l'art. précédent, qu'on ne peut avoir $\infty = \infty^2$, mais seulement $= \infty^2$, ce qui donne y infini $= \infty^{\frac{1}{2}}$, & la proportion $\div\!\div a . y . x$, changée en $\div\!\div 1 . \infty^{\frac{1}{2}} . \infty$.

Regle pour déterminer quand une Courbe arrive au parallelisme, ou à la perpendicularité.

965. De toute la Section précédente resulte la Regle generale pour le parallelisme & la perpendicularité, Que dans le parallelisme dy est nul, & dans la perpendicularité, infini par rapport à dx, & ce qu'on a déja vû montre assés que le calcul differentiel doit donner aussi-tôt ce rapport, & les cas où il arrive. Car le rapport de dy à dx ayant été tiré de l'équation de la Courbe geometrique, ou étant donné par celle de la mechanique, on voit aussi-tôt s'il peut, & dans quels cas il peut devenir nul ou infini.

Voyons d'abord, selon l'ordre que nous avons toûjours suivi, les cas où la Courbe arrive au parallelisme ou à la perpendicularité par un cours infini, & premiérement le parallelisme. dx y subsiste toûjours tel qu'il a été par-tout ailleurs, c'est-à-dire, de l'ordre de $\frac{1}{\infty}$, & égal au même $\frac{1}{\infty}$, & dy est nul par rapport à dx. Donc dy est de l'ordre de $\frac{1}{\infty^2}$, ou d'un ordre inferieur. On vient de voir que s'il est d'un ordre inferieur à $\frac{1}{\infty^2}$, la Courbe a une Asimptote. Donc il ne reste à examiner que le cas où la Courbe arrive au parallelisme par un cours infini sans avoir d'Asimptote.

En ce cas, je dis qu'il n'est point necessaire que dy, nul par rapport à dx, soit $= \frac{1}{\infty^2}$, mais qu'il suffit qu'il soit de cet ordre, ou, ce qui est le même, qu'il soit de quelque ordre radical compris entre $\frac{1}{\infty}$ & $\frac{1}{\infty^2}$, de sorte que dy pourra se trouver indifferemment dans tout l'intervalle compris depuis $\frac{1}{\infty}$ exclusivement jusqu'à $\frac{1}{\infty^2}$ inclusivement.

Cela est clair par soi-même; car dy devant être de l'ordre de $\frac{1}{\infty^2}$, il en sera necessairement selon la Theorie des ordres potentiels & radicaux, s'il est de quelque ordre radical compris entre $\frac{1}{\infty}$ & $\frac{1}{\infty^2}$. Mais on va le voir encore par des exemples.

EXEMPLE I.

Exemples dans le parallelisme que les premiéres Paraboles de chaque degré ont à leur extremité infiniment éloignée, parallelisme toûjours croissant.

966. Dans la Parabole ordinaire ou du 2^d degré, où $dy . dx :: 1 . 2y$, on voit d'abord que la supposition de $y = \infty$ rend dy nul par rapport à $dx = \frac{1}{\infty}$. Il semble aussi que dy devienne $= \frac{1}{\infty^2}$, parce que 1 est d'un ordre potentiel au dessous de $2y = 2\infty$. Mais cela n'est pas ainsi.

Car y infini est $= \infty^{\frac{1}{2}}$ (964). Donc alors $dy = \frac{dx}{2\infty^{\frac{1}{2}}} = \frac{1}{\infty \times 2\infty^{\frac{1}{2}}} = \frac{1}{2\infty^{\frac{3}{2}}}$. Donc $dy . dx :: \frac{1}{2\infty^{\frac{3}{2}}} . \frac{1}{\infty} :: \infty . 2\infty^{\frac{3}{2}}$. Or il s'en faut un ordre radical que $\infty^{\frac{3}{2}}$ ne soit $= \infty^{\frac{4}{2}} = \infty^2$. Donc dy, quoi-que nul par rapport à dx, & de l'ordre de $\frac{1}{\infty^2}$ par rapport au Fini, est cependant d'un ordre radical au dessus de $\frac{1}{\infty^2}$, & n'est que de cet ordre au dessous de dx.

EXEMPLE II.

967. Dans la 1re Parabole du 3me degré, $x = y^3$, dy à

l'extremité est $=\frac{1}{300^{\frac{5}{3}}}$ (963). Donc il est encore d'un ordre radical au dessus de $\frac{1}{\infty^{\frac{6}{3}}} = \frac{1}{\infty^{2}}$, mais il est de deux ordres radicaux au dessous de $dx = \frac{1}{\infty} = \frac{1}{\infty^{\frac{3}{3}}}$.

EXEMPLE III.

968. De même dans la 1re Parabole du 4me degré; $x = y^4$, le dernier dy est $= \frac{1}{400^{\frac{7}{4}}}$ d'un ordre radical au dessus de $\frac{-1}{\infty^2}$, & de trois ordres radicaux au dessous de dx.

969. Les derniers dy de chaque 1re Parabole de chaque degré étant $\frac{1}{200^{\frac{3}{2}}}$, $\frac{1}{300^{\frac{5}{3}}}$, $\frac{1}{400^{\frac{7}{4}}}$ (966, 967, 968), on voit assés, & on peut s'en assûrer encore par une plus longue induction, que n étant le degré de la Parabole, le dernier dy de la 1re Parabole de chaque degré sera $\frac{1}{n\infty^{\frac{2n-1}{n}}}$. Doù il suit que le dernier dy d'une 1re Parabole quelconque sera toûjours de l'ordre de $\frac{1}{\infty^2}$, & jamais $= \frac{1}{\infty^2}$, tant que n sera fini, car l'exposant $\frac{2n-1}{n}$ ne sera jamais $= 2$. Or il est aisé de voir que n sera toûjours fini, ou qu'une Parabole d'un degré infini est impossible.

970. Plus n est grand, plus 1 est petit par rapport à n, ou plus $\frac{2n-1}{n}$ approche d'être $= 2$. Donc plus le degré d'une 1re Parabole est élevé, plus le parallelisme qu'elle a à son extremité approche de se faire par un $dy = \frac{1}{\infty^2}$, c'est-à-dire, qu'elle en est d'autant plus parallele à son axe.

EXEMPLE IV.

Exemples 971. Au lieu des Paraboles précédentes qui étoient les 1res

1res de chaque degré, c'est-à-dire, celles où x n'a qu'une dimension, je prends maintenant les derniéres, c'est-à-dire, celles où x a toutes les dimensions horsmis une.

dans le parallelisme que les derniéres Paraboles de chaque degré ont à leur extremité, parallelisme toûjours décroissant.

Soit donc $x^2 = y^3$, seconde ou derniére Parabole cubique, $dy = \frac{2xdx}{3y^2}$. L'équation $x^2 = y^3$ portée dans l'Infini, donne $x = \infty$ & $y = \infty^{\frac{2}{3}}$. Donc le dernier $dy = \frac{2\infty \times \frac{1}{\infty}}{3\infty^{\frac{4}{3}}} = \frac{2}{3\infty^{\frac{4}{3}}}$, de deux ordres radicaux au dessus de $\frac{1}{\infty^{\frac{6}{3}}} = \frac{1}{\infty^2}$.

EXEMPLE V.

972. De même dans la 2de & derniére Parabole du 4me degré, $x^3 = y^4$, $dy = \frac{3x^2dx}{4y^3}$, & y infini étant $= \infty^{\frac{3}{4}}$, le dernier dy est $= \frac{3\infty^2 \times \frac{1}{\infty}}{4\infty^{\frac{9}{4}}} = \frac{3\infty}{4\infty^{\frac{9}{4}}} = \frac{3}{4}\infty^{\frac{4}{4}-\frac{9}{4}} = \frac{3}{4}\infty^{-\frac{5}{4}} = \frac{3}{4\infty^{\frac{5}{4}}}$.

973. En general le dernier dy de la derniére Parabole de chaque degré n est $\frac{n-1}{n\infty^{\frac{n+1}{n}}}$, d'où il suit encore qu'il est toûjours de l'ordre de $\frac{1}{\infty^2}$, mais jamais $= \frac{1}{\infty^2}$, car l'exposant $\frac{n+1}{n}$ est toûjours $= 1 + \frac{1}{n}$.

974. Plus n est grand, plus $\frac{n+1}{n}$ approche d'être $= 1$, & par conséquent le dernier dy d'être $= \frac{1}{\infty}$, ou de cet ordre, auquel cas il n'y auroit plus de parallelisme. Donc plus le degré de ces derniéres Paraboles est grand, moins à leur extremité elles sont paralleles, ce qui est le contraire des 1res Paraboles (970).

975. Le dernier dy d'une 1re Parabole est au dernier dy

de la derniére Parabole du même degré :: $\frac{1}{n\infty^{\frac{2n-1}{n}}}$. $\frac{n-1}{n\infty^{\frac{n+1}{n}}}$, ou, en ne considerant que l'ordre, :: $\frac{1}{\infty^{\frac{2n-1}{n}}}$. $\frac{1}{\infty^{\frac{n+1}{n}}}$ :: $\infty^{\frac{n+1}{n}}$. $\infty^{\frac{2n-1}{n}}$. D'où il suit que le dernier dy d'une 1re Parabole est d'autant d'ordres radicaux au dessous du dernier dy d'une derniére du même degré qu'il y a d'unités depuis $n+1$ jusqu'à $2n-1$, les deux dy étant toûjours compris dans l'intervalle qui est entre $\frac{1}{\infty}$ & $\frac{1}{\infty^2}$, ou, ce qui est le même, la 1re Parabole est infiniment plus parallele que la derniére, & infiniment plus parallele selon le rapport de deux differents ordres radicaux compris dans le même intervalle potentiel.

EXEMPLE VI.

Parallelisme des Paraboles moyennes de chaque degré.

976. Dans le 3me & 4me degré il n'y a que deux Paraboles, mais dans le 5me il commence à y en avoir de moyennes, & il y en a deux dans ce degré.

La 1re de ces moyennes est $x^2 = y^5$. $dy = \frac{2x dx}{5y^4}$, & le dernier $dy = \frac{2}{5\infty^{\frac{8}{5}}}$.

La 2de des moyennes est $x^3 = y^5$. $dy = \frac{3x^2 dx}{5y^4}$, & le dernier $dy = \frac{3}{5\infty^{\frac{7}{5}}}$.

D'où il suit qu'aucune de ces Paraboles n'a un dernier $dy = \frac{1}{\infty^2}$, quoi-qu'elles l'ayent toutes de cet ordre.

977. Les derniers dy des quatre Paraboles du 5me degré étant $\frac{1}{5\infty^{\frac{9}{5}}}$ (969) $\frac{2}{5\infty^{\frac{8}{5}}}$. $\frac{3}{5\infty^{\frac{7}{5}}}$ (976) & $\frac{4}{5\infty^{\frac{6}{5}}}$ (973), on voit que les dy des deux Paraboles moyennes remplissent

l'intervalle que laissoient entr'eux ceux des deux extrêmes, d'où l'on voit qu'il en ira de même pour les Paraboles des degrés plus élevés, & que 1 étant toûjours le numerateur de la fraction qui exprimera le dernier dy de la 1re Parabole d'un degré quelconque, & $n-1$ le numerateur de celle qui exprimera le dernier dy de la derniére Parabole, les numerateurs des dy des Paraboles moyennes seront les nombres naturels qui seront entre 1 & $n-1$, c'est-à-dire, seront en progression arithmetique, aussi-bien que les exposants de ∞ qui sera dans les dénominateurs.

978. Dans un même degré le parallelisme des differentes Paraboles disposées selon leur ordre, à commencer par celle où x n'a qu'une dimension, ira toûjours en diminüant depuis cette 1re jusqu'à la derniére.

979. D'un degré à celui qui est immédiatement superieur, par ex. du 5me au 6me, la 1re Parabole du 5 sera moins parallele que celle du 6 (970), & la derniére Parabole du 5 sera plus parallele que celle du 6 (974).

980. Donc en general la plus petite difference déterminée qui puisse être entre deux ordres radicaux, ou entre un radical & un potentiel, comme celle qui seroit entre $\infty^{\frac{99}{100}}$ & $\infty^{\frac{100}{100}}$, & toute autre plus petite à l'indéfini, suffit pour rendre dy nul par rapport à dx, autant qu'il le doit être dans le parallelisme, qui n'est point accompagné d'Asimptotisme. Et dès que dy tombe au dessous de $\frac{1}{\infty^2}$, ou est different de dx de plus qu'un ordre potentiel, il y a parallelisme avec Asimptotisme, parce que le moindre abaissement de dy au dessous de $\frac{1}{\infty^2}$ doit suffire aussi pour cela.

981. Maintenant examinons les cas où la Courbe arrive à la perpendicularité par un cours infini.

Détermination de la perpendicularité des Courbes à leur extremité infiniment éloignée.

dx y est toûjours nul par rapport à dy. On a vû que lorsque la Courbe a une Asimptote, dy est toûjours $=\infty$, & par conséquent dx, toûjours supposé $=\frac{1}{\infty}$, est de deux ordres potentiels au dessous de dy. Lorsque le dernier dy de la Courbe est $=1$, elle n'a point d'Asimptote, & $dx = \frac{1}{\infty}$ est d'un ordre potentiel au dessous de dy. Jusques-là il n'y a nulle difficulté. Mais quand le dernier dy est de l'ordre de $\frac{1}{\infty}$, ce qui est possible (854), auquel cas il est visible que la Courbe n'a point d'Asimptote, il s'agit de sçavoir comment dx devient nul par rapport à dy.

Cela ne peut être que de deux maniéres.

Ou dx n'existera plus, selon l'idée de l'art. 851.

Ou il existera encore, mais infiniment moindre que dy.

Le 1er cas paroît d'abord le seul possible. Alors $dx = 0$, ou $= \frac{1}{\infty^2}$ (857).

En cas que le 2d le soit, il faut, puisque dy est de l'ordre de $\frac{1}{\infty}$, & que dx existe, & par conséquent est $= \frac{1}{\infty}$, que dy soit de quelque ordre radical du même ordre potentiel que $\frac{1}{\infty}$ par rapport au Fini, mais superieur à $\frac{1}{\infty}$, & cet ordre sera en general $\frac{1}{\infty^{\frac{n}{m}}}$, n étant moindre que m, de sorte que

dy sera à $dx :: \frac{1}{\infty^{\frac{n}{m}}} . \frac{1}{\infty^{\frac{m}{m}}} :: \infty^{\frac{m}{m}} = \infty . \infty^{\frac{n}{m}}$, & d'autant d'ordres radicaux au dessus de dx que m aura d'unités de plus que n.

Or je dis que cette 2de maniére est possible.

Le parallelisme ou la perpendicularité d'une Courbe sont réellement la même chose, puisque l'un devient l'autre par une simple transposition d'axe qui n'est rien de réel par rapport à la Courbe, & n'y change rien de ce qui étoit absolu. Au cas où une Courbe est parallele & a une Asimptote, & où dy est de deux ordres potentiels au dessous de dx, répond celui où une Courbe est perpendiculaire & a une Asimptote, & où $dy = \infty$ est de deux ordres potentiels au dessus de $dx = \frac{1}{\infty}$. Au cas où une Courbe est parallele sans avoir d'Asimptote, & a un dernier $dy = dy^2$, & par conséquent d'un ordre potentiel au dessous de dx, répond celui où une

Courbe perpendiculaire, ſans avoir d'Aſimptote, a un dernier $dy = 1$, & par conſéquent d'un ordre potentiel au deſſus de $dx = \frac{1}{\infty}$. Donc aux cas où des Courbes paralleles ſans Aſimptote ont des dy nuls par rapport à dx, quoi-qu'ils ne ſoient que de quelques ordres radicaux au deſſous, & non d'un ordre potentiel entier, doivent répondre ceux où des Courbes perpendiculaires ſans Aſimptote auront des dy infinis par rapport à $dx = \frac{1}{\infty}$, quoi-qu'ils ne ſoient que de quelques ordres radicaux, & non d'un ordre potentiel au deſſus de dx.

Il eſt vrai que dans le parallelisme les dy qui ne ſeront au deſſous de dx que de quelques ordres radicaux, ſeront en même temps, par rapport au Fini, du 2^d^ ordre potentiel, dx étant du 1er, & que dans la perpendicularité les dy qui ſeront de quelques ordres radicaux au deſſus de $dx = \frac{1}{\infty}$, ſeront du même ordre potentiel que $\frac{1}{\infty}$ par rapport au fini, mais ce *par rapport au fini* ſignifie ſeulement que ces differences d'ordres radicaux nous échapent, & cela n'empêche pas que réellement & abſolument dy qui ſera d'un ordre radical au deſſus de dx, ne ſoit autant infini par rapport à dx, qu'il eſt infiniment petit ou nul par rapport à ce même dx, quand il eſt d'un ordre radical au deſſous, & que ſi dans le 2^d^ cas ſa petiteſſe infinie par rapport à dx ſuffit pour le parallelisme, ſa grandeur infinie par rapport à dx dans le 1er cas ne doive ſuffire pour la perpendicularité.

982. dx peut n'exiſter plus dans la perpendicularité, & alors il eſt $= 0$, ou $= \frac{1}{\infty^r}$, ou à tel Infiniment petit qu'on voudra d'un ordre plus bas. Mais s'il exiſte, il ne peut jamais être d'un ordre plus élevé que $\frac{1}{\infty}$, non pas même plus grand que $\frac{1}{\infty}$, parce qu'il a été ſuppoſé conſtant. Donc toute ſuppoſition qui rendra dx plus grand que $\frac{1}{\infty}$ ſera impoſſible. Donc ſi une Courbe étant arrivée à la perpendicularité par un cours infini, la ſuppoſition de $dy = 1$, rend dx plus grand que $\frac{1}{\infty}$, il n'eſt point vrai que le dernier dy de cette

Courbe soit $=1$, mais seulement de l'ordre de $\frac{1}{\infty}$, & c'est alors qu'il faut voir de laquelle des deux maniéres de l'art. précédent dx est nul par rapport à dy, car il est visible que les deux ne peuvent pas être ensemble. Donc en ce cas si la supposition de $dx=\frac{1}{\infty^2}$ tombe dans l'impossible, la perpendicularité se fait de la 2de maniére.

EXEMPLE I.

Exemples dans la pérpendicularité des premiéres Paraboles de chaque degré transposées, perpendicularité toûjours croissante.

983. Si on transpose l'axe de la Parabole ordinaire, ce qui la rendra perpendiculaire à son extremité, au lieu qu'elle y étoit parallele, & changera les x en y, & les y en x, l'équation sera $y=x^2$; d'où suit $dy=2xdx$, ou $dy.dx::2x.1$.

On voit d'abord que x infini rend dy infini par rapport à dx, & par conséquent on voit, mais seulement d'une vûë generale & confuse, que la Courbe arrive à la perpendicularité par un cours infini.

Ici x infini est $=\infty^{\frac{1}{2}}$ (964).

Si $dy=1$, ce qui ne paroît point impossible à la seule vûë de l'équation, donc $2\infty^{\frac{1}{2}}(2x).1::1(dy).\frac{1}{2\infty^{\frac{1}{2}}}(dx)$, & dx seroit d'un ordre radical au dessus de $\frac{1}{\infty}$, ce qui est impossible (982). Donc dy est de l'ordre de $\frac{1}{\infty}$. Donc la Courbe est dans le cas que dx y soit nul par rapport à dy de l'une des deux maniéres de l'art. 981.

Si $dx=\frac{1}{\infty^2}$, donc $\frac{1}{\infty}(dy).\frac{1}{\infty^2}(dx)::2\infty^{\frac{1}{2}}(2x).1$, donc $dy=\frac{2\infty^{\frac{1}{2}}}{\infty^2}=\frac{2}{\infty^{\frac{3}{2}}}$. Mais il étoit dans tout le cours de la Courbe de l'ordre de $\frac{1}{\infty}$. Donc il étoit à ce qu'il seroit devenu à l'extremité $::\infty^{\frac{3}{2}}.\infty^{\frac{2}{2}}$. Donc à l'extremité du cours il seroit moindre d'un ordre radical, ou seroit décrû, ce qui est impossible dans une Courbe qui va à la perpendicularité.

Donc dx subsiste, & la perpendicularité se fait de la seconde maniére.

Et comme dx existant est constant, c'est à lui à regler la grandeur de dy. Donc $1 . 2\infty^{\frac{1}{2}} (2x) :: \frac{1}{\infty} (dx) . \frac{2}{\infty^{\frac{1}{2}}} (dy)$.

Donc la perpendicularité se fait par un dy qui est à dx $:: \infty . \infty^{\frac{1}{2}}$, c'est-à-dire, du même ordre potentiel par rapport au fini, mais plus élevé d'un ordre radical.

EXEMPLE II.

984. Si l'on rend perpendiculaire à son extremité la 1re Parabole cubique par la transposition de l'axe, l'équation sera $y = x^3$, d'où suit $dy = 3x^2 dx$, ou $dy . dx :: 3x^2 . 1$.

On trouvera, en faisant les mêmes raisonnements que dans l'art. précédent,

Que dy ne peut être $= 1$, parce que dx deviendroit $= \frac{1}{3\infty^{\frac{2}{3}}}$ infiniment plus grand que $\frac{1}{\infty}$.

Que dy étant donc de l'ordre de $\frac{1}{\infty}$, dx ne peut être $= \frac{1}{\infty^2}$, parce que dy seroit $= \frac{3}{\infty^{\frac{4}{3}}}$ d'un ordre au dessous de $\frac{1}{\infty}$.

Et qu'enfin dx étant $= \frac{1}{\infty}$, dy sera $= \frac{3}{\infty^{\frac{1}{3}}}$, & par conséquent l'ordre de dx à celui de $dy :: \infty^{\frac{1}{3}} . \infty^{\frac{3}{3}}$, ou dx de deux ordres radicaux au dessous de dy, quoi-qu'ils soient tous deux du même ordre potentiel par rapport au fini.

985. On voit assés par-là que n étant le degré des Paraboles, le dernier dy des 1res Paraboles de chaque degré renduës perpendiculaires à leur extremité, sera $\frac{n}{\infty^{\frac{1}{n}}}$, ou, en negligeant le coëfficient n, $\frac{1}{\infty^{\frac{1}{n}}}$, & que par conséquent dx

étant toûjours $= \frac{1}{\infty^{\frac{n}{n}}}$, dx & dy de cette extremité perpendiculaire seront toûjours $:: \infty^{\frac{1}{n}} . \infty^{\frac{n}{n}}$, c'est-à-dire, que dx & dy étant toûjours par rapport au fini de l'ordre potentiel de $\frac{1}{\infty}$, dx sera d'autant d'ordres radicaux au dessous de dy que 1 aura d'unités moins que n.

986. Puisque la perpendicularité consiste dans le rapport infini de dy à dx, plus ce rapport sera grand, plus la perpendicularité sera grande. Or plus n est grand, plus le rapport de $\infty^{\frac{n}{n}}$ à $\infty^{\frac{1}{n}}$, ou de dy à dx (985) est grand. Donc plus le degré est élevé, plus les 1res Paraboles de chaque degré sont perpendiculaires à leur extremité, ce qui doit être en effet, puisqu'elles en étoient d'autant plus paralleles, lorsqu'elles étoient paralleles (970), & que le parallelisme & la perpendicularité ne sont réellement que la même chose.

EXEMPLE III.

Exemples dans la perpendicularité des dernières Paraboles de chaque degré transposées, perpendicularité toûjours décroissante.

987. Soit la 2de Parabole cubique $y^2 = x^3$ renduë perpendiculaire à son extremité.

On trouvera, en suivant les raisonnements des deux Exemples précédents, que son dernier dy est $= \frac{3}{2\infty^{\frac{2}{3}}}$.

988. En general le dernier dy de la derniére Parabole de chaque degré, ainsi renduë perpendiculaire à son extremité, est $\frac{n}{\overline{n-1} \times \infty^{\frac{n-1}{n}}}$ ou $\frac{1}{\infty^{\frac{n-1}{n}}}$. D'où il suit que dy dans ces derniéres Paraboles étant toûjours de l'ordre de $\frac{1}{\infty^{\frac{n-1}{n}}}$, il approche d'autant plus de n'être que de l'ordre de $\frac{1}{\infty^{\frac{n}{n}}}$ ou de l'ordre de dx que n est plus grand, & que par conséquent le rapport infini de dy à dx, ou la perpendicularité est

est toûjours d'autant moindre que ces derniéres Paraboles sont d'un degré plus élevé, ce qui revient à l'art. 974.

Il est aisé d'appliquer aux Paraboles moyennes, renduës perpendiculaires à leur extremité, ce qui en a été dit dans les art. 976, &c. 980, lorsqu'elles étoient paralleles.

Tout ce que nous avons dit sur ces Paraboles paralleles ou perpendiculaires à leur extremité, pourroit se démontrer par un calcul general, & sans les tentatives que nous avons faites, mais nous avons crû que ces tentatives mêmes, quoi-que moins élegantes, feroient mieux entrer dans la nature de la chose, & dans les principes essentiels.

Détermination du parallelisme & de la perpendicularité à l'origine des Courbes.

989. Maintenant examinons le parallelisme & la perpendicularité à l'origine des Courbes.

Pour avoir le point de cette origine, il faut supposer $x = 0$, ou, ce qui est le même, $= dx$, car l'étenduë de l'axe à laquelle la Courbe se rapporte est nulle, quand la Courbe commence à s'y rapporter, ou commence son cours.

Si la supposition de $x = dx$ rend $y = 0 = dy$, non seulement la Courbe ne commence à se rapporter à l'axe qu'au point où $x = dx$, mais elle part de l'axe en ce point-là.

Si $x = dx$ rend y finie, la Courbe ne part point d'un point de l'axe, mais d'un point élevé au dessus.

Si $x = dx$ rend $y = \infty$, ce n'est pas là proprement une origine de la Courbe, puisqu'au point où $x = dx$, répond un cours vertical infini, par où il n'est pas naturel de concevoir que la Courbe ait commencé. Ainsi dans l'Hiperbole entre ses Asimptotes, $ab = xy$, la supposition de $x = dx$ rend $y = \infty$. En ce cas on fixe arbitrairement l'origine de la Courbe à quelque point où x sera fini, afin d'avoir une y finie. Dans l'Hiperbole, par exemple, si $x = a$, $y = b$, & la Courbe à son origine a un point élevé au dessus de l'axe de la quantité b.

Si x n'entre point dans l'équation de la Courbe, y y entrera, & en le supposant $= dy$, on aura le point de son origine, & où elle part de son axe. Ainsi dans la Logarithmique, où $dy . dx :: y . a$, on a une origine de la Courbe, en supposant $y = dy$. Ce n'est pas cependant une origine absoluë, car on peut supposer y de tel ordre d'Infiniment petit qu'on voudra (957).

990. Il faut juger du parallelisme ou de la perpendicularité à l'origine d'une Courbe, comme on en a jugé à son extremité infiniment éloignée. Le rapport de dy à dx ayant été tiré de l'équation de la Courbe geometrique, ou donné par celle de la méchanique, il doit devenir nul, ou infini, mais parce qu'il s'agit de l'origine de la Courbe, il faut que x soit $= dx$, & $y = dy$, s'ils peuvent l'être tous deux, ou du moins l'un des deux, après quoi on voit de quel ordre sont dy & dx, l'un par rapport à l'autre, ce qui est la détermination précise du rapport.

991. Dans le parallelisme, dx étant necessairement $= \frac{1}{\infty}$, c'est lui qui doit regler la valeur dont deviendra dy. Et si l'origine de la Courbe a donné $y = dy$, il faut prendre garde qu'alors ce dy est une Ordonnée infiniment petite, & non la difference de deux Ordonnées, comme il l'est par-tout ailleurs, & que le parallelisme consistant en deux Ordonnées égales, il y a donc alors deux Ordonnées $= dy$, qui ont leur difference infiniment plus petite que ces dy, ou $= ddy$.

EXEMPLE I.

Exemples dans le parallelisme de l'origine des premiéres Paraboles de chaque degré transposées, parallelisme toûjours croissant.

992. Si on transpose l'axe de la Parabole ordinaire, ou du 2^d^ degré, on a $dy . dx :: 2x . 1$ (983), d'où l'on voit aussi-tôt que si $x = dx$, ce qui détermine l'origine de la Courbe, dy est nul par rapport à dx, & par conséquent la Courbe parallele à son origine.

993. Puisque $dy = 2dx\,dx = 2dx^2$, dy est du 2^d^ ordre d'Infiniment petit. Et parce que le dy de cette équation est toûjours une difference, il faut concevoir à l'origine de la Courbe, où elle est parallele, deux Ordonnées égales de l'ordre de $\frac{1}{\infty}$. ou $= dy$, dont la difference est $= \frac{1}{\infty^2} = ddy$ (991). Donc l'équation ou l'analogie est devenuë $ddy . dx :: 2dx . 1$.

EXEMPLE II.

994. Si on transpose l'axe de la 1re Parabole cubique, on a $dy . dx :: 3x^2 . 1$ (984). D'où suit à l'origine, $dy . dx :: 3dx^2 . 1$, & par conséquent le parallelisme. Donc selon le raisonnement de l'art. précédent, l'analogie devient $dddy . dx :: 3dx^2 . 1$, c'est-à-dire, que la difference des deux Ordonnées égales & de l'ordre de $\frac{1}{\infty}$ qui causent le parallelisme à l'origine de la Courbe, est de l'ordre de $\frac{1}{\infty^3}$, & que par conséquent cette Courbe à son origine est plus parallele que la Parabole du 2d degré, de même qu'elle est plus perpendiculaire à son extremité (986).

995. En general les 1res Paraboles de chaque degré auront toûjours par la transposition de l'axe le dy de l'origine $= \frac{1}{\infty^n}$, n étant le degré.

996. Il n'y a point d'inconvenient que la Suite des dy, qui doivent dans tout le cours de ces Courbes être de l'ordre de $\frac{1}{\infty}$, commence par $dy^3 = \frac{1}{\infty^3}$, ou $dy^4 = \frac{1}{\infty^4}$, &c. car elle auroit pû commencer par o, c'est-à-dire, par la difference absolument nulle de deux Ordonnées absolument égales, à plus forte raison peut-elle commencer par un dy plus grand.

EXEMPLE III.

Exemples dans le parallelisme de l'origine des derniéres Paraboles de chaque degré transposées, parallelisme toûjours décroissant.

997. Dans la 2de Parabole cubique, dont l'axe est transposé, $dy . dx :: 3x^2 . 2y$. D'où suit le parallelisme à l'origine.

998. De cette analogie suit, en negligeant les coëfficients, $dy^2 = dx^3$; & parce que dx est $= \frac{1}{\infty}$, $dy^2 = \frac{1}{\infty^3}$. Donc $dy = \frac{1}{\infty^{\frac{3}{2}}}$. Donc dy n'est ici que d'un ordre radical au dessous de $dx = \frac{1}{\infty^{\frac{2}{2}}}$.

999. De même dans la derniére Parabole transposée du 4me degré, $y^3 = x^4$, $dy . dx :: 4x^3 . 3y^2$. D'où suit le dy de

l'origine $= \frac{1}{\infty^{\frac{4}{3}}}$. Et en general dans la derniére Parabole de chaque degré le dy de l'origine est $= \frac{1}{\infty^{\frac{n}{n-1}}}$, d'où il suit que ces Paraboles seront toûjours à leur origine d'autant moins paralleles que le degré sera plus élevé. Il est aisé de voir le rapport de cet art. aux art. 974 & 987.

Détermination de la perpendicularité des Courbes à leur origine.

1000. Il reste à voir les Courbes perpendiculaires à leur origine.

dy y est infini par rapport à dx, qui est ou zero, ou de quelque ordre inferieur à $\frac{1}{\infty}$. Donc après avoir fait la supposition qui détermine l'origine de la Courbe, il faut toûjours supposer $dy = \frac{1}{\infty}$, & l'équation donne ensuite ce que devient dx.

EXEMPLE I.

Exemples dans la perpendicularité de l'origine des premiéres Paraboles de chaque degré, perpendicularité toûjours croissante.

1001. Soit la Parabole ordinaire où $dy . dx :: 1 . 2y$; on voit que la supposition de $y = dy$, qui détermine l'origine de la Courbe, rend dy infini par rapport à dx, & par conséquent la Courbe perpendiculaire, & $dx = \frac{1}{\infty^2}$. Ou, si on veut tenir compte des coëfficients, $\frac{1}{2} dx = \frac{1}{\infty^2}$.

EXEMPLE II.

1002. Dans la 1re Parabole cubique où $dy . dx :: 1 . 3y^2$, dx à l'origine est $= \frac{1}{\infty^3}$. Et en general dans toutes les 1res Paraboles dx à l'origine est $= \frac{1}{\infty^n}$; d'où il suit qu'elles y sont toûjours d'autant plus perpendiculaires que leur degré est plus élevé.

EXEMPLE III.

Exemples dans la perpendicularité de l'origine des derniéres

1003. Dans la 2de Parabole cubique, $dy . dx :: 2x . 3y^2$, & à l'origine $dx^2 = \frac{1}{\infty^3}$, puisque $dy = \frac{1}{\infty}$ (1000), donc $dx = \frac{1}{\infty^{\frac{3}{2}}}$.

Paraboles de chaque degré, perpendicularité toûjours décroissante.

1004. De même dans la derniére Parabole du 4me degré, où $dy . dx :: 3x^2 . 4y^3$, dx de l'origine est $= \frac{1}{\infty^{\frac{4}{3}}}$. Et en general le dx de l'origine de la derniére Parabole de chaque degré est $= \frac{1}{\infty^{\frac{n}{n-1}}}$, d'où il suit que dx est toûjours, par rapport au fini, de l'ordre de $\frac{1}{\infty^1}$, & toûjours d'un ordre radical seulement au dessous de dy, que le rapport infini de dy à dx est d'autant moindre que le degré n de ces Paraboles est plus élevé, & que par conséquent elles en sont à leur origine d'autant moins perpendiculaires.

1005. Puisque dans les 1res Paraboles de chaque degré transposées, le dy de l'origine est $= \frac{1}{\infty^n}$ (995), que dans les derniéres Paraboles transposées de même, il est $= \frac{1}{\infty^{\frac{n}{n-1}}}$ (999), que dans les 1res & derniéres Paraboles prises à l'ordinaire, le dx de l'origine est $= \frac{1}{\infty^n}$, ou $= \frac{1}{\infty^{\frac{n}{n-1}}}$ (1002 & 1004), il est aisé de juger que dans les degrés qui auront des Paraboles moyennes, ces dy ou dx seront des $\frac{1}{\infty}$, où ∞ ayant toûjours n pour numerateur de son exposant, les dénominateurs seront la Suite des nombres naturels qui seront entre 1 & $n - 1$. Ainsi dans le 5me degré le dy ou dx des deux Paraboles extrêmes étant $\frac{1}{\infty^5} = \frac{1}{\infty^{\frac{5}{1}}}$ & $\frac{1}{\infty^{\frac{5}{4}}}$, ceux des deux Paraboles moyennes seront $\frac{1}{\infty^{\frac{5}{2}}}$ & $\frac{1}{\infty^{\frac{5}{3}}}$.

Regle des Tangentes, ou Soutangentes, appliquée seulement aux cas extrêmes.

1006. Nous avons vû tout ce qui appartient à la position des Courbes par rapport à un axe, tant à leur extremité qu'à leur origine, c'est-à-dire, dans les cas extrêmes où elles vont dans l'Infini, ou tombent dans l'Infiniment petit, & ces cas sont ceux qui par eux-mêmes peuvent avoir le plus de difficulté. Restent ceux où le cours de la Courbe n'étant pris que fini, il s'agit de trouver sa position par rapport à l'axe, en quelque point que ce soit, ou, ce qui est le même, de tirer sa Tangente à un point quelconque, ou, ce qui est encore le même, de déterminer l'étenduë de la Soutangente sur l'axe. Cela est compris, & même les cas extrêmes, dans la Fomule generale des Soutangentes $\frac{ydx}{dy}$, presentement si connuë par le Livre des *Infiniment petits*, & par l'usage que les Geometres en font tous les jours. Il seroit inutile d'en faire de nouvelles applications aux cas où il ne s'agit que de tirer des Tangentes à un point quelconque d'une Courbe pris dans un cours fini. Je considererai seulement les Soutangentes dans les cas extrêmes, où l'on se contente de voir en gros que la Courbe se perd dans l'Infiniment grand ou petit, sans rechercher les variétés de ces Infinis.

FIG. II. Un côté quelconque Mm étant prolongé jusqu'à l'axe en T, ce qui fait la Tangente MT au point M, la ligne PT, comprise entre le point T & P d'où part l'Ordonnée PM correspondante à Mm, est la Soutangente, & il est très facilement démontré que $Rm\ (dy) . MR = Pp\ (dx) :: PM(y) . PT\left(\frac{ydx}{dy}\right)$. Donc le principe fondamental de la Theorie des Soutangentes est que le rapport de dy à dx est le même que celui de l'Ordonnée à la Soutangente.

Donc dans le parallelisme, dy étant nul par rapport à dx ou dx infini par rapport à dy, la Soutangente est infinie par rapport à l'Ordonnée. Et dans la perpendicularité, dy étant infini par rapport à dx, l'Ordonnée est infinie par rapport à la Soutangente, & on le verra à l'œil, si on veut, par des Figures.

Voyons d'abord les Soutangentes dans le parallelisme, & premiérement celles de l'extremité des Courbes.

EXEMPLE I.

Soutangentes infinies croiss- 1007. Si l'on cherche quelle est la Soutangente de la Parabole ordinaire à son extremité, où selon les idées ordinaires

$y = \infty$ à cause de l'extremité, $dy = \frac{1}{\infty^2}$, & $dx = \frac{1}{\infty}$ à cause du parallelisme, on aura $\frac{ydx}{dy} = \infty \times \frac{1}{\infty}$ divisé par $\frac{1}{\infty^2}$, & par conséquent la Soutangente $= \infty^2$. Il est bien vrai qu'elle doit être infinie, mais pourquoi du 2[d] ordre?

santes dans un seul ordre à l'extremité parallele des premiéres Paraboles.

On comprend bien qu'une partie de cette Soutangente étant l'axe même tiré depuis l'extremité du cours de la Courbe jusqu'à son origine, la Soutangente est déja infinie, quand elle vient à l'origine de la Courbe, & que de-là elle doit encore avoir une étenduë infinie, ce qui la rend un plus grand Infini que si, comme la Soutangente du point où le Cercle est parallele à son axe, elle n'étoit que finie, lorsqu'elle viendroit à l'origine de la Courbe, mais la Soutangente de la Parabole ne doit pas être pour cela d'un ordre superieur. Aussi n'en est-elle pas, & l'erreur est venuë des Infinis mal caracterisés.

A l'extremité de la Parabole $y = \infty^{\frac{1}{2}}$ (964), $dx = \frac{1}{\infty}$ à cause du parallelisme, & $dy = \frac{1}{2\infty^{\frac{3}{2}}}$ (966). Donc $\frac{ydx}{dy}$ $= \infty^{\frac{1}{2}} \times \frac{1}{\infty}$ divisé par $\frac{1}{2\infty^{\frac{3}{2}}}$, $= \frac{1}{\infty^{\frac{1}{2}}}$ divisé par $\frac{1}{2\infty^{\frac{3}{2}}} =$ $\frac{2\infty^{\frac{3}{2}}}{\infty^{\frac{1}{2}}} = 2\infty$.

Et en effet la Soutangente de la Parabole est par-tout $=$ $2x$, & par conséquent dans l'Infini $= 2\infty$.

Il est vrai qu'en appliquant à l'Infini la Formule de la Soutangente de la Parabole $= 2x$, on l'eût trouvée d'abord $=$ 2∞, mais cela ne se fût plus trouvé en appliquant immédiatement à l'extremité de la Parabole la Formule generale $\frac{ydx}{dy}$, & l'on seroit tombé dans une difficulté.

EXEMPLE II.

1008. Dans toutes les 1res Paraboles y infini est $=$

$\infty^{\frac{1}{n}}$, $dy = \frac{1}{n\infty^{\frac{2n-1}{n}}}$ (969), & $dx = \frac{1}{\infty}$, à cauſe du parallelifme de l'extremité. Donc $ydx = \infty^{\frac{1}{n}} \times \frac{1}{\infty} = \frac{\infty^{\frac{1}{n}}}{\infty}$ $= \infty^{\frac{1-n}{n}} = \frac{1}{\infty^{\frac{n-1}{n}}}$; & $\frac{ydx}{dy} = \frac{1}{\infty^{\frac{n-1}{n}}}$ diviſé par $\frac{1}{n\infty^{\frac{2n-1}{n}}}$ $= \frac{n\infty^{\frac{2n-1}{n}}}{\infty^{\frac{n-1}{n}}} = n\infty$.

1009. Donc dans toutes les 1res Paraboles la Soutangente de l'extremité eſt toûjours de l'ordre de ∞, & toûjours d'autant plus grande que le degré des Paraboles eſt plus élevé. Cela répond à ce que ces Paraboles ſont d'autant plus paralleles à leur extremité que leur degré eſt plus élevé (970). Car ſi le parallelifme rend la Soutangente infinie, un plus grand parallelifme la doit rendre un plus grand Infini. Et comme le parallelifme croiſſant de ces Paraboles eſt renfermé dans un ſeul ordre potentiel (970), auſſi leurs Soutangentes croiſſantes ſont renfermées toutes dans le ſeul ordre de ∞.

EXEMPLE III.

Soutangentes infinies décroiſſantes dans un ſeul ordre à l'extremité parallele des derniéres Paraboles.

1010. Dans toutes les derniéres Paraboles, y infini eſt $= \infty^{\frac{n-1}{n}}$. $dy = \frac{n-1}{n\infty^{\frac{n+1}{n}}}$ (973) & $dx = \frac{1}{\infty}$. Donc $ydx = \frac{\infty^{\frac{n-1}{n}}}{\infty} = \frac{1}{\infty^{\frac{1}{n}}}$, & $\frac{ydx}{dy} = \frac{1}{\infty^{\frac{1}{n}}}$ diviſé par $\frac{n-1}{n\infty^{\frac{n+1}{n}}}$ $= \frac{n\infty^{\frac{n+1}{n}}}{\overline{n-1} \times \infty^{\frac{1}{n}}} = \frac{n\infty}{n-1}$.

Par exemple, la Soutangente de la derniére Parabole du 5me degré à ſon extremité eſt $\frac{5\infty}{4}$.

1011. Donc dans toutes ces Paraboles les Soutangentes infinies

infinies de l'extremité sont d'autant moindres que le degré des Paraboles est plus élevé ; ce qui répond à ce qu'elles en sont d'autant moins paralleles (974). Il ne faut qu'appliquer ici l'art. 1009 renversé.

1012. Il sera aisé de trouver les Soutangentes des Paraboles moyennes. Et en general la Soutangente d'aucune Parabole ne passera l'ordre de ∞.

Soutangentes infinies de tous les ordres à l'extremité parallele des Courbes Asimptotiques, qui s'élevent au dessus de l'axe.

1013. Lorsqu'une Courbe qui va en s'élevant au dessus de son axe par un cours infini, & est parallele à son extremité, a une Asimptote, elle a donc une derniére Ordonnée finie, & dy d'un ordre inferieur à celui de $\frac{1}{\infty^2}$ (800, &c. 809). Soit $dy = \frac{1}{\infty^3}$. Donc alors dy $(\frac{1}{\infty^3})$. dx $(\frac{1}{\infty})$ :: 1 (y). $\frac{\infty^3}{\infty} = \infty^2 \left(\frac{ydx}{dy}\right)$. Donc la Soutangente est un Infini du 2d ordre. Et comme ce raisonnement est general, & que les Courbes paralleles à leur extremité & qui ont une Asimptote, peuvent avoir un dernier dy d'un ordre d'Infiniment petit si bas qu'on voudra (808 & 809), la Soutangente en general sera de l'ordre de ∞^n, n plus grand que 1 exprimant le nombre d'ordres dont dy est au dessous de dx.

EXEMPLE IV.

1014. Dans la Courbe de l'art. 962, $x = \infty$ rend $y = a$, & dy est alors $\frac{2a^3}{\infty^4}$. Donc $\frac{ydx}{dy} = \frac{a}{\infty}$ divisé par $\frac{2a^3}{\infty^4} = \frac{a\infty^4}{2a^3\infty} = \frac{\infty^3}{2a^2}$, Soutangente du 3me ordre d'Infini, parce que dy étoit de trois ordres au dessous de dx.

1015. Le parallelisme qui se fait par dy^3 étant infiniment plus grand que celui qui se fait par dy^2, & toûjours ainsi de suite, parce que dy^2 est infini par rapport à dy^3, &c. les Soutangentes qui répondent à ces parallelismes sont aussi infiniment plus grandes selon la même raison, ce qui fait une analogie parfaite avec l'art. 1009.

1016. On voit assés par l'art. 1013, & par l'Exemple qui le suit, qu'une Courbe qui auroit à son extremité parallele une Soutangente de l'ordre de ∞^2, auroit aussi une Asimptote, & par conséquent qu'il n'y a que les Courbes à Asimptotes qui à leur extremité parallele ayent des Soutangentes d'un ordre superieur à ∞.

Soutangentes finies à l'extremité parallele des Courbes, qui viennent joindre leur axe pc un cours fini ou infini.

1017. Si une Courbe qui descend vers son axe, vient à le joindre, & lui est parallele à son extremité, ou, ce qui est le même, à un dernier côté qui soit une partie infiniment petite de cet axe, ses deux derniéres Ordonnées sont necessairement au moins de l'ordre de $\frac{1}{\infty}$, & leur dy de l'ordre immmédiatement inferieur. C'est sa valeur tirée de l'équation differentielle qui regle celle de y correspondant, puisqu'il est toûjours de l'ordre immédiatement superieur.

Si $dy = \frac{1}{\infty^2}$, donc $dy\ (\frac{1}{\infty^2}) \cdot dx\ (\frac{1}{\infty}) :: y\ (\frac{1}{\infty}) \cdot 1\ (\frac{ydx}{dy})$.

Si $dy = \frac{1}{\infty^3}$, donc $dy\ (\frac{1}{\infty^3}) \cdot dx\ (\frac{1}{\infty}) :: y\ (\frac{1}{\infty^2}) \cdot 1\ (\frac{ydx}{dy})$.

Et il est clair qu'il en ira toûjours de même, & que quelque valeur qu'ait dy, la Soutangente sera toûjours finie, au lieu qu'elle est toûjours infinie dans le parallélisme des Courbes qui s'élevent au dessus de leur axe, soit finiment, soit infiniment. Il faut entendre par 1, toûjours égal à la Soutangente, l'unité indéterminée, c'est-à-dire, seulement une grandeur finie plus grande ou plus petite, selon les conditions de chaque Courbe particuliére.

1018. La Soutangente 1 est toûjours infinie par rapport à l'Ordonnée, qui est $\frac{1}{\infty}$, ou $\frac{1}{\infty^2}$, &c.

1019. Si $dy = \frac{1}{\infty^2}$, la Courbe n'a point d'Asimptote, & la Soutangente n'est que d'un ordre au dessus de l'Ordonnée $= \frac{1}{\infty}$. Mais si $dy = \frac{1}{\infty^3}$, ou inferieur, la Courbe a une Asimptote qui est son axe, & la Soutangente est d'autant d'ordres au dessus de l'Ordonnée $= \frac{1}{\infty^2}$ ou $\frac{1}{\infty^3}$, &c. qu'il y a d'ordres, dont dy est au dessous de dx, ce qui fait voir l'analogie parfaite de cet art. avec l'art. 1013.

EXEMPLE V.

1020. Soit l'Hiperbole entre ses Asimptotes, où lorsque $x = \infty$, ce qui la rend parallele, dy est $= \frac{1}{\infty^3}$ (960). Donc $y = \frac{1}{\infty^2}$. Donc $\frac{ydx}{dy} = \frac{\infty^3}{\infty^3} = 1$.

EXEMPLE VI.

1021. De même dans la Logarithmique, où $dy . dx :: y . a$, en supposant $dy = \frac{1}{\infty^3}$ pour donner à la Courbe un cours infini (955), & par conséquent $y = \frac{1}{\infty^2}$, on a la Soutangente $= 1$, & cet 1 est $= a$ par la nature de la Logarithmique, dont la Soutangente est constante & $= a$.

1022. Si dans cette Courbe on n'avoit supposé dy que $= \frac{1}{\infty^2}$, ce qui étoit possible, on n'auroit eu la Soutangente $= 1 = a$ que d'un ordre au dessus de l'Ordonnée $= \frac{1}{\infty}$, mais aussi la Courbe ainsi prise, n'auroit pas eu un cours infini, ni une Asimptote.

1023. Pour se representer nettement ces Soutangentes finies de l'extremité de l'Hiperbole & de la Logarithmique du côté qu'elles deviennent paralleles, il faut concevoir que si ces Courbes sont tracées à la droite du point qu'on leur a donné pour origine, leurs Tangentes & par conséquent leurs Soutangentes sont toûjours à la droite du point de la Courbe auquel elles appartiennent, & par conséquent lorsque ces Courbes sont devenües paralleles ou confonduës avec l'axe à l'extremité de cet axe infini, il faut concevoir encore au de-là une ligne finie ou prolongement fini de l'axe, qui est la Soutangente, & en même temps la Tangente, comme il est aisé de le voir. Ainsi la Tangente de ces Courbes à leur extremité n'est pas l'axe infini ou l'Asimptote, ce qu'on auroit pû s'imaginer, car cette extremité étant posée ou conçûë, l'axe infini est à sa gauche, & la Tangente ou Soutangente doit être à la droite, & c'est effectivement une ligne finie qui y est. Il en ira de même des autres Courbes confonduës avec leur axe au bout d'un cours infini; & il est aisé de voir que la raison essentielle en est que par la supposition presente elles descendent vers leur axe, & s'inclinent toûjours vers cet axe, puisqu'elles tendent au parallelisme.

Soutangentes finies à l'origine parallele des Courbes.

1024. Si une Courbe à son origine est parallele à son axe, ou confonduë avec une portion infiniment petite de cet axe, y sera au moins $= \frac{1}{\infty}$, & dy au moins $= \frac{1}{\infty^2}$, & ce cas est entiérement le même que celui de l'art. 1017; & en effet il doit l'être, puisque ce n'est que le même parallelisme qui se fait à l'origine ou à l'extremité d'un cours. Toute la difference des deux cas est que dans le premier dy d'un ordre inferieur à $\frac{1}{\infty^2}$ marque un Asimptotisme, parce qu'il s'agit de l'extremité d'un cours infini, & ici il n'en marque point, parce qu'il s'agit de l'origine d'un cours. Donc ici comme là la Soutangente est finie.

EXEMPLE VII.

1025. Dans toutes les 1res Paraboles renduës à leur origine paralleles à leur axe, le dy de l'origine est $= \frac{1}{\infty^n}$ (995), donc $y = \frac{1}{\infty^{n-1}}$ (1017), donc $ydx = \frac{1}{\infty^{n-1}} \times \frac{1}{\infty} = \frac{1}{\infty^n}$, & $\frac{ydx}{dy} = 1$.

EXEMPLE VIII.

1026. Dans toutes les derniéres Paraboles renduës à leur origine paralleles à leur axe, le dy de l'origine est $\frac{1}{\infty^{\frac{n}{n-1}}}$ (998), donc $y = \frac{1}{\infty^{\frac{n-n+1}{n-1}}}$ (1017) $= \frac{1}{\infty^{\frac{1}{n-1}}}$, donc $ydx = \frac{1}{\infty^{\frac{1}{n-1}}} \times \frac{1}{\infty} = \frac{1}{\infty^{\frac{n}{n-1}}}$, donc $\frac{ydx}{dy} = 1$.

1027. Puisque les Soutangentes des Paraboles extrêmes renduës paralleles à leur origine sont finies, il est aisé de juger que celles des Paraboles moyennes le seront aussi.

1028. Dans les 1res Paraboles, le y de l'origine étant $= \frac{1}{\infty^{n-1}}$ (1025), plus le degré n de la Parabole est élevé, plus $y = \frac{1}{\infty^{n-1}}$ est d'un ordre inferieur à la Soutangente toûjours finie, ou plus la Soutangente infinie, par rapport à l'Ordonnée, est d'un ordre élevé au dessus de l'Ordonnée. Et en effet cela doit être, puisque ces Paraboles à leur origine sont d'autant plus paralleles que n est plus grand (970), & que de plus le parallelisme qui se fait par dy^3 est infiniment plus grand que celui qui se fait par dy^2, & toûjours ainsi de suite.

Soutangentes finies à l'origine paralléle des premiéres Paraboles transposées, toûjours d'un ordre plus élevé par rapport à leurs Ordonnées correspondantes.

1029. Dans les derniéres Paraboles $y = \frac{1}{\infty^{\frac{1}{n-1}}}$ (1026) est d'un ordre d'autant moins inferieur à la Soutangente finie, que n est plus grand, & cela, parce que ces Paraboles en sont aussi d'autant moins paralleles (974).

Soutangentes finies à l'origine paralléle des derniéres Paraboles transposées, toûjours d'un ordre moins élevé par rapport à leurs Ordonnées.

1030. Voyons maintenant les Soutangentes dans la perpendicularité, & premiérement à l'extremité du cours infini des Courbes.

Soutangentes de l'extremité perpendiculaire du cours infini des Courbes, qui peuvent être ou infinies, ou finies, ou infiniment petites.

y sera toûjours $= \infty$. dy sera ou $= \frac{1}{\infty}$, ou $= 1$, ou $= \infty$ (981).

Si $dy = \frac{1}{\infty}$, & qu'en même temps dx existe, ce qui est possible (981), la Soutangente est infinie ; car $ydx = \infty \times \frac{1}{\infty} = 1$, & $\frac{ydx}{dy} = 1$ divisé par $\frac{1}{\infty} = \infty$.

Si $dy = 1$, la Soutangente est finie, car $\frac{ydx}{dy} = \frac{1}{1} = 1$.

Si $dy = \infty$, la Soutangente est infiniment petite, car dy étant $= y$, $\frac{ydx}{dy} = dx = \frac{1}{\infty}$.

1031. Il passe pour constant que la Soutangente est toûjours nulle dans la perpendicularité, & la premiére des trois propositions précédentes paroîtra fort paradoxe. Mais 1°. l'idée commune s'est établie sur ce qu'effectivement à l'origine des Courbes, ou à l'extremité d'un cours fini, la Soutangente est nulle dans la perpendicularité, & ici il s'agit de l'extremité d'un cours infini. 2°. La grandeur infiniment grande ou petite de la Soutangente dans le parallelisme ou dans la perpendicularité n'est point absoluë, mais relative à l'Ordonnée, & on va voir que quand la Soutangente est infinie dans la perpendicularité, elle est infiniment moindre que l'Ordonnée.

EXEMPLE I.

Soutangentes infinies & décroissantes de l'extremité perpendiculaire des premiéres Paraboles transposées.

1032. Dans les 1res Paraboles renduës perpendiculaires à leur extremité, le dernier dy est $= \frac{1}{\infty^{\frac{1}{n}}}$ (985). Donc $\frac{ydx}{dy} = 1$ divisé par $\frac{1}{\infty^{\frac{1}{n}}} = \infty^{\frac{1}{n}}$.

Par exemple, dans la Parabole ordinaire, la Soutangente de son extremité perpendiculaire est $\infty^{\frac{1}{2}}$, l'Ordonnée étant ∞.

1033. Et pour faire encore mieux voir la possibilité que cette Soutangente soit infinie malgré la perpendicularité, c'est que malgré la perpendicularité à laquelle tend la Courbe, les Soutangentes vont toûjours en croissant.

Car l'équation de la Courbe étant $y = x^2$, d'où suit $dy = 2xdx$;

Si $y = 1$, donc $x = 1$, & $dy = 2dx$, & $\frac{ydx}{dy} = \frac{1}{2}$.

Si $y = 2$, donc $x = \sqrt{2}$, & $dy = dx\,2\sqrt{2}$, & $\frac{ydx}{dy} = \frac{2}{2\cdot\sqrt{2}} = \frac{1}{\sqrt{2}}$.

Or $\frac{1}{2} \cdot \frac{1}{\sqrt{2}} :: \sqrt{2} \cdot 2$, donc les Soutangentes vont en croissant.

On trouvera de même que si $y = 3$, la Soutangente sera $\frac{3}{2\sqrt{3}}$. Or $\frac{1}{\sqrt{2}} \cdot \frac{3}{2\sqrt{3}} :: 2\sqrt{3} \cdot 3\sqrt{2}$, & $2\sqrt{3}$ est moindre que $3\sqrt{2}$, ainsi qu'on le verra en quarrant ces grandeurs. Il en sera de même des autres valeurs plus grandes qu'on donnera à y. Donc puisque les Soutangentes sont croissantes malgré la perpendicularité où la Courbe tend, il est naturel qu'elles arrivent à l'Infini, quand la Courbe arrive à la perpendicularité.

Mais en même temps que les Soutangentes sont croissantes, elles sont toûjours plus petites par rapport aux Ordonnées. Par ex. la Soutangente $\frac{1}{\sqrt{2}}$ est plus petite par rapport à son Ordonnée 2, que la Soutangente $\frac{1}{2}$ ne l'est par rapport à son Ordonnée 1. Car $\frac{1}{\sqrt{2}} . 2 :: 1 . 2\sqrt{2}$, & $\frac{1}{2} . 1 :: 1 . 2$.

De même $\frac{3}{2\sqrt{3}}$ est moindre par rapport à 3, que $\frac{1}{\sqrt{2}}$ par rapport à 2. Car $\frac{3}{2\sqrt{3}} . 3 :: 3 . 6\sqrt{3} :: 1 . 2\sqrt{3}$.

1034. En poussant cette idée plus loin, on verra que si $y=4$, $\frac{ydx}{dy}=1$. Et comme $4=2\sqrt{4}$, on trouvera que les Ordonnées croissant comme les nombres naturels, le rapport de chaque Soutangente à son Ordonnée sera celui de 1 à $2=2\sqrt{1}$, de 1 à $2\sqrt{2}$, de 1 à $2\sqrt{3}$, de 1 à $2\sqrt{4}$, &c. & en general celui de 1 à $2\sqrt{y}$.

1035. Donc le rapport de la derniére Soutangente à la derniére Ordonnée $=\infty$, sera celui de 1 à $2\infty^{\frac{1}{2}}$, ou en negligeant le coëfficient 2, celui de 1 à $\infty^{\frac{1}{2}}$. Or $1 . \infty^{\frac{1}{2}} :: \infty^{\frac{1}{2}} . \infty$; & l'Ordonnée est $=\infty$. Donc la Soutangente malgré la perpendicularité est de l'ordre de $\infty^{\frac{1}{2}}$, ce qui revient à l'art. 1030, par une voye toute differente.

1036. Si on veut avoir non seulement l'ordre, mais encore la grandeur précise de cette derniére Soutangente, il faut la prendre $=\frac{\infty^{\frac{1}{2}}}{2}$. Et en effet dans l'art. 985, qui a produit l'art. 1032, dy est $=\frac{n}{\infty^{\frac{1}{n}}}$, & ce n'est qu'en ne considerant que l'ordre, qu'il est $=\frac{1}{\infty^{\frac{1}{n}}}$.

1037. Donc les derniéres Soutangentes des 1res Paraboles seront $\frac{\infty^{\frac{1}{2}}}{2}$, $\frac{\infty^{\frac{1}{3}}}{3}$, $\frac{\infty^{\frac{1}{4}}}{4}$, &c. c'est-à-dire, toûjours d'un ordre radical inferieur, ou toûjours moins infinies ou plus infiniment petites par rapport à la derniére Ordonnée toûjours $=\infty$, & en même temps elles seront toûjours moindres dans leur ordre, ce qui vient de ce que ces Paraboles sont toûjours à leur extremité plus perpendiculaires (986).

EXEMPLE II.

Soutangentes infinies & croissantes de l'extremité perpendiculaire des derniéres Paraboles transposées.

1038. Dans toutes les derniéres Paraboles renduës perpendiculaires à leur extremité, le dernier dy est $=\frac{1}{\infty^{\frac{n-1}{n}}}$ (988), donc $\frac{ydx}{dy}=\infty^{\frac{n-1}{n}}$, Soutangente infinie toûjours d'un ordre radical inferieur à ∞.

Par ex. dans la 2de Parabole cubique, la derniére Soutangente est de l'ordre de $\infty^{\frac{2}{3}}$; & en remettant les coëfficients finis de l'art. 988, sa grandeur est $\frac{2\infty^{\frac{2}{3}}}{3}$.

1039. Et en effet si dans cette Parabole on prend successivement $y=1, =2, =3$, on aura pour Soutangentes correspondantes $\frac{2}{3}=\frac{2\times1^{\frac{2}{3}}}{3}\cdot\frac{2\times2^{\frac{2}{3}}}{3}\cdot\frac{2\times3^{\frac{2}{3}}}{3}$. D'où l'on voit que l'expression generale des Soutangentes de cette Parabole sera $\frac{2\times y^{\frac{2}{3}}}{3}$, & que y étant $=\infty$, la Soutangente sera $\frac{2\infty^{\frac{2}{3}}}{3}$.

Tout ce qui appartient à ces Soutangentes pourroit être prouvé par un calcul general, tiré de l'équation generale des Paraboles.

Il seroit inutile de s'arrêter aux reflexions qui naissent de-là. Elles se presentent d'elles-mêmes.

1040. Les Soutangentes de toutes les Paraboles renduës paralleles à leur origine, & perpendiculaires à leur extremité, commencent

commencent donc par être finies (1033 & 1039), & finissent par être infinies, de sorte qu'elles forment des Suites toûjours croissantes en elles-mêmes, mais décroissantes par rapport aux Suites des Ordonnées correspondantes.

1041. Si dans la Courbe qui arrive à la perpendicularité par un cours infini, le dernier dy est $= 1$, la Soutangente est finie (1030), & par conséquent infiniment petite par rapport à l'Ordonnée, qui ne peut être qu'infinie, puisque la Courbe est arrivée à la perpendicularité par un cours infini.

Soutangentes finies à l'extremité perpendiculaire d'un cours infini.

EXEMPLE III.

1042. Dans la Logarithmique, si $y = \infty$, $dy = 1$ (954). Donc $\frac{ydx}{dy} = 1$. Et en effet la Soutangente de cette Courbe est constante.

1043. C'est par sa nature particuliére que cette Courbe, devenuë perpendiculaire à son extremité, a une Soutangente la même qu'elle avoit eûë par tout ailleurs, & par conséquent finie, mais ce n'est pas par sa nature particuliére qu'elle en a une finie, & par conséquent une infinité d'autres Courbes auront aussi une derniére Soutangente finie, pourvû que leur dernier dy soit $= 1$. Et comme la Suite des Soutangentes de la Logarithmique est composée de grandeurs toutes égales, mais toûjours décroissantes par rapport aux Ordonnées, les Suites des Soutangentes de ces autres Courbes pourront être croissantes ou décroissantes en elles-mêmes, mais toûjours necessairement décroissantes par rapport aux Ordonnées.

1044. Si le dernier $dy = \infty$, auquel cas seulement une Courbe, qui arrive à la perpendicularité, a une Asimptote (864 & 865), la Soutangente est $= \frac{1}{\infty}$ (1030). On en verra aisément un exemple dans l'Hiperbole, du côté qu'elle devient perpendiculaire.

Soutangentes infiniment petites à l'extremité perpendiculaire d'un cours infini Asimptotique.

1045. Dans ces Courbes, la Suite des Soutangentes ne peut être que décroissante, tant en elle-même que par rapport aux Ordonnées.

1046. En rassemblant tout ce qui regarde les Courbes perpendiculaires à l'extremité d'un cours infini, on voit que celles qui finissent par $dy = \infty$, étant infiniment plus perpendiculaires que celles qui finissent par $dy = 1$, & celles-ci infiniment plus que celles qui finissent par $dy = \frac{1}{\infty}$, leurs Soutangentes sont aussi, selon cette même raison, toûjours infiniment plus petites.

Soutangentes de l'origine perpendiculaire des Courbes toûjours infiniment petites.

1047. Il ne reste plus que les Soutangentes des Courbes perpendiculaires à leur origine.

Alors y étant $= dy$, $\frac{ydx}{dy} = dx$. Et comme dx est ou zero, ou de quelque ordre inferieur à $\frac{1}{\infty}$, la Soutangente sera toûjours absolument nulle, ou de quelque ordre inferieur à $\frac{1}{\infty}$. Il seroit inutile d'en rapporter des exemples. Les differentes Paraboles prises à l'ordinaire (1001, &c. 1005) en fourniront de toutes les variétés des Soutangentes infiniment petites, puisqu'elles en fournissent de toutes les variétés de dx, nul par rapport à dy.

Soutangentes infinies de l'extremité oblique des Courbes d'un cours infini.

1048. Quant aux Courbes obliques à leur axe à l'extremité d'un cours infini, comme le rapport de dx à dy sera fini à cause de l'obliquité, & que y sera $= \infty$, la Soutangente $\frac{ydx}{dy}$ sera un Infini multiplié & divisé par deux coëfficients finis.

EXEMPLE IV.

1049. Soit l'Hiperbole rapportée à son premier axe $2a$ (951), on aura à l'extremité $\frac{ydx}{dy} = \frac{a \times \infty}{b}$.

1050. Donc si l'Hiperbole est équilatere, la Soutangente est $= y = \infty$. Mais dans ce même cas, y infini est $= x$. Donc la Soutangente est $= x$. Cependant il est certain qu'elle est plus grande que x de a, mais a est une grandeur finie.

Soutangentes infiniment petites de l'origine oblique.

1051. Si une Courbe à son origine est oblique à son axe, il est clair que y étant alors $= dy$, la Soutangente est $= dx$.

1052. Venons presentement à la consideration des *plus grandes* ou *plus petites* Ordonnées des Courbes, quand elles en ont, car elles n'en ont pas toutes.

Détermination de la plus grande ou plus petite Ordonnée.

On n'appelle point *plus grande* Ordonnée, celle qui termine le cours infini d'une Courbe qui n'a qu'une variation sans changement, & qui s'éleve toûjours au dessus de son axe, car il faut bien que cette derniére Ordonnée soit la plus grande de toutes, & la seule supposition de l'axe infini la donne aussitôt; de plus elle n'est point suivie par des Ordonnées plus petites.

On n'appelle point non plus de ce nom la derniére d'une Suite croissante des Ordonnées d'un cours fini, quand les Ordonnées ne continüent pas leur cours vers un même côté (881), car quoi-qu'il y ait ensuite de plus petites Ordonnées, l'axe a manqué, & la seule supposition de l'axe égal à la plus grande grandeur finie qu'il puisse avoir de ce côté-là, donnera cette derniére Ordonnée.

C'est la même chose pour la *plus petite* Ordonnée, à cela près qu'alors la Courbe descend vers son axe.

On n'appelle donc *plus grande* ou *plus petite* Ordonnée, que la derniére d'un cours fini qui continuë ensuite à s'étendre sur l'axe, toûjours vers un même côté, comme dans la Fig. V.

Il est impossible qu'il y ait une *plus grande* Ordonnée ainsi conditionnée, à moins que la Courbe qui se sera élevée par rapport à son axe, ne redescende ensuite, en continüant son cours vers un même côté. Or il est impossible qu'une Courbe, qui s'est élevée par rapport à son axe, redescende sans passer par un Terme ou par un côté qui ne soit ni montant ni descendant, ou qui soit montant & descendant en même temps.

Si c'est le 1er, la Courbe passe par un côté parallele.

Si c'est le 2d, la Courbe peut passer par un côté oblique, qui sera en même temps montant & descendant (875, &c. 887). Mais ce côté sera necessairement rebroussant, de sorte que le cours des Ordonnées rebroussera aussi, & par conséquent il n'y aura point de plus grande Ordonnée.

Mais si le côté montant & descendant en même temps est

FIG. V. perpendiculaire, il sera aussi rebroussant, mais de sorte que le cours des Ordonnées ne le sera pas.

Donc il n'y a point de *plus grande*, ou, ce qui revient au même, de *plus petite* Ordonnée, que dans le cas du côté parallele ou perpendiculaire, qui est le Terme moyen ou commun d'un changement.

1053. Et comme dans le parallelisme & dans la perpendicularité le rapport $\frac{dy}{dx}$ est toûjours nul ou infini, de-là s'ensuit, pour la détermination des points où se trouvent les *plus grandes* ou *plus petites* Ordonnées, la Regle generale si connuë & si usitée, Qu'il faut égaler ce rapport $\frac{dy}{dx}$ à zero, ou à l'Infini.

1054. C'est le rapport $\frac{dy}{dx}$, & non, comme on le dit faussement, & pourtant sans erreur, dy qui devient nul ou infini. dy devient toûjours nul dans le parallelisme, ou d'un ordre inferieur à celui dont il étoit, mais dans la perpendicularité il ne devient jamais infini, c'est-à-dire $= 1$, ou $= \infty$, si ce n'est à l'extremité d'une Courbe infinie, ce qui est un cas particulier, & qui de plus n'appartient point à la Theorie des *plus grandes* Ordonnées selon le sens qu'on donne à ce terme. Mais il est vrai que soit qu'on opere sur $\frac{dy}{dx}$, qui doit toûjours devenir infini dans la perpendicularité, soit qu'on opere sur dy seul, qui ne le devient jamais pour une *plus grande* Ordonnée proprement dite, le calcul est toûjours le même.

Car dy est alors toûjours exprimé par $\frac{ndx}{m}$, n & m étant des grandeurs finies complexes, & par conséquent $\frac{dy}{dx} = \frac{ndx}{mdx} = \frac{n}{m}$. Or toute l'operation consiste à égaler à zero la grandeur complexe n, quand cela se peut, ou la grandeur complexe m, d'où il suit que c'est la même chose d'operer sur $\frac{ndx}{m}$ ou sur $\frac{ndx}{mdx}$. Mais réellement ce n'est que le rapport $\frac{dy}{dx}$

qui devient nul ou infini. Il est bien vrai que quand il devient nul, dy devient réellement infiniment moindre qu'il n'étoit, mais il n'est pas vrai au contraire que quand ce rapport devient infini, dy devienne réellement infiniment plus grand qu'il n'étoit, il suffit qu'il demeure dans l'ordre dont il étoit, pourvû que dx soit $=0$.

Il seroit inutile de donner des Exemples de *Maxima* ou de *Minima*, il y en a une infinité de connus.

1055. Il y a une infinité de Suites de grandeurs, soit lignes, soit nombres, qui sont croissantes dans une certaine étenduë de leur cours, après quoi elles deviennent décroissantes, ou au contraire. Ces grandeurs, quelles qu'elles soient, peuvent toûjours être conçûës comme des Ordonnées de Courbes disposées sur un axe continu, entre lesquelles il y en aura une plus grande, ou plus petite, & par conséquent il n'y a qu'à prendre leur differentielle dy, ce qui suffit (1054), & en égaler le numerateur ou le dénominateur à zero, ce qui donnera la plus grande ou plus petite de ces grandeurs. Ainsi la Regle est absolument generale.

Regle pour les Inflexions & les Rebroussements.

1056. Il n'y a plus rien qui appartienne à la position des Courbes, par rapport à un axe, que les inflexions & les rebroussements.

Les inflexions & les rebroussements sont toûjours compliqués avec une courbure nulle ou infinie (924, &c. 927).

Dans le 1er cas, l'angle de contingence devient nul, & par conséquent aussi sa base, qui est ddy, & en même temps la difference 2de de trois Ordonnées consécutives (942). Donc alors $ddy=0$, ou, plus exactement parlant, il devient d'un ordre inferieur à celui de $\frac{1}{\infty^2}$, dont il étoit.

En effet on a vû dans les art. 832, 841, 846, que dans toutes les inflexions ou rebroussements de cette espece, il y a toûjours trois Ordonnées consécutives, qui sont ou en progression ou en contre-progression, ou en la moindre progression ou contre-progression arithmetique possible, ce qui donne toûjours une difference 2[de] $=0$.

1057. Dans le 2[d] cas, la courbure ne peut devenir infinie sans avoir été croissante, & par conséquent la Suite croissante des angles de contingence infiniment petits du 1er ordre, ou de leurs bases ddy du 2[d], aboutiroit alors à un angle fini, ou à une base de l'ordre de $\frac{1}{\infty}$, infiniment plus grande qu'elle n'étoit, ou, ce qui est le même, à un ddy de l'ordre de dy. Mais parce qu'un angle de contingence fini est impossible, non en lui-même, mais dans une Courbe, & par conséquent aussi un ddy de l'ordre de $\frac{1}{\infty}$, il se substituë à ce Terme, qui eût fait la courbure infinie, un autre Terme, qui est un côté $= \frac{1}{\infty^2}$ (911). Cela cependant n'a pas dû, ni pû empêcher que la Suite des ddy, tirée de l'Equation de la Courbe, n'ait été croissante, & n'aboutisse réellement à un ddy de l'ordre de $\frac{1}{\infty}$, tout comme si l'angle de contingence fini étoit possible, & qu'en traçant dans la Courbe ses ddy, on y en dût trouver un $= dy$. Seulement il ne faudra pas s'attendre à trouver dans cette Courbe aucune marque sensible de sa courbure infinie (912) ni un $ddy = dy$. Mais par le calcul on trouvera toûjours ce $ddy = dy$, ou de l'ordre de $\frac{1}{\infty}$, puisque la Suite des ddy est toûjours telle qu'elle est indépendamment de ce que la Courbe admet, ou n'admet pas.

1058. Donc c'est une Regle generale, que dans les points d'inflexion, ou de rebroussement, ddy est $= 0$, ou $= \infty$, ou plustôt qu'il tombe au dessous de l'ordre de $\frac{1}{\infty^2}$, dont il est naturellement, ou s'éleve au dessus.

1059. M. le M. de l'Hopital a donné des Exemples de l'un & de l'autre cas. J'en prendrai seulement un pour faire voir que $ddy = \infty$ est lié avec la courbure infinie, car il est très évident que $ddy = 0$ l'est avec la courbure nulle.

Dans la Courbe $y - a = \overline{x - a}^{\frac{3}{5}}$ (*p. 64 des Inf. petits*) on a $dy = \frac{3}{5}\overline{x - a}^{-\frac{2}{5}} dx$, & $ddy = -\frac{6}{25}\overline{x - a}^{-\frac{7}{5}} dx^2$, les dx étant constants. Or au point où $x = a$, on a ddy d'un ordre superieur à $\frac{1}{\infty^2}$. Car $x - a$ est alors $= \frac{1}{\infty}$, &

ce $\frac{1}{\infty}$ eſt élevé à $-\frac{7}{5}$. Or un $\frac{1}{\infty}$ élevé à une puiſſance negative, eſt ∞ élevé à cette même puiſſance poſitive, comme ∞ élevé à une puiſſance negative, eſt $\frac{1}{\infty}$ élevé à cette même puiſſance poſitive. Donc $ddy = -\frac{6}{25}\infty^{\frac{7}{5}} \times \frac{1}{\infty^2} = -\frac{6}{25}\frac{\infty^{\frac{7}{5}}}{\infty^2} = -\frac{6}{25}\infty^{-\frac{3}{5}} = \frac{-6}{25\infty^{\frac{3}{5}}}$, grandeur qui eſt même au deſſus de $\frac{1}{\infty}$.

Or je dis que dans ce même point où $x - a = \frac{1}{\infty}$, le Rayon de la Développée eſt infiniment petit, & par conſéquent la courbure infinie.

Car la Formule generale pour déterminer ce Rayon, ou pluſtôt une ligne qui le détermine, & eſt du même ordre, étant $\frac{dy^2 + dx^2}{-ddy}$, on a ici $dy^2 + dx^2 = \frac{9\overline{x-a}^{-\frac{4}{5}} + 25 \times dx^2}{25} = \frac{9\infty^{\frac{4}{5}}}{25\infty^2} = \frac{9\infty^{-\frac{6}{5}}}{25} = \frac{9}{25\infty^{\frac{6}{5}}}$. Et cette grandeur diviſée par $-ddy$ eſt $\frac{9\infty^{\frac{3}{5}}}{6\infty^{\frac{6}{5}}} = \frac{3\infty^{-\frac{3}{5}}}{2} = \frac{3}{2\infty^{\frac{3}{5}}}$, grandeur infiniment petite. Donc, &c.

1060. On trouvera auſſi qu'au point où $x - a = \frac{1}{\infty}$, ddy eſt du même ordre que dy. Car alors $dy = \frac{3}{5}\overline{x-a}^{-\frac{2}{5}}$ dx eſt $= \frac{3\infty^{\frac{2}{5}}}{5\infty} = \frac{3\infty^{-\frac{3}{5}}}{5} = \frac{3}{5\infty^{\frac{3}{5}}}$, & ddy eſt $\frac{-6}{25\infty^{\frac{3}{5}}}$ (1059).

1061. S'il étoit poſſible que parmi les Courbes que nous connoiſſons, il y en eût dont tous les côtés fuſſent infiniment petits du 2[d] ordre, & fiſſent entr'eux des angles de contingence du 1er, il eſt certain que la même courbure que nous trouvons ici infinie dans les inflexions, & les rebrouſſements, ſeroit nulle pour ces Courbes-là. Il faudroit, afin de leur trouver une courbure infinie, leur concevoir quelques côtés du 3me ordre. Mais ces ſortes de Courbes ne ſeroient ni deſcriptibles, ni de la nature de celles que nous connoiſſons (735). Nous en tranſportons ſeulement dans nos Courbes la maniére dont ſe feroient leurs inflexions & leurs rebrouſſements avec une courbure nulle, & cela y produit une courbure infinie, par la raiſon de l'art. 921, & à cauſe de la difference des deux hipotheſes.

On va voir plus particuliérement ce qui appartient à la Courbure.

SECTION

SECTION XII.

Regle generale pour déterminer, par le Calcul Differentiel, la courbure des Courbes.

1062. COMME nous n'avons consideré les Courbes qu'en elles-mêmes, nous allons tirer de leur nature seule la détermination de tout ce qui appartient à leur courbure, & à la variation de cette courbure, & nous n'employerons point pour cela les Rayons des Développées qui y ont été employés jusqu'à present, car ces Développées sont des lignes étrangeres à celles dont on considere la courbure. *Regle generale pour la courbure des Courbes.*

Ici les côtés seront supposés constants (905), & la mesure de la courbure est le sinus de l'angle de contingence, & ce sinus est de l'ordre de $\frac{1}{\infty^2}$ (741).

Soient Mm & $m\mu$ deux côtés d'une Courbe qui tend au parallelisme. Dans la supposition ordinaire des dx constants, on a $MR = mr$, & $m\mu$ moindre que Mm, parce que la Courbe tend au parallelisme. De-là il suit que Mm étant prolongé jusqu'à la rencontre de $r\mu$ prolongée en h, & l'arc de Cercle $K\mu$ infiniment petit du 2[d] ordre étant décrit du centre m & du rayon $m\mu$, Kh est la quantité dont le côté Mm est plus grand que $m\mu$, & par conséquent Kh est la difference des deux côtés. En même temps $h\mu$ est la base de l'angle de contingence $hm\mu$, & est ddy, & $K\mu$ est le sinus de cet angle, car à cause de l'infinie petitesse, l'arc qui mesure cet angle, & son sinus, sont la même chose. FIG. VIII.

Mais si maintenant on suppose les côtés constants, il se fait des changements. Mm est $= m\mu$, & par conséquent il n'y a plus de Kh, difference des deux côtés, & puisqu'il n'y a plus de Kh, ddy n'est plus $h\mu$, mais quelqu'autre grandeur. Le côté $m\mu$ se termine toûjours au point μ, mais il ne commence plus au point m, & puisque $m\mu$, auparavant moindre que Mm, lui est maintenant égal, le point m s'est reculé vers M, d'où il suit que mr, auparavant $= MR$, est devenuë plus grande. Soit $dr = ddx$, la quantité dont mr est augmentée. Du point d je tire sur mr une perpendiculaire dK jusqu'à la rencontre de mK, & par le point μ une ligne μc parallele à mr jusqu'à la rencontre de dK. $c\mu$ est $= dr = ddx$, & $dc = r\mu = dy$. Donc $Kc = ddy$. Donc $K\mu$ sinus cherché $= \sqrt{Kc^2 + c\mu^2} = \sqrt{ddy^2 + ddx^2}$, Formule de la courbure dans la supposition des côtés constants.

Il est clair que ddy^2 & ddx^2 étant des Infiniment petits du 4me ordre, $\sqrt{ddy^2 + ddx^2}$ est du 2^d, comme doit être le Sinus de l'angle de contingence.

1063. Cette Formule seroit embarassante dans la pratique du calcul, & il faut la rendre plus simple & plus commode, en ramenant ddy & ddx à la même expression.

J'appelle ds le côté $= \sqrt{dx^2 + dy^2}$. dy est $= \sqrt{ds^2 - dx^2}$, & ddy, puisque ds est constant, est $= \frac{-dxddx}{\sqrt{ds^2 - dx^2}}$. Donc $\frac{-dyddy}{dx} = ddx$. Donc $\frac{dy^2 ddy^2}{dx^2} = ddx^2$. Donc $ddy^2 + ddx^2 = \frac{dx^2 ddy^2 + dy^2 ddy^2}{dx^2} = \frac{\overline{dx^2 + dy^2} \times ddy^2}{dx^2} = \frac{ds^2 ddy^2}{dx^2}$.

Donc $\sqrt{ddx^2 + ddy^2} = \frac{dsddy}{dx}$, Formule très simple de la courbure.

1064. Puisque le côté est constant, si on prend la difference de $\sqrt{dx^2 + dy^2}$, & qu'on l'égale à zero, on trouvera aussi $\frac{-dyddy}{dx} = ddx$, d'où suivra la même conséquence de l'art. précédent.

1065. On peut encore démontrer autrement la Formule, & directement.

Les raisonnements de l'art. 1062 sur la Fig. VIII, étant faits, les Triangles $Kc\mu$ & μcg sont semblables, à cause des angles droits $K\mu g$ & $Kc\mu$. Les Triangles μcg & $mr\mu$ sont semblables aussi. Donc les Triangles $mr\mu$ & $Kc\mu$ sont semblables. Donc $mr\ (dx) . m\mu\ (ds) :: Kc\ (ddy) . K\mu = \frac{dsddy}{dx}$.

1066. Comme en appliquant la Formule $\frac{dsddy}{dx}$, on trouvera toûjours l'expression de ddy mêlée de ddx, il faudra toûjours substituer à ddx sa valeur $\frac{-dyddy}{dx}$, moyennant quoi non seulement on n'aura plus que des ddy, mais encore l'operation portera essentiellement le caractere des ds supposés constants, puisque ce n'est qu'en cette supposition que $ddx = \frac{-dyddy}{dx}$ (1063).

EXEMPLE I.

1067. On a dans le Cercle $dy = \frac{adx - 2xdx}{2y}$, a étant le diametre, & de-là on tire, en ne supposant rien de constant, $ddy = \frac{ayddx - 2ydx^2 - 2yxddx - adydx + 2xdydx}{2yy}$, & en mettant au lieu de ddx, sa valeur $\frac{-dyddy}{dx}$, ce qui emporte les ds constants (1066), on a $ddy = \frac{\overline{2ydx + ady - 2xdy} \times dx^2}{\overline{-2ydx - ady + 2xdy} \times y}$. Or toutes les grandeurs du numerateur qui multiplient dx^2, étant les mêmes que celles du dénominateur qui multiplient y, mais avec des signes contraires, elles sont toutes $= -1$, d'où suit $ddy = \frac{-dx^2}{y}$, & $\frac{dsddy}{dx} = \frac{-dsdx}{y}$. Or on trouvera très aisément que dans le Cercle, ds étant supposé constant, $dx . y :: ds . \frac{a}{2}$, & que par conséquent le rapport $\frac{dx}{y}$ est constant. Donc $\frac{-dsdx}{y}$ exprime une courbure constante ; & on sçait assés que celle du Cercle l'est.

Courbure du Cercle constante.

Quand le Sinus de la courbure est positif ou negatif.

1068. L'expression $\frac{-dsdx}{y}$ de la courbure du Cercle est affectée du signe —, parce que c'est l'expression du Sinus de l'angle de contingence, & que ce Sinus est necessairement du côté de la convexité du Cercle, au lieu que les dx & y sont du côté de la concavité, & par conséquent ce Sinus est negatif par rapport aux dx & y qu'on suppose positifs, & qui entrent dans son expression.

1069. Et comme cette raison est generale, il s'ensuit que le Sinus de l'angle de contingence sera negatif toutes les fois qu'il sera, par rapport à la Courbe, du côté opposé à celui où seront les grandeurs qui entreront dans son expression.

1070. Et parce que ce Sinus ne peut être que du côté de la convexité de la Courbe, il sera negatif toutes les fois que ces autres grandeurs n'y seront pas, ou, ce qui est la même chose, que la Courbe sera concave vers l'axe auquel on la rapportera. Et dans le cas contraire, il sera positif.

1071. Si on applique $\frac{-dsdx}{y}$, Formule de la courbure constante du Cercle, au point de son origine, où, à cause de l'origine $y = dy$, & à cause de la perpendicularité $dy = ds$, & $dx = ddx$, on a $-ddx$ pour la courbure de ce point. Et si on applique la même Formule au point du Quart de Cercle, où $y = \frac{a}{2}$, & à cause du parallelisme $ds = dx$, on a $\frac{-2ds^2}{a}$ pour la courbure de ce point. Mais ddx & $\frac{2ds^2}{a}$ ne paroissent pas d'abord égaux, comme ils doivent l'être, puisque la courbure est constante. Ils le sont cependant. Car on a par-tout dans le Cercle $2ydy = adx - 2xdx$, & par conséquent $\frac{2dy^2 + 2dx^2 + 2yddy}{a - 2x} = ddx$. Or à l'origine du Cercle, $2dx^2 = 2ddx^2$ & $2yddy = 2dyddy$ disparoissent dans le numerateur de cette fraction devant $2dy^2$, & $2x = 2ddx$ disparoît dans le dénominateur devant a. Donc la fraction se réduit à $\frac{2dy^2}{a} = ddx$. Or à ce point, $\frac{2dy^2}{a} = \frac{2ds^2}{a}$.

1072. Puisque a, diametre du Cercle, n'entre point dans $\frac{-dsdx}{y}$, expression du Sinus des angles de contingence du Cercle, ce Sinus est indépendant du diametre, & par conséquent les angles de contingence sont les mêmes dans tous les differents Cercles. Et en effet, si l'on conçoit d'abord un Triangle équilateral inscrit au Cercle, ensuite un Exagone, ensuite un Dodecagone, & toûjours ainsi, en doublant toûjours le nombre des côtés du Poligone précédent, le Poligone deviendra enfin le Cercle, quand le nombre des côtés sera infini. Et comme cette inscription étant faite en deux differents Cercles, les Poligones correspondants auront toûjours les mêmes angles obtus, les deux derniers Poligones devenus les deux Cercles, auront aussi les mêmes angles obtus, & par conséquent des angles de contingence égaux.

Courbures de differents Cercles en raison renversée de leurs diametres.

1073. Deux Cercles inégaux sont deux Poligones formés d'un nombre infini de côtés égal, mais les côtés infiniment petits du plus grand sont plus grands en même raison que son diametre. Donc le Point qui décrit un plus grand Cercle, faisant de plus grands pas en ligne droite, & des détours qui ne sont qu'égaux à ceux qu'il feroit en décrivant un plus petit Cercle, il décrit une ligne moins courbe, dans la raison que les côtés sont plus grands. Donc la courbure de deux Cercles inégaux est en raison renversée de leurs diametres.

Qu'un Cercle, qui paroît passer dans l'angle de contingence d'un plus petit, n'y passe point.

1074. Il est démontré qu'il ne peut passer aucune ligne droite entre la Tangente d'un Cercle & sa circonference. La raison essentielle en est que l'angle compris entre cette Tangente & la circonference est un angle de contingence infiniment petit, qui par conséquent est indéterminable, & ne peut être divisé en parties déterminées ; or si une droite passoit entre la Tangente & la circonference, elle diviseroit necessairement cet angle en deux parties déterminées. Cependant un Cercle quelconque étant posé, un plus grand Cercle qui aura la même Tangente, passera dans l'angle de contingence. On demande comment cela est possible, & la difficulté paroît considerable. Car la portion infiniment petite du grand Cercle qui passe dans l'angle est une droite, qui peut être prolongée tant qu'on voudra, & par conséquent une droite y passe.

La Solution dépend de ce qui vient d'être dit. L'angle de contingence du grand Cercle & celui du petit, tous deux ayant leur sommet au point d'attouchement commun aux deux Cercles, sont le même angle, & par conséquent le grand Cercle ne passe point dans l'angle du petit. Mais le grand & le petit décrivent ensemble la même petite droite pendant un temps, après quoi le petit qui doit faire de plus petits pas, se détourne, tandis que le grand poursuit encore la petite droite qui leur avoit été commune, & de-là vient que le petit devient interieur au grand, & que le grand paroît passer entre le petit & la Tangente commune, quoi-que réellement il n'y passe pas.

Ce qui rend deux Courbes semblables.

1075. Par la même raison que deux Triangles, & en general deux Poligones quelconques d'un même nombre de côtés sont semblables, lorsqu'ayant des côtés inégaux, ceux de l'un à ceux de l'autre, ils ont les angles correspondants égaux, deux Cercles differents sont toûjours semblables, puisque l'un ayant le même nombre infini de côtés que l'autre, & les côtés de chacun étant tous égaux, quoi-que ceux de l'un inégaux à ceux de l'autre, ils ont tous deux les mêmes angles de contingence.

1076. Et comme cette idée est generale, deux Courbes sont semblables, lorsqu'étant conçûës divisées en un nombre infini égal de côtés égaux dans chacune, les angles de contingence correspondants de l'une à l'autre sont égaux, le 1er au 1er, le 2^d^ au 2^d^, &c.

1077. Mais parce que cette division en côtés infiniment petits égaux ne peut se faire que par la pensée, on fait réellement l'équivalent, en inscrivant dans des Courbes des Poligones semblables, dont les côtés sont finis, & celles où ils peuvent être inscrits sont semblables.

1078. La circonference d'un plus grand Cercle est à celle d'un plus petit, comme le diametre du plus grand au diametre du plus petit, & en même temps le plus petit est plus courbe que le plus grand, en même raison que son diametre est plus petit (1073). Donc un plus grand diametre détermine en même temps & une plus grande étenduë ou longueur, & une moindre courbure de la circonference circulaire, & au contraire.

1079. Comme il faut un diametre pour regler la grandeur absoluë d'un Cercle, qui sans cela pourroit être differente à l'infini, ainsi & par la même raison il faut, pour regler la grandeur absoluë de toute autre Courbe, quelque ligne constante que l'on appelle *Parametre.* Dans le Cercle, le diametre ou axe est diametre ou axe, parce qu'il porte les Ordonnées, & en même temps parametre, parce qu'il regle la grandeur absoluë de la Courbe, mais dans les autres Courbes le diametre ou axe & le parametre sont differents. Donc les étenduës ou longueurs de deux Courbes semblables sont entr'elles comme leurs parametres.

Ce que c'est que les Parametres.

1080. Et comme ce qui fait qu'une Courbe est plus longue qu'une Courbe semblable, la rend aussi moins courbe en même raison, les longueurs de deux Courbes semblables sont en raison directe, & les courbures en raison renversée des parametres. Ainsi si a & $2a$ sont les parametres de deux Paraboles, la 1re est une fois moins longue, & une fois plus courbe que la 2de, car elle fait les mêmes détours après des pas une fois plus petits. Et en general les courbures de deux Courbes semblables sont en raison renversée de leurs longueurs.

Il est clair que cela doit s'entendre non seulement de la courbure totale d'une Courbe comparée à celle de l'autre Courbe semblable, mais encore de la courbure d'un point quelconque de l'une comparée à la courbure du point correspondant dans l'autre.

1081. Si la grandeur absoluë d'une Courbe ne peut être reglée par un seul parametre, elle le sera par deux, & en ce cas là la longueur d'une Courbe de cette espece sera à celle d'une 2de Courbe semblable comme le produit des deux parametres de la 1re au produit des deux parametres de la 2de,

& leurs courbures seront en cette même raison renversée.

1082. Si on prend dans deux Cercles differents deux arcs infiniment petits, égaux en longueur, celui qui appartient au plus grand Cercle peut passer pour ligne droite, & l'autre ne le peut pas par rapport à lui. Car celui du grand Cercle pouvant toûjours être un des côtés de son Cercle, celui du petit qui a la même étenduë, ne peut être que plus d'un côté du sien, & par conséquent il contient un ou plusieurs angles de contingence, & ne peut être conçû que comme courbe, étant comparé à l'autre.

Ce sera la même chose de deux arcs infiniment petits égaux de deux autres Courbes quelconques semblables.

EXEMPLE II.

Courbure de l'Ellipse.

1083. Soit une Ellipse, dont l'équation est $yy = \frac{abx - bxx}{a}$, a étant le grand axe. $dy = \frac{abdx - 2bxdx}{2ay}$, & ddy, après avoir substitué aux ddx, leur valeur $\frac{-dyddy}{dx}$, est $=$ $\frac{\overline{4ab^2x - 4aby^2 - a^2b^2 - 4b^2x^2} \times dx^2}{\overline{4a^2y^2 + a^2b^2 - 4ab^2x + 4b^2x^2} \times y}$. Donc $\frac{dsddy}{dx} =$ $\frac{\overline{4ab^2x - 4aby^2 - a^2b^2 - 4b^2x^2} \times dsdx}{\overline{4a^2y^2 + a^2b^2 - 4ab^2x + 4b^2x^2} \times y}$, grandeur variable.

1084. A l'origine de l'Ellipse, où à cause de l'origine $y = dy$, & $x = dx$, & à cause de la perpendicularité $dy = ds$, & $dx = ddx$, toutes les grandeurs du numerateur de la fraction qui exprime $\frac{dsddy}{dx}$ disparoissent devant $-a^2b^2$, & pareillement toutes celles du dénominateur devant a^2b^2, & par conséquent il ne reste que $\frac{-a^2b^2dsddx}{a^2b^2dy} = -ddx$. Il faut donc voir ce que vaut ddx.

On a par-tout dans l'Ellipse $dx \,.\, y :: 2ady \,.\, ab - 2bx$. Donc à l'origine $ddx \,.\, dy :: 2ady \,.\, ab :: 2dy \,.\, b$. Donc $ddx = \frac{2dy^2}{b} = \frac{2ds^2}{b}$.

1085.

1085. Au quart de l'Ellipse, où $x = \frac{a}{2}$, & par conséquent $y = \frac{\sqrt{ab}}{2}$, on a $ddy = \frac{-2bdx^2}{a\sqrt{ab}}$. Et comme en ce point, à cause du parallelisme $dx = ds$, $\frac{dsddy}{dx}$ est $= ddy$ $= \frac{-2bdx^2}{a\sqrt{ab}} = \frac{-2bds^2}{a\sqrt{ab}}$, courbure de ce point.

1086. Donc la courbure de l'origine est à celle du quart :: $-ddx = \frac{-2ds^2}{b} \cdot \frac{-2bds^2}{a\sqrt{ab}} :: \frac{2}{b} \cdot \frac{2b}{a\sqrt{ab}} :: a\sqrt{ab} \cdot bb$. Or $a\sqrt{ab}$ est plus grand que bb, a étant le grand axe, donc la courbure de l'origine est plus grande que celle du quart selon cette raison qui sera connuë. Si $a = 4$, & $b = 1$, la courbure de l'origine sera à celle du quart :: 8 . 1.

Décroissante depuis l'origine jusqu'au quart.

1087. Donc l'origine de l'Ellipse étant prise à l'extremité de son grand axe, sa courbure va toûjours en diminüant de-là jusqu'au quart, & depuis le quart elle va en croissant jusqu'à la demi-Ellipse.

1088. Puisque la courbure de l'origine est à celle du quart :: $a\sqrt{ab} \cdot bb$, plus a est grand par rapport à b, c'est-à-dire plus l'Ellipse est allongée, plus la courbure de l'origine surpasse celle du quart, ou, ce qui en est une suite, plus la courbure est décroissante depuis l'origine jusqu'au quart.

Et d'autant plus décroissante que le grand axe est plus grand par rapport au petit.

1089. Si $a = b$, les deux courbures sont égales, & en effet l'Ellipse est alors un Cercle.

1090. Si on compare deux Ellipses semblables, c'est-à-dire, telles que les deux grandeurs A & B de la grande soient en même raison que les deux a & b de la petite, les longueurs ou étenduës de leurs circonferences seront comme les produits AB & ab; par ex. si $A = 6$, $B = 2$, $a = 3$, $b = 1$, ces circonferences seront :: 12 . 3 :: 4 . 1, & les courbures seront en cette même raison renversée.

Courbures de deux Ellipses semblables en raison renversée de leurs axes ou parametres.

On a par-tout dans l'Ellipse, $dy \cdot dx :: ab - 2bx \cdot 2ay$. Donc $dy^2 \cdot dx^2 :: a^2b^2 - 4ab^2x + 4b^2x^2 \cdot 4a^2y^2$. Donc quand il ne s'agit que de rapports, je puis prendre $a^2b^2 - 4ab^2 x + 4b^2x^2$, au lieu de dy^2, & $4a^2y^2$, au lieu de dx^2. Donc $dy^2 + dx^2$ quarré du côté quelconque de l'Ellipse est $= a^2 b^2 - 4ab^2x + 4b^2x^2 + 4a^2y^2$. Et si je prends ce quarré pour celui d'un côté de la moindre de deux Ellipses semblables, le quarré du côté de la grande sera $A^2B^2 - 4AB^2 X + 4B^2X^2 + 4A^2Y^2$. Or ces deux quarrés sont entr'eux $:: A^2B^2 . a^2b^2$.

Car à cause de la similitude des Ellipses, $X . x :: A . a$. Donc $AB^2X . ab^2x :: A^2B^2 . a^2b^2$. De même $X^2 . x^2 :: A^2 . a^2$. Donc $X^2B^2 . x^2b^2 :: A^2B^2 . a^2b^2$. Enfin $Y . y :: B . b$. Donc $A^2Y^2 . a^2y^2 . A^2B^2 . a^2b^2$. Donc $A^2B^2 - 4AB^2 X + 4B^2X^2 + 4A^2Y^2 . a^2b^2 - 4ab^2x + 4b^2x^2 + 4a^2y^2 :: A^2B^2 . a^2b^2$. Donc les côtés de chaque Ellipse étant supposés constants, les côtés de deux Ellipses semblables & les sommes de ces côtés ou les circonferences elliptiques sont $:: AB . ab$. Donc aussi (1080) la courbure de la grande est à celle de la petite $:: ab . AB$.

1091. b n'a pas été ici le petit axe de l'Ellipse, mais le parametre du grand axe a, c'est-à-dire, la 3.me proportionnelle au grand axe & au petit, qui par conséquent étoit $\sqrt{ab}$. Mais on verra aisément, en comparant les deux Ellipses semblables de l'art. précédent, que les deux produits du grand axe & du petit, qui sont $A\sqrt{AB}$ & $a\sqrt{ab}$, sont $:: AB . ab$. D'où il suit que les longueurs & les courbures de deux Ellipses semblables se reglent aussi par les produits de leurs axes, & qu'à cet égard on peut prendre les axes pour parametres des Ellipses selon l'idée de l'art. 1081.

EXEMPLE III.

Courbure de la Parabole.

1092. Dans la Parabole $dy = \frac{adx}{2y}$, & après les substitutions necessaires que nous supposerons toûjours dans la suite, $ddy = \frac{-a^2dx^2}{4y^3 + a^2y}$ & $\frac{dsddy}{dx} = \frac{-a^2dsdx}{4y^3 + a^2y}$.

1093. A son origine, où $y = dy = ds$, & $dx = ddx$, il vient $\frac{-a^2 ds ddx}{a^2 dy} = -ddx$, courbure de ce point.

On a par-tout dans la Parabole $dx . y :: 2dy . a$. Donc à l'origine $ddx . dy :: 2dy . a$. Donc $ddx = \frac{2dy^2}{a} = \frac{2ds^2}{a}$, ou $ddx = \frac{2}{\infty^2}$, parce que $ds = \frac{1}{\infty}$.

1094. Au point qui répond au Foyer, où $x = \frac{a}{4}$, & $y = \frac{a}{2}$, $dx = dy$, & par conséquent $ds^2 = 2dx^2$, & $ds = dx\sqrt{2}$, ou $dx = \frac{ds}{\sqrt{2}}$, on a $ddy = \frac{-dx^2}{a}$, & $\frac{ds ddy}{dx} = \frac{-ds dx}{a} = \frac{-ds^2}{a\sqrt{2}}$, courbure de ce point.

1095. Donc la courbure du sommet est à celle du Foyer $:: \frac{2ds^2}{a} . \frac{ds^2}{a\sqrt{2}} :: 2 . \frac{1}{\sqrt{2}} :: 2\sqrt{2} . 1$.

1096. A l'extremité de la Parabole, où $y = \infty^{\frac{1}{2}}$, on a $\frac{ds ddy}{dx} = \frac{-a^2 ds dx}{4\infty^{\frac{3}{2}}}$. Or à cause du parallelisme $ds = dx$, & ds constant est toûjours $= \frac{1}{\infty}$. Donc $\frac{-a^2 ds dx}{4\infty^{\frac{3}{2}}}$, ou, en negligeant les coëfficients finis & le signe negatif, $\frac{ds dx}{\infty^{\frac{3}{2}}} = \frac{1}{\infty^2}$ divisé par $\infty^{\frac{3}{2}} = \frac{1}{\infty^2 \times \infty^{\frac{3}{2}}} = \frac{1}{\infty^{\frac{7}{2}}}$. Or $\frac{1}{\infty^{\frac{7}{2}}}$ est du 4me ordre potentiel d'Infiniment petit par rapport au Fini, parce qu'il est d'un ordre radical au dessous de $\frac{1}{\infty^{\frac{6}{2}}} = \frac{1}{\infty^3}$. Donc la courbure est nulle & du 4me ordre potentiel d'Infiniment petit.

1097. Tant que le Sinus de l'angle de contingence est du 2^d ordre d'Infiniment petit, la courbure est ordinaire ou finie. Donc dès qu'il tombe au dessous de cet ordre, soit jusqu'à $\frac{1}{\infty^3}$, soit seulement dans quelque ordre radical compris entre $\frac{1}{\infty^2}$ & $\frac{1}{\infty^3}$, la courbure est infiniment petite & nulle, du moins par rapport à une courbure finie & sensible. A plus forte raison, s'il tombe au dessous de $\frac{1}{\infty^3}$.

Décroissante depuis l'origine jusqu'à l'extremité où elle est nulle.

1098. Il est clair que la courbure de la Parabole va en décroissant depuis l'origine jusqu'à l'extremité.

1099. Les courbures de deux differentes Paraboles sont en raison renversée de leurs parametres.

EXEMPLE IV.

Courbure de l'Hiperbole entre ses Asimptotes.

1100. Soit une Hiperbole équilatere entre ses Asimptotes, $aa = xy$. $dy = \frac{-aadx}{xx}$. $ddy = \frac{2a^2xdx^2}{a^4+x^4}$. $\frac{dsddy}{dx} = \frac{2a^2xdsdx}{a^4+x^4}$.

1101. On voit déja que selon les art. 1068, 1069, 1070, ce Sinus de l'angle de contingence n'est point negatif, comme dans les autres Courbes qu'on a considerées jusqu'ici, parce qu'elles étoient concaves vers leur axe, & que l'Hiperbole, ainsi qu'on la prend ici, est convexe.

1102. Au sommet de cette Courbe $x = a$, donc $ddy = \frac{dx^2}{a}$. Or à ce même point $dx = -dy$; & par conséquent $ds^2 = 2dx^2$, $ds = dx\sqrt{2}$, ou $dx = \frac{ds}{\sqrt{2}}$. Donc $\frac{dsddy}{dx} = \frac{ds^2}{a\sqrt{2}}$, courbure de ce point.

1103. Si l'on prend un autre point, comme celui qui répond à $x = 2a$, on a $ddy = \frac{4dx^2}{17a}$, & $\frac{dsddy}{dx} = \frac{4dsdx}{17a}$. Or à ce point $dy = \frac{-dx}{4}$, d'où suit $ds^2 = \frac{17dx^2}{16}$, $ds = \frac{dx\sqrt{17}}{4}$, & $dx = \frac{4ds}{\sqrt{17}}$. Donc $\frac{4dsdx}{17a} = \frac{16ds^2}{17a\sqrt{17}}$.

1104. Donc la courbure du sommet est à celle du point où $x = 2a :: \frac{ds^2}{a\sqrt{2}} . \frac{16 ds^2}{17a\sqrt{17}} :: \frac{1}{\sqrt{2}} . \frac{16}{17\sqrt{17}} :: 17\sqrt{17} . 16\sqrt{2}$, c'est-à-dire plus que triple.

1105. A l'extremité de l'Hiperbole où $x = \infty$, on a $\frac{ds\,ddy}{dx} = \frac{2a^2 ds\,dx}{\infty^3}$. Or puisque dans cette Courbe $dy . dx :: 1 . x^2$, le dx de l'extremité est $= \frac{1}{\infty}$, car alors dy étant $= \frac{1}{\infty^3}$ (960), on a $dy . dx :: 1 . \infty^2 :: \frac{1}{\infty^3} . \frac{1}{\infty}$. Donc ds étant constant, & $= \frac{1}{\infty}$, $ds\,dx = \frac{1}{\infty^2}$. Cela suit aussi de ce que la Courbe est alors parallele. Donc $\frac{2a^2 ds\,dx}{\infty^3} = \frac{2a^2}{\infty^2}$ divisé par ∞^3, $= \frac{2}{\infty^5}$, ou de l'ordre de $\frac{1}{\infty^5}$. Donc la courbure de l'extremité de l'Hiperbole, du côté qu'elle devient parallele à son axe, est non seulement nulle, mais de trois ordres d'Infiniment petit au dessous de la courbure ordinaire ou finie.

1106. L'Hiperbole a une Asimptote, & par conséquent est *censée* ligne droite dans une étenduë infinie, & cela convient parfaitement avec ce qu'on vient de trouver, qu'à son extremité sa courbure est de trois ordres d'Infiniment petit au dessous de la courbure finie. On peut déja juger par-là que quand la courbure nulle d'une Courbe à son extremité, descend jusqu'au 5me ordre d'Infiniment petit, cette Courbe a une Asimptote, & est droite dans une étenduë infinie.

Décroissante depuis l'origine jusqu'à l'extremité où elle est nulle, & plus que nulle.

1107. Si $x = \frac{1}{\infty}$, $\frac{2a^2 x\,ds\,dx}{a^4 + x^4} = \frac{2x\,ds\,dx}{a^2}$. Or puisque $dy . dx :: 1 . x^2$, on a alors $dy . dx :: 1 . \frac{1}{\infty^2}$. Donc à cause de la perpendicularité, dy étant $= ds$, & ds constant, & toûjours $= \frac{1}{\infty}$, on a $ds . dx :: 1 . \frac{1}{\infty^2} :: \frac{1}{\infty} . \frac{1}{\infty^3}$. Donc $\frac{2x\,ds\,dx}{a^2} = \frac{2}{a^2 \times \infty \times \infty \times \infty^3} = \frac{2}{\infty^5}$, même courbure que celle de l'autre branche de l'Hiperbole, ce qui effectivement doit être, puisque l'Hiperbole est parfaitement la même dans ses deux branches.

Ceci n'eſt point contraire à ce qui a été trouvé dans l'art. 960, que de ce côté-là de l'Hiperbole dy eſt $= \infty$. Car ici, à cauſe des ds conſtants, $dy = ds$ a dû être $= \frac{1}{\infty}$, ce qui n'empêche pas que ce même dy ne ſoit le dernier d'une infinité d'infinités de $dy = \frac{1}{\infty}$ poſés en ligne droite, qui font une ſomme $= \infty$.

EXEMPLE V.

Courbure de la Logarithmique. 1108. Soit la Logarithmique où $dy = \frac{ydx}{a}$, $ddy = \frac{ydx^2}{a^2+y^2}$, $\frac{dsddy}{dx} = \frac{ydsdx}{a^2+y^2}$.

1109. Si on prend l'origine au point où $y = \frac{1}{\infty}$, on a $dx = \frac{1}{\infty}$, & à cauſe du paralleliſme $ds = dx = \frac{1}{\infty}$. Donc alors $\frac{ydsdx}{a^2+y^2} = \frac{ydsdx}{a^2}$ eſt de l'ordre de $\frac{1}{\infty^3}$. Mais comme on peut dans cette Courbe ſuppoſer y de l'ordre d'Infiniment petit qu'on voudra, on voit que ſa courbure de ce côté-là deviendra d'un ordre d'Infiniment petit quelconque, & par conſéquent que la Courbe eſt ligne droite dans une étenduë infinie, ce qui doit être, puiſqu'elle a une Aſimptote en ce ſens-là.

1110. Si $y = \infty$, $dx = \frac{1}{\infty^2}$, & ds toûjours $= \frac{1}{\infty}$. Donc $\frac{ydsdx}{a^2+y^2} = \frac{1}{\infty^2}$ diviſé par ∞^2, $= \frac{1}{\infty^4}$. On ſçait d'ailleurs que dans la ſuppoſition des dx conſtants, le dernier dy de la Logarithmique, du côté qu'elle eſt perpendiculaire, eſt $= 1$ (954), c'eſt-à-dire, qu'elle eſt à ſon extremité ligne droite dans une étenduë finie. Or c'eſt là une propriété réelle qui doit ſe retrouver toûjours, de quelque maniére qu'on diviſe la Courbe. Donc on peut juger que comme la courbure de l'extremité d'une Courbe, lorſqu'elle eſt de l'ordre de $\frac{1}{\infty^3}$, marque que cette Courbe eſt alors droite dans une étenduë infinie (1106), ainſi la courbure de l'extremité de l'ordre de $\frac{1}{\infty^4}$, marque que la Courbe n'eſt droite que dans une étenduë finie.

Ici, quoi-qu'à cause des ds constants on ait pris le dernier $ds = \frac{1}{\infty}$, il est clair qu'il a pû être précédé d'une infinité d'autres égaux, tous posés bout à bout en ligne droite, selon l'art. 1107.

1111. La courbure de la Logarithmique étant nulle tant à son origine qu'à son extremité, il faut que depuis l'origine elle ait été toûjours en croissant jusqu'à un certain point, après quoi elle aura toûjours décrû.

Croissante depuis l'origine jusqu'à un certain point, après lequel elle décroît.

Pour trouver ce *plus grand* de courbure, il faut (1055) differentier $\frac{ydsdx}{a^2+y^2}$, expression de la courbure de la Logarithmique, & après les substitutions necessaires, on aura la differentielle de cette expression ou grandeur, & cette differentielle étant égalée à zero, donnera $y = \frac{a}{\sqrt{2}}$, comme M. de l'Hopital l'a trouvé *(p. 88)* par une voye toute differente. C'est donc au point de la Courbe, qui répond à $y = \frac{a}{\sqrt{2}}$, que se trouve la plus grande courbure.

1112. Comme on sçait que la Logarithmique a un cours continu sans inflexion ni rebroussement, & que par conséquent elle ne peut arriver dans la suite de ce cours à un Terme naturel de courbure, elle n'arrive donc qu'à un Terme arbitraire, c'est-à-dire (931) à un angle de contingence plus grand que tous les précédents & les suivants.

EXEMPLE VI.

1113. Soit la Cycloïde *(p. 91 des Inf. petits)* dont le Cercle generateur a pour diametre $2a$, ce diametre étant aussi l'axe de la Cycloïde. Une Ordonnée quelconque de la Cycloïde est toûjours égale à l'arc u du Cercle generateur plus l'Ordonnée correspondante du Cercle, qui est $z = \sqrt{2ax - xx}$. Donc l'Ordonnée y de la Cycloïde est $= u + \sqrt{2ax - xx}$. Donc $dy = du + \frac{adx - xdx}{\sqrt{2ax - xx}}$. Et comme du, qui est la

Courbure de la Cycloïde.

differentielle d'un arc fini du Cercle, en est par conséquent un côté quelconque infiniment petit, & que le côté du Cercle est $\frac{adx}{\sqrt{2ax-xx}}$, on a pour la Cycloïde $dy = \frac{2adx - xdx}{\sqrt{2ax-xx}}$. Donc $ddy = \frac{\overline{x-2a} \times dx^2}{\overline{4a-2x}\sqrt{2ax-xx}}$; où je vois que $\frac{x-2a}{2a-x}$ seroit $= -1$, & que par conséquent $\frac{x-2a}{4a-2x}$ est $= -\frac{1}{2}$, puisque $4a-2x$ est double de $2a-x$. Donc $ddy = \frac{-dx^2}{2\sqrt{2ax-xx}}$. Donc $\frac{dsddy}{dx} = \frac{-dsdx}{2\sqrt{2ax-xx}}$.

1114. La Cycloïde à son origine ayant $x = dx$ à cause de l'origine, & $dx = ddx$ à cause de la perpendicularité, $\frac{-dsdx}{2\sqrt{2ax-xx}}$ est alors $= \frac{-dsddx}{2\sqrt{2addx}} = \frac{-ds\sqrt{ddx}}{2\sqrt{2a}}$, courbure ordinaire & finie, puisque ds & $\sqrt{ddx}$ sont tous deux du 1er ordre d'Infiniment petit.

1115. On a par-tout dans la Cycloïde $dy . dx :: 2a - x . \sqrt{2ax-xx}$. Donc à l'origine $dy . ddx :: 2a . \sqrt{2addx}$. Donc alors $dy = \frac{2addx}{\sqrt{2addx}} = \sqrt{2addx}$. Et comme en ce point $dy = ds$, on a donc $\frac{-ds\sqrt{ddx}}{2\sqrt{2a}} = \frac{-\sqrt{2addx} \times \sqrt{ddx}}{2\sqrt{2a}} = \frac{-ddx}{2}$.

1116. Pour avoir en ds l'expression de la courbure de la Cycloïde à son origine, il ne faut que tirer de $dy = \sqrt{2addx}$, $dy^2 = 2addx$, & $ddx = \frac{dy^2}{2a}$. Donc $\frac{-ddx}{2} = \frac{-dy^2}{4a} = \frac{-ds^2}{4a}$, puisqu'alors $ds = dy$.

1117. Si $x = \frac{a}{2}$, $\frac{-dsdx}{2\sqrt{2ax-xx}} = \frac{-dsdx}{a\sqrt{3}}$.

1118.

1118. Pour comparer $\frac{-ds^2}{4a}$ & $\frac{-dsdx}{a\sqrt{3}}$, ou $\frac{ds}{4}$ & $\frac{dx}{\sqrt{3}}$, il faut avoir en ds la valeur de dx au point où $x = \frac{a}{2}$. On a à ce point $dy.\ dx :: \frac{3a}{2}.\ \frac{a\sqrt{3}}{2} :: 3.\sqrt{3} :: \sqrt{3}.\ 1$. Donc $dy = dx\sqrt{3}$. $dy^2 = 3dx^2$. $dy^2 + dx^2 = 4dx^2 = ds^2$. Donc $dx = \frac{ds}{2}$. Donc $\frac{dx}{\sqrt{3}} = \frac{ds}{2\sqrt{3}}$. Donc la courbure de l'origine est à celle du point où $x = \frac{a}{2} :: \frac{ds}{4}.\ \frac{ds}{2\sqrt{3}} :: 2\sqrt{3}.\ 4 :: \sqrt{3}.\ 2$. Donc la courbure est croissante depuis l'origine jusqu'au point où $x = \frac{a}{2}$.

On trouvera de même, en donnant à x differentes valeurs toûjours plus grandes que $\frac{a}{2}$, que la courbure sera toûjours croissante.

1119. A l'extremité de la Cycloïde $\frac{-dsdx}{2\sqrt{2ax-xx}} = \frac{-dsdx}{2dz}$. *Infinie à son extremité.* Car la Cycloïde étant alors parallele à son axe, elle a un dx, & $\sqrt{2ax-xx}$ qui est l'Ordonnée du Cercle $= z$, devient dz, parce que le Cercle à ce point a une Ordonnée infiniment petite du 1er ordre. Or $\frac{-dsdx}{2dz}$, Sinus de l'angle de contingence de ce point, est un Infiniment petit du 1er ordre, donc cet angle seroit Fini, s'il étoit possible, & la courbure infinie. Mais comme un angle de contingence fini est impossible, il faut qu'à ce Terme naturel de courbure croissante il s'en substituë un autre, qui ne peut être qu'un côté nul, ou infiniment petit du 2[d] ordre (911).

1120. Et en effet cela est necessaire par la generation de la Cycloïde, ou par sa correspondance avec le Cercle. *Et pourquoi.* Les Ordonnées du Cercle prolongées sont celles de la Cycloïde, & par conséquent deux Ordonnées quelconques infiniment proches comprennent entr'elles un arc infiniment petit ou côté tant du Cercle que de la Cycloïde. D'ailleurs ces Ordonnées perpendiculaires à l'axe, tant du Cercle que de la

Cycloïde, ſont paralleles à la baſe de la Cycloïde. A l'origine commune ces deux Courbes ſont perpendiculaires à leur axe, mais à l'extremité le Cercle eſt encore perpendiculaire à l'axe, & la Cycloïde y eſt parallele, ou, ce qui revient au même, le Cercle eſt parallele à la baſe de la Cycloïde, & la Cycloïde y eſt perpendiculaire. De-là il ſuit que les Ordonnées de l'une & de l'autre Courbe étant toûjours paralleles à la baſe de la Cycloïde, les deux derniéres Ordonnées n'ont point dans le Cercle, parallele alors à la baſe de la Cycloïde, & couché ſur cette baſe, de dx qui les ſépare, au lieu qu'il y en avoit un par-tout ailleurs, elles n'ont, pour intervalle qu'un ddx, & par conſéquent au lieu que par-tout ailleurs deux Ordonnées conſécutives comprenoient entr'elles, étant prolongées, un côté de la Cycloïde de l'ordre de $\frac{1}{\infty}$, celles-là n'en peuvent plus comprendre qu'un qui ſoit nul, ou de l'ordre de $\frac{1}{\infty^2}$.

1121. Si l'on veut ſuivre encore cela plus loin, on trouvera que le 1er côté de la Cycloïde étant plus grand que celui du Cercle, ceux de la Cycloïde vont toûjours enſuite en décroiſſant par rapport à ceux du Cercle, de ſorte qu'il n'eſt pas étonnant qu'au dernier côté du Cercle $= \frac{1}{\infty}$ il en réponde un de la Cycloïde $= \frac{1}{\infty^2}$.

Car le côté du Cercle eſt toûjours $\frac{adx}{\sqrt{2ax-xx}}$. Donc à l'origine du Cercle le côté eſt $= \frac{addx}{\sqrt{2addx}}$. Et le 1er côté de la Cycloïde eſt $= dy = \frac{2addx}{\sqrt{2addx}}$ (1115), donc ddx étant le même de part & d'autre, le 1er côté de la Cycloïde eſt au 1er du Cercle :: 2. 1.

Au point où $x = \frac{a}{2}$, le côté du Cercle eſt $= \frac{dx}{V\frac{3}{4}}$, & celui de la Cycloïde eſt $ds = 2dx$ (1118), donc dx étant le même de part & d'autre, le côté de la Cycloïde eſt alors à celui du Cercle :: $2 . \frac{1}{\sqrt{\frac{3}{4}}} :: 2 . \frac{\sqrt{4}}{\sqrt{3}} :: 2 . \frac{2}{\sqrt{3}} :: \sqrt{3} . 1.$ Donc le côté de la Cycloïde, quoi-qu'encore plus grand que celui du Cercle, le surpasse moins qu'il ne le surpassoit à l'origine, il en ira de même des autres. Et comme les côtés de la Cycloïde ont été supposés constants, il faut concevoir que ceux du Cercle croissent toûjours par rapport à ceux de la Cycloïde, de sorte qu'à la fin le Cercle en a encore un de l'ordre de $\frac{1}{\infty}$, lorsque la Cycloïde n'en a plus, ou n'en a un que de l'ordre de $\frac{1}{\infty^2}$.

1122. Quand on a trouvé dans l'art. 1119, $\frac{-ds.dx}{2dz}$, courbure infinie de l'extremité de la Cycloïde, on a pris dx pour dx, & non pour ddx, comme on a trouvé depuis qu'il l'étoit, & de même ds pour ds, & non pour dds, mais il ne faut pas remettre à present dans l'expression de la courbure infinie ddx pour dx, ni dds pour ds. La raison en est que $\frac{ds\,dx}{dz}$ signifie par soi-même le Sinus d'un angle de contingence fini, & le doit toûjours signifier. Mais parce que cet angle fini est impossible, non par lui-même, mais dans une Courbe, il faut, sans rien changer à cette expression, entendre par-là une autre maniére équivalente dont la courbure est infinie.

1123. Dans toutes les Courbes qui à leur origine étoient perpendiculaires, on a toûjours trouvé pour le Sinus de l'angle de contingence de l'origine ddx, soit sans coëfficient comme dans le Cercle (1071), dans l'Ellipse (1084), dans la Parabole (1093), soit avec un coëfficient comme ici dans la Cycloïde (1115). Il est aisé d'en voir la raison generale.

Remarque sur la courbure des Courbes perpendiculaires à leur origine.

Soit Mm le 1er côté d'une Courbe qui est perpendiculaire à son axe, & $m\mu$ le 2^d^. La petite ligne ma étant tirée du point m sur l'axe, de sorte qu'elle ne differe de Mm que parce qu'elle fait avec elle l'angle amM, dont la base aM est de l'ordre de $\frac{1}{\infty^2}$, cette base aM est ddx, & la Courbe est

FIG. IX.

perpendiculaire, parce que aM ou ddx eſt infiniment petit par rapport à Mm ou dy. D'un autre côté, l'angle $Km\mu$ eſt le 1er angle de contingence de la Courbe, dont le Sinus eſt auſſi ce même ddx avec ou ſans coëfficient, puiſqu'on l'a trouvé pour meſure de ce 1er angle, & par conſéquent l'angle $Km\mu$ a toûjours rapport à l'angle amM. Si le 2d côté $m\mu$ prolongé tombe ſur la ligne ma, les deux angles $Km\mu$ & amM ſont égaux. Si $m\mu$ prolongé tombe entre ma & mM, l'angle de contingence $Km\mu$ eſt plus petit que l'angle amM, ſi c'eſt le contraire, il eſt plus grand.

Quand aM ſeroit du 1er ordre, elle pourroit être priſe pour un arc circulaire infiniment petit qui meſureroit l'angle amM, à plus forte raiſon étant du 2d ordre par la ſuppoſition. Donc ſi $m\mu$ prolongé tombe ſur am, l'angle de contingence eſt meſuré par $aM = ddx$, & ſoit que $m\mu$ prolongé tombe entre am & Mm, ſoit le contraire, les angles de contingence ſeront toûjours exprimés par $\frac{aM}{n}$ ou par $n \times aM$, n étant un coëfficient fini, c'eſt-à-dire par $\frac{ddx}{n}$, ou $nddx$.

1124. Donc dans la Cycloïde, où le Sinus de l'angle de contingence de l'origine eſt $= \frac{ddx}{2}$, la courbure de l'origine eſt la moitié moindre que ſi elle étoit exprimée par ddx. Et comme dans le Cercle elle eſt exprimée par ddx, qui eſt le même de part & d'autre, la courbure de la Cycloïde eſt donc la moitié moindre que celle du Cercle à leur origine commune.

1125. Donc ſi l'on imagine que le Cercle & la Cycloïde ayent un même côté à leur origine, il faut que l'angle de contingence que fait le Cercle par ſon 2d côté ſoit double de celui que fait la Cycloïde par le ſien, ce qui eſt poſſible, puiſque par-là le Cercle eſt interieur à la Cycloïde, comme effectivement il doit l'être. Mais d'ailleurs cela n'eſt plus poſſible, quand on ſuppoſe les côtés de la Cycloïde conſtants, comme l'on fait ici en conſiderant ſa courbure, car ils ſeroient donc tous égaux à ce 1er côté du Cercle, & ſi le Cercle étoit auſſi conçû divisé en côtés tous égaux à ce 1er, les deux sommes d'un nombre infini égal de grandeurs égales seroient égales, ou la circonference du Cercle à celle de la Cycloïde, ce qui certainement n'est pas. Donc il faut concevoir une autre maniére dont la courbure de la Cycloïde sera la moitié moindre que celle du Cercle à leur origine commune, & cette autre maniére consistera necessairement en ce que le 1er côté de la Cycloïde sera double de celui du Cercle, ce qui revient à l'art. 1121, moyennant quoi les deux Courbes auront leur 1er angle de contingence égal.

1126. Donc ce n'est pas seulement dans le cas de la courbure infinie qu'il faut transporter aux côtés ce qui devroit naturellement & ne peut cependant appartenir aux angles de contingence. Cela vient visiblement de l'équivalence des deux maniéres de mesurer la courbure.

EXEMPLE VII.

1127. Soit la 1re Parabole cubique $a^2x = y^3$. $dy = \frac{aadx}{3y^2}$. $ddy = \frac{-2a^4dx}{a^4y + 9y^5}$. $\frac{dsddy}{dx} = \frac{-2a^4dsdx}{a^4y+9y^5}$. *Courbure de la première Parabole du 3me degré.*

1128. A l'origine, où $y = dy$, & à cause de la perpendicularité $dy = ds$, & $dx = ddx$, $\frac{-2a^4dsdx}{a^4y+9y^5} = \frac{-2a^4dsddx}{a^4dy}$ $= -2ddx$.

Or on a par-tout, $dy . dx :: 1 . 3y^2$, & à l'origine, $dy . ddx :: 1 . 3dy^2$. Donc $dy = ds$ étant $= \frac{1}{\infty}$, ddx est de l'ordre de $\frac{1}{\infty^3}$, & $= \frac{3}{\infty^3}$. Donc $-2ddx = \frac{-6}{\infty^3}$. Donc la courbure est nulle.

1129. Il faut entendre par-là que la petite ligne aM qui détermine la perpendicularité, & qui ordinairement est de l'ordre de $\frac{1}{\infty^2}$, est dans cette Parabole de l'ordre de $\frac{1}{\infty^3}$, ainsi qu'il est fort possible qu'elle en soit, & même de tous les ordres inférieurs, de sorte que $m\mu$, 2^d^ côté de la Courbe, étant prolongé jusqu'à l'axe, tomberoit sur le point a, dont FIG. IX.

la distance au point M seroit de l'ordre de $\frac{1}{\infty^3}$, car on n'a point d'égard au coëfficient 6, qui se trouve ici, & de-là il suit que le Sinus de l'angle de contingence $Km\mu$ est un Infiniment petit de cet ordre, & que le côté $m\mu$ a la position mK, à cet angle près, qui n'est rien par rapport aux angles ordinaires de contingence, ou enfin que les deux 1ers côtés Mm & $m\mu$ sont *censés* posés bout à bout en ligne droite, & le sont sensiblement.

1130. Cette Parabole à son origine a une inflexion, parce que (940) à la droite du point de son origine elle n'a des Ordonnées qu'au dessus de l'axe, & à la gauche elle n'en a qu'au dessous, & comme l'inflexion produit ordinairement une courbure nulle, on auroit pû croire que c'est elle qui rend la courbure de l'origine nulle. Mais on voit par l'art. précédent que cela n'est point ainsi, puisqu'on n'a consideré que l'origine de la branche superieure à l'axe, dont les deux 1ers côtés sont necessairement posés en ligne droite. Donc la courbure nulle de cette Parabole à son origine est indépendante de l'inflexion qui se fait à cette même origine de la branche superieure à l'inferieure. Donc en considerant l'inflexion, il faudra concevoir quatre côtés consécutifs de cette Courbe posés bout à bout en ligne droite, deux de la branche superieure, & deux de l'inferieure.

1131. Si l'on prend dans cette Courbe $y = \frac{a}{2}$, on a $\frac{-2a^4 ds dx}{a^4 y + 9y^3} = \frac{-64 ds dx}{25a}$. Et si $y = a$, $\frac{-2a^4 ds dx}{a^4 y + 9y^3} = \frac{-ds dx}{5a}$.

1132. Pour comparer $\frac{64 ds dx}{25a}$ & $\frac{ds dx}{5a}$ ou $\frac{64 dx}{5}$ & dx, on peut, comme on a fait jusqu'ici, exprimer ces dx en ds, ou les laisser en dx, mais après les avoir égalés à ds, ce qui reviendra au même. En prenant ce dernier tour, je distingue ces dx, parce qu'ils sont differents, & j'appelle le 1er Dx. y étant $= \frac{a}{2}$, $dy^2 + Dx^2 = ds^2 = \frac{25Dx^2}{9}$. Et y étant $= a$, $ds^2 = \frac{10\,dx^2}{9}$. Donc les ds étant constants, $25Dx^2 = 10\,dx^2$.

Donc $Dx^2 . dx^2 :: 10 . 25$, & $Dx . dx :: \sqrt{10} . 5$. Donc, comme il ne s'agit ici que de rapports, en mettant au lieu de Dx & de dx, les nombres qui ont même rapport, $\frac{64 Dx}{5} = \frac{64\sqrt{10}}{5}$, & $dx = 5$. Or $\frac{64\sqrt{10}}{5} . 5 :: 64\sqrt{10} . 25$; c'est-à-dire, que la courbure du point où $y = \frac{a}{2}$ est plus de huit fois plus grande que celle du point où $y = a$.

1133. La courbure nulle à l'origine ne va donc pas toûjours en croissant depuis ce point-là, & il faut qu'il y ait plus près de l'origine que le point où $y = a$, un point où elle arrive à un Terme de grandeur, qui ne peut être qu'arbitraire, puisque la Courbe n'a au dessus de son axe qu'un cours continu sans inflexion ni rebroussement.

Croissante depuis l'origine où elle est nulle, jusqu'à un certain point, & de-là décroissante.

Il faut trouver ce *plus grand* comme dans l'art. 1111, & il vient $y = \frac{a}{\sqrt[4]{45}}$.

Comme $\sqrt[4]{45}$ est entre 2 & 3, $y = \frac{a}{\sqrt[4]{45}}$ est plus petite, & par conséquent plus proche de l'origine que $y = \frac{a}{2}$.

1134. Si dans cette Parabole $y = \infty$, ou plustôt $y = \infty^{\frac{1}{3}}$, car sans cela il y auroit beaucoup d'erreur, $\frac{-2a^4 ds dx}{a^4 y + 9y^5} = \frac{-2a^4 ds dx}{9\infty^{\frac{5}{3}}}$. Et comme à cause du parallelisme $dx = ds = \frac{1}{\infty}$, on a $\frac{-2a^4 ds dx}{9\infty^{\frac{5}{3}}} = \frac{1}{\infty^2}$ divisé par $\infty^{\frac{5}{3}}$, & en ne considerant que l'ordre $= \frac{1}{\infty^2 \times \infty^{\frac{5}{3}}} = \frac{1}{\infty^{\frac{11}{3}}}$, courbure du 4me ordre potentiel d'Infiniment petit par rapport au Fini, & de deux ordres radicaux au dessous de $\frac{1}{\infty^{\frac{9}{3}}} = \frac{1}{\infty^3}$.

1135. Donc cette courbure nulle de l'extremité est du

même ordre potentiel par rapport au Fini que celle de la Parabole du 2^d degré (1096).

1136. De ce que la courbure de cette Parabole est nulle, tant à son origine qu'à son extremité, il suit, indépendamment des art. 1132, 1133, qu'elle doit avoir un *plus grand* de courbure entre l'origine & l'extremité.

EXEMPLE VIII.

Courbure de la 1re Parabole du 4me degré.

1137. Soit la 1re Parabole du 4me degré, $a^3x = y^4$. $dy = \frac{a^3dx}{4y^3}$. $ddy = \frac{-3a^6dx^2}{a^6y + 16y^7}$. $\frac{dsddy}{dx} = \frac{-3a^6dsdx}{a^6y + 16y^7}$.

1138. On trouvera, comme dans l'art. 1128, qu'à l'origine la courbure est $-3ddx = \frac{-12}{\infty^4}$.

Comparaison des courbures des 1res Paraboles à leur origine, où elles sont toûjours nulles, excepté dans la Parabole du 2d degré.

1139. Donc le ddx de l'origine étant dans la Parabole du 2^d degré $\frac{2}{\infty^2}$ (1093) $= \frac{2\times 1}{\infty^2}$, dans la 1re Parabole du 3me degré $\frac{6}{\infty^3}$ (1128) $= \frac{3\times 2}{\infty^3}$, dans la 1re du 4me degré $\frac{12}{\infty^4} = \frac{4\times 3}{\infty^4}$, il est aisé de voir que dans chaque 1re Parabole il sera en general $\frac{n\times\overline{n-1}}{\infty^n}$, c'est-à-dire, que toutes ces Paraboles seront d'autant plus perpendiculaires à leur origine que leur degré sera plus élevé, ce qui revient à l'art. 1002, que leur courbure y sera toûjours nulle, excepté dans celle du 2^d degré, & qu'étant nulle, elle sera de l'ordre n d'Infiniment petit, & qu'en même temps le Sinus de l'ordre n sera toûjours plus grand dans son ordre.

1140. A l'extremité de la 1re Parabole du 4me degré, où $y = \infty^{\frac{1}{4}}$, on trouvera $\frac{-3a^6dsdx}{a^6y + 16y^7}$ de l'ordre de $\frac{1}{\infty^{\frac{15}{4}}}$, & par conséquent du 4me ordre potentiel d'Infiniment petit, comme dans les autres 1res Paraboles (1096, 1134). D'où il est aisé de juger que la courbure de toutes les 1res Paraboles

à

à leur extremité, sera toûjours nulle, & de ce même 4me ordre potentiel d'Infiniment petit.

1141. Donc toutes les 1res Paraboles, excepté celle du 2^d^ degré, auront un *plus grand* de courbure entre leur origine & leur extremité.

1142. Si on rassemble les expressions des courbures des extremités des 1res Paraboles, en y remettant les coëfficients finis qu'on avoit negligés, on aura $\frac{1}{4\infty^{\frac{7}{2}}}$ (1096), $\frac{2}{9\infty^{\frac{11}{3}}}$ (1134), $\frac{3}{16\infty^{\frac{15}{4}}}$ (1140), c'est-à-dire en general $\frac{n-1}{nn\times\infty^{\frac{4n-1}{n}}}$. D'où il suit que plus n est grand, plus la courbure nulle de l'extremité approche d'être $=\frac{1}{n\times\infty^4}$, que par conséquent la courbure en est d'autant plus nulle, & ces Paraboles lignes droites dans une plus grande étenduë finie, ou plus paralleles, ce qui revient à l'art. 970.

Comparaison des courbures des 1res Paraboles à leur extremité, où elles sont aussi toûjours nulles.

EXEMPLE IX.

1143. Soit la 2de & derniére Parabole cubique $ax^2=y^3$. $dy=\frac{2axdx}{3y^2}$. $ddy=\frac{-2adx^2}{9y^2+4ay}$. $\frac{dsddy}{dx}=\frac{-2adsdx}{9y^2+4ay}$.

Courbure de la 2de & derniére Parabole du 3me degré.

1144. A l'origine, où $y=dy=ds=\frac{1}{\infty}$, & $dx=ddx$, on a $\frac{-2adsdx}{9y^2+4ay}=\frac{-2adsddx}{4ady}=\frac{-ddx}{2}$. Mais il faut voir ce que vaut ce ddx.

1145. On a par-tout, en negligeant les coëfficients, $dy.dx :: x.y^2$, & à l'origine où $x=dx$, parce qu'il n'y a point d'autre x que dx, & où $dx=ddx$ à cause de la perpendicularité, on a $dy.ddx :: ddx.dy^2$. Donc $ddx^2=dy^3=\frac{1}{\infty^3}$. Donc $ddx=\frac{1}{\infty^{\frac{3}{2}}}$.

1146. $\frac{1}{\infty^{\frac{3}{2}}}=ddx$ est d'un ordre radical au dessous de

$\frac{1}{\infty^{\frac{2}{2}}} = \frac{1}{\infty} = dy$, ce qui suffit pour la perpendicularité, car ce ddx est toûjours nul par rapport à dy. Mais en même temps ddx est la mesure du 1er angle de contingence (1123), ou l'arc circulaire qui le mesure, & cèt arc, dans la courbure ordinaire ou finie, est de l'ordre de $\frac{1}{\infty^2} = \frac{1}{\infty^{\frac{4}{2}}}$. Or ici il n'est que $\frac{1}{\infty^{\frac{3}{2}}}$. Donc il est d'un ordre radical au dessus de $\frac{1}{\infty^2}$, donc infiniment plus grand.

Il est vrai que $\frac{1}{\infty^{\frac{3}{2}}}$ est du 2[d] ordre potentiel par rapport au Fini, mais il est toûjours en lui-même infiniment plus grand que $\frac{1}{\infty^2}$, & cela doit avoir un effet. Donc il faut concevoir le 1er angle de contingence de cette Parabole infiniment plus grand que ne feront les angles de contingence suivants.

Infinie à son origine. 1147. Et comme dès que les angles de contingence s'élevent plus haut qu'ils ne peuvent aller dans une Courbe, on doit rejetter en sens contraire sur les côtés de la Courbe ce qui leur auroit appartenu, il faut concevoir le 1er côté de cette Parabole comme nul, non absolument, mais dans le rapport de $\frac{1}{\infty^{\frac{3}{2}}}$ à $\frac{1}{\infty}$, qui sera la grandeur de tous les autres côtés existants & constants, & après ce 1er côté de l'ordre de $\frac{1}{\infty^{\frac{3}{2}}}$, il se fera un angle de contingence dont le Sinus sera à l'ordinaire de l'ordre de $\frac{1}{\infty^2}$, & par conséquent il se fera un détour ordinaire après un pas infiniment plus petit que ne feront tous les suivants, d'où s'ensuivra à l'origine une courbure infinie de la même maniére que si le 1er angle de contingence y avoit été infiniment plus grand que par-tout ailleurs.

1148. La 2de Parabole cubique a un rebroussement à

son origine, comme l'on verra selon l'art. 940, mais selon le raisonnement de l'art. 1130, ce n'est point ce rebroussement que nous considerons ici, & ce n'est point lui qui rend la courbure infinie ; elle ne l'est que parce que le 1er côté de la Courbe est infiniment petit par rapport aux autres. Mais parce qu'il l'est, & que l'autre posé contre lui, & qui fait le rebroussement, lui est égal, ce rebroussement est accompagné d'une courbure infinie (911).

1149. Si $y = a$, d'où suit $x = a$, on a $\frac{-2adsdx}{9y^2+4ay} = \frac{-2dsdx}{13a}$. Et si $y = 2a$, d'où suit $x = a\sqrt{8}$, on a $\frac{-2adsdx}{9y^2+4ay} = \frac{-dsdx}{22a}$.

1150. Pour comparer $\frac{-2dsdx}{13a}$ & $\frac{-dsdx}{22a}$, ou selon l'art. 1132, $\frac{2Dx}{13}$ & $\frac{dx}{22}$, on a dans la supposition de $y = a = x$, $dy = \frac{2axDx}{3y^2} = \frac{2Dx}{3}$. Donc $dy^2 = \frac{4Dx^2}{9}$. $dy^2 + Dx^2 = \frac{13Dx^2}{9} = ds^2$. Donc $ds = \frac{Dx\sqrt{13}}{3}$, & $Dx = \frac{3ds}{\sqrt{13}}$. Et dans la supposition de $y = 2a$, on a $dy = \frac{dx\sqrt{8}}{6}$, $dy^2 = \frac{8dx^2}{36} = \frac{2dx^2}{9}$. $dy^2 + dx^2 = \frac{11dx^2}{9} = ds^2$. Donc $ds = \frac{dx\sqrt{11}}{3}$, & $dx = \frac{3ds}{\sqrt{11}}$. Donc la courbure du point où $y = a$ est à celle du point où $y = 2a :: 44\sqrt{11} . 13\sqrt{13}$, c'est-à-dire, que la courbure du point plus proche de l'origine est plus que triple de l'autre.

1151. A l'extremité de cette Parabole $\frac{-2adsdx}{9y^2+4ay} = \frac{-2adsdx}{9\infty^{\frac{4}{3}}}$; car y infinie est $= \infty^{\frac{2}{3}}$. D'ailleurs à cause du parallelisme $dx = ds = \frac{1}{\infty}$. Donc la courbure, en negligeant

Nulle à l'extremité.

les coëfficients, est de l'ordre de $\frac{1}{\infty^2}$ divisé par $\infty^{\frac{4}{3}}$, c'est-à-dire de l'ordre de $\frac{1}{\infty^{\frac{10}{3}}}$. Donc elle est nulle, & passe le 3me ordre d'Infiniment petit sans aller jusqu'au 4me, dont elle differe de deux ordres radicaux.

EXEMPLE X.

Courbure de la 2de & derniére Parabole du 4me degré, pareillement infinie à l'origine, & nulle à l'extremité.

1152. Soit la 2de & derniére Parabole du 4me degré $ax^3 = y^4$. $dy = \frac{3ax^2dx}{4y^3}$. $ddy = \frac{-3axdx^2}{16y^3+9axy}$. $\frac{dsddy}{dx} = \frac{-3axdsdx}{16y^3+9axy}$.

1153. A l'origine de cette Parabole, où $y = dy = ds = \frac{1}{\infty}$, & $dx = ddx$, on a $\frac{-3axdsdx}{16y^3+9axy} = \frac{-dsdx}{3dy} = \frac{-ddx}{3}$. Et l'on trouvera, comme dans l'art. 1145, que ddx^3 est $= dy^4$. Donc $ddx = dy^{\frac{4}{3}} = \frac{1}{\infty^{\frac{4}{3}}}$, c'est-à-dire de cet ordre.

1154. Donc selon les art. 1146, 1147, la courbure de cette Parabole à son origine est infinie.

1155. A l'extremité, où $y = \infty^{\frac{3}{4}}$, & $x = \infty$, on a $\frac{-3axdsdx}{16y^3+9axy} = \frac{-3a\infty \times dsdx}{16\infty^{\frac{9}{4}}}$, & pour l'ordre $= \frac{1}{\infty}$ divisé par $\infty^{\frac{9}{4}} = \frac{1}{\infty \times \infty^{\frac{9}{4}}} = \frac{1}{\infty^{\frac{13}{4}}}$. Donc la courbure est nulle, & elle tombe d'un ordre radical au dessous de $\frac{1}{\infty^3}$, & ne va pas jusqu'à $\frac{1}{\infty^4}$.

Courbures infinies des dernières Paraboles de chaque degré à leur origine.

1156. Le ddx de la 2de Parabole cubique à son origine est $= \frac{1}{\infty^{\frac{3}{2}}}$ (1145), & en lui rendant ses coëfficients, parce que $3dy^3 = 2ddx^2$ (1143 & 1144), il est $= \frac{\sqrt{3}}{\sqrt{2} \times \infty^{\frac{3}{2}}}$. Et de plus, parce que la mesure de la courbure de cette

Parabole à son origine est, non pas ddx, mais $\frac{ddx}{2}$ (1144), il est, entant qu'il mesure cette courbure, $= \frac{\sqrt[3]{3}}{2\sqrt[3]{2} \times \infty^{\frac{3}{2}}}$. De même le ddx qui mesure la courbure de la 2de Parabole du 4me degré à son origine est, en lui rendant ses coëfficients, $= \frac{\sqrt[3]{4}}{3\sqrt[3]{3} \times \infty^{\frac{4}{3}}}$. D'où l'on voit qu'en general le ddx qui mesurera la courbure de chaque derniére Parabole d'un degré quelconque n à son origine, sera $\frac{\sqrt[n-1]{n}}{\overline{n-1} \times \sqrt[n-1]{n-1} \times \infty^{\frac{n}{n-1}}}$.

1157. Donc la courbure de chaque derniére Parabole à son origine sera toûjours infinie, car $\infty^{\frac{n}{n-1}}$ ne peut jamais être $= \infty^2$.

1158. De plus, cette courbure infinie sera d'autant plus grande que le degré n sera plus grand, car $\frac{n}{n-1}$ en approchera d'autant plus d'être $= 1$, auquel cas l'angle de contingence seroit fini, ou le 1er côté de la Courbe de l'ordre de $\frac{1}{\infty^2}$. Mais comme n ne peut jamais être $= \infty$, ce qui seul rendroit $\frac{n}{n-1} = 1$, le 1er côté de la Courbe ne peut jamais être de l'ordre de $\frac{1}{\infty^2}$, seulement il en approche toûjours de plus en plus par les ordres radicaux intermediaires. *Et leurs rapports.*

1159. Pour avoir l'expression du ddx de l'origine des Paraboles moyennes dans les degrés qui en ont, il ne faut que comparer les ddx de l'origine des deux Paraboles extrêmes. Par exemple, dans le 5me degré le ddx de la 1re Parabole est $\frac{20}{\infty^2}$ (1139), & celui de la derniére est $\frac{\sqrt[4]{5}}{4\sqrt[4]{4} \times \infty^{\frac{5}{4}}}$ (1156). Or il est aisé de voir que $\frac{20}{\infty^2}$ est $= \frac{4\sqrt[2]{5}}{1\sqrt[2]{1} \times \infty^{\frac{2}{1}}}$ *Courbures des Paraboles moyennes à leur origine.*

& que $\frac{\sqrt[4]{5}}{4\sqrt[4]{4}\times\infty^{\frac{5}{4}}} = \frac{\sqrt[4]{5}}{4\sqrt[4]{4}\times\infty^{\frac{5}{4}}}$.

Donc dans le numerateur de ces fractions, $\sqrt[1]{5}$ eſt devenu de la 1re Parabole à la derniére $\sqrt[4]{5}$, & le coëfficient 4 eſt devenu 1, ce qui marque que dans les fractions intermediaires les numerateurs ont été $3\sqrt[2]{5}$, & $2\sqrt[3]{5}$. On trouvera de même que les dénominateurs ont été $2\sqrt[2]{2}\times\infty^{\frac{5}{2}}$ & $3\sqrt[3]{3}\times\infty^{\frac{5}{3}}$. Par conſéquent les *ddx* de toutes les Paraboles du 5me degré arrangés de ſuite, ſont $\frac{4\sqrt[1]{5}}{1\sqrt[1]{1}\times\infty^{\frac{5}{1}}}$. $\frac{3\sqrt[2]{5}}{2\sqrt[2]{2}\times\infty^{\frac{5}{2}}}$. $\frac{2\sqrt[3]{5}}{3\sqrt[3]{3}\times\infty^{\frac{5}{3}}}$. $\frac{1\sqrt[4]{5}}{4\sqrt[4]{4}\times\infty^{\frac{5}{4}}}$. D'où il ſeroit aiſé de tirer l'expreſſion generale des *ddx* de l'origine de toutes les Paraboles d'un degré quelconque.

1160. Mais ce qu'il y a de plus important à remarquer, c'eſt que les dénominateurs de ces fractions ayant toûjours ∞, dont l'expoſant eſt n, degré de la Parabole, diviſé par tous les nombres naturels depuis 1 juſqu'à $n-1$, tant que le quotient de la diviſion eſt plus grand que 2, la courbure des Paraboles à leur origine eſt nulle, qu'elle eſt finie quand ce quotient eſt $=2$, & infinie quand il eſt moindre que 2.

Cela embraſſe en general ce que M. de l'Hopital a avancé ſans démonſtration *(p. 86 & 87)* ſur la courbure de quelques Paraboles particuliéres à leur origine.

1161. S'il étoit reſté quelque ſcrupule ſur ce que nous avons établi pour marque d'une courbure infinie *ddx*, lorſqu'il eſt ſeulement de quelque ordre radical au deſſus de $\frac{1}{\infty^{\prime}}$, ce ſcrupule ſeroit levé par l'analogie de la courbure des differentes Paraboles d'un même degré, trouvée dans l'art. précédent. Car à compter de la 1re Parabole, la courbure de l'origine étant nulle, & toûjours d'un ordre moins bas jusqu'à une certaine Parabole moyenne, & ensuite finie si le degré de la Parabole le permet, ce qui est très certain, il faut après cela que la courbure devienne infinie, & toûjours plus infinie.

1162. Les courbures des extremités des derniéres Paraboles de chaque degré étant avec leurs coëfficients $\frac{1}{400^{\frac{7}{2}}}$ (1096), $\frac{2}{9\infty^{\frac{10}{3}}}$ (1151), $\frac{3}{16\infty^{\frac{13}{4}}}$ (1155), on voit qu'en general la courbure de l'extremité d'une derniére Parabole sera $\frac{n-1}{nn\infty^{\frac{3n+1}{n}}}$.

Courbures nulles des Paraboles à leur extremité, & leurs rapports.

1163. D'un autre côté la courbure des extremités des 1res Paraboles étant (1142) $\frac{n-1}{nn\infty^{\frac{4n-1}{n}}}$, il est aisé de voir que dans chaque degré la courbure de la 1re Parabole à son extremité qui sera $\frac{n-1}{nn\infty^{\frac{4n-1}{n}}}$, ne differera de celle de la derniére $\frac{n-1}{nn\infty^{\frac{3n+1}{n}}}$ que par les numerateurs de l'exposant de ∞, & que quand il y aura des Paraboles moyennes, les numerateurs des exposants de leur ∞ seront les nombres naturels moyens entre $4n-1$, & $3n+1$.

Par ex. dans le 5me degré, les courbures des extremités des quatre Paraboles seront $\frac{4}{25\infty^{\frac{19}{5}}}$. $\frac{4}{25\infty^{\frac{18}{5}}}$. $\frac{4}{25\infty^{\frac{17}{5}}}$. $\frac{4}{25\infty^{\frac{16}{5}}}$.

Les conséquences sont aisées à tirer pour ce degré & pour tous les autres.

EXEMPLE XI.

Courbure de la Courbe de l'art. 1059.

1164. Dans la Courbe de l'art. 1059, on aura, les ds étant constants, $ddy = \frac{-6\,\overline{x-a}^{-\frac{7}{3}}\,dx^2}{9\,\overline{x-a}^{-\frac{4}{3}}+25}$ & $\frac{ds\,ddy}{dx} =$

$= \frac{-6\,\overline{x-a}^{\,-\frac{7}{3}}\,ds\,dx}{9\,\overline{x-a}^{\,-\frac{4}{3}}+25}$.

1165. On a par-tout dans cette Courbe, $dy \,.\, dx :: 3\,\overline{x-a}^{\,-\frac{2}{3}} \,.\, 5$. Donc au point où se fait l'inflexion, & où la courbure est infinie, x étant $= a$, ou $x - a = \frac{1}{\infty}$, & $\overline{x-a}^{\,-\frac{2}{3}} = \infty^{\frac{2}{3}}$ (1059), on a dans ce point $dy \,.\, dx :: 3\,\infty^{\frac{2}{3}} \,.\, 5$. Donc la Courbe y est perpendiculaire, & l'inflexion s'y fait par un côté perpendiculaire. Donc alors $dy = ds$, & dx tombe au dessous de dy.

1166. Pour avoir la valeur de ce dx, il faut prendre $ds = \frac{1}{\infty}$, puisqu'il est constant, & faire cette analogie. $3\infty^{\frac{2}{3}} \,.\, 5 :: \frac{1}{\infty} \,.\, \frac{5}{3\infty \times \infty^{\frac{2}{3}}} = \frac{5}{3\infty^{\frac{7}{3}}}$. Donc $dx = \frac{5}{3\infty^{\frac{7}{3}}}$.

1167. Donc en ce point où $x = a$, le numerateur de l'expression de la courbure est $-6\infty^{\frac{7}{3}} \times \frac{1}{\infty} \times \frac{5}{3\infty^{\frac{7}{3}}} = \frac{-10}{\infty}$. Et le dénominateur est $9\infty^{\frac{4}{3}}$. Donc la courbure est $\frac{-10}{\infty \times 9\infty^{\frac{4}{3}}} = \frac{-10}{9\infty^{\frac{7}{3}}}$, d'un ordre radical au dessus de $\frac{1}{\infty^{\frac{10}{5}}} = \frac{1}{\infty^2}$, donc elle est infinie, ainsi qu'on l'a trouvée par le Rayon de la Développée infiniment petit (1059).

1168. Et l'on peut remarquer la correspondance des deux Methodes, dont la 1re mesure la courbure par le Rayon de la Développée, & la 2de par le Sinus de l'angle de contingence. Dans la 1re la courbure étant finie tant que le Rayon est fini, ou de l'ordre de 1, elle devient infinie, quand ce Rayon tombe dans un ordre quelconque au dessous de 1, potentiel ou radical. Dans la 2de, la courbure étant finie tant que le Sinus est de l'ordre de $\frac{1}{\infty^2}$, elle devient infinie, quand ce ce Sinus s'éleve d'un ordre quelconque au dessus de $\frac{1}{\infty^2}$. Selon la 1re, le Rayon est tombé dans le 1er ordre potentiel compris entre 1 & $\frac{1}{\infty}$, puisqu'il a été $\frac{3}{2\infty^{\frac{3}{5}}}$ (1059), & selon la 2de, le Sinus s'est élevé dans le 1er ordre potentiel compris entre $\frac{1}{\infty^2}$ & $\frac{1}{\infty}$, puisqu'il est $\frac{-10}{9\infty^{\frac{9}{5}}}$. Toutes deux ne donnent qu'un Infini de courbure d'un ordre radical pur.

1169. Si $x = \frac{1}{\infty}$, on a $dy . dx :: -3a^{-\frac{2}{5}} . 5$, $:: \frac{-3}{a^{\frac{2}{5}}} . 5$, ce qui fait voir que le rapport de dy à dx étant fini en ce point, la Courbe y est oblique à son axe. Donc alors dx, dy, & ds, sont chacun de l'ordre de $\frac{1}{\infty}$.

1170. La courbure de ce point est $\frac{-6 \times -a^{-\frac{7}{5}} \times ds\,dx}{9 \times -a^{-\frac{4}{5}} + 25}$. Le numerateur est $6a^{-\frac{7}{5}} \times \frac{1}{\infty^2}$ (1169) $= \frac{6}{a^{\frac{7}{5}}\infty^2}$. Le dénominateur est $-9a^{-\frac{4}{5}} + 25 = \frac{-9+25a^{\frac{4}{5}}}{a^{\frac{4}{5}}}$. Donc la courbure est $\frac{6a^{\frac{4}{5}}}{-9a^{\frac{7}{5}} + 25a^{\frac{11}{5}} \times \infty^2} = \frac{6}{-9a^{\frac{3}{5}} + 25a^{\frac{7}{5}} \times \infty^2}$, courbure finie.

1171. Si $x = \infty$, on a $dy . dx :: 3\infty^{-\frac{2}{5}} . 5$, $:: \frac{3}{\infty^{\frac{2}{5}}} . 5$. Donc la Courbe à l'extremité de son cours est parallele à son axe, & $ds = dx$.

1172. La courbure de ce point est $\frac{-6\infty^{-\frac{7}{5}} ds\,dx}{9\infty^{-\frac{4}{5}} + 25}$. Le numerateur est $\frac{-6}{\infty^{\frac{7}{5}} \times \infty^2} = \frac{-6}{\infty^{\frac{17}{5}}}$. Le dénominateur est

Ccc

$\frac{9}{\infty^{\frac{3}{5}}} + 25 = 25$. Donc la courbure est $\frac{-6}{25\infty^{\frac{17}{5}}}$, courbure nulle, & qui est de plus d'un ordre potentiel au dessous de $\frac{1}{\infty^2}$.

1173. Cette Courbe commence par être oblique à son axe, & là elle a une courbure finie (1169 & 1170), ensuite sa courbure est croissante, puisqu'elle doit devenir infinie au point où $x = a$ (1167), en même temps la Courbe arrive à une inflexion perpendiculaire (1165); donc les dy ont été croissants depuis l'origine aussi-bien que les y, donc la Courbe a été convexe vers son axe. Aussi le Sinus de l'angle de contingence est-il positif à l'origine selon l'art. 1070, car il est visible que $-9a^{\frac{3}{5}} + 25a^{\frac{7}{5}}$ ne peut être qu'une grandeur positive. Donc dans l'inflexion la Courbe passe de la convexité à la concavité, & par cette raison le Sinus devient negatif en ce point (1167), après quoi il l'est toûjours, tandis que la Courbe concave vers son axe va de la perpendicularité au parallelisme par un cours infini (1171 & 1172).

EXEMPLE XII.

Courbure de la Courbe de l'art. 962.

1174. Soit la Courbe de l'art. 962, où dy étant $= \frac{2a^3xdx}{\overline{x^2+a^2}^2}$, on a $\frac{dsddy}{dx} = \frac{\overline{2a^7 - 6a^3x^4 - 4a^5x^2} \times \overline{dsdx}}{x^8 + 4a^2x^6 + 6a^4x^4 + 8a^6x^2 + a^8}$.

1175. Cette Courbe ayant à son origine $x = dx$, & de plus étant parallele, ce qui rend $dx = ds = \frac{1}{\infty}$, la Formule de sa courbure pour ce point se réduit à $\frac{\overline{2a^7} \times \overline{dsdx}}{a^8} = \frac{2dsdx}{a} = \frac{2}{a \times \infty^2}$, courbure ordinaire & finie.

1176. M. de l'Hopital a démontré *(p. 64)* que cette Courbe a une inflexion au point où $x = \frac{a}{\sqrt{3}}$. Et en effet si dans le numerateur de la Formule de sa courbure on met, au lieu de x^4 & de x^2, ses puissances 4 & 2 de $\frac{a}{\sqrt{3}}$, on aura ce numerateur $= 0$, ce qui fait voir que la courbure est alors absolument nulle, or elle le peut devenir dans l'inflexion.

De-là il suit que tant que x est moindre que $\frac{a}{\sqrt{3}}$, la Formule de la coubure ou le Sinus de l'angle de contingence est positif, & au contraire negatif, quand x est plus grand que $\frac{a}{\sqrt{3}}$; & en effet dans le 1er cas la Courbe est convexe vers son axe, & concave dans le 2[d], ce qui confirme ce que nous avons déja remarqué sur le signe dont est affecté le Sinus de l'angle de contingence.

1177. Si $x = \infty$, la Formule se réduit à $\frac{-6a^3\infty^4 dsdx}{\infty^8}$ $= \frac{-6a^3 ds dx}{\infty^4}$. Or la Courbe étant parallele à son extremité aussi-bien qu'à son origine, & par conséquent $dsdx = \frac{1}{\infty^2}$; la courbure de l'extremité est $\frac{6a^3}{\infty^2}$ divisé par ∞^4, ou $\frac{6a^3}{\infty^6}$. Donc la courbure est du 6me ordre d'Infiniment petit, ou de quatre ordres au dessous de la courbure ordinaire & finie.

1178. Puisque la courbure est nulle au point où $x = \frac{a}{\sqrt{3}}$, & nulle à l'extremité, il faut qu'entre ces deux points il y ait un *plus grand* de courbure, ou Terme arbitraire.

1179. Si l'Hiperbole, dont la courbure à son extremité n'est que de l'ordre de $\frac{1}{\infty^3}$ (1105 & 1106), est ligne droite dans une étenduë infinie, & a une Asimptote, à plus forte raison cela appartiendra-t-il à cette Courbe, dont la courbure à son extremité est de l'ordre de $\frac{1}{\infty^6}$. En effet on sçait d'ailleurs qu'elle a une Asimptote (962).

1180. Ces Courbes, qui ne sont courbes que vers leur origine dans une étenduë finie indéterminable, & deviennent lignes droites vers leur extremité dans des étenduës infinies, ne le deviennent pas exactement, comme nous l'avons dit tant de fois. Elles sont alors parfaitement dans le cas des art. 732, 733, 734.

Quelles Courbes deviennent droites dans des étenduës infinies.

1181. Par l'exemple de l'Hiperbole & de cette derniére Courbe, on voit assés que les Courbes dont le Sinus de l'angle de contingence est de l'ordre de $\frac{1}{\infty^3}$, & au dessous, deviennent, non exactement, mais sensiblement droites dans des étenduës infinies, & ont des Asimptotes.

Quelles Courbes le deviennent dans des étenduës finies.

1182. D'un autre côté la Logarithmique, dont le Sinus de la courbure est de l'ordre de $\frac{1}{\infty^4}$ complet, est ligne droite dans une étenduë finie (1110), & n'a point d'Asimptote de ce côté-là, d'où il suit que toutes les Paraboles dont le Sinus de la courbure à leur extremité est de l'ordre de $\frac{1}{\infty^4}$ incomplet, ou dont tous ces Sinus sont compris entre $\frac{1}{\infty^3}$ & $\frac{1}{\infty^4}$ (1162 & 1163), seront aussi lignes droites dans des étenduës finies, aussi n'ont-elles point d'Asimptote. Telle est encore la Courbe de l'art. 1164.

1184. Toutes ces Courbes, qui à leur extremité sont lignes droites dans des étenduës finies ou infinies, ne sont pas pour cela dans toutes ces étenduës, ou paralleles, ou perpendiculaires, ou obliques à leur axe, comme seroient des lignes droites exactes. La raison en est qu'elles ne sont pas lignes droites exactes, & qu'elles varient encore de direction, quoi-qu'infiniment moins qu'elles ne faisoient, lorsqu'elles étoient finiment & sensiblement courbes vers leur origine. De-là il suit qu'elles n'arrivent à leur position *finale* à l'égard de l'axe, qu'après une certaine étenduë de leur rectitude imparfaite.

1185. Puisqu'il y a des Courbes qui deviennent lignes droites dans des étenduës finies, & d'autres dans des étenduës infinies, il faut qu'il y en ait qui ne le deviennent que dans des étenduës infiniment petites. On l'a déja vû par celles qui ont deux côtés du 1er ordre posés bout à bout en ligne droite, ainsi qu'il arrive ordinairement dans l'inflexion; mais de plus il doit être possible que cela arrive aussi à l'extremité du cours infini d'une Courbe, & alors il peut y avoir aussi plus de deux côtés posés bout à bout en ligne droite.

1186. L'analogie demande encore plus. Puisqu'il y a des Courbes qui ne le sont que dans des étenduës finies indéterminables, & deviennent ensuite lignes droites dans des étenduës infinies, & d'autres qui sont Courbes dans des étenduës infinies, & lignes droites seulement dans des étenduës finies, il faut qu'il y en ait de moyennes qui seront courbes dans des étenduës infinies, & droites dans des étenduës infinies.

Quelles Courbes peuvent être Courbes dans des étenduës infinies, & devenir droites dans des étenduës infinies.

1187. Puisque les Courbes, dont le Sinus de la courbure de l'extremité est compris entre $\frac{1}{\infty^3}$ & $\frac{1}{\infty^4}$ inclusivement, sont courbes dans des étenduës infinies, & droites seulement dans des étenduës finies, & que celles dont le Sinus de la courbure est de l'ordre de $\frac{1}{\infty^5}$ & au dessous, sont courbes dans des étenduës finies indéterminables, & droites dans des étenduës infinies; on peut juger que celles qui seront courbes dans des étenduës infinies, & droites dans des étenduës infinies, auront le Sinus de leur courbure compris entre $\frac{1}{\infty^4}$ & $\frac{1}{\infty^5}$. Elles n'auront point d'Asimptote.

1188. Et pour achever la distribution des differentes especes de Courbes à cet égard, celles dont le Sinus de la courbure ne sera qu'entre $\frac{1}{\infty^2}$ & $\frac{1}{\infty^3}$ ne seront droites à leur extremité que dans des étenduës infiniment petites.

1189. Le plus ou le moins d'étenduë quelconque dans laquelle une Courbe sera droite, dépendra de ce que le Sinus de sa courbure sera plus ou moins bas dans l'ordre qui changera la Courbe en droite.

Conformité de la Theorie précédente de la courbure avec celle des Rayons des Développées.

1190. Il est très aisé de ramener à cette Theorie de la courbure celle des Rayons des Développées, que je suppose connuë, & même d'en éclaircir quelques obscurités par les principes qui ont été établis.

J'appelle *Développante*, la Courbe engendrée par le développement de celle qu'on appelle Développée.

Les Rayons de la Développée sont des perpendiculaires tirées sur les extremités de chaque côté de la Développante du côté de sa concavité, & les distances où concourent deux de ces perpendiculaires consécutives quelconques, déterminent les longueurs des Rayons de la Développée pour les points ou côtés correspondants de la Développante.

1191. Soit un côté de la Développante $=\frac{1}{\infty}$. Si je tire deux perpendiculaires sur ses deux extremités, elles y seront encore perpendiculaires ou paralleles entr'elles, quoi-que je les conçoive concourantes à une distance finie, car l'angle qu'elles feront entr'elles sera infiniment petit à cause de la base $=\frac{1}{\infty}$. Donc je puis concevoir le Rayon de la Développée comme ayant une longueur finie.

1192. Mais si le côté de la Développante ou la base de l'angle infiniment petit des deux perpendiculaires est $=\frac{1}{\infty^2}$, les deux perpendiculaires concourront à une distance infiniment petite du 1er ordre (708). Donc le Rayon de la Développée sera infiniment plus petit qu'il n'étoit dans le cas précédent.

1193. Et comme la Theorie des Développées demande que l'on conçoive toûjours les perpendiculaires à la Développante comme concourantes, le Rayon de la Développée est fini dans le 1er cas, & dans le 2^{d}, infiniment petit.

1194. Or dans nôtre Theorie de la courbure, quand le côté d'une Courbe est $=\frac{1}{\infty^2}$, la courbure est infinie, donc quand la courbure est infinie, le Rayon de la Développée est infiniment petit.

Cette conclusion, qui est une proposition de la Theorie des Développées, ne seroit peut être pas trop claire en elle-même, ou d'une verité trop évidente, si on ne la fondoit sur le côté $=\frac{1}{\infty^2}$, qui en est la veritable cause, & qui ne paroît pourtant point dans la Theorie ordinaire.

1195. On voit aussi par-là une autre chose démontrée dans cette Theorie, & peu évidente par elle-même. Une infinité de Développantes, la Parabole par ex. ne peuvent être engendrées que par une Développée dont l'origine soit à une certaine distance finie de celle de la Développante, ou, ce qui est la même chose, il a fallu, pour produire la Developpante, laisser à la Développée un bout de fil fini qui allât au de-là de son origine, au lieu que pour d'autres Développantes la Développée n'a pas besoin de cet excedent de fil, ce qui paroît plus naturel, & devroit vrai-semblablement appartenir à toutes les Courbes.

Cela vient de ce que quand le 1er côté de la Developpante est $= \frac{1}{\infty}$, il est impossible que les deux perpendiculaires concourent plustôt qu'à une distance finie, au lieu que quand ce 1er côté est $= \frac{1}{\infty^2}$, elles concourent à une distance infiniment petite.

1196. De-là vient aussi que quand le 1er côté est $= \frac{1}{\infty}$, le Rayon de la Développée, ou l'excedent de fil qu'il a fallu laisser à la Développée, a toûjours rapport au parametre de la Développante, ou est plus ou moins grand, selon que ce parametre l'est. Car c'est ce parametre qui regle la grandeur absoluë des côtés d'une Courbe, & par conséquent celle du 1er côté $= \frac{1}{\infty}$, qui est la base de l'angle infiniment petit des deux perpendiculaires. Or plus cette base sera grande, plus les deux perpendiculaires concourront loin, & au contraire. On en voit un exemple dans la Parabole, p. 80 & suiv. des *Inf. petits.*

1197. Si on conçoit deux côtés du 1er ordre posés bout à bout en ligne droite, il est certain que toutes les perpendiculaires tirées sur ces deux côtés doivent être paralleles, de quelque maniére qu'elles le soient. Si on conçoit celles d'un de ces côtés concourantes à une distance finie, le point de leur concours répondra au milieu de ce côté. Il en ira de même des deux perpendiculaires tirées sur le 2^d^ côté, dont le milieu répondra à leur point de concours. Donc il y aura quatre perpendiculaires qui, prises deux à deux, auront des points de concours differents. Donc les deux 1res perpendiculaires pourront être conçûës comme paralleles entr'elles, & de même les deux derniéres entr'elles, mais non pas toutes les quatre entr'elles, ce qui devroit pourtant être. Donc ce n'est pas là comme il faut concevoir le parallelisme des perpendiculaires dans le cas present. Donc il ne reste qu'une maniére, qui est de les concevoir exactement paralleles, moyennant quoi il n'y en a plus que trois.

1198. Donc ces trois perpendiculaires exactement paralleles sont infinies, ou, comme elles n'en sont qu'une à cause de leur proximité infinie, c'est un Rayon de la Développée infini, dans le cas où la courbure est nulle.

1199. Donc le Rayon de la Développée infiniment petit, répondant à la courbure infinie, & le Rayon de la Développée infini à la courbure nulle, il est aisé de voir que des Rayons de la Développée finis répondront aux courbures finies, & de plus seront en raison renversée de ces courbures, ou ces courbures en raison renversée des Rayons.

Fin de la premiére Partie.

ELEMENTS

ÉLEMENTS DE LA GEOMETRIE DE L'INFINI.

SECONDE PARTIE.

DIFFERENTES APPLICATIONS *OU* REMARQUES.

SECTION PREMIÉRE.

De l'exactitude du Calcul de l'Infini.

LE grand principe & le plus fécond du Calcul de l'Infini est de faire disparoître toutes les grandeurs d'ordres inferieurs devant celles qui sont d'un ordre superieur. Cette methode laisse toûjours quelque ombre de difficulté dans l'esprit; on croit bien que les grandeurs que l'on ne compte point, on les neglige sans erreur sensible, mais enfin n'y eût-il qu'une erreur infiniment petite, on soupçonne qu'il y en a, & on croit passer à la nouvelle Geometrie une sorte de licence. C'est ce que je vais examiner.

L'exactitude demande que les grandeurs, qu'on neglige dans le Calcul de l'Infini, soient negligées comme elles le sont.

1200. Soit un Triangle rectangle isoscele, dont la hauteur & la base soient chacune, par ex. $= 4$, l'aire sera la moitié du quarré de 4, c'est-à-dire 8.

Je puis prendre cette aire autrement. Je divise la hauteur 4 en quatre parties égales, & par chaque point de division je mene des paralleles à la base, que j'appelle autant de bases. Elles croissent comme les nombres naturels 1, 2, 3, 4. De plus par l'extremité où chaque base rencontre l'hipotenuse, je tire une perpendiculaire sur la base suivante, & je vois que l'aire du triangle est exactement remplie par trois parallelogrammes rectangles, & quatre petits triangles rectangles isosceles. Les parallelogrammes sont formés des bases 1, 2, 3, multipliées chacune par la hauteur 1, & par conséquent leur somme est celle des trois premiers nombres naturels, qui est $\frac{3^2+3}{2} = 6$. Les triangles sont chacun $= \frac{1}{2}$, ce qu'il est très aisé de voir, & il y en a quatre. Donc leur somme est $\frac{1}{2} \times 4 = 2$. La somme totale qui fait l'aire du triangle est $6 + 2 = 8$. Les deux methodes pour trouver l'aire, sont donc toutes deux exactes, & le sont également.

En general n étant dans la 2de methode le nombre des divisions de la hauteur du triangle, ou celui de ses bases, on aura pour la somme des parallelogrammes $\frac{\overline{n-1}^2 + \overline{n-1}}{2}$, & pour celle des petits triangles $\frac{n}{2}$, & pour l'aire totale $\frac{\overline{n-1}^2 + \overline{n-1}}{2} + \frac{n}{2}$, que je laisse exprès sous cette forme, parce que la 1re partie de cette grandeur complexe appartient aux parallelogrammes seuls, & la 2de aux petits triangles seuls.

1201. Si ce triangle fini, qu'on vient de considerer, est conçû prolongé à l'infini, de sorte que sa hauteur & sa base soient chacune $= \infty$, il est certain que par la 1re methode son aire $\frac{\infty^2}{2}$ est parfaitement exacte. Si on y applique la 2de, en y concevant à l'infini les parallelogrammes & les petits triangles, dont on a déja vû les premiers dans le Fini, l'aire fera $\frac{\overline{\infty-1}^2 + \overline{\infty-1}}{2} + \frac{\infty}{2}$. Or pour être exacte, il faut qu'elle soit $= \frac{\infty^2}{2}$, ce qui ne se peut, à moins que dans l'expression de l'aire par la 2de methode, on ne neglige 1° -1 devant ∞^2 & ∞; 2° $\frac{\infty}{2}$ dans la 1re partie de la grandeur complexe, 3° encore $\frac{\infty}{2}$ dans la 2de. Il est donc vrai que loin que ce soit une espece de licence, & une inexactitude de negliger les grandeurs d'un ordre inferieur devant une grandeur d'un ordre superieur, cela est absolument necessaire pour la parfaite exactitude, du moins en cette occasion.

1202. Il sera bon d'examiner plus particuliérement pourquoi l'exactitude demande que les grandeurs negligées le soient. Les parallelogrammes qui entrent dans le Triangle infini, & dont la somme est celle de la Suite naturelle, ont pour somme entiére $\frac{\infty^2+\infty}{2}$, car j'y negligle déja le -1, qui ne peut pas faire de difficulté, il n'y en peut avoir que sur $\frac{\infty}{2}$ negligé. La Formule de la somme des nombres naturels étant $\frac{nn+n}{2}$, il est necessaire que $\frac{n}{2}$ soit toûjours d'autant moindre par rapport à $\frac{nn}{2}$ que n est un plus grand nombre, & la somme ne peut avoir le caractere d'être poussée à l'infini, que quand n n'est rien par rapport à nn, sans quoi elle seroit parfaitement de la même condition qu'une progression arithmetique d'un nombre fini de termes. Ce seroit donc une contradiction, que n fût quelque chose dans $nn+n$ poussée à l'infini, & rien n'est plus contraire à l'exactitude d'un calcul que d'y renfermer une contradiction avec la supposition qu'on a faite.

1203. Mais la somme exacte des parallelogrammes du triangle infini étant $\frac{\infty^2}{2}$, il semble que le second $\frac{\infty}{2}$ y devient necessaire pour l'exactitude, & qu'il faut l'y joindre pour faire la somme des petits triangles, car chacun d'eux étant $= \frac{1}{2}$, & leur nombre $= \infty$, leur somme est justement $\frac{\infty}{2}$, & ces petits triangles existent réellement dans le triangle infini aussi-bien que dans le fini, & pour avoir l'aire exacte, il faut y faire entrer tout ce qu'elle contient. Comment le sera-t-elle davantage, si on en retranche quelque chose de ce qu'elle contient réellement?

Voici la Solution. Si l'on conçoit que dans la Figure du triangle fini qu'on a posé d'abord, il n'y ait point d'hipotenuse, & que par conséquent il n'y reste d'espaces tracés que ceux des trois parallelogrammes, il est certain que le tout n'est point une Figure triangulaire, mais une espece de Figure à échelons. Il lui manque, pour être triangulaire, une hipotenuse actuellement tracée, qui passât par les extremités des quatre bases paralleles, & cette hipotenuse tracée feroit naître quatre petits triangles isosceles. Si on divise la même hauteur en un nombre quelconque fini plus grand que 4, & que par tous les points de division on tire des bases paralleles croissantes selon la progression des nombres naturels, & que l'on ne trace point d'hipotenuse, la Figure n'est point plus un triangle qu'elle ne l'étoit, mais une Figure à un plus grand nombre d'échelons, & à un plus grand nombre de parallelogrammes croissants, & elle n'a point plus qu'elle ne les avoit ces petits triangles, qui la rendroient triangulaire, & qui ne lui peuvent être donnés que par une hipotenuse actuelle. Mais si la hauteur, toûjours la même, est divisée en un nombre de parties $= \infty$, ce qui rend les bases paralleles infiniment proches, alors sans rien de plus la Figure est triangulaire, la suite des extremités de ses bases lui fait seule une hipotenuse, qui n'a pas besoin d'être autrement tracée, comme elle en avoit besoin quand les bases étoient finiment distantes, & par conséquent dans cette derniére supposition de l'infini, il n'est pas necessaire, afin que la Figure soit un triangle, de lui concevoir les petits triangles, comme il eût été necessaire dans toutes les suppositions du Fini.

Je dis qu'il n'est pas *necessaire* de les concevoir, car il est certain qu'on le peut, mais pour mettre une difference essentielle entre le cas du Fini, & celui de l'Infini, il suffit qu'une même chose soit necessaire dans l'un & non pas dans l'autre.

Tout se réduit donc à ceci, que dans le triangle fini la proximité infinie des bases rend non-necessaire la consideration des petits triangles, quoi-qu'existants. Or dans le Triangle infini supposé, les bases finiment distantes sont aussi infiniment proches que celles du triangle fini, qui ont des distances $= \frac{1}{\infty}$. Donc dans le Triangle infini, la consideration des petits Triangles ou de la somme $\frac{\infty}{2}$ n'est pas necessaire. Or si elle n'est pas necessaire, ce seroit une superfluité que de l'employer, & toute superfluité est contre l'exactitude. Donc, &c.

1204. La raison de l'art. précédent se joint encore à celle-ci. Quand on a fait une supposition d'Infini, il faut que tout ce qui en peut porter le caractere, le porte.

1205. Le raisonnement qu'on vient de faire dans l'art. 1203, suppose que l'hipotenuse du triangle fini étoit suffisamment tracée par les extremités des bases paralleles infiniment proches, & cela est vrai en general. Une ligne quelconque est suffisamment tracée, quand la position de tous ses élements est déterminée; ainsi si on avoit une Suite de points infiniment proches, également & finiment distants d'un même point, le Cercle seroit suffisamment tracé, quoi-que les intervalles infiniment petits des points ne fussent pas remplis par de petites droites, mais la position de ces petites droites, élements du Cercle, étant toûjours déterminée par deux points consécutifs, cela suffiroit, puisqu'il seroit impossible qu'une autre ligne qu'un Cercle eût ses élements posés entre ces points. Dans un Triangle fini, dont les bases sont finiment distantes, leurs extremités, qui le sont pareillement, ne déterminent point la position des élements d'une hipotenuse finie qui devroient être infiniment petits, & cette hipotenuse n'est point par conséquent suffisamment tracée par les extremités de ces bases, mais dans le triangle infini l'hipotenuse l'est suffisamment par les extremités des bases paralleles, quoique finiment distantes, parce que les élements de cette hipotenuse infinie sont finis.

1206. Soit un triangle fini rectangle isoscele, dont la hauteur & la base soient chacune $= 1$. Son aire sera $= \frac{1}{2}$, & elle est exacte. Si l'on considere ce triangle comme formé d'une infinité de parallelogrammes infiniment petits, croissants selon la Suite naturelle, & de petits triangles isosceles tous égaux, la somme de ces parallelogrammes, qui sont les bases $\frac{1}{\infty}, \frac{2}{\infty}, \frac{3}{\infty}$, &c. 1, multipliées chacune par la hauteur $\frac{1}{\infty}$, sera $\frac{\infty^2}{2\infty} \times \frac{1}{\infty} = \frac{\infty^2}{2\infty^2} = \frac{1}{2}$, & la somme des petits triangles dont chacun est $\frac{1}{\infty} \times \frac{1}{\infty} \times \frac{1}{2}$, sera $\frac{1}{2\infty^2} \times \infty = \frac{1}{2\infty}$, par conséquent l'aire totale sera $\frac{1}{2} + \frac{1}{2\infty}$, où il faut negliger $\frac{1}{2\infty}$ pour l'exactitude. Il est aisé de voir que selon cette seconde idée, le triangle fini est formé d'une Suite infinie, qu'il devient un veritable Infini, & en prend les propriétés.

1207. Si les grandeurs, que le Calcul de l'Infini neglige dans la somme de la Suite naturelle, ou de toute autre progression semblable, y sont negligées, non par une espece de licence, mais pour la parfaite exactitude, il en ira de même de celles que ce Calcul neglige dans les sommes de toutes les autres progressions formées selon d'autres loix, par ex. dans celles des nombres naturels élevés au quarré, au cube, &c. comme on l'a vû dans les art. 211, 223, &c. & en general de toutes les grandeurs negligées par le même principe. Donc le Calcul de l'Infini est aussi exact que celui du Fini.

1208. Les bases infiniment proches du Triangle fini peuvent, en conservant cette même proximité, être conçûës comme changées en d'autres lignes qui croîtront selon d'autres loix, & dès qu'elles ne seront plus en progression arithmetique, leurs extremités traceront des Courbes, dont les aires pourront être calculées comme celle du Triangle, si on a les sommes des Suites que ces lignes suivront ou representeront.

SECTION II.

Application de la Theorie des Infinis radicaux, & de celle des sommes des Suites aux Espaces Hiperboliques.

1209. SOIENT toutes les Hiperboles possibles, c'est-à-dire toutes celles de tous les differents degrés, comprises entre les mêmes Asimptotes, qui fassent entr'elles un angle droit, & dont l'une est l'axe commun de toutes les Hiperboles, & l'autre doit devenir leur derniére Ordonnée infinie. J'appelle par cette raison la premiére Asimptote x, & l'autre y. L'origine ou sommet de toutes ces Hiperboles est le même, & il est au point qui répond à $x = a$. Il s'agit de trouver quels sont les espaces compris entre chaque Hiperbole & ses deux Asimptotes, à compter ces espaces depuis l'Ordonnée terminée à l'origine commune des Hiperboles jusqu'à l'extremité de chaque Hiperbole de l'un & de l'autre côté.

Il est connu de tous les Geometres que ydx est l'élement ou l'infiniment petit de tous les espaces curvilignes, de sorte que tous les Espaces Hiperboliques ou Asimptotiques ne sont que la somme d'une Suite infinie de ydx.

Si, selon la supposition, on compte ces Espaces depuis l'origine commune des Hiperboles, les ydx font une Suite infiniment infinie, lorsqu'on les prend depuis cette origine jusqu'à l'extremité de l'Asimptote x, qui est aussi l'axe commun, car de ce côté-là $x = \infty$. Mais si on prend ces espaces de l'autre côté de l'origine des Hiperboles jusqu'au point de concours des Asimptotes, qui est l'origine des x, la Suite des ydx est simplement infinie, car de ce côté là l'axe n'est que $x = a$.

1210. Toute Hiperbole a deux branches, dont l'une devient parallele à son axe, & l'autre perpendiculaire à ce même axe, toutes deux au bout d'un cours infini, ou, ce qui est la même chose, toute Hiperbole au bout d'un cours infini, vient à se confondre d'un côté avec l'Asimptote x, qui est l'axe, & de l'autre avec l'Asimptote y, qui est une Ordonnée infinie. Donc d'un côté y devient infiniment petit, & de l'autre infiniment grand. Mais ces deux Infinis ont besoin d'être bien caracterisés.

1211. Je suppose dx constant, ou toûjours $=\frac{1}{\infty}$, non seulement pour chaque Hiperbole en particulier, mais pour toutes, de sorte qu'il sera le même dans toutes. Du côté de l'Asimptote x, il est bien clair que dx sera $=\frac{1}{\infty}$ jusqu'à l'extremité des Hiperboles, puisque là elles sont paralleles à cette Asimptote, mais de l'autre côté, où elles sont perpendiculaires, dx sera encore $=\frac{1}{\infty}$ dans la perpendicularité, parce que toute Hiperbole s'y confondant avec une Asimptote perpendiculaire, son dernier dy sera $=\infty$, ou de cet ordre (864, 865, 866), ce qui emporte qu'il suffit que le dernier dx soit de deux ordres au dessous de ce dy, c'est-à-dire $=\frac{1}{\infty}$.

1212. Au point de concours des Asimptotes, l'axe x est $=\frac{1}{\infty}$, donc (1211) $=dx$, qui répond à l'Asimptote ou Ordonnée perpendiculaire, & il est le même que ce dx.

1213. Comme nous déterminons par les derniers termes des Suites, si leurs sommes sont finies ou infinies, il faut voir quelle sera des deux côtés des Hiperboles la derniére grandeur ydx. Or pour avoir le dernier ydx de l'un & de l'autre côté, il faut du côté où les Hiperboles arrivent au parallelisme, supposer $x=\infty$, ce qui est clair, & de l'autre $x=\frac{1}{\infty}$, puisque c'est à ce point qu'elles arrivent à la perpendicularité.

Calcul de la grandeur infinie ou finie des deux espaces Asimptotiques des Hiperboles de tous les degrés.

1214. Soit l'Hiperbole ordinaire, ou l'unique du 2[d] degré, ou $x.a :: a.y$.

Si $x=\infty$, $y=\frac{1}{\infty}$, & $dx=\frac{1}{\infty}$, à cause du parallelisme, donc le dernier $ydx=\frac{1}{\infty}\times\frac{1}{\infty}=\frac{1}{\infty^2}$. Or de ce côté là la Suite des ydx est infiniment infinie (1209), donc la somme des ydx est infinie (635), ou l'espace asimptotique est infini.

Si

Si $x = \frac{1}{\infty}$, $y = \infty$, & $dx = \frac{1}{\infty}$, à cause de l'Asimptote perpendiculaire (1211 & 1212), ou $dx = x = \frac{1}{\infty}$. Donc ydx est alors $= \infty \times \frac{1}{\infty} = 1$. Or la Suite des ydx est simplement infinie (1209), donc la somme en est infinie (610) ou l'espace est infini.

1215. Soit la 1re Hiperbole du 3me degré, où $x \,.\, a :: a^2 \,.\, y^2$.

Si $x = \infty$, $y^2 = \frac{1}{\infty}$, & $y = \frac{1}{\infty^{\frac{1}{2}}}$. $ydx = \frac{1}{\infty^{\frac{1}{2}}} \times \frac{1}{\infty} = \frac{1}{\infty^{\frac{3}{2}}}$. Donc (1209 & 635), l'espace est infini.

Si $x = \frac{1}{\infty}$, $y^2 = \infty$, & $y = \infty^{\frac{1}{2}}$. Donc $ydx = \infty^{\frac{1}{2}} \times \frac{1}{\infty} = \frac{1}{\infty^{\frac{1}{2}}}$. Donc (1209 & 609) l'espace est fini.

1216. Soit la 2de Hiperbole du 3me degré, où $x^2 \,.\, a^2 :: a \,.\, y$.

Si $x = \infty$, $y = \frac{1}{\infty^2}$, $ydx = \frac{1}{\infty^3}$. Donc (636) l'espace est fini.

Si $x = \frac{1}{\infty}$, $y = \infty^2$, $ydx = \infty$. Donc l'espace est infini (611).

1217. Soit la 1re Hiperbole du 4me degré, où $x \,.\, a :: a^3 \,.\, y^3$.

Si $x = \infty$, $y^3 = \frac{1}{\infty}$, $y = \frac{1}{\infty^{\frac{1}{3}}}$. $ydx = \frac{1}{\infty^{\frac{4}{3}}}$. Donc l'espace est infini.

Si $x = \frac{1}{\infty}$, $y^3 = \infty$, $y = \infty^{\frac{1}{3}}$, $ydx = \frac{\infty^{\frac{1}{3}}}{\infty} = \infty^{\frac{1-3}{3}} = \infty^{\frac{-2}{3}} = \frac{1}{\infty^{\frac{2}{3}}}$. Donc l'espace est fini.

1218. Soit la 2de Hiperbole du 4me degré, où $x^3 \,.\, a^3 :: a \,.\, y$.

Si $x = \infty$, $y = \frac{1}{\infty^3}$, $ydx = \frac{1}{\infty^2}$. Donc l'espace est fini.

Si $x = \frac{1}{\infty}$, $y = \infty^3$, $ydx = \infty^2$. Donc l'espace est infini.

Que toutes les Hiperboles, excepté celle du 2d degré, ont un de leurs espaces Asimptotiques infini, & l'autre fini.

1219. De même pour les quatre Hiperboles du 5me degré, on trouvera, en suivant le même ordre dans ce degré que dans les précédents, c'est-à-dire, en commençant par l'Hiperbole, où x n'a qu'une dimension, & commençant la comparaison des deux côtés de chaque Hiperbole par celui où $x = \infty$, que

Pour la 1re Hiperb. $\begin{cases} ydx = \frac{1}{\infty^{\frac{1}{4}}}, \text{ espace infini.} \\ y = \infty^{\frac{1}{4}}.\ ydx = \frac{1}{\infty^{\frac{3}{4}}}, \text{ espace fini.} \end{cases}$

Pour la 2de...... $\begin{cases} ydx = \frac{1}{\infty^{\frac{1}{3}}}, \text{ espace infini.} \\ y = \infty^{\frac{2}{3}}.\ ydx = \frac{1}{\infty^{\frac{1}{3}}}, \text{ espace fini.} \end{cases}$

Pour la 3me....... $\begin{cases} ydx = \frac{1}{\infty^{\frac{1}{2}}}, \text{ espace fini.} \\ y = \infty^{\frac{3}{2}}.\ ydx = \infty^{\frac{1}{2}}, \text{ espace infini.} \end{cases}$

Pour la 4me...... $\begin{cases} ydx = \frac{1}{\infty^3}, \text{ espace fini.} \\ y = \infty^4.\ ydx = \infty^3, \text{ espace infini.} \end{cases}$

Il est aisé de juger qu'il en ira de même de toutes les autres Hiperboles des degrés superieurs, & qu'elles auront toutes en general un de leurs espaces asimptotiques fini, & l'autre infini. Il n'y a que l'Hiperbole ordinaire qui les ait tous deux infinis. Cela s'accorde avec ce que M. Varignon a démontré sur cette matière par une voye toute differente dans les Memoires de l'Academie des Sciences de l'année 1706.

1220. En observant dans les Hiperboles du 5me degré la Suite des derniers ydx, du côté où $x = \infty$, qui sont $\frac{1}{\infty^{\frac{5}{4}}}$, $\frac{1}{\infty^{\frac{5}{3}}}$, $\frac{1}{\infty^{\frac{5}{2}}}$, $\frac{1}{\infty^5} = \frac{1}{\infty^{\frac{5}{1}}}$, on voit tout d'un coup qu'ils sont tous des $\frac{1}{\infty}$, dans lesquels ∞ a toûjours un exposant fractionnaire, dont le numerateur est constant, & égal au nombre qui exprime le degré des Hiperboles, & les dénominateurs, à commencer par le 1er ydx de la Suite, sont le nombre du degré des Hiperboles -1, & après lui tous les nombres naturels jusqu'à 1 inclusivement. Cela se trouve ainsi dans les ydx correspondants des Hiperboles du 3me degré, car ces ydx sont $\frac{1}{\infty^{\frac{3}{2}}}$ & $\frac{1}{\infty^{\frac{3}{1}}}$ (1215 & 1216). Par-là il semble d'abord que ces ydx dans le 4me degré devroient être $\frac{1}{\infty^{\frac{4}{3}}}$, $\frac{1}{\infty^{\frac{4}{2}}}$, $\frac{1}{\infty^{\frac{4}{1}}}$, cependant il n'y en a que deux qui sont $\frac{1}{\infty^{\frac{4}{3}}}$ & $\frac{1}{\infty^4}$ (1217 & 1218) & $\frac{1}{\infty^{\frac{4}{2}}}$ y manque. Mais cela vient de ce que l'Hiperbole $x^2 . a^2 :: a^2 . y^2$, qui seroit la moyenne de ce degré, y manque aussi, parce qu'elle n'est que l'Hiperbole $x . a :: a . y$ du 2^d degré, & si on la remettoit dans ce 4me degré, $ydx = \frac{1}{\infty^{\frac{4}{2}}}$ s'y trouveroit aussi. Donc l'ordre que suivent les derniers ydx de chaque degré pris du côté où $x = \infty$ est general avec la restriction que les ydx des Hiperboles réductibles, & qui auront été réduites y manqueront, & absolument general si toutes les Hiperboles ont été irréductibles, ou si les réductibles n'ont pas été réduites. Par exemple, ces ydx, dans les Hiperboles du 7me degré, seront $\frac{1}{\infty^{\frac{7}{6}}}$, $\frac{1}{\infty^{\frac{7}{5}}}$, $\frac{1}{\infty^{\frac{7}{4}}}$, $\frac{1}{\infty^{\frac{7}{3}}}$, $\frac{1}{\infty^{\frac{7}{2}}}$, $\frac{1}{\infty^7}$. Et dans le 6me degré ils seront $\frac{1}{\infty^{\frac{6}{5}}}$, $\frac{1}{\infty^{\frac{6}{4}}}$, $\frac{1}{\infty^{\frac{6}{3}}}$, $\frac{1}{\infty^{\frac{6}{2}}}$, $\frac{1}{\infty^6}$, ou seulement

$\frac{1}{\infty^{\frac{6}{5}}}$ & $\frac{1}{\infty^{6}}$, parce que tous les autres, ayant des exposants réductibles, auront appartenu à des Hiperboles réductibles aussi, & abbaissées à des degrés inferieurs.

1221. Les ydx, pris du côté où $x = \frac{1}{\infty}$, ne suivent point d'ordre sensible, mais les y en suivent un qui l'est beaucoup, & c'est pour cela qu'on les a marqués dans la petite Table des Hiperboles du 5me degré, & non les y qui répondoient aux autres ydx. L'Asimptote y est pour les deux Hiperboles du 3me degré $\infty^{\frac{1}{2}}$ & ∞^{2} (1215 & 1216), pour les deux du 4me $\infty^{\frac{1}{3}}$ & ∞^{3} (1217 & 1218), pour les quatre du 5me $\infty^{\frac{1}{4}}$, $\infty^{\frac{2}{3}}$, $\infty^{\frac{3}{2}}$, & ∞^{4} (1219). D'où l'on voit que ces Asimptotes y sont toûjours dans chaque degré ∞ avec un exposant fractionnaire, dont les numerateurs sont les nombres naturels depuis 1 jusqu'au nombre du degré des Hiperboles moins 1, & les dénominateurs les mêmes nombres dans un ordre renversé. Ces y étant ainsi trouvés, il est aisé d'avoir les ydx, puisqu'il n'y a qu'à multiplier chaque y par $\frac{1}{\infty}$. Par exemple, dans le 7me degré les Asimptotes y seront $\infty^{\frac{1}{6}}, \infty^{\frac{2}{5}}, \infty^{\frac{3}{4}}, \infty^{\frac{4}{3}}, \infty^{\frac{5}{2}}, \infty^{\frac{6}{1}}$ & par consequent les ydx, $\frac{1}{\infty^{\frac{5}{6}}}, \frac{1}{\infty^{\frac{3}{5}}}, \frac{1}{\infty^{\frac{1}{4}}}, \infty^{\frac{1}{3}}, \infty^{\frac{3}{2}}, \infty^{5}$.

1222. Ces ydx sont toûjours ou infiniment petits, ou infinis. Les infiniment petits répondent aux y infinis, dont l'exposant est une pure fraction, & les infinis répondent aux y, dont l'exposant est une fraction mixte, ou un entier. Or quand les ydx sont infiniment petits, l'espace est fini, & il est infini, quand ils sont infinis. Donc quand les Asimptotes y sont des Infinis purs radicaux, l'espace est fini de ce côté là, & infini quand ce sont des Infinis radicaux mixtes ou potentiels.

1223. Et comme quand l'espace est fini ou infini de ce

côté là, il est le contraire de l'autre côté, la connoissance de l'ordre d'Infini, dont est l'Asimptote *y*, suffit donc pour juger de quel côté est l'espace fini & l'infini.

1224. Du côté où $x = \infty$, on peut juger immédiatement par les ydx si l'espace est fini ou infini. Car ces ydx étant tous infiniment petits, & suivant toûjours l'ordre de l'art. 1219, tant que le dénominateur de l'exposant de leur ∞, toûjours moindre que le numerateur & toûjours décroissant, n'est contenu qu'une fois plus une fraction dans le numerateur, l'espace de ce côté là est infini, & fini quand ce dénominateur est contenu dans le numerateur plus de deux fois. Il faut remarquer que ce dénominateur ne peut jamais être contenu deux fois sans reste dans le numerateur, car alors l'exposant auroit été reductible, & l'Hiperbole correspondante n'appartiendroit plus au degré supposé, mais seroit toûjours celle du 2ᵈ où cet $ydx = \frac{1}{\infty^2}$ (1214), & produit un espace infini.

1225. Il est aisé de voir par la necessité du calcul & par l'ordre qu'il doit tenir, que tous les cas où l'Asimptote *y* est un Infini radical mixte ou potentiel, ou ceux où ydx est un $\frac{1}{\infty}$, dont l'exposant est tel que le dénominateur est contenu dans le numerateur plus de deux fois, qui sont tous les cas de l'espace fini du côté où $x = \infty$, viennent & doivent venir d'Hiperboles où *x* a plus de dimensions que *y*, & que les cas opposés viennent d'Hiperboles où *x* a moins de dimensions que *y*. Donc en comparant ensemble toutes les Hiperboles d'un degré quelconque, toutes celles où *x* a plus de dimensions que *y*, ont leur espace du côté de l'Asimptote *x* fini, & celui du côté de l'Asimptote *y* infini, & c'est le contraire pour les Hiperboles où *x* a moins de dimensions que *y*.

1226. En concevant toutes les Hiperboles comprises entre les deux mêmes Asimptotes, on est porté à croire que ces Asimptotes sont deux lignes infinies égales, mais on voit par tout ce qui a été dit que l'Asimptote *x* étant constante, l'Asimptote *y* est toûjours variable, & plus ou moins grande que $x = \infty$ dans toutes les Hiperboles, excepté dans celle du 2[d] degré. Elle est toûjours plus grande ou plus petite que ∞, au moins de quelque ordre radical, & par consequent toûjours infiniment plus grande ou plus petite.

1227. Toute Hiperbole étant par sa branche parallele terminée à l'Asimptote x constante, & par sa branche perpendiculaire à l'Asimptote y, toûjours infiniment plus ou moins grande que x, elle a donc ses deux branches terminées à un Infini infiniment plus ou moins grand, ou infiniment plus ou moins grandes l'une que l'autre. Il n'y a d'exception que pour l'Hiperbole ordinaire, dont les deux branches sont égales, ce qui vient de l'égalité des dimensions de x & de y, qui ne se retrouve dans aucune autre Hiperbole.

1228. Dans un même degré l'Asimptote y de la 1re Hiperbole est d'un ordre radical d'Infini d'autant plus bas, & celle de la derniere Hiperbole d'un ordre potentiel d'Infini d'autant plus élevé, que le degré est plus élevé. Car le degré étant n, l'une est toûjours $\infty^{\frac{1}{n-1}}$, & l'autre ∞^{n-1} (1221).

1229. Donc afin que toutes les Hiperboles possibles puissent se terminer à differents points d'une même Asimptote y, il faut la concevoir $= \infty^{\infty}$, l'Asimptote x étant toûjours $= \infty$.

1230. Les extremités de toutes les Hiperboles étant conçûës comme arrangées sur cette Asimptote $= \infty^{\infty}$, celles de deux Hiperboles consecutives d'un même degré n'y sont pas consécutives; mais les extrémités de quelques autres Hiperboles d'autres degrés se placent entr'elles. Il est aisé de se faire quelques exemples de cet entrelassement, & il seroit inutile de le considerer plus en détail.

1231. Les dx ont été supposés les mêmes pour toutes les Hiperboles. Le premier ydx de toutes les Suites de ydx, qui sont pour les deux côtés de chaque Hiperbole, est toûjours le même à cause de l'origine commune. De-là il suit que pour comparer les espaces Asimptotiques de deux differentes Hiperboles pris du même côté, il ne faut considerer que les *y*, & que ces espaces seront comme les sommes des *y*, bien entendu que l'on compare espace fini à espace fini, ou infini à infini. De plus le 1er terme de toutes les Suites de *ydx*, ou *y* étant toûjours le même, les sommes seront d'autant plus grandes ou plus petites, que le dernier terme sera plus grand ou plus petit, car le nombre des termes est toûjours le même. Ce n'est pas la peine d'entrer dans le détail de cette consideration.

SECTION III.

Sur les Rencontres de differentes Courbes, ou de differentes Branches d'une même Courbe.

Ce que c'est que l'intersection & l'attouchement.

1232. JE me sers du mot de *Rencontre* pour avoir un terme général qui comprenne les *Intersections* & les *Attouchements*.

Deux Courbes ne peuvent se rencontrer sans avoir quelque partie commune, ou au moins sans être dans quelque partie infiniment proches l'une de l'autre. Le 2ᵈ cas semble retomber dans le 1ᵉʳ, c'est-à-dire, que deux Courbes qui sont en quelque partie infiniment proches l'une de l'autre, semblent avoir cette même partie commune, du moins à l'œil & sensiblement, mais il est certain que les deux cas sont differents en eux-mêmes, & peuvent être très nettement distingués par la pensée. Le 1ᵉʳ est l'*intersection* & le 2ᵈ l'*attouchement*.

1233. L'intersection est donc une rencontre plus intime & plus parfaite que l'attouchement.

Que l'intersection se fait par un seul point.

1234. La moindre partie commune que deux Courbes puissent avoir aussi-bien que deux droites est un point absolu, & alors les deux Courbes se coupent. Ce sont proprement deux côtés infiniment petits des deux Courbes qui se coupent précisément comme deux droites, puisqu'ils sont lignes droites, & ils ont ce point commun.

1235. Un point absolu n'a point de position, & par conséquent ce point commun aux deux Courbes ne leur donne aucune position commune par rapport à un même axe auquel on les rapporte, & elles conservent dans l'intersection, comme feroient deux droites, les deux positions differentes qu'elles avoient.

1236. L'effet necessaire de l'intersection est que les deux Courbes étant rapportées à un même axe, celle qui étoit

exterieure

exterieure à l'autre par rapport à cet axe devienne *interieure*, & au contraire, ainsi qu'il arriveroit à deux droites. Il est visible que cela vient des deux positions differentes des deux Courbes, & ne pourroit subsister si les deux positions étoient la même.

1237. Réciproprement, toutes les fois que la Courbe exterieure devient interieure, il y a interfection.

1238. Les Courbes étant conçûës comme formées de côtés droits infiniment petits du 1er ordre, si l'on vouloit que la partie commune à deux Courbes dans une intersection fût un Infiniment petit du 2^d ordre, cette partie, qui ne seroit pas un point absolu, auroit donc une étenduë & une position, & la même position que le côté du 1er ordre dont elle seroit partie, car une droite a la même position dans toute son étenduë, donc les deux Courbes auroient dans leur intersection la même position par rapport à l'axe, donc l'exterieure ne deviendroit pas necessairement interieure, donc il n'y auroit pas necessairement d'intersection (1236 & 1237), ce qui est contre la supposition. Donc il y a contradiction que l'intersection se fasse par une partie commune qui soit un Infiniment petit du 2^d ordre. Et comme ce sera le même raisonnement pour tout autre Infiniment petit d'un ordre inferieur, l'intersection ne peut donc se faire que par un point absolu.

1239. Quand même on concevroit les Courbes formées de côtés du 2^d ordre, ou du 3me, &c. ce seroit encore la même chose.

1240. Si deux Courbes se coupent, elles ont chacune au point d'intersection leur Tangente particuliére & differente, car ce sont deux côtés differemment posés par rapport à l'axe commun, qui n'ont de commun qu'un point absolu (1238). Ces deux Tangentes se trouvent par l'Equation de chaque Courbe. Il en iroit de même de tel nombre qu'on voudroit de Courbes qui se couperoient.

1241. Une Ordonnée terminée à une Courbe, ne se termine naturellement, & selon l'ancienne Geometrie, qu'à un point absolu de cette Courbe, & comme ce point n'a

Comment la nouvelle Geometrie considere comme une

étenduë ce qui n'étoit qu'un point dans l'ancienne.

point de position, on ne peut avoir par là la position de l'Ordonnée par rapport à la Courbe, ou, ce qui est le même, l'angle sous lequel elle la rencontre. Mais parce qu'il seroit extrêmement avantageux de l'avoir, la nouvelle Geometrie a imaginé une Ordonnée comme en étant deux paralleles entr'elles & à toutes les autres, toutes deux infiniment proches, & terminées aux deux extremités d'un côté de la Courbe, qui est une droite infiniment petite, moyennant quoi ces deux Ordonnées, qui n'en valent qu'une, ont une position par rapport à la Courbe.

Il est clair que, selon cette Hipothese, les droites ou côtés dans lesquels la Courbe est divisée, & la distance infiniment petite qu'on donne à deux Ordonnées qui n'en valent qu'une, doivent être du même ordre d'infiniment petit. Si l'on avoit conçû les Courbes comme formées de droites infiniment petites du 2^d ordre, il auroit falu concevoir les deux Ordonnées, qui n'en auroient valu qu'une, comme n'étant séparées que par un intervalle infiniment petit du 2^d ordre, & toûjours ainsi de suite si les côtés avoient été d'un ordre plus bas que le 2^d. Mais il a suffi de les concevoir du 1er, & dans cette Hipothese les deux Ordonnées en sont *suffisamment* une, quand elles sont séparées par un intervalle du 1er ordre.

Je dis *suffisamment*, car elles ne sont point exactement & rigoureusement une. Elles le seroient davantage si elles n'étoient separées que par un intervalle du 2^d ordre, encore plus si l'intervalle étoit du 3me, &c. Mais elles ne le seroient point encore exactement & rigoureusement, & cela ne peut être que quand elles partiront du même point absolu, & ne seront séparées par aucun intervalle. Mais alors elles se termineroient aussi à un point absolu de la Courbe, & n'auroient aucune position par rapport à elle. On perdroit donc un avantage, & le seul moyen de le conserver est de concevoir toûjours deux Ordonnées d'une proximité non absoluë, mais telle qu'elles soient suffisamment une.

Quelle est la

1242. La Regle de cette *suffisance* est qu'elles soient infiniment plus proches que deux autres que l'on est necessairement obligé de prendre pour deux, tant qu'elles ne sont que d'une certaine proximité déterminée. Ainsi parce que deux Ordonnées étant séparées par un intervalle fini, quelque petit qu'il soit, il est indispensable de les prendre pour deux, elles seront suffisamment une, lorsqu'on les concevra infiniment rapprochées, ou séparées seulement par un intervalle infiniment petit du 1er ordre, & il ne sera point necessaire de leur donner un intervalle d'un ordre inferieur.

Regle de cette nouvelle idée, ou supposition.

1243. De-là il suit que s'il y a des cas où deux Ordonnées séparées par un intervalle du 1er ordre, doivent necessairement être prises pour deux, elles ne sont point suffisamment une malgré leur proximité infinie, & qu'il faut encore les rapprocher infiniment; que si elles sont encore necessairement deux, il faut encore les rapprocher infiniment ou ne les concevoir séparées que par un intervalle du 3me ordre, &c.

1244. Il en ira de même en général de toutes les choses qui sont deux, & que l'on veut prendre sans erreur pour une, en les rapprochant seulement de l'unité, & sans les pousser à l'unité parfaite. Car étant infiniment rapprochées, elles sont infiniment moins *deux*, & si alors elles ont perdu ce qui les rendoit deux, elles sont suffisamment une, & il seroit inutile & même vicieux d'aller à d'autres approximations infiniment plus grandes. Cela posé,

1245. Quoi-qu'une Ordonnée, qui se termine à l'intersection de deux Courbes, se termine à un point absolu (1238), & par consequent n'ait point de position par rapport à ces deux Courbes, on peut cependant la concevoir comme en ayant une, aussi-bien que toute autre Ordonnée quelconque qui, selon l'ancienne Geometrie, se termine à un point absolu, & selon la nouvelle, ne laisse pas d'avoir une position. Mais il faudra concevoir l'Ordonnée terminée à l'intersection comme en étant deux, & il s'agit de sçavoir quelles seront ces deux.

Application de cette Regle aux intersections d'un nombre quelconque de Courbes.

L'Ordonnée devenuë double doit conserver, autant qu'il est possible, la nature d'Ordonnée terminée à un point d'interſection. Etant unique, elle ſe terminoit à un point commun aux deux Courbes, qui eſt abſolument & réellement tout ce qu'elles ont de commun. Quand il y aura deux Ordonnées, on ne peut concevoir autre choſe, ſinon que l'une ſe terminera encore à ce même point, & l'autre à deux points, l'un appartenant à une Courbe, l'autre à l'autre, mais tous deux ſi proches l'un de l'autre, & en même temps ſi proches du premier point abſolu de l'interſection, qu'ils pourront tous trois être pris pour le même, moyennant quoi l'Ordonnée ſera double, & ne ſe terminera qu'à ce qui eſt ſuffiſamment commun aux deux Courbes.

FIG. X. Soient Mm & $M\mu$ les côtés des deux Courbes qui ſe coupent au point M, en faiſant entr'eux l'angle $mM\mu$, que je ſuppoſe fini, puiſqu'étant formé par interſection de deux Courbes differentes, rien ne l'oblige a être infiniment petit. Je dis que les points m & μ, extremités des deux côtés qui ſe coupent en M, ne ſont aſſés proches ni l'un de l'autre, ni du point M, pour pouvoir être cenſés confondus, ſelon ce qui vient d'être dit, & entr'eux, & avec le point M, & qu'en l'état où ils ſont tous trois, ils ſont trois points diſtincts, par rapport à ce qu'ils doivent être pour une interſection. Car quoi-que m & μ n'ayent entr'eux que la diſtance infiniment petite du 1er ordre $m\mu$, & qu'ils ne ſoient éloignés chacun de M que d'une diſtance pareille, cette proximité ne ſuffit pas pour l'interſection, qui ne ſe fait que quand m & μ ſont venus en M, & les points m & μ n'appartiendroient pas à l'interſection. Il faut donc rapprocher infiniment m & μ l'un de l'autre, & de M, ſans que tous trois cependant deviennent le point abſolu M, & c'eſt ce qui ſera ſi l'on conçoit que les deux Ordonnées PM & $pm\mu$, au lieu d'être ſéparées par un intervalle $Pp = dx$, ne le ſoient plus que par un $Pp = ddx$. Alors les deux Ordonnées, PM terminée au point M, & $pm\mu$ terminée aux deux points m & μ proches l'un de l'autre & de M d'une proximité infinie du 2[d] ordre, pourront être priſes pour une ſeule terminée à un point d'interſection, & cette Ordonnée double aura une poſition par rapport aux deux Courbes, puisqu'elle se terminera au côté $M\mu$ de la Courbe exterieure infiniment petit du 2^d ordre, & au côté Mm de l'intérieure de ce même ordre, car la grandeur des côtés suit toûjours celle des Pp (1241), & tous les côtés d'un ordre quelconque ont une étenduë & une position.

1246. PM & $pm\mu$ étant ainsi infiniment rapprochées, & les côtés Mm, $m\mu$, étant devenus du 2^d ordre, si l'on suppose les deux 1res Courbes coupées encore au point M par une 3me exterieure aux deux, dont le côté Mr, compris entre PM & $pm\mu r$, sera necessairement du 2^d ordre, je dis que quoi-que les points m & μ fussent assés confondus pour une intersection & entr'eux & avec M, lorsqu'il n'y avoit que deux Courbes, il faut rapprocher infiniment les Ordonnées PM & $pm\mu r$, lorsqu'il survient une 3me Courbe, non que les points m & μ ne soient assés confondus entr'eux & avec M, mais à cause d'un 4me point r, qui par la supposition même que l'on fait, est essentiellement distinct de m & de μ, car Mr est necessairement conçû comme un côté appartenant à la 3me Courbe, & distinct de $M\mu$ & de Mm; sans cela cette 3me n'en seroit point une 3me, & ne seroit que l'une des deux 1res. Il faut donc rapprocher infiniment r de μ, ou de m confondu avec μ, & pour cela il faut concevoir $Pp = dddx$, au moyen de quoi les quatre points M, m, μ & r, seront suffisamment confondus pour une intersection de trois Courbes, & il y aura une Ordonnée composée de deux, dont l'une PM se terminera toûjours au point M, & l'autre $pm\mu r$ à trois côtés infiniment petits du 3me ordre, chacun appartenant à l'une des trois Courbes, & l'Ordonnée double aura une position par rapport à chacune de ces Courbes. FIG. XI.

1247. Si une 4me Courbe coupoit ces trois au point M, ce seroit encore le même raisonnement, & il faudroit concevoir $Pp = ddddx$, & ainsi de suite. Donc en general si l'on veut qu'une Ordonnée terminée au point d'intersection de tel nombre de Courbes qu'on voudra, ait une position par rapport à toutes ces Courbes, il faut la concevoir formée de deux Ordonnées infiniment proches d'une proximité qui soit d'un degré égal au nombre des Courbes, & en même temps il faut la concevoir terminée à des côtés de ces Courbes qui soient de ce même ordre d'Infiniment petit.

Attouchement de deux Courbes.

1248. Après le point absolu, qui est la seule partie que deux Courbes ayent commune dans l'intersection réellement & absolument, la moindre partie qu'elles puissent avoir commune est un côté du 1er ordre, puisqu'elles ne peuvent se couper dans un côté d'un ordre inferieur (1238). Si elles ont donc un côté commun, ou plustôt (1232) si elles sont infiniment proches chacune par un côté, elles se *touchent*.

1249. Les dx étant supposés constants à l'ordinaire, ces deux côtés sont égaux. Car tout côté est $\sqrt{dx^2+dy^2}$, or ici dy est le même, ce qui est évident.

1250. Si les deux Courbes sont, l'une concave, l'autre convexe vers l'axe commun, il est clair qu'après le côté commun elles ne peuvent plus avoir rien de commun. Elles vont chacune de deux côtés differents après leur rencontre.

Attouchement simple.

1251. Mais cela peut être, ou n'être pas, si elles sont toutes deux concaves vers l'axe.

FIG. XII.

Soit le côté commun Mm, la Courbe non ponctuée l'exterieure, & la ponctuée l'interieure. Le côté commun étant Mm ponctué & non ponctué, il est clair qu'immédiatement avant ce côté commun l'angle de contingence de la Courbe exterieure a été necessairement moindre que celui de l'interieure, car sans cela l'exterieure n'auroit pas été exterieure. Après ce côté commun, si l'angle de contingence de l'exterieure est encore moindre que celui de l'interieure, l'exterieure a le côté $m\mu$, & l'interieure le côté mr, l'exterieure demeure exterieure comme elle l'étoit, & les deux Courbes n'ont absolument rien de commun que le côté Mm, comme dans le cas où elles auroient été, l'une concave, l'autre convexe vers l'axe. C'est là un *simple attouchement.*

Attouchement avec intersection.

1252. Mais si après le côté commun Mm, l'angle de contingence de l'exterieure est plus grand que celui de l'interieure, l'exterieure a le côté *mp*, & l'interieure le côté *mr*, c'est-à-dire, que l'exterieure devient interieure. Or cela ne se peut, à moins que le côté *mp* de l'exterieure, devenuë interieure, n'ait coupé le côté *mr* dans le point qui a suivi immédiatement le point *m*, extremité du côté commun *Mm*. Donc alors les deux Courbes ont, outre le côté *Mm*, un point absolu commun qu'il faut compter. C'est là un *attouchement accompagné d'interfection*. Ce cas est rare, & on en voit aisément la raison. Il peut paroître surprenant, quand il n'est pas approfondi, parce qu'il est paradoxe que deux Courbes se touchent & se coupent en même temps. L'interfection qui est visible, en ce que l'exterieure devient interieure, empêche de reconnoître l'attouchement qui n'est pas si sensible.

1253. Donc en general, quand deux Courbes concaves vers un même axe se touchent, leur attouchement est simple, si la courbure de l'exterieure est encore immédiatement après l'attouchement la moindre, comme elle l'étoit auparavant, & l'attouchement est accompagné d'interfection, si la courbure de l'exterieure devient la plus grande immédiatement après l'attouchement.

Attouchement double sans interfection.

1254. Il y a encore un autre cas possible, c'est qu'immédiatement après l'attouchement, les deux courbures soient égales.

En ce cas, ou elles sont absolument & rigoureusement égales, ou elles le sont, parce qu'elles n'ont qu'une difference infiniment petite par rapport à elles.

Si c'est le 1er, le côté $m\mu$ de la Courbe exterieure se couche sur le côté *mr* de l'interieure, & par conséquent l'exterieure demeure exterieure, & il y a un *double* attouchement sans interfection.

1255. Alors il faut que la courbure de l'interieure qui avant l'attouchement a toûjours été la plus grande (1251), ait toûjours été plus grande de moins en moins par rapport à l'autre, puisque la difference des deux courbures, devenuë nulle dans l'attouchement, a dû auparavant être décroissante. Après l'attouchement, il faut que cette difference devienne croissante, & c'est tout ce que le Terme de l'Egalité exige; il permet que la courbure, qui étoit croissante par rapport à l'autre, le soit encore, ou qu'elle devienne décroissante, pourvû qu'elle soit l'un ou l'autre de plus en plus.

1256. Si c'est le 1er, c'est-à-dire, si la courbure de la Courbe interieure est encore après l'attouchement croissante par rapport à l'autre, la Courbe interieure demeure toûjours interieure, & par consequent il n'y a point d'intersection, & de plus comme la courbure est croissante de plus en plus par rapport à l'autre, elle devient toûjours plus interieure, c'est-à-dire, qu'elle s'écarte toûjours davantage de l'exterieure.

1257. Si au contraire après l'attouchement la courbure de la Courbe interieure devient décroissante par rapport à l'autre, ou, ce qui est le même, si la Courbe exterieure a une plus grande courbure, c'est la même chose que dans l'art. 1252, & il y a intersection. Mais de plus la Courbe exterieure devenuë interieure s'écarte toûjours davantage de l'autre.

1258. Donc après un attouchement double, il peut y avoir une intersection aussi-bien qu'après un attouchement simple, ou de deux seuls côtés.

1259. Maintenant soit le 2d cas de l'art. 1254, c'est-à-dire, celui où les deux Courbes qui se touchent, arrivent en même temps à une égalité de courbure non absoluë. La mesure de la courbure est un Infiniment petit du 2d ordre, donc une difference de courbure qui n'empêchera pas l'égalité ou qui sera infiniment petite, sera un Infiniment petit du 3me ordre. Donc l'une des deux courbures aura sur l'autre un excès de cet ordre.

1260. Si l'excès appartient à la courbure de la Courbe interieure, elle demeure interieure comme elle l'étoit, seulement les deux 2ds côtés qui se touchent, & par lesquels se fait l'égalité de courbure, ne sont pas exactement posés l'un sur l'autre, mais ils font entr'eux un angle infiniment petit, dont la base ou le Sinus est du 3me ordre, puisque c'est là la difference de courbure (1259), & cet angle étant infiniment plus

plus petit que tous ceux de contingence, les deux côtés sont assés posés l'un sur l'autre pour n'être qu'une même droite. Il y a donc alors un double attouchement sans intersection, & c'est la même chose que le cas de l'art. 1256, à cela près que les deux 2[ds] côtés font entr'eux un angle infiniment plus petit que ceux de contingence.

1261. En ce cas la Courbe interieure demeure toûjours interieure.

Attouchement double avec une intersection entre les deux attouchements, ou Osculation.

FIG. XIII.

1262. Si l'excès de courbure appartient à la Courbe exterieure, il faut qu'après le 1er côté Mm, où se fait le 1er attouchement, la Courbe exterieure devienne interieure au point m, & par conséquent la coupe à ce point. Ce même point est aussi le sommet d'un angle infiniment petit que font entr'eux $m\mu$ ponctué & $m\mu$ non ponctué, dont la base est un Infiniment petit du 3me ordre, & qui n'empêche pas les deux côtés $m\mu$ d'être une même droite. Il y a alors un *double attouchement avec une intersection entre les deux attouchements.*

1263. Il est visible que le cas du double attouchement avec une intersection entre les deux attouchements est celui de l'*osculation* ou *baisement*, & le fondement de toute la Theorie des Développées. Si la Courbe ponctuée est un Cercle, c'est le Cercle *osculateur*, & la Courbe non ponctuée est la *Développante*, ou celle qui est née du développement de la Développée. La difference infiniment petite de courbure, que nous avons supposée au point m, répond à la difference infiniment petite des Rayons osculateurs, dont l'un auroit décrit le côté ponctué ou arc circulaire Mm, & l'autre l'arc circulaire ponctué $m\mu$. Et même cette difference de courbure & celle des Rayons osculateurs, c'est la même chose, puisque les differents Rayons osculateurs sont la mesure de la courbure de la Développante.

1264. La Courbe exterieure, devenuë interieure, ne peut redevenir exterieure immédiatement après l'osculation. Ou, ce qui est la même chose, après le côté commun $m\mu$ un 3me côté non ponctué ne peut devenir exterieur à un ponctué, car l'excès de courbure au point m, appartenant à la Courbe qui étoit exterieure ou non ponctuée, lui appartiendra encore dans la suite, & par conséquent la Courbe non ponctuée, devenuë interieure, continüera de l'être.

M. Varignon a démontré dans les Mem. de l'Acad. de 1713 p. 123 & suiv. un entrelacement de Courbes dans une osculation, tel qu'on prouve ici qu'il est impossible, mais cet entrelacement se fait avec trois Courbes, ce qui n'a rien de contraire à ce que nous disons.

1265. Cela même nous donne lieu de faire appercevoir ici en général ce qui arriveroit à trois Courbes ou à un plus grand nombre qui se rencontreroient de toutes les differentes maniéres dont nous avons vû que se rencontreroient deux Courbes. Mais après ce qui a été dit, ces differents cas n'en seroient que plus compliqués, & n'auroient aucune difficulté nouvelle. Ainsi il seroit inutile de s'y arrêter.

Principe du Calcul des Tangentes dans les points où se rencontrent differentes branches d'une même Courbe.

1266. Venons aux rencontres des differentes Branches d'une même Courbe.

Il semble d'abord qu'il n'y ait qu'à regarder ces differentes branches d'une même Courbe comme differentes Courbes, & cela est vrai, pourvû qu'on prenne l'équation particuliére de chaque branche, si on la peut avoir. Tout revient à ce qui a été dit.

Mais comme réellement ces differentes branches appartiennent à une même Courbe, & sont comprises dans une équation totale, qui d'ailleurs n'est pas toûjours aisée à diviser, il faut pouvoir les prendre telles qu'elles sont.

Elles ne peuvent se rencontrer que comme feroient differentes Courbes. Mais les Tangentes des points de rencontre qui n'ont nulle difficulté en differentes Courbes, parce qu'on prend chaque Tangente à part, ni en differentes branches d'une même Courbe, quand on les regarde, & qu'on les peut regarder comme differentes Courbes, ont de la difficulté, quand on regarde ou qu'on est obligé de regarder les differentes branches comme appartenant à une même Courbe, & qu'il faut tirer ces Tangentes de l'Equation totale. C'est là de quoi il s'agit presentement.

Ce que nous avons établi dans les art. 1241, &c. 1247, sur l'Ordonnée qui se termine au point d'intersection de differentes Courbes, étoit inutile par rapport au calcul des Tangentes de ces Courbes au point d'intersection, mais non par rapport à la Theorie générale, & présentement cela est necessaire & pour la Theorie, & pour le calcul des Tangentes au point d'intersection de differentes branches d'une Courbe.

Quand une Courbe a differentes branches par rapport à une même partie de l'axe, il lui est essentiel que chaque Ordonnée, puisque selon la nouvelle Geometrie les Ordonnées ont une position par rapport à la Courbe, ait autant de positions qu'il y a de differentes branches ausquelles elle se termine. Donc l'Ordonnée terminée au point d'intersection de differentes branches, a autant de positions qu'il y a de branches qui se coupent. Or alors il faut la concevoir comme formée de deux Ordonnées infiniment proches d'une proximité qui soit d'un degré égal au nombre des branches, & en même temps il faut concevoir ces deux Ordonnées comme terminées à des côtés qui soient de ce même ordre d'Infiniment petit (1247). Donc la formule des Soutangentes étant $\frac{ydx}{dy}$, elle devienne alors, si deux branches se coupent, $\frac{yddx}{ddy}$, ou $\frac{ydddx}{dddy}$ s'il y en a trois, & ainsi de suite.

1267. Donc pour avoir les Tangentes du point d'intersection de differentes branches d'une même Courbe, il faut autant de differentiations successives de x & de y qu'il y a de branches. S'il n'y a qu'une branche, auquel cas il ne peut y avoir d'intersection, il ne faut differentier x & y qu'une fois, ce qui donne la formule ordinaire $\frac{ydx}{dy}$, mais s'il y a deux branches qui se coupent, elle devient $\frac{yddx}{ddy}$, &c.

1268. On voit assés que cela vient, selon tout ce qui a été dit, de ce que dans le cas de l'intersection de plusieurs branches, & même plus généralement dans celui de l'intersection de plusieurs Courbes, il faut regarder le côté de chaque branche ou Courbe comme étant de l'ordre d'Infiniment petit désigné par le nombre des branches ou Courbes. Or la position d'un côté par rapport à l'axe dépend necessairement du rapport de grandeur de l'Infiniment petit de l'axe & de l'Infiniment petit de l'Ordonnée, & le côté est necessairement du même ordre que ces deux Infiniment petits. Donc s'il faut regarder ce côté comme étant du 1er ordre, la Soutangente est $\frac{ydx}{dy}$, s'il faut le regarder comme étant du 2[d], elle est $\frac{yddx}{ddy}$, &c.

1269. Je ne prends dans la suite, pour plus de facilité, qu'une Courbe à deux branches, ce qui en sera dit s'appliquera de soi-même aux Courbes qui en auront plusieurs.

Puisque $\frac{yddx}{ddy}$ est la Soutangente de deux branches au point d'Intersection, $\frac{ydx}{dy}$ ne doit donner pour ce point aucune Soutangente. Car cette formule $\frac{ydx}{dy}$ suppose qu'une Ordonnée y, formée de deux Ordonnées séparées seulement par un intervalle $= dx$, se termine aux deux differentes branches de la Courbe, ce qui alors n'est pas vrai. Et en effet $\frac{ydx}{dy}$ ne donne point de Soutangente. Alors il arrive que les grandeurs finies, qui expriment le rapport $\frac{dx}{dy}$, sont $= 0$ tant dans le numerateur que dans le dénominateur de la fraction, ce qui ne donne rien, mais ces deux zero ne sont que relatifs, & non pas absolus, & en differentiant les grandeurs qui exprimoient le rapport $\frac{dx}{dy}$, on leur trouve un rapport fini, qui est $= \frac{ddx}{ddy}$, & qui donne la Soutangente cherchée.

1270. Il est aisé de voir par quelle raison il arrive si juste en ce cas que la fraction qui exprimoit par des grandeurs finies le rapport $\frac{dx}{dy}$, a alors son numerateur & son dénominateur neceſſairement égaux à zero. C'eſt que par la nature de l'Ordonnée, terminée en même temps à l'interſection des deux branches, dx, & dy deviennent chacun infiniment plus petits qu'ils n'étoient, donc il eſt impoſſible qu'il n'en arrive autant aux deux grandeurs finies qui les exprimoient. Cela même prouve auſſi que ces deux grandeurs finies, devenuës zero, ne ſont pas des zero abſolus.

1271. Les côtés des deux branches devenus infiniment petits du 2[d] ordre au point d'interſection, n'ont que la même poſition qu'ils auroient eûë, étant infiniment petits du 1er, car ils ſont une partie infinitiéme d'une droite. Ils ont auſſi entre eux le même rapport de grandeur.

1272. Il en va de même des ddy, qu'il faut concevoir dans la Formule $\frac{yddx}{ddy}$, non pas comme les differences des dy d'une même Courbe, mais ſeulement comme des dy devenus infiniment plus petits qu'ils n'étoient. Quant aux ddx, cela eſt clair.

1273. Si deux branches d'une Courbe ſe touchent, il ne faut que concevoir que les points m & μ ſe ſont infiniment rapprochés, ou, ce qui revient au même, que l'angle $mM\mu$ eſt infiniment petit, mais il n'eſt nullement neceſſaire de concevoir, comme dans le cas de l'interſection, qu'ils ſe ſoient auſſi infiniment rapprochés du point M, car l'interſection demande la confuſion de m & de μ entr'eux, & avec M, & l'attouchement ne demande que la confuſion de m & de μ. Donc il n'eſt point neceſſaire de concevoir PM & $pm\mu$ comme infiniment rapprochées, & ſéparées ſeulement par $Pp = ddx$. FIG. X.

1274. Cependant ſi l'on veut conſerver l'idée ou le caractere de ce que, quand deux branches appartiennent à une même Courbe, chaque Ordonnée a deux poſitions differentes, il faut concevoir $pm\mu$ comme terminée à la Courbe interieure en m, & à l'exterieure en μ, de ſorte que $m\mu$ ſoit un Infiniment petit du 2[d] ordre, ce qui permet que $pm\mu$ demeure à la place qu'elle a dans la Fig. x, ou qu'elle ſe rapproche infiniment de PM.

1275. Il ne ſera donc pas neceſſaire, pour avoir la Soutangente de ce point d'attouchement, de changer $\frac{ydx}{dy}$ en $\frac{yddx}{ddy}$, & on aura cette Soutangente comme ſi les deux branches avoient été deux Courbes differentes, & parce que les deux branches ſe touchent, elles auront toutes deux la même Tangente en ce point, ou la même Soutangente, & par conſéquent une Soutangente trouvée ſera la même que l'autre.

1276. Mais ſi on veut trouver en même temps les deux Soutangentes, c'eſt-à-dire, une Soutangente telle qu'elle ait deux valeurs égales, ce qui eſt plus préciſément le cas de deux branches qui ſe touchent, alors il faut aller juſqu'à $\frac{yddx}{ddy}$, ce qui eſt permis (1274).

1277. La difference des deux cas d'interſection & d'attouchement ne paroîtra qu'en ce que l'un donnera deux Soutangentes inégales, & l'autre deux égales.

1278. En general ce n'eſt donc que pour avoir enſemble & en même temps toutes les Soutangentes, tant des points d'attouchement que d'interſection de differentes branches d'une même Courbe, qu'il faut également pour les uns & pour les autres cas pouſſer la differentiation de $\frac{dx}{dy}$ juſqu'à un nombre égal à celui des branches, car je ſuppoſe que tout ce qui a été dit de deux branches, s'entend d'un nombre quelconque.

Tout cela revient à ce que M. Saurin a démontré ſur cette matiére dans les Memoires de l'Acad. de 1716, p. 59 & 275.

SECTION IV.

Sur les Figures isoperimetres.

1279. LE *Perimetre* d'une Figure est la Somme des lignes qui la terminent. Les Figures *isoperimetres* sont celles en qui cette Somme est égale, quoi-que les lignes dont elle est formée puissent être en nombre different, & differemment disposées entr'elles. Et comme selon ces differences les Figures isoperimetres ont des *aires* ou *capacités* plus ou moins grandes, c'est là ce que nous allons considerer, pour donner un exemple de propriétés, dont la naissance apperçûë dans l'Infiniment petit, donne lieu de les suivre dans le Fini où l'on en trouve l'accomplissement; & même dans l'exemple que nous allons prendre, c'est l'Infiniment petit qui est la source naturelle de la démonstration.

1280. Soit un Fil sans largeur, dont la longueur est déterminée, & connuë, & $= a$. Ce sera le perimetre constant de toutes les Figures qu'on en formera.

D'abord si je couche les deux moitiés du Fil exactement l'une sur l'autre, l'aire est absolument nulle, & il est visible que cela vient de ce que je n'ai formé ni côtés ni angles. Il faut donc, pour avoir une aire, former au moins un Triangle, le moindre des Poligones.

Triangle infiniment petit dont le perimetre est fini. FIG. XIV.

1281. Pour m'écarter le moins qu'il se puisse du cas précédent, je forme le Triangle abc, dont la base ac est infiniment petite, & les deux côtés ab, bc, sont chacun $= \frac{a}{2}$; la base est donc $\frac{a}{\infty}$, & le perimetre $\frac{a}{2} + \frac{a}{2} + \frac{a}{\infty} = a$ comme il doit être. Il est clair qu'en abaissant du sommet b sur la base la perpendiculaire bd qui est encore $= \frac{a}{2}$, le Triangle bdd est $\frac{a}{2} \times \frac{a}{2\infty} \times \frac{1}{2} = \frac{aa}{8\infty}$, & par conséquent le Triangle total abc est $= \frac{aa}{400}$, aire infiniment petite.

Second Triangle infiniment petit isoperimetre.

FIG. XV.

1282. Je puis encore avec le même Fil a, former un autre Triangle ABC infiniment petit, dont l'angle obtus ABC sera infiniment peu different de 180, & les deux angles sur la base infiniment petits. En faisant aussi ce Triangle isoscele, ce qui est sa formation la plus naturelle, AC sera $= \frac{a}{2}$, & AB & BC chacune $= \frac{a}{4}$, à cause de la difference infiniment petite de AB & de AD moitié de AC. Si l'on nomme dx la perpendiculaire BD, l'aire sera $\frac{adx}{4}$.

1283. En cherchant ce qui rend ces deux aires infiniment petites, je vois que le Triangle abc a deux côtés infiniment plus grands que le troisiéme, & un angle infiniment plus petit que les deux autres, & que le Triangle ABC a un angle infiniment plus grand que les deux autres. D'où je vois que c'est l'inégalité infinie, soit entre les angles, soit entre les côtés, qui rend les aires infiniment petites ; & en effet, si l'on ôte cette inégalité infinie, c'est-à-dire, si l'on forme des Triangles, dont tous les côtés & les angles soient finis, on aura des aires finies, infiniment plus grandes par conséquent qu'elles n'étoient.

FIG. XIV. & XV.

1284. Une base ac ou AC étant déterminée pour être la base d'un Triangle, & la somme des deux autres côtés étant déterminée aussi, le Triangle n'aura jamais une plus grande aire que quand il sera isoscele. Car la perpendiculaire bd ou BD sera plus grande en ce cas qu'en tout autre, ce qu'il est aisé de voir, & de-là suit le reste. Cela confirme déja que l'égalité des côtés fait à la grandeur de l'aire, & je commence à présumer que le Triangle équilateral sera le plus grand de tous les isoperimetres.

Que le Triangle isoscele est plus grand que tous les Scalenes de même base, & isoperimetres.

1285. Il suit de l'art. précédent, que si je forme successivement differents Triangles avec le fil a, à chaque fois que j'en ai déterminé une portion quelconque pour être la base, le Triangle isoscele que j'en pourrai former sera plus grand que tous les Scalenes possibles.

1286.

1286. Si je conçois que le Triangle infiniment petit *ABC*, demeurant toûjours isoscele, augmente toûjours par la diminution successive & graduée de l'angle obtus *ABC* infiniment peu different de 180, il deviendra tous les Triangles amblygones, tant que l'angle *ABC* sera plus grand que 90, ensuite un Triangle rectangle, quand *ABC* sera de 90, & après cela tous les Triangles oxygones, jusqu'à ce qu'enfin il devienne le Triangle *abc* infiniment petit. Je suppose tous ces Triangles isosceles, parce qu'ils seront toûjours plus grands que les Scalenes correspondants qui auront même base (1285). Cette Suite de Triangles isosceles d'abord croissante commencera donc par un Infiniment petit, & se terminera par un Infiniment petit, d'où il suit necessairement qu'elle aura dans son cours un *plus grand* jusqu'auquel elle croîtra, & après lequel elle décroîtra. De plus ce *plus grand* sera un Terme naturel, & non pas arbitraire, ce qui est évident, & par conséquent ce sera un Triangle unique & singulier en son espece. Or dans toute cette Suite, il n'y en a que deux ainsi caracterisés, le Triangle rectangle isoscele, & l'équilateral, ce sera donc l'un des deux.

1287. Je dis que c'est l'équilateral, & quoi-que la présomption soit déja forte pour lui, je m'en assûre absolument par le calcul.

Chaque côté de cet équilateral est $= \frac{a}{3}$. Donc la perpendiculaire, menée du sommet sur la base, est $\sqrt{\frac{aa}{9} - \frac{aa}{36}}$ $= \sqrt{\frac{3aa}{36}} = \sqrt{\frac{aa}{12}} = \frac{a}{\sqrt{12}} = \frac{a}{2\sqrt{3}}$. Donc l'un des deux Triangles égaux, dans lesquels le Triangle total a été divisé, est $\frac{1}{2} \times \frac{a}{2\sqrt{3}} \times \frac{a}{6} = \frac{aa}{24\sqrt{3}}$, & le Triangle total $= \frac{aa}{12\sqrt{3}}$.

Pour avoir l'aire du Triangle rectangle isoscele, j'appelle x un de ses petits côtés. Son perimetre est donc $2x + x\sqrt{2}$ $= a$. Donc $x = \frac{a}{2+\sqrt{2}}$. Donc $xx = \frac{aa}{4+4\sqrt{2}+2} = \frac{aa}{6+4\sqrt{2}}$.

Or la moitié de cette grandeur est l'aire du Triangle, qui est donc $\frac{aa}{12+8\sqrt{2}}$.

Donc le Triangle équilateral est au rectangle isoscele :: $\frac{aa}{12\sqrt{3}} \cdot \frac{aa}{12+8\sqrt{2}} :: 12+8\sqrt{2} \cdot 12\sqrt{3} :: 3+2\sqrt{2} \cdot 3\sqrt{3}$. Or en quarrant ces grandeurs, on trouvera que la 1re est un peu moindre que 34, & la 2de $=$ 27. Donc le Triangle équilateral est plus grand que le rectangle, quoi-que de fort peu.

Que le Triangle équilateral est le plus grand de tous les isoperimetres.

1288. Donc le Triangle équilateral est le plus grand de tous les isoperimetres possibles, puisqu'il est plus grand que tous les isosceles, & qu'il n'y a aucun Scalene qui ne soit plus petit qu'un isoscele de même base, selon l'art. 1285.

1289. Pour concevoir distinctement la maniére dont la Suite des Triangles isosceles isoperimetres, commençant par l'amblygone *ABC*, & terminée par l'oxygone *abc*, peut être graduée, il faut concevoir que le Triangle rectangle est précisément au milieu de cette Suite, & fait la séparation des amblygones & des oxygones. L'amblygone qui précéde immédiatement ce rectangle a son angle obtus ou du sommet d'une certaine quantité plus grand que 90, & l'oxygone qui suit immédiatement le rectangle a son angle du sommet de la même quantité moindre que 90, & toûjours ainsi de suite, de sorte que l'angle *abc* du sommet d'un oxygone quelconque est toûjours par là necessairement double de l'angle *BAD* ou *BCD* de la base de l'amblygone correspondant. Tant que les Triangles sont finis, on peut prendre un degré pour la quantité dont l'angle obtus de chaque amblygone croît à chaque pas, à compter depuis le Triangle rectangle, & pour la quantité dont l'angle du sommet de chaque oxygone décroît aussi à chaque pas. Dans l'Infiniment petit cette égalité d'éloignement, à l'égard du Triangle rectangle, subsiste encore, & l'angle *abc* est double de *BAD* par la même raison que dans le Fini.

1290. On peut donc concevoir la Suite des Triangles ainsi disposée. *ABC*, amblygone infiniment petit, amblygones finis, amblygone dont l'angle du sommet est de 120, correspondant de l'Equilateral, amblygones dont l'angle du sommet est moindre que 120, Rectangle au milieu de la Suite, oxygones dont l'angle du sommet est plus grand que 60, Equilateral le plus grand de tous, oxygones dont l'angle du sommet est moindre que 60, *abc* infiniment petit.

1291. La perpendiculaire *bd*, qui est necessairement plus grande dans les Triangles oxygones que dans les amblygones, est plus grande dans l'oxygone infiniment petit *abc* qu'elle ne peut être dans aucun oxygone fini, car elle est $= \frac{a}{2}$ (1281), & il est visible que ni cette perpendiculaire, ni même le côté *ab* qui est plus grand, ne peut être dans aucun Triangle fini égal à la moitié du Fil *a*.

1292. De même dans l'amblygone infiniment petit *ABC*, la base $AC = \frac{a}{2}$ (1282) est plus grande qu'elle ne peut jamais être dans aucun Triangle fini.

1293. Dans toute la Suite des Triangles, depuis *ABC* jusqu'à *abc*, les bases vont toûjours en décroissant, & les perpendiculaires en croissant.

1294. Dans les deux Triangles extrêmes infiniment petits on peut, à cause de l'infinie petitesse, prendre *BD* pour l'arc circulaire décrit du centre *A* & sur le rayon *AB*, qui mesure l'angle *BAD*, & de même *ac* pour l'arc circulaire décrit du centre *b* sur le rayon *ba*, qui mesure l'angle *abc*. Or l'angle *abc* est double de *BAD* (1289), donc l'arc *ac* seroit double de l'arc *BD* s'ils étoient décrits sur le même rayon. Mais de plus le rayon $ba = \frac{a}{2}$, est double de $AB = \frac{a}{4}$ (1282), donc $ac . BD :: 4 . 1$, d'ailleurs $bd = \frac{a}{2} = AC$. Donc $ac \times bd . BD \times AC :: 4 . 1$. Or $ac \times bd$ est à $BD \times AC$ comme l'aire du Triangle *abc* à celle du Triangle *ABC*.

1295. Dans toute la Suite supposée des Triangles, aucun

oxygone fini ne peut avoir un aussi grand rapport à l'amblygone correspondant, que celui de l'oxygone extrême *abc* à l'amblygone extrême *ABC*. Car 1°, dans le Fini *ac* est la corde de l'arc qui mesure l'angle *abc* dans un Cercle décrit sur le rayon *ba*, & *BD* est le Sinus de l'angle *BAD* dans un Cercle dont le rayon est *AB*. Donc l'angle *abc* étant double de *BAD*, *ac* seroit double de *BD*, si *ba* & *AB* étoient des rayons égaux, puisque dans un même Cercle la corde du double d'un arc est double du Sinus de cet arc. Mais *ba* & *AB* ne sont pas des rayons égaux. Il est bien vrai que *ba*, côté d'un oxygone, est toûjours plus grand que *AB*, côté d'un amblygone, ce qui rend le rapport de *ac* à *BD* plus que double, mais cela ne peut le rendre quadruple dans le Fini, car il faudroit que *ba* fût double de *AB* comme dans l'Infiniment petit. Or le côté *ba* est toûjours dans le fini moindre que $\frac{a}{2}$ (1921), & le côté *AB* toûjours plus grand que $\frac{a}{4}$, puisque la base $AC = \frac{a}{2}$ dans l'Infiniment petit y est la plus grande qu'elle puisse être (1292). Donc *ac* ne peut jamais dans le fini être quadruple de *BD*.

2°. Depuis l'amblygone extrême *ABC* jusqu'à l'oxygone extrême *abc*, les perpendiculaires *BD* ou *bd* ont toûjours crû, & les bases *AC* ou *ac* toûjours décrû (1293), & la plus grande perpendiculaire *bd*, qui est celle du Triangle extrême *abc*, n'est qu'égale à la base *AC* de l'autre Triangle extrême. Donc dans tout le Fini la perpendiculaire *bd* d'un oxygone quelconque a été moindre que la base *AC* de l'amblygone correspondant.

Donc les aires de deux Triangles correspondants étant toûjours $::$ $ac \times bd . AC \times BD$, *ac* ne pouvant jamais dans le fini être quadruple de *BD*, & *bd* étant toûjours moindre que *AC*, il est impossible que dans le fini $ac \times bd$ soit quadruple de $AC \times BD$.

1296. De-là il suit que plus deux Triangles correspondants finis sont proches des deux extrêmes, plus l'aire de l'oxygone est grande par rapport à celle de l'amblygone, quoi-qu'elle n'en puisse jamais être quadruple.

1297. Les Triangles correspondants étant toûjours pris deux à deux, à commencer par les deux extrêmes, leurs aires approchent d'autant plus de l'égalité, qu'ils approchent plus de part & d'autre du Triangle rectangle qui fait la séparation des oxygones & des amblygones.

1298. Cependant les deux Triangles les plus proches de part & d'autre du Rectangle n'arrivent point à l'égalité, car le Triangle équilateral, qui est un oxygone, est le plus grand de toute la Suite (1288); or en commençant toûjours la Suite par l'amblygone infiniment petit ABC, l'équilateral est au de-là du rectangle. Donc dans tout l'espace où sont compris les oxygones, depuis l'équilateral jusqu'au rectangle, & les amblygones depuis le rectangle jusqu'à l'amblygone, dont l'angle obtus est 120, qui est le correspondant de l'équilateral, chaque amblygone est plus petit que l'oxygone correspondant. De-là il suit que les Triangles correspondants sont seulement d'autant moins inégaux qu'ils sont pris plus proches du Rectangle.

1299. On peut même voir que les Triangles pris, non plus deux à deux de part & d'autre du Rectangle, mais de suite depuis l'amblygone ABC, en allant vers l'Equilateral, sont d'autant moins inégaux entr'eux, qu'ils sont plus éloignés de ce Triangle ABC ou de l'origine de la Suite. Ainsi on trouvera, par exemple, que l'amblygone dont l'angle obtus est de 120, & qui est le correspondant de l'Equilateral, ayant une aire qui est $\frac{\sqrt{3}}{28 \times 16\sqrt{3}}$ égale à très peu près à $\frac{\sqrt{3}}{55}$, est beaucoup plus petite par rapport à celle du Rectangle qui est $\frac{1}{12 \times 8\sqrt{2}}$ (1287) que celle du Rectangle ne l'est par rapport à celle de l'Equilateral qui est $\frac{1}{12\sqrt{3}}$. Car les quarrés de la grandeur qui exprime l'aire de l'Amblygone, & de celle qui exprime le Rectangle, sont :: 1587. 3025. Et les quarrés des grandeurs qui expriment les ai es du Rectangle & de l'Equilateral, sont :: 27. 34 (1287).

1300. De-là il suit que les differences des Triangles vont en décroissant, depuis l'Amblygone infiniment petit, du moins jusqu'à l'Equilateral, & pour voir si elles passent au de-là en décroissant encore, il faut concevoir une Courbe dont les Ordonnées infiniment proches representent par leurs rapports, ceux des aires de tous les Triangles possibles infiniment peu differents, depuis l'Amblygone *ABC* jusqu'à l'Oxygone *abc*. Les differences des Ordonnées seront donc décroissantes depuis l'Amblygone *ABC* jusqu'à l'Equilateral. Mais comme cet Equilateral est un *plus grand*, la difference y deviendra necessairement nulle selon la Loi des Courbes, & par conséquent depuis l'Equilateral jusqu'à l'Oxygone *abc*, les differences des Ordonnées, ou des Triangles seront croissantes.

1301. Cette Courbe sera concave vers son axe dans tout son cours, puisque depuis son origine jusqu'à sa plus grande Ordonnée, ses Ordonnées seront croissantes, & leurs differences décroissantes, & que depuis sa plus grande Ordonnée jusqu'à l'extremité, les Ordonnées seront décroissantes, & leurs differences croissantes. La Courbe sera parallele à son axe au point de sa plus grande Ordonnée.

1302. Par la formation de cette Courbe qui monte & redescend, & qui par conséquent aura une infinité d'Ordonnées du cours montant égales à d'autres du cours descendant, il est clair qu'il y aura une infinité de Triangles isoperimetres égaux, mais ils ne seront pas correspondants.

1303. On peut penser que le Triangle oxygone extrême a une plus grande aire que l'amblygone correspondant, parce qu'il a une plus grande égalité, ou moindre inégalité de côtés & d'angles. Cela paroît d'abord paradoxe, car l'oxygone ayant un angle infiniment petit & deux finis, un côté infiniment petit & deux finis, il y a une inégalité infinie tant entre deux côtés & le 3me, qu'entre deux angles & le 3me, au lieu que dans l'amblygone, les trois côtés étant finis, il n'y a entr'eux qu'une inégalité finie, & il n'en reste une infinie qu'entre un de ses angles qui est fini, & les deux autres infiniment petits. Mais c'est par cette raison là même que l'amblygone est plus inégal, puisqu'il n'a pas comme l'oxygone la même inégalité entre ses côtés qu'entre ses angles.

1304. Maintenant si avec le Fil a on fait un Quadrilatere, que je suppose être un parallelogramme ou Rhomboïde, dont le côté ab est plus grand que bc, il est clair que la somme de ab & de bc est $= \frac{a}{2}$, & que l'aire du parallelogramme est $ab \times af$, af étant une perpendiculaire qui mesure la distance de ab & de dc. *Quadrilateres isoperimetres aux Triangles précédents.* FIG. XVI.

1305. Si je fais l'angle bad infiniment petit, ce qui rend af infiniment petite, & si en même temps les 4 côtés du Rhomboïde sont finis, l'aire sera $dx \times \frac{a}{n}$, la perpendiculaire af étant appellée dx, & $\frac{a}{n}$ étant l'expression du côté ab, dans laquelle n est un nombre indéterminé qui dépend du rapport que ab aura à bc. Donc l'aire est infiniment petite, & en effet deux côtés consecutifs ab & bc ne sont alors que couchés sur les deux autres presque éxactement en ligne droite.

1306. Si je fais le côté AD infiniment petit, les quatre angles étant finis, AF est encore infiniment petite, & AB est $= \frac{a}{2}$. Donc l'aire est $dx \times \frac{a}{2}$, infiniment petite. Il est évident que ce sont là les deux seules maniéres dont je puisse faire deux Rhomboïdes infiniment petits. FIG. XVII.

1307. Si je prends celui de la Figure XVI, & qu'en laissant les côtés finis & de la même grandeur, j'augmente toûjours également l'angle infiniment petit bad, & que je continuë toûjours de même après qu'il sera devenu Fini, la perpendiculaire af augmentera toûjours, le côté ab demeurant le même, & par conséquent le produit $af \times ab$ sera toûjours plus grand, jusqu'à ce qu'enfin l'angle bad soit droit. Donc le parallelogramme rectangle est plus grand que tous les

Rhomboïdes isoperimetres précédents, qui avoient les mêmes côtés.

1308. Si je continuë à augmenter dans la même supposition l'angle *bad* devenu droit, je ne fais que transporter en *a* l'angle obtus qui étoit en *b*, & ce ne sont que les mêmes Rhomboïdes qu'on avoit eûs dans la premiére variation. Donc en général & absolument le parallelogramme rectangle est plus grand que tous les Rhomboïdes isoperimetres, qui ont les mêmes côtés que ce parallelogramme.

1309. Si dans le Rhomboïde de la Figure XVII, je laisse les angles finis tels qu'ils sont, & que j'augmente toûjours le côté infiniment petit AD, lors même qu'il sera devenu Fini, la perpendiculaire AF augmente toûjours, & en même temps le côté AB diminuë. Mais à cause des angles constants le rapport de la perpendiculaire AF au côté AD est toûjours le même, de sorte qu'au lieu du produit $AF \times AB$, on peut prendre $AD \times AB$ qui croîtra comme l'aire. Or puisque AD, plus petit que AB, croît tandis que AB décroît, & que AD ayant été d'abord infiniment petit par rapport à AB, le produit $AD \times AB$ a été alors infiniment petit, & le plus petit possible, ce produit ne sera jamais plus grand que dans le cas le plus opposé à l'inégalité infinie de AD & de AB, c'est-à-dire, lorsque AD sera $= AB$. Donc la plus grande aire que l'on ait encore eûë est lorsque $AD = AB$. Or quand cela est, chaque côté est $= \frac{a}{4}$, & le Rhomboïde est devenu Rhombe. Donc le Rhombe est plus grand que tous les Rhomboïdes isoperimetres précédents qui avoient les mêmes angles.

1310. Si on continuë d'augmenter le côté AD, on ne fera que rendre à la fin le côté AB infiniment petit par rapport à AD, au lieu qu'auparavant AD l'étoit par rapport à AB, & l'on aura repassé par les mêmes Rhomboïdes qu'on avoit eûs dans la premiére variation. Donc absolument le Rhombe est plus grand que tous les Rhomboïdes isoperimetres, qui ont les mêmes angles que le Rhombe.

1311. Donc les Rhomboïdes, qui ont les mêmes côtés, sont d'autant plus grands que leurs deux angles, l'obtus & l'aigu, sont moins inégaux (1307), & les Rhomboïdes qui ont les mêmes angles, sont d'autant plus grands que leurs côtés sont moins inégaux (1309). Donc l'égalité, soit des côtés, soit des angles du Quadrilatere, fait à la grandeur de l'aire.

Que le Quarré est le plus grand de tous les Quadrilateres isoperimetres.

1312. A mesure que je rendrai moins inégaux les côtés du parallelogramme rectangle, qui est plus grand que tous les Rhomboïdes isoperimetres qui ont les mêmes côtés (1307), ou à mesure que je rendrai moins inégaux les angles du Rhombe qui est plus grand que toutes les Rhomboïdes qui ont les mêmes angles (1310), j'aurai de plus grandes aires. Donc enfin j'aurai un Quarré, dont l'aire $= \frac{aa}{16}$ sera plus grande que celle de tout autre Quadrilatere.

Et plus grand que le Triangle équilateral isoperimetre.

1313. Si je compare à l'aire du Quarré celle du Triangle équilateral qui est $\frac{aa}{12\sqrt{3}}$ (1287), je vois qu'elles sont :: $12\sqrt{3}$. 16 :: $3\sqrt{3}$. 4. Or le quarré de la 1re est 27, & celui de la 2de 16, d'où il est aisé de voir que l'aire du Quarré est la plus grande, & qu'elle est à celle du Triangle comme un peu plus de 5 à 4.

1314. Si je cherche pourquoi l'aire du Quarré est plus grande que celle du Triangle équilateral, les côtés & les angles étant égaux dans l'une & dans l'autre Figure, je ne vois nul autre principe d'augmentation que le nombre des côtés du Quarré plus grand que celui des côtés du Triangle, d'où je commence à juger que la multitude des côtés fait à la grandeur de l'aire aussi-bien que l'égalité des côtés & des angles.

Et en effet, cela doit être ainsi. Le Fil *a* ne peut embrasser un espace, s'il ne s'écarte de lui-même, & par conséquent ne se divise en parties, car s'il demeure étendu en ligne droite, il n'embrassera pas d'espace, & non pas même encore s'il n'est divisé qu'en deux parties égales ou inégales. Puisqu'il faut que pour embrasser un espace il se divise en parties, & en plus de deux, il faut pour embrasser un plus grand espace, qu'il se divisé en un plus grand nombre de parties, car moins il y en auroit, plus aussi ces parties auroient de grandes étenduës en ligne droite, & plus elles tiendroient de la disposition où le Fil *a* ne peut embrasser d'espace. On voit aussi par là que le nombre des parties étant le même, elles embrassent un plus grand espace quand elles sont égales, car si elles ne le sont pas, les grandes qui sont de grandes étenduës en lignes droites, tiennent trop de la disposition desavantageuse. Enfin le nombre des parties égales étant le même, il est clair que plus elles s'écarteront les unes des autres, plus elles embrasseront un plus grand espace. Or elles ne s'écarteront jamais davantage les unes des autres qu'en s'écartant toutes également. Car autrement celles qui s'écarteroient le plus dans la 1re moitié du Fil *a*, par exemple, obligeroient celles de la 2de moitié à se rapprocher non-seulement les unes des autres, mais encore de celles de la 1re moitié. Donc en rassemblant tout, la multitude des côtés, leur égalité, & l'égalité des angles font la plus grande aire.

Que le Pentagone régulier est plus grand que le Quarré isoperimetre.

1315. Et pour m'en assûrer encore par le calcul, je cherche l'aire du Fil *a*, devenu Pentagone régulier.

Le côté d'un Pentagone inscrit dans un Cercle, dont le rayon est r, est $\frac{r\sqrt{10-2\sqrt{5}}}{2}$. Pour la facilité du calcul, soit $\sqrt{10-2\sqrt{5}}=x$. Donc le côté du Pentagone est $\frac{rx}{2}=\frac{a}{5}$. Donc le rayon du Cercle dans lequel seroit inscrit le Pentagone, dont le côté est $\frac{a}{5}$, est $\frac{2a}{5x}$. La perpendiculaire menée du centre de ce Cercle sur le côté du Pentagone est $\frac{a\sqrt{16-xx}}{10x}$, & l'aire du Triangle isoscele dont ce côté du Pentagone est la base, est $\frac{a\sqrt{16-xx}}{10x}\times\frac{a}{10}=\frac{aa\sqrt{16-xx}}{100x}$, & cinq fois ce Triangle où l'aire du Pentagone est $\frac{aa\sqrt{16-xx}}{20x}$. Or $x=$

$=\sqrt{10-2\sqrt{5}}$, & $xx=10-2\sqrt{5}$, & par conséquent $\frac{aa\sqrt{16-xx}}{20x}=\frac{aa\sqrt{6+2\sqrt{5}}}{20\sqrt{10-2\sqrt{5}}}$. Donc $\frac{aa}{16}$, aire du Quarré, est à celle du Pentagone :: $\frac{1}{16}$. $\frac{\sqrt{6+2\sqrt{5}}}{20\sqrt{10-2\sqrt{5}}}$. En quarrant ces deux grandeurs, on a $\frac{1}{256}$ & $\frac{6+2\sqrt{5}}{400\times\overline{10-2\sqrt{5}}}$. Si je prends $\sqrt{5}=2\frac{1}{5}=\frac{11}{5}$, je fais $\sqrt{5}$ trop petite, comme il sera aisé de le voir, & par conséquent la grandeur $\frac{6+2\sqrt{5}}{400\times\overline{10-2\sqrt{5}}}$, qui represente le Pentagone, sera trop petite, puisque son numerateur sera trop petit, & son dénominateur trop grand. Cependant dans cette supposition on a $6+2\sqrt{5}=6+\frac{22}{5}$ $=\frac{52}{5}$, & $400\times\overline{10-2\sqrt{5}}=400\times\frac{28}{5}=2240$, & $\frac{52}{5}$ divisé par $2240=\frac{52}{11200}$. Et l'on trouvera $\frac{1}{256}$. $\frac{52}{11200}$ :: 175. 208. Donc les quarrés des nombres qui expriment les rapports des aires du Quarré & du Pentagone sont :: 175 . 208, & ces aires :: $\sqrt{175}$. $\sqrt{208}$, c'est-à-dire, comme un nombre un peu plus grand que 13 à un autre un peu plus grand que 14, & d'ailleurs encore un peu plus grand, parce que $\sqrt{5}>\frac{11}{5}$.

1316. De même on trouvera que l'aire de l'Exagone est $\frac{aa}{2\sqrt{48}}$ ou $\frac{1}{2\sqrt{48}}$. Le quarré du nombre qui exprime celle du Pentagone est $\frac{52}{11200}$ (1315) $=\frac{13}{2800}$. Donc l'aire de l'Exagone est à celle du Pentagone :: $\frac{1}{2\sqrt{48}}$. $\frac{\sqrt{13}}{2\sqrt{700}}$ :: $2\sqrt{700}$. $2\sqrt{624}$ :: $\sqrt{700}$. $\sqrt{624}$, c'est-à-dire, comme un nombre entre 26 & 27 est à 25, à très peu-près. Tout cela avec le raisonnement de l'art. 1314, m'assûre suffisamment que j'augmenterai toûjours les aires à mesure que je

Et l'Exagone plus grand que le Pentagone.

multiplierai le nombre des côtés, en conservant leur égalité & celle des angles.

Que le Cercle est plus grand que tous les Poligones isoperimetres.

1317. Donc la plus grande aire que je puisse former avec le Fil a, est celle d'un Poligone infini qui aura tous ses côtés & tous ses angles égaux, c'est-à-dire, celle d'un Cercle.

1318. La circonference du Cercle étant a, le rayon est un peu moindre que $\frac{a}{6}$. Donc l'aire du Cercle est un peu moindre que $\frac{aa}{12}$. Or l'aire du Triangle équilateral, moindre que celle de tous les Poligones réguliers isoperimetres qui ont plus de 3 côtés, est exactement $\frac{aa}{12\sqrt{3}}$. Donc l'aire du plus petit Poligone régulier est à celle du plus grand :: $12 . 12\sqrt{3}$ :: $1 . \sqrt{3}$, ou un peu moins que $\sqrt{3}$, puisque l'aire du Cercle a été posée trop grande. Donc l'aire du Poligone, qui a le plus de côtés, est assés éloignée d'être double de celle du Poligone qui en a le moins.

1319. Donc dans tout le chemin que font les aires des Poligones réguliers isoperimetres, en croissant depuis le Triangle équilateral jusqu'au Cercle par l'augmentation successive du nombre de leurs côtés, elles ne vont point de 1 jusqu'à 2, & comme cet espace fini, divisé par une infinité de Poligones, ne le peut être qu'en un nombre fini de parties finies, & en un infini d'infiniment petites, il n'y a qu'un nombre fini de Poligones réguliers qui ayent des differences finies à l'aire du Cercle, & il y en a une infinité dont le nombre des côtés est toûjours plus grand, qui n'ont à cette aire que des differences infiniment petites. Donc la confusion ou l'identité d'un Poligone infini avec le Cercle, conçûë & supposée par les Geometres, est infiniment mieux fondée & plus legitime qu'ils n'ont peut-être eux-mêmes pensé.

1320. A compter depuis le Triangle équilateral jusqu'au Cercle, les aires croissantes des Poligones réguliers isoperimetres ont des differences décroissantes, & après un nombre fini indéterminable de differences finies, elles en ont une infinité d'infiniment petites.

1321. Il est bon de remarquer que quand les Geometres ont conçû l'identité du Cercle avec un Poligone infini, ç'a été en inscrivant successivement dans un même Cercle differents Poligones dont le nombre des côtés étoit toûjours plus grand, & le perimetre plus grand aussi. Ici le perimetre des Poligones est toûjours égal, & les Cercles où ils seroient inscrits, seroient toûjours plus petits, comme il sera aisé de le voir. Mais cela n'empêche pas que ce qui vient d'être dit sur l'indentité des Poligones infinis & du Cercle ne soit toûjours vrai. On trouvera même que selon la premiere maniere de la concevoir, l'aire de l'Exagone sera à celle du Cercle : : $\sqrt{3}$. 2 plus quelque petite grandeur, d'où suit tout le raisonnement de l'art. 1319.

1322. L'avantage qu'un Poligone tire de la multiplication infinie de ses côtés n'est pas infini, & il est bien éloigné de l'être. Donc il peut être égalé, & même surpassé par celui qu'un autre Poligone d'un nombre fini de côtés tirera de l'égalité de ses côtés ou de ses angles. Donc une Courbe peut avoir une aire moindre qu'une Figure rectiligne isoperimetre. Et en effet, il est aisé de concevoir une Ellipse si allongée, que l'aire d'un Triangle, même scaléne, seroit beaucoup plus grande.

1323. Une Courbe pouvant toûjours être conçûë comme divisée en côtés égaux, & par conséquent deux Courbes isoperimetres qui enferment toutes deux un espace, étant conçûës comme divisées en un nombre infini égal de côtés égaux, & entr'eux, & ceux de l'une à ceux de l'autre, il n'est plus question pour l'aire que de considerer les angles de contingence des deux Courbes, ou leurs courbures, & celle qui d'une extrêmité de son cours à l'autre aura la courbure la moins inégale, aura la plus grande aire.

1324. Donc de toutes les Courbes isoperimetres, le Cercle est celle qui a la plus grande aire. *Et plus que toutes les Courbes isoperimetres.*

1325. a étant le grand axe d'une Ellipse, & b le parametre de a, la courbure de l'origine de l'Ellipse surpasse d'autant plus celle du quart, ou, ce qui est la même chose, la *Que l'aire de l'Ellipse est d'autant moindre que sa courbure est plus inégale, & au contraire.*

courbure de l'Ellipse est d'autant plus inégale, que a est plus grand par rapport à b (1088), ou, ce qui revient au même, que le grand axe est plus grand par rapport au petit. Donc de deux Ellipses isoperimetres, celle où le grand axe est plus grand par rapport au petit, est celle qui a la plus petite aire, & elle l'a d'autant plus petite, que le grand axe est plus grand par rapport au petit.

1326. Si le petit axe étoit, non pas absolument nul, ce qui empêcheroit l'Ellipse d'être Ellipse, mais infiniment petit, l'Ellipse seroit une ligne qui auroit d'abord dans une étenduë infiniment petite une courbure elliptique, & ensuite ne seroit qu'une droite couchée le long de son grand axe jusqu'à son extremité, où elle auroit une courbure pareille à celle de l'origine. Il est visible que par là il arriveroit en même temps qu'elle auroit & une aire infiniment petite, & une inégalité infinie de courbure, puisqu'ayant eû d'abord une courbure ordinaire & finie, elle n'en auroit ensuite qu'une qui seroit nulle. Donc l'inégalité infinie de courbure, & l'aire infiniment petite sont deux choses necessairement liées dans l'Ellipse.

1327. On ne pourroit pas faire sur le Cercle cette supposition d'un axe infiniment petit, l'autre étant fini, parce qu'il lui est essentiel d'avoir ses deux axes égaux, mais on la pourra faire sur toutes les Courbes qui, comme l'Ellipse, renferment un espace par leur circonference seule, & qui ont leurs axes inégaux, ou, ce qui est le même, une plus grande Ordonnée & l'Abscisse correspondante inégales. Donc en general dans toutes ces Courbes l'inégalité infinie de courbure produira une aire infiniment petite.

Et de même pour toutes les Courbes qui renferment seules un espace.

1328. Donc en general, ces Courbes étant isoperimetres, plus leur courbure sera inégale, plus leur aire sera petite, & au contraire.

Que dans les espaces renfermés en partie par des Cour-

1329. Si les Courbes ne renferment pas seules un espace, mais qu'elles ne le renferment qu'avec une Abscisse & une Ordonnée, comme une Parabole, une Hiperbole, &c. ce qui est le plus ordinaire, il faut, au lieu de supposer les Courbes entieres isoperimetres, en prendre des Arcs qui soient de part & d'autre d'une même longueur, les prendre avec les Abſciſſes & les Ordonnées qui leur appartiennent, & voir quelles ſont les aires.

bes, une courbure moins inégale produit un plus grand eſpace, le reſte étant égal.

Si l'on compare l'aire d'un Quart de Cercle à celle du Triangle rectangle, dont l'hipotenuſe ſeroit la Corde de 90 degrés, & les deux autres côtés, les deux rayons du Cercle qui font l'angle droit, il eſt bien clair que l'aire du Quart de Cercle eſt plus grande que celle du Triangle, mais auſſi l'hipotenuſe du Triangle eſt moindre que l'arc de 90. Faiſons la égale à cet arc. Si la circonference du Cercle eſt $= a$, cette hipotenuſe ſera $= \frac{a}{4}$, & ſon quarré $\frac{aa}{16}$ ſera quadruple de l'aire du Triangle rectangle iſoſcele, dont elle eſt l'hipotenuſe. Donc l'aire de ce Triangle eſt $\frac{aa}{64}$. Si l'on prend l'aire du Cercle pour exactement $= \frac{aa}{12}$, celle du Quart eſt $\frac{aa}{48}$, & elle eſt à celle du Triangle :: 64 . 48 :: 4 . 3. Mais il eſt vrai que $\frac{aa}{12}$ eſt une quantité un peu plus grande que l'aire du Cercle, ou que cette aire eſt aa diviſé par un nombre un peu plus grand que 12, ce qui rendra le rapport du Quart de Cercle au Triangle moindre que celui de 4 à 3, mais il ſera toûjours certainement très éloigné de l'égalité.

Il eſt de plus à remarquer que dans ce Triangle rectangle iſoſcele, dont l'hipotenuſe eſt $\frac{a}{4}$, chacun des deux côtés égaux eſt $\frac{a}{\sqrt{32}}$, le rayon du Cercle ſuppoſé étant $\frac{a}{6}$, ou un peu moindre. Or $\frac{a}{\sqrt{32}} . \frac{a}{6}$ :: 6 . $\sqrt{32}$. Donc un des petits côtés du Triangle eſt plus grand que le rayon du Cercle. Donc le Triangle dont le perimetre total ſont l'hipotenuſe égale à l'arc de 90, & deux côtés égaux plus grands que le rayon du Cercle, a un plus grand perimetre total que le Quart de Cercle, & cependant il a une moindre aire, ce qui ne peut venir que de l'avantage que donne au Quart de Cercle, le nombre infini des côtés de ſon arc de 90, tandis que l'hipotenuſe du Triangle égale à cet arc n'eſt qu'une ligne droite.

Donc en general deux Trilignes étant posés, l'un mixtiligne formé d'une Courbe avec son Abscisse & son Ordonnée, l'autre rectiligne formé d'une droite égale à cette Courbe, & de deux autres droites, si ces droites sont égales à celles du Triligne mixtiligne, celui-ci aura une plus grande aire que l'autre, & quand même les deux droites du rectiligne seront plus grandes que celles du mixtiligne, ce qui donnera au rectiligne un plus grand perimetre total, l'aire du mixtiligne pourra encore être plus grande; & tout le reste étant égal, l'aire du mixtiligne sera d'autant plus grande par rapport à celle du rectiligne, que la Courbe du mixtiligne aura une courbure moins inégale.

Ce que produit par rapport à l'aire des Courbes d'un cours infini & d'une égale longueur l'inégalité de leur courbure, lorsqu'elle devient nulle à leur extremité.

1330. S'il s'agit des aires de Courbes d'une égale longueur, mais qui ayent un cours infini, on peut déja conjecturer que le plus ou le moins d'inégalité de leur courbure fera à leur aire, car le nombre infini de côtés étant égal, ne sera plus à considerer, & qu'une inégalité infinie de courbure produira, non plus une aire infiniment petite, ce qui n'est plus possible ici, mais la plus petite aire qu'il se puisse. Cela demande des considerations plus détaillées.

L'inégalité de courbure ne peut être infinie, que quand la courbure ayant été ordinaire & finie, elle devient nulle ou infinie. Je ne vais prendre d'abord pour inégalité infinie de courbure que celle qui consiste en ce que la courbure ayant été finie devient nulle.

Un espace quelconque est formé de deux dimensions, & jamais il ne peut être plus grand que quand elles sont toutes deux à la fois les plus grandes qu'il se puisse, & jamais elles ne sont plus grandes toutes deux à la fois, que quand elles sont égales. Un espace mixtiligne ou curviligne a ses deux dimensions, dont l'une est dans le sens de l'axe ou des Abscisses, l'autre dans celui des Ordonnées, & jamais il n'est plus grand que quand les Abscisses approchent le plus qu'il est possible d'être égales aux Ordonnées correspondantes, ou, ce qui est le même, le mouvement horisontal de la Courbe au vertical.

Si

Si la courbure de la Courbe devient nulle dans une étenduë finie, c'est-à-dire, si la Courbe dans cette étenduë devient droite, cette droite est ou parallele ou perpendiculaire ou oblique à l'axe. Si elle est parallele, alors le mouvement horisontal subsiste, & le vertical cesse, & l'espace curviligne ne croît plus que selon une dimension, & par conséquent moins que s'il avoit crû selon les deux. C'est la même chose, mais seulement en sens contraire, si la droite est perpendiculaire. Si elle est oblique, l'espace a crû selon les deux dimensions.

La condition, que la Courbe devienne droite dans une étenduë au moins finie, est necessaire par rapport à la diminution de l'espace curviligne, car la Courbe devenuë droite dans une étenduë infiniment petite, ou de plusieurs côtés en nombre fini, ne produiroit dans l'aire qu'une diminution infiniment petite, qui ne seroit point à compter.

Une Courbe peut devenir droite dans une étenduë infinie aussi-bien que dans une finie (1179, &c. 1182).

L'inégalité infinie de courbure ne produit une diminution d'aire que dans les Courbes qui, dans des étenduës au moins finies, deviennent des droites paralleles ou perpendiculaires à l'axe, car ce n'est qu'alors que l'un des deux mouvements devient nul par rapport à l'autre.

La courbure nulle dans une étenduë finie ou infinie, ne peut arriver qu'à la fin du cours infini des Courbes. Tout cela posé,

1331. Je suppose 1° que la variation de la courbure ait été sans changement de l'origine à l'extremité, ou, ce qui est le même, que la courbure ait toûjours été décroissante. Je suppose, 2° que les aires formées d'une Courbe infinie, de son axe & de sa derniére Ordonnée, sont croissantes depuis l'origine, jusqu'à l'extremité. Toutes les Courbes d'un cours infini étant conçûës ici d'une même longueur, ou égales à la même droite infinie, il est visible, par tout ce qui vient d'être dit, que celles qui ont une inégalité infinie de courbure, & en même temps deviennent à leur extremité paralleles ou perpendiculaires à leur axe dans une étenduë finie, ont une moindre aire que si leur position extrême à l'égard de l'axe demeurant la même, elles ne l'avoient pas eûë dans une étenduë finie, ou, ce qui est le même, n'avoient pas eu l'inégalité infinie de courbure, telle qu'on la prend ici. Car leur aire devient plus petite par deux causes; la 1re, parce que de leurs deux dimensions, l'horisontale ou parallele, & la verticale ou perpendiculaire, l'une cesse de croître, tandis que l'autre croît, & que par conséquent elles s'éloignent de l'égalité. La 2de, parce que dans l'étenduë finie où ces Courbes sont droites, elles perdent, par rapport à la grandeur de l'aire, l'avantage qui résulte de la multitude des côtés.

1332. Plus l'inégalité infinie de courbure est grande dans les Courbes paralleles ou perpendiculaires à l'extremité, plus l'aire est petite, & par conséquent l'inégalité infinie de courbure qui change la Courbe en droite dans une étenduë infinie, étant infiniment plus grande que celle qui ne la change en droite que dans une étenduë finie, l'aire doit être alors infiniment plus petite. Car si une Courbe à son extremité n'est parallele à son axe que dans une étenduë finie, il n'y a que cette étenduë où le mouvement vertical ait cessé, & il a crû avec l'horisontal dans une étenduë infinie, mais si la Courbe parallele est droite dans une étenduë infinie, son mouvement vertical a cessé dans cette étenduë, l'horisontal continüant de croître, & ils n'ont crû tous deux ensemble que dans une étenduë finie, ce qui doit faire une difference d'ordre entre les deux differentes aires. En effet si on compare l'aire de la Parabole, qui n'est droite que dans une étenduë finie (1182), & qui a une derniére Ordonnée $= \infty^{\frac{1}{2}}$ (964), & l'aire d'une Courbe Asimptotique droite par conséquent dans une étenduë infinie, parallele à son extremité, & dont la derniére Ordonnée ne pourra être que finie, selon la 2de supposition de l'art. 1331, on trouvera que leurs axes étant necessairement infinis, les deux aires seront, quant à l'ordre, $:: \infty \times \infty^{\frac{1}{2}} . \infty \times 1 :: \infty^{\frac{1}{2}} . 1.$

1333. L'Hiperbole rapportée à ſon premier axe, ou axe traverſant, n'eſt point dans le cas des Courbes, dont l'inégalité infinie de courbure diminuë infiniment l'aire, quoi-qu'elle ait cette inégalité infinie de courbure, & une Aſimptote. Cela vient de ce que l'Hiperbole ſe termine par être ligne droite infinie oblique à ſon axe d'une certaine obliquité déterminée par le rapport de ſes deux axes conjugués (953), ainſi ſes deux mouvements, l'horiſontal & le vertical, ſont toûjours ſubſiſtants, & ſa derniére Ordonnée infinie auſſi-bien que ſon axe. Son aire eſt donc un Infini du 2[d] ordre.

1334. Mais entre toutes les Hiperboles de même longueur, j'entends celles du 2[d] degré, & dont les axes conjugués auront tous les differents rapports finis poſſibles, celle qui aura la plus grande aire infinie du 2[d] ordre ſera l'Hiperbole équilatere, parce que ſes deux axes conjugués étant égaux, ſa derniére Ordonnée & ſon axe le ſeront auſſi, & par conſéquent les deux dimenſions horiſontale & verticale, ou les deux mouvements par où elle ſe terminera.

Qu'entre toutes les Hiperboles de même longueur, & du 2[d] degré, l'Equilatere eſt celle qui a la plus grande aire infinie.

1335. Plus les deux axes conjugués ſeront inégaux, plus ſeront petites les aires infinies des Hiperboles de même longueur.

1336. Ce n'eſt que la derniere Ordonnée de l'Hiperbole équilatere qui devient exactement égale à ſon axe infini, juſque là les Ordonnées ont toûjours été moindres que les Abſciſſes, mais elles ont toûjours tendu à leur être égales, & leur ont été toûjours moins inégales depuis l'origine de l'Hiperbole juſqu'à ſon extremité. Donc ſi l'on prend, à commencer à l'origine, un arc Hiperbolique quelconque avec ſon Abſciſſe & ſon Ordonnée, ſi enſuite on prend l'arc ſuivant de la même longueur, & que par le premier point de ce 2[d] arc on tire une parallele à l'axe juſqu'à ce qu'elle rencontre l'Ordonnée de l'extremité de ce 2[d] arc, on aura un 2[d] eſpace Hiperbolique compris entre le 2[d] arc, la parallele à l'axe, & la difference finie des deux Ordonnées extrêmes des deux arcs, & je dis que ce 2[d] eſpace ſera plus grand que le 1er, puiſque le mouvement vertical n'y ſera pas ſi inégal à l'horiſontal que

Que l'Hiperbole équilatere étant diviſée en arcs égaux, certains eſpaces qu'ils détermineront ſeront croiſſants depuis l'origine juſqu'à l'extremité.

dans le 1er. Donc si l'on conçoit toute l'Hiperbole équilatere divisée en arcs égaux, qui servent à former des espaces pareils à ceux qu'on vient de déterminer, ces espaces iront toûjours en croissant jusqu'au dernier, qui ne sera que rectiligne, puisque l'Hiperbole est alors ligne droite, & sera un triangle rectangle isoscele.

1337. Quoi-que l'hipotenuse de ce Triangle n'ait pas la multitude infinie des côtés qu'avoient les arcs Hiperboliques égaux dans d'autres Trilignes pareils, ce désavantage sera surpassé par l'avantage qu'il tire de l'égalité de ses deux dimensions.

Et de même dans les autres Hiperboles.

1338. Il en ira de même des Hiperboles non équilateres. Leurs espaces ainsi pris, moindres que les correspondants de l'Hiperbole équilatere, seront toûjours croissants, parce qu'ils tendront toûjours & arriveront enfin à la moindre inégalité possible, entre une Abscisse & une Ordonnée, ou, plus exactement parlant, entre le mouvement horisontal & le vertical.

Que ce sera le contraire dans la Parabole.

1339. Ce sera le contraire de la Parabole où l'on prendra des espaces de cette même maniére. Son parametre étant a, tant que l'on prendra des Abscisses x moindres que a, les Ordonnées seront plus grandes que ces Abscisses, mais les unes & les autres tendront à l'égalité, & y arriveront lorsque x sera $= a$, après quoi les Ordonnées seront toûjours moindres que les Abscisses. Donc si l'on prend un 1er arc Parabolique, tel que x soit $= a = y$, & qu'on prenne l'arc suivant de la même longueur, & que par le premier point de ce 2^{d} arc, on tire une parallele à l'axe jusqu'à la rencontre de l'Ordonnée extrême de ce 2^{d} arc, ce 2^{d} espace sera moindre que le 1er, le 3me déterminé de même moindre que le 2^{d}, & toûjours ainsi de suite. Et en effet, la Parabole devenant à son extremité une ligne droite finie parallele à son axe, le dernier espace ne pourra être qu'infiniment petit.

1340. L'espace Parabolique déterminé par un arc tel que $x = y = a$, est plus grand que tout espace Hiperbolique déterminé par un arc de même longueur, & pris comme celui de la Parabole, à l'origine de la Courbe, car nul arc Hiperbolique n'aura cette égalité de x & de y.

1341. S'il faut courber le Fil *a* en un arc ou Parabolique ou Hiperbolique, à commencer à l'origine de la Courbe, & tel que l'espace qu'il déterminera soit le plus grand qu'il se puisse, il faut le courber en arc Parabolique, tel que l'on y ait $x = y$.

1342. Si avec la même condition du plus grand espace, il ne faut courber le Fil qu'en arc Hiperbolique, à commencer à l'origine de la Courbe, il faut le courber en arc d'Hiperbole équilatere.

1343. S'il faut le courber en arc Parabolique, qui ne commence pas à l'origine de la Courbe, il faut le courber en arc qui en soit le plus près qu'il se pourra, & au contraire, s'il s'agit de le courber en arc Hiperbolique.

Que l'inégalité d'une courbure qui se termine par être infinie, ne produit rien précisément par rapport à l'aire.

1344. Jusqu'ici nous n'avons consideré que ce que produit par rapport à l'aire l'inégalité infinie de la courbure devenuë nulle à l'extremité dans une étenduë au moins finie. On pourroit juger d'abord que l'inégalité infinie de la courbure devenuë infinie comme à l'extremité de la Cycloïde (1119, 1120), devroit produire aussi quelque effet par rapport à l'aire. Mais elle n'en produit absolument aucun. La courbure infinie de l'extremité de la Courbe vient de ce que son dernier côté n'est qu'un Infiniment petit du 2[d] ordre (911), ou nul par rapport à tous les précédents, & ce manquement subit d'un côté ne fait rien ni au perimetre ni à l'aire, & n'empêche pas que la Courbe n'ait eû dans son cours une courbure comparable à celle de toute autre Courbe, & plus ou moins inégale.

Que la Cycloïde qui à son extremité a une courbure infinie, a une aire plus grande ou plus petite que differentes demi-Ellipses de même longueur qu'elle.

1345. Pour m'en assûrer par le calcul, je compare l'aire d'une Cycloïde à une aire Elliptique, & parce que la Cycloïde est terminée par sa base comme une demi-Ellipse le seroit par un de ses deux axes, je ne prends qu'une aire de demi-Ellipse.

La base de la Cycloïde est $= c$, circonference du Cercle generateur, dont le diametre est $\frac{c}{x}$, x étant un nombre inconnu un peu plus grand que 3. Il est démontré que la circonference de la Cycloïde est quadruple du diametre du Cercle generateur, donc elle est $=\frac{4c}{x}$, donc la circonference d'une demi-Ellipse isoperimetre est aussi $\frac{4c}{x}$, & elle est à celle du Cercle generateur :: $\frac{4c}{x}$. c :: 4. x. La circonference de l'Ellipse entiére seroit donc à celle du Cercle generateur :: 8. x.

Si un Cercle avoit la même circonference que l'Ellipse entiére, son aire seroit à celle du Cercle generateur :: 64. xx, & l'aire du demi-Cercle à celle du Cercle generateur :: 32. xx. Or nulle demi-Ellipse isoperimetre à ce demi-Cercle ne peut avoir une aussi grande aire que lui. Donc toute demi-Ellipse isoperimetre à la Cycloïde aura une aire dont le rapport à l'aire du Cercle generateur sera moindre que celui de 32 à xx.

L'aire de la Cycloïde est à celle du Cercle generateur :: 3. 1. Donc x étant un nombre seulement un peu plus grand que 3, il peut y avoir une infinité de rapports moindres que celui de 32 à xx, ou dans lesquels il entre un nombre moindre que 32, & qui cependant soient plus grands que celui de 3 à 1, c'est-à-dire, qu'il peut y avoir une infinité de demi-Ellipses isoperimetres à la Cycloïde, & qui auront de plus grandes aires.

Mais par la même raison il y aura une infinité beaucoup plus grande de demi-Ellipses qui auront de moindres aires que la Cycloïde.

Donc quoi-que la Cycloïde ait de son sommet à ses deux extremités une inégalité infinie de courbure, elle n'a pas par cette raison une moindre aire que les Courbes isoperimetres, & quand elle en a une moindre, c'est parce que son inégalité de courbure est plus grande dans tout son cours, où le dernier côté n'est point compté.

1346. De toutes les demi-Ellipses, celle qu'il est le plus naturel de comparer à la Cycloïde, est celle qui aura pour grand axe la base c de la Cycloïde, & pour la moitié du petit, le diametre $\frac{c}{x}$ du Cercle generateur. L'Ellipſe entiére ſeroit circonſcrite à un Cercle dont le diametre ſeroit $\frac{2c}{x}$, & par conſéquent l'aire Elliptique ſeroit à celle du Cercle inſcrit $:: c. \frac{2c}{x} :: x. 2$, & la moitié de l'aire Elliptique à l'aire de ce Cercle $:: x. 4$. Or ce Cercle inſcrit eſt au generateur de la Cycloïde $:: 4. 1$. Donc l'aire de la demi-Ellipſe eſt à celle du Cercle generateur $:: x. 1$, & à celle de la Cycloïde $:: x. 3$, c'eſt-à-dire, de bien peu plus grande.

On trouvera en même temps que la demi-Ellipſe eſt à très peu près iſoperimetre à la Cycloïde. L'aire Elliptique entiére étant à celle du Cercle inſcrit $:: x. 2$, ſi cette aire, au lieu d'être celle d'une Ellipſe, étoit celle d'un nouveau Cercle que j'imagine, la circonference de ce nouveau Cercle ſeroit à celle du Cercle inſcrit à l'Ellipſe $:: \sqrt{x}. \sqrt{2}$. Donc la circonference du nouveau Cercle ſeroit à celle du Cercle generateur la moitié moindre que celle de l'inſcrit $:: 2\sqrt{x}. \sqrt{2}$. Donc $\sqrt{2}$ exprimant la circonference du Cercle generateur, $\frac{\sqrt{2}}{x}$ exprimera ſon diametre. Donc la circonference du nouveau Cercle ſera au diametre du Cercle generateur $:: 2\sqrt{x}. \frac{\sqrt{2}}{x} :: 2x\sqrt{x}. \sqrt{2}$. Et comme on ne veut comparer à la Cycloïde qu'une demi-Ellipſe, il ne faut prendre que la demi-circonference du nouveau Cercle qui tient la place de l'Ellipſe. Donc cette demi-circonference ſeroit au diametre du Cercle generateur $:: x\sqrt{x}. \sqrt{2}$. Si x n'étoit que 3, les quarrés de $x\sqrt{x}$ & de $\sqrt{2}$ ſeroient 27 & 2, & s'ils avoient été 32 & 2, ou 16 & 1, la demi-circonference du nouveau Cercle & le diametre du Cercle generateur auroient été $:: 4. 1$, ce qui eſt le rapport de la Cycloïde au diametre du Cercle generateur, & par conſéquent la demi-circonference du nouveau Cercle auroit été égale à la Cycloïde. Mais il eſt certain que $x > 3$, ce qui rapproche x^3 de 32, & de plus il faut remettre une demi-Ellipſe à la place de la demi-circonference du nouveau

Cercle. Or comme on avoit supposé l'aire Elliptique & la Circulaire égales, la circonference Elliptique est necessairement plus grande, & par cette raison x^3 s'approche encore plus de 32. Donc la demi-Ellipse est à peu-près isoperimetre à la Cycloïde.

1347. On voit par-là en general que deux arcs égaux de Courbes differentes, approchent fort d'avoir des aires égales, quand leurs Abscisses & leurs Ordonnées sont égales, ce qui revient aux art. 1330, 1334, &c.

1348. Si deux arcs égaux de Courbes differentes sont tels que leurs courbures extrêmes ayent le même rapport aux courbures de l'origine, c'est la même chose que si deux Suites d'un nombre égal de termes étoient comprises entre les mêmes extrêmes, celle qui approcheroit le plus d'une progression arithmetique, diviseroit l'intervalle plus également, & celle qui approcheroit le plus d'une progression geometrique, le diviseroit plus inégalement. Donc en examinant selon cette vûë la variation de la courbure des deux arcs, on verroit laquelle seroit la moins inégale, & par conséquent lequel des deux arcs contiendroit avec son Abscisse & son Ordonnée la plus grande aire.

Par toute cette Theorie on voit pourquoi dans l'excellent Memoire que l'illustre M. Bernoulli a donné à l'Academie des Sciences sur cette matiere, dans les Mem. de l'Acad. de 1706, il détermine les plus grandes aires des Courbes isoperimetres par un certain rapport constant des Sinus des courbures.

SECTION

SECTION V.

De la formation des Lignes par des Points, des Plans par des Lignes, & des Solides par des Plans.

QUOI-QU'IL paroiſſe par le titre de cette Section que nous n'y pouvons dire que des choſes très communes, & trop élementaires pour meriter d'être dites, nous eſperons ne pas tomber tout-à-fait dans ce défaut. On conçoit ordinairement les Lignes comme formées par des Points, les Plans par des Lignes, les Solides par des Plans, rien de tout cela n'eſt exactement vrai.

1349. Un Point n'a aucune étenduë, c'eſt zero d'étenduë. Or $0 \times \infty = 0$. Donc un point, quoi-qu'infiniment répeté, ne peut faire une étenduë ou une ligne.

1350. Mais $\frac{1}{\infty} \times \infty = 1$. Donc il faut concevoir la ligne finie comme formée, non par des points, mais par une infinité de lignes infiniment petites.

1351. Ce n'eſt pas qu'on ne puiſſe concevoir le point, & qu'on ne doive même le ſuppoſer en Geometrie, mais il ne faut pas le concevoir comme élement ou partie infinitiéme de la ligne, & ſi la ligne eſt réellement compoſée de points, elle l'eſt d'une maniére qui nous échape, & qui ne tombe pas ſous nôtre calcul. La Geometrie eſt toute intellectuelle, & a pour objet, non la Grandeur Phiſique préciſément, mais la Grandeur telle que nous ſommes obligés de la concevoir.

1352. S'il y a quelque ligne qu'il faille concevoir comme compoſée de points, c'eſt la Courbe. La nouvelle Geometrie qui conſidere les Courbes comme formées de droites infiniment petites, paſſe pour ne donner qu'une ſuppoſition infiniment approchante du vrai, une approximation infinie des Courbes réelles, qui n'ont aucunes parties droites, & par conſéquent ne ſont formées que de points. Ceux même qui ont fait naître, ou le plus perfectionné cette Geometrie,

Que les Courbes ne ſont pas compoſées de points, ou que les Courbes rigoureuſes ne ſont pas réelles.

semblent en convenir, & ils se contentent d'avoir donné un grand nombre de Methodes infiniment avantageuses, fondées sur cette supposition. Cependant j'ose avancer que les Courbes réelles ne sont point composées de points, ou du moins ne peuvent être conçûës sous cette idée.

Une droite n'est point par elle-même divisée en parties, elle n'a que celles que lui donne une division arbitraire, mais la nature de la Courbe réelle consistant dans une *flexion* continuelle, elle a par elle-même pour parties élementaires & composantes, celles que cette flexion rend distinctes les unes des autres. Or il s'agit de sçavoir si ces parties sont des points ou des droites infiniment petites.

Tous les Geometres conviennent qu'une Courbe est toûjours differemment inclinée à son axe, ou, ce qui revient au même, que ses parties élementaires sont toutes differemment posées par rapport à cet axe. Ce ne sont donc pas des points, car des points n'ont aucune position par rapport à une droite ; ce sont donc des lignes infiniment petites.

1353. Tout le monde convient aussi que toutes les Courbes peuvent être décrites par des mouvements, & il y en a un grand nombre, telles que les Spirales, les Cycloïdes, &c. que l'on conçoit necessairement comme décrites de cette maniére, & l'on convient de même que ces mouvements, qui tracent des Courbes, doivent changer de direction à chaque instant. Or un mouvement ne peut changer de direction à chaque instant, s'il n'en a une pendant chaque instant, & pour en avoir une, il faut qu'il suive une ligne droite, qui sera infiniment petite, puisque la durée du mouvement, selon cette direction, sera un instant infiniment petit. Donc, &c.

1354. Les Courbes réelles ne sont donc que des Poligones rectilignes infinis, & les Courbes *rigoureuses* ou *exactes*, qu'on opposoit à ces Courbes Poligones, ne sont point réelles.

1355. Les Courbes rigoureuses ne seroient en aucunes de leurs parties ni perpendiculaires, ni paralleles, ni inclinées à leur axe. Il est bien vrai que leurs Tangentes, tirées à leurs differents points, pourroient avoir ces differentes positions, mais elles ne les auroient pas, parce qu'elles les auroient prises de la Courbe, & ainsi elles ne representeroient pas, comme tout le monde le conçoit, les differentes positions de la Courbe par rapport à son axe, elles auroient leurs positions quelconques par la seule necessité de passer par un certain point de la Courbe, & d'éviter tous les autres, & il y auroit des cas, où cette necessité cessant de leur déterminer une position, une Tangente pourroit avoir des positions differentes, ce qui certainement est absurde. Par ex. soit une Courbe qui ne passe point au dessous de son axe, & qui à son origine lui soit perpendiculaire, la Tangente pourra, avec une infinité de positions differentes, passer par ce seul point de l'origine de la Courbe sans entrer dans son plan, ou être Sécante.

Il est vrai que dans toutes ces positions elle ne fera pas toûjours avec la Courbe un angle de contingence infiniment petit. Mais d'où vient la necessité absoluë de faire cet angle? Elle le fera, quand il sera necessaire qu'elle le fasse pour ne pas devenir Sécante, ainsi qu'il arrive dans le Cercle, mais quand elle pourra ne le pas faire, & n'être pas Sécante, comme dans la presente hipothese, elle ne laissera pas d'être toûjours Tangente.

Il est évident que cet inconvenient n'a pas lieu à l'égard des Courbes Poligones, & que leurs côtés qui ont toûjours une position, assujettissent les Tangentes qui sont leurs prolongements à avoir toûjours celle qu'ils ont.

1356. On peut à cette occasion faire une remarque. Selon la nouvelle Geometrie où les Courbes sont Poligones, deux côtés contigus quelconques étant posés, le prolongement de l'un d'eux est une Tangente de la Courbe au point qui est commun à ces deux côtés, ou qui est le sommet de l'angle de contingence. Selon l'ancienne Geometrie, qui a conçû les Courbes comme rigoureuses, la Tangente du même point sera tirée par le point commun aux deux côtés, de sorte qu'elle les laissera tous deux au dessous d'elle. De-là il suit que l'angle de contingence, toûjours infiniment petit dans l'une & l'autre hipothese, sera deux fois plus grand dans la nouvelle hipothese que dans l'ancienne, & par conséquent aussi sa base; dont la détermination est fort importante dans la Theorie des Rayons des Développées, des Forces Centrales, &c. Il faut faire attention à cela pour se conduire selon l'hipothese qu'on a prise, mais laquelle des deux que ce soit, elle ne jette point dans l'erreur, pourvû qu'on la suive bien, & qu'on ne passe pas sans s'en appercevoir de l'une dans l'autre.

1357. Des Courbes formées de droites infiniment petites du 1er ordre, sont essentiellement differentes des lignes droites finies formées des mêmes élements, mais toûjours posés bout à bout selon la même direction, au lieu que dans les Courbes ils en changent toûjours; par consequent il suffit de poser pour élements des Courbes de petites droites du 1er ordre sans aller à des ordres inferieurs, si ce n'est que dans certains cas, comme dans celui de la courbure infinie, il faille passer le 1er ordre. On en a vû plusieurs exemples. Nous pouvons ajoûter en passant, que ce cas de la courbure infinie seroit inexpliquable dans l'hipothese des Courbes rigoureuses formées de points.

Que les lignes droites & les Courbes ne doivent être conçûës que comme formées de droites infiniment petites.

1358. Si les Courbes ne sont pas formées de points, mais de petites droites, les droites finies ne sont formées non plus que de petites droites, car les Courbes & les droites ne different pas par la nature de leurs parties élementaires, mais par la position seule de ces parties.

Que les Plans ne doivent être conçûs que comme formés de plans infiniment petits.

1359. Venons aux Plans. Je dis qu'ils ne sont pas formés précisément de lignes. S'ils l'étoient, il faudroit concevoir un parallelogramme fini comme formé d'une infinité de lignes posées sur un de ses côtés parallelement à l'autre, & toutes égales, dont la somme feroit l'aire du parallelogramme. Or la somme de toutes ces lignes finies égales, seroit infinie. Donc cette idée n'est pas vraye.

1360. Si on veut concevoir l'aire du Cercle comme formée par le nombre infini de ses Rayons, il est certain que cette idée embarrasse l'imagination, car on ne peut concevoir les rayons du Cercle que trop serrés vers le centre, posés les uns sur les autres, & se penetrants, & au contraire trop écartés vers la circonference, & laissant entr'eux des vuides, qui font partie de l'aire, & n'y sont pourtant pas comptés dans cette hipothese. De plus, si les rayons font l'aire du Cercle, les aires de deux Cercles concentriques inégaux, seront comme le rayon d'un Cercle au rayon de l'autre, puisque les rayons sont de part & d'autre en même nombre infini, & ne different que par leurs longueurs. Or tout le monde sçait que cela est faux.

1361. Le dénoüement de ces difficultés, est qu'il faut concevoir les Plans comme formés, non par des Lignes précisément, mais par d'autres Plans élementaires infiniment petits par rapport à ceux dont ils sont éléments. Ainsi un parallelogramme fini, étant conçû comme formé par une infinité de plans, dont un des côtés est toûjours une ligne finie $= 1$, si l'on veut, & l'autre une ligne infiniment petite constante $= \frac{1}{\infty}$, la somme de cette infinité de plans élementaires, ou l'aire du parallelogramme, ne sera que finie, comme elle doit l'être.

1362. Que le parallelogramme soit formé de plans infiniment petits, tels qu'on vient de les poser, ou de lignes égales, qui ayent une longueur finie, & une largeur infiniment petite, c'est la même chose, mais toûjours on ne doit pas le concevoir comme formé de lignes mathematiques.

1363. Cette formation des Plans se concevra peut-être encore mieux dans l'Infini. Soit une ligne $= \infty$; son quarré sera ∞^2, & par consequent l'aire du quarré infini, ne sera que la ligne $= \infty$ repetée un nombre de fois $= \infty$, ou posée parallelement à un côté ce nombre de fois. Or pour ne la poser que ce nombre de fois, il faut necessairement laisser entr'elle posée une 1re fois, & elle-même posée une 2de des intervalles finis, & tous, si on le veut pour plus de facilité, égaux à 1, car autrement on la poseroit un nombre de fois $= \infty$ sur une partie finie quelconque du côté infini auquel elle est perpendiculaire. Il restera donc entre la ligne $= \infty$, posée un nombre de fois $= \infty$, un nombre $= \infty$ d'intervalles vuides finis, qui n'appartiendront point à l'aire du quarré infini, puiſqu'elle n'eſt formée que par la ligne repetée. Cependant ces intervalles finis en nombre $= \infty$, ſont un eſpace infiniment plus grand que celui qui eſt rempli par la ligne mathematique infiniment repetée; on neglige donc dans l'aire du quarré une quantité infiniment plus grande que celle qu'on y compte, ce qui eſt une abſurdité inſoutenable.

Il faut donc concevoir l'aire du quarré infini comme formée par des plans tous égaux, dont un des côtés eſt $= \infty$, & l'autre $= 1$, qui ſont infiniment petits par rapport à ∞^2, & qui étant en nombre $= \infty$ ſont la ſomme ∞^2, moyennant quoi il ne reſte point de vuides dans le quarré, & toutes les difficultés s'évanoüiſſent.

1364. Cette multiplication d'une ligne mathematique par $\frac{1}{\infty}$ dans le Fini, & par 1 dans l'Infini pour avoir les plans élementaires, n'eſt neceſſaire que quand on veut avoir l'aire abſoluë des plans totaux, ou s'en former une idée juſte, mais elle n'eſt pas neceſſaire pour avoir le rapport d'un plan à un autre du même ordre, car étant toûjours la même, elle ne change rien au rapport des ſommes infinies des lignes mathematiques dans les cas qu'on vient de voir. C'eſt pour cela qu'on a pû croire que ces ſommes faiſoient ſeules les aires.

1365. Mais cette même idée qui ſeroit quelquefois ſans conſéquence, conduiroit à une erreur groſſiére dans le Cercle conçû comme formé par ſes rayons (1360), il faut le concevoir formé d'une infinité de Triangles iſoſceles, qui ont leur ſommet au centre, y font un angle infiniment petit, compris entre deux rayons, & dont la baſe eſt un arc infiniment petit de la circonference. La circonference étant nommée c, & le rayon r, un arc infiniment petit eſt $\frac{c}{\infty}$, & un Triangle élementaire eſt $\frac{cr}{2\infty}$, & la ſomme des triangles, ou l'aire du Cercle, eſt $\frac{cr}{2\infty} \times \infty = \frac{cr}{2}$.

1366. Soit un plus grand Cercle, dont la circonference

soit *C*, & le rayon *R*, on aura pour les deux aires $\frac{CR}{2}$ & $\frac{cr}{2}$, & parce que $C . c :: R . r$, leur rapport sera celui de *CC* à *cc*, ou de *RR* à *rr*.

C'est dans ce cas du Cercle, ou en general des plans formés par des lignes concourantes en un point, que la necessité de concevoir les plans comme formés par des plans élementaires, est la plus sensible. Les lignes mathematiques ne donneroient ni les aires sans penetration de lignes & sans vuides, ni les rapports des aires.

Et pareillement les Solides.

1367. Puisque les lignes sont formées par des lignes, & les plans par des plans, l'analogie conduit necessairement à conclurre que les Solides seront formés par des Solides qui seront pareillement élementaires, & ce n'est pas la peine de le prouver par les inconvenients qui naîtroient des plans mathematiques conçûs comme élements des Solides. Un Cilindre est donc la somme d'une infinité de Cilindres infiniment petits, dont la base est le Cercle du Cilindre total, & la hauteur est une partie infiniment petite de sa hauteur. Un Cone est la somme d'une infinité de Cercles croissants depuis son sommet, dont chacun est multiplié par une partie infiniment petite de l'axe du Cone.

1368. Que si l'on concevoit le Cilindre comme formé par une infinité de parallelogrammes qui concourroient à son axe, & l'auroient pour commune Section, ainsi que l'on fait quelquefois, cette idée seroit fausse en elle-même, & pour la rectifier, il faut concevoir des Prismes Triangulaires, dont l'angle sera infiniment petit, & qui concourront à l'axe du Cilindre, de la même maniére qu'on a conçû des Triangles comme formants le Cercle.

1369. Pareillement si l'on veut concevoir le Cone comme formé par des élements concourants à son axe, ce ne doivent point être des Triangles, mais des Prismes Triangulaires infiniment petits, coupés par un plan diagonal, ce qui est très aisé à imaginer.

1370. De tout cela on peut tirer cette reflexion. Puisque

nous sommes obligés de concevoir les lignes comme formées par de moindres lignes, les plans par de moindres plans, &c. nous connoissons les lignes, les plans, &c. tout formés, mais non pas leurs veritables élements. Et si nos connoissances sont si bornées sur l'être simplement Geometrique des Corps, à plus forte raison le seront-elles sur le Phisique, ou plustôt c'est parce qu'elles sont extrêmement bornées sur le Phisique, qu'elles le sont tant sur le Geometrique.

SECTION

SECTION VI.

Sur les Espaces Asimptotiques en general, & les Solides qui en sont produits.

LES premiers Geometres qui ont trouvé des Asimptotes, ont dû être étonnés de voir des Courbes qui s'approchoient à l'infini de ces lignes droites, & ne les pouvoient joindre.

Quand on est venu à considerer les espaces Asimptotiques, & qu'on les a trouvés infinis, on n'en a point été étonné, parce que ces espaces étant toûjours d'une étenduë infinie, il a paru naturel qu'ils eussent aussi une aire infinie. Tels sont les deux espaces Asimptotiques de l'Hiperbole ordinaire.

Mais quand on a trouvé ces espaces finis, quoi-qu'infiniment étendus, comme l'est toûjours l'un des deux de toute Hiperbole qui passe le 2[d] degré, & comme le sont ceux de la Logarithmique, de la Cissoïde, de la Conchoïde, on en a été surpris.

Et on l'a été encore plus, quand on a vû qu'en faisant tourner l'espace Asimptotique infini de l'Hiperbole ordinaire autour de l'Asimptote immobile, ce qui produit un Solide d'une certaine courbure, ce Solide étoit fini. Car apparemment on s'attendoit, & on devoit s'attendre à le trouver infini.

Toutes ces merveilles apparentes ne viennent que de la nature de l'Infini peu approfondie, on va voir qu'elles disparoissent absolument dès qu'on remonte aux principes que nous avons établis, & qu'il n'y auroit rien de surprenant, que le contraire de ce qui l'a paru.

Qu'un Espace infiniment étendu n'est point pour cela déterminé à être un infini de

1371. Il n'y a point d'espace Asimptotique qui ne puisse être conçû comme égal à un parallelogramme rectangle, dont l'Asimptote, qui est une ligne infinie, sera un des côtés, que j'appelle la base. Ainsi tout ce qui peut convenir à ce rectangle, peut convenir aussi à l'espace Asimptotique.

l'ordre dont est cette étenduë, mais qu'il peut être ou infini d'un ordre quelconque, ou fini, ou infiniment petit d'un ordre quelconque.

Si cette base est déterminée à être de l'ordre de ∞, la hauteur du rectangle étant absolument indéterminée, il est clair que selon l'ordre dont sera cette hauteur, c'est-à-dire, selon que je multiplierai ∞ par n, nombre fini indéterminé, ou par ∞^n, ou par $\frac{1}{\infty^n}$, j'aurai dans le 1er cas un rectangle infini du 1er ordre, dans le 2d un infini d'un ordre quelconque, dans le 3me un fini, si $n = 1$, & pour toutes les autres valeurs de $n > 1$, un infiniment petit d'un ordre quelconque. Ainsi le rectangle, quoi-qu'infiniment étendu à cause de sa base, est indifferent d'ailleurs à tous les ordres possibles de grandeur.

1372. Si la base du rectangle n'est point déterminée à être $= \infty$, mais qu'elle puisse être $= \infty^2$, $= \infty^3$, &c. il est évident que, selon les differentes hauteurs, j'aurai encore des rectangles de tous les ordres possibles.

Et pareillement un Solide, dont la hauteur, ou la base sera infinie.

1373. Il en ira de même d'un Parallelépipede, dont la base plane sera d'un ordre quelconque d'Infini, car selon les differentes hauteurs il pourra être de tous les ordres possibles; & ce sera la même chose pour un Solide que l'on concevra comme formé par la révolution d'une base plane infinie quelconque autour d'un axe ou ligne immobile, car ce Solide sera un Cilindre, dont la base circulaire étant telle qu'on voudra, il pourra être d'un ordre quelconque selon la hauteur qu'il aura. Il en ira de même si la hauteur étant un Infini quelconque, sa base est indéterminée. Ainsi l'on voit déja en general que ni les Parallelogrammes pour avoir un côté infini, ni les Solides pour avoir des bases ou des hauteurs infinies, ne doivent pas être plustôt infinis que finis, ou même infiniment petits.

Mais avant que de pouvoir rien déterminer en détail sur la grandeur ou l'ordre des differents Espaces ou Solides Asimptotiques, il faut avoir approfondi, plus que nous n'avons encore fait, la nature de l'Asimptotisme.

Consideration particuliére de

1374. Soit la Courbe MC, Asimptotique quelconque, qui a pour axe, & pour Asimptote $AB = \infty$, & lui devient parallele. De tout ce qui a été établi dans les art. 799, &c. 809, 1106, 1109, il suit que toute Courbe Asimptotique n'est Courbe que dans une étenduë finie indéterminable, que je suppose qui se termine au point μ, & qu'après cela elle est droite dans tout le cours infini μC, mais droite non exacte (1184). Sa rectitude consiste en ce qu'après des pas finis elle ne fait que des détours infiniment petits, & sa rectitude non exacte, en ce qu'elle les fait. Si l'on conçoit donc que la partie infinie pB de l'axe, correspondante au cours μC, soit divisée en parties finies égales, il faut concevoir qu'à chacune de ces parties répond dans μC, une ligne finie exactement droite, qui s'est détournée infiniment peu de celle qui la précédoit, & dont celle qui la suit se détourne aussi infiniment peu. Et pour concevoir la Courbe totale $M\mu C$ divisée uniformément, il faudra concevoir que Ap, portion finie indéterminable de l'axe, qui répond au cours $M\mu$, où la Courbe est veritablement Courbe, est aussi divisée en mêmes parties finies égales que pB.

la nature de l'Asimptotisme.

FIG. XVIII.

De-là il suit que toutes les Ordonnées $AM, pm, p\mu$, &c. à l'infini sont finiment distantes, & que celles qui répondent au cours $M\mu$, où la Courbe est veritablement Courbe, ont entr'elles des differences finies, mais que celles qui passent le point μ, ou répondent au cours μC, n'ont que des differences infiniment petites, puisqu'alors la Courbe a changé de nature, & qu'à cause du détour infiniment petit après un pas fini en ligne droite, deux Ordonnées consécutives du cours μC, finiment distantes, sont dans le même cas que deux consécutives du cours $M\mu$, qui seroient infiniment proches.

1375. Comme μC est ligne droite dans son étenduë infinie, elle a dans toute cette étenduë la même position à l'égard de l'axe AB, & puisque la Courbe est supposée lui devenir parallele, elle l'est donc dans toute l'étenduë μC. Mais en même temps comme elle n'est pas ligne droite exacte, elle n'a pas exactement cette égalité de position. Son parallelisme est non absolu, & il est necessairement toûjours croissant dans la supposition presente, dès qu'il est non absolu.

1376. Il peut être croissant de grandeur & d'ordre. Il ne l'est que de grandeur, tant que les differences toûjours necessairement décroissantes, ne décroissent que de grandeur, & il est croissant de grandeur & d'ordre, quand les differences viennent à décroître aussi d'ordre. Ainsi la Courbe ou droite non exacte μC, toûjours parallele à AB, aura autant de parallelismes differents en ordre, & toûjours plus grands, que les differences toûjours infiniment petites des Ordonnées auront de differents ordres.

1377. La Courbe n'est pas seulement toûjours plus parallele à son axe, ou Asimptote, mais elle en est toûjours aussi plus proche. Cette proximité est croissante de grandeur & d'ordre comme le parallelisme, c'est-à-dire, que si la Courbe dans une certaine étenduë est à une distance finie de l'axe, elle en sera ensuite à une distance de l'ordre de $\frac{1}{\infty}$, ensuite à une distance de l'ordre de $\frac{1}{\infty^2}$, &c. C'est la nature, ou l'Equation de la Courbe qui détermine la plus grande proximité finale, aussi-bien que le plus grand parallelisme final.

1378. La proximité dépend de la grandeur des Ordonnées, comme le parallelisme dépend de la grandeur des differences, & la Courbe qui doit arriver à une certaine proximité finale, & à un certain parallelisme final, y arrive par des Ordonnées, & par des differences de tous les ordres qui sont depuis le fini, par où ces suites commencent toûjours, jusqu'à l'ordre qui doit produire & cette proximité & ce parallelisme.

1379. L'Asimptotisme, qui demande que dans l'étenduë infinie μC la Courbe soit ligne droite, & selon la supposition presente, ligne droite parallele à l'Asimptote, demande aussi que cette même Courbe se confonde avec l'Asimptote, & arrive au moins à n'en être qu'à une distance infiniment petite du 1.er ordre. La confusion de la Courbe avec l'Asimptote, ou sa proximité infinie, est aussi necessaire que la rectitude de la Courbe, ou son égalité de position par rapport à l'Asimptote, & par consequent la Courbe tend non-seulement en même temps, mais encore également à l'un & à l'autre de ces Termes, & par conséquent lorsque sa tendance à l'un change d'ordre, sa tendance à l'autre en change aussi, c'est-à-dire, que les Ordonnées & les differences baissent d'ordre en même temps dans le cours μC, où se passe tout ce qui appartient précisément à l'Asimptotisme.

1380. Le parallelisme final de la Courbe n'est d'un certain ordre, que parce que deux Ordonnées consécutives y ont une difference de l'ordre correspondant d'infiniment petit. Or alors il faut necessairement concevoir que les deux Ordonnées sont de l'ordre immédiatement superieur. Donc en remontant toûjours vers l'origine de la Courbe dans le cours μC, on trouvera toûjours les Ordonnées d'un ordre immédiatement superieur à celui des differences, puisque les unes & les autres ont changé d'ordre en même temps (1379). Donc les differences qui sont après le point μ, étant toutes infiniment petites (1374), & celles qui le suivent immediatement étant du 1er ordre, puisque les differences passent par tous les ordres depuis le fini (1378), les Ordonnées sont encore alors finies. Donc la Courbe procede ainsi après le point μ. Des Ordonnées finies, & des differences de l'ordre de $\frac{1}{\infty}$. Des Ordonnées de l'ordre de $\frac{1}{\infty}$, & des differences de celui de $\frac{1}{\infty^2}$, &c. jusqu'aux plus petites Ordonnées ou la plus grande proximité, & jusqu'aux plus petites differences, ou le plus grand parallelisme que la Courbe puisse avoir.

1381. Comme la proximité finale, & le parallelisme final ne sont pas les mêmes dans toutes les Courbes Asimptotiques, ainsi qu'on l'a déja vû plusieurs fois, l'Asimptotisme n'y est donc pas le même, & il sera susceptible de plus & de moins. Une plus grande proximité finale, & un plus grand parallelisme final, feront un plus grand Asimptotisme, & même infiniment plus grand, s'ils sont plus grands en ordre.

Que l'Asimptotisme est susceptible de plus & de moins, & à l'infini.

1382. Il est évident qu'un Asimptotisme ne peut devenir infiniment plus grand par le parallelisme final, sans le devenir en même temps par la proximité finale, & réciproquement, mais il faut qu'il le devienne en même temps par les autres parallelismes, & par les autres proximités par où il le peut devenir, car tout est lié dans le cours μC, qui fait l'Asimptotisme. Mais cela va être mieux développé.

1383. Une Courbe Asimptotique rapportée à son axe, ou Asimptote, à laquelle elle devient parallele, a son dernier dy de l'ordre de $\frac{1}{\infty^3}$ au moins, les dx étant de l'ordre de $\frac{1}{\infty}$, & constants (800 & 808). Donc la Courbe qui n'aura son dernier dy, que de l'ordre de $\frac{1}{\infty^3}$, aura le moindre Asimptotisme possible, car je ne considererai d'abord les Asimptotismes que selon les ordres potentiels. Ici où les dx, c'est-à-dire, les intervalles des Ordonnées, sont finis, les differences où les dy haussent par tout d'un ordre, & par conséquent la Courbe qui aura le moindre Asimptotisme, aura sa derniére difference, ou, si l'on veut, ses derniéres differences de l'ordre de $\frac{1}{\infty^2}$, & ses dernieres Ordonnées de l'ordre de $\frac{1}{\infty}$. Donc avant cela il y aura eû dans le cours μC des Ordonnées finies, dont les differences étoient de l'ordre de $\frac{1}{\infty}$, & rien de plus dans tout le cours μC.

1384. Une Courbe est terminée dès qu'elle arrive aux plus grandes ou aux plus petites grandeurs, dont son Equation la rende capable. Donc celle-ci est terminée dès qu'elle arrive à une difference de l'ordre de $\frac{1}{\infty^2}$, & à deux Ordonnées de l'ordre de $\frac{1}{\infty}$; & en effet, si on la conçoit poussée plus loin par des Ordonnées décroissantes de l'ordre de $\frac{1}{\infty}$, & des differences pareillement décroissantes de l'ordre de $\frac{1}{\infty^2}$, il n'y aura nulle raison de la concevoir terminée, que quand elle aura deux Ordonnées de l'ordre de $\frac{1}{\infty^2}$, dont la difference sera de l'ordre de $\frac{1}{\infty^3}$, or cela est impossible par son Equation, donc elle est terminée où nous disons. Cependant son cours μC

eſt neceſſairement infini, donc il eſt entiérement rempli par des Ordonnées finies décroiſſantes, qui ont des differences de l'ordre de $\frac{1}{\infty}$, ces deux Suites aboutiſſant l'une à deux Ordonnées de l'ordre de $\frac{1}{\infty}$, & l'autre à une difference $=\frac{1}{\infty^2}$.

1385. Il eſt clair que c'eſt là en effet le moindre Aſimptotiſme poſſible en ordre, car jamais une Courbe ne peut être moins proche de ſon axe, que quand elle en eſt toûjours à une diſtance finie pendant tout ſon cours infini, & jamais étant parallele elle ne peut l'être moins, que quand des differences d'Ordonnées finiment diſtantes ne ſeront que des $\frac{1}{\infty}$; & cela dans tout ſon cours infini & Aſimptotique, excepté le dernier point de ce cours.

1386. Si la derniére difference de la Courbe, priſe toûjours de la même maniere, eſt $\frac{1}{\infty^3}$, ce qui rendra les deux Ordonnées correſpondantes, par où elle ſe terminera (1384), de l'ordre de $\frac{1}{\infty^2}$, elle aura donc précédemment des Ordonnées de l'ordre de $\frac{1}{\infty}$, dont les differences ſeront des $\frac{1}{\infty^2}$, & avant celles-là encore juſqu'au point μ des Ordonnées finies, dont les differences ſeront des $\frac{1}{\infty}$. Mais il eſt important de ſçavoir ſi le nombre des termes de differents ordres ſera dans toutes ces deux Suites infini, ou fini dans l'une, & infini dans l'autre.

L'Aſimptotiſme de cette 2de Courbe eſt infiniment plus grande que n'étoit celui de la 1re, puiſque la 2de ſe termine par une proximité, & un paralleliſme infiniment plus grands que dans la 1re. La 1re avoit le moindre Aſimptotiſme poſſible, parce que dans un cours infini elle avoit une infinité d'Ordonnées finies, & dont les differences n'étoient que des $\frac{1}{\infty}$ (1385), donc la 2de ne doit pas avoir ce défaut, & elle en doit être infiniment éloignée, donc elle n'aura après le point μ, qu'un nombre fini d'Ordonnées finies, dont les differences ſeront des $\frac{1}{\infty}$, car il faut qu'elle ait toûjours après le point μ, des Ordonnées finies (1380). Après ces Ordonnées finies, il en viendra donc un nombre infini de l'ordre de $\frac{1}{\infty}$; dont les differences seront des $\frac{1}{\infty^2}$, & enfin viendront deux Ordonnées de l'ordre $\frac{1}{\infty^2}$, dont la difference sera de l'ordre de $\frac{1}{\infty^3}$, & la Courbe se terminera là. On voit assés comment cela satisfait à tout, & éclaircit l'art. 1382.

1387. Il est très aisé de voir, en suivant ces idées, que si la derniére difference de la Courbe est $\frac{1}{\infty^4}$, elle aura après le point μ un nombre fini d'Ordonnées finies, ensuite un nombre encore fini, mais plus grand, d'Ordonnées de l'ordre de $\frac{1}{\infty}$, ensuite une infinité de l'ordre de $\frac{1}{\infty^2}$, & enfin deux derniéres de l'ordre de $\frac{1}{\infty^3}$. On ne pourroit hésiter d'abord que sur le nombre fini des Ordonnées de l'ordre de $\frac{1}{\infty}$, mais on verra sans peine que le nombre infini d'Ordonnées de cet ordre étoit le défaut de l'Asimptotisme de la Courbe de l'art. 1386, & qu'il faut que la Courbe du present art. s'en éloigne infiniment. Au reste ce nombre fini d'Ordonnées de l'ordre de $\frac{1}{\infty}$ doit être plus grand dans la presente Courbe que le nombre fini précédent des Ordonnées finies, car le nombre des grandeurs de differents ordres est croissant de l'origine vers l'extremité, puisque le dernier ordre a toûjours un nombre infini de grandeurs, les deux derniéres qui sont d'un ordre inferieur ne devant être conçûës que comme le Terme auquel ce dernier ordre tendoit, & est arrivé.

1388. Donc en general la derniére difference de la Courbe étant $\frac{1}{\infty^n}$, ou ses deux derniéres Ordonnées $\frac{1}{\infty^{n-1}}$, il y aura toûjours après le point μ des Ordonnées d'autant d'ordres, à commencer par le Fini, & toûjours en nombre fini, mais croissant, dans chaque ordre, qu'il pourra y avoir d'ordres depuis $\frac{1}{\infty^{n-n}} = \frac{1}{\infty^0} = 1$ jusqu'à $\frac{1}{\infty^{n-2}}$, qui contiendra un nombre infini d'Ordonnées, & se terminera par les deux derniéres $= \frac{1}{\infty^{n-1}}$. n ne peut être ici moindre que

que 2 (1383), & s'il lui est égal, le premier ordre, qui est $\frac{1}{\infty^{n-n}}$, sera aussi le dernier, qui est $\frac{1}{\infty^{n-2}}$, & par conséquent il aura une infinité d'Ordonnées, & comme il est $=1$, ces Ordonnées seront finies, & les deux derniéres $=\frac{1}{\infty}$, ce qu'on a trouvé dans les art. 1383 & 1384. Si $n=4$, il y aura des Ordonnées en nombre fini croissant dans les ordres $\frac{1}{\infty^{n-4}}=1$, & $\frac{1}{\infty^{n-3}}=\frac{1}{\infty}$, & en nombre infini dans l'ordre $\frac{1}{\infty^{n-2}}=\frac{1}{\infty^{2}}$, qui se terminera par deux Ordonnées $=\frac{1}{\infty^{3}}$, ainsi qu'on l'a vû dans l'art. 1387.

1389. *n* peut être si grand qu'on voudra, car il y a des Courbes Asimptotiques, telles que la Logarithmique (957), dont on peut prendre la derniére difference ou Ordonnée d'un ordre d'infiniment petit si bas qu'on voudra. Donc l'Asimptotisme peut aller à l'infini de Courbe en Courbe, croissant toûjours d'ordre, ou devenant toûjours infini par rapport à ce qu'il étoit précédemment.

1390. A mesure que *n* sera plus grand, la Courbe aura, après le point μ, un plus grand nombre de differents ordres d'Ordonnées toûjours consécutifs, & sans sauts; d'où il suit que le nombre des grandeurs contenuës dans ces differents ordres sera toûjours moindre, l'axe étant supposé le même pour toutes les Courbes Asimptotiques. Et en effet puisqu'elles commencent toutes, après le point μ, par avoir des Ordonnées finies, & des differences $=\frac{1}{\infty}$, c'est-à-dire, par la moindre proximité & le moindre parallelisme possible, & que tout doit ensuite être conduit par degrés, l'Asimptotisme croissant d'ordre demande qu'elles ayent toûjours un plus grand nombre de proximités toûjours plus grandes en ordre, & de parallelismes plus grands en ordre.

Quelle est la Courbe du plus grand Asimptotisme possible.

1391. Le dernier ordre d'Ordonnées qui en contient une infinité, doit en contenir toûjours une moindre infinité à mesure que *n* est plus grand. Cette infinité qui diminuë

Nnn

toûjours, doit devenir enfin un nombre fini, & même elle n'est que 1, quand $n = \infty$, car alors la Courbe a des Ordonnées de tous les ordres, & comme elle n'en a dans la supposition presente qu'un nombre $= \infty$, elle n'en peut avoir qu'une dans chaque ordre.

Cette Courbe seroit une Logarithmique, dont les Ordonnées seroient $\div \frac{1}{\infty^0} = 1 . \frac{1}{\infty^1} . \frac{1}{\infty^2}$, &c. $\frac{1}{\infty^\infty}$. Il est clair que cette Logarithmique seroit la plus basse de toutes les Logarithmiques possibles, que par ex. elle le seroit plus que $\div \frac{1}{2^0} . \frac{1}{2^1} . \frac{1}{2^2}$, &c. $\frac{1}{2^\infty}$, ou que $\div \frac{1}{3^0} . \frac{1}{3^1} . \frac{1}{3^2}$, &c. $\frac{1}{3^\infty}$, ou que, &c. Ce seroit donc la Courbe du plus grand Asimptotisme possible.

Et celle du plus petit.

1392. Le moindre Asimptotisme, j'entends toûjours en ordre potentiel, est celui de la Courbe des art. 1383, 1384 & 1385, qui peut être une Hiperbole ordinaire (960), dont les Ordonnées, passé le point μ, seront toutes finies décroissantes, jusqu'aux deux derniéres $= \frac{1}{\infty}$. Donc en comparant cette Hiperbole avec la Logarithmique de l'art. précédent, on aura les deux Asimptotismes extrêmes, & il sera facile de juger de tout l'entre-deux.

1393. Le point μ de la Courbe generale est celui où la Courbe commence à être parallele de son moindre parallelisme, parce que les differences y deviennent $= \frac{1}{\infty}$. Si on conçoit que la Logarithmique de l'art. 1391 soit décrite, elle ne sera point parallele, mais inclinée à l'axe par sa 1re & sa 2de Ordonnée, qui sont 1 & $\frac{1}{\infty}$, & dont la difference est 1. Mais elle deviendra parallele par sa 2de & sa 3me Ordonnée, qui sont $\frac{1}{\infty}$ & $\frac{1}{\infty^2}$, & dont la difference est $\frac{1}{\infty}$. Donc le point μ seroit à une distance finie déterminable de l'origine de la Logarithmique. D'un autre côté il est certainement à une distance finie indéterminable de l'origine de l'Hiperbole. Donc, dans toutes les Courbes Asimptotiques intermediaires, le point μ s'est toûjours approché de leur origine à mesure que leur Asimptotisme étoit plus grand. Il convient effectivement que des Courbes plus Asimptotiques commencent plustôt à l'être, c'est-à-dire, soient plustôt paralleles à l'axe.

1394. De l'Hiperbole à la Logarithmique, le point μ ne fait qu'un chemin fini.

1395. Le dernier ordre des Ordonnées d'une Courbe Asimptotique ne cesse d'en contenir une infinité, que quand dans l'exposant de la derniére difference $= \frac{1}{\infty^n}$, n est un Fini indéterminable, ce qui ne se peut trouver dans aucune Courbe connuë.

Confirmation de la Theorie précédente par les Suites $\frac{1}{A}$, $\frac{1}{A^2}$, $\frac{1}{A^3}$, &c.

1396. Toute cette Theorie sera confirmée par les Suites de nombres $\frac{1}{A}$, $\frac{1}{A^2}$, $\frac{1}{A^3}$, &c. que l'on a vûës dans la Sect. IV. Tant que leur exposant est Fini déterminable, elles representent parfaitement les Courbes Asimptotiques, dont la derniére difference est $\frac{1}{\infty^n}$, n étant Fini déterminable.

$\frac{1}{A}$ qui est $\frac{1}{1}$, $\frac{1}{2}$, $\frac{1}{3}$, &c. $\frac{1}{\infty}$, & en general $\frac{1}{n}$, $\frac{1}{n+1}$, n étant successivement tous les nombres naturels, a pour formule generale de ses differences $\frac{1}{nn+n}$, qui devient $= \frac{1}{\infty^2}$, lorsque $n = \infty$. Donc $\frac{1}{A}$ a sa derniere, ou ses derniéres differences de l'ordre de $\frac{1}{\infty^2}$, ausquelles répondent des nombres de l'ordre de $\frac{1}{\infty}$. Donc elle aura aussi des differences de l'ordre de $\frac{1}{\infty}$, ausquelles répondront des nombres finis, & en effet, dès que n est un nombre fini indéterminable si grand, qu'étant quarré il devient infini, les deux nombres $\frac{1}{n}$ & $\frac{1}{n+1}$ sont finis, & leur difference $\frac{1}{nn+n}$ devient $\frac{1}{nn} = \frac{1}{\infty}$. On a déja vû un cas tout pareil dans les art. 523 & 524.

Il est donc évident que $\frac{1}{A}$ ayant à son origine des nombres finis, dont les differences sont finies, arrive ensuite à un nombre fini indéterminable n, qui n'est par conséquent qu'à une distance finie indéterminable de l'origine, & tel que lui & les suivants n'ont plus que des differences de l'ordre de $\frac{1}{\infty}$. Ce nombre n represente le point μ d'une Courbe Asimptotique. Les differences $=\frac{1}{\infty}$ qui viennent après n, repreſentent le premier & moindre paralleliſme, que la Courbe prend après le point μ, n'étant alors encore qu'à une proximité finie de l'axe, parce qu'elle a des Ordonnées finies.

Comme A a une infinité de nombres qui, étant quarrés, deviennent infinis, $\frac{1}{A}$ en a une infinité de finis qui ont des differences $=\frac{1}{\infty}$, & le paralleliſme de la Courbe repreſentée par $\frac{1}{A}$, tient donc une étenduë infinie.

Enfin $\frac{1}{A}$ a une infinité de termes infiniment petits de l'ordre de $\frac{1}{\infty}$, qui ont des differences $=\frac{1}{\infty^2}$, & c'eſt là pour la Courbe un ſecond paralleliſme plus grand que le premier, infiniment étendu auſſi, & même plus étendu, car les ∞ de A, & par conſequent les $\frac{1}{\infty}$ de $\frac{1}{A}$ ſont en nombre infini plus grand que les finis. Mais cette 2de & derniére infinité de termes de $\frac{1}{A}$, qu'il eſt bon de conſiderer dans $\frac{1}{A}$ priſe ſimplement comme [illegible]ite de nombres, n'eſt plus à conſiderer dans la Courbe repreſentée par $\frac{1}{A}$, & il ne faut prendre par la raiſon de l'art. 1384, que les deux premiers $\frac{1}{\infty}$ de leur nombre infini.

Il ne faut pas oublier de remarquer que dans $\frac{1}{A}$, dès que n, quoi-que fini, eſt ſi grand qu'il deviendroit infini par l'élevation au quarré, les differences deviennent $=\frac{1}{\infty}$, & que dès que n eſt $=\infty$, les differences deviennent $=\frac{1}{\infty^2}$, ce qui confirme l'art. 1379.

1397. On raiſonnera de même ſur $\frac{1}{A^2}$, qui eſt en general $\frac{1}{nn}$, $\frac{1}{nn+2n+1}$, & dont les differences ſont $\frac{2n+1}{n^4+2n^3+n^2}$. Dès que n eſt un fini indéterminable, qui par l'élevation à la 4me puiſſance, il faut ſouſentendre, *& non par une moindre élevation*, devient infini, la difference eſt $\frac{2n+1}{\infty}$, de l'ordre de $\frac{1}{\infty}$. C'est là où est le point μ, & il est plus près de l'origine de $\frac{1}{A^2}$ qu'il n'étoit de celle de $\frac{1}{A}$, car un nombre n de la Suite naturelle A, qui ne devient infini qu'étant élevé à la puissance 4, est plus petit que celui qui devient infini, étant élevé à la puissance 2. Ce qui revient à l'art. 1393, & le confirme. Quand n est si grand qu'il devient infini, étant élevé à la puissance 2, il devient donc un infini du 2[d] ordre, étant élevé à la puissance 4, & $n^4 = \infty^2$, donc la difference est alors $\frac{2n+1}{\infty^2}$, de l'ordre de $\frac{1}{\infty^2}$, & les nombres correspondants sont des $\frac{1}{nn} = \frac{1}{\infty}$. Enfin quand $n = \infty$, les nombres sont $\frac{1}{\infty^2}$ ou $\frac{1}{\infty^2}$, & les differences sont $\frac{2n}{n^4} = \frac{2}{n^3} = \frac{2}{\infty^3}$, ce qui est la même chose que la Courbe de l'art. 1386, pourvû que l'on retranche les $\frac{1}{\infty^2}$ de $\frac{1}{A^2}$ qui sont en nombre infini, & que l'on n'en conserve que les deux premiers. $\frac{1}{A^2}$ ayant une infinité de nombres de l'ordre de $\frac{1}{\infty}$, & une infinité de l'ordre de $\frac{1}{\infty^2}$ (364), il reste à la Courbe $\frac{1}{A^2}$ un cours infini parallele causé par une infinité de differences $= \frac{1}{\infty^2}$, & terminé par une seulement de l'ordre de $\frac{1}{\infty^3}$ qui fait le plus grand, & dernier parallelisme. D'un autre côté la Suite $\frac{1}{A^2}$ n'a qu'un nombre Fini de termes finis à son origine (363), comme la Courbe n'a qu'un nombre fini d'Ordonnées finies.

On voit ici, comme dans l'art. précédent, qu'après le point μ, où les Ordonnées finies commencent à avoir des differences $= \frac{1}{\infty}$, les Ordonnées & les differences baissent toûjours d'ordre en même temps.

1398. Il en est de même de la Suite $\frac{1}{A^3}$, qui est $\frac{1}{n^3}$. $\frac{1}{n^3+3n^2+3n+1}$, & dont les differences sont $\frac{3n^2+3n+1}{n^6+3n^5+3n^4+n^3}$. Quand $n^6 = \infty$, n^3 est encore Fini, & par consequent les nombres $\frac{1}{n^3}$ sont finis, & leurs differences $\frac{3n^2+3n+1}{\propto}$ sont de l'ordre de $\frac{1}{\infty}$. Quand $n^3 = \propto$, les nombres sont $\frac{1}{\propto}$, & les differences $\frac{3n^2+3n+1}{\propto^2}$ de l'ordre de $\frac{1}{\infty^2}$, car si $n^3 = \propto$; $n^6 = \propto^2$. Quand $n^{\frac{3}{2}} = \propto$, $n^3 = \propto^2$, & les nombres sont $\frac{1}{\propto^2}$, & les differences sont $\frac{\propto^{\frac{4}{3}}}{\propto^4}$, car alors $n = \propto^{\frac{2}{3}}$, $n^2 = \propto^{\frac{4}{3}}$, & $n^6 = \propto^4$. Or $\frac{\propto^{\frac{4}{3}}}{\propto^4} = \frac{1}{\infty^{\frac{8}{3}}}$, de l'ordre de $\frac{1}{\infty^3}$. Enfin quand $n = \propto$, les nombres sont $\frac{1}{\infty^3}$, & les differences $\frac{\propto^2}{\propto^6} = \frac{1}{\propto^4}$.

Ce sera encore la même chose pour $\frac{1}{A^4}$, dont les nombres sont $\frac{1}{n^4}$, $\frac{1}{n^4+4n^3+6n^2+4n+1}$, & les differences $\frac{4n^3+6n^2+4n+1}{n^8+4n^7+6n^6+4n^5+n^4}$, & pour toutes les autres $\frac{1}{A^n}$ suivantes, leur exposant n étant Fini déterminable.

1399. Quelque nombre fini déterminable que soit n, les A^n n'ont un nombre infini de grandeurs que dans leurs deux derniers ordres (227), & par conséquent aussi les $\frac{1}{A^n}$. Quand ces $\frac{1}{A^n}$ représentent des Courbes Asimptotiques, il en faut retrancher les grandeurs du dernier ordre, en ne conservant que les deux premiéres, & alors les Courbes $\frac{1}{A^n}$ n'ont qu'un dernier ordre où le nombre des Ordonnées soit infini selon l'art. 1388.

Détermination des espaces Asimptotiques infinis, ou finis, & plus ou moins grands dans leur ordre. Li-

1400. Tout cela posé, il est très facile de voir quand les Espaces Asimptotiques seront finis ou infinis.

Je divise l'espace total $ABCMA$ en deux parties, l'une $Ap\mu MA$, que j'appelle P, parce qu'elle est la premiére, l'autre $pBC\mu p$, ou la seconde, que j'appelle S. P est toûjours un espace fini, égal à quelque rectangle, qui auroit pour base Ap, & pour hauteur quelque Ordonnée moyenne entre AM & $p\mu$. S est toûjours un espace infiniment étendu à cause de sa base $pB = \infty$, reste à sçavoir quelle est sa hauteur, ou plustôt quels seront les espaces partiaux dont il peut être composé.

mites où sont compris les espaces Asimptotiques infinis.

Après le point μ, viennent toûjours des Ordonnées finies. Si elles sont en nombre infini, comme dans la Courbe des art. 1383, 1384, & 1385, elles tiennent tout l'espace S, car les deux derniéres de l'ordre de $\frac{1}{\infty}$ ne sont pas à compter ici. Donc S est égal à un rectangle, dont la base seroit ∞, & la hauteur quelque Ordonnée moyenne entre toutes les Finies décroissantes. Donc $S = \infty \times 1 = \infty$. Donc $P + S = S$.

Si après le point μ, les Ordonnées finies ne sont qu'en nombre fini, & qu'ensuite il en vienne une infinité de l'ordre de $\frac{1}{\infty}$, comme dans la Courbe de l'art. 1386, S sera composé de deux espaces partiaux, le premier ayant une base finie, qui répondra au nombre fini des Ordonnées, & une hauteur finie, & par conséquent cet espace sera fini, le second aura une base infinie, car ce sera $pB = \infty$ moins quelque grandeur finie, & sa hauteur sera moyenne entre toutes les Ordonnées de l'ordre de $\frac{1}{\infty}$, & par consequent sera de cet ordre. Donc ce second espace partial de S sera $\infty \times \frac{1}{\infty} = 1$. Donc les deux espaces partiaux qui composeront S, étant finis, S le sera aussi, & $P + S$ fini.

Si comme dans la Courbe de l'art. 1387, il y a après le point μ, un nombre seulement fini, tant d'Ordonnées finies, que d'Ordonnées de l'ordre de $\frac{1}{\infty}$, & un nombre infini de l'ordre de $\frac{1}{\infty^2}$, S sera composé de 3 espaces partiaux, le 1er $= 1 \times 1$, le 2^{d} $= 1 \times \frac{1}{\infty} = \frac{1}{\infty}$, le 3me $= \infty \times \frac{1}{\infty^2} = \frac{1}{\infty}$. Donc S fini, & $P + S$ aussi.

On voit, sans aller plus loin, que S, & par conséquent l'espace total Asimptotique, ne sera infini que dans le 1er cas, où les Ordonnées finies sont en nombre infini, & que dans tous les autres S sera fini, parce que son 1er espace partial sera toûjours fini, les suivants n'étant que des infiniment petits, toûjours d'ordres plus bas & consécutifs.

1401. Il est bon de remarquer qu'il suit de-là que quand même on donneroit aux Courbes Asimptotiques representées par les Suites $\frac{1}{A}$, $\frac{1}{A^2}$, &c. deux derniéres infinités d'Ordonnées correspondantes aux deux derniéres infinités de nombres de ces Suites, on ne changeroit rien à l'ordre trouvé de S. Car quand dans la Courbe $\frac{1}{A}$ on conserveroit une derniére infinité d'Ordonnées $= \frac{1}{\infty}$, on auroit seulement un 2d espace partial de S, qui seroit $\infty \times \frac{1}{\infty}$ de l'ordre du Fini, ce qui ne changeroit rien à l'ordre de l'espace partial précédent, qui seroit toûjours $\infty \times 1$, ou de l'ordre de ∞. On verra aisément la même chose pour les autres cas.

1402. Du 1er ordre potentiel d'Asimptotisme, qui est celui où les Ordonnées finies sont en nombre infini, au 2d où les Ordonnées finies sont en nombre fini, S, d'infini qu'il étoit, devient Fini, & l'est toûjours ensuite, ce qui marque que S infini ne doit être qu'un très petit Infini. On en a un exemple dans la Suite $\frac{1}{A}$, qui represente une Courbe où S est infini. Car dès que $\frac{1}{A}$ a des nombres Finis, dont les differences sont $= \frac{1}{\infty}$, ce qui est le commencement du cours Asimptotique, les nombres toûjours moindres que 1, dont elle est composée, sont des $\frac{1}{x}$ en nombre infini, tels que x deviendroit infini par l'élevation au quarré (363). Donc les $\frac{1}{x}$ sont de très petits nombres Finis, & par conséquent aussi le nombre $\frac{1}{x}$, moyen entr'eux tous, qui sera la hauteur d'un rectangle, dont la base $= \infty$. Donc ce rectangle est $\infty \times \frac{1}{x} = \frac{\infty}{x}$, très petit Infini. Quand dans l'art. 1400, nous avons posé

posé ce rectangle $= \infty \times 1$, nous n'avons entendu par 1 qu'une grandeur Finie indéterminée.

1403. *S* infini est d'autant plus petit, que la derniere difference de l'ordre de $\frac{1}{\infty^2}$ est plus petite dans son ordre, car les Ordonnées finies en nombre infini en sont plus petites, ou la Courbe plus proche de son axe.

1404. *S* fini est d'autant plus petit, que la derniére difference d'un ordre inferieur à $\frac{1}{\infty^2}$ est d'un ordre plus bas, & plus petite dans son ordre. Car le nombre des differents ordres d'Ordonnées en est plus grand (1390), & par consequent le nombre des Ordonnées finies moindre, & elles sont moindres aussi.

1405. L'espace *P* est aussi d'autant moindre, que la derniére difference est d'un ordre plus bas, car le point μ approche davantage de l'origine *M* (1393), & *Ap* base de *P* en est plus petite, & l'Ordonnée moyenne qui sera sa hauteur plus petite.

1406. Donc l'espace total Asimptotique est toûjours d'autant plus petit, que la derniére difference est d'un ordre plus bas, & plus petite dans son ordre.

1407. Plus l'Asimptotisme est grand, selon l'idée de l'art. 1381, plus l'espace Asimptotique est petit, & au contraire, & cela tant en ordre qu'en grandeur.

1408. Il reste les Courbes Asimptotiques, qui étant toûjours prises de la maniére dont elles le sont ici, auroient leur derniére difference de l'ordre de $\frac{1}{\infty^2}$ incomplet. Telles sont les 1res Hiperboles de chaque degré passé le 2[d]. La 1re du 3me a pour sa derniére difference $\frac{1}{\infty^{\frac{3}{2}}}$, la 1re du 4me $\frac{1}{\infty^{\frac{4}{3}}}$, la 1re du 5me $\frac{1}{\infty^{\frac{5}{4}}}$, &c. c'est-à-dire, que ces differences sont des ordres $1\frac{1}{2}$, $1\frac{1}{3}$, $1\frac{1}{4}$, &c. d'infiniment petit. On a negligé les coëfficients inutiles à l'ordre. Il est clair que si les Courbes, dont la derniére difference est de l'ordre de $\frac{1}{\infty^2}$, ont un espace Asimptotique infini, à plus forte raison celles-ci, dont l'Asimptotisme est moindre, & par conséquent l'espace Asimptotique plus grand (1407).

1409. Quelles que soient leurs differences de l'ordre de $\frac{1}{\infty^r}$ incomplet, comme leur exposant sera toûjours 1 plus une fraction pure, en retranchant cet 1 pour avoir l'ordre des deux derniéres Ordonnées qui ont ces differences, on aura la fraction pour exposant des Ordonnées, qui seront donc des $\frac{1}{\infty^{\frac{1}{n}}}$.

1410. Ces deux derniéres Ordonnées ne peuvent être précédées que d'une infinité d'Ordonnées finies, puisque les autres Courbes, immédiatement inferieures, en ont bien aussi une infinité, quoi-qu'elles ayent un plus grand Asimptotisme, ou soient plus proches de l'axe, mais ici les Ordonnées seront plus grandes.

1411. Il y aura Asimptotisme tant que la derniére difference sera de l'ordre de $\frac{1}{\infty^r}$ incomplet, c'est-à-dire, quelque grande qu'elle soit sans sortir de cet ordre. Mais si on conçoit qu'elle aille jusqu'à $\frac{1}{\infty}$, il n'y a plus d'Asimptotisme, il est devenu nul en décroissant toûjours. Car si la derniére difference est $= \frac{1}{\infty}$, le parallelisme de la Courbe n'est donc que là, ce qui est impossible dans une Courbe Asimptotique. Mais dans ce cas impossible toutes les Ordonnées, & même les deux derniéres, étant finies, l'espace seroit $\infty \times 1$, toûjours de l'ordre de ∞, & par conséquent du même ordre que l'espace Asimptotique des Courbes qui ont leur derniére difference de l'ordre de $\frac{1}{\infty^r}$ complet. Donc dans toute cette étenduë l'espace Asimptotique infini de toutes les differentes Courbes, qui y sont comprises, ne change point d'ordre, & il faut bien remarquer qu'il y a pourtant un ∞ extrême jusqu'où il ne peut aller.

1412. Cependant si l'on conçoit toutes ces Courbes disposées de suite, à commencer par celle qui aura sa derniére difference plus approchante de $\frac{1}{\infty^{\frac{1}{2}}}$ complet, ou, ce qui eſt le même, ſes deux derniéres Ordonnées d'un ordre d'infiniment petit radical pur (1409), le moindre qu'il ſoit poſſible, juſqu'à la Courbe de l'art. précédent où l'Aſimptotiſme ceſſeroit, il eſt clair que l'Aſimptotiſme iroit toûjours en décroiſſant par des ordres radicaux, puiſque le dernier paralleliſme des Courbes décroîtroit par des ordres radicaux, & par conſéquent (1407) l'eſpace Aſimptotique croîtroit en même temps par des ordres radicaux. Mais cet accroiſſement de l'eſpace par des ordres radicaux n'a rien de contraire à l'art. précédent, puiſque ſelon ce même art. cet accroiſſement ſe fera dans le ſeul ordre potentiel de ∞, & ſans aller juſqu'à ∞ complet, pourvû que ces ordres radicaux ſoient radicaux purs.

Que les plus grands eſpaces Aſimptotiques infinis, ne ſont que des infinis radicaux purs.

1413. Donc dans l'intervalle que nous conſiderons ici, & qui eſt celui où les plus grands eſpaces Aſimptotiques ſont neceſſairement, les plus grands eſpaces Aſimptotiques infinis ne ſont que des Infinis radicaux purs, & comme c'eſt là la moindre eſpece d'Infinis, les plus petits eſpaces infinis ne ſeront auſſi que de cette eſpece, mais d'ordres radicaux inferieurs, & un eſpace Aſimptotique infini ne pourra être infiniment plus grand qu'un autre infini, que de quelques ordres radicaux purs.

1414. Ces Courbes, dont la derniére difference eſt de l'ordre de $\frac{1}{\infty^{\frac{1}{2}}}$ incomplet, ſont analogues aux Suites $\frac{1}{A^{\frac{1}{n}}}$. Il ſuffira d'en donner un exemple dans la Suite $\frac{1}{A^{\frac{1}{2}}}$, dont les nombres ſont $\frac{1}{n^{\frac{1}{2}}}$, $\frac{1}{\overline{n+1}^{\frac{1}{2}}}$, & les differences $\frac{\overline{n+1}^{\frac{1}{2}} - n^{\frac{1}{2}}}{\overline{n+1}^{\frac{1}{2}} \times n^{\frac{1}{2}}} = \frac{\overline{n+1}^{\frac{1}{2}} - n^{\frac{1}{2}}}{\overline{nn+n}^{\frac{1}{2}}}$.

$\frac{1}{A^{\frac{1}{2}}}$ a une infinité de termes finis, & une infinité moindre d'infiniment petits de l'ordre de $\frac{1}{\infty^{\frac{1}{2}}}$ (254). La Courbe correspondante est terminée, dès qu'elle arrive aux deux 1ers nombres de ce dernier ordre, qui representent ses deux derniéres Ordonnées selon l'art. 1409.

La difference generale de $\frac{1}{A^{\frac{1}{2}}}$ est la difference des $\sqrt[2]{}$ de deux nombres consécutifs de la Suite naturelle, divisée par la $\sqrt[2]{}$ du produit de ces deux nombres. La difference $\sqrt{2} - \sqrt{1}$ est beaucoup moindre que 1, puisque 1 est la difference des quarrés 2 & 1. $\sqrt{3} - \sqrt{2}$ est encore moindre, puisque les quarrés 3 & 2 approchent plus de l'égalité que 2 & 1, & toûjours ainsi de suite. Donc la difference des $\sqrt{}$ de deux nombres consécutifs peut être exprimée par $\frac{1}{x}$, x étant un nombre toûjours croissant, & comme les deux 1ers $\frac{1}{\infty^{\frac{1}{2}}}$ de $\frac{1}{A^{\frac{1}{2}}}$ seront arrivés à l'égalité, $\frac{1}{x}$ sera $= \frac{1}{\infty}$. Le produit de ces deux nombres sera $\infty^{\frac{1}{2}} \times \infty^{\frac{1}{2}} = \infty$, dont la $\sqrt{}$ sera $\infty^{\frac{1}{2}}$. Donc la derniére difference sera $\frac{1}{\infty \times \infty^{\frac{1}{2}}} = \frac{1}{\infty^{\frac{3}{2}}}$, ainsi que l'analogie proposée le demandoit.

Quand n est si grand, que par l'élevation au quarré il devient infini, la difference generale $\frac{\overline{n+1}^{\frac{1}{2}} - n^{\frac{1}{2}}}{\overline{nn+n}^{\frac{1}{2}}}$ est $=$ $\frac{\overline{n+1}^{\frac{1}{2}} - n^{\frac{1}{2}}}{n} = \frac{1}{xn}$. Or si alors x, qui a toûjours crû, & doit devenir $= \infty$, est égal à n, ou plus grand, $\frac{1}{xn}$ est $= \frac{1}{n^2}$, qui seroit $= \frac{1}{\infty}$, ou bien $\frac{1}{xn}$ est encore moindre dans ce même ordre. Si x est moindre que n, x croissant toûjours trouvera bien-tôt un autre n plus grand aussi, avec lequel il sera un produit $= n^2 = \infty$, & la difference de deux nombres finis sera de l'ordre de $\frac{1}{\infty}$, ce qui est toûjours le commencement du cours vrayement Asimptotique.

1415. Il reste encore les Courbes dont la derniére difference seroit entre l'ordre de $\frac{1}{\infty^2}$, qui donne l'espace Asimptotique infini, & l'ordre de $\frac{1}{\infty^3}$, qui le donne fini (1400), c'est-à-dire, que cette derniére difference seroit de l'ordre de $\frac{1}{\infty^3}$ incomplet, telle que $\frac{1}{\infty^{\frac{7}{3}}}$, qui est celle de la 4me Hiperbole du 7me degré. Dans le present intervalle l'espace S pourroit ou continuer d'être infini, ou devenir fini, ou passer de l'Infini au Fini vers le milieu de l'intervalle. Mais il est aisé de voir par analogie, que si les derniéres differences de l'ordre de $\frac{1}{\infty^2}$ incomplet donnent des espaces infinis aussi-bien que celles de cet ordre complet, des derniéres differences de l'ordre de $\frac{1}{\infty^3}$ incomplet ne donneront que des espaces finis, puisque tels sont ceux que donnent les derniéres differences de cet ordre complet. En general on a toûjours vû que les ordres incomplets ont les mêmes propriétés que les complets, & la raison essentielle en est que les incomplets sont toûjours des parties finies, & par conséquent du même ordre que les complets considerés comme des Touts. Donc dans le cas present, S est toûjours fini.

1416. On peut le voir encore plus précisément. La derniére difference de ces Courbes aura pour exposant $2\frac{1}{2}$, ou $2\frac{1}{3}$, ou $2\frac{1}{4}$, &c. & en general $2 + \frac{1}{n}$. Il en faut retrancher un ordre pour avoir les deux derniéres Ordonnées, encore un ordre pour avoir les Ordonnées en nombre infini qui précéderont les deux derniéres. Donc ces Ordonnées en nombre infini seront des infiniment petits de quelque ordre radical pur. Et en effet cela doit être, puisque les Ordonnées en nombre infini étoient finies dans les Courbes superieures (1410), & qu'elles seront de l'ordre de $\frac{1}{\infty}$ dans les Courbes immédiatement inferieures, dont la derniére difference sera de l'ordre de $\frac{1}{\infty^3}$ complet (1386). Or la base pB étant du même ordre dans les Courbes du present art. & dans les superieures, les deux espaces S seront pour l'ordre comme les hauteurs, qui sont dans celles-ci des $\frac{1}{\infty^{\frac{1}{n}}}$, & dans les autres des grandeurs finies. Donc dans celles-ci, S sera infiniment petit par rapport à S dans les autres, donc S dans celles-ci sera fini, puisqu'il est infini dans les autres.

1417. Il auroit pû se presenter ici une difficulté. Dans les Courbes presentes, l'Ordonnée moyenne, hauteur du rectangle égal à S, est $\frac{1}{\infty^{\frac{1}{n}}}$, & on trouveroit $S = \infty \times \frac{1}{\infty^{\frac{1}{n}}} = \infty^{\frac{n-1}{n}}$, infini radical pur, ce que S n'est pourtant pas. Mais il faut prendre garde que comme pour les Courbes superieures, la même maniére de prendre le produit égal à S, a donné $\infty \times 1$ (1400) infini potentiel, que l'on a reconnu ensuite être toûjours infiniment plus grand que S, puisque S ne peut être qu'un infini radical pur (1412), ainsi dans le cas present le produit $\infty \times \frac{1}{\infty^{\frac{1}{n}}}$ donne S infiniment plus grand qu'il ne doit être, mais ces deux produits conservés tels qu'ils sont, donnent le rapport des deux S, qui sont :: $1 . \frac{1}{\infty^{\frac{1}{n}}}$. Or le 1er S est un infini radical pur, donc le 2d est fini.

On pourroit dire que comme il y a une infinité d'ordres radicaux purs, toûjours infiniment grands les uns par rapport aux autres, le 1er S peut être un infini radical pur, & le 2d un inferieur. Mais cela ne peut avoir lieu ici. Car tous les infinis radicaux purs étant renfermés dans le seul ordre potentiel de ∞, les Courbes, dont la derniére difference seroit de l'ordre de $\frac{1}{\infty^2}$ jusqu'à celle exclusivement où elle seroit de l'ordre de $\frac{1}{\infty}$ (1411 & 1412), auront pour leurs S tous les infinis radicaux purs possibles, & il n'en restera point pour les Courbes inferieures.

1418. Les presentes Courbes, dont les deux derniéres Ordonnées seront toûjours des infiniment petits de l'ordre de $1+\frac{1}{2}$, ou $1+\frac{1}{3}$, &c. (1416), ou en general de l'ordre de $\frac{n}{n-1}$, seront analogues aux Suites $\frac{1}{A^{\frac{n}{n-1}}}$ des art. 279, 280, 281, il sera aisé de le voir plus en détail, selon la methode qu'on a tenuë dans cette Section.

1419. Nous avons toûjours supposé ici, pour plus de facilité, que les grandeurs radicales pures, soit infinies, soit infiniment petites, étoient de l'ordre de $\frac{1}{n}$, mais il est bien sûr qu'il y en a encore d'autres ordres, & quoi-que ce qui est vrai des uns, le soit aussi des autres, & que la supposition que nous avons faite ne conduise à aucune erreur, il sera bon d'approfondir un peu plus cette matiére.

Les fractions pures se partagent en deux especes opposées. La 1re est celle des fractions comprises dans la Suite $\frac{1}{2}$, $\frac{1}{3}$, $\frac{1}{4}$, &c. & en general $\frac{1}{n}$. La 2de est celle des fractions comprises dans la Suite $\frac{1}{2}$, $\frac{2}{3}$, $\frac{3}{4}$, &c. & en general $\frac{n}{n+1}$. Ces deux Suites sont opposées, en ce que la 1re est décroissante & aboutit à $\frac{1}{\infty}$, la 2de croissante, & aboutit à 1. Toute fraction pure, qui n'appartiendra pas à l'une des deux, sera moyenne entre deux fractions, dont l'une appartiendra à la Suite $\frac{1}{n}$, & l'autre à la Suite $\frac{n}{n+1}$. Ainsi $\frac{2}{5}$ est moyenne entre $\frac{1}{5}$, qui appartient à $\frac{1}{n}$, & $\frac{4}{5}$ qui appartient à $\frac{n}{n+1}$. Il suffira donc de raisonner sur les deux Suites opposées.

$\frac{1}{n}$ est toûjours moindre que $\frac{n}{n+1}$, donc $\infty^{\frac{1}{n}} < \infty^{\frac{n}{n+1}}$, & $\frac{1}{\infty^{\frac{1}{n}}} > \frac{1}{\infty^{\frac{n}{n+1}}}$. D'ailleurs $\frac{1}{2}$ est la plus grande des $\frac{1}{n}$ &

la moindre des $\frac{n}{n+1}$. Donc $\infty^{\frac{1}{2}}$ est toûjours moyen entre tous les Infinis radicaux purs, & $\frac{1}{\infty^{\frac{1}{2}}}$ entre les Infiniment petits correspondants:

1420. Donc tous les espaces Asimptotiques infinis étant des infinis radicaux purs, un espace $= \infty^{\frac{1}{2}}$ sera le moyen entr'eux tous. Ils commenceront par un $\infty^{\frac{1}{n}}$, tel que n y soit la dénomination de la plus grande V possible, qui ne change point ∞ en fini. Or cette dénomination ou ce nombre n est indéterminable. Cependant il est certain que les Courbes dont la derniére difference est de l'ordre de $\frac{1}{\infty^2}$ complet, ont un espace infini de cet ordre radical indéterminable, & le moindre de tous. D'un autre côté le plus grand espace infini possible sera un $\infty^{\frac{n}{n+1}}$, tel que n soit le plus grand qu'il se puisse sans être infini par rapport à 1, car alors on auroit $\infty^{\frac{n}{n}} = \infty$, ce qui est impossible (1411). Or ce n est pareillement indéterminable.

1421. Les Courbes, dont la derniére difference est de l'ordre de $\frac{1}{\infty^2}$ incomplet, ayant toutes leurs dernieres Ordonnées en nombre infini, de quelque ordre d'infiniment petit radical pur, & des espaces Asimptotiques finis (1416), ces espaces seront d'autant plus grands, que ces Ordonnées seront de grands infiniment petits radicaux, & au contraire. Celle qui aura ses Ordonnées de l'ordre $\frac{1}{\infty^{\frac{1}{2}}}$, aura son espace fini moyen entre tous les autres, & il est aisé de voir par l'art. précédent, que les Ordonnées qui détermineroient les espaces extrêmes seroient d'un ordre indéterminable.

1422. Il est clair que toutes les Courbes inferieures à celles que nous avons vûës, n'auront plus que des espaces Asimptotiques finis toûjours décroissants.

1423. Donc il y a infiniment plus d'espaces Asimptotiques finis que d'infinis.

1424. Un rectangle formé de la base AB & de la 1re Ordonnée AM de la Courbe MC, est $AM \times \infty$, infini du 1er ordre potentiel, & par conséquent infiniment plus grand que tout espace Asimptotique, même infini. On pourroit dire que cela se voit à l'œil. C'est une espece de representation de ce que sont les Infinis radicaux purs par rapport à l'Infini potentiel du 1er ordre, ce que les expressions en nombres ne font pas si bien appercevoir.

1425. Et même comme on peut supposer que les mêmes lignes AB & AM soient, l'une l'axe ou Asimptote, & l'autre la 1re Ordonnée de toutes les Courbes Asimptotiques, le même rectangle $AM \times \infty$ comprendra tous les espaces Asimptotiques possibles, tant finis qu'infinis, & l'on verra qu'ils doivent être assés peu différents les uns des autres, non-seulement les infinis superieurs des superieurs en ordre, mais même les infinis des Finis. Le plus grand espace Asimptotique infini sera celui de la 1re Hiperbole d'un degré le plus élevé qu'il soit possible (1408), & le plus petit espace fini possible sera celui de la Logarithmique de l'art. 1391.

1426. Toute cette Theorie suppose pour plus de facilité que la Courbe generale MC ait son Asimptote pour axe, & lui devienne parallele. On voit qu'il sera très aisé de ramener à ces deux conditions les Courbes qui ne les auront pas. Par exemple, si l'on veut juger quel est l'espace Asimptotique de la 1re Hiperbole du 3me degré, du côté où $x = \frac{1}{\infty}$ (1215), c'est-à-dire, du côté où elle est perpendiculaire à son axe, qui n'est point alors son Asimptote, cette Hiperbole, qui est $x . a :: a^2 . y^2$, deviendra par une simple transposition d'axe, $y . a :: a^2 . x^2$, & sera parallele à son axe ou Asimptote x. Alors sa derniere difference, prise comme on les prend toûjours ici, sera $\frac{1}{\infty^3}$, & par conséquent l'espace Asimptotique fini, comme on l'a trouvé directement (1215). En effet $y . a :: a^2 . x^2$ est la même chose que la 2de Hiperbole du 3me degré, dont l'espace Asimptotique est fini du côté où $x = \infty$. (1216).

Les Courbes Asimptotiques obliques à leur axe, comme l'Hiperbole ordinaire rapportée à son axe traversant, se rameneront aussi très facilement à nôtre Theorie. On en voit un exemple dans cette Hiperbole même.

Toutes les Hiperboles de tous les degrés fourniront autant d'exemples qu'on voudra de la Theorie presente. En voici encore quelques-uns.

Espace Asimptotique de la Cissoïde fini.

1427. La Cissoïde étant prise comme elle l'est, p. 24 & 25 des *Inf. petits*, & dans la même Fig. XIV, on peut lui donner pour axe son Asimptote, qui sera une droite infinie tirée perpendiculairement sur l'extremité B du diametre FB (a) du demi-Cercle generateur FAB, & la Cissoïde deviendra parallele à cet axe. Alors la 1re & plus grande Ordonnée de la Cissoïde est BF (a), après laquelle toutes les autres qui seront paralleles & égales aux parties BL, BG, BE, &c. du diametre BF, iront toûjours en décroissant. Si l'on conçoit dans la Fig. la ligne LM tirée jusqu'au demi-Cercle, elle en sera une Ordonnée y, & l'expression de BL égale à l'Ordonnée correspondante de la Cissoïde sera $\frac{yy}{LF}$, & cette expression sera generale, pourvû que l'on conçoive LF variable & croissante. Or LF ne peut être plus grande que a, donc $\frac{yy}{a}$ est la derniére Ordonnée de la Cissoïde. Or alors y, derniére Ordonnée du demi-Cercle, est $= \frac{1}{\infty}$. Donc la derniére, ou plustôt les deux derniéres Ordonnées de la Cissoïde sont $= \frac{1}{a\infty^2}$. Donc les Ordonnées précédentes en nombre infini sont de l'ordre de $\frac{1}{\infty}$. Donc l'espace Asimptotique Cissoïdal est fini.

Celui de la Conchoïde fini aussi.

1428. Si l'on prend l'Asimptote d'une Conchoïde pour son axe, & que l'on conçoive une infinité de droites tirées du Pole à la Courbe, & coupant par conséquent l'Asimptote, chaque Ordonnée de la Courbe sera le Sinus de l'angle que fera chacune de ces lignes avec l'Asimptote, le Sinus total étant la partie de ces lignes comprise entre l'Asimptote & la Courbe. Et comme par la nature de la Conchoïde cette partie est constante, & que tous les angles de ces lignes avec l'Asimptote depuis le 1er qui est droit sont aigus & décroissants, les Ordonnées de la Conchoïde sont des Sinus toûjours décroissants, pris dans un même Cercle fini. Donc une Ordonnée infiniment petite de la Conchoïde sera le Sinus d'un angle infiniment petit pris dans ce Cercle. Mais rien ne détermine la Conchoïde à se terminer au point où se fait sur son Asimptote un angle infiniment petit du 1er ordre, & l'on peut encore tirer du Pole des lignes qui feront avec l'Asimptote des angles de tous les ordres inferieurs d'infiniment petit. Donc la Conchoïde, aussi-bien que la Logarithmique, a des Ordonnées infiniment petites de tous les ordres, donc son espace Asimptotique est fini.

1429. Il sera bon de prévenir ici une difficulté, qui n'auroit pourtant pas de rapport à la Theorie des espaces Asimptotiques. Pourquoi la Cissoïde n'a-t-elle pas par la même raison que la Conchoïde des Ordonnées infiniment petites d'ordres quelconques? Car les Ordonnées de la Cissoïde se rapportent aussi à celles d'un Cercle, qui peuvent être d'un ordre si bas qu'on voudra. Mais il faut prendre garde que l'Ordonnée de la Cissoïde en general étant $\frac{yy}{LF}$, & que LF, qui croît toûjours, ne pouvant être plus grande que a, la Courbe est necessairement terminée, quand cela arrive; & alors il n'est necessaire de concevoir y que $= \frac{1}{\infty}$. Il n'en est pas de même de la Conchoïde.

1430. Il sera utile pour fixer mieux les idées, & même par rapport à ce qui va suivre, de rassembler sous un seul coup d'oeil le résultat de tout ce qui a été dit.

Les Ordonnées des Courbes Asimptotiques étant exprimées en nombres, ce sont toûjours des fractions $\frac{1}{n}$ décroissantes, la 1re Ordonnée AM ayant été prise pour 1.

Si au lieu de prendre leur derniére difference, comme nous avons fait ordinairement, on ne prend que les deux derniéres Ordonnées égales dont elle est la difference, & qui sont toûjours d'un ordre potentiel superieur, ou plustôt la derniére Ordonnée seule, ce qui suffit, on a vû

Que quand la derniére Ordonnée est de l'ordre de $\frac{1}{\infty}$ incomplet, ou, ce qui est le même, d'un ordre d'infiniment petit radical pur, les Ordonnées précédentes en nombre infini sont finies, & l'espace Asimptotique infini (1408, 1409 & 1410).

Que quand la derniére Ordonnée est de l'ordre de $\frac{1}{\infty}$ complet, les Ordonnées précédentes sont encore finies, & l'espace Asimptotique infini (1400).

Quand la derniére Ordonnée est de l'ordre de $\frac{1}{\infty^2}$ incomplet, comme $\frac{1}{\infty^{\frac{3}{2}}}$, les Ordonnées précédentes en nombre infini sont des infiniment petits radicaux purs, & l'espace Asimptotique fini (1415 & 1416), après quoi les espaces Asimptotiques ne peuvent être que Finis.

Solides formés par deux differentes révolutions d'un même espace Asimptotique.

1431. Venons maintenant aux Solides formés par la révolution des espaces Asimptotiques. On ne peut faire tourner l'espace ou plan $ABCMA$ que de deux maniéres, ou autour de AM, 1re Ordonnée de la Courbe, ce que j'appelle *1re révolution*, ou autour de l'Asimptote AB, *2de révolution*.

Il est clair d'abord que les Solides de chacune de ces deux révolutions seront décroissants entr'eux, aussi-bien que les Espaces qui les auront produits.

1432. Commençons par la 1re révolution. J'appelle P la partie du Solide produite par la révolution du plan $AM\mu pA$ autour de AM, & S la partie formée par la révolution du plan $pBC\mu p$.

P est égal à un Cilindre qui auroit pour base un Cercle dont le rayon seroit Ap, & pour hauteur quelque Ordonnée moyenne entre AM, & $p\mu$, toutes deux Finies.

S peut être composé d'autant de Solides partiaux qu'il y aura dans la Courbe après le point μ d'ordres differents d'Ordonnées. Mais comme il n'y a d'Ordonnées en nombre infini que celles qui précédent la derniére, & sont de l'ordre immédiatement superieur, on ne peut concevoir de Cilindre partial dans S qui ait pour base un Cercle dont le rayon soit $= \infty$, que celui qui aura pour rayon de sa base la derniére portion infinie de l'axe où seront les derniéres Ordonnées en nombre infini, & la hauteur de ce Cilindre sera une Ordonnée moyenne entre toutes celles-là. S'il y a plusieurs Cilindres partiaux dans S, le premier sera toûjours Fini, parce qu'il n'aura pour rayon de sa base qu'une étenduë finie de l'axe, & pour hauteur une Ordonnée moyenne entre des Ordonnées Finies. Ainsi le Solide total S sera toûjours au moins Fini. La détermination de son ordre fini ou infini dépendra du dernier Cilindre, qui peut être aussi le seul. Tout cela convient avec ce qui a été dit dans l'art. 1400, & en est une suite. Nous appellerons desormais S ce dernier Cilindre, soit qu'il soit précédé de quelques autres, soit qu'il soit seul.

Limites où sont compris les Solides infinis de la 1re révolution.

1433. S égal à un Cilindre qui auroit pour rayon de sa base un Cercle dont le rayon $= \infty$, a donc une base de l'ordre de ∞^2. Donc il ne peut être fini que quand il aura une hauteur $= \frac{1}{\infty^2}$, & il ne l'aura que quand la derniére Ordonnée sera de l'ordre de $\frac{1}{\infty^2}$. Donc pour toutes les Courbes dont la derniere Ordonnée sera au dessus de l'ordre de $\frac{1}{\infty^2}$, le Solide Asimptotique de la 1re révolution sera infini.

1434. Donc pour toutes les Courbes dont la derniére Ordonnée sera de l'ordre de $\frac{1}{\infty^2}$, ou de tous les ordres inferieurs, ce Solide ne sera que Fini.

Qu'il y a des Solides infinis produits par des espaces finis.

1435. L'espace Asimptotique cesse d'être infini dès que la derniere Ordonnée est au dessous de $\frac{1}{\infty}$ (1430), donc il y a deux intervalles potentiels, celui de $\frac{1}{\infty}$ exclusivement à $\frac{1}{\infty^2}$, & celui de $\frac{1}{\infty^2}$ à $\frac{1}{\infty^2}$ exclusivement, où les espaces Finis donnent des Solides Infinis.

1436. Trois intervalles comprennent les derniéres Ordonnées ausquelles répondent des Solides infinis. Le 1er intervalle commence par des derniéres Ordonnées de l'ordre d'infiniment petit radical pur, le plus élevé qu'il soit possible, & finit par celles de l'ordre de $\frac{1}{\infty}$ complet, & par conséquent comprend toutes celles de l'ordre de $\frac{1}{\infty}$ incomplet, ou qui ne sont des infiniment petits radicaux purs. Le 2d commence par celles de l'ordre de $\frac{1}{\infty}$ complet, & finit par celle de $\frac{1}{\infty^2}$ complet, & par conséquent comprend toutes celles de $\frac{1}{\infty^2}$ incomplet. Le 3me commence par celles de $\frac{1}{\infty^2}$ incomplet, & finit par celles de $\frac{1}{\infty^3}$ complet, & comprend toutes celles de $\frac{1}{\infty^3}$ incomplet. Les S infinis doivent, à commencer par le plus grand, décroître selon ce même ordre, & avec analogie à cet ordre.

La base de S est toûjours de l'ordre de ∞^2. Quand la derniére Ordonnée est $=\frac{1}{\infty}$, il faut multiplier ∞^2 par la même grandeur $\frac{1}{x}$ qui dans l'art. 1402 a donné l'espace Asimptotique. Or cet espace $\frac{\infty}{x}$ n'est qu'un infini radical pur (1413), ou, ce qui est le même, n'est que de l'ordre de ∞ incomplet. Donc le Solide $\frac{\infty^2}{x}$ ne sera que de l'ordre de ∞^2 incomplet, comme est, par exemple, $\infty^{\frac{3}{2}}$. Mais une derniére Ordonnée de l'ordre de $\frac{1}{\infty}$ complet est la grandeur qui finit le 1er des 3 intervalles posés. Donc à cette grandeur répond un S de l'ordre de ∞^2 incomplet, & cet S est unique dans cet invervalle, comme l'étoit l'Ordonnée $=\frac{1}{\infty}$. Donc à toutes les Ordonnées superieures ont répondu des S de l'ordre de ∞^2 complet.

Ensuite dans le 2d intervalle il n'y aura que des S de l'ordre de ∞^2 incomplet, & décroissants jusqu'au dernier qui sera de l'ordre de ∞. Et dans le 3me intervalle seront des S

infinis radicaux purs décroissants jusqu'au dernier qui sera Fini.

1437. Les Solides Asimptotiques infinis de la 1re révolution ne passent point l'ordre de ∞^2 complet.

1438. Soit maintenant la 2de révolution. S y est égal à un Cilindre dont la hauteur sera toûjours $=\infty$, & la base le quarré de l'Ordonnée moyenne entre celles qui précédent la derniére, & sont en nombre infini.

S'il y a des S infinis, ils seront au moins dans le 1er des 3 intervalles de l'art. précédent. Dans cet intervalle les Ordonnées en nombre infini sont toûjours Finies, & sont des $\frac{1}{x}$ (1430), non-seulement toûjours décroissantes dans une même Courbe, mais encore d'une superieure ou moins Asimptotique à une inferieure ou plus Asimptotique. Par conséquent leurs dénominateurs x sont croissants de la même façon.

Dans cet intervalle $S=\infty\times\frac{1}{x^2}=\frac{\infty}{x^2}$, sera infini x^2 étant fini, mais il ne sera que fini si x^2 peut être infini. Les x étant toûjours croissants des Courbes superieures de cet intervalle aux inferieures, les x des Courbes les plus superieures peuvent être trop petits pour devenir infinis par l'élevation au quarré, mais ils pourront être assés grands pour cela dans quelques Courbes inferieures. La derniere Courbe de cet intervalle est celle dont la derniére Ordonnée est $\frac{1}{\infty}$ complet. Or il est certain que dans cette Courbe analogue à $\frac{1}{A}$ (1396), les x du cours Asimptotique sont tels qu'ils deviennent infinis par l'élevation au quarré. Donc dans cette Courbe $S=\frac{\infty}{\infty}$ grandeur finie (188).

1439. Je dis en même temps que toutes les Courbes de ce même intervalle, superieures à la derniére, doivent avoir leurs S infinis. Car cet intervalle comprend toutes les Courbes, dont les dernieres Ordonnées sont des infiniment petits radicaux purs, qui descendent par tous les ordres radicaux possibles superieurs à $\frac{1}{\infty}$, & tous compris dans le seul ordre

Limites où sont compris les Solides infinis de la 2de révolution.

potentiel qui est entre 1 & $\frac{1}{\infty}$. Donc les S correspondants, dont la Suite se termine par un S Fini (1438), doivent être tous compris dans le seul ordre potentiel qui est entre ∞ & 1. Et comme la Suite des derniéres Ordonnées n'est composée que de différents ordres d'infiniment petits radicaux purs, qui se terminent par $\frac{1}{\infty}$, la Suite des S n'est composée que d'infinis radicaux purs, qui se terminent par 1. Donc, &c.

Que les Solides infinis de la 2de révolution ne sont que des Infinis radicaux purs.

1440. La même correspondance ou analogie des deux Suites fait voir que comme celle des derniéres Ordonnées ne peut commencer par 1, 1er terme de l'ordre potentiel qui s'étend depuis 1 jusqu'à $\frac{1}{\infty}$, puisque jamais la derniére Ordonnée d'une Courbe Asimptotique ne peut être Finie dans l'hipothese de toute cette Sect. de même la Suite des S ne peut commencer par ∞ potentiel, 1er terme de l'ordre qui s'étend depuis ∞ jusqu'à 1. Donc tous les S infinis de la 2de révolution, ne sont que des infinis radicaux purs.

1441. Donc depuis le dernier S inclusivement du 1er intervalle, qui est en même temps le 1er S du 2d, tous les S sont finis ou infiniment petits pour toutes les Courbes inferieures, & par conséquent les Solides totaux de la 2de révolution toûjours Finis.

1442. Mais il sera bon d'approfondir davantage ce qui arrive dans le 2d intervalle, où l'on pourroit trouver de la difficulté. Les Ordonnées en nombre infini, dont la moyenne détermine l'ordre de S, sont des infiniment petits radicaux purs, dont les plus grands sont des $\frac{1}{\infty^{\frac{1}{n}}}$, & les moindres des $\frac{1}{\infty^{\frac{n}{n+1}}}$, & le moyen $\frac{1}{\infty^{\frac{1}{2}}}$ (1419). Si l'on prend le S d'une Courbe, dont les Ordonnées en nombre infini soient des $\frac{1}{\infty^{\frac{n}{n+1}}}$, on aura $S = \infty \times \frac{1}{\infty^{\frac{2n}{n+1}}} = \infty^{\frac{1-n}{n+1}}$. Si $n = 1$,

auquel

auquel cas $\frac{1}{\infty^{\frac{n}{n+1}}} = \frac{1}{\infty^{\frac{1}{n}}}$, on aura $S = \infty^{\frac{0}{n+1}} = 1$, & ensuite n étant plus grand que 1, on aura toûjours S infiniment petit. Cela quadre avec l'art. précédent, & fait juger que pour les Courbes superieures, dont les Ordonnées en nombre infini seront des $\frac{1}{\infty^{\frac{1}{n}}}$, S sera fini. Cependant on trouve $S = \infty \times \frac{1}{\infty^{\frac{2}{n}}} = \infty^{\frac{n-2}{n}}$, qui n'est $= 1$ que dans le cas, où $n = 2$, qui est celui où $\frac{1}{\infty^{\frac{1}{n}}} = \frac{1}{\infty^{\frac{1}{2}}}$, & pour tous les autres cas où $n > 2$, $\infty^{\frac{n-2}{n}}$ est un infini radical pur. Or il n'est pas possible que cela soit, puisque le 1er S de ce 2^d^ intervalle n'est que Fini. Mais voici d'où est venuë l'erreur.

Les Ordonnées en nombre infini d'une Courbe Asimptotique quelconque sont décroissantes dans leur ordre, quel qu'il soit. Si elles sont de l'ordre de $\frac{1}{\infty^{\frac{1}{n}}}$, & par exemple, de l'ordre de $\frac{1}{\infty^{\frac{1}{3}}}$, il faut, pour les concevoir décroissantes, concevoir que ce sont des $\frac{1}{z\infty^{\frac{1}{3}}}$, z étant un nombre fini variable, toûjours croissant. Ce z ne fait rien à l'ordre des Ordonnées, tant qu'on ne les prend qu'à leur 1re puissance, mais si on les quarre, on a $\frac{1}{z^2\infty^{\frac{2}{3}}}$, & z^2 peut être devenu un infini qui élevera l'ordre de $\infty^{\frac{2}{3}}$, & il n'a besoin pour cela que d'être un très petit infini. Ici, où il faut quarrer une Ordonnée moyenne, il ne la faut pas prendre simplement $= \frac{1}{\infty^{\frac{2}{3}}}$, mais $= \frac{1}{z^2 \infty^{\frac{2}{3}}}$, ce qui donnera S, non pas $= \infty \times \frac{1}{\infty^{\frac{2}{3}}} = \infty^{\frac{1}{3}}$, mais $= \frac{\infty}{z^2 \infty^{\frac{2}{3}}}$, & cette grandeur sera finie, pourvû que z^2 soit un petit infini, or il peut l'être, & il le sera necessairement, puisque S ne peut être alors infini, un S superieur étant fini (1438).

1442. On voit par-là que dans le 2^d intervalle le dernier S fini ne sera pas précisément celui du milieu qui appartient aux Courbes, dont les Ordonnées en nombre infini sont des $\frac{1}{\infty^{\frac{2}{3}}}$, mais qu'il sera un peu plus haut, ce qui est indéterminable.

Qu'il y a des Solides finis produits par des espaces infinis.

1443. Le 1er S de cet intervalle étant fini, & par conséquent le Solide total de toutes les Courbes Asimptotiques, dont la derniére Ordonnée est $\frac{1}{\infty}$, & ces Courbes ayant leur espace Asimptotique infini (1430), il y a donc des Solides finis formés par des espaces infinis, ce qui est le cas opposé à celui de l'art. 1435.

1444. Le cas de l'art. 1435 arrive dans l'étenduë de deux ordres potentiels, au lieu que celui-ci n'arrive qu'à l'extremité d'un seul.

Exemples de Solides des deux révolutions en différentes Courbes.

1445. L'Hiperbole du 2^d degré a son solide de la 1re révolution, infini, & celui de la 2de, fini.

1446. Et pour donner un exemple de toutes les Hiperboles dans un seul degré, qui fera suffisamment juger de tous les autres, je prends les quatre Hiperboles du 5me degré. La derniére Ordonnée de la 1re est $\frac{1}{\infty^{\frac{1}{4}}}$, de la 2de, $\frac{1}{\infty^{\frac{2}{3}}}$, de la 3me, $\frac{1}{\infty^{\frac{3}{2}}}$, de la 4me, $\frac{1}{\infty^4}$. Donc la 1re aura ses deux Solides infinis, la 2de pareillement, la 3me aura celui de la 1re

révolution, infini, & celui de la 2de, fini, la 4me, tous deux finis.

1447. La derniére Ordonnée de la Cissoïde étant $\frac{1}{\infty}$ (1427), son Solide de la 1re révolution sera infini, & celui de la 2de, fini.

1448. La Conchoïde les a tous deux finis, & pareillement la Logarithmique.

SECTION VII.

Sur la Communication ou non-Communication des Rapports entre l'Infini & le Fini.

1449. DEs Grandeurs du même ordre quelconque ne peuvent avoir entr'elles que des rapports finis, & tous les ordres étant parfaitement analogues les uns aux autres, dès que certains rapports finis sont dans un ordre, ils doivent être necessairement dans un autre ordre quelconque; il y a dans tous les ordres des grandeurs qui sont comme 1 à 2, comme 1 à 3, &c. cela est bien sûr, & ce n'est pas ce que nous voulons traiter ici. Mais il y a des grandeurs infinies entre lesquelles on ne trouve des rapports finis que par le moyen du Calcul de l'Infini, & par les principes qui lui sont particuliers, par ex. on ne sçait que par le Calcul de l'Infini, que la somme des Quarrés naturels est $\frac{\infty^3}{3}$, car pour avoir cette somme, il a fallu negliger des grandeurs (580) que l'on n'eût pas negligées dans le Fini, & si l'on conçoit une autre Suite formée du même nombre de grandeurs toutes égales à ∞^2, dernier Quarré naturel, sa somme sera ∞^3, & les sommes des deux Suites :: 1 . 3, rapport fini, que je dis qui se retrouvera entre deux autres sommes pareilles, quoique finies. C'est-là ce que j'appelle *Communication des rapports entre l'Infini & le Fini*, parce que ces rapports ne se trouvent dans le Fini que consideré comme Infini, & quelquefois ne se trouveroient pas autrement, ou du moins, pas si aisément, & d'une maniére si naturelle.

1450. Une Suite croissante d'un nombre infini de grandeurs, que je suppose toûjours $= \infty$, étant posée, j'appelle Suite *pleine*, par rapport à celle-là, celle qui seroit formée du même nombre de grandeurs toutes égales à la derniére de la Suite croissante.

1451. Toutes les Suites croiſſantes de nombres, telles que les A, A^n, $A^{\frac{1}{n}}$, &c. pouvant être conçûës comme des Lignes diſpoſées ſur un axe $=\infty$, & diviſé en une infinité de parties toutes $=1$, elles forment ou rempliſſent un certain eſpace, & la Suite pleine correſpondante en forme un autre qui eſt un parallelogramme, dont un des côtés eſt l'axe $=\infty$, & l'autre la plus grande ligne de la Suite croiſſante. J'appelle ce parallelogramme *circonſcrit* à l'eſpace rempli par les Lignes croiſſantes, ou à l'eſpace *croiſſant*.

1452. Le rapport du parallelogramme circonſcrit à l'eſpace croiſſant eſt le même que celui de la ſomme de la Suite pleine à celle de la Suite croiſſante.

Que les Parallelogrammes circonſcrits à des Eſpaces croiſſants, ont le même rapport à ces Eſpaces, tant dans le fini que dans l'infini.

1453. Si le rapport d'une de ces ſommes infinies à l'autre, & par conſéquent celui des deux eſpaces, eſt fini, il demeurera encore le même, quand les intervalles finis égaux, qu'on a ſuppoſés entre les Lignes, & qui ne faiſoient rien au rapport de ces Lignes, ſeront devenus des infiniment petits égaux, & quand en même temps les Lignes de chaque ordre différent ſeront devenuës de l'ordre immédiatement inferieur, en conſervant le même rapport entr'elles. Or alors les eſpaces infinis ſont devenus Finis. Donc le rapport fini du parallelogramme circonſcrit à l'eſpace croiſſant ſera le même dans l'Infini & dans le Fini, dans les deux Touts, & dans leurs parties quelconques correſpondantes.

1454. Quand le dernier terme d'une Suite infinie croiſſante eſt $\infty^{\frac{n}{m}}$, quelques nombres que ſoient n & m, & que la ſomme de cette Suite eſt $\infty^{\frac{n}{m}+1}$, de quelques coëfficients finis $\frac{r}{p}$ que ſoit affecté cet $\infty^{\frac{n}{m}+1}$, la ſomme de la Suite pleine, qui eſt le dernier terme de la Suite croiſſante multiplié par ∞, ou $\infty^{\frac{n}{m}+1}$, a toûjours un rapport fini à la ſomme de la Suite croissante qui est $\frac{r\infty^{\frac{n}{m}+r}}{p}$, car la 1ere est à la 2de : : $1 . \frac{r}{p}$. Donc il y aura toûjours un parallelogramme circonscrit qui aura ce rapport à l'espace croissant, tant dans le Fini que dans l'Infini.

Détermination du rapport des Espaces Paraboliques aux parallelogrammes circonscrits.

1455. La Parabole ordinaire ou du 2^d degré étant $x = y^2$ où x est un axe ou infini ou fini, divisé en une infinité de parties égales finies ou infiniment petites, & par consequent croissant selon la Suite des nombres naturels, la Suite des Ordonnées y est croissante comme les $\sqrt[2]{}$ des nombres naturels. Or la somme de la Suite de ces $\sqrt[2]{}$ est $\frac{2\infty^{\frac{3}{2}}}{3}$ (584) qui est à $\infty^{\frac{1}{2}} \times \infty = \infty^{\frac{3}{2}}$, somme de la Suite pleine : : 2 . 3. Donc tout espace de cette Parabole fini ou infini est à son parallelogramme circonscrit : : 2. 3.

1456. De même dans la 1re Parabole du 3me degré $x = y^3$, les y étant croissantes comme les $\sqrt[3]{}$ des nombres naturels, dont la somme est $\frac{3\infty^{\frac{4}{3}}}{4}$ (584), & celle de la Suite pleine étant $\infty^{\frac{1}{3}} \times \infty = \infty^{\frac{4}{3}}$, l'espace croissant est au parallelogramme circonscrit : : 3 . 4.

1457. Dans la 2de Parabole du même degré $x^2 = y^3$, les y étant croissantes comme les nombres naturels élevés à $\frac{2}{3}$, dont la somme est $\frac{3\infty^{\frac{5}{3}}}{5}$, & la somme de la Suite pleine étant $\infty^{\frac{2}{3}} \times \infty = \infty^{\frac{5}{3}}$, les deux espaces sont : : 3 . 5.

1458. En general on trouvera toûjours que les y de toutes les Paraboles croissant toûjours comme les nombres naturels élevés à $\frac{1}{n}$ ou $\frac{n}{m}$, n étant $< m$, les espaces Paraboliques croissants finis ou infinis auront à leurs parallelogrammes circonſcrits les mêmes rapports finis que les ſommes des Suites des nombres naturels, ainſi élevés, aux ſommes des Suites pleines.

1459. Les eſpaces Paraboliques que nous trouvons ici, ſont les eſpaces interieurs, c'eſt-à-dire, pris du côté que les Paraboles ſont concaves vers leur axe, mais il reſte les exterieurs, ceux qui ſont de l'autre côté, toûjours compris les uns & les autres dans le même parallelogramme circonſcrit, auquel, pris tous deux enſemble, ils ſont égaux. Donc le rapport de l'eſpace interieur au parallelogramme étant connu, celui de l'exterieur, complément du parallelogramme, l'eſt auſſi. Par exemple, dans la Parabole du 2[d] degré, l'eſpace interieur étant les $\frac{2}{3}$ du parallelogramme, l'exterieur en eſt $\frac{1}{3}$. Mais cela ſe peut trouver encore directement, en tranſpoſant les axes des Paraboles, c'eſt-à-dire, en mettant dans leur équation x au lieu de y, & y au lieu de x, x repréſentant toûjours la Suite des nombres naturels. Par exemple, dans la Parabole du 2[d] degré on aura $x^2 = y$, & par conſéquent les Ordonnées croiſſantes comme les Quarrés des nombres naturels, dont la ſomme eſt $\frac{\infty^3}{3}$ (580). Le parallelogramme ſera $\infty^2 \times \infty = \infty^3$, & l'eſpace Parabolique au parallelogramme : : 1. 3.

1460. Il peut ſe preſenter ici une difficulté apparente. Lorſqu'on a conſideré l'eſpace interieur de cette Parabole, on a eû $x = \infty$, & $y = \infty^{\frac{1}{2}}$; or en la tranſpoſant, on doit ſeulement trouver que ce qui étoit x eſt devenu y, & réciproquement, donc ici $x = \infty^{\frac{1}{2}}$, & non pas $= \infty$, & $y = \infty$, & non pas $= \infty^2$, ce qui donnera ſeulement pour le parallelogramme circonſcrit $\infty^{\frac{3}{2}}$, comme on l'avoit eû d'abord, & non pas ∞^3. Mais il faut obſerver que quand dans l'hipotheſe de la tranſpoſition on ne prendra x que $= \infty^{\frac{1}{2}}$, cela n'empêchera pas qu'il ne ſoit diviſé en une infinité de parties finies égales, & qu'il ne croiſſe ſelon la Suite des nombres naturels, ſeulement ſes parties égales ſeront moindres que l'unité qu'on supposoit dans la premiére hipothese, & les y croîtront toûjours comme les Quarrés naturels, ce qui donne toûjours le même rapport du parallelogramme circonscrit à l'espace Parabolique, or il ne s'agit ici que de rapports.

1461. On trouvera très aisément de la même maniére que les Ordonnées exterieures de toutes les Paraboles quelconques sont les Suites infinies des nombres naturels élevés à n, ou à $\frac{m}{n}$, m étant $> n$, & comme on a les sommes de toutes ces Suites (584), on aura aussi directement tous les espaces Paraboliques exterieurs par leurs rapports aux parallelogrammes circonscrits.

1462. On peut regarder le Triangle comme la Parabole du 1er degré, & en effet il est la somme des nombres naturels élevés à 1, il est donc $\frac{\infty^2}{2}$, & son parallelogramme circonscrit est ∞^2, ce qui donne le rapport si connu de 1 à 2.

1463. S'il étoit impossible d'avoir ou tous ces rapports, ou quelques-uns d'entr'eux, par des methodes qui ne supposassent point l'Infini, on les auroit par celles qui le supposent, mais du moins les a-t-on par celles-ci d'une maniére plus courte, plus generale, & plus lumineuse. Il est même certain qu'on les prend ici dans leur veritable source, car réellement tout Fini est un Infini.

Que le rapport d'un Espace Asimptotique infini ou fini à son parallelogramme circonscrit, ne peut se retrouver dans le fini.

1464. Les espaces Asimptotiques peuvent toûjours avoir un parallelogramme circonscrit, puisqu'ils sont étendus le long d'un axe $=\infty$, & qu'il y a une 1re, & plus grande Ordonnée finie de la Courbe, ce qui fait le rectangle $1 \times \infty = \infty$. Mais tout espace Asimptotique est fini ou infini, & s'il est Infini, il ne peut être qu'un Infini radical pur (1413), or le rapport de ∞ soit au Fini, soit à un Infini radical pur, ne peut jamais être dans le Fini, donc il n'est pas possible qu'il y ait dans le Fini un espace qui ait à un autre le rapport d'un espace Asimptotique à son parallelogramme circonscrit. C'est là ce que j'appelle la *non-Communication des rapports entre l'Infini & le Fini.*

1465.

1465. Il est visible que cela n'empêche pas qu'un espace Asimptotique fini n'ait un rapport fini à quelqu'autre espace que son parallelogramme circonscrit. Ainsi l'espace Asimptotique Cissoïdal est triple du demi-Cercle generateur. De même il est possible qu'un espace Asimptotique infini ait un rapport fini à quelqu'autre espace infini que son parallelogramme.

1466. Il n'y a point de portion finie d'un espace Asimptotique, qui puisse avoir à son parallelogramme circonscrit le même rapport que l'espace Asimptotique entier a au sien, car ce rapport est celui de 1 ou de $\infty \frac{1}{n}$ à ∞, & ce rapport ne peut être entre deux grandeurs Finies. C'est là le contraire de ce qu'on a vû dans les espaces Paraboliques.

Que les Espaces Asimptotiques de toutes les Hiperboles sont representés par les sommes des Suites $\frac{1}{A}$, $\frac{1}{A^{\frac{1}{2}}}$, $\frac{1}{A^2}$, &c.

1467. Au défaut du rapport de l'espace Asimptotique à son parallelogramme circonscrit, on peut trouver l'ordre dont est cet espace, qui est toûjours ou Fini ou Infini radical pur, son parallelogramme étant ∞, & cela se trouve tout d'un coup, quand les Ordonnées de la Courbe sont representées par des Suites de nombres, dont on connoît l'ordre des sommes, l'axe ou Asimptote x croissant toûjours comme les nombres naturels. Ainsi parce que l'Hiperbole ordinaire ou du 2[d] degré, prise entre ses Asimptotes, est $xy = 1$, on a $y = \frac{1}{x}$, c'est-à-dire, les Ordonnées decroissantes comme la Suite $\frac{1}{1}$, $\frac{1}{2}$, $\frac{1}{3}$, &c. qui est celle des nombres naturels reduits en fractions, dont la somme est infinie (362 & 600).

De même de ce que la 1re Hiperbole du 3me degré est $xy^2 = 1$, il suit $y = \frac{1}{x^{\frac{1}{2}}}$, & par conséquent la Suite des Ordonnées est celle des $\sqrt[2]{}$ des nombres naturels réduites en fractions, or la somme en est infinie (366).

La 2de Hiperbole du 3me degré est $x^2 y = 1$, & par conséquent $y = \frac{1}{x^2}$, & la Suite des Ordonnées est celle des

Quarrés naturels réduits en fractions, dont la somme est finie (363).

1468. Nous n'avons consideré ici les espaces Hiperboliques que du côté où l'une des Asimptotes a été prise pour l'axe $x = \infty$. Si l'on veut considerer dans chaque Hiperbole l'espace qui est de l'autre côté, il n'y a qu'à prendre pareillement l'autre Asimptote pour l'axe $x = \infty$, & pour cela changer en x ce qui étoit y dans l'équation des Hiperboles, & en y ce qui étoit x. On trouvera que dans l'Hiperbole du 2[d] degré, ce changement ne fera rien à l'espace, que la 1re du 3me deviendra la 2de du même degré, & que par conséquent l'espace qu'elle avoit infini deviendra fini, & toûjours ainsi de suite. Ce qui revient à l'art. 1426.

Comme les Espaces Paraboliques le sont par les sommes des A, *ou* $A^{\frac{1}{2}}$, *ou* A^2, *&c.*

1469. De tout cela il suit, & on le pourra voir plus en détail, si l'on veut, que tous les espaces Paraboliques étant des sommes de Suites infinies des nombres naturels élevés à des puissances quelconques parfaites ou imparfaites (1455, &c. 1461), les espaces Asimptotiques des Hiperboles sont les sommes de ces mêmes Suites réduites en fractions, dont 1 est le numerateur constant. Ainsi puisqu'on a les sommes de toutes les Suites des nombres naturels élevés à des puissances quelconques (580, &c. 584), & l'ordre des sommes de toutes ces Suites réduites en fractions (366, 367, 368), on a par les proprietés des nombres naturels la quadrature de tous les espaces Paraboliques finis ou infinis, & l'ordre de tous les espaces Asimptotiques Hiperboliques, de sorte que sur les sommes ou sur l'ordre des sommes des nombres naturels élevés à des puissances quelconques, soit entiers, soit réduits en fractions, il ne reste rien qui ne soit pris, pour ainsi dire, par les espaces Paraboliques, ou Hiperboliques.

Que les sommes infinies des $\frac{1}{A}$, $\frac{1}{A^{\frac{1}{2}}}$ *&c. ne sont que des Infinis radicaux purs.*

1470. Quand ces Suites fractionnaires ont des sommes infinies, comme le sont celles de $\frac{1}{1}$, $\frac{1}{2}$, $\frac{1}{3}$, &c. ou de $\frac{1}{1}$, $\frac{1}{\sqrt{2}}$, $\frac{1}{\sqrt{3}}$, &c. ces sommes ne sont que des Infinis radicaux purs, car elles répresentent des espaces Asimptotiques, qui quand ils sont infinis, ne peuvent être que de cette espece d'Infinis. C'est là une connoissance sur ces Suites que l'on n'auroit pas eûë, en ne les considerant qu'en elles-mêmes, & sans les appliquer à des espaces Hiperboliques. On eût pû croire que leurs sommes toûjours necessairement moindres que ∞, somme des Unités, en étoient quelque partie d'une dénomination Finie.

1471. Donc le rapport de ces sommes infinies à ∞ ne peut jamais être déterminé, car c'est celui d'un Infini radical pur à ∞.

1472. Par la même raison ces sommes, quoi-qu'infinies, & de l'ordre potentiel de ∞, sont infiniment moindres que ∞. La somme infinie de $\frac{1}{1}, \frac{1}{2}, \frac{1}{3}$, &c. $\frac{1}{\infty}$ est infiniment moindre que celle des Unités.

1473. Comme on a les sommes de toutes les Suites infinies de nombres Poligones (572), & par conséquent leurs rapports finis aux sommes des Suites pleines, on aura les quadratures des espaces infinis des Courbes, dont les Ordonnées seroient ces nombres Poligones, & par conséquent aussi les quadratures des espaces curvilignes finis. Ainsi la somme infinie des Triangulaires étant $\frac{1\infty^3}{6}$, celle des Quarrés $\frac{2\infty^3}{6}$, des Pentagones $\frac{3\infty^3}{6}$, &c. & les sommes pleines étant $\frac{1\infty^3}{2}$, $\frac{2\infty^3}{2}$, $\frac{3\infty^3}{2}$, &c. parce que les derniers des Triangulaires, des Quarrés, des Pentagones, &c. sont $\frac{1\infty^2}{2}$, $\frac{2\infty^2}{2}$, $\frac{3\infty^2}{2}$, &c. on aura toûjours le rapport de 1 à 3 pour celui de l'espace infini croissant à son parallelogramme circonscrit, & pour celui de tout espace curviligne fini de la Courbe qui exprimera les nombres Poligones quelconques à son parallelogramme.

Que l'on trouve par la voye de l'Infini les quadratures de toutes les Courbes, dont les Ordonnées suivroient le rapport des nombres Poligones quelconques.

1474. La Courbe des nombres Quarrés est évidemment la Parabole prise du côté qu'elle est convexe vers un axe divisé en parties égales, ou croissant selon la Suite des nombres naturels, car alors ses Ordonnées croissent comme les Quarrés de ces nombres. On a vû aussi que son espace curviligne est au parallelogramme circonscrit :: 1 . 3 (1459).

1475. n étant un nombre naturel quelconque, le Triangulaire correspondant est $\frac{nn+n}{2}$, & par conséquent l'équation de la Courbe des Triangulaires est $2ay = xx + ax$, x étant l'axe qui croît selon la Suite naturelle. On voit par cette équation que la Courbe des Triangulaires est encore la Parabole, mais dont il faut retrancher une certaine portion, selon que feu M. Carré l'a enseigné dans les Mem. de l'Acad. de 1701. La portion restante infinie, & qui est la Courbe des Triangulaires, est encore convexe vers l'axe, il n'est plus le même, & ne part plus du même point que celui de la Parabole entiére, Courbe des Quarrés. Ses divisions ne répondent point à celles de l'autre, & les Ordonnées qui en partent, terminées à d'autres points de la Courbe, croissent selon d'autres rapports.

1476. L'équation differentielle de la portion Parabolique ou Courbe des Triangulaires est $2ady = 2xdx + adx$, ce qui donne $dy . dx :: 2x + a . 2a$, & au point où $x = 0$, $dy . dx :: a . 2a :: 1 . 2$. La Courbe à son origine est donc oblique à son axe, ce qu'on voit qui ne conviendroit pas à la Parabole entiére.

Que ces Courbes seront toûjours ou la Parabole du 2[d] degré, ou des portions de cette Parabole.

1477. En prenant de suite les formules des Poligones (572), on verra que l'équation de la Courbe des Pentagones sera $2ay = 3xx - ax$, de celle des Exagones, $2ay = 4xx - 2ax$, ou $ay = 2xx - ax$, &c. Et comme ces équations ne sortent point du 2[d] degré, & qu'elles sont toûjours à la Parabole de ce degré, on voit que les Courbes des nombres Poligones seront toûjours ou la Parabole de ce degré, ou des portions de cette Parabole, mais differentes, & qui appartiendront ou à une même Parabole, ou à des Paraboles de differents parametres, ce qu'il seroit inutile ici d'examiner plus en détail.

Que l'on aura aussi par la voye de l'Infini les quadratures

1478. On doit raisonner des Nombres Figurés comme des Poligones.

Le dernier des Naturels étant ∞, & leur somme $\frac{\infty^2}{2}$.

Le dernier des Triangul. étant $\frac{\infty^2}{2}$, & leur somme $\frac{\infty^3}{6}$.

Le dernier des Pyramidaux étant $\frac{\infty^3}{6}$, & leur somme $\frac{\infty^4}{24}$.

Le dernier des Triang. Pyr. étant $\frac{\infty^4}{24}$, & leur somme $\frac{\infty^5}{120}$, &c.

de toutes les Courbes, dont les Ordonnées suivroient le rapport des Nombres Figurés.

Le parallelogramme circonscrit à la Courbe des Naturels, qui ne sera qu'un Triangle, sera ∞^2, dont le rapport à la somme des Naturels sera $\frac{2}{1}$.

Le parallelogramme circonscrit à la Courbe des Triangulaires sera $\frac{\infty^3}{2}$, dont le rapport à l'espace curviligne des Triangulaires sera $\frac{3}{1}$.

Le parallelogramme circonscrit à la Courbe des Pyramidaux sera $\frac{\infty^4}{6}$, dont le rapport à l'espace curviligne des Pyramidaux sera $\frac{4}{1}$, & toûjours ainsi de suite.

Donc aussi dans toutes les Courbes, dont les Ordonnées representeront les differents ordres des nombres Figurés, les espaces curvilignes finis seront à leurs parallelogrammes circonscrits :: 1. 2, à compter le Triangle parmi ces Courbes, ou :: 1. 3, ou :: 1. 4, &c.

1479. La quadrature des Courbes des nombres Figurés prises de suite, à commencer par celle des nombres Naturels, est donc la même, ou consiste dans le même rapport que celle des 1res Paraboles de chaque degré prises de suite, à commencer par le Triangle, & considerées du côté qu'elles sont convexes vers leur axe (1459, 1461 & 1462).

1480. De-là, & de ce que les quadratures des deux 1ers ordres de nombres Figurés sont effectivement celles de deux Paraboles des deux 1ers degrés, le Triangle, & la Parabole ordinaire, on peut conjecturer que les quadratures des ordres suivants de nombres Figurés, sont celles des 1res Paraboles des degrés suivants. Et en effet l'équation de la Courbe des Pyramidaux étant $6a^2y = x^3 + 3ax^2 + 2a^2x$, celle des Triang. Pyram. $24a^3y = x^4 + 6ax^3 + 11a^2x^2 + 6a^3x$ (126), &c. on voit que toutes ces équations sont toûjours à des Paraboles de tous les degrés consécutifs, mais

Que ces Courbes seront les 1res Paraboles de chaque degré, ou des portions de ces Paraboles.

differenmment prises, de la maniére dont on a donné l'idée dans l'art. 1475.

Que des Espaces Asimptotiques Hiperboliques, mais modifiés, seront representés par les sommes des Poligones ou Figurés réduits en fractions.

1481. L'analogie conduit à croire que si on réduit en fractions les differentes Suites de nombres Poligones, & de Figurés, les espaces curvilignes formés de ces differentes Suites d'Ordonnées décroissantes seront des espaces Hiperboliques Asimptotiques, ceux qui seront formés par des nombres Poligones appartenant tous à une même Hiperbole, & ceux qui seront formés par des nombres Figurés appartenant de suite à des Hiperboles de degrés consécutifs. C'est ce qui se trouve en effet.

Il est sûr déja qu'entre les Poligones les nombres Quarrés réduits en fractions appartiennent à la 2de & derniére Hiperbole du 3me degré, prise du côté où $x = \infty$ (1216), car x étant tous les Nombres Naturels de suite, dont les Quarrés réduits en fractions sont $\frac{1}{xx}$, l'équation de cette Hiperbole est $y = \frac{1}{xx}$. De même l'équation de la Courbe des Triangulaires étant $y = \frac{xx+ax}{2a}$ (1475), elle devient, lorsqu'elle est réduite en fractions, $y = \frac{2a}{xx+ax} = \frac{1}{xx+x}$, qui est encore une équation à cette même Hiperbole, mais modifiée. Il en ira de même des autres nombres Poligones, qui ne sortent point d'un même degré.

Il est sûr aussi que les 1ers des Figurés, c'est-à-dire, les Naturels réduits en fractions, forment l'espace Asimptotique de l'Hiperbole ordinaire ou du 2d degré. Nous venons de voir que les Triangulaires, les 2ds des Figurés réduits en fractions appartiennent à la 2de Hiperbole du 3me degré, ce qui doit déterminer tous les Figurés suivants à appartenir aux Hiperboles des degrés suivants, & même à la derniére de chaque degré. Cette derniére circonstance paroîtra encore plus clairement, si l'on considere que les derniers termes des Figurés s'élevant toûjours d'un ordre potentiel, & par conséquent s'abaissant toûjours aussi d'un ordre, lorsqu'ils sont réduits en fractions, les derniéres Ordonnées des derniéres Hiperboles de chaque degré s'abaissent toûjours précisément de même (1215, 1216, 1217, &c).

1482. Donc les espaces Paraboliques & Hiperboliques Asimptotiques répondent non-seulement à toutes les Suites possibles de Nombres Naturels entiers, ou réduits en fractions élevés à des puissances quelconques, mais encore à toutes les Suites de nombres Poligones ou Figurés entiers ou réduits en fractions.

Quadrature de tous les Espaces Spiraux par l'infini.

1483. S'il s'agissoit de plans formés, non par des lignes paralleles entr'elles, mais par des lignes concourantes en un point, on en auroit les quadratures par la même communication de rapports entre l'Infini & le Fini. Soit, par exemple, la Spirale d'Archimede, telle que c étant la circonference du Cercle, dans lequel elle se décrit, r le rayon, x l'arc indéterminé de la circonference correspondant au mouvement, par lequel une portion de la Spirale a été décrite, & y le rayon de la Spirale correspondant à x, on ait toûjours $c . x :: r . y$, je dis que la quadrature de la Spirale, ou le rapport de l'espace Spiral au circulaire se trouvera par l'Infini.

Il faut imaginer un Cercle dont le rayon soit $= \infty$, & dont l'aire (1365) soit remplie par une infinité de Triangles égaux isoscèles, infiniment petits par rapport à elle. Il faut d'un autre côté imaginer dans ce Cercle une Spirale pareillement infinie, dont l'aire soit remplie d'un même nombre infini de Triangles, infiniment petits aussi par rapport à elle, & croissants. Ils ne sont pas isoscèles comme ceux du Cercle, car la Spirale s'éloignant toûjours du centre du Cercle à mesure qu'elle croît, ou s'étend, un Triangle Spiral quelconque, dont la base est un arc fini de la Spirale, a toûjours un de ses côtés plus grand que l'autre. Mais on doit concevoir que du centre du Cercle, où sont les sommets de tous les Triangles, il soit décrit par l'extremité du plus petit côté d'un Triangle Spiral, un arc circulaire fini, qui rendra chaque Triangle isoscele, en y negligeant la partie retranchée du plus grand côté, ou plustôt l'espace mixtiligne qui se formera à l'extrémité de chaque Triangle; car cet espace qui est fini, est infiniment petit par rapport au Triangle, qui est de l'ordre de ∞, & quoi-qu'existant, l'exactitude demande qu'on le néglige, comme dans l'exemple de l'art. 1203.

Tous les Triangles Spiraux sont donc isosceles, & parce qu'ils ont tous le même angle au sommet, ils sont semblables. D'un autre côté le dernier, & plus grand Triangle Spiral est égal à un des Circulaires qui sont tous égaux entr'eux. Donc tout Triangle Spiral est semblable à un Circulaire.

L'aire du Cercle est la somme des aires de tous les Triangles Circulaires, & l'aire de la Spirale est la somme des aires de tous les Triangles Spiraux, tous semblables aux Circulaires. Or les aires de deux Triangles semblables sont comme les Quarrés de leurs côtés homologues, donc la somme des aires de tous les Triangles Circulaires sera à la somme des aires de tous les Spiraux, comme la somme des Quarrés des rayons du Cercle infini à la somme des Quarrés des y de la Spirale, qui sont des côtés des Triangles Spiraux homologues à ceux des Circulaires.

Or la somme des Quarrés des rayons du Cercle est $\infty^2 \times \infty = \infty^3$, & les y de la Spirale croissent comme les nombres naturels, parce qu'ils croissent toûjours comme les x, qui sont toûjours supposés croître comme ces nombres. La somme des Quarrés naturels est $\frac{\infty^3}{3}$. Donc l'espace Circulaire est au Spiral : : 3 . 1. Et de-là suit le même rapport dans le Fini.

1484. Si dans une autre Spirale que celle d'Archimede, on avoit $c . x : : r^2 . y^2$, les y ou côtés des Triangles infiniment petits de cette Spirale, prise dans le Fini, seroient donc tels que leurs Quarrés croîtroient comme les nombres naturels. Or des grandeurs dont les quarrés croissent comme les nombres naturels, ne peuvent être que comme les $\sqrt[2]{}$ de ces nombres. Donc les y sont representés par les $\sqrt[2]{}$ des nombres naturels. Donc l'espace Spiral, qui est comme la somme des Quarrés des y, est comme la somme des nombres naturels

rels $= \frac{\infty^2}{2}$. D'un autre côté la ſomme des quarrés de tous les côtés des Triangles égaux du Cercle, ſera comme $\infty \times \infty = \infty^2$. Donc l'eſpace Circulaire ſera au Spiral :: 2. 1.

1485. Si on a $c. x :: r^3 . y^3$, les y de la Spirale croiſſent donc comme les $\sqrt[3]{}$ des nombres naturels, & ces y étant quarrés, on a pour l'eſpace Spiral la ſomme des nombres naturels élevés à $\frac{2}{3}$. Or cette ſomme eſt $\frac{3\infty^{\frac{5}{3}}}{5}$ (584), la ſomme des quarrés de tous les côtés des Triangles égaux du Cercle, ſera $\infty^{\frac{2}{3}} \times \infty = \infty^{\frac{5}{3}}$. Donc l'eſpace Circulaire ſera au Spiral :: 5. 3.

1486. En general, ſi on a $c. x :: r^{\frac{n}{m}} . y^{\frac{n}{m}}$, les y de la Spirale ſont donc tels, qu'élevés à $\frac{n}{m}$ ils croiſſent comme les nombres naturels. Or les ſeuls nombres qui élevés à $\frac{n}{m}$ croiſſent comme les naturels, ſont les naturels élevés à $\frac{m}{n}$, car $x^{\frac{m}{n}}$ élevé à $\frac{n}{m}$, eſt $x^{\frac{mn}{nm}} = x$. Donc il faut prendre les quarrés des nombres naturels élevés à $\frac{m}{n}$, c'eſt-à-dire, élever les naturels à $\frac{2m}{n}$, & leur ſomme repreſentera l'eſpace Spiral. Par exemple, ſi on a $c. x :: r^{\frac{2}{3}} . y^{\frac{2}{3}}$, l'eſpace Spiral ſera comme la ſomme des naturels élevés à $\frac{3 \times 2}{2} = 3$. Or cette ſomme eſt $\frac{\infty^4}{4}$. Donc l'eſpace Circulaire ſera au Spiral :: 4. 1.

1487. Si on a $c^n . x^n :: r^m . y^m$, on a en tirant de ces 4 grandeurs la $\sqrt[n]{}$, $c. x :: r^{\frac{m}{n}} . y^{\frac{m}{n}}$. Ce qui retombe dans l'art. précédent.

1488. Donc le rapport des eſpaces des Spirales de tous

les degrés aux Cercles circonſcrits, dépend des ſommes infinies des nombres naturels élevés à des puiſſances quelconques, ainſi que le rapport des eſpaces Paraboliques aux parallelogrammes circonſcrits. On voit que ces Cercles auſſi-bien que ces parallelogrammes repreſentent les Suites pleines, & que les premiéres & veritables ſources des rapports finis de ces Figures ſont dans l'Infini.

Rapports de differents Conoïdes aux Cilindres circonſcrits, trouvés par l'infini.

1489. On trouvera dans les Solides la même communication de rapports entre l'Infini & le Fini. Il faut les concevoir comme formés de Solides élementaires en nombre infini, dont ils ſeront les ſommes. Les Solides finis ou infinis croiſſants auront des Solides pleins circonſcrits, qui auront la même hauteur, & toûjours la même baſe que la plus grande des Solides croiſſants, les rapports des ſolidités ſeront des rapports de ſommes infinies, & quand on conſiderera des Solides finis, il ne ſera point beſoin de paſſer par les infinis correſpondants, mais on pourra tout d'un coup tranſporter dans le fini les rapports des ſommes infinies.

Soit un Priſme dont la baſe eſt un poligone quelconque fini, & une Pyramide qui aït la même baſe, & la même hauteur ou axe. Le Priſme eſt le Solide plein circonſcrit à la Pyramide, Solide croiſſant. L'axe commun étant diviſé en une infinité de parties égales de l'ordre de $\frac{1}{\infty}$, la ſolidité du Priſme eſt la ſomme d'une infinité de poligones égaux, & ſemblables à celui de la baſe, dont chacun eſt multiplié par $\frac{1}{\infty}$, & la ſolidité de la Pyramide eſt la ſomme d'une même infinité de poligones ſemblables à celui de la baſe, mais dont les rayons, à les compter depuis le ſommet de la Pyramide, croiſſent comme les nombres naturels, & chacun d'eux eſt multiplié par $\frac{1}{\infty}$, ce qui fait que cette multiplication, la même de part & d'autre, n'eſt point à conſiderer. Donc le Priſme eſt à la Pyramide, comme la ſomme des aires de tous les poligones du Priſme eſt à la ſomme des aires de tous les poligones de la Pyramide. Les aires des poligones ſemblables sont comme les quarrés de leurs rayons, donc la somme des aires des poligones de la Pyramide est representée par la somme des quarrés des nombres naturels, qui est $\frac{\infty^3}{3}$. En même temps la somme des aires des poligones du Prisme ne peut être representée que par ∞^3, car chacune de ces aires est representée par ∞^2, & elles sont en nombre $= \infty$. Donc le Prisme est à la Pyramide : : 3. 1.

1490. Le Cilindre aura le même rapport au Cone, puisque la démonstration précédente laisse le poligone de la base indéterminé; ce poligone peut donc devenir infini, ou un Cercle, & alors le Prisme est un Cilindre, & la Pyramide un Cone.

1491. Si on conçoit qu'un espace Parabolique fini du 2^d degré tourne autour de son axe, ce qui produit un Solide ou Conoïde parabolique, tous les plans qui le formeront seront des Cercles croissants depuis le sommet, dont les rayons seront les Ordonnées de la Parabole. Or ces Ordonnées étant les $\sqrt[2]{}$ des nombres naturels, les aires de ces Cercles seront comme les nombres naturels, dont la somme est $\frac{\infty^2}{2}$. Le Cilindre circonscrit au Conoïde sera representé par ∞^2. Donc il sera au Conoïde : : 2. 1.

1492. On trouvera de même que les Ordonnées de la 1re Parabole du 3me degré croissant comme les $\sqrt[3]{}$ des nombres naturels (1456), les aires des Cercles qui feront le Conoïde de cette Parabole, seront comme les nombres naturels élevés à $\frac{2}{3}$. Donc leur somme infinie $= \frac{3\infty^{\frac{5}{3}}}{5}$ representera ce Conoïde, auquel le Cilindre circonscrit sera : : 5. 3. Pour la 2de Parabole du même degré, ses Ordonnées croissant comme les nombres naturels élevés à $\frac{2}{3}$, & par conséquent les aires des Cercles comme ces nombres élevés à $\frac{4}{3}$, la somme de ces aires $= \frac{3\infty^{\frac{7}{3}}}{7}$, representera le Conoïde Parabolique auquel le Cilindre sera : : 7. 3.

Il sera aisé d'en faire, si l'on veut, une formule generale.

1493. Les Conoïdes Paraboliques formés par la révolution des espaces exterieurs autour de l'axe des Paraboles, pris avec les Conoïdes formés par les espaces interieurs, font le Cilindre circonscrit, & par conséquent, si dans la Parabole du 2^d degré le Conoïde interieur est au Cilindre : : 1 . 2, le Conoïde exterieur lui est en même raison, & les deux Conoïdes sont égaux; si dans la 1re Parabole du 3me degré le Conoïde interieur est au Cilindre : : 3 . 5, l'exterieur lui est : : 2 . 5, & ils sont l'un à l'autre : : 3 . 2. &c. Mais pour avoir cela directement, il auroit fallu prendre un autre tour dans la même methode.

Si dans la Parabole du 2^d degré on considere l'espace exterieur qui tourne autour du même axe, autour duquel tournoit l'espace interieur, la Parabole est transposée, & son équation est $x^2 = y$, x étant une tangente au sommet qui devient son axe, divisé en parties égales, & dont les Abscisses croissent comme les nombres naturels. Les Ordonnées ne décrivent plus des aires de Cercles par la révolution, mais des surfaces Cilindriques toûjours croissantes, qui multipliées chacune par une des parties égales de l'axe, font les Solides élementaires, dont le Conoïde est composé. Il est inutile de considerer cette multiplication. Les surfaces Cilindriques sont en raison composée des rayons des Cilindres, & de leurs hauteurs. Ici les rayons sont les Abscisses croissantes comme les nombres naturels, & les hauteurs sont les Ordonnées (y) de la Parabole égales à x^2, ou croissantes comme les quarrés des nombres naturels. Donc la somme infinie des surfaces Cilindriques est representée par celle des nombres naturels élevés au Cube, qui est $\frac{\infty^4}{4}$. D'un autre côté le Cilindre circonscrit est la somme d'une infinité de surfaces Cilindriques, dont les rayons sont croissants comme les nombres naturels, & les hauteurs toutes égales à ∞^2, la plus grande des hauteurs des surfaces du Conoïde croissant. Donc ce Cilindre est representé par une somme $= \frac{\infty^2}{2} \times \infty^2 = \frac{\infty^4}{2}$. Or $\frac{\infty^4}{2} . \frac{\infty^4}{4}$: : 2 . 1.

De même dans la 1re Parabole du 3me degré, on trouvera que les surfaces Cilindriques croissantes du Conoïde exterieur auront pour rayons les nombres naturels, & pour hauteurs ces nombres élevés au cube. Donc leur somme sera representée par $\frac{\infty^5}{5}$, somme des nombres naturels élevés à la puissance 4. Toutes les hauteurs des surfaces du Cilindre circonscrit seront $= \infty^3$, & leurs rayons comme les nombres naturels. Donc ce Cilindre sera representé par $\infty^3 \times \frac{\infty^2}{2} = \frac{\infty^5}{2}$, & $\frac{\infty^5}{2} . \frac{\infty^5}{5} :: 5 . 2$. Il en ira de même de tous les autres.

1494. En general de ce que 1° tout Fini est réellement un Infini, 2° tous les Finis n'ont entr'eux que des rapports finis, 3° les Infinis peuvent avoir des rapports finis, il suit que tous les Infinis qui ont des rapports finis, ont des Finis correspondants qui ont les mêmes rapports, & que quand des rapports sont communs à des Infinis & à des Finis considerés comme l'assemblage de toutes leurs parties, les sources de ces rapports sont dans l'Infini, & non dans le Fini, parce que le Fini est un Infini, & que l'Infini n'est pas un Fini.

1495. On voit assés, par ce qui a été dit, qu'il ne faut pas esperer de trouver des rapports finis entre les Solides Asimptotiques quelconques, & leurs Cilindres circonscrits. Mais on pourra trouver l'ordre des Solides Asimptotiques quelconques, en les considerant comme formés d'une infinité de Cilindres élementaires. *Ordres des Solides Asimptotiques trouvés par des sommes infinies.*

Soit la Courbe Asimptotique $M\mu C$, dont l'espace Asimptotique tourne autour de AM, 1re révolution (1431). Le Solide qui se forme, est composé 1° d'un Conoïde qui a pour base Rm, & pour hauteur RM, 2° d'un Conoïde tronqué, qui a pour base $r\mu$, & pour hauteur rR, & toûjours ainsi de suite de pareils Conoïdes tronqués. Il est clair que le 1er Conoïde & les Conoïdes tronqués suivants seront du même ordre que des Cilindres de même base & de même hauteur, & comme il ne s'agit ici que d'ordre, je les prends tous pour des Cilindres, & le Solide pour la somme de ces FIG. XVIII.

Cilindres posés tous les uns sur les autres parallelement à la base AB, & de sorte que leurs axes soient dans la même ligne MA.

Les rayons de ces Cilindres élementaires seront AP, Ap, &c. c'est-à-dire, les nombres naturels, & leurs hauteurs ou axes seront RM, $rR = sm$, &c. c'est-à-dire, les differences des Ordonnées. Il est vrai que le dernier Cilindre aura pour hauteur la derniére Ordonnée, & non une difference, mais la Suite des Cilindres ne laissera pas d'être très réguliére, car il faut concevoir la Courbe MC terminée à la 1re Ordonnée de son dernier ordre (1384), & comme les differences sont toûjours de l'ordre immédiatement inferieur à celui des Ordonnées (1380), & qu'elles changent d'ordre en même temps que les Ordonnées (1379), la derniére Ordonnée est de l'ordre des differences qui ont été les hauteurs des Cilindres précédents, car quoi-qu'il y ait toûjours deux derniéres Ordonnées égales à cause du parallelisme supposé de la Courbe, on peut ici n'en considerer qu'une.

Dans une Courbe Asimptotique terminée à la 1re Ordonnée de son dernier ordre, il y a toûjours une infinité d'Ordonnées de l'ordre immédiatement superieur (1388 & 1389), donc aussi une infinité de differences de l'ordre de la derniére Ordonnée. D'un autre côté AB est infinie pendant un cours infini de la Courbe. Donc il y a une infinité de Cilindres qui ont pour rayon AB de l'ordre de ∞, ou pour base ∞^2, & pour hauteur une grandeur de l'ordre de la derniére Ordonnée, & c'est de cette hauteur que dépend l'ordre du Solide Asimptotique total.

1496. Si la derniére Ordonnée est $\frac{1}{\infty}$, il y a une infinité de Cilindres élementaires dont la hauteur est de l'ordre de $\frac{1}{\infty}$, & la base de l'ordre de ∞^2, & qui par conséquent sont de l'ordre de ∞. Leur somme seroit $= \infty^2$, si toutes les bases étoient $= \infty^2$, mais parce qu'il n'y a que la derniére qui le soit, & qu'elles sont toutes moindres, & enfin la premiére égale au moindre ∞^2 possible, que d'ailleurs le nombre infini de ces Cilindres n'est pas $= \infty$, leur somme ne peut être qu'entre ∞^2 & ∞. Donc le Solide total Asimptotique est d'un ordre moyen entre ∞^2 & ∞.

1497. Si la derniére Ordonnée est $\frac{1}{\infty^2}$, il y a une infinité de Cilindres, qui sont $\frac{1}{\infty^2} \times \infty^2$, ou Finis, & leur somme ou le Solide total est de l'ordre de ∞.

1498. Si la derniére Ordonnée est $\frac{1}{\infty^3}$, il y a une infinité de Cilindres de l'ordre de $\frac{1}{\infty}$, dont la somme est Finie.

1499. Il est aisé de voir par là ce que seront les Solides de la 1re révolution pour des Courbes, dont les derniéres Ordonnées seront des Infiniment petits radicaux, ou purs, ou compris entre $\frac{1}{\infty}$ & $\frac{1}{\infty^3}$.

1500. Quant aux Solides Asimptotiques de la 2de révolution, leurs Cilindres élementaires auront tous une hauteur $= 1$, & une base qui sera le quarré de chaque Ordonnée. La Courbe étant terminée à la 1re Ordonnée de son dernier ordre, il y aura une infinité d'Ordonnées de l'ordre immédiatement superieur, dont les quarrés détermineront l'ordre du Solide total. Ces quarrés rendront cette consideration un peu plus difficile, mais ce ne sera au fond que ce qu'on a vû dans la Sect. précédente, & il seroit inutile de le répeter ici.

1501. Jusqu'ici en considerant dans les Solides la communication de rapports entre l'Infini & le Fini, nous n'avons conçû les Solides que comme formés par des Solides élémentaires, ou par des Cilindres équivalents tous posés parallelement les uns sur les autres. Mais si l'on veut concevoir les Solides comme formés par des Solides élémentaires concourants en une ligne commune, tel que seroit le Cilindre formé par des Prismes triangulaires infiniment petits concourants à son axe, selon l'idée de l'art. 1369, on retrouveroit la même communication de rapports entre l'Infini & le Fini, par exemple, le même rapport du Cilindre au Cone. Car l'élement du Cone seroit un Prisme triangulaire coupé en deux du haut en bas par un plan diagonal, & ce Prisme seroit la somme d'une infinité de triangles isosceles & semblables, dont les côtés croîtroient comme les nombres naturels, & les aires comme les quarrés de ces nombres. Donc le Prisme élementaire du Cone seroit representé par $\frac{\infty^3}{3}$. En même temps ce Prisme entier est l'élement du Cilindre qui est representé par ∞^3, puisque l'aire de chacun de ses Triangles tous égaux est représentée par ∞^2, & qu'ils sont en nombre $= \infty$. Donc l'élement du Cilindre est à celui du Cone, ou le Cilindre au Cone :: 3. 1, cet exemple suffira.

Qu'il y a une infinité de grandeurs finies absolument inconnuës, & telles que leur rapport aux grandeurs finies connuës ne peut être déterminé ni en nombres, ni en lignes.

1502. Nous conclurrons cette Theorie par une espece de non-communication de rapport entre l'Infini & le Fini, qui pourroit paroître surprenante, si les principes n'en étoient déja répandus dans tout cet ouvrage. Il y a entre des grandeurs Finies des rapports finis, qui parce qu'ils viennent de l'Infini, nous sont absolument inconnus.

On a vû (460, &c. 464) qu'il y a quatre especes de nombres Finis incommensurables.

Les 1ers sont les $\sqrt[n]{}$ de tous les nombres tels qu'ils ne sont point la puissance n.

Les 2ds sont tous les nombres $n^{\frac{\propto}{\infty}}$ tels que dans l'exposant $\frac{\propto}{\infty}$, $\propto$ & ∞ n'ont qu'une difference Finie.

Les 3mes sont les $\infty^{\frac{n}{\infty}}$, n numerateur de l'exposant étant un nombre Fini.

Les 4mes sont les $\infty^{\frac{\propto}{\infty}}$, le numerateur & le dénominateur de l'exposant ayant une difference Infinie.

Les Incommensurables de la 1re espece sont les seuls qui ayent été connus jusqu'à present. Leur nature fait qu'il est impossible de les exprimer en nombres, on ne peut qu'en approcher toûjours de plus en plus, mais il n'y en a aucun qui ne se détermine exactement en lignes, par exemple, $\sqrt[2]{2}$, qui ne se peut déterminer exactement en nombres, est la la diagonale de tout quarré. La raison de cette difference est que les nombres sont des quantités *discretes*, qui laissent toûjours entr'elles des intervalles, & que les lignes sont des quantités *continuës*. Pour avoir $\sqrt[2]{2}$ en nombres, il faudroit remplir actuellement par une infinité de nombres l'intervalle qui est entre 1 & 2, ce qui est impossible, mais pour avoir $\sqrt[2]{2}$ en ligne, il ne faut que tracer la diagonale d'un quarré, parce qu'on sçait que le quarré de cette diagonale sera double du quarré dont elle est diagonale.

Ce rapport ou d'autres pareils des Incommensurables de la 1re espece a des nombres exacts & commensurables, font que quoi-qu'on ne les puisse exprimer en nombres, on les exprime toûjours en lignes, mais cette raison cesse entiérement à l'égard des Incommensurables des trois autres especes; ils n'ont à des nombres commensurables aucun rapport qu'on puisse connoître, & qui puisse servir à les déterminer en lignes.

Cela prouve seulement que ces Incommensurables ne pourront être déterminés en lignes, & non pas qu'il n'y aura pas de lignes qui expriment ces Incommensurables. Il y en aura certainement, mais telles que leur rapport à toute grandeur commensurable sera éternellement inconnu.

1503. Il est bien sûr qu'il y a quelque ligne droite égale à la circonference du Cercle, & qui par conséquent a un rapport fini au diametre. Si cette droite tant cherchée est ou commensurable, ou un Incommensurable de la 1re espece, il sera possible de la trouver, & de la déterminer, quelque compliquée que puisse être la construction dont elle dépendra, mais si elle est un Incommensurable de quelqu'une des trois autres especes, on ne la déterminera jamais. Et si on peut démontrer qu'elle n'est ni commensurable, ni incommensurable de la 1re espece, il est démontré que la Quadrature du Cercle est impossible, & par conséquent le Problême est résolu.

1504. Comme on n'a connu jusqu'ici que des commensurables, ou la 1re espece d'Incommensurables, on a crû la Quadrature du Cercle possible en elle-même, & tant d'efforts employés inutilement pour la trouver n'ont été une preuve que de la difficulté du Problême, ou du défaut de l'art. Mais les trois nouvelles especes d'Incommensurables font voir que cette Quadrature pourroit être impossible en elle-même, du moins pour l'Esprit humain.

1505. Il y a même toute apparence qu'elle est impossible par cet endroit. $\infty^{\frac{1}{\infty}}$ est un Incommensurable de la 3me espece, plus grand que 1, dont la difference à 1 est finie, mais finie indéterminable en petitesse, ou telle que son quarré est infiniment petit (357). Je suppose que le diametre du Cercle étant 1, sa circonference soit $3\infty^{\frac{1}{\infty}}$, je dis qu'on trouvera tout ce qu'on trouve presentement dans ce Problême. La circonference sera un peu plus que triple du diametre, mais on ne pourra déterminer la fraction qu'il faudroit ajoûter à 3 pour avoir la circonference. Car quelque fraction qu'on trouve, elle sera déterminable, puisqu'elle sera déterminée, or il en faudroit une indéterminable, car $\infty^{\frac{1}{\infty}} = 1 + \frac{1}{x}$, x étant un fini indéterminable en grandeur, & $3\infty^{\frac{1}{\infty}} = 3 + \frac{3}{x}$.

1506. Il sera même impossible en ce cas là de démontrer directement l'impossiblité de la Quadrature, c'est-à-dire, de démontrer que le diametre est à la circonference : : $1 . 3\infty^{\frac{1}{\infty}}$, d'où s'ensuivroit l'impossibilité de trouver une ligne $= 3\infty^{\frac{1}{\infty}}$; car il pourra seulement n'être pas impossible de démontrer, que la circonference ne soit ni commensurable au diametre, ni incommensurable de la 1re espece, mais parmi les trois autres especes d'Incommensurables, dont elle sera necessairement une des grandeurs, il sera impossible de déterminer ni de quelle espece elle sera, ni quelle elle sera, puisque ces trois especes sont absolument inconnuës.

1507. Il est bon de sçavoir que ces trois especes existent, & que comme elles contiennent une infinité d'infinités de grandeurs finies, dont les rapports à toutes les grandeurs commensurables ou incommensurables de la 1re espece, ne peuvent absolument être connus, on doit trouver en Geometrie des lignes qui ayent à d'autres ces rapports indéterminables, que même on en doit trouver souvent, qu'il ne seroit point du tout étonnant que le rapport de la circonference du Cercle au diametre fût de ce nombre, qu'il y a même toute apparence qu'il en est, & que toutes les autres rectifications ou quadratures qu'on ne trouve point pourroient bien avoir une impossiblité prise dans la même cause.

SECTION VIII.

Sur les forces des Corps en general.

Ce que c'est que la force des Corps.

1508. UN Corps n'a de force que par le mouvement, ou, ce qui est le même, il n'a de force qu'autant qu'il est en mouvement, de sorte que quand il a plus de mouvement, il a plus de force, & au contraire.

1509. La quantité de mouvement d'un corps, qu'on appelle aussi sa force, est le produit de sa masse par sa vîtesse. Car il est d'autant plus capable d'un grand effet, ou a d'autant plus de force qu'il est plus grand, & se meut plus vîte, ou au contraire.

1510. Comme deux produits formés de differentes grandeurs peuvent être égaux, deux Corps inégaux en masse & en vîtesse peuvent avoir des quantités de mouvement ou des forces égales. Ainsi si le Corps $A > a$ a pour vîtesse $u < V$, & que $A . a :: V . u$, Au est $= aV$.

1511. Si de plus ces deux Corps sont disposés de maniére que l'un ne puisse exercer sa force sans surmonter celle de l'autre, ils demeureront tous deux immobiles, quoi-qu'avec une tendance au mouvement, parce qu'une force égale n'en peut surmonter une égale. C'est là le principe general de tout Equilibre, qui est par conséquent un Repos produit par deux forces égales qui tendent à des effets opposés.

1512. Une vîtesse infiniment petite peut être prise pour le Repos. On la peut exprimer par $\frac{u}{\infty}$, u étant une vîtesse finie quelconque.

1513. $a \times \frac{u}{\infty}$ est donc une force infiniment petite ou nulle par rapport à toute force $a \times u$.

1514. De-là vient qu'on dit que la force de la Percussion est infinie par rapport à celle de la simple Pesanteur.

Car lorsqu'un corps, quelque pesant qu'il soit, est en repos, sa force est $\frac{au}{\infty}$, & si le moindre corps donne un choc, ou fait une percussion, il a une vîtesse finie, quelque petite qu'elle soit, & sa force est au.

1515. La vîtesse est le rapport de l'Espace parcouru au Temps pendant lequel il a été parcouru, de sorte que plus l'espace est grand, & le temps petit ou court, plus la vîtesse est grande, ou au contraire. Donc e étant l'espace, & t le temps, $u = \frac{e}{t}$. *Vitesse.*

1516. Donc dans un temps fini la vîtesse ne peut être infinie, si l'espace n'est infini, ni infiniment petite, si l'espace n'est infiniment petit ou de. *Vitesses finies, ou infinies, ou infiniment petites dans des temps, soit finis, soit infiniment petits.*

1517. De même dans un temps infiniment petit dt, la vîtesse ne peut être infinie, si l'espace n'est fini, ni infiniment petite, si l'espace n'est infiniment petit du 2d ordre ou dde.

1518. Puisque dans le cas de l'Equilibre une force demeure sans action (1511), on voit en general qu'il doit y avoir d'autres cas où une force perdra une partie de son action, c'est-à-dire, qu'elle sera dans des circonstances où elle fera moins que ce qu'elle eût pû par elle-même. Pour ce qui est de faire plus, il est clair que nulles circonstances ne lui en sçauroient donner le pouvoir, & qu'il y auroit contradiction. Seulement plusieurs forces peuvent se joindre ensemble, & faire plus qu'une seule. Ainsi si une force, c'est-à-dire, un corps mû avec une certaine vîtesse, frappe un autre corps perpendiculairement, il y fait toute l'impression qu'il y peut jamais faire, étant mû de cette vîtesse, mais il en fait une moindre, s'il frappe obliquement avec la même vîtesse. Il en va de même de toutes les impulsions ou tractions, où il faut toûjours considerer selon quel angle ou quelle direction la force s'applique au corps qui doit être mû. *Directions des Forces.*

1519. Quand la force agit pleinement, son effet la represente, c'est-à-dire, peut être pris pour sa mesure, puisque c'est tout ce qu'elle peut, & quand deux forces differentes agissent ainsi, leurs effets les representent, ou les mesurent, ou leur sont proportionnels.

1520. Mais quand deux forces ou causes ont leurs actions diminuées par les circonstances, les effets ne sont proportionnels qu'aux forces ou causes modifiées comme elles doivent l'être. Ainsi si de deux forces differentes l'une donne un choc perpendiculaire, & l'autre un oblique, les deux effets ou impressions sont comme la masse de la 1re, multipliée par sa vîtesse, & par le Sinus de l'angle droit, & la masse de la 2de multipliée par sa vîtesse, & par le Sinus de l'angle aigu qu'on aura supposé. Et si les deux forces, c'est-à-dire, les deux masses & les deux vîtesses sont égales, & les chocs differents, les effets seront comme les deux Sinus correspondants.

Force simplement motrice, & Force acceleratrice.

1521. Outre la maniére de l'application de la force au corps mû, en quoi consiste la *direction* de la force, il y a encore la durée de l'application. Ou la force ne s'applique au corps qui doit être mû, qu'autant de temps précisément qu'il en faut pour le choc, après quoi le corps se sépare de la force motrice, ou cette force s'applique continuellement au corps, le poursuit dans son mouvement, & renouvelle toûjours son impression sur lui. Dans le 1er cas, le mouvement du corps est *uniforme*, c'est-à-dire, qu'il a toûjours, & à l'infini, une vîtesse égale, supposé qu'il ne rencontre point d'obstacles qui la diminuent. Dans le 2^d^, le mouvement est *acceleré*, parce que la force qui meut augmente dans le second instant l'effet du premier, & toûjours ainsi de suite, tant qu'elle est appliquée. C'est de cette 2de maniére que l'on conçoit qu'agit la force de la Pesanteur, quelle qu'elle soit, toûjours appliquée aux corps qu'elle meut vers le centre de la Terre. Au mouvement acceleré s'oppose le *retardé*, tel que celui d'une Pierre que j'aurois jettée en l'air de bas en haut.

1522. J'appelle force *simplement motrice*, celle qui n'est appliquée qu'autant qu'il faut pour le choc, & force *acceleratrice* celle qui l'est toûjours, car il suffit de considerer le mouvement acceleré, puisque le retardé n'est que le même renversé. Je cherche la mesure de l'une & de l'autre de ces forces, qui doit être l'effet de chacune, en ſuppoſant que chacune agiſſe pleinement.

Il eſt clair d'abord que l'effet de la force ſimplement motrice, eſt un certain eſpace parcouru en un certain temps par le corps qu'elle a mû, & qu'elle eſt d'autant plus grande que cet eſpace eſt plus grand, & ce temps plus court, ou au contraire. Donc ſa meſure ou ſon expreſſion eſt $\frac{e}{t}$.

Force acceleratrice conſtante. Propriétés du mouvement qu'elle produit.

1523. Une force ſimplément motrice n'eſt ni variable, puiſqu'elle n'agit qu'un inſtant, ou pendant le moindre temps poſſible, ni, à proprement parler, conſtante, & cela par la même raiſon, car il faudroit qu'elle agît également pendant tous les inſtants de ſon action, or elle n'en a qu'un. Mais la force acceleratrice qui agit pendant pluſieurs inſtants peut être ou conſtante, ou variable, conſtante, ſi ſon action eſt égale pendant des inſtants égaux, variable, ſi c'eſt le contraire.

1524. Je la ſuppoſe conſtante, comme on conçoit d'ordinaire qu'eſt la Peſanteur. En ce cas, ſi pendant le 1er inſtant elle a imprimé au corps un certain degré de vîteſſe, elle lui en imprime un égal dans un 2[d] inſtant égal, & toûjours ainſi de ſuite. Donc la ſomme des vîteſſes, ou la vîteſſe totale acquiſe par le corps au bout d'un certain temps déterminé, ſera toûjours comme la ſomme des inſtants qui compoſeront ce temps déterminé, ou comme ce temps, & les differentes vîteſſes totales acquiſes au bout de differents temps ſeront comme ces temps.

1525. Ce qui meſurera la force acceleratrice, ou exprimera combien elle eſt plus grande ou plus petite, doit être auſſi bien que pour la force ſimplement motrice, un rapport de l'eſpace au temps, puiſque toutes deux font parcourir un eſpace dans un temps, & que toutes deux ſont d'autant plus grandes qu'elles font parcourir un plus grand eſpace dans un temps plus court, ou au contraire. Mais puiſqu'elle ſont differentes, il doit y avoir une difference, & une difference tirée de leur nature. La force acceleratrice étant toûjours appliquée au corps, & l'effet de cette application continuelle étant un certain espace parcouru, plus la force acceleratrice sera grande, plus l'espace parcouru sera grand, & le temps court pendant lequel l'espace sera parcouru, & pendant lequel la force aura eû besoin d'être appliquée au corps pour le lui faire parcourir. Donc cette force comme motrice enferme l'idée du temps pendant lequel un espace a été parcouru, & comme acceleratrice l'idée de ce même temps pendant lequel elle a été appliquée, & il est clair que l'idée du temps n'entre pas de cette 2de maniére dans la force simplement motrice. Donc la mesure de la force simplement motrice étant l'espace divisé par le temps, ou $\frac{e}{t}$, celle de la force acceleratrice sera l'espace divisé par le quarré du temps, ou $\frac{e}{tt}$.

1526. Puisque la force acceleratrice est supposée constante, $\frac{e}{tt}$ est donc un rapport constant. Donc E étant plus grand que e, & T plus grand que t, on a toûjours $\frac{E}{TT} = \frac{e}{tt}$, ou $E . e :: TT . tt$, c'est-à-dire, que les espaces parcourus en differents temps sont comme les quarrés des temps.

1527. Donc si l'on conçoit le temps total divisé en parties égales, par exemple, en Minutes, & que l'espace parcouru pendant la 1re Minute soit 1, celui qui sera parcouru pendant 2 Minutes sera 4, pendant 3 Minutes 9, &c. Et si on prend separément l'espace parcouru pendant chaque Minute, celui de la 1re est 1, de la 2de 3, de la 3me 5, &c. & ainsi de suite selon les nombres impairs.

1528. Les vîtesses acquises pendant le cours de chaque temps égal sont égales, la force acceleratrice étant constante (1370), donc si la vîtesse acquise pendant la 1re Minute a fait parcourir 1, la vîtesse acquise pendant la 2de aura aussi fait parcourir 1. Mais l'espace parcouru pendant cette 2de Minute est 3 (1527), donc si cet espace 3 est conçû divisé en 1 & 2, 1 étant necessairement parcouru en vertu de la vîtesse acquise pendant la 2de Minute, il faut que 2 ait été parcouru en vertu de la vîtesse qui étoit toute acquise à la fin

fin de la 1re Minute. Donc si à la fin de la 1re Minute la force acceleratrice avoit cessé d'être appliquée au corps, il n'auroit parcouru que 2, espace double de celui qu'il avoit parcouru pendant la 1re par un mouvement acceleré. Or si à la fin de la 1re Minute il eût été abandonné par la force acceleratrice, son mouvement seroit devenu uniforme, puisqu'un mouvement n'est acceleré ou uniforme, que parce que la force est ou n'est pas toûjours appliquée au corps. Donc dans la 2de Minute il auroit parcouru par un mouvement uniforme un espace double de celui qu'il avoit parcouru dans la 1re par un mouvement acceleré.

1529. Et comme un espace quelconque peut être pris pour 1, il suit en général que si au bout d'un espace quelconque un corps est abandonné par la force acceleratrice, ou, ce qui est la même chose, si avec la vîtesse qu'il a acquise lorsqu'il est parvenu au bout de cet espace, il vient à se mouvoir d'un mouvement uniforme, il parcourra dans un même temps un espace double de celui qu'il avoit parcouru par un mouvement acceleré.

1530. Par là on change aisément tout mouvement acceleré en uniforme, car au lieu de l'espace e parcouru en un certain temps par le mouvement acceleré, il n'y a qu'à prendre $2e$ qui seroit parcouru dans le même temps d'une vîtesse uniforme égale à celle que le corps avoit acquise au dernier instant de son mouvement.

1531. Toute vîtesse uniforme est d'un certain degré déterminé, & par conséquent elle est telle qu'elle pourroit avoir été originairement la vîtesse accelerée d'un corps tombant, qui étant parvenuë à ce degré, seroit devenuë uniforme selon l'idée presente. Or en ce cas l'espace e étant celui que le corps auroit parcouru, ou h la hauteur d'où il seroit tombé, $2e$ ou $2h$ seroit l'espace que la vîtesse devenuë uniforme lui feroit parcourir dans un temps égal à celui de sa chute. Donc si on prend h pour la hauteur, d'où un corps aura dû tomber pour acquerir un certain degré de vîtesse, $2h$ sera l'espace que fera parcourir à un corps dans le même temps une vîtesse uniforme de ce même degré.

1532. Donc que dans un certain temps le corps ait parcouru l'espace *e* ou *h* par un mouvement acceleré, ou 2*e* ou 2*h* par un mouvement uniforme, dont la vîtesse soit égale à celle qu'il aura acquise au dernier instant du mouvement acceleré, c'est la même chose.

1533. Puisque *E* ou *H*. *e* ou *h* :: *TT*. *tt* (1526), on a *T*. *t* :: $\sqrt{H}$. $\sqrt{h}$. Et puisque les vîtesses acquises au bout de differents temps, sont comme ces temps (1524), ces vîtesses sont donc comme les racines des hauteurs correspondantes.

1534. Donc les hauteurs sont comme les quarrés des vîtesses correspondantes, ou les représentent.

1535. Et puisque ce qu'est *h* dans la vîtesse accelerée, 2*h* l'est dans la vîtesse uniforme égale à la derniére vîtesse acquise par une chute faite de la hauteur *h* (1532), 2*h* représentera le quarré de cette vîtesse uniforme, comme *h* représente celui de la vîtesse accelerée (1534).

Voilà tout le Sistéme de Galilée sur la Pesanteur démontré *à priori*, par les seules définitions necessaires de force simplement motrice & acceleratrice, & indépendamment de toute experience.

Il est vrai que nous avons supposé avec Galilée, & avec presque tous les Philosophes la pesanteur ou son action constante, & que cette supposition peut avoir quelque difficulté. Car quoi-qu'une force soit toûjours appliquée à un corps, il paroît que dans le 1er instant où elle le trouve en repos, & lui donne un coup, elle lui doit imprimer une plus grande vîtesse que dans le 2[d] instant où elle le trouve fuyant devant elle, & se dérobant à son action. Mais ce n'est pas ici le lieu d'examiner cette difficulté, il suffit que le Sistéme de Galilée soit généralement reçû, & nous l'allons porter dans l'Infini, où il peut être utile de le considerer.

Force acceleratrice, & Force simplement motrice, considerées dans l'Infini.

1536. Il ne s'agit que de forces Finies, soit simplement motrices, soit acceleratrices. Elles sont toûjours Finies dans quelque temps qu'elles agissent, soit infiniment petit, soit fini, soit infini, car certainement le temps de la durée de leur action ne change rien à leur nature de force, il ne peut que modifier leur action. Donc $\frac{e}{t}$ étant l'expression d'une force simplement motrice, & $\frac{e}{tt}$ celle d'une force acceleratrice, finies l'une & l'autre, ces deux expressions doivent toûjours être celles de deux forces Finies, quelque difference ou quelque modification que puisse y apporter la supposition des temps.

1537. Je commence par la force acceleratrice, quoi-que moins simple que l'autre, agissante dans un temps infiniment petit ou instant, qui sera dt, infiniment petit de t, temps Fini. Cette force est non-seulement toûjours Finie, mais elle est toûjours acceleratrice, même dans l'instant dt; car le temps n'étant pas moins divisible que l'espace, l'instant dt peut être conçû comme formé d'une infinité de ddt, temps infiniment petits du 2[d] ordre, pendant lesquels la force acceleratrice a été toûjours appliquée au corps sur lequel elle agissoit. Or dans $\frac{e}{tt}$, expression de la force acceleratrice, e est un espace fini total, qu'elle a fait parcourir pendant tout le temps fini t, dont il faut prendre le quarré, parce que la force est acceleratrice. Donc le temps total étant ici dt, il en faut prendre aussi le quarré dt^2, qui sera necessairement le dénominateur de la fraction qui exprimera la force. Et comme cette force est toûjours finie, le numerateur de la fraction ou l'espace total parcouru ne peut être que dde, espace infiniment petit du 2[d] ordre. Donc l'expression de la force accelatrice agissante dans un instant dt, est $\frac{dde}{dt^2}$.

1538. Donc un corps qui tombe par sa seule pesanteur, ne parcourt dans le 1er instant dt de sa chute, qu'un espace infiniment petit du 2[d] ordre.

1539. Tous les instants étant supposés égaux, le corps dans le 2[d] instant parcourt $3dde$, dans le 3me $5dde$, &c. ou, ce qui revient au même, l'espace total parcouru au bout du

2[d] instant est $4dde$, au bout du 3me $9dde$, &c. jusqu'à ce qu'enfin le coëfficient de dde étant le moindre infini possible de la Suite des quarrés, il change le dde en de, c'est-à-dire, que l'espace total parcouru sera infiniment petit du 1er ordre. La $\sqrt[2]{}$ de ce coëfficient infini de dde, sera le nombre des instants dt, pendant lesquels de a été parcouru, or ce coëfficient infini étant le moindre infini possible de la Suite des quarrés, sa $\sqrt[2]{}$ est finie. Donc de espace infiniment petit du 1er ordre a été parcouru pendant un nombre Fini, mais indéterminable en grandeur, d'instants dt, ou absolument dans un temps infiniment petit du 1er ordre.

1540. Le nombre fini indéterminable en grandeur des instants dt, pendant lesquels de a été parcouru, étant x, & $x^2 = \infty$, on aura donc l'espace $x^2 dde = \infty dde = de$ parcouru dans le temps xdt, & pour l'expression de la force, $\frac{x^2 dde}{x^2 dt^2} = \frac{\infty dde}{\infty dt^2} = \frac{de}{\infty dt^2} = \frac{de}{dt}$, grandeur Finie.

1541. Quand le nombre des dt est devenu $= \infty$, on a l'espace $\infty^2 dde$ parcouru pendant le temps ∞dt, or $\infty^2 dde = e$, & $\infty dt = t$. Donc un espace total Fini a été parcouru dans un temps Fini, & l'expression de la force est $\frac{e}{tt}$, déja trouvée.

1542. Dans le 1er instant de la chute du corps la vîtesse n'a été qu'infiniment petite du 1er ordre, puisqu'un espace dde a été parcouru dans un temps dt. Ensuite $3dde$ étant parcouru dans un 2[d] dt égal, $5dde$, dans un 3me dt, &c. la vîtesse est toûjours infiniment petite, jusqu'à ce que le coëfficient de dde soit ∞, car alors $\infty dde = de$ étant parcouru dans un dt, la vîtesse est Finie. Or le coëfficient qui exprime le nombre des dde parcourus dans un dt, étant toûjours un terme de la Suite des Impairs, il ne peut devenir Infini, que quand cette Suite a eû un nombre infini de termes, ce qu'il est aisé de voir, ou après qu'il y a eû un nombre Infini égal de dt, c'est-à-dire, après un temps Fini. Donc ce n'est qu'après un temps Fini qu'un espace *de* infiniment petit du 1er ordre vient à être parcouru dans un instant *dt* du même ordre.

1543. Donc il faut à la force acceleratrice un temps Fini pour imprimer au corps une vîtesse finie, ou, ce qui est le, même, elle a besoin d'être appliquée pendant un temps Fini.

1544. Quand l'espace parcouru dans un dt est ∞dde, l'espace total parcouru est le produit de dde par la somme de la progression arithmetique des Impairs, depuis 1 jusqu'à ∞, son premier terme infini. Or le nombre des termes qu'elle a dans cette étenduë est la moitié moindre que celui des termes de la Suite naturelle, qui commenceroit par 1, & se termineroit par le même ∞. Le nombre des termes de la Suite naturelle seroit ∞, donc celui de la Suite des Impairs est $\frac{\infty}{2}$. Sa difference est 2. Donc la somme cherchée est $2 \times \frac{\infty}{2} \times \frac{\infty}{2} = \frac{\infty^2}{2}$, & l'espace total parcouru $\frac{\infty^2 dde}{2}$, grandeur finie.

1545. Donc quand la force acceleratrice imprime une vîtesse finie, il s'est passé un temps fini, quelque petit qu'il soit, & un espace fini a été parcouru.

1546. Puisque les vîtesses d'instants égaux passent de l'Infiniment petit au Fini, elles sont croissantes, ainsi qu'il est indispensable dans un mouvement acceleré.

1547. Si la force acceleratrice est supposée constante, elle a la même action & le même effet dans tous les instants égaux, & par conséquent ce qu'elle a produit dans le premier, elle le produit dans tous. Dans le premier elle a imprimé au corps une vîtesse infiniment petite du 1er ordre, donc dans tous les instants suivants elle lui en imprime une égale. Ainsi les vîtesses de chaque instant sont inégales & croissantes (1546), & les augmentations de vîtesse toûjours égales.

1548. Comme dans chaque instant une vîtesse infiniment petite égale s'ajoûte toûjours à la somme des vîtesses déja acquises, l'augmentation est du même ordre que la somme, tant que la somme n'est qu'un infiniment petit. Or cette somme est un infiniment petit, tant que le temps total de la chute du corps ou l'espace total parcouru n'est pas encore fini (1543), mais depuis l'instant inclusivement où cela arrive, la vîtesse de chaque instant suivant étant finie, l'augmentation de vîtesse n'est plus à compter par rapport à elle, & l'on peut prendre la vîtesse de chaque instant pour uniforme, & l'exprimer comme telle par le rapport de l'espace *de* de cet instant à *dt*. Ainsi ce n'est qu'en supposant un temps fini déja écoulé, & un espace fini parcouru qu'on peut prendre la vîtesse de chaque instant pour uniforme.

1549. Si la force acceleratrice agit pendant un temps $=\infty$, le dénominateur de son expression est ∞^2, & pour avoir une force toûjours Finie, il faut que le numerateur, c'est-à-dire, l'espace total parcouru soit aussi ∞^2. Donc pendant un temps infini un espace total infini du 2d ordre est parcouru.

1550. Mais quand un espace total infini du 1er ordre est-il donc parcouru? Car il est impossible que la force vienne à faire parcourir un ∞^2 dans un temps $=\infty$, sans avoir passé par faire parcourir un ∞ dans un temps, soit fini, soit infini, or dans un temps fini il ne paroît pas que cela se puisse. La solution de cette difficulté est ce que nous avons vû tant de fois. L'espace étant ∞, l'expression de la force sera $\frac{\infty}{tt}$, quelque temps que soit t, & il faut que cette expression soit finie. Donc $tt=\infty$, donc t est un temps fini indéterminable en grandeur, tel que son quarré est infini. Donc tant que le temps est fini déterminable, l'espace total parcouru est fini, si le temps devient fini indéterminable en grandeur, l'espace est infini du 1er ordre, si le temps est infini du 1er ordre, l'espace est du 2d.

1551. Donc l'espace total parcouru commence par être de l'ordre immédiatement inferieur au temps total, ensuite il est du même ordre, après cela de l'ordre immédiatement superieur, ensuite d'ordres toûjours plus superieurs.

1552. Quand le temps total est devenu infini du 1er

ordre, la vîtesse de chaque instant est infinie du même ordre, car elle est la somme d'autant de vîtesses infiniment petites égales qu'il y a eu d'instants dt, or dans un temps infini du 1er ordre, il y a un nombre de $dt = \infty^2$, & un nombre d'infiniment petits, qui est ∞^2, fait une somme de l'ordre de ∞.

1553. Puisqu'alors la vîtesse de chaque instant est de l'ordre de ∞, l'augmentation de vîtesse toûjours égale & infiniment petite, l'empêche encore infiniment moins d'être uniforme, que quand cette vîtesse étoit finie.

1554. Considerons maintenant la force simplement motrice. Tout le monde dit que c'est celle qui ne fait que frapper le corps dans un temps indivisible, & l'on en prétend faire une force toute differente de l'acceleratrice. Mais il me semble qu'il y a beaucoup à démêler dans cette idée.

La force simplement motrice & l'acceleratrice ont necessairement quelque chose de commun, & l'acceleratrice qui s'applique toûjours au corps ne sera que motrice, si ayant frappé le corps, & s'y étant appliquée pendant le temps, quel qu'il soit, necessaire à la motrice, elle cesse de s'y appliquer. Or je demande quel est ce temps necessaire à la motrice.

Un temps indivisible n'existe point, non plus qu'un espace indivisible. Ce temps est donc infiniment petit, un dt. La force simplement motrice est donc dans le même cas que l'acceleratrice agissant dans un dt, & cessant ensuite de s'appliquer au corps. Or l'acceleratrice agissant dans un temps infiniment petit, ne peut imprimer au corps qu'une vîtesse infiniment petite du 1er ordre (1542), & si après cela la force cessoit de s'appliquer au corps, il n'auroit que cette vîtesse avec laquelle il ne pourroit parcourir qu'un espace infiniment petit dans un temps fini, son mouvement étant devenu uniforme, c'est-à-dire, qu'il demeureroit phisiquement & sensiblement en repos. Il n'y auroit donc nulle force simplement motrice, qui pût mouvoir ou déplacer un corps, ce qui est bien éloigné des phenomenes.

Comme toutes les forces simplement motrices impriment

des vîtesses finies, on ne peut donc concevoir autre chose, sinon que ce sont des forces qui pendant un temps fini, si court que l'on voudra, ont été acceleratrices, ou appliquées au corps, après quoi elles ont cessé de l'être. Il est aisé de voir que de-là les phenomenes s'ensuivent.

Que toute force simplement motrice, est acceleratrice pendant un temps fini.

1555. Donc tout corps qui imprime à un autre une vîtesse finie, ne la lui imprime qu'en un temps fini, par degrés, & selon les regles du mouvement acceleré.

1556. Si deux corps, dont l'un a choqué l'autre en repos, vont tous deux ensemble après le choc, le choquant a employé un temps fini à communiquer à l'autre ce qu'il devoit lui donner de sa vîtesse, & a été pendant ce temps force acceleratrice qui lui étoit toûjours appliquée, après quoi lorsqu'ils vont ensemble d'une même vîtesse, il est vrai que le choquant est encore appliqué à l'autre, mais non en qualité de force acceleratrice comme il étoit auparavant; il ne le meut plus du tout, & n'est qu'une partie d'une masse totale qui se meut.

1557. Ce même raisonnement subsiste, soit que les deux corps soient parfaitement durs, ou qu'ils ne le soient pas. S'ils ne le sont pas, le corps choquant applatit le choqué aux endroits voisins du choc, & en est réciproquement applati, & ce n'est que pendant cet applatissement mutuel, qui augmente par degrés, que le corps choquant est force acceleratrice. Après cela les deux corps applatis vont ensemble, s'il n'y a rien de plus. On voit bien que nous voilà arrivés au Ressort, mais il n'en est pas question ici.

On pourra voir combien tout ceci s'accorde avec ce qui a été dit dans l'Hist. de l'Acad. en 1722 *(p. 109 & suiv.)* d'après M. de Mairan, qui a expliqué la Reflexion des Corps d'une maniére nouvelle, & beaucoup plus précise que l'on n'avoit encore fait. Si quelque impression finie de mouvement se pouvoit faire dans un instant indivisible, il semble que la Reflexion en devroit être un exemple.

1558. La force, d'abord acceleratrice, ayant cessé d'agir sur le corps, son mouvement devient uniforme, & la vîtesse

en

en eſt la derniére vîteſſe acquiſe par l'acceleration, de ſorte que dans un temps fini égal à celui pendant lequel l'acceleration a duré, il parcourra un eſpace double de celui qu'il avoit parcouru, & toûjours ainſi.

1559. Si ce mouvement devenu uniforme, eſt comparé à lui-même, qui eût continué d'être acceleré, il ſuit de l'art. 1551, que plus le temps de l'un & de l'autre ſera long, plus l'eſpace parcouru par le mouvement acceleré ſera grand par rapport à l'eſpace parcouru par le mouvement uniforme.

1560. Dès que la force acceleratrice eſt parvenuë à imprimer au corps une vîteſſe finie, & quand la force, que nous appellions ſimplement motrice, a ceſſé d'être acceleratrice, l'expreſſion de la vîteſſe de chaque inſtant, ſoit du mouvement acceleré, ſoit de l'uniforme, eſt $\frac{de}{dt}$, le temps pendant lequel ſe font les deux mouvements étant ſuppoſé fini. Dans l'uniforme le rapport de de à dt eſt conſtant, dans l'acceleré il eſt variable, & toûjours croiſſant.

1561. Dans l'acceleré l'augmentation de vîteſſe à chaque inſtant eſt $\frac{dde}{dt}$, & $\frac{de}{dt} + \frac{dde}{dt} = \frac{de}{dt}$ rend la vîteſſe inſtantanée uniforme, & la vîteſſe totale au bout de chaque temps fini eſt formée d'une infinité de vîteſſes inſtantanées uniformes pendant chaque inſtant, & croiſſantes d'un inſtant à l'autre.

1562. Si la force acceleratrice n'étoit point conſtante, l'augmentation de vîteſſe de chaque inſtant, ou $\frac{dde}{dt}$, ne ſeroit plus une grandeur conſtante, mais elle n'en diſparoîtroit pas moins dans la ſomme $\frac{de}{dt} + \frac{dde}{dt}$, & par conſéquent la vîteſſe accelerée ſe réduiroit toûjours à des vîteſſes inſtantanées uniformes. Ce ſeroit la même choſe, ſi la force acceleratrice étant conſtante par elle même, ſon action étoit inégale par les circonſtances, comme le ſeroit l'action de la Peſanteur conſtante ſur un corps qu'elle feroit tomber le long de la concavité d'une Courbe differemment inclinée à l'hor'son en tous ses points, ou côtés.

1563. Si la force acceleratrice n'est pas constante en elle même, ou si, étant constante, elle a une action inégale à cause des circonstances, ou si une force constante est differente d'une autre constante aussi, il est clair que la vitesse instantanée $\frac{de}{dt}$, qui pareillement est toûjours necessairement variable d'instant en instant, le sera differemment dans tous ces differents cas, mais toûjours uniforme dans chaque instant. De-là il suit que la variation quelconque des $\frac{de}{dt}$, sera toûjours celle des Infiniment petits de quelque Courbe, qui pareillement ne sont constants ou n'ont un rapport constant que pendant un pas infiniment petit de la Courbe. Et cette réduction des mouvements accelerés à des Courbes, qui les expriment ou les représentent, est l'avantage qu'on tire de l'uniformité instantanée des élements de ces mouvements, ce qui n'auroit pas été possible si dans chaque instant infiniment petit l'augmentation de vitesse avoit dû être comptée.

Par exemple, si on suppose la Pesanteur constante, on voit que dans cette hipothese, les espaces étant comme les quarrés des temps (1526), & dans la Parabole $x=yy$, les Abscisses x de la Parabole représenteront ou seront les hauteurs d'où un corps pesant sera tombé, & que les Ordonnées y représenteront les temps, ou, ce qui est le même, qu'une Ordonnée quelconque représentant la durée de la chûte d'un corps, l'Abscisse correspondante représentera l'espace qu'il aura parcouru, ou la hauteur d'où il sera tombé. Et comme dans cette hipothese les vitesses acquises au bout des differents temps, ou, ce qui est la même chose, les vitesses uniformes $\frac{de}{dt}$ de chaque instant infiniment petit, sont comme les temps (1524), ces vitesses seront comme les y de la Parabole ou les $\sqrt[2]{x}$, puisque $y=\sqrt[2]{x}$. Donc $\frac{de}{dt}=\frac{\sqrt[2]{x}}{1}$. Or dans la Parabole $dx . dy :: 2y . 1 :: 2\sqrt[2]{x} . 1$. Donc $\frac{de}{dt} = \frac{2\sqrt[2]{x}}{1} = \frac{dx}{dy}$ de la Parabole, car ici, où il ne s'agit que de rapports, $\sqrt[2]{x}$ & $2\sqrt[2]{x}$, c'est la même chose.

Réciproquement, s'il étoit donné que $\frac{de}{dt} = \frac{dx}{dy} = \frac{\sqrt[2]{x}}{1}$ d'une Courbe, & qu'il fallût trouver quelle hipothese a été faite sur la Pesanteur, on verroit aussi-tôt que cette Courbe cherchée est la Parabole où $dx . dy :: 2\sqrt[2]{x} . 1$. Donc les Abscisses étant prises pour les espaces parcourus, les vitesses sont comme les racines de ces espaces, ce qui emporte que la Pesanteur soit constante.

Forces Centrifuges, ou Centripetes.

1564. On peut concevoir la Pesanteur comme une force inhérente au centre de la Terre, & qui retire toûjours les corps vers ce centre, & quoi-que cette idée ne soit pas phisique, elle est suffisante pour le dessein present, & plus facile à saisir que toute autre. Si l'on a donné à un corps une impulsion selon une ligne droite Tangente du globe de la Terre, & que le mouvement commence au point d'attouchement, ce corps, s'il suivoit cette impulsion, décriroit cette Tangente à l'Infini, & s'éloigneroit toûjours du centre de la Terre. Mais la Pesanteur, qu'on suppose qui agit toûjours, le retire toûjours vers ce centre, & par conséquent le retire dès le 1er instant infiniment petit de son mouvement. Dans ce 1er instant il ne pouvoit décrire par son mouvement propre ou d'impulsion, qu'une partie infiniment petite de la Tangente, & il ne se seroit écarté du globe ou du Cercle que de l'étenduë de la base d'un angle de contingence, mais la Pesanteur qui le retire vers le centre, l'empêche de faire un écart de cette étenduë, de sorte qu'à la fin de l'instant il est encore sur la circonference du Cercle. Dans le 2[d] instant, si la Pesanteur cessoit d'agir, il suivroit par son mouvement propre la direction du côté droit infiniment petit du Cercle qu'il a décrit dans le 1er instant, & feroit un écart égal à la base d'un angle de contingence, mais la Pesanteur le retire encore, & le retient sur une circonference circulaire; & toûjours ainsi de suite.

La Pesanteur ainsi conçûe, & toute autre force pareille s'appelle force *centrale*.

Si on conçoit la force par laquelle le corps est toûjours retiré vers un centre comme inhérente au corps, elle s'appelle force *centripete*, & à cette force s'oppose la *centrifuge*, par laquelle le corps qui a une impulsion en ligne droite tend à la suivre, & à s'écarter d'une circonference circulaire.

Mais comme tout cela revient au même, il suffit de considerer la force Centrale, du moins pour l'ordinaire.

1565. En général un corps qui a reçû une impulsion ne peut se mouvoir qu'en ligne droite, selon la direction déterminée de cette impulsion. Il décrira cette droite à l'Infini, & s'il s'en détourne, il faut que ce soit par une cause étrangere. S'il s'en détourne continuellement, ou, ce qui est le même, décrit une Courbe, il faut que ce soit par une cause étrangere toûjours appliquée à ce corps. Si cette cause le détourne toûjours vers un même point, c'est une force centrale.

1566. Donc tout mouvement curviligne qui se rapporte à un point fixe, doit être conçû comme composé d'un mouvement rectiligne d'impulsion, & d'un mouvement rectiligne de traction, causé par une force centrale toûjours agissante, & inhérente au point fixe supposé.

Mesure de la Force Centrale, & ses propriétés.

1567. Pour considerer la force centrale dans une Courbe quelconque qu'elle fait décrire, il faut donc concevoir un corps qui a reçû une impulsion, selon la direction de laquelle il décriroit une ligne droite à l'Infini, dont il est perpetuellement détourné par la force centrale inhérente à un point fixe, pris dans le plan de la Courbe. Les lignes de traction par lesquelles agit cette force pour retirer sans cesse le corps, le détourner de la ligne droite qu'il tend à suivre, & le retenir sur la circonference de la Courbe, sont des droites tirées du point fixe ou centre supposé, & terminées à tous les côtés infiniment petits de la Courbe. On les appelle aussi *Rayons*.

Il est clair que ces Rayons sont differemment inclinés aux differents arcs de la Courbe, & que par conséquent ces arcs étant les petites droites que le corps décrit à chaque instant, les lignes par lesquelles la force centrale agit sur le corps, sont toûjours differemment inclinées à celles par lesquelles le corps se meut, ou, ce qui est la même chose, que l'action de la force centrale sur le corps est toûjours inégale. Mais comme il peut y avoir encore d'autres inégalités, nous allons chercher en général, quelle est la mesure de la force centrale, qui fait décrire une Courbe quelconque, en y faisant entrer tout ce qu'il est imaginable qui y entre. Nous supposons la force centrale finie, & constante en elle-même, quoi-que son action puisse être inégale.

1568. Puisque l'effet continuel de la force centrale est de détourner le corps de la droite qui tend à décrire, elle a besoin d'être d'autant plus grande que ce corps est par lui-même plus difficile à détourner de la ligne droite. Or il est par lui-même d'autant plus difficile à détourner de cette ligne, qu'il a une plus grande quantité de mouvement avec laquelle il tend à la décrire. Sa quantité de mouvement est le produit de sa masse, ou poids p par sa vitesse u. Donc il est d'autant plus difficile à détourner de la ligne droite que pu est plus grand. Donc de ce chef la mesure de la force centrale est pu.

1569. Moins la force centrale est appliquée avantageusement au corps, ou, ce qui est le même, plus le rayon par lequel elle agit dans un instant quelconque est incliné au côté de la Courbe, que le corps décrit en cet instant, plus la force a besoin d'être grande pour agir malgré ce desavantage.

Si l'on conçoit deux rayons infiniment proches tirés du point fixe aux deux extrémités d'un côté ds de la Courbe, & du même point fixe pris pour centre, un arc circulaire infiniment petit dx décrit sur le moindre des deux rayons, de sorte qu'il détermine leur différence dy, il est visible que plus le grand rayon $y+dy$ sera oblique à ds, plus ds sera grand par rapport à dx. Donc $\frac{ds}{dx}$ mesure l'inégalité de l'action de la force centrale sur le corps. Donc de ce chef sa mesure est $\frac{ds}{dx}$, & elle est d'autant plus grande que ds est plus grand par rapport à dx, parce que son application est moins avantageuse, car il s'agit uniquement de la grandeur de la force, & non de celle de son action.

1570. Plus la force centrale fait faire de grands détours au corps, plus elle est grande. Or puisque ce corps décrit une Courbe, la grandeur des détours qu'il fait à chaque instant est la même que celle des angles de contingence, ou de la courbure de la Courbe. Or les differentes courbures sont en raison renversée des Rayons de la Développée que j'appelle r. Donc de ce chef la mesure de la force centrale est $\frac{1}{r}$.

1571. Plus la force centrale fait faire de détours en un même temps, plus elle est grande. Or plus la vîtesse d'impulsion u d'un Corps est grande, plus il faut que la force centrale lui fasse faire en même temps un grand nombre de détours, pour le tenir toûjours sur la Courbe. Donc de ce chef la mesure de cette force est u.

1572. Et comme il n'est pas possible d'imaginer rien de plus, on a, en rassemblant tout, pour mesure ou pour expression de la force centrale pu (1568) $\times \frac{ds}{dx}$ (1569) $\times \frac{1}{r}$ (1570) $\times u$ (1571) $= \frac{pu^2 ds}{rdx}$.

1573. Le quarré de toute vîtesse uniforme peut être exprimé par $2h$, h étant la hauteur d'où le corps sera tombé pour acquerir cette vîtesse (1535). Donc $\frac{pu^2 ds}{rdx} = \frac{2phds}{rdx}$; ce qui est une des formules que feu M. Varignon a données sur ce sujet en 1706 dans les Memoires de l'Academie des Sciences, & celle qui m'a paru la plus propre à être déduite immédiatement & naturellement des premiéres notions.

1574. Si la Courbe décrite est un Cercle, on a $ds = dx$; & par conséquent $\frac{2ph}{r}$, ce qui est la formule des forces centrales dans le Cercle, donnée par feu M. le M. de l'Hôpital en 1700 dans les Memoires de l'Academie. r exprime encore ici le Rayon de la Développée, qui dans le Cercle est le même que le Rayon.

1575. Des quatre principes qui entrent dans la mesure ou dans la formule de la force centrale, il y en a deux, le poids du corps & sa vîtesse, qui ne peuvent jamais aller ni dans l'Infini, ni dans l'infiniment petit. Mais les deux autres y peuvent aller, & c'est ce que nous allons examiner.

Si un Rayon, par lequel agit la force centrale, est tel qu'il concoure avec le côté de la Courbe, l'autre Rayon terminé à l'autre extremité de ce côté concourra aussi avec lui, & par conséquent ces deux Rayons ne seront que la même droite, nul intervalle infiniment petit du 1er ordre ne les separera, & on aura $dx = 0$, ds subsistant. Donc alors $\frac{2phds}{rdx}$ est une grandeur infinie.

Cependant la force centrale est toûjours supposée finie, aussi-bien que la pesanteur. Mais $\frac{ds}{dx} = \infty$ signifie seulement que si ce cas étoit possible, la force centrale seroit infinie; car sa fonction perpetuelle étant de détourner le corps de la ligne droite, & de lui faire décrire une Courbe, il faudroit qu'elle eût cette vertu à un degré infini pour la pouvoir encore exercer, lorsqu'elle ne combat plus du tout par sa direction celle du corps, & qu'au contraire elle le met elle-même sur la même ligne droite. Mais comme la force centrale ne peut être infinie, le cas de $\frac{ds}{dx} = \infty$ est phisiquement impossible, quoi-que geometriquement possible. Aussi n'arrive-t-il jamais dans aucun phenomene, que la force centrale ait dans aucun point la même direction que la Courbe qu'elle fait décrire, ou agisse par une Tangente de cette Courbe. On peut imaginer que les Planetes mûës d'une premiére impulsion en ligne droite décrivent des Courbes autour du Soleil, parce qu'une force centrale inhérente dans le Soleil les retire perpetuellement vers lui, mais quelles que soient ces Courbes, Cercles, ou Ellipses, telles qu'on voudra, la force centrale n'agira jamais par une Tangente, parce qu'on ne peut tirer à aucune de ces Courbes une Tangente d'un point pris au-dedans de leur circonference. Que si par une espece de jeu geometrique, on imagine que la force centrale reside dans un point pris au-dehors de quelqu'une de ces Courbes, il s'ensuivra necessairement que quand la Planete sera arrivée à un point où la direction de la force centrale sera Tangente, cette force, parce qu'elle n'est pas infinie, ne pourra continüer davantage à faire mouvoir la Planete sur la Courbe.

1576. Quoi-que dans le cas de $\frac{ds}{dx} = \infty$ on imagine, du moins geometriquement, la force centrale comme infiniment grande, il n'y a point de cas opposé où l'on puisse l'imaginer comme infiniment petite dans le même sens, c'est-à-dire, comme appliquée si avantageusement que, quoi-qu'infiniment petite, elle pût encore agir. Sa direction, & celle du corps pendant quelque instant, peuvent dans le sens qu'on vient de voir être la même ou infiniment peu differentes, mais elles ne peuvent jamais être infiniment différentes, car elles ne peuvent l'être davantage que lorsqu'elles sont perpendiculaires l'une à l'autre, ce qui n'est que fini, & a une mesure finie. Et en effet, $\frac{ds}{dx} = 0$ est impossible, car il est aisé de voir que ds ne peut être $= 0$, dx subsistant.

1577. Le cas le plus opposé à celui de $\frac{ds}{dx} = \infty$ est donc $\frac{ds}{dx} = 1$, c'est-à-dire, celui de $ds = dx$, ou de la force centrale agissante dans un Cercle au centre duquel elle reside (1574), alors elle agit toûjours perpendiculairement à la direction du corps, & avec tout l'avantage possible de ce chef.

1578. La direction perpendiculaire de la force centrale donne lieu d'imaginer aisément un effet des directions obliques, selon qu'elles sont posées d'un côté ou de l'autre de la direction

direction perpendiculaire. Le corps décrit un côté quelconque de la Courbe d'un certain sens déterminé; si la direction oblique de la force centrale tire le corps en ce même sens, elle hâte son mouvement, si elle le tire du sens contraire, elle retarde son mouvement, or le sens dont les directions obliques tirent, dépend de leur position d'un côté ou d'autre d'une direction perpendiculaire. Elles hâtent ou retardent d'autant plus le mouvement qu'elles sont plus obliques, quoi-qu'en même temps elles ayent moins d'effet pour détourner le corps, ou lui faire décrire une Courbe. Quant aux directions perpendiculaires, elles n'ont nul effet par rapport à l'acceleration, ou au retardement du mouvement.

1579. De-là il suit que dans le cas de $\frac{ds}{dx} = \infty$, la force centrale, dont la direction concourroit avec celle du corps, n'auroit d'autre effet que de hâter ou de retarder son mouvement, selon qu'elle le tireroit, ou du même sens dont il iroit, ou du sens contraire.

1580. Si dans $\frac{2phds}{rdx}$, r, Rayon de la Développée, est $= \infty$, c'est-à-dire, si la Courbe au point supposé est infiniment peu courbe, ou a quelqu'étenduë en ligne droite, comme il arrive ordinairement dans les inflexions, rdx est une grandeur finie, & $2phds$ une infiniment petite, & par conséquent $\frac{2phds}{rdx} = 0$, c'est-à-dire, que la force centrale agit infiniment peu, car elle ne peut être infiniment petite, ou, ce qui revient au même, c'est-à-dire, que quand elle seroit infiniment petite, elle n'agiroit pas moins. En effet, il n'est pas besoin d'une force centrale pour donner un mouvement en ligne droite, que le corps a de lui-même. Et comme il est impossible que la force centrale, dont l'effet essentiel est de détourner le corps, ait réellement contribué à ce mouvement en ligne droite, ce cas est phisiquement impossible, aussi-bien que celui de $\frac{ds}{dx} = \infty$, c'est-à-dire, qu'une force centrale ne peut jamais faire décrire une Courbe qui ait une étenduë en ligne droite plus grande que celle d'un de ses côtés.

1581. Si $r = 0$, ou la Courbe infiniment courbe, $\frac{aphds}{rdx} = \infty$, mais la force centrale ne pouvant être infinie, ni par conséquent son action, ce cas est phisiquement impossible.

1582. Donc il est phisiquement impossible que des Courbes décrites par des corps en vertu de forces centrales, ayent des Tangentes qui concourent avec aucun de leurs points, du côté où réside la force centrale, ni une courbure nulle ou infinie.

1583. Au lieu de concevoir un Corps qui décrit une Courbe en vertu d'une premiére impulsion en ligne droite, & de l'action continuelle d'une force centrale inherente à un point fixe pris au dedans de cette Courbe, si l'on conçoit ce même Corps tombant par sa pesanteur le long d'une Courbe, du côté qu'elle est concave, comme le long d'un Canal qui le conduiroit, il est clair que le mouvement de ce Corps, qui par la pesanteur seule ne seroit que rectiligne, devient curviligne à cause de la Courbe supposée, qu'elle l'empêche à chaque moment de prendre le mouvement rectiligne qu'il tend à prendre, & que par conséquent cette tendance est une certaine force qu'il exerce à chaque moment contre la Courbe qui lui résiste. Si la Courbe manquoit au Corps, ou finissoit, & je suppose que ce fût par un petit côté incliné à l'horison, le Corps devenu libre suivroit la direction de ce dernier petit côté, ou de la derniére Tangente de la Courbe, & par conséquent ce petit côté étant conçû comme un arc circulaire infiniment petit, décrit sur un certain Rayon, & d'un certain centre, le Corps s'éloigneroit toûjours de ce centre. Et comme c'est évidemment la même chose pour tous les petits côtés de la Courbe, la force que le Corps exerce à chaque moment sur chacun d'eux, peut être appellée *centrifuge*, par rapport aux differents centres de tous ces petits côtés pris pour des arcs circulaires infiniment petits.

1584. Donc si une Courbe quelconque est differemment inclinée à l'horison en tous ses points, & qu'un Corps tombe le long de sa concavité, il exerce contre chacun de ses petits côtés deux differentes forces. L'une est celle de sa pesanteur, car chaque petit côté de la Courbe soutient ce Corps, & porte une partie plus ou moins grande de sa pesanteur absoluë, selon qu'il est plus ou moins incliné à l'horison. L'autre force est la centrifuge par laquelle il tend à s'éloigner en ligne droite du centre de chaque petit côté ou arc qu'il décrit. Nous ne parlerons point de la 1re force, qui est extrémement connuë, il ne s'agit que de la 2de.

1585. Dans le cas supposé, la force centrifuge agit à chaque instant comme dans un Cercle, & d'un instant à l'autre comme dans un Cercle different, de sorte que r est le rayon variable de ces Cercles, & le rayon de la Développée de la Courbe à un point quelconque. Donc la force centrifuge de chaque instant s'exprime par $\frac{2ph}{r}$ (1577).

1586. Sur cela on peut faire une remarque, qui servira à confirmer l'usage de nôtre Theorie des differents Infinis.

Application de la Theorie précédente au Calcul d'une Courbe.

Dans les Mem. de l'Acad. de 1700 *(p. 9 & suiv.)* feu M. de l'Hopital a trouvé $dx = \frac{dy \times \sqrt{y} - \sqrt{a}}{\sqrt{2\sqrt{ay} - a}}$ pour l'équation differentielle d'une Courbe, telle qu'un Corps qui tomberoit librement le long de sa concavité, & qui par conséquent la presseroit differemment à chaque point, tant par sa pesanteur que par sa force centrifuge, toutes deux toûjours differemment combinées ensemble, la presseroit toûjours avec une force égale à sa pesanteur absoluë.

Cette Courbe a un dernier côté horisontal, & parallele à l'axe, auquel répond une Ordonnée infinie, qui est aussi une hauteur infinie d'où le Corps est tombé. Le Corps arrivé à ce dernier côté le presse par toute sa pesanteur absoluë, & par conséquent la force centrifuge doit alors être nulle, car autrement le Corps presseroit alors la Courbe par une force plus grande que sa pesanteur absoluë. D'ailleurs parce que la force centrifuge doit être nulle à ce dernier côté, le rayon de la Développée y doit être infini, & il l'est en effet par la nature de la Courbe. Donc si on applique là la formule $\frac{2ph}{r}$, on a $h=\infty$, $r=\infty$, & par conséquent $\frac{2ph}{r}=2p$, force centrifuge, qui non seulement n'est pas nulle, mais est double de la pesanteur absoluë.

Il y a donc là de l'erreur, & elle vient, comme nous l'avons vû bien des fois, des infinis mal caracterisés.

Je prends le rayon de la Développée de cette Courbe selon la formule ordinaire $\frac{dx^2+dy^2}{-ddy}$.

Puisque dans cette Courbe $dy=\frac{\sqrt{2\sqrt{ay}-a}\times dx}{\sqrt{y}-\sqrt{a}}$, on a $dy^2=\frac{\overline{2\sqrt{ay}-a}\times dx^2}{y-2\sqrt{ay}+a}$ & $dy^2+dx^2=\frac{\overline{2\sqrt{ay}-a+y-2\sqrt{ay}+a}\times dx^2}{y-2\sqrt{ay}+a}$ $=\frac{ydx^2}{\overline{\sqrt{y}-\sqrt{a}}^2}$. On a par le calcul $ddy=\frac{-dydx\sqrt{a}}{2\sqrt{2\sqrt{ay}-a}\times\overline{\sqrt{y}-\sqrt{a}}^2}$.

Donc $\frac{dx^2+dy^2}{-ddy}=\frac{2ydx\times\sqrt{2\sqrt{ay}-a}}{dy\sqrt{a}}$, & en mettant au lieu de dx, sa valeur $\frac{dy\times\overline{\sqrt{y}-\sqrt{a}}}{\sqrt{2\sqrt{ay}-a}}$, il vient $\frac{dx^2+dy^2}{-ddy}=\frac{2y\times\overline{\sqrt{y}-\sqrt{a}}}{\sqrt{a}}$.

Si $y=\infty$, on a donc pour le Rayon de la Développée en ce point $r=\frac{2\infty\times\infty^{\frac{1}{2}}}{\sqrt{a}}=\frac{2\infty^{\frac{3}{2}}}{\sqrt{a}}$.

Donc dans la Courbe d'égale pression, y ou h étant $=\infty$, $\frac{2ph}{r}$ se réduit pour l'ordre à $\frac{\infty}{\infty^{\frac{3}{2}}}=\infty^{\frac{2-3}{2}}=\infty^{-\frac{1}{2}}$ $=\frac{1}{\infty^{\frac{1}{2}}}$, force centrifuge infiniment petite.

1587. Puisqu'à l'extremité de cette Courbe le rayon de la Développée est infini, la courbure est alors infiniment petite, & c'est effectivement ce qui rend la force centrifuge nulle malgré la vîtesse infinie, car il n'y a point de force centrifuge dans un mouvement fait en ligne droite, quelle qu'en soit la vîtesse.

1588. Mais puisque le rayon de la Développée est de l'ordre de $\infty^{\frac{3}{2}}$, ou au dessus du Fini de plus qu'un ordre potentiel, il faut que la courbure soit plus qu'infiniment petite, ou, selon la Theorie de la Sect. XIII, au dessous de $\frac{1}{\infty^2}$, de plus qu'un ordre potentiel; & pour voir plus précisément ce qui en est, on peut prendre cette courbure de l'extremité selon cette Theorie.

On aura, après les substitutions necessaires, $ddy = \frac{-dy^2 \times \overline{\sqrt{y} - \sqrt{a}}}{2y \times 2\overline{\sqrt{y} - \sqrt{a}}}$, ce qui seul donne la courbure de l'extremité, puisqu'alors $ds = dx$, le dernier côté étant parallele à l'axe. y étant aussi alors $= \infty$, on a $\frac{-dy^2}{4y} = \frac{-dy^2}{4\infty}$. Reste à sçavoir ce que vaut dy^2.

On a par-tout $dy \,.\, dx :: \sqrt{2\sqrt{ay} - a} \,.\, \sqrt{y} - \sqrt{a}$, & dans l'Infini, $dy \,.\, dx :: \sqrt{2\sqrt{ay}} \,.\, \sqrt{y}$, & pour l'ordre $:: \infty^{\frac{1}{4}} \,.\, \infty^{\frac{1}{2}}$. Donc en supposant $dx = \frac{1}{\infty}$, puisqu'il subsiste dans le parallelisme, on aura $dy \,.\, \frac{1}{\infty} :: \infty^{\frac{1}{4}} \,.\, \infty^{\frac{1}{2}}$, ou $dy = \frac{\infty^{\frac{1}{4}}}{\infty \times \infty^{\frac{1}{2}}} = \infty^{-\frac{5}{4}} = \frac{1}{\infty^{\frac{5}{4}}}$. Donc $dy^2 = \frac{1}{\infty^{\frac{5}{2}}}$, & $\frac{-dy^2}{\infty} = -\frac{1}{\infty^{\frac{7}{2}}}$, courbure qui est entre l'ordre de $\frac{1}{\infty^3}$ & $\frac{1}{\infty^4}$.

1589. On peut remarquer ici que comme à la courbure de l'ordre de $\frac{1}{\infty^2}$ que nous appellons ordinaire & finie, répond un rayon de la Développée fini, il doit répondre à une courbure de l'ordre de $\frac{1}{\infty^3}$ un rayon de la Développée de l'ordre de ∞, & à une courbure qui passe $\frac{1}{\infty^3}$ sans aller jusqu'à $\frac{1}{\infty^4}$, un rayon de la Développée qui soit entre ∞ & ∞^2, & c'est effectivement ce qui se trouve ici. De plus $\infty^{\frac{3}{2}}$ est précisément moyen geometrique entre ∞ & ∞^2 comme $\frac{1}{\infty^{\frac{7}{2}}}$ l'est entre $\frac{1}{\infty^3}$ & $\frac{1}{\infty^4}$.

1590. Il est très aisé de voir par la nature de la Courbe d'égale pression qu'elle n'a point d'Asimptote, & selon la courbure qu'on lui trouve ici à son extremité, elle n'en doit pas avoir (1182). Cette Courbe est du nombre de celles qui sont Courbes dans une étenduë infinie, & ensuite droites dans une étenduë finie (1182), c'est alors que la force centrifuge y devient nulle.

1591. On peut prendre une idée de cette Courbe, en considerant seulement les expressions de la force centrifuge variable à chaque point, & de l'action de la pesanteur variable aussi, selon que la Courbe est plus ou moins inclinée à l'horison. Je suppose qu'un côté quelconque de la Courbe étant ds, il est prouvé que cette action de la pesanteur est $\frac{pdx}{ds}$.

Le Corps est supposé tomber librement. Donc il ne tombe que le long de la concavité de la Courbe, car il est visible qu'il ne suivroit jamais sa convexité.

Il est naturel de penser d'abord que la Courbe dans toute son étenduë tournera sa convexité vers l'horison, comme feroit un Quart de Cercle posé sur un plan horisontal auquel il seroit perpendiculaire par son extremité superieure. En ce cas le Corps sera toûjours soutenu par la Courbe, & il la pressera tant par la force centrifuge que par sa pesanteur.

Mais parce que tout ce qui peut être conçû sans contradiction est possible & necessaire en fait de Courbes, il est possible que cette Courbe ait dans une partie de son étenduë sa concavité tournée vers l'horison, comme l'auroit le Quart de Cercle dont on vient de parler, devenu demi-Cercle. Alors il eſt vrai que dans la moitié ſuperieure de ce demi-Cercle concave vers l'horiſon, le Corps ne ſeroit pas ſoutenu par la Courbe, à ne conſiderer que ſa peſanteur, & par conſéquent ne la preſſeroit pas, qu'au contraire ſa peſanteur ne tendroit qu'à le faire tomber verticalement, mais la force centrifuge peut être telle qu'elle tendra à appliquer le Corps contre cette même partie de la Courbe, d'où la peſanteur tendra à le détacher.

Donc la force centrifuge concourant tantôt avec la peſanteur, & tantôt la combattant, il faut exprimer en general la ſomme de leurs actions par $\frac{2ph}{r} \pm \frac{pdx}{ds}$, & cette grandeur complexe doit toûjours par la ſuppoſition être $= p$. Ou en prenant pour p une ligne conſtante a qui la repreſentera, & entrera dans l'équation de la Courbe, on aura $\frac{2ah}{r} \pm \frac{adx}{ds} = a$.

Pour trouver l'origine de la Courbe, je vois qu'il y faut ſuppoſer la hauteur h d'où le Corps tombe, la moindre qu'il ſoit poſſible. Je prends $h = 0$. Donc $\frac{adx}{ds} = a$. Donc la force centrifuge n'agit point, & de plus $dx = ds$, c'eſt-à-dire, que la Courbe a ſon premier côté parallele à l'axe ou à l'horiſon. Donc alors le Corps ne peut que tomber verticalement par ſa peſanteur, & il n'y a nulle preſſion. Donc le cas de $h = 0$ eſt impoſſible. Donc à l'origine de la Courbe h eſt une grandeur finie, ou le Corps a déja une vîteſſe telle qu'il l'auroit acquiſe en tombant en ligne droite de cette hauteur h.

h étant finie à l'origine, $\frac{2ah}{r}$ n'y peut être $= 0$ autrement que par $r = \infty$; mais alors il n'y auroit point de courbure, & le Corps continüeroit à tomber en ligne droite ſans faire de preſſion, ce qui eſt contre la ſuppoſition de l'origine de la Courbe, & de toute l'étenduë de la Courbe.

Par la même raiſon $\frac{adx}{ds}$ ne peut à cette origine être $= 0$, car cela marqueroit un premier côté vertical, & le Corps ne feroit encore que continüer à tomber ſelon la ligne droite h.

Donc à l'origine la grandeur complexe $\frac{2ah}{r} + \frac{adx}{ds}$ ſubſiſte.

On y peut ſuppoſer, comme on a fait d'abord, $dx = ds$, c'eſt-à-dire, le côté horiſontal, ce qui donne $\frac{2ah}{r} + a = a$, & neceſſairement $\frac{2ah}{r} - a = a$, puiſque $\frac{2ah}{r}$ n'eſt pas $= 0$. De-là ſuit $h = r$. Donc à ce premier côté horiſontal ſuppoſé la force centrifuge eſt double de la peſanteur qui tend à faire tomber verticalement le Corps que la Courbe ne ſoutient nullement, la force centrifuge applique le Corps contre la Courbe, & cauſe ſeule la preſſion, & elle ne la cauſe qu'avec un effort égal à la peſanteur abſoluë du Corps, puiſque la moitié de ſon effort ou de ſon action eſt détruite par la peſanteur qui agit directement contr'elle. De plus à ce premier côté horiſontal la hauteur, d'où le Corps doit être tombé pour avoir la vîteſſe qu'il a, eſt égale au rayon de la Développée de la Courbe.

dx ayant été pris arbitrairement $= ds$, & ſans aucun rapport neceſſaire à l'origine, elle n'eſt point encore neceſſairement déterminée, mais ſi en la ſuppoſant on trouve que toutes les variations poſſibles de la Courbe s'y lient, elle le ſera effectivement.

dx ayant commencé par être $= ds$, ne peut varier qu'en devenant plus petit, car il ne peut pas être plus grand. Si enfin $dx = 0$ ou $\frac{adx}{ds} = 0$, on a $\frac{2ah}{r} = a$, c'eſt-à-dire, que la Courbe ayant eû un côté horiſontal, vient à en avoir un vertical le long duquel le Corps tombe ſans cauſer aucune preſſion par ſa peſanteur, que la force centrifuge ſeule cauſe la preſſion en appliquant ce Corps contre le côté vertical, & comme il faut que ce ſoit avec une force égale à la peſanteur abſoluë, il faut que $2h$ ſoit $= r$.

Donc dans la variation qui a été depuis le côté horiſontal juſqu'au vertical, la force centrifuge de double qu'elle étoit de

la

la pesanteur absoluë, lui est devenuë égale. Donc elle a toûjours décrû.

Et puisqu'elle agissoit seule au commencement de cette variation, & qu'elle agit encore seule à la fin, elle a toûjours agi seule pendant toute la variation, j'entends quant à la pression. Donc la pesanteur l'a toûjours combattuë, & a toûjours diminué son effort. Donc la grandeur generale $\frac{2ah}{r} \pm \frac{adx}{ds}$ a toûjours été dans cette variation $\frac{2ah}{r} - \frac{adx}{ds}$.

Donc la Courbe y a toûjours été concave vers l'horison; puisqu'elle ne soutenoit nullement le Corps.

En même temps il est visible que la hauteur h ne peut qu'avoir augmenté. Et comme r, qui étoit d'abord $= h$, est devenu $= 2h$, cela veut dire que par rapport à la hauteur d'où le Corps étoit tombé ou à sa vîtesse, le rayon de la Développée a été deux fois plus grand, ou la courbure de la Courbe deux fois moindre à la fin de la variation qu'au commencement, ce qui a diminué de moitié la force centrifuge prise en elle-même.

Après $dx = 0$ ou $\frac{dx}{ds} = 0$, dx ne peut que recommencer à croître par rapport à ds. Et après que la grandeur generale $\frac{2ah}{r} \pm \frac{adx}{ds}$ a été pendant une variation $\frac{2ah}{r} - \frac{adx}{ds}$, il faut qu'elle devienne $\frac{2ah}{r} + \frac{adx}{ds}$. C'est-à-dire, que la Courbe recommence à avoir des côtés inclinés à l'horison, & que la force centrifuge commence à causer la pression conjointement avec la pesanteur. Donc alors le Corps est soutenu en partie par la Courbe qui tourne sa concavité vers l'horison.

Comme $\frac{adx}{ds}$ croît toûjours par l'augmentation continuelle que dx prend par rapport à ds, il faut que $\frac{2ah}{r}$ décroisse pour conserver l'égalité essentielle à la Courbe. Donc dans cette seconde variation le Corps presse toûjours la Courbe par une plus grande partie de sa pesanteur absoluë, & moins par sa force centrifuge qui concourt alors avec la pesanteur.

A la fin de la variation, il faut que dx soit $= ds$, ou qu'il y ait un côté horisontal, qui sera donc pressé par toute la pesanteur du Corps. Alors $\frac{adx}{ds} = a$. Donc $\frac{2ah}{r} = 0$. Ce qui ne se pourroit, h étant alors necessairement infinie, si r n'étoit un Infini d'un ordre superieur, ainsi que nous avons vû.

Il suit de tout cela que l'origine de la Courbe, que nous avons supposée, étoit effectivement la vraye.

FIN.

REFLEXION
SUR LES SOMMES DES SUITES,

Qui a été faite trop tard pour être inserée dans le corps du Livre.

SOIT la Suite $A^2 + A$, qui est $1 + 1 = 2$. $4 + 2 = 6$. $9 + 3 = 12$. 20. 30. 42, &c. à l'Infini.

Je dis que quoi-que $A^2 + A$ ait ses termes plus grands que les correspondants de A^2, elle n'a que la même somme que A^2, car la somme de A^2 est $\frac{\infty^3}{3}$ (580), & celle de $A^2 + A$ est donc $\frac{\infty^3}{3} + \frac{\infty^2}{2} = \frac{\infty^3}{3}$, conclusion qui sera reçûë de tous ceux qui admettent l'Infini.

Mais afin que cela soit, il faut necessairement que tous les termes de $A^2 + A$ n'ayent pas été plus grands que ceux de A^2, comme ils l'étoient à l'origine de leur Suite, & qu'ils ayent commencé à un certain endroit à n'être qu'égaux à ceux de A^2.

Il faut de plus que tous les termes de $A^2 + A$, plus grands que ceux de A^2, n'entrent point dans la somme de $A^2 + A$, & pour cela il faut que la somme de ces termes, plus grands que leurs correspondants dans A^2, disparoisse devant ceux d'un ordre superieur qui les suivent dans $A^2 + A$, & pour disparoître, il faut qu'ils ne soient qu'en nombre Fini.

Or tout cela arrive selon les principes qui ont été établis.

n étant successivement tous les Nombres Naturels, $nn+n$ est l'expression generale de A^2+A. Quand n est un nombre fini indéterminable si grand que par l'élevation au quarré il devient Infini, on a $nn+n=nn$, & à plus forte raison tous les $nn+n$ suivants ne sont que nn, & A^2+A n'est plus que A^2. Et le premier $nn+n=nn$ n'est qu'à une distance Finie de l'origine de la Suite, & par conséquent tous les termes précédents Finis ne sont qu'en nombre fini, & leur somme finie disparoît devant les Infinis qui suivent, & ils sont tous inutiles à la somme.

De même tous les nn finis de A^2, qui sont en même nombre que les $nn+n$ Finis de A^2+A, & plus petits, sont inutiles à la somme (211). D'où il suit que quant à la somme A^2+A n'est exactement que A^2.

Je ne vois pas qu'on pût expliquer autrement *à priori* la cause de l'égalité des deux sommes.

Il est visible qu'il en ira de même de A^2-A.

Le même raisonnement subsistera sur les Suites de Figurés comparés aux A^n qui leur répondent, c'est-à-dire, sur la Suite des Triangulaires que j'appelle T, comparée à A^2, sur la Suite des Pyramidaux que j'appelle P, comparée à A^3, &c.

Un nombre Triangulaire quelconque étant $\frac{nn+n}{2}$ (126), T commence à n'avoir plus que des $\frac{nn}{2}$ dès que nn est Infini, & à commencer de ce point là les termes de T ne sont que ceux de A^2 divisés par 2, & par conséquent la somme de T sera la somme de A^2, qui aura 2 pour diviseur. Or la somme totale de A^2 est $\frac{\infty^3}{3}$, & la somme totale de T est $\frac{\infty^3}{6}$ (576) $=\frac{\infty^3}{3\times 2}$. Donc la somme totale de A^2, & celle de T ne sont que les mêmes que si ces deux Suites ne commençoient qu'au premier nn Infini. Donc tous les termes qui ont précedé cet nn dans l'une & l'autre Suite sont inutiles à leurs sommes.

Ils ne pourroient l'être, s'ils étoient en nombre infini, car étant finis ils feroient une somme de l'ordre de ∞ qui se joindroit d'un côté aux ∞ de A^2, & de l'autre aux ∞ de T; & de plus comme tous les termes de T sont moindres que ceux de A^2, & tous les Finis de T moindres que ceux de A^2 dans un plus grand rapport que celui de 1 à 2, ce rapport ne venant que dans l'Infini, ce nombre infini de termes finis qui entreroient de part & d'autre dans ses deux sommes totales, & dont les sommes auroient un autre rapport que celui de 1 à 2, empêcheroit que le rapport de la somme totale de T à celle de A^2 ne fût exactement, comme il l'est, celui de 1 à 2.

Donc le premier nn infini de T & de A^2 n'est qu'à une distance finie de leur origine, & n est un Fini indéterminable.

On en dira autant de P comparée à A^3. Chaque Pyramidal étant $\frac{n^3+3n^2+2n}{6}$ (126), la somme de $A^3 = \frac{\infty^4}{4}$, & celle de $P = \frac{\infty^4}{24}$ (576) $= \frac{\infty^4}{4 \times 6}$, on voit que dès que n^3 est Infini, chaque terme de P est $\frac{1}{6}$ du terme correspondant de A^3, que par là la somme totale de P est $\frac{1}{6}$ de celle de A^3, d'où tout le reste suit.

Les sommes de tous les ordres des Figurés ne sont donc que les sommes des A^n correspondantes divisées par le diviseur de la formule de chaque ordre, & quoi-que les Suites de Figurés, prises dans tout leur cours fini, soient fort différentes des A^n correspondantes, elles ne sont plus, dès qu'elles ont atteint l'Infini, que ces mêmes A^n divisées par le nombre constant qui leur convient; & tous leurs termes finis, qui sont les seuls que nous connoissions, & qui les caractérisent à nôtre égard, n'entrent pour rien dans leurs sommes.

Il suit de-là qu'il ne faut pas juger les Suites, sur tout à l'égard des sommes, par leurs termes finis seuls, & qu'il est necessaire de les suivre dans l'Infini, où il arrive souvent des changements considerables, & qu'on n'eût pas prévûs.

Faute à corriger.

Page 218, ligne derniére, $\frac{1}{\frac{1}{2}\infty}$, lisez, $\frac{\infty}{\frac{1}{2}\infty}$.

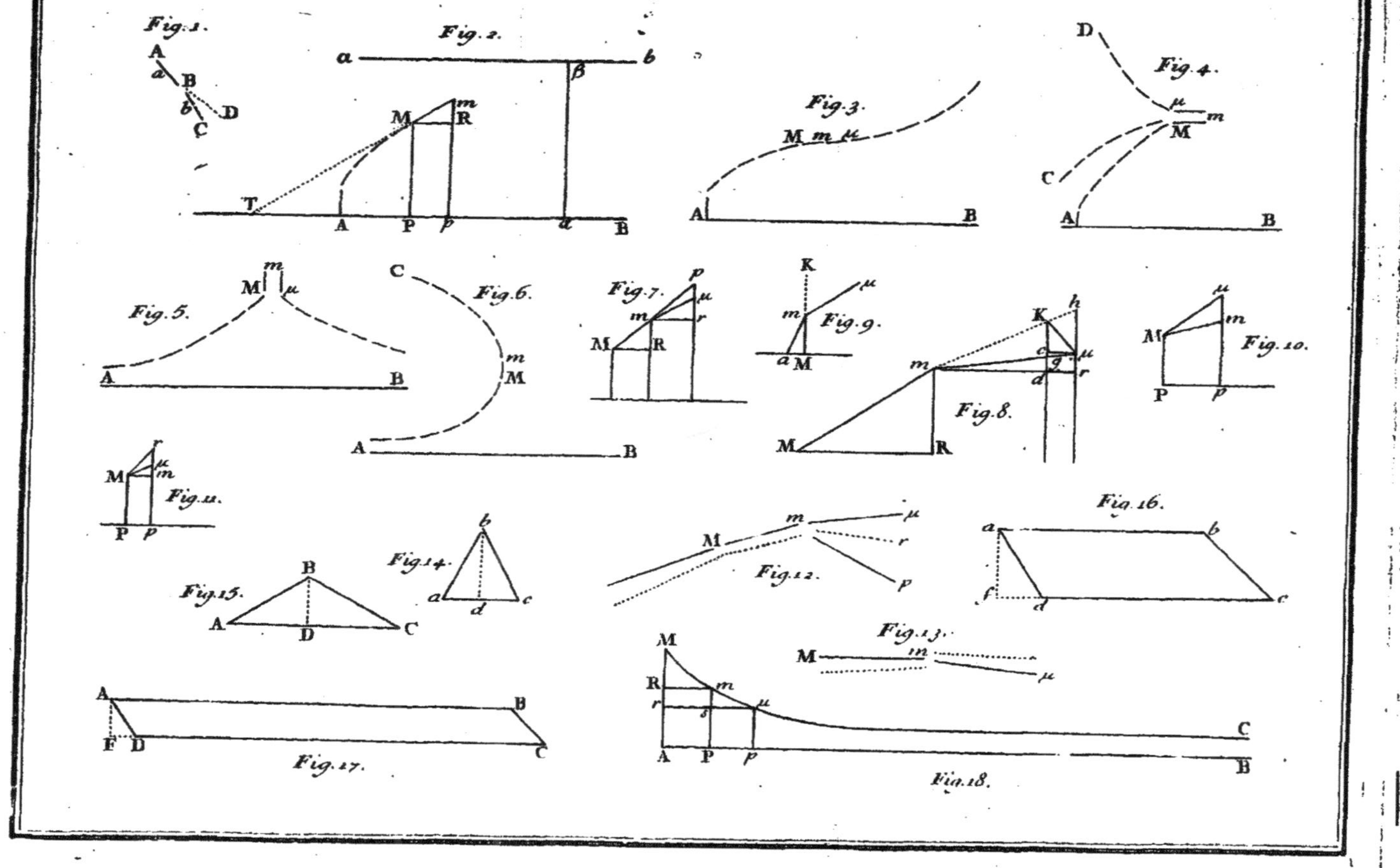

Fig. 1.
Fig. 2.
Fig. 3.
Fig. 4.
Fig. 5.
Fig. 6.
Fig. 7.
Fig. 8.
Fig. 9.
Fig. 10.
Fig. 11.
Fig. 12.
Fig. 13.
Fig. 14.
Fig. 15.
Fig. 16.
Fig. 17.
Fig. 18.

www.ingramcontent.com/pod-product-compliance
Lightning Source LLC
Chambersburg PA
CBHW031343210326
41599CB00019B/2626

* 9 7 8 2 0 1 2 1 5 8 5 2 8 *